The Age of the Fourth Industrial Revolution and Energy Technology

4차 산업혁명 시대와 에너지 기술

4차 산업혁명 시대와 에너지 기술

The Age of the Fourth Industrial Revolution and Energy Technology

인 쇄 2021년 12월 15일
발 행 2021년 12월 20일

저 자 윤양일·김태영·조성용
발행인 정성택

발행처 전남대학교출판문화원
등 록 1981년 5월 21일 제53호
주 소 61186 광주광역시 북구 용봉로 77
전 화 062-530-0571~2
마케팅 062-530-0573
팩 스 062-530-0579
홈페이지 http://www.cnup.co.kr

가 격 20,000 원

ISBN 978-89-6849-839-8 (93560)

The Age of the Fourth Industrial Revolution and Energy Technology

4차 산업혁명 시대와 에너지 기술

윤양일 · 김태영 · 조성용 공저

전남대학교출판문화원

■ 저자의 말

2015년 파리에서 196개국 대표들이 모여 온실가스 배출량을 줄이는데 합의하는 유엔기후변화협약을 체결하였다. 이는 1992년 브라질의 리우데자네이루에서 유엔기후변화협약이 체결된 이래 처음으로 법적 구속력을 지닌 합의에 도달한 것이다.

석유에너지시대는 여러 가지 문제점을 안고 있는데, 그 중 대표적인 것이 기후변화와 환경오염이다. 그 외에도 자원무기화나 자원고갈 등의 문제점을 가지고 있다. 기후변화는 화석에너지를 사용함으로 인해서 배출되는 이산화탄소가 지구로부터 방출되는 열을 가두는 지구온난화에 기인한다. 지구온난화는 이미 기상이변을 발생시켜 자연생태계를 변화시키고 있으며, 해수온도의 상승으로 태풍이나 허리케인의 위력을 강화시켜 피해를 증가시키고 빙하를 녹여 해수면이 높아져 몇몇 섬나라가 사라질 위기에 처하게 만들고 있다. 이러한 위험은 미래 인류의 생존과 직결된다고 해도 과언이 아니다. 이산화탄소 배출을 줄이기 위해서는 화석에너지 사용을 줄여야 하고 재생에너지 비율을 늘려야 한다. 이에 각국은 온실가스 배출량을 줄이기 위한 에너지 전환정책을 실시하고 있으며, 우리나라도 신재생에너지 2030 이행계획을 세워 재생에너지 비중을 확대하고 있다. 이러한 각국의 에너지 전환 정책과 더불어 탄소배출권이 실시되어 친환경에너지로의 전환이 보다 가속화할 것으로 예측된다.

이러한 연유로 인해 지금 인류는 역사이래 가장 큰 패러다임 전환기를 맞이하고 있다. 그 변화는 태양광발전 및 풍력발전과 같은 재생에너지로 시작하여 지금은 전기차와 수소연료전지차 그리고 수소경제를 논하는 단계에 이르고 있다. 화석에너지와 엔진산업은 인류에게 편리함을 준 대신에 기후변화와 환경오염이라는 숙제를 안겨주었고, 현재 그 숙제를 해결하기 위해 친환경에너지로의 전환이 시작된 것이다. 하지만 지금 단계에서 친환경에너지는 화석에너지에 비해서 가격이 비싸고 인프라가 부족해서 불편함이 있으며, 안전에 대한 의구심도 있는 상황이다. 이러한 문제점들을 해결할 수 있는 좋은 방안이 4차 산업혁명의 핵심기술 중 하나인 인공지능이다. 정보통신 기술 (ICT)과 인공지능을 활용하면 가격이 비싼 친환경에너지의 효율을 높이고 활용성을 증대시켜 가격경쟁력을 향상시킬 수 있으며, 여러 가지 안전장치를 활용하여 안전을 확보할 수 있다. 친환경에너지 시스템과 더불어 인공지능의 발달이 조화를 이루어 고효율·저소비 구조의 친환경에너지 시대를 열 수 있는 것이다. 이러한 산업들이 점차 발달한다면 인프라가 부족한 지금의 현실도 점차 개선될 것으로 예측된다.

우리나라의 경우, 신재생에너지는 신에너지와 재생에너지로 구분되며, 신에너지에는 수소를 이용하여 전력을 생산하는 연료전지와 석탄액화·가스화가 포함되고, 재생에너지에는 태양광, 풍력, 수력, 해양, 바이오, 폐기물 등이 포함된다. 그런데 신재생에너지 중 신에너지보다 비중이 큰 재생에너지는 기존의 화석에너지와는 성격이 매우 다르다. 화석에너지의 경우, 지구 전체에 고르게 퍼져 있지 않고 몇몇 곳에 집중되어 있는 특징이 있다. 집중되어 있는 석탄이나 석유를 채굴하거나 정제하는 과정에서도 대규모 공정이 필요하게 된다. 따라서 규모의 경제가 발생하고 한곳에서 많이 생산해서 분배하는 집중과 대형화가 이루어졌다. 재생에너지는 태양빛, 바람, 물 등을 이용하기 때문에 한곳에 집중되어 있지 않고 지구 전체에 퍼져 있다. 그래서 한곳에서 집중적으로 생산할 수 없으며 여러 곳에 퍼져 있는 에너지를 이용하여 다양한 형태로 발전을 하고 이렇게 발전된 전력을 통합해서 관리하는 시스템이 필요하다. 재생에너지는 생산단가가 화석에너지에 비해서 대체로 비싸기 때문에 효율적으로 소비해야 한다. 생산하는 곳에서 소비하는 것이 가장 효율적이기 때문에 소비 주체가 생산에 참여해야 하고 이를 통합하는 시스템이 필요하다.

정부에서 전력생산 비율을 높이고자 하는 재생에너지의 경우 날씨와 같은 외부 환경에 영향을 많이 받기 때문에 전력생산량을 조절하는 것이 어렵다. 재생에너지에서 가장 비중이 높은 태양광을 예로 들면, 태양전지가 태양빛의 세기에 따라 전력을 생산한다. 전력공급이 부족할 때 생산할 수 없고 외부 날씨에 영향을 크게 받는다. 눈이 내리면 낮에도 전력을 거의 생산할 수 없다. 또한 태양전지는 외부 온도가 올라가면 전력생산이 감소하는 특징이 있어 햇빛이 좋은 여름보다 봄에 전력생산이 더 큰 특징을 가진다. 풍력도 마찬가지로 바람이 불지 않으면 전력을 생산할 수 없다. 바이오 메스의 경우에도 생산량이 날씨에 크게 영향을 받는다. 또 다른 문제점은 재생에너지에 의해 생산된 전력이 화석에너지나 원자력에 의해 생산된 전력에 비해서 대체로 비싸다는 것이다. 하지만 기술의 발전에 따라 가격이 지속적으로 낮아지고 있어 희망적이다. 태양광 같은 경우에는 태양전지 가격이 지속적으로 하락하여 몇몇 국가에서는 이미 다른 에너지원에 비해 생산단가가 싸졌다. 태양광 발전의 발전단가가 화석에너지 발전단가와 같아지는 시점을 태양광 그리드 패러티(Grid Parity)라고 하는데 가장 먼저 친환경에너지 전환정책을 실시한 독일의 경우 2011년에 가장 먼저 태양광 그리드 패러티를 달성하였고, 최근 태양전지 가격의 하락으로 그리드 패러티를 달성하는 국가가 급격히 증가하고 있다. 전기요금이 상대적으로 저렴한 우리나라는 아직까지 그리드 패러티를 달성하지 못하였지만 수년 내에 달성할 것으로 예측된다. 풍력발전의 경우 태양광보다 지역적으로 설치할 수 있는 장소가 많지 않지만 태양광보다 먼저 그리드 패러티를 달성한 지역이 꽤 있고, 우리나라와 같은 반도 국가인 덴마크는 2017년 전체 전력소비량의 43.3%를 풍력발전으로 생산하였다. 따라서 전세계적으로 친환경에너지로의 전환이 빠르게 진행되고 있음을 알 수 있다.

전력생산의 40% 이상을 재생에너지로 충당하고 있는 독일의 경우 우리에게 타산지석이 될 수 있다. 우리는 정전사고라고 하면 전력이 모자라서 발생한다고 생각하지만 독일에서는 몇 년 전 햇빛이 좋아 전력생산이 계통에서 처리할 수 있는 범위를 넘어서 정전이 발생하였다. 태양전지에서 지나치게 많은 전력이 생산되어 정전이 발생한 것이다. 반대의 경우도 있다. 2015년 개기일식이 발생하여 순간적으로 전력 계통에서 14GW가 떨어졌다. 개기일식으로 달이 태양을 가리자 태양전지에서 생산하던 전력이 갑자기 멈춰 전력생산에 차질이 생겼다. 보통 한 가정에서 3KW정도의 전력을 사용하므로 약 400만 세대가 사용할 수 있는 전기가 순식간에 개기일식 때문에 사라진 것이다. 연중 날씨가 맑아 태양전지가 많이 설치되어 있는 미국의 캘리포니아에서도 비슷한 문제들이 발생하였다. 해가 진 직후인 저녁 시간에 가장 전력사용이 많아지는데 반해서 해가 지고 난 후에 태양전지의 발전량이 급격히 감소하여 전력의 소비와 공급이 불일치하는 현상이 태양전지가 많이 보급된 이후인 2012년부터 발생하여 계속해서 그 현상이 심화되고 있는데 그래프가 마치 오리모양을 닮았다고 해서 캘리포니아 덕 커브(California Duck Curve)라고 부른다.

이러한 문제점들을 해결할 수 있는 기술은 최근 4차 산업혁명의 핵심 기술로 불리우는 정보통신 기술이다. 친환경에너지 시스템으로의 전환은 필수적으로 통합과정이 필요하다. 여기서 통합은 수많은 발전소에서 생산되는 전력을 적절하게 분배하고 저장하여 전력사용에 문제없도록 하는 과정을 의미한다. 그리고 이러한 통합에 가장 적합한 기술이 4차 산업혁명의 핵심인 인공지능이다. 인공지능의 발전은 지식(Knowledge)의 축적, 지능(In telligence)의 형성, 그리고 지혜(Wisdom)의 구축 삼단계로 구분할 수 있다. 현재 컴퓨터와 인터넷통신의 발달로 지식의 축적 단계는 완료되었고, 이미 상당한 수준의 지능이 형성되었다. 인공지능의 지혜 구축단계는 인간이 생각하는 윤리와 도덕적인 것을 고려하면서 미래를 예측하고 현명한 판단을 하는 단계라 할 수 있다. 친환경에너지 기술과 4차 산업혁명이 결합하면 지금의 저효율·고소비 구조의 화석에너지 시스템을 고효율·저소비 형태의 신재생에너지와 친환경자동차 시스템으로 바꿀 수 있고 사회는 보다 생태계에 유리하고 지속 가능한 형태로 발전할 수 있을 것이다. 친환경에너지 기술과 4차 산업혁명의 결합은 새로운 산업을 형성하기 때문에 미래 성장동력이 될 수 있을 것이다. 또한 새로운 산업의 성장으로 새로운 일자리를 창출할 것으로 예상된다. 지금 미국의 대표적인 가전회사인 GE나 독일의 대표적인 전기회사인 지멘스가 전기 산업이 막 시작될 때 설립된 회사인 점을 감안하면 신산업을 선점하는 것이 얼마나 중요한지 알 수 있으며, 국내에서도 이러한 신산업에 관심을 가지고 창업을 할 수 있는 환경의 조성이 꼭 필요한 상황이다. 지금 현재 인류가 사용하고 있는 화석에너지 시스템은 저효율·고소비 구조이다. 대량으로 생산해서 대량으로 소비하지만 효율은 낮다. 친환경에너지 시스템으로 전환하기 위해서는 고효율·저소비 구조로의 변환이 필요하고 이 변환에 있어 4차 산업혁명과 인공지능이 중요한 역할을 할 수 있다.

화석에너지 시스템과 친환경에너지 시스템은 근본적으로 성격이 매우 다르다. 한곳에서 대량으로 생산할 수 있는 화석에너지 시스템과는 달리 친환경에너지 시스템은 여러 곳에 퍼져 있는 햇빛, 바람, 물 등을 이용해야 한다. 그리고 비용이 화석에너지보다 비싸기 때문에 친환경에너지가 활성화되기 위해서는 고효율 시스템을 구축하는 것이 매우 중요하다. 또한 외부 환경에 따라 생산량이 크게 좌우되는 태양광발전이나 풍력발전 등을 효율적으로 사용하기 위해서는 다양한 정보통신 기술이 요구된다. 스마트그리드, 디지털 트윈, 블록체인, 인공지능 등의 다양한 정보통신 기술이 친환경에너지 시스템을 보다 효율적으로 사용하는 데 유용하게 쓰일 것이다. 서로 다른 기술의 조화는 매우 중요하다. 석유정제기술의 발달과 더불어 엔진기술의 발달이 조화를 이루어 석유에너지시대가 활성화되었듯이 친환경에너지 시스템과 더불어 인공지능의 발달이 조화를 이루어 고효율·저소비 구조의 친환경에너지 시대가 다가올 것으로 예측된다. 이 과정에서 지혜로운 인공지능의 개발은 친환경에너지 시스템을 통합함에 있어 매우 중요한 역할을 할 것으로 예측되며, 어떻게 지혜로운 인공지능을 개발할 것인지는 여전히 숙제로 남아있고 정부는 이러한 신산업의 활성화를 위하여 많은 관련분야 사람들이 창업을 할 수 있도록 정책적인 지원을 아끼지 않아야 할 것이다. 또한 정부차원에서 친환경에너지와 4차 산업혁명을 결합한 새로운 기술 및 학문 분야를 육성하고, 많은 인재들을 확보할 수 있는 방안을 고려해야 할 것이다.

2021년 12월

저자 일동

■ 목 차

제1장 4차 산업혁명과 에너지

제2장 신재생에너지

제4장 풍력에너지

제1장 4차 산업혁명과 에너지

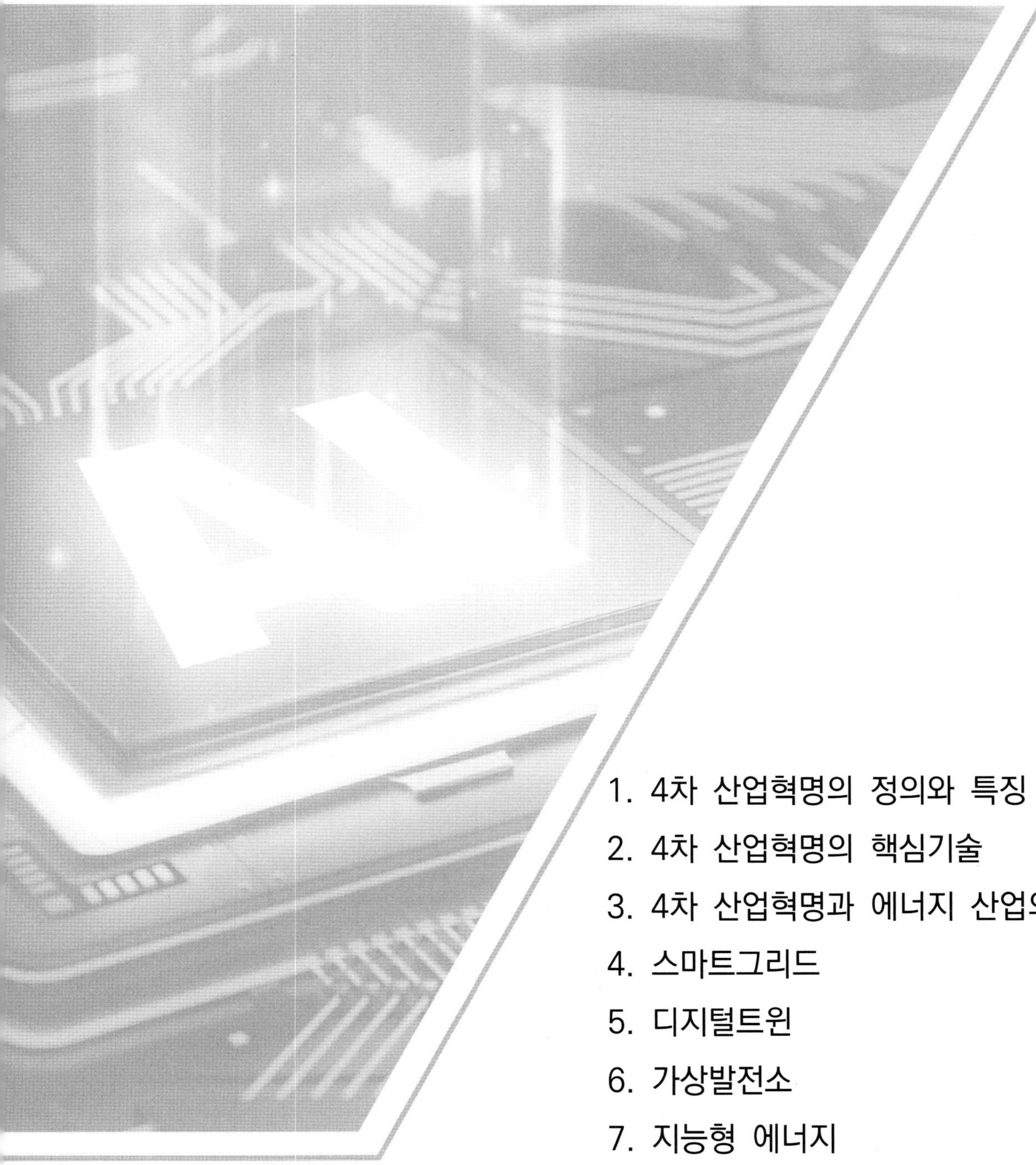

1. 4차 산업혁명의 정의와 특징
2. 4차 산업혁명의 핵심기술
3. 4차 산업혁명과 에너지 산업의 디지털화
4. 스마트그리드
5. 디지털트윈
6. 가상발전소
7. 지능형 에너지

제1장 4차 산업혁명과 에너지

1. 4차 산업혁명의 정의와 특징

1-1. 4차 산업혁명의 정의

4차 산업혁명이란 디지털 혁명에 기반하여 물리적 공간, 디지털 공간 및 생물학적 공간의 경계가 희석되는 기술융합의 시대를 의미한다. 4차 산업혁명이라는 용어는 본래 2010년 발표된 독일의 High-tech Strategy 2020의 10대 프로젝트 중 하나인 Industry 4.0에서 제조업과 정보통신이 융합된 단계를 의미하면서 사용되었다. 글로벌 경제의 저성장 기조와 생산성 하락으로 인해 신성장 동력이 필요한 가운데 주요국들이 산업경쟁력 강화 전략을 추진하면서 4차 산업혁명이 촉발된 가운데 2016년 1월 스위스 다보스에서 열린 세계경제포럼에서 이슈화되면서 세계는 4차 산업혁명에 관심을 집중하게 되었다. 이처럼 글로벌 경제 침체에서 비롯한 변혁이 3차 산업혁명의 진화가 아니라 제4차 산업혁명인 이유는 변화의 속도, 범위, 사회시스템으로의 영향력이 비선형적으로 진행되고 기하급수적으로 커지고 있기 때문이다. 이러한 기하급수적인 변화의 주요 동인으로 전문가의 68.4%는 AI, 데이터, 네트워크 기술의 발전을 지적하고 있다[1].

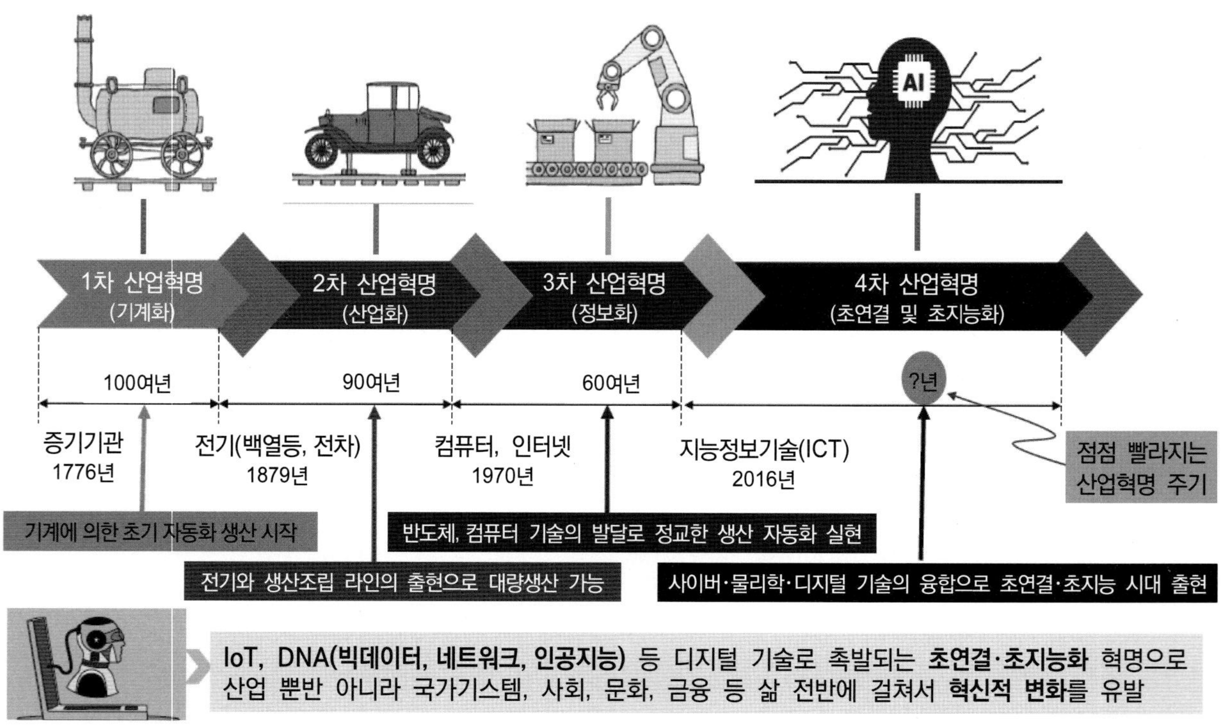

그림 1. 각 산업혁명의 단계별 변화

1) 대전시 4차 산업혁명 대응방안, 대전세종연구원(강영주, 황혜란, 김성표, 임성복), 2020.

4차 산업혁명은 기계의 지능화를 통해 생산성이 고도로 향상되어 산업구조의 근본이 변하는 것으로 지능정보기술이 변화의 동인이다. 지능정보기술은 수확체증이 가능할 정도의 높은 생산성을 제공하며 기존 생산요소(노동, 자본)를 압도하여 산업구조 재편을 촉발하고 있다. 4차 산업혁명은 ICT 기반 기술과 첨단 디지털 기술이 융합되고 사람+장소+사물+제품이 인공지능 기반으로 초연결되는 새로운 세상이다. 4차 산업혁명은 이전의 세 가지 혁명과 근본적으로 다르다.

표 1. 각 산업혁명의 단계별 상세 변화

		1차 산업혁명	2차 산업혁명	3차 산업혁명	4차 산업혁명
시기		18세기 후반	19~20세기 초	20세기 후반	200년대 이후
연결성		국가내부 연결성 강화	기업-국가간 연결성 강화	사람·환경·기계의 연결성 강화	자동화, 연결성의 극대화
최초 사례		방직기 (1784)	신시내티 도축장 (1870)	PLC : Modicon 084 (1969)	-
혁신 동인		증기기관 (Steam Power)	전기에너지 (Electric Power)	컴퓨터, 인터넷 (Electronics & IT)	IoT, 빅데이터, AI 기반 초연결 (Hyper-Connection, CPS*)
		동력원의 변화 (유형자산 기반)		정보처리 방식의 변화 (무형자산 기반)	
특징	원인	기계화	전기화	정보화	지능화
	결과	산업화 (Indutstrialisation)	대량생산 (Mass Production)	자동화 (Automation)	자율화 (Autonomisation)
				기계, SW가 데이터를 생산	데이터가 기계, SW를 제어
현상		영국 섬유공업의 거대 산업화	컨베이어 벨트 활용 기반 대량생산 달성화 미국으로 패권 이동	인터넷 기반의 디지털 혁명, 미국의 글로벌 IT기업 부상	사람-사물-공간의 초연결, 초지능화를 통한 산업구조 개편

출처 : 산업경제분석 (4차 산업혁명, 주요 개념과 사례), KIET, 2017

사물인터넷, 클라우드, 빅데이터, 모바일, 소셜미디어의 ICT 기반 기술에 인공지능(AI), 로봇, 가상현실(VR), 증강현실(AR), 사물인터넷(IoT), 3D 프린터, 바이오 기술, 양자컴퓨터 등 첨단 디지털 기술들이 동시다발적으로 융합하여 일어나는 기술 주도형 사회의 대혁명이라 할 수 있다[2].

그간 다양한 논의에 의하면, 4차 산업혁명은 20 세기 후반 이후 정보통신기술을 기반으로 한 인 터넷 확산과 정보처리 능력의 획기적 발전을 기초로 하며, IoT, 클라우드, 빅데이터 및 인공지능 등 의 디지털화를 기반으로 물리적·생물학적 영역을 포함한 모든 영역의 경계가 없어지고 연결성이 극대화되는 한편, 융합이 가속화되어 기존과 완전히 다른 체계의 생산과 소비 패러다임의 디지털 경제를 일컫는 것으로 정리될 수 있다. 산업혁명이라는 개념 자체가 기존 체제의 운영방식을 획기적으로 고도화 및 변혁한다는 측면에서 볼 때, 1차와 2차 산업혁명은 각각 새로운 동력원의 등장으로 인한 기계의 육체노동 대체와 전기에너지로의 진화로 인한 효율성 증대를 통한 시장경제의 활성화와 관련이 깊다. 한편, 3차와 4차 산업혁명은 정보화 및 이의 진화로 인한 기계의 지식노동 대체와 이를 통한 시장경제의 재편과 관계가 깊다. 즉, 컴퓨

2) 4차 산업혁명 시대를 이끄는 핵심 기술동향, 임베디드소프트웨어·시스템 산업협회, 2017.

터 및 인터넷 등을 기반으로 한 다양한 정보의 산출과 교류에 3차 산업혁명의 핵심이 있다고 보면, 4차 산업혁명은 정보의 단순한 산출, 축적 및 교류에 그치지 않고, 실시간의 완전한 연결성을 통한 대량정보의 산출, 소통 및 융합과 이를 기반으로 한 지능화를 통하여 연결된 모든 것의 자율화를 추진하는 데에 있다. 다시 말해, 3차 산업혁명까지는 하드웨어 중심의 방식이었다면, 4차 산업혁명에서는 소프트웨어에 기계를 결합하는 방식으로 이동하며, 데이터가 가치창출의 핵심에 위치하고 있다는 것이다. 또한 3 차 산업혁명의 핵심 키워드가 IT기술을 기반으로 한 정보화, 자동화였다.

다면 4차 산업혁명의 핵심 키워드는 초연결(Hyper-Connectivity) 기반의 지능화(Intelligence)를 통한 자율화(Autonomisation) 라고 볼 수 있다. 여기서 연결성은 물리적 공간과 인터넷상의 공간이 연결되어 다양한 데이터가 발생 및 이동되는 것이며, 지능화는 집적된 데이터의 분석 및 활용을 통해, 실제 현실의 사물 제어가 가능한 수준이 되는 것이며, 자율화는 이를 통해 제품 생산과 서비스가 자율적으로 이루어지는 것을 말한다[3].

1-2. 4차 산업혁명 이외의 단계별 특징

제1차 산업혁명의 주요한 특징 중 하나는 인류의 산업 중심이 농업에서 공업으로 이동하였다는 점이다. 산업혁명의 중심지였던 영국은 다른 나라보다 먼저 봉건제가 해체되고 정치적인 안정이 이루어지면서 기존보다 훨씬 자유로운 농민층이 등장했다. 이러한 농민들이 공장의 노동자로 들어가기 위해 도시로 몰려들었으며, 이는 산업이 농업에서 공업으로 바뀌는 주요한 동력이 되었다. 또한 영국은 해외에 많은 식민지를 가지고 있어서 자원을 쉽게 확보할 수 있었다. 산업혁명 이전에 제품의 생산은 수공업에 의존하였으며, 이마저도 가족들이 사용할 물건을 자급자족하거나 간혹 주문이 들어온 제품을 집에서 생산하는 가내수공업이 전부였다. 산업혁명 시기에는 해외까지 시장이 넓혀지면서 부유한 상인이나 수공업자는 공장을 짓고 상당수의 직공을 모아 도구나 원료를 넘겨주고 그들에게 품삯을 지급함으로서 제품을 생산하는 공장제 수공업 형태로 바뀌게 된다. 그러던 것이 각종 기계가 발명되면서 사람이 손으로 하던 일을 기계가 대신하는 공장제 기계공업이 등장하게 된다. 제1차 산업혁명의 가장 중요한 기술적 진보는 증기 기관의 발명이다. 증기 기관은 거대한 기계를 움직일 수 있는 중요한 동력이었을 뿐만 아니라 대량 생산 공장이 출현하고 발달할 수 있는 밑거름이 되었다. 건설에 대한 요구가 증대되어 각종 도로, 철교, 시설 등을 건설하기 위한 대량의 철이 필요했으며, 이는 철강 기술의 발전을 가져왔다. 도시에 노동자가 많이 거주하고 도시가 발달함에 따라, 의류에 대한 대량 수요가 발생하여 직물 방직기가 발명 되었다.

제1차 산업혁명이 증기기관과 석탄을 이용한 경공업 부문을 중심으로 시작되었던 것과 달리 제2차 산업혁명은 중화학 중심으로 진행되었으며, 전기를 에너지원으로 하는 새로운 동력의 출현으로 자동차와 같은 새로운 산업 분야가 등장하였다. 제1차 산업의 중심이었던 영국은 쇠퇴하고 미국과 독일이 철강, 자동차, 전기, 화학 등의 분야에서 세계 산업의 중심이 되기 시작하였다. 노동의 분업과 전기 사용으로 인해 생산력이 비약적으로 발전하였고 대량 생산 체제가 등장했다. 이후, 대량 생산 체제는 자본주의 경제의 기본 생산 체제로 자리잡게 되었다. 대량 생산 체제는 필연적으로 석유, 고무, 구리와 같은 제품 원료에 대한 수요를 폭발적으로 증가시켰다. 자국 내에서는 원료를 확보하지 못한 주요 강대국들은 해외에 눈을 돌렸고, 원료가 풍부하고 힘이 약한 나라들을 침략하여 식민지로 만드는 제국주의가 만연하게 되었다. 식민지를 확보한 강대국들은 팽창주의 정책으로 인해 서로 충돌하기도 하였고 파시즘적 경향을 보이는 국가가

---

3) 대전시 4차 산업혁명 대응방안, 대전세종연구원(강영주, 황혜란, 김성표, 임성복), 2020.

다수 출현하였다. 이러한 환경은 결국 두 차례에 걸친 세계 대전을 촉발시켰고 역설적이게도 잦은 전쟁의 결과가 과학기술의 비약적인 발전을 가져오게 되었다. 세계 대전 이전에는 과학기술이 독일, 영국, 프랑스와 같은 서유럽 중심으로 발전하였으나 2차 대전이 끝난 1950년대부터는 미국과 소련 중심으로 발전하였다. 특히, 산업혁명 후반기에는 과학적 진보가 대규모로 급속하게 이루어 졌다. 이에 따라 과학기술이 일상생활에 영향을 미치는 범위가 점점 넓어졌으며 실생활에 응용하는 속도도 빨라졌다. 제2차 산업혁명의 주요한 기술적 진보로는 최초의 전기 제품 발명과 전기 발전소의 등장, 가솔린 자동차의 발명, 전화기의 발명 등을 들 수 있다. 제 1차 산업혁명이 증기 기관을 주요한 동력으로 삼았다면, 2차 산업혁명에서는 전기가 중요한 동력으로 등장하였다.

제3차 산업혁명을 한마디로 정의하면 정보통신기술 혁명이라고 할 수 있으며, 미국이 그 중심이 되었다. 개인용 컴퓨터의 등장으로 정보와 데이터를 처리할 수 있는 환경이 도래하였고 개인용 컴퓨터는 거의 모든 분야에서 사용되기 시작하였다. 이때부터 흔히 말하는 디지털화가 전세계적으로 진행되었고 인간의 생활을 편리하게 해주는 각종 디지털 기기가 홍수처럼 쏟아지기 시작했다. 산업구조에서는 인터넷의 출현으로 기존의 제조업에서 볼 수 없었던 형태의 온라인 기업이 다수 등장했다. 시장에서는 이러한 기업들이 실제로 영업이익을 내고 살아남을 것이라고 예상하지 못했으나, 현재 수많은 온라인 기업이 탄생하여 발전하고 있다. 또한 컴퓨터의 발전은 공장 자동화를 급속하게 가속하기 시작했으며, 이로 인해 컴퓨터가 기존의 일자리를 대체하는 현상도 다수 목격되고 있다. 3차 산업혁명의 중요한 기술적 진보는 컴퓨터의 등장과 인터넷의 출현일 것이다. 인터넷은 전세계를 하나의 생활 공동체로 만들고 있으며, 지식을 소수가 독점하던 시대에서 다 같이 공유하는 시대로 바꾸어 놓고 있다. 1차, 2차 산업혁명과 비교하면 그 내용과 폭이 훨씬 다양하고 범위가 넓다. 회로를 집적한 현대적 의미의 컴퓨터는 1949년 폰 노이만에 의해 만들어진 애드박(EDVAC)이라고 할 수 있다. 노이만은 컴퓨터의 구조를 데이터를 입력하고 출력하는 입출력 장치(IO, Input Output), 정보를 저장하고 기억하기 위한 기억장치(Memory), 연산을 수행하는 중앙 처리 장치(CPU, Central Processing Unit)라는 세 부분으로 정의하였다. 이러한 구조를 흔히 폰 노이만 구조(Von Neuman Architecture)라고 명명하며, 오늘날까지 모든 컴퓨터의 기본 구조로 사용되고 있다. 3차 산업혁명의 또 하나의 중요한 기술적 진보는 인터넷의 탄생이다. 인터넷은 미국 국방성에서 통신을 위한 용도로 만든 유선 연결망이었다. 이것이 전세계로 퍼져 나가면서 하나의 거대한 통신망으로 발전하였다. 인터넷에서 통신을 위한 프로토콜로 개발된 것이 TCP/IP 프로토콜이다. 이 프로토콜에서는 각 컴퓨터를 구별하기 위한 32바이트 또는 64바이트의 주소를 할당하고 데이터의 앞부분에다 이 주소를 붙여서 인터넷으로 전송한다. 수신하는 쪽에서는 데이터의 앞부분에 붙어있는 헤더의 주소를 보고 자신의 주소가 붙어있으면 이를 받아서 헤더를 제거하고 데이터를 가져온다(IP 프로코콜 원리). 만약 자신이 보낸 데이터가 연결이 끊기거나 데이터가 너무 많아서 중간에 사라지거나 오류가 발생하면 이미 보냈던 데이터를 한 번 더 보내게 된다(TCP프로토콜 원리). 이러한 인터넷의 등장은 전세계에 존재하는 정보에 대한 접근 평등성과 개방성을 향상시켰으며, 각 나라의 민주주의에도 많은 기여를 하였다. 3차 산업혁명의 중요한 기술적 진보는 휴대폰의 발명과 이동통신기술의 발전이다. 휴대폰과 같은 모바일 기기의 대중화는 산업구조와 일상생활을 획기적으로 바꾸어 놓았다. 사람간의 의사소통도 휴대폰을 통해 이루어지고 있으며 개인의 금융 서비스, 교육과 같은 부분들도 휴대폰 중심으로 바뀌고 있다. 사람 간의 대화가 가능한 최초의 상용 휴대폰은 모토로라가 개발한 다이나택이다. 다이나택은 사람들이 들고 다니기에는 크기가 너무 커서 주로 차 안에서 사용되었다. 이후 크기가 작아지고 배터리 용량도 늘어나면서 눈부신 발전을 이루었다. 휴대폰 기기의 발전과 더불어 이동통신 기술도 속도와 품질면에서 눈부신 발전을 이루게 되었다[4].

1-3. 4차 산업혁명의 특징[5)]

(a) 모든 사물이 연결되는 시대

2016년 다보스 포럼에서도 4차 산업혁명의 중요한 특징으로서 "사물들이 서로 연결되고 지능화되어 진화하는 사회가 되고 있다"는 점을 언급한 바 있다. 4차 산업혁명과 함께 초연결 시대가 열리는 것이다. 초연결 시대란 인간, 물건, 장소 등 모든 사물이 무선망 또는 유선망으로 서로 연결되어 모든 사물에 대한 데이터가 생성·수집되어 서로 공유·활용되는 사회를 의미한다. 물론, 기기와 사물 같은 무생물 객체끼리도 네트워크를 바탕으로 상호 유기적인 소통이 가능해진다. 공장의 모든 생산 요소는 물론하고 일상생활의 모든 전자 기기들이 서로 연결되어 자동으로 정보를 주고받고 진화되는 환경이 도래하는 것이다. 현재 우리는 스마트폰과 같은 모바일 기기에 장착된 센서를 통해 정보를 수집하고 네트워크에 연결하여 사용하고 있다. 이러한 연결은 기계끼리는 물론 사람과 기계, 공장 내의 생산 장비, 제품 설비, 작업자, 국내 공장, 해외 공장, 공급망 회사, 서비스 회사끼리 모두 서로 연결되어 생산 및 유통이 이루어진다. 이러한 초연결 시대에는 무선망의 속도 및 데이터 전송량이 현재보다 수십 배 이상 증가할 것으로 예측된다. 초연결 시대의 특징은 사람과 사람, 사물과 사람끼리도 시공을 초월하여 유기적으로 소통할 수 있는 환경이 도래하며, 산업간의 경계가 무너지고 융합이 급속하게 진행된다. 산업뿐 아니라, 사회, 문화, 경제, 금융 영역에서 급속한 변화가 발생하고 향후에도 더욱 가속화될 것이다.

(b) 인공지능이 모든 분야에서 사용되는 시대

4차 산업혁명에서 많은 사람이 주목하고 있는 주제는 인공지능이다. 최근 한국에서 인공지능이 관심을 받았던 이유는 2016년 3월 구글에서 개발한 인공지능 컴퓨터인 알파고와 한국의 바둑 천재인 이세돌의 대결에서 대다수 사람의 예상을 깨고 알파고가 크게 승리했기 때문이다. 이로 인해, 국민들이 이 기술에 대해 폭발적인 관심을 보였고 학자들에 의해 미래 사회에 어떠한 영향을 끼칠지에 대한 수많은 논의가 이루어졌다. 사실 알파고가 등장하기 이전부터 이미 인공지능 융합 기술은 꾸준히 발전하고 있었다. 기존 AI 기술은 자연어 처리에 기반을 둔 인간과 기계 인터페이스 기술에 많이 활용되었으며, 대표적인 예로 2011년 애플이 개발한 시리(Siri) 서비스를 들 수 있다. 2017년 상반기 학계에서 가장 큰 관심을 끈 주제는 4차 산업혁명이었으며, 학술 논문 사이트 디비피아가 동년 11월에 공개한 1~6월 논문 이용 수 순위에 따르면 1~7위와 10위가 4차 산업혁명에 관한 논문이었으며, 이 가운데 1위는 이용 수 4천941건을 기록한 '인공지능과 제4차 산업혁명의 함의'가 차지했다.

앞으로 인공지능 기술이 더욱 발전하면서 산업계의 각 분야에서 인공지능 기술이 융합되면서 생산성 향상 및 산업의 혁신을 유발할 것으로 예측된다. 그림 2에서 보듯이 현재 인공지능 기술은 각 산업 분야에서 이미 활용되고 있으며, 앞으로 더욱 확대될 것으로 예측된다. 먼저, 의료 분야의 예로서는 IBM이 개발한 왓슨 시스템을 들 수 있다. 왓슨은 미국의 제퍼디(Jeopardy)라는 퀴즈쇼에 출전하여 우승을 차지함으로서 많은 사람의 관심을 받았으며, 현재는 의료용으로 많이 활용되고 있다. 연구 결과에 의하면 기존 진료 방식대로 의사가 암을 진단할 경우 정확도가 56%였던 반면, 왓슨이 1100테라바이트의 데이터를 기반으로 하여 진단을 하였을 경우, 정확도는 96%까지 상승하는 것으로 나타났다.

금융 분야에서는 인공지능이 은행 상담, 대출 심사, 주식 투자, 채권과 외환 투자, 자산 관리 영역까지 대폭 확대될 것으로 예측된다. 무인 자동차 분야에서 인공지능이 활용되는 분야는 차량 경보 기능과 관련

4) 4차 산업혁명 기술과 지식재산권, 특허청, 국제지식재산연수원.

5) 4차 산업혁명 기술과 지식재산권, 특허청, 국제지식재산연수원.

된 영역이다. 이 기능을 구현하기 위해서는 전방에 사람이나 동물이 나타나는 돌발 상황을 차가 인지하고 급정거할 수 있어야 한다. 사람이나 동물이 어느 위치에서 출현할지는 아무도 모른다. 따라서 여러 위치에서 출현하는 영상을 훈련 데이터로 입력한 후에 이를 기계학습시켜서 컴퓨터가 스스로 판단하는 인공지능 기술이 도입되어 사용되고 있다. 법률 분야에서도 인공지능에 대한 활발한 실험이 이루어지고 있으며, 일부는 이미 현업에 활용하고 있다. 미국의 모 법률회사에서는 변호사 업무의 일부를 인공지능이 담당하고 있으며, 재판하는 업무를 실험해 보았더니 약 79%의 정확도가 나왔다고 한다.

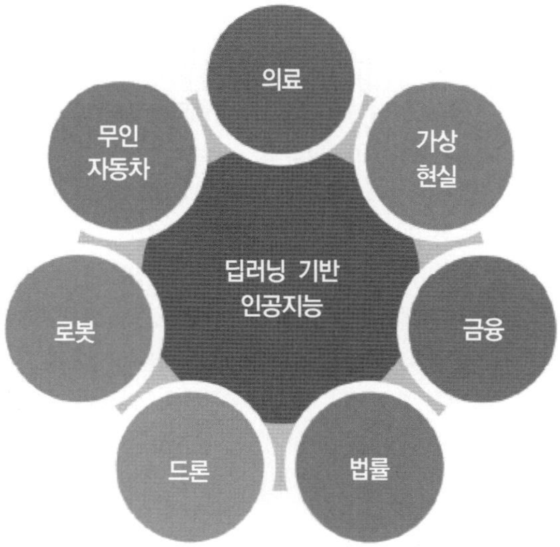

그림 2. 인공지능 활용분야

(c) 개인 맞춤형 다품종 소량 체제

지금까지 자본주의를 지탱했던 생산 시스템은 대량생산 대량소비였다. 하지만, 제4차 산업혁명 이후에는 다품종 소량생산의 개인 맞춤형 생산으로 바뀔 것으로 예상된다. 개인 맞춤형 생산이란 소비자가 필요한 물건을 생산자에게 요청하면 생산자는 설계도만 제작하고 3D프린터가 설계도에 따라 제품을 자동으로 만들어낸 후 드론이나 정보통신기술이 융합된 배달 시스템을 통해 소비자에게 바로 배달되는 것을 말한다. 즉, 생산자 중심의 자본주의에서 소비자 중심의 자본주의로 전환되는 것이다. 이를 가능하게 하는 두 가지 중요한 기술이 스마트팩토리와 3D 프린팅 기술이다. 3D프린팅 기술은 짧은 시간 내에 소비자가 원하는 제품을 원하는 형태로 만들 수 있는 기술로서 저비용의 다품종 소량 생산 체제를 더욱 확대할 것으로 예측된다. 스마트팩토리는 제품의 설계, 생산, 판매, 배달의 전 과정에 사물인터넷을 비롯한 정보통신기술을 융합해 생산성을 획기적으로 개선하는 공장 혁신 시스템이다. 스마트팩토리는 공장 자동화와 비슷한 개념이기는 하지만 차이점이 존재한다. 공통점은 둘 다 생산 시설에 사람이 별로 없으며, 대부분의 관리는 자동화되어 있고, 생산은 로봇이 한다는 것이다. 차이점은 공장 자동화가 하나의 제품을 대량 생산하는 데 초점을 맞추고 있어서 새로운 디자인의 제품을 만들기 위해서는 제조 공정과 생산 설비를 대량으로 교체해야 하는 단점이 존재한다는 것이다. 반면, 스마트 팩토리는 공장 내부에 다양한 생산 시설과 설비들이 무선 네트워크로 모두 연결되어서 데이터를 수집하고 전송한다. 이것의 분석을 통해 공장 컴퓨터가 스스로 의사결정을 하기 때문에 실시간으로 제품 생산이 이루어지는 다품종 생산에 최적화된 시스템이다.

(d) 범위가 넓고 빠른 속도시대

제4차 산업혁명의 첫 번째 특징은 기존과는 비교할 수 없는 매우 빠른 속도로 진행된다는 점이다. 기존의 1차, 2차, 3차 산업혁명이 진행되는 데 100년 이상이 걸렸으나, 4차 산업혁명은 20년 내의 단시간에 진행될 것으로 예측된다. 특히, 4차 산업혁명은 어느 한 산업 분야에서만이 아니라 산업 전 분야에 걸쳐 광범위하게 영향을 받을 것으로 예측된다. 또한 인공지능을 필두로 한 정보 통신 기술의 발전으로 인해 서로 단절되어 있던 분야들 간에 융·복합이 이루어지면서 사회·경제 차원의 혁신적인 변화를 가져올 것이다. 세계경제포럼에서 제시하는 4차 산업혁명을 추동하는 핵심 기술은 아래의 표2와 같다.

표 2. 4차 산업혁명의 핵심기술

대 분 류	기 술	의 미
물리학 (Physics)	자율주행차	운전자 없이 인공지능으로 운행되는 자동차
	3D 프린팅	제품을 설계도에 따라 자동으로 생산
	로봇공학	지능형 로봇이 인간의 노동을 대신함
	그래핀	강도는 200배 이상 두께는 머리카락의 100분의 1인 최첨단 소재
디지털 (Digital)	사물인터넷	모든 기기와 사물이 언제 어디서나 상호 연결되어 동작
	블록체인	금융 거래 내역을 분산 저장하여 조작을 방지하는 기술로서 비트 코인의 기초가 됨
생물학 (Biological)	유전학	인간의 유전자를 분석하여 질병 예방에 활용
	합성생물학	DNA를 합성하여 새로운 유전체를 제작하는 기술
	유전자 편집	유전체에서 질병을 야기하는 유전자의 일부를 제거하는 기술

출처 : 클라우스 쉬밥(2016)

2. 4차 산업혁명의 핵심기술[6)]

2-1. 인공지능 (Artificial Intelligence, AI)

4차 산업혁명을 추동(推動)하고 있는 핵심기술은 인공지능이다. 국내에서는 이세돌과 구글에서 개발한 인공지능 기계인 알파고 사이의 바둑대결에서 알파고가 승리하면서 사람들로부터 많은 주목을 받았다. 인공지능의 정의를 가장 쉽게 이해할 수 있는 사례로 카메라가 사람의 얼굴을 인식하는 예를 들 수 있다. 보통 사람이 다른 사람의 얼굴을 알아볼 수 있는 것은 평소에 그 사람의 얼굴을 자주 보았기 때문이다. 대부분의 사람들이 다른 사람의 얼굴을 한 번만 보고서 나중에 그 사람을 알아보는 경우는 아주 드물다. 물론, 어떤 사람은 한 번만에 알아보기도 한다. 다른 사람을 알아보기 위해서는 그 사람의 얼굴형, 입 모양, 코의 크기와 같은 얼굴의 특징을 자주 보거나 그 사람에 대한 사진을 자주 들여다보아야 한다. 즉, 다른 사람의 얼굴에 대해서 학습하는 과정이 있어야 나중에 알아볼 수 있는 것이다. 학습을 여러 번 반복적으로 하게 되면 나중에 정확히 다른 사람을 알아볼 확률이 증가할 것이다. 인공지능은 바로 인간의 학습 과정을 모방하여 컴퓨터가 대량의 빅데이터를 이용한 학습능력을 갖추도록 함으로서 스스로 인지·추론·판단을 내릴 수 있는 능력을 갖게 하는 것이다.

(a) 머신러닝(Machine Learning, 기계학습)

인간은 태어나면서부터 부모와 주위 사람들로부터 끊임없이 배우고 응용할 수 있는 학습 능력을 갖고 있기 때문에 일정 시간이 지나면 문제를 스스로 해결할 수 있는 능력이 생긴다. 이것은 인간을 자연계의

6) 4차 산업혁명 기술과 지식재산권, 특허청, 국제지식재산연수원.

다른 생물보다 훨씬 뛰어나게 만드는 중요한 특징 중의 하나이다. 기계학습은 바로 이러한 인간의 능력을 모방하여 컴퓨터가 훈련 데이터를 통해 스스로 새로운 것을 학습하고 문제해결을 할 수 있도록 하는 기술이다. 기계학습에서는 컴퓨터가 학습을 통해 하나의 문제를 해결한 후에 그 추론과정에서 얻은 경험을 바탕으로 시스템의 지식을 수정 및 보완을 한다. 다음에 그 문제 또는 비슷한 문제가 나오면 처음보다 더 효율적이고 정확하게 문제를 해결할 수 있게 되는 것이다. 기계학습을 통해 컴퓨터가 학습능력을 갖추게 되면 어떤 문제에 대한 의사결정이나 판단을 스스로 내릴 수 있게 되며, 프로그래머가 직접 프로그램을 만들지 않아도 새로운 문제를 해결할 수 있게 된다. 따라서 1959년 아서 사무엘은 기계학습을 '해결해야 할 문제를 코드로 프로그램하지 않은 동작을 데이터로부터 학습하여 실행할 수 있도록 하는 알고리즘을 개발하는 연구 분야'로 정의한 바 있다. 기계학습의 종류는 지도학습과 자율학습으로 구분할 수 있다.

지도학습(Supervised Learning)은 말 그대로 컴퓨터가 지도를 받으면서 학습을 수행한다는 뜻이다. 정답이 있는 훈련용 데이터(Training Data)를 이용하여 데이터의 특성을 나타내는 함수를 찾아낸 후 찾아낸 함수를 통해 컴퓨터가 알아서 답을 찾도록 만드는 것이다. 따라서 지도학습은 명확한 입력값과 출력값이 존재한다. 지도학습의 예로서 이미지 내에서 얼굴을 찾아내는 기술을 들 수 있다. 얼굴을 찾아내기 위해서는 사람의 얼굴 사진을 컴퓨터에 학습을 시킨다. 이때, 단지 몇 개의 사진을 학습시켜서는 사진 안에 얼굴이 있다는 확신을 가지기 힘들다. 그래서 많은 양의 얼굴 사진을 학습 데이터로 사용하며, 많이 하면 할수록 더욱 정확히 얼굴을 판별하기 쉬운 것이다. 이처럼, '이건 사람의 얼굴이다'라는 것을 알려주고 수백 장의 얼굴 사진을 학습 시키는 방법을 지도학습이라고 한다. 즉, '이건 사람의 얼굴이다'라는 정답이 있는 데이터들을 통해 학습을 진행하는 방식이라고 할 수 있다. 지도학습을 통해 컴퓨터가 얻어내는 학습 정보는 사람의 눈, 코, 입, 위치와 같은 특징들이다. 이 정보들을 이용해서 나중에 사진을 보고 사람의 얼굴을 찾아내는 것이다. 이러한 지도학습에 기반을 둔 인공지능 기법(또는 알고리즘)에는 회귀 분석, 의사 결정 트리, 신경망 알고리즘, 나이브 베이즈, 연관 규칙 등이 있다.

자율학습(Unsupervised Learning)에서는 지도학습과 같이 동일하게 훈련용 데이터를 통해 학습을 수행하지만 데이터에 대한 정답이 주어지지 않는다. 예를 들어, 다양한 수백 종류의 동물 사진들을 입력하고 이를 호랑이, 고래, 거북이 등으로 분류하는 작업을 생각해 보자. 비(非)지도 학습에서 각 사진이 호랑이인지 고래인지 거북이인지 컴퓨터에 알려주지 않는다. 사진에 나와 있는 동물들의 특징을 분석해서 비슷한 것끼리 분류만 해놓을 뿐이다. 이때, 컴퓨터는 분류해 놓은 사진이 어떤 동물인지 알지 못한다. 비슷한 것끼리 분류할 때 데이터 간의 거리를 계산하여 값의 차이가 적은 것끼리 분류해 놓는다. 학습이 잘된 상태라면 사진을 줬을 때 호랑이, 고래, 거북 등을 잘 판별할 수 있지만, 훈련 데이터가 적거나 잘못된 입력 데이터를 사용하였을 경우에는 고래를 호랑이로 또는 거북이를 고래로 판별할 수도 있다. 따라서 이것은 컴퓨터가 알아서 데이터를 분류하고 의미 있는 값을 보여주거나 데이터가 어떻게 구성되어 있는지 밝히는 데 주로 사용되는 학습 방법이다. 자율학습은 계산을 반복하면서 가장 적합한 가중치 계수를 찾아내고 정답 정보가 없는 상태에서 학습을 통해 모델을 만들어낸다. 비(非)지도학습을 사용하는 인공지능 알고리즘에는 군집화 기법이 있다. 군집화란 주어진 데이터를 특성에 따라 여러 개의 그룹으로 분류하는 것을 말한다.

(b) 딥러닝 (Deep Learning)

딥러닝은 캐나다 토론토 대학의 제프리 힌튼 교수에 의해 처음 제안된 인공지능 기술이다. 이 기술에서도 기존에 이미 나와 있던 신경망을 사용한다. 제안된 기법에서는 기존에 신경망에서 문제가 되었던 부분을 데이터 전처리 과정을 통해 해결하였다. 딥러닝이 등장하기 전에 문제가 되었던 부분은 신경망 기법에서 사용하는 최적화(Optimization) 알고리즘 적용 부분에서 발생한다. 최적화란 인공지능이 정답과 비슷한 여러 개의 답을 대입해 가며 최적의 해를 찾아가는 과정이다. 이 과정에서의 문제점은 최적화 과정을 수행해서 나중에 값을 확인해 보면 정답이 아니라 오답이 나온 경우가 빈번히 발생한다는 것이었다. 이 문제를 힌튼 교수는 데이터 전처리 과정을 통해 해결하였다. 이 방법은 인공신경망의 각 층을 먼저 자율학습(Unsupervised Learning)을 통해 잘 만들어 놓고 대량의 빅데이터를 통해 오랫동안 학습시킨다. 대량의 데이터 학습은 수백 개의 CPU가 집적된 슈퍼 컴퓨터의 등장으로 가능하게 되었다.

2-2. 빅데이터 (Big Data)

1970년 초에는 데이터를 보관하기 위해서 컴퓨터에 파일로 저장을 하거나 데이터베이스에 저장하였으며, 데이터의 형태도 형식이 미리 정해져 있는 정형 데이터가 대부분이었다. 하지만, 1990년 이후 휴대폰과 인터넷이 등장하면서, 기존의 데이터 형태와는 다른 비정형 데이터가 폭발적으로 늘어났으며, 이로 인해 빅데이터라는 개념이 등장하였다. 가트너 그룹의 더그 레이니에 의하면, 빅데이터는 세 가지 특징을 가진 데이터로 정의할 수 있다. 첫째, 기존의 크기와는 비교할 수 없는 대용량 크기를 가진 데이터이다. 둘째, 데이터의 형태가 아주 다양하다. 셋째, 데이터의 증가 속도가 매우 빠르다. 빅데이터를 처리하기 위한 기술은 수집, 저장, 처리, 분석, 시각화, 빅데이터 정보 보호로 구분할 수 있다.

(a) 빅데이터 수집 기술

빅데이터의 형태는 크게 정형 데이터, 비정형 데이터, 반정형 데이터로 구분할 수 있다. 정형 데이터는 고정된 형식을 가진 데이터를 의미하는 것으로, 대표적인 예는 데이터베이스에 저장된 데이터를 들 수 있다. 비정형 데이터는 고정된 형식이 없는 데이터를 의미하는 것이며, 트위터나 페이스북과 같은 소셜 데이터를 예로 들 수 있다. 반정형 데이터는 정형 데이터와 비정형 데이터가 섞여 있는 형태의 데이터를 의미하는 것으로 XML이나 HTML 형태의 데이터가 그 예이다.

표 3. 빅데이터의 종류

빅 데이터 종류	설 명	예
정 형 데이터	데이터 형식이 정해져 있음	데이터 베이스, 엑셀
비정형 데이터	데이터 형식이 없음	트위터, 이메일 등
반정형 데이터	정형 데이터와 비정형 데이터가 섞여 있음	XML, HMTL 형태

수집해야 할 빅데이터는 크게 내부 데이터와 외부 데이터로 구분할 수 있다. 내부 데이터는 조직이나 기관 내부에서 보관하고 있는 파일, 데이터베이스, 센서 등으로부터 수집하는 데이터이며, 외부 데이터는 게시판, 트위터, 블로그, 페이스북 등 외부로부터 수집하는 데이터를 의미한다. 특히, 빅데이터는 기존의 데이터 양보다 수십, 수백 배 크기 때문에 자동화된 소프트웨어를 이용하여 수집한다. 빅데이터를 수집하는 방법에는 크게 로그 수집기, 크롤링 소프트웨어, RFID 센서 등을 사용하는 방법이 있다. 로그 수집기는 서버 컴퓨터의 운영 체제의 일부로 장착된 로그 기록 소프트웨어를 이용하여, 사용자의 웹 사용 기록, 웹 클릭 기록, 또는 데이터베이스 사용 기록을 수집하는 방법이다. 크롤링 소프트웨어는 사람이 개입하지 않아도 프로그램이 자동으로 인터넷 사이트를 돌아다니며 게시판 데이터나 소셜 데이터를 수집하는 방식이다. RFID 센서를 이용하는 방법은 각종 기기에 장착되어 있는 센서에 입력되는 데이터를 수집하여, 중앙 서버로 보내고 이를 통합 수집하는 방식이다. 빅데이터를 수집한 후, 이를 효과적으로 처리하기 위해서는 기존의 형태를 빅데이터 처리에 적합한 형태의 데이터로 변경해 주어야 한다. 빅데이터에서 주로 많이 사

용하는 형태의 데이터 형식은 NoSQL형식이다.

(b) 빅데이터 저장 기술

빅데이터는 그 크기가 방대하여 기존처럼 하나의 서버나 하드디스크에 모두 저장하여 보관하거나 처리할 수 없기 때문에 주로 여러 대의 컴퓨터에 나누어서 저장하는 분산 저장 방식이 사용된다. 이 방식에서는 빅데이터를 일정한 크기(예: 64MB)의 조각으로 나눈 후 이를 서로 다른 컴퓨터에 분리해서 저장한다. 이렇게 저장할 때의 문제점은 하나의 블록이라도 문제가 생겨 사라질 경우, 전체 데이터에 문제가 생긴다는 점이다. 이러한 문제점을 해결하기 위해서 분산 저장 방식에서는 하나의 동일한 블록을 여러 개 복사해서 다른 컴퓨터에 중복 저장하는 데이터 복제 기법이 사용된다. 이렇게 함으로서 데이터 조각이 저장된 서버가 고장나면 다른 서버에서 필요한 데이터 조각을 가져와서 데이터에 대한 신뢰성을 보장한다. 빅데이터를 분산 저장할 경우 데이터 조각이 저장된 컴퓨터의 용량이 모자라거나 저장할 컴퓨터가 부족할 경우, 저장할 컴퓨터를 새로 발굴하고 추가해서 저장 용량을 늘려 주어야 한다. 새로운 컴퓨터가 추가된 후에는 기존 컴퓨터의 용량은 모두 차 있고 새로 추가된 컴퓨터에는 데이터가 하나도 저장되어 있지 않은 상태가 된다. 이 상태에서 빅데이터를 저장하거나 읽기 위한 시도를 할 경우, 특정 컴퓨터만 과부하가 걸리는 일이 발생하여 성능이 급격히 저하된다. 이를 해결하기 위해서는 기존의 데이터를 추가된 컴퓨터로 옮기는 데이터 재배치 작업이 필요하게 된다. 재배치 작업에서는 기존의 분산 컴퓨터들에 저장된 데이터 조각들을 가져와서 새로 추가된 컴퓨터에 옮긴다. 이렇게 함으로서 데이터 저장량의 불균형이 해소되고 빅데이터 처리 성능이 향상된다. 빅데이터 분석 과정에서 트위터 메시지나 페이스북과 같은 비정형 데이터는 수집된 원시 데이터를 그대로 사용할 수 없기 때문에 정형 데이터로 변경한 후에 사용해야 한다. 이를 위해 빅데이터 저장 형식으로 가장 많이 사용하는 것이 NoSQL방식(Not-Only-SQL)이다. 이 방식은 데이터를 저장할 때 키와 값의 쌍으로 저장한다. 여기서, 키란 주민등록번호, 학번, 사회보장 번호와 같이 데이터를 고유하게 식별하기 위한 고유한 값을 의미 한다. 만약 키가 없을 경우, 임의의 난수를 생성하여 키로 사용하기도 한다.

(c) 빅데이터 처리 기술

저장된 빅데이터는 분석을 위한 사전 처리 과정이 필요하다. 이 과정에서 주로 하는 일은 분석을 위해 빅데이터를 컴퓨터로 읽어 오거나 읽어온 데이터를 저장하는 작업을 수행하게 된다. 빅데이터 처리를 위해 가장 많이 사용하는 소프트웨어는 아파치에서 개발한 하둡의 맵리듀스(MapReduce) 소프트웨어이다. 이 프로그램은 분산 저장된 빅데이터를 효율적으로 읽어오고 서버에 데이터를 쓰는 소프트웨어이다. 여기서 맵은 빅데이터를 분산 처리하기 위해 작은 단위로 나누어 주는 기능(프로그램 함수)을 의미하며, 리듀스는 데이터 처리가 끝난 후 결과를 하나의 파일로 통합해주는 기능(프로그램 함수)을 의미한다. 맵리듀스를 이용한 빅데이터 처리단계는 표 4와 같다.

표 4. 맵과 리듀스를 이용한 작업

수행 단계	설 명
데이터 읽기	입력 빅데이터를 읽음
데이터 분리	분산 병렬 처리를 위해 원래의 데이터를 여러 개로 분리
맵(Map)	분리된 데이터를 입력값으로 필요한 작업(소수출력, 단어개수 계산 등)을 수행, (키, 값)형태로 출력
분류 및 정렬	동일한 키를 가진 쌍들끼리 그룹화하고 정렬
리듀스(Reduce)	그룹화된 중간 계산 결과값에 대한 집계 작업(덧셈, 개수, 평균) 수행
데이터 쓰기	결과값을 하드디스크에 저장

(d) 빅데이터 분석 기술

분산 처리된 빅데이터는 여러 가지 기법을 이용하여, 분석 작업에 들어간다. 분석에 가장 많이 사용하는 기법은 기존의 데이터 마이닝 기법을 포함하여 다양한 방법이 있다. 최근에 빅데이터는 소셜 데이터가 폭발적으로 증가하면서 자연어 처리에 기반한 소셜 데이터 분석 기법이 많이 사용되고 있다.

(e) 빅데이터 시각화 기술

빅데이터 시각화는 분석된 결과를 도표나 그림으로 사용자에게 보여주는 기술이다. 주위에서 가장 흔하게 볼 수 있는 시각화 기술은 워드 클라우드(Word Cloud)를 들 수 있다. 이 기술은 텍스트에 나타난 키워드의 빈도수와 중요도를 계산하여 값을 매긴 후 값이 높은 단어는 커다란 클라우드로 표시하고 값이 적은 단어는 작은 클라우드로 표시하는 방법이다. 다음으로 많이 사용하는 시각화 기술은 네트워크 형태로 표현하는 방법이다. 이 방법은 개인 간의 친구 관계를 분석하여 화면에 표시할 때 많이 사용하는 방법이다. 특히, 사회 관계망 분석 결과를 표시하는 데 많이 사용한다. 사회 관계망 분석 결과는 각 노드와 노드 사이의 연결, 중요도 등을 원과 선으로 표시한다. 네트워크 시각화를 지원하는 대표적인 도구로는 제피(Gephi)라는 도구를 들 수 있다. 이 도구는 2008년 베스틴(M.Bastin)에 의해서 개발된 도구로 링크드인(LinkedIn)에서 데이터를 시각화하는데 많이 활용되고 있다.

(f) 빅데이터 보안

최근 들어 국내외 정부기관이나 병원에서는 빅데이터를 연구 목적으로 제 3자에게 제공하는 경우가 많이 늘어나고 있다. 제공되는 데이터 내부에는 질병정보나 사회보장 번호, 주민번호와 같은 개인 프라이버시 정보들이 많이 포함되어 있다. 이러한 프라이버시 정보들이 외부로 누출될 경우, 타인에 의해 악용될 소지가 있으므로 아예 삭제하거나 다른 데이터로 변경한 후 배포해야 한다. 하지만 민감한 정보를 삭제하더라도 준 식별자속성[7]에 해당하는 정보를 이용하면 개인 프라이버시 정보를 쉽게 복구해낼 수 있다. 이러한 공격 형태를 속성 연결 공격(Attribute Linkage Attack) 또는 레코드 연결 공격(Record Linkage Attack)이라고 부른다. 이와 같은 공격을 방어하기 위해서 사용되는 방법이 데이터 익명화 기술이다. 익명화 기술 중 가장 널리 사용되는 방법이 사마리티와 스위니가 개발한 k-익명성과 l-다양성 기술이다. k-익명성 방법에서는 기존의 준 식별자에 해당하는 값을 좀 더 일반화된 값으로 변경하여 최소한 k개의 같은 레코드들이 존재하게 만드는 방법으로서 조인 연산을 수행하더라도 동일한 레코드가 최소 k개 존재하게 하여 레코드의 소유자가 누구인지 발견할 수 있는 확률을 1/k로 감소시키는 방법이다. 그러나 민감 속성값이 모두 동일한 경우에는 k-익명성 기술을 적용하더라도 레코드의 소유자가 누구인지 알 수 있다. 이러한 경우에 동일한 속성값을 다른 값으로 대체함으로서 소유자가 누구인지 알 수 없도록 하는 기술이 마찬드라에 의해 제안된 l-다양성 기술이다. 하지만 기존의 익명화 기술을 빅데이터에 적용할 경우 정보 손실, 많은 처리 시간과 저장 공간 소요, 원 데이터 분산 등의 문제점으로 인해 데이터 배포 담당자들이 많은 어려움을 겪게 된다. 이러한 문제점을 해결하기 위해 그림 3과 같은 빅데이터 익명화 통합 모델을 사용하기도 한다.

다음 그림에서 빅데이터를 처리하기 위해서 각각의 소스 데이터를 분산 저장하게 된다. 분산 저장된 데이터는 각각의 노드에서 처리된 뒤 하나의 데이터로 통합되어 중앙서버에 전달된다. 이때 데이터를 분산 저장하고 읽기를 위해서는 별도의 분산 파일 시스템이 필요하게 되는데 현재 가장 많이 사용되는 빅데이터 분산처리 파일 시스템은 하둡 분산 처리 파일시스템(HDFS, Hadoop Distributed File System)을 들 수

7) 준 식별자속성(quasi-identifiers): 데이터베이스에서 조인 연산의 기준이 되는 속성

있다. 분산된 각각의 데이터는 각 노드에 존재하는 익명화 프로그램에 의해 익명화가 진행된다. 이때 익명화 프로그램은 맵(Map)코드 형태로 배포가 되며, 처리된 결과는 리듀서(Reducer)에 의해 정렬된 후 서버에 전달된다. 또한 데이터를 익명화하기 전에 의미 중의성을 해소하기 위해 별도의 중의성 해결 알고리즘이 적용된다.

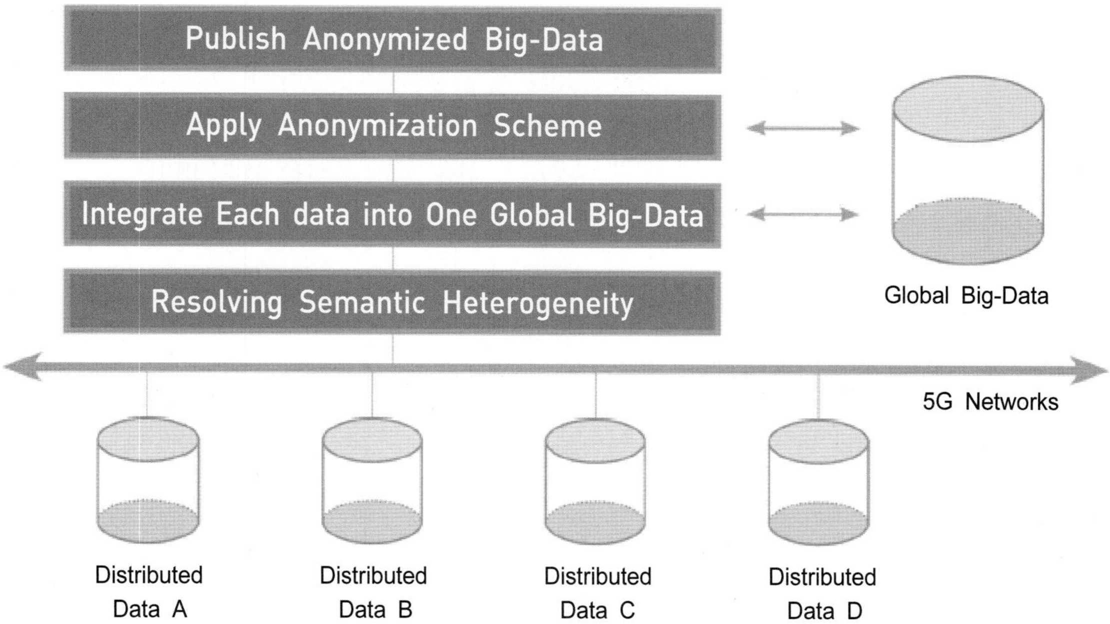

그림 3. 빅데이터 정보 보호를 위한 통합 모델 예

2-3. 사물인터넷 (Internet of Things, IoT)

사물인터넷이란 현실 세계에 존재하는 사물(Things)들이 네트워크 기술을 통해 언제 어디서나 서로 연결될 수 있는 인터넷 환경을 의미한다. 사물인터넷 개념은 1999년 캐빈 애쉬튼(Kevin Ashton) 교수가 RFID 논문에서 언급하면서 시작되었다고 할 수 있다. 처음 개념이 등장하기 전에는 RFID[8] (Radio Frequency Idnetifier)와 NFC[9](Near Field Communication) 시스템 기술을 사물을 연결하기 위한 개념으로 이해하였으며, 이를 계속 확장하다가 사물인터넷 개념이 등장하였다. 사물인터넷을 가능하게 하기 위한 기술은 사물 인식기술, 센싱기술 및 근거리 통신, 원거리 무선 통신기술로 구분할 수 있다.

(a) 사물 인식기술

사물끼리 연결되기 위해서는 기본적으로 각 사물을 식별할 수 있는 고유번호 부여와 이를 자동으로 인식할 수 있는 기술이 필요하다. 이러한 목적으로 사용할 수 있는 기술이 바로 RFID(Radio-Frequency Identification)기술이다. RFID는 물건에 고유 번호를 부착하고 이 번호를 전파를 이용해 자동으로 인식하는 기술이다. 이 기술의 가장 중요한 장점은 멀리 떨어진 곳에서도 물체를 인식할 수 있고 여러 개의 물체를 동시에 인식할 수 있다는 점이다. RFID는 태그와 판독기로 구성된다. 태그는 바코드와 비슷한 역할을

8) RFID(Radio-Frequency Identification)는 주파수를 이용해 ID를 식별하는 방식으로 일명 전자태그로 불린다. RFID 기술이란 전파를 이용해 먼 거리에서 정보를 인식하는 기술을 말하며, 전자기 유도 방식으로 통신한다.

9) NFC란 근거리 무선 통신(Near Field Communication)의 약자로, 13.56MHz의 대역을 가지며, 아주 가까운 거리(약 10cm 이내)의 비접촉식 무선 통신을 하기 위한 기술이다. 현재 지원되는 데이터 통신 속도는 초당 424 킬로비트다. 이는 스마트폰 등에 내장되어 교통카드, 신용카드, 멤버십카드, 쿠폰, 신분증 등 다양한 분야에서 활용될 수 있는 성장 잠재력이 큰 기술이다.

하는 것으로 전파를 보낼 수 있는 안테나와 자신의 고유번호 정보를 저장한 저장 기록장치가 포함되어 있다. 우리 주위에서 흔히 볼 수 있는 태그의 종류는 교통카드, 신용카드, 물건에 부착하는 카드 등 매우 다양하다. RFID 판독기는 안테나를 통해 원거리에 있는 물체에 전파를 보내 식별번호 전송을 요청한다. 사물에 부착된 태그의 신호를 수신하게 되면 저장된 데이터를 판독기로 전송하게 되고, 판독기는 다시 컴퓨터로 전송하여 물체를 식별하게 된다. RFID는 바코드보다 훨씬 먼 거리에서도 물건을 식별할 수 있으며, 사이에 물체가 있어도 이를 통과해서 인식할 수 있다. RFID의 종류는 내부 사용동력에 따라 세 종류로 구분할 수 있다. 판독기 내부에 자체 전기를 사용하는 수동형이 있고, 태그 내부에 건전지를 삽입하고 정보를 읽을 때는 내부 건전지를 사용하고, 무선 통신이 필요할 때는 판독기에 장착된 전기를 사용하는 반수동형이 있다. 능동형은 모두 태그 내부에 장착된 전기를 사용하여 칩을 읽고 통신을 한다. RFID 통신은 120~140 Khz(킬로헤르츠)를 사용하거나 868~956 Mhz(메가헤르츠) 대역의 주파수를 사용하여 이루어진다.

(b) 센싱 및 근거리 통신기술

센싱기술은 모바일 기기에 장착된 각종 센서를 이용하여 데이터를 수집·처리·관리하고, 필요한 인터페이스를 구현하여 사용자들에게 필요한 정보와 서비스를 제공할 수 있도록 하는 기술이다. 센서로 수집할 수 있는 데이터는 온도, 습도, 열, 가스, 조도, 초음파 등으로 매우 다양하다. 데이터를 전송하고 공유하기 위해서는 사물 간 연결을 위한 통신기술이 필요하다. 이를 위한 네트워크 기술로는 무선 센서 네트워크(Wireless Sensor Network, WSN), M2M기술이 있다. 무선 센서 네트워크는 사물에 장착된 센서들끼리 네트워크를 구성하는 기술을 의미하며, 바다나 강과 같은 수중 데이터를 수집하는 데 유용하게 사용되는 기술이다. M2M(Machine-to-Machine) 기술은 사람의 개입 없이 멀리 떨어져 있는 기기들 간에 스스로 통신을 하는 기술이다. 주로 사람이 접근하기 힘든 지역에서 날씨 데이터를 수집하거나 의료 분야에서 환자의 상태를 자동으로 수집하기 위한 용도로 사용된다.

(c) 차세대 통신기술

현재 우리가 사용하고 있는 이동통신망은 LTE-A(Long Term Evolution-Advanced)로서 4.5세대 기술로 불린다. 사물인터넷이 가능하기 위해서는 현재 기술보다 발전된 5세대(5G) 이동통신 기술이 구축되어야 한다.

5G 네트워크의 특징은 다음과 같다. 첫째, 데이터 전송 속도가 4세대 무선망에 비해 10배가 빨라질 것이며, 최대 속도는 10Gbps에 도달할 것이다. 둘째, 데이터 전송 지연 속도가 현저히 줄어들어서 4세대 무선망에 비해 10배 정도 줄어 총 지연시간이 1(ms) (1ms는 1/1000초)에 도달할 것으로 예측된다. 셋째, 하나의 무선망 셀 안에서 연결 될 수 있는 장치의 숫자가 대량으로 늘어날 것으로 예측된다. 또한 전화 접속률도 99.999%에 도달하여 어느 시간, 어느 장소에서도 휴대전화와 같은 무선 통신장비가 끊기는 경우가 거의 없을 것으로 예측된다. 마지막으로, 휴대폰 배터리 충전기술이 획기적으로 개선되어 기존보다 훨씬 오래 사용할 것으로 기대된다. 5G 이동망의 주요 기술 요소는 밀리미터파 적용, 대용량 안테나 기술, 공간 분할 다중 접속 신호 처리기술 등을 들 수 있다. 현재의 4세대 이동통신에서는 센티미터파라고 불리는 3GHz~30Ghz 이하의 주파수가 사용되지만 5G 에서는 밀리미터파(30GHz~300GHz)의 높은 주파수 대역이 사용될 것이다. 이렇게 초고주파 영역에서 광대역 폭으로 신호를 전송하면 기존 이동통신 기술보다 더 빠르게 신호를 전송할 수 있다. 말 그대로 초고속 데이터 전송이 가능해진다는 뜻이다. 이 이외에도 클라우드 라디오 접근망 구성(Could-Radio Access Network, C-RAN) 방법을 사용하여 데이터 전송 효율을 더욱 높이는 방법이 사용된다. 이 기법은 수집된 사용자의 대용량 데이터를 전송하는 과정에서의 속도를 높이기 위해

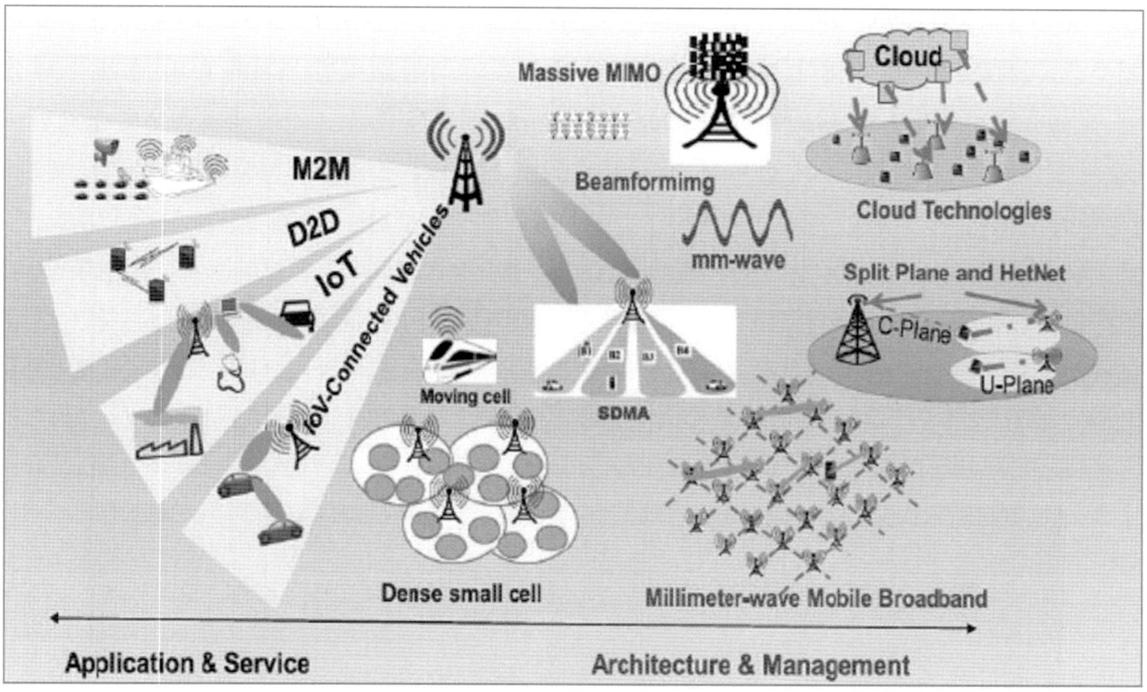

그림 4. 5세대(5G) 네트워크 기술

각 기지국에 나누어져 있던 제어 기능을 하나의 중앙 장치로 이관하고 각 기지국은 데이터 수집기능만 전담하여 소모 전력을 줄이고 기지국 숫자를 늘려 데이터 전송속도를 높이는 기법이다. 사실 이동통신 서비스를 위한 주파수 할당은 그렇게 간단하지 않다. 업계와 정부, 관련 스펙트럼 규제기관이 스펙트럼 재분배 방식과 시기에 대해 합의를 이루어야 가능하게 된다. 이미 많은 통신사가 수십억 달러를 투자하여 현재 사용하고 있는 스펙트럼을 확보하였기 때문에 스펙트럼을 재분배하기는 쉽지 않은 일이며 전환 자체도 막대한 비용이 소요되는 까다로운 작업이다. 5G 망에서는 혁신적인 이동통신 신호처리 기술이 사용된다. 3세대 무선망에서는 퀄컴에서 개발한 코드분할 다중접속 (CDMA, Code Division Multiplexing Access) 방식을 사용하였으며, 4세대에서는 전송속도 확보를 위해 상대적으로 신호대 노이즈 성능이 우수한 직교 주파수 다중 분할접속 (OFDMA, Othognonal Frequency Division Multiple Access) 방식을 사용했다. 앞으로 5G 무선망에서는 직교 주파수 다중 분할접속 방식과 전력 및 코드 다중화 방식을 추가하는 식의 새로운 이동통신 신호 처리기술(SDMA, 공간 분할 다중접속) 도입을 검토하고 있다. 5G 무선망에서는 높은 전송속도에 도달하기 위해서 모바일 기기 안에 또는 기지국 장비 안에 수백 개의 안테나를 집적하는 대용량 안테나(massive MIMO) 기술이 사용될 것이다. 4세대 무선 기술에서는 주로 10개 이하의 안테나를 집적하여 사용하였다. 이를 다중입력 다중출력(Multiple Input Multiple Output)기술이라 한다. 이러한 5G 무선망의 등장은 제조업에도 많은 영향을 끼칠 것으로 예상된다. 제조업 서비스의 역할이 점점 증가하고 광역 이동통신망의 중요성도 증가할 것이다. 2025년쯤 되면 상품 자체보다는 서비스 제공을 통해 얻는 이득이 점점 더 증가할 것으로 예상된다. 즉, 상품 판매보다는 5G 연결망을 통해 상품끼리 연결하여 제공하는 것이 더 많은 부가가치를 생산할 수 있는 것이다.

2-4. 3D 프린팅 (3D Printing)

공장에서 하나의 제품을 생산하기 위해서는 제품에 대한 설계도를 만들고 재료를 모아서 시제품을 만든 후 장시간의 성능 실험을 거쳐야 한다. 보통 설계자의 아이디어가 곧바로 제품으로 만들어져 나오는 경우는 극히 드물다. 최종 제품이 나오기까지 수많은 시행착오를 거치며 때로는 불량으로 폐기되는 시제품도 부지기수다. 시제품을 만들 때마다 설계, 목업, 금형, 사출 등의 과정을 매번 거쳐야 하며, 설계가 변경되면 시장에 적기에 출시하기가 더 힘들어진다. 3D프린팅은 바로 시제품 제작 기간을 효율적으로 단축할 수 있는 기술이다. 만약 시제품 제작 시 설계 변경이 일어나는 경우, 3D 프린터로 시제품을 만든 뒤 설계 도면에 반영하여 다시 출력 버튼만 누르면 기계가 알아서 제품을 찍어낸다. 산업계에서는 3D프린터를 이용한 시제품 제작이 23%가 넘어가는 것으로 추산하고 있다. 이런 장점으로 3D 프린터는 4차 산업혁명에서 빼놓을 수 없는 중요한 기술로 인식되고 있다. 3D프린터의 기본 원리는 제품을 생산할 때 3차원 설계도에 따라 한 층씩 소재를 쌓아 올려 3차원 입체형상을 만들어 나가는 적층 가공 방식을 사용하는 것이다. 따라서 시제품 제작 과정에서 주물이나 기계를 깎는 기구는 필요 없어지게 된다.

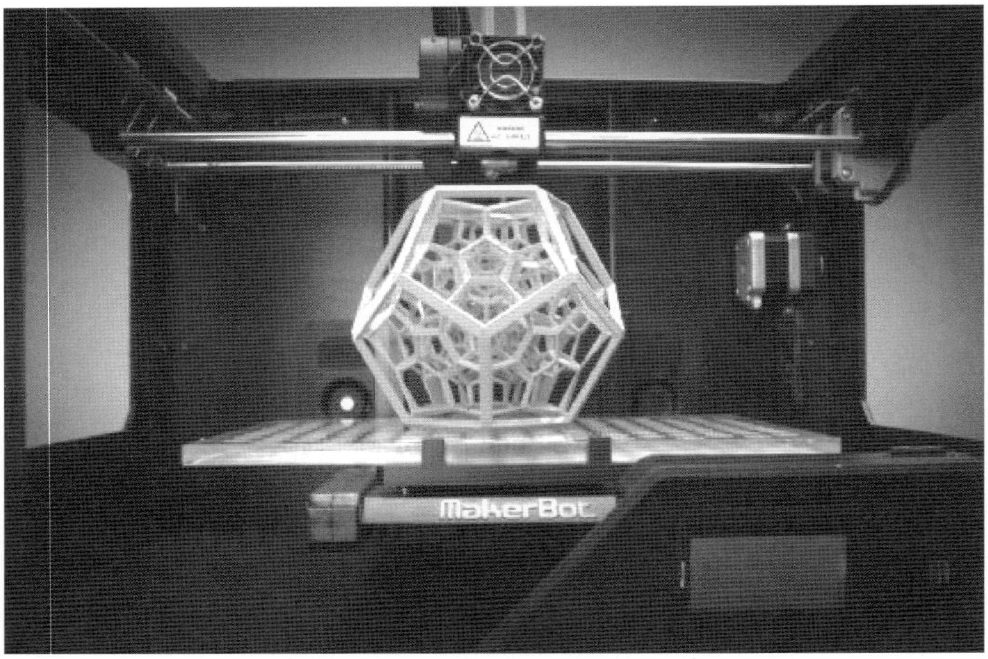

그림 5. 3D 프린터를 이용한 시제품 제작

3D 프린터를 최초로 개발한 사람은 일본 나고야시립 연구소의 고마다 히데오 박사이다. 3D프린터의 중요한 소재는 빛에 노출되면 고체로 변하는 광경화성 수지이며, 이에 대한 최초의 논문을 발표한 사람이 고마다 박사이다. 고마다 박사는 설계도를 직접 손으로 그리고 절삭 가공을 통해 시제품을 제작하던 방식에서 벗어나 컴퓨터를 이용해 설계도를 제작하고 이를 입체 프린터로 제작하는 방법을 제시하였다.

(a) 3D 프린터의 원리

3D프린터는 설계도에 따라 소재를 한 층씩 추가하는 적층형 방식과 큰 덩어리를 조금씩 깎아 나가면서 제품을 만드는 절삭형으로 구분할 수 있다. 적층형에서는 석고를 액체 가루로 만들어 분무 형태로 조금씩 뿌리거나 아주 얇은 플라스틱 실 (0.01～0.08 mm)을 층층이 쌓아 올려 입체 형상을 만들어 낸다.

적층형 방식은 다시 SLS (Selective Laser Sintering, 선택적 레이저 소결 조형), SLA, FDM방식으로 나눈다. SLA방식은 액체 원료에 레이저를 분사해 원하는 형상으로 고체화시키는 방식으로 헐 박사가 고안한 방식이다. SLS 방식에서는 소재를 고운 가루로 만들어서 이를 뿌린 후 모양을 만들 지점을 고체화시키는 방식이다. 레이저가 닿는 부분에 열이 가해지면 가루가 굳어지는 원리이다 플라스틱에서 금속에 이르기까지 레이저로 소결할 수 있는 소재라면 무엇이든 활용할 수 있고 다른 방식보다 제품을 만드는 데 걸리는 시간이 훨씬 적다는 장점이 있다. FDM방식은 현재 가장 널리 사용되는 방법으로 압출기가 원료를 얇게 짜내면서 겹겹이 쌓아올리는 적층 방식이다. 원료가 나오는 노즐과 플랫폼이 함께 움직이면서 입체 모양이 만들어진다. 다른 방식의 3D프린터는 대부분 플라스틱을 원료로 사용하지만 FDM방식에서는 초콜릿, 크림, 반죽 등의 음식 재료도 사용 가능하다. 단점은 다른 방식에 비해 완성 제품의 품질이 떨어진다는 점이다.

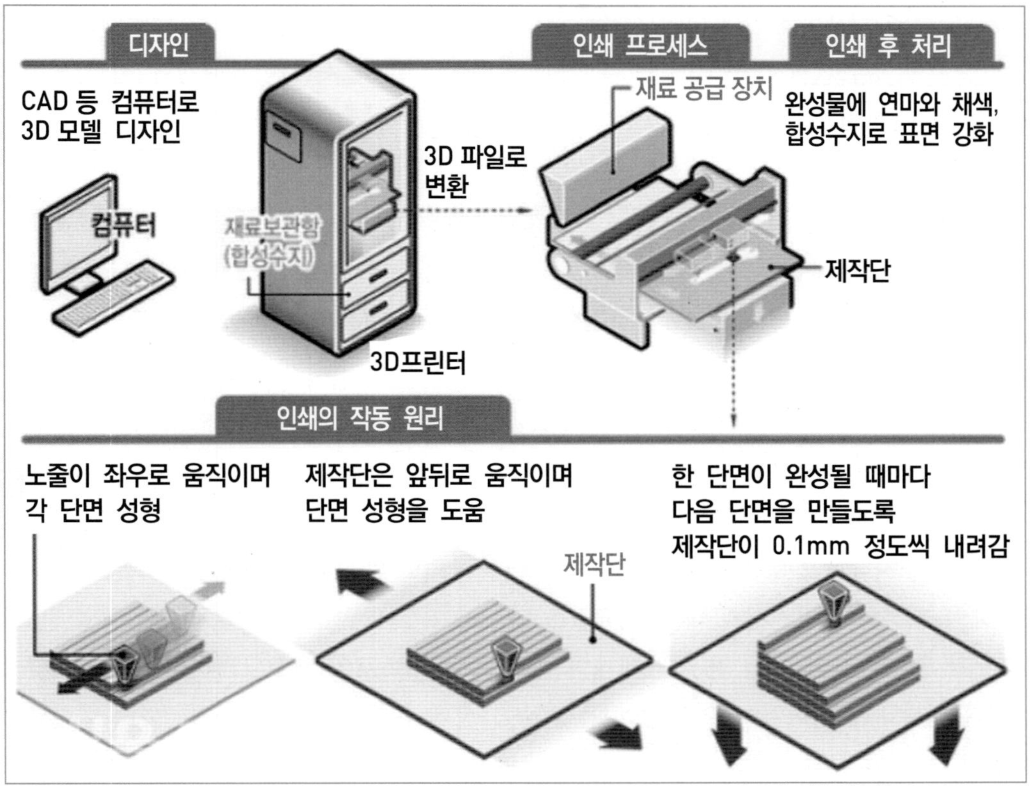

그림 6. 3D 프린터의 동작원리

출처: 브런치 (https://brunch.co.kr/@megatrendlauaow/2)

(b) 3D 프린터의 특징

3D프린터는 기존 대량생산 체제에서는 볼 수 없었던 개인 맞춤형 제조를 가능하게 해주는 4차 산업혁명의 제조업 핵심 기술로 평가된다. 이는 다음과 같은 3D프린터 기술의 특징 때문이다.

첫째는 제조 공정이 단순하다는 것이다. 3D프린터는 설계도에 따라 자동으로 제품을 만들어가기 때문에 조립과정이 불필요하여 제품 생산 시간이 대폭 감소하였다. MIT에서는 3D프린터를 이용해 조립이 필요 없는 로봇을 생산하여 배터리와 모터만 장착한 후 완성하였다. EDAS는 3D 프린터로 바퀴와 페달, 안장, 몸체를 따로 만들어 제작하지 않고 자전거를 통째로 생산해 내기도 하였다. 생산된 자전거는 기존의 자전거보다 약 40 퍼센트 이상 가볍고 소비자의 체형과 기호에 따라 안장 높이, 색깔, 디자인을 쉽게 바꿀 수 있다. 3D프린터로 제품을 만드는 과정은 모형화, 프린팅, 마감의 3단계로 이루어진다. 모형화는 3D CAD, 3D 스캐너, 별도의 모형화 프로그램을 사용하여 3D설계도를 제작하는 단계다. 제작된 설계도는 별도의 파일로 컴퓨터에 저장된다. 프린팅은 저장된 설계도 파일을 읽어서 실제 제품을 만드는 단계이다. 마감은 제작된 제품에 보완 작업을 하는 단계로, 색을 칠하거나 표면 연마 등의 작업을 가한다. 이러한 제조 공정은 기존에 제품을 생산하던 제조공정을 대폭 감소시켰다.

둘째는 다양한 제품 제작이 가능하다는 것이다. 3D프린터의 가장 큰 장점은 소비자 맞춤형 제품 생산이 가능하다는 점이다. 디자이너는 필요한 시제품을 시간과 비용을 절약하여 제작해볼 수 있다. 또한 한 장소에서 다양한 물품을 만들 수 있고 여러 지역에서 부품과 재료를 공수해 올 필요가 없기 때문에 부품 공급망을 획기적으로 줄일 수 있다. 기존에는 생산자가 제품을 대량 생산하고 유통 업체가 배달하며 소비자가 소비하는 세 단계로 진행되었다. 하지만 3D프린터의 등장으로 생산은 기계가 자동으로 수행하고 제작을 위한 설계 도면만 필요한 형태로 생산 체계가 바뀌고 있다. 소비자가 개인의 취향에 맞는 제품을 주문하면 생산자는 3D프린터에 설계도만 입력하여 제품을 생산하고 배달하면 된다. 기존의 대량생산 대량소비 체계에서 소비자 맞춤형 생산으로 바뀌고 있는 것이다. 이제는 개인이 맞춤형 보청기나 의족, 심지어는 인공장기, 비행기, 자동차까지 제작해 사용할 수 있다.

2-5. VR, AR, MR[10]

현재 우리는 인공지능, 사물인터넷, 빅데이터, 블록체인, 지능형 로봇, 가상현실 (Virtual Reality, VR), 증강현실 (Augmented Reality, AR), 그리고 혼합현실 (Mixed Reality, MR) 기술 등 새롭고 혁신적인 신기술이 이끌어 가고 있는 4차 산업혁명을 맞이하고 있다. 이를 통해 세계의 경제, 산업, 기술 분야의 혁신적인 변화가 예상되고 있으며, 특히 각 국가는 이와 같은 변화에 대응하고 산업기술 분야의 미래 비전을 구축하기 위한 전략적인 방향성을 제시하는 데 학계 및 산업계 그리고 정부가 긴밀하게 협력해 나가고 있다. 우리나라의 경우, 2017년 8월에 4차 산업혁명위원회가 대통령 직속기구로 출범되면서 전략적인 4차 산업혁명 대응 방안을 수립하기 시작했으며, 미래의 우리나라 성장동력으로 활용될 핵심기술 확보를 위해 관련 정책을 효율적으로 심의·조정하고 발전시켜 나가는 역할을 담당하고 있다. 이와 같이 4차 산업혁명에 대한 국가적 차원의 대응전략이 수립되어 가는 가운데 세계의 선진 기술들은 끊임없이 발전하여 산업사회를 포함한 우리의 삶 전체를 급속하게 변화시키고 있다. 이들 기술 가운데 우리가 주목하고 있는 가상화 분야의 기술은 산업 분야 특히, 제조업 분야에서의 생산 방식의 변화를 야기하고 있을 뿐만 아니라 사람들 간의 상호 교류 방법 역시 완전하게 변화시키고 있다. 세계 다수의 선진 기업들은 다양한 디바이스들과 소프트웨어 그리고 활용 가능한 콘텐츠들을 지속적으로 시장에 출시하고 있으며, 급격한 기술적 진보를 통해 더 향상된 몰입감과 현실감을 제공함에 따라 그 활용 범위를 빠르게 팽창시켜 나가고 있다. 이와 같은 가상현실 제작 기술력을 기반으로 현실과 가상 세계의 분리가 모호해지는 현상이 가속화되고 있으며, 가상 세계에서의 활동 역시 현실 세계에서의 활동만큼 주요한 활동 영역이 되고 있음이 최근 애플, 구글, 마이크로소프트, 아마존 등 다수의 글로벌 기업의 활동을 통해 확인되고 있다.

애플은 아이폰 제품 공개 키노트 현장에서 휴대폰의 핵심기술로 증강현실 기술을 비중 있게 소개 했고, 연례개발자 회의 (WWDC 2017)에서는 최초의 증강현실 개발도구인 ARkit을 배포하였다. 2018년 6월에 개최된 연례개발자 회의 (WWDC 2018)에서는 차기 운영체제인 IOS 12와 기존의 ARkit보다 향상된 기능, 특히 여러 사용자가 동시에 증상현실 앱을 통해 게임을 활용할 수 있도록 하는 증강현실 환경 기반의 다중 사용자 기술을 제공하는 ARkit2를 공개하여 주목을 받았다. 1994년 미국의 전자상거래를 기반으로 설립된 IT 기업인 아마존의 경우, 사용자에게 AR View 기능을 적극적으로 제공하여 온라인 쇼핑몰에서의 제품 구입 과정 또는 물품의 실제 디자인이나 공간 배치 등을 확인할 수 있도록 하고 있으며, 보다 향상된 증강현실 기능을 추가적으로 제공할 예정이다. 이와 같이 아마존은 증강현실 기술의 선제적 도입을 통해 전자

10) 가상/증강/혼합현실 기술의 발전과 동향, 정보통신기획평가원(이준표, 오산대학교), 2019.

상거래의 생태계를 전면적으로 재편하고 있으며, 최근에는 거대한 창고에서 제품의 위치를 확인하고 업무 지원을 효율화하는 직원용 AR고글을 배포하여 업무를 수행할 수 있도록 하고 이에 대한 특허를 신청하였다. 소니의 경우 이미 Play Station 플랫폼 개념으로 사업 전략을 전환하였고, 이를 기반으로 한 다양한 콘텐츠 확보에 집중하고 있으며, 페이스북은 2014년 오큘러스 VR을 인수한 후 오큘러스 리프트 상용 버전을 출시하는 동시에 UCC 기능이 포함된 SW를 개발함으로서 소셜 VR 강화 전략을 펼쳐 나가고 있다.

가상의 현실 제작기술에 다수의 기업이 주목하고 있는 이유는 위에서 기술한 바와 같이 가상/증강/혼합현실 기술이 우리 산업 사회에 미치는 파급력과 그 활용 범위에 있다.

(a) VR, AR, MR 기술의 개요

온라인에서의 사용자 활동 증가와 이를 위한 보다 몰입도 높은 가상환경에 대한 요구 및 관심이 증가함에 따라 다양한 기술개발의 필요성이 증대되어 왔으며, 이를 위해 가상현실, 증강현실, 혼합현실이라는 세 가지 서로 다른 방식의 기술이 자신들만의 독특한 방식의 디바이스 및 소프트웨어 응용 및 콘텐츠를 시장에 출시하면서 지속적으로 발전되어 왔다. 여기에서는 현실세계 정보를 차단하고 컴퓨터 그래픽 기반의 완전 가상의 디지털 환경을 구축하는 가상현실, 현실 세계에 가상의 정보를 결합한 증강현실, 그리고 이 두 가지 기술의 장점을 혼합하여 일련의 상호작용이 가능하도록 한 혼합현실 또는 융합현실(Merged Reality) 기술의 특징에 대해 살펴보고 각 기술의 발전 방향을 예측해보도록 한다.

가상현실은 실 환경으로부터 제공되는 시각 정보를 완전히 배제하고 3차원 컴퓨터 그래픽을 통해 구축된 새로운 가상의 세상에서의 몰입감 있는 실감 체험을 가능하게 한다. HMD[11]) (Head Mounted Display) 장치를 통해 인공적인 시각 및 청각 정보가 제공되며, 장착된 센서를 활용하여 가상 환경에서 인간과 컴퓨터의 상호작용을 수행함으로서 보다 더 실감 있는 사용자 경험을 가능하게 한다. 현실 정보가 완전히 차단된 컴퓨터 그래픽으로 구성된 환경에서 운용되는 가상현실과는 다르게 증강현실은 현실 환경에 표현하고자 하는 추가적인 정보를 컴퓨터 그래픽으로 제작하여 투영함으로서 서로 다른 정보를 하나로 융합한 결과를 도출하게 되며, 이에 따라 사용자는 현실 환경과 가상 환경의 경계 구분이 어려워지도록 하여 몰입감과 현실감을 높이고 있다. 그림 7은 애플의 증강현실 구현 소프트웨어인 ARKit을 활용한 응용 프로그램을 보여 주고 있다. 또한 이와 같이 사용자에게 새로운 경험을 가능하게 하는 가상현실과 증강현실을 위한 주요 적용 분야는 표 5,6과 같다.

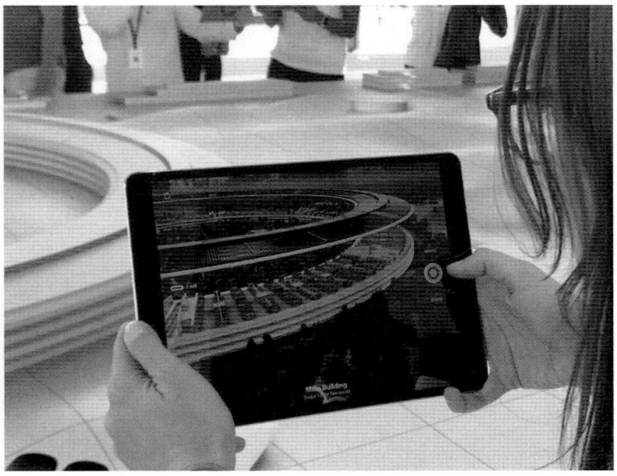
그림 7. ARkit을 활용한 응용 프로그램

혼합현실과 융합현실은 현실세계와 가상의 정보들을 융합한 진화된 가상의 세계를 만드는 기술이다. 이를 위해 현실정보를 기반으로 필요한 가상의 정보만을 융합하여 상호작용하는 증강현실의 장점과 큰 몰입감을 줄 수 있는 가상현실의 장점을 결합한다. 그림 8은 이와 같은 혼합현실을 응용한 매직리프사의 혼합현실 응용 결과이며 고래 영상을 농구장 코트에 나타나도록 하기 위해 초소형 프로젝터로 사용자의 눈에 직접 고해상도 3D 영상을 투사

11) HMD(Head Mounted Display; 머리 부분 탑재형 디스플레이): 머리 부분에 장착해, 이용자의 눈 앞에 직접 영상을 제시할 수 있는 디스플레이 장치이다. 1968년, 유타 대학의 이반 서덜랜드가 만든 것이 최초의 HMD이다.

표 5. 가상현실 (VR) 적용분야

분 야	개 요
게임	• 가상현실의 초기 시장을 선도하는 분야로 소니 등 주요 게임업체는 가상현실 플랫폼 및 콘텐츠 개발에 주력 • 기존 스마트폰, 전용게임기기 등 2차원적 평면기기로는 구현하기 어려운 3차원적 게임 공간 제공으로 몰입도 향상
오락	• 게임 외에도 방송, 영화, 테마파크, 공연관람 등 오락 산업 전반의 콘텐츠 소비형태 변화 촉진 • 테마파크의 경우 가상현실기술과 물리적 장치를 결합하여 몰입과 생생함을 높이는 놀이기구 제공
통신	• 기존 통신기기의 화상회의, 문자메시지 등 교류방식을 보완하여 생생한 통신경험 제공 • 가상공간에 회의장, 파티장 등을 구현하여 전 세계 이용자들이 물리적 거리감 없이 타인과 교류
스포츠	• 가상의 공간에서 경기 재현, 트레이닝 프로그램 수행 등 선수들의 경쟁력을 높일 수 있는 새로운 방안 제시 • 재활 프로그램, 가상 트레이너 활용 등 일반 소비자도 활용
건축	• 설계도 검증, 건축물 미리보기 등 실제 착공 전 다양한 방법으로 안정성을 검증하여 불필요하게 발생하는 비용 절감 • 다양한 변수의 시뮬레이션을 통해 시공물의 완성도 제고 및 유지보수 기능 강화
교육	• 과학, 기술, 의료 등 전문 분야의 개념을 시각화하고 가상현실 속에 구현하여 교육비용을 절감 • 역사적 장소를 구현하는 등 시공간적 장벽을 극복하고 전문지식을 생생히 전달

출처: 가상·증강현실(VR·AR) 산업의 부상과 경쟁력 확보방안(이민식, 김광섭), 산은조사 월보, 2017

표 6. 증강현실(AR) 응용분야

분 야	개 요
오락	• 실제 공간에 증강현실 이미지를 구현하여 생생한 사용자 경험 제공 • 스포츠 중계의 경기 정보, 실시간 비디오 판독 도입 등 시청자들의 이해 및 몰입도를 높이는 정보 제공
상거래	• 매장 상품에 대한 부가정보를 즉시 제공해주며 보다 합리적인 쇼핑을 가능하게 함 • 흥미와 관심을 불러 일으키는 개인화된 매장을 방문한 듯한 쇼핑 경험
공간 정보	• 공간·사물에 증강현실 데이터를 접목하여 이용자에게 유용한 정보 제공 • 지도, 최단경로 안애, 특정지역 소식, 위치기반 할인정보 제공 등 다양한 서비스 및 부가가치 창출 가능
의료	• 의료진의 원활한 시술을 위한 시스템 개발 및 환자 건강관리의 효율 개선 • 특정 환자에 대한 정보 및 진료 이력 조회, 시술 보조 시스템 개발
산업	• 제조, 제품개발, 마케팅, 서비스 등 산업 전반의 가치사슬 변화 • 시제품 시각화를 통한 비용절감, 완제품 유지보수 및 불량 탐지 서비스 제공 등
군사	• 실제 공간에 가상 전장을 생성하여 훈련의 현장감 제고 • 저렴한 비용으로 다양한 시나리오를 구성하여 훈련의 충실도 향상

그림 8. 혼합현실 응용 결과

함으로서 디지털 인공 객체를 현실처럼 표현하는 포토닉스 라이트 필드(Photonics light field)라는 영상 기술을 활용하였다. 이와 같이 혼합현실 및 융합현실은 보다 향상된 컴퓨터 그래픽과 디스플레이 기술 등의 디지털 데이터 활용 기술을 바탕으로 기존의 가상현실 및 증강현실 기술의 응용 범위를 뛰어넘어 새롭고 도전적인 분야로의 진출을 시도하고 있다. 표 7은 이와 같은 혁신적 응용을 가능하게 하는 혼합현실의 세부 기술 분야인 몰입형 디스플레이 기술, 인터랙션 기술, 콘텐츠 제작 기술, 혼합현실 시스템 기술, 모션 플랫폼 기술, 네트워크 기술을 정리한 것이다.

증강, 가상, 혼합현실의 세 가지 기술은 각각 상이한 기술 기반을 가지고 다양한 활용 범위로 확대·발전되고 있다. 그러나 시간이 지남에 따라 각각 특성 지어지는 서로의 기술은 적극적으로 상호 보완하고 협력함에 따라 정보 활용 및 환경 구축 방법에 있어 그 경계 역시 점차 모호해지고 있는 추세이다.

표 7. 혼합현실 기술분야

분 야	개 요
몰입형 디스플레이 기술	사용자의 몰입감을 유도하기 위해 고성능의 CPU와 GPU가 탑재된 HMD를 통해 생성되는 가상의 그래픽 정보를 현실 세계위에 실시간으로 오버레이한다. 해당 HMD는 인공지능과 센서를 기반으로 한 데이터 처리 및 음성인식, 그리고 머리의 움직임에 따른 디스플레이 위치 변환이 가능하며 가상의 3D 대상과의 인터랙션을 위해 손동작 인식을 기반으로 한 별도의 명령 방식을 활용한다. 최근에는 HMD를 활용하지 않고 가상의 영상을 활용할 수 있도록 하는 기술이 지속적으로 개발되고 있다.
인터랙션 기술	구축된 가상의 환경에서 특정 대상과의 상호작용 메커니즘 기술이다. 사용자의 움직임 또는 명령에 의해 디지털 객체는 적절하게 반응하게 되고 해당 반응은 시각 또는 청각 등을 통해 인지된다. 최근에는 음성인식을 뛰어넘는 새로운 방식인 감성인식, 뇌파인식 등 새로운 스마트 인터랙션 기술이 연구되고 있다.
콘텐츠 제작 기술	유니티, 언리얼 등의 물리 엔진을 포함하고 있는 컴퓨터 그래픽 도구를 통해 고도의 현실감을 표현하는 가상환경 및 객체를 생성하여 현실 세계와의 적절한 융합 결과를 도출한다. 360도 실사 영상을 통해 새로운 환경 영상 제작이 가능하다.
MR 시스템 기술	프로젝션 매핑 및 포토닉스 라이트 필드 기법을 통한 혼합현실 제작을 위해 사용자의 움직임을 인식하는 모션 센서 장착과 고해상도 프로젝터가 요구된다. 이와 같은 시스템 구축을 통해 특정 공간 및 위치에서 혼합현실 구현이 가능하며 제시된 환경에서 적절한 사용자/컴퓨터 상호작용이 가능하다.
MR 모션 플랫폼 기술	3차원 영상을 자유로운 위치에서 활용할 수 있도록 눈의 초점을 조절하거나 자연스러운 가상 영상 표현을 가능하도록 하여 사용자의 피로도를 낮추도록 최적화된 디스플레이를 가능하게 한다. 최근에 지속적으로 개발되고 있는 4D 콘텐츠를 제작하고 활용하기 위한 기술이다.
네트워크 기술	몰입감 있는 고품질의 혼합현실 구현과 이를 활용하기 위해 고용량의 데이터를 실시간으로 전송하기 위한 네트워크 기술이 요구된다. 원격지와의 현존감을 부여하는 텔레프리젠스의 경우 고속의 데이터 처리와 함께 빠른 전송을 위해 높은 끊김없는 데이터 전송 기법 그리고 높은 수준의 대역폭을 활용한 통신 환경이 제공되어야 한다.

출처: 문화기술(ICT) 분야 글로벌 기술동향, 미래창조과학부(현 과학기술정보통신부), 2015

국외의 경우, 구글과 페이스북, 마이크로소프트 등 여러 기업들이 스타트업에 투자하거나 인수하는 등 적극적으로 시장에 참여하고 있다. 중국의 경우에도 가상현실 산업백서 5.0을 통해 가상현실산업을 명확히 정의하고 정책을 도출하는 동시에 과감한 기업 투자 및 기술 인력 양성에 집중하고 있다. 세계의 기업들이 세 가지 리얼리티 기술과 관련하여 기존에 존재하지 않았던 경이로운 기술 방식으로 교육, 게임, 국방, 서비스 등 다양한 분야에 응용하기 시작하였으며, 이는 국내에서 짧은 시간에 매우 높은 관심을 불러 일으켰다. 특히, 2016년 2월 WMC에서 페이스북 대표인 마크 주커버그가 인수한 오큘러스 기술을 바탕으로 새로운 가상 기술을 선보임에 따라 국내 기업과 대중의 관심이 집중되었으나 여전히 기술적 차이 및 시장의 성장 부분에서 글로벌과는 현격한 수준 차이를 보이고 있다. 2016년 7월에 비로소 가상현실을 9대 성장동력 프로젝트로 선정하고, 2020년까지 4,050억 원의 투자를 통해 해외와의 기술 격차를 해소하기 위한 도전을 시작하였다. 이에 글로벌 환경의 변화에 따른 면밀한 시장 분석과 이에 따른 활성화 전략 및 투자 전략이 요구된다고 할 수 있다.

(b) VR, AR, MR의 응용기술 동향

가상현실, 증강현실, 혼합현실 디바이스 분야에서 사용자들에 의해 가장 많이 활용되고 출시되는 장치는 광학 디스플레이 장치이다. 현재 시장에 출시되어 사용자에 의해 활용되거나 또는 향후 출시 예정인 디스플레이 장치들은 크게 몰입형 HMD와 안경형 디스플레이(Eye Glasses-type Display)로 분류될 수 있다. 몰입형 HMD의 경우 외부 현실세계 정보를 완전 차단함으로서 시각적으로 몰입된 가상공간을 제시하게 되며, 이를 위해 높은 수준의 시야각, 해상도와 자유도 높은 트래킹 기술이 요구된다. 표 8에 제시된 제품은 PC나 콘솔(Console) 등을 활용하여 가상현실을 구현하기 위해 개발되어 출시된 기기들이다. 몰입감 향상을 위해 HMD 형태로 개발되었으며 주변장치 또는 내장된 센서를 활용하여 사용자와 가상공간과의 인터랙션 기능을 제공한다. 최근에는 사용자의 양안에 각각 4K(3840×2160) 화면을 보여주는 방식으로 8K 해상도를 지원하며, 사람의 최대 시야각인 220도에 근접한 200도를 지원하는 제품이 출시되어 보다 더 몰입도 높은 가상현실 활용을 가능하게 하고 있다.

표 8. 완전 몰입형 HMD 제품과 특징

모델명	Oculus Rift	Vive	PlayStation	Pimax 8k
HMD 착용부		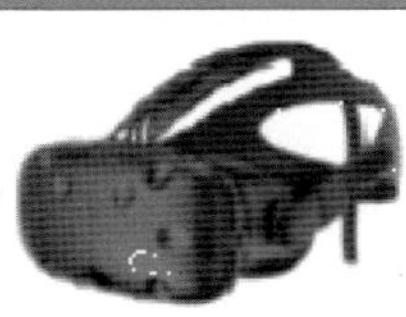		
시야각(FOV)	110°(대각선)	110°(대각선)	100°(대각선)	200°(대각선)
해상도(단안)	2160×1200 (1080×1200)	2160×1200 (1080×1200)	1920×1080 (960×1080)	7680×2160 (3840×2160)
센서	트레킹 센서	베이스 스테이션	PS 카메라	베이스 스테이션, 트레킹 센서
갱신률(Hz)	90	90	120	75/90
컨트롤러		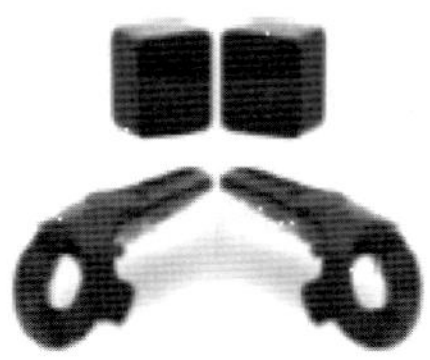		
트래킹(위치추적)	6DOF(IR Camera)	6DOF(light house)	6DOF(Color light)	6DOF(IR Camera)
서비스 플랫폼	Oculus Share MS XBOX	Vive Port, STEAM	SONY PlayStation	Open Source
HMD 무게	660g	880g	685g	650g
최초 요구성능	Intel i5-4590 8GB RAM nVIDIA GTX970	Intel i5-4590 nVIDIA GTX1060	PS4	AVID R9 Nano GTX 980/1070

표 9는 증강현실 및 혼합현실 응용에 활용하기 위한 목적으로 출시되고 있는 다양한 형태의 안경 타입 디스플레이를 보여주고 있다. 세계의 증강 및 혼합현실 시장을 선도하고 있는 마이크로소프트는 2015년 1월, 기존의 가상현실 기기와는 완전히 다른 HMD와 안경형 디바이스의 혼합형 증강현실 디바이스인 홀로렌즈(HoloLens)를 공개했다. 반투명한 글래스 위에 고화질의 홀로그램을 투사하는 홀로렌즈는 윈도 기반의 내장 컴퓨터를 탑재하여 독자적으로 구동될 수 있도록 개발되었다. 섬세한 헤드 트래킹과 응시(gaze), 제스처(Gesture) 그리고 음성을 통한 직관적 인터페이스를 제공하고 있으며 윈도 운영체제를 완전히 탑재하고 있어 친숙한 사용 환경을 활용할 수 있도록 개발되어 있다.

표 9. 완전 몰입형 제품과 특징

모델명	BT-2000	AiR Glasses	Hololens	Meta2
HMD 착용부				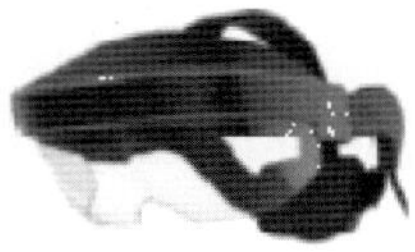
시야각(FOV)	30~100°(대각선)	50°(대각선)	35°(대각선)	90°(대각선)
해상도(단안)	960×540	1280×720	1268×720	2560×1440 (1280×1440)
특징	Android OS, 1500cd 밝기	60Hz, Gesture, IMU, Gyto.	579g	Android OS IMU, 500g

또한 마이크로소프트는 2016년 3월에는 홀로포테이션(Holopotation)이라는 텔레프리젠스(Tele-presense) 기술을 기반으로 새로운 서비스를 공개했다. 이는 시공간의 제약을 극복하기 위해 멀리 떨어진 사람들을 3차원으로 스캔하여 홀로그램화하고 이를 원격지의 사용자에게 실시간으로 디스플레이함으로서 마치 동시간대에 동일 공간에 함께 존재하는 느낌을 부여하는 공존감 및 일체감 그리고 현실감을 극대화하는 기능을 제공하고 있다. 보다 향상된 현실감을 제공하기 위해 경량화되고 시야각이 넓어지는 동시에 디스플레이 해상도가 향상된 AI 기반의 홀로그램 차기 버전 출시가 예상되고 있다. 메타 2는 90도의 우수한 시야각을 가지는 경량의 증강현실 단말기이며, 정밀도 높은 센서와 향상된 해상도를 통해 현실과 가상 정보와의 자연스러운 융합을 가능하게 한다. 그 밖에 안드로이드 기반의 산업용 스마트 헤드셋인 Epson사의 Moverio Pro BT-2000과 다양한 통신 방식을 탑재한 Atheer사의 Air Glasses 등이 지속적으로 시장에 출시되고 있다. 구글은 짧은 배터리 사용시간, 발열, 카메라 성능 등의 문제로 인해 2015년 1월 판매 중지되었던 초기 버전의 구글 글래스(Google Glass)를 최근에는 산업용(엔터프라이즈)으로 재출시했는데, 음성인식 인터페이스 기능을 제공하고 있으며, 특히 제조현장, 의료현장, 물류현장에서 특화되어 활용될 수 있도록 경량화하는 동시에 기존 200만 화소의 카메라 해상도를 500만 화소로 향상하여 현장에서의 활용성을 높였다.

국내의 경우, 2018년 9월에 개최된 Korea VR Festival 2018에서 독창적인 로봇팔 기반의 가상현실 체험 기구물인 그림 10의 XR on the Go와 VR 플라잉 JET이 소개되었다. XR on the Go는 로보틱스 기술을 활용하여 4개의 축으로 탑승체가 360도 회전하는 다이내믹한 운동성에 몰입감 높은 VR 콘텐츠를 결합하여 VR 경험도를 극대화한 VR 어트랙션으로 VR 콘텐츠 제작기술, 로보틱스 제어 및 프로그래밍 기술, 하드웨어 제작 기술이 적극적으로 활용되었으며 기존의 테마파크의 개념을 현존의 기술로 완전하게 대치할 수 있는 잠재적 가능성을 가지고 있다.

그림 10. 체험형 가상현실 기구물 : XR on the GO 및 VR 플라잉 JET

가상현실, 증강현실, 혼합현실 기술의 성공은 각 기술에 적절한 SW 및 콘텐츠의 출시에 있다고 볼 수 있다. 초기 리얼리티 (reality) 관련 시장을 선점하기 위해 홀로렌즈를 출시했던 마이크로소프트에서는 홀로그램 사용자의 전세계적 확대를 목적으로 그림 11과 같은 다양한 전용 소프트웨어를 시장에 출시하고 있다. 사용자의 움직임을 감지하는 키넥트 (Kinect) 센서와 광 시야각 프로젝터인 프로캠 (Procam)으로 구현되는 프로젝션 매핑과 컨트롤러 활용 기술을 통해 실내 공간을 하나의 게임 공간으로 만들어내고 유니티 3D 게임엔진으로 개발된 게임을 활용하는 몰입형 증강현실 게임인 룸 얼라이브 (Room Alive) 서비스 이후 혁신적 혼합현실로 평가되는 홀로포테이션이 공개되었다. 이는 원거리에 위치한 사용자를 3D 스캔하고 이를 압축한 후 실시간으로 전송하여 디스플레이하는 혼합현실 기반의 실감형 텔레프레즌스 기술이라고 할 수 있다.

Room Alive

Holoportation

그림 11. 마이크로소프트 응용 서비스

2016년 7월 미국, 호주, 뉴질랜드를 시작으로 출시되어 지금까지 활발하게 배포되고 있는 그림 12의 실시간 증강현실 게임인 닌텐도(Nintendo)와 나이엔틱(Niantic)사의 포켓몬고(Pokemon Go)는 세계적으로 가장 많은 사용자를 가지고 있는 증강현실 서비스 중 하나인데, 단순한 데이터 활용에 머물러있던 증강현실이 응용 범위를 넓혀 구글지도와 GPS의 위치기반 서비스 기술 기반의 게임으로 응용된 사례이다. 그러나 국내의 경우에는 게임에서 위치 서비스를 가능하게 하는 구글지도가 공간정보 배포와 관련된 법률적 제한을 받는 관계로 원활한 서비스가 제공되지 못해 초기 국내 시장 진입에 어려움을 겪었다.

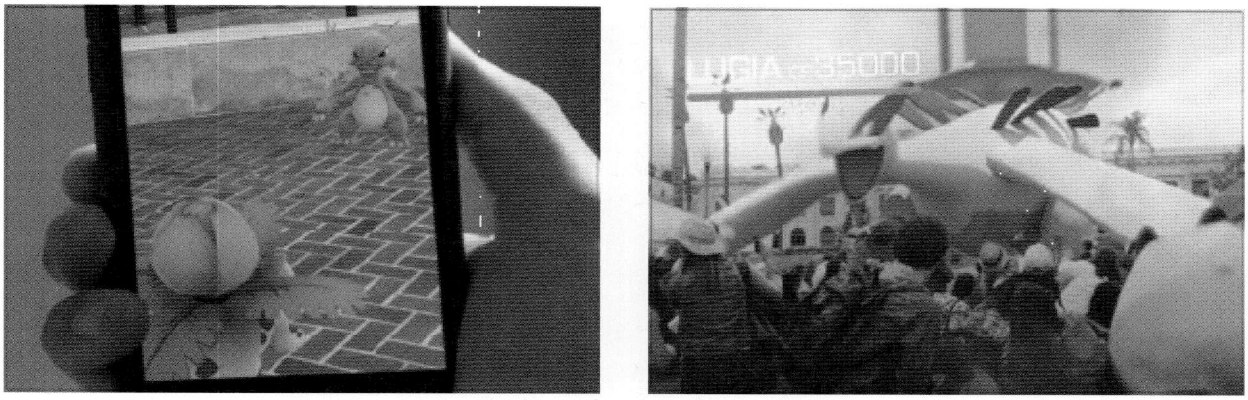

그림 12. 증강현실 게임(포켓몬 고)

제4차 산업혁명시대에 진입하면서 가상, 증강, 혼합현실의 세 가지 리얼리티 기술은 실감성과 몰입감 그리고 현존감을 부여하는 방향으로 발전되어 왔다. 우리나라를 포함한 전세계는 해당 기술의 전체 산업 분야로의 광범위한 파급 잠재력을 인식하여 미래 전략산업으로 지정하고 산업기술 분야의 미래 비전을 구축하기 위한 국가적 차원의 발전 전략을 수립해 나가고 있다. 마이크로소프트, 페이스북, 구글, 아마존 등의 다국적 기업들은 세 가지 기술의 융합과 응용에 관심을 가지고 집중적인 연구 투자 및 스타트업 기업과의 M&A를 통해 시장에서 요구하는 수준의 기술력을 빠르게 확보하는 동시에 새로운 거대 시장을 형성해 나가고 있다. 우리나라의 경우, 하드웨어 제작기술 및 5G를 포함한 네트워크 기술 그리고 콘텐츠 및 디스플레이 기술 등 선진국과의 상대적 격차가 그다지 크지 않거나 또는 상대적 우위에 있는 분야를 중심으로 새로운 기술과 서비스를 개발하고 이를 통해 전체 시장을 선도하는 동시에 경제적 가치를 창출하기 위해 범국가적 차원에서의 산업 육성과 전략적이고 집중적인 투자가 요구된다고 할 수 있다. 세 가지 리얼리티 기술은 향후 미래의 성장동력으로서 우리나라의 경제 성장을 이끌어낼 수 있을 것으로 기대된다.

(c) VR과 AR의 차이점[12)]

가상현실(VR)과 증강현실(AR)의 가장 큰 차이점은 가상현실은 현실 세계에 아예 존재하지 않았던 가상의 이미지나 공간을 새로 만드는 기술이라는 것이다. 가상현실을 체험하기 위해서는 전용 헤드셋과 별도의 안경이 필요하다. 가상현실을 소재로 한 대표적인 공상 과학 영화로 2012년 상영된 '토털 리콜'이라는 영화를 예로 들 수 있다. 영화에서 '리콜 사'는 고객에게 기억을 심어서 원하는 환상을 가상현실을 이용하여 현실로 완벽하게 바꿔주는 회사로 등장한다. 하지만 기억을 심는 과정에서 사고가 발생하여 주인공이 거대한 음모에 휘말리며 영화가 전개된다. 가상현실 기술은 국방, 제조, HMD, LCD, 소프트웨어, 5세대 통신의 발전으로 더욱 많이 사용될 것으로 예측된다. 반면, 증강현실은 현실세계에 이미 존재하는 공간이나 물체에 이미지나 텍스트를 부가적으로 덧붙여서 사용자에게 보여주는 기술로서 혼합 현실이라고도 불린다. 따라서 가상현실과 증강현실의 결정적 차이는 보여주고자 하는 현실이 존재하느냐 존재하지 않느냐 하는 점이다.

2-6. 바이오 기술(Biotechnology, BT)[13)]

4차 산업혁명에 관련된 바이오 기술은 환경, 농업, 의료 등 매우 다양한 분야에 응용되고 있으며, 인간의 건강과 수명 연장에 지대한 영향을 미치는 기술이 될 것으로 예측된다.

12) 4차 산업혁명 기술과 지식재산권, 국제지식재산연수원.

13) 4차 산업혁명 기술과 지식재산권, 국제지식재산연수원.

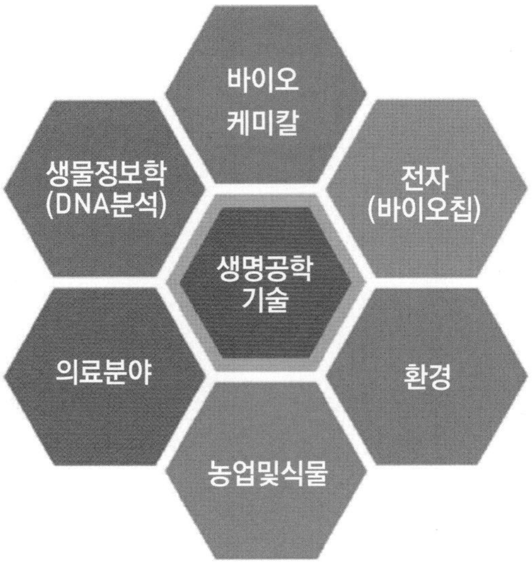

그림 13. 바이오기술 응용분야

(a) 의료 분야

바이오 기술이 가장 광범위하게 사용되는 곳은 의료 분야라고 할 수 있다. 의료 분야에서는 바이오 기술을 이용하여 질병을 진단하거나 예방하는 분야에 널리 사용되고 있다. 특히, 신생아의 장애를 일으킬 수 있는 유전자를 제거하거나 바꾸는 유전자 기술 등에 대한 연구가 다양하고 급속하게 진행되고 있다. 최근에는 유전자 가위 기술이라 불리는 기술을 이용하여 질병 치료에 이용하고 있다. 유전자 가위 기술 1세대는 크리스퍼라 불리는 유전자 가위 기술로서 미국에서 개발되었다. 이 기술은 암이나 희귀질환을 치료하는 데 사용할 수 있다. 하지만 이를 적용하기 위해서는 여러 가지 윤리 문제가 걸려 있다. 특히 이 기술은 배아에 적용하여 실시해야하나 국내에서는 아직 금지되어 있으며 미국에서만 허용되고 있다. 의료 분야에서 적용되는 또 하나의 바이오기술은 바이오칩 분야이다. 바이오칩은 효소, DNA, 항체, 세포와 같은 유기물질을 반도체 안에 집적하여 만든 혼합형 장치를 의미한다. 이러한 칩들은 사람의 몸속에 직접 삽입되어 생체의 기능을 수행하도록 만들어지며 전기적인 신호처리도 가능하다. 이러한 바이오칩의 종류에는 단백질칩, 유전자칩, 신경세포칩, 바이오센서 등이 있다. 단백질칩은 사람 몸속의 실제 단백질을 직접 칩 위에 수만 개 고정해 놓고 단백질들 사이의 결합을 분석하여 단백질의 상호작용, 질병 진단, 신약 개발 등에 사용된다. 단백질칩은 센서와 결합장치 분석(Detection System)시스템의 두 가지 시스템으로 나누어진다. 센서칩 위에는 수백 개의 단백질이 일정한 간격으로 배치되어 있으며, 세 가지 종류의 기술이 사용된다. 분석 장치는 센서 위에 올라가 있는 단백질의 결합특성을 분석하는 장치로서 단백질의 결합을 분석하거나 용액을 자동으로 흘려서 단백질을 분리하는데 사용된다. 이러한 단백질 칩은 단백질 상호작용 분석, 단백질의 순수 분리, 단백질 특성 분석 등에 사용된다. DNA칩은 유리 또는 반도체 위에 특정 DNA 물질을 부착하고 이를 단백질에 대응하는 전달자 RNA와 반응을 시켜 질병 유전자의 등장이나 정도를 분석하는 데 사용하는 칩이다. 칩은 크게 cDNA 칩과 올리 칩의 두 종류로 구분할 수 있다. cDNA칩은 사람의 암을 유발하는 유전자를 발견하거나 진단에 사용된다. 올리고칩은 대상 유전자를 작은 조각으로 만든 후 다시 결합하여 유전자 발현 여부를 알아내기 위해 사용된다. 바이오센서는 생물로부터 데이터를 수집하기 위해, 생물에 직접 주입하는 센서를 의미한다. 바이오센서의 대표적인 예로는 당뇨병 환자에게 적절한 인슐린을 투여하기 위해 사용하는 혈당 센서를 들 수 있다. 혈당 센서는 사람의 혈액을 분석하여 혈당을 실시간으로 분석하는 센서이다.

(b) 합성생물학 기술 분야

합성생물학 기술은 기존의 생물체를 합성하여 인간에게 도움이 되는 새로운 유기물이나 생명체를 만들어내는 기술이다. 합성생물학은 유전공학, 유체공학, 생물정보학 기술 등의 기술이 기반이 되며, 석유를 대체할 수 있는 바이오 연료를 생산할 수 있는 기술로 사용되면서 많은 관심을 끌고 있는 분야이다. 기존 에너지 원료로는 주로 석탄, 석유, 원자력 등이 사용되었다. 석탄은 땅속에 죽은 미생물로부터 생성되는 에너지원인 반면, 합성생물학은 살아 있는 미생물을 이용하여 에너지 생산이 가능하다. 합성생물학의 대표적인 기술로 세포 융합기술을 들 수 있다. 세포 융합이란 서로 다른 특질을 가진 두 개 이상의 세포를 융합시켜 특질이 전혀 다른 새로운 세포를 만드는 기술이다. 융합 원리는 각각의 세포를 둘러싸고 있는 외부막을 효소와 같은 물질을 이용하여 제거하고 세포를 융합시키기 위한 물질을 투여하여 하나의 세포로 만드는 방식이다. 세포융합의 종류에는 식물세포 융합, 동물세포 융합, 미생물세포 융합 등이 있다. 합성생물학 기술 분야에는 세포 배양기술도 예로 들 수 있다. 세포 배양 기술은 식물이나 동물의 일부 세포를 채취하고 여기에 적정한 온도와 수분을 제공하여 대량 증식시키는 기술로서 우수한 종자를 대량으로 재배하거나 품질이 우수하지만 번식력이 약한 생물을 대량으로 얻기 위해서 주로 사용한다. 예전에는 식물 종자의 개체 수를 늘리기 위해서는 접붙이기, 휘묻이, 꺾꽂이, 포기 나누기 등과 같이 시간과 비용이 많이 드는 방법을 사용하였다. 하지만 배양기술을 사용할 경우, 시험관만 있으면 우수 종자를 대량으로 증식시켜 만들 수 있다.

(c) 농업 및 환경 분야

농업 생산 분야에서 바이오 기술은 농업생산량 작물의 개발에 광범위하게 사용되고 있다. 특히 GMO와 같은 유전자 변형 식물을 대량 재배하여 전세계로 퍼트리고 있으나, 사람이나 동물에게 가하는 악영향에 대한 연구가 많이 진행되지 않아 이를 섭취하기에는 아주 꺼림칙하게 여겨지고 있다. 이를 진행하는 대표적인 다국적 기업이 몬산토이다. 유전자 변형 식물은 웬만한 병충해에도 잘 죽지 않지만 식물이 기존 생태계에 퍼질 경우, 기존 생태계를 교란하는 문제점이 발생하여 이에 대한 대책이 시급한 실정이다. 바이오 관련 농업 혁신 기술에는 기능성 작물개발 기술, DNA 육종 기술, 유전자 편집 기술 등을 들 수 있다.

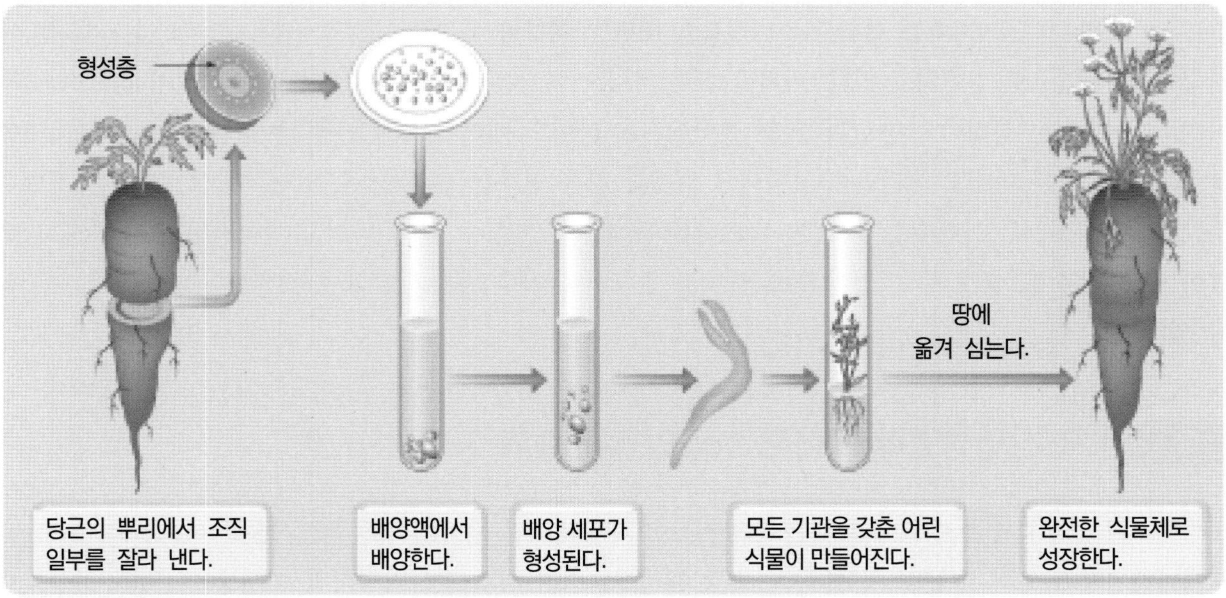

그림 14. 식물 배양 바이오 기술

크리스퍼 유전자 기술은 동물 뿐만이 아니라 식물의 유전자 편집에도 적용할 수 있다. 식물 분야의 유전자 조작은 박테리아를 이용하여 시행했으나, 유전자 가위 기술을 이용하여 작물 내의 원하는 유전자를 없애거나 수정할 수 있다. 이 방식의 장점은 기존의 기술에 비해 새로운 종자를 개발하는 데 걸리는 시간을 대폭 단축할 수 있다는 것이다. DNA육종 기술은 식물이 자라는 데 걸리는 시간을 대폭 단축할 수 있는 기술로서 몬산토가 개발한 기술이다. 이 기술을 사용할 경우, 식물이 자라기 전에 해당 식물의 향후 품질, 생산성, 병에 대한 저항성 등을 쉽게 예측할 수 있다. 기능성 작물 개발 분야는 사용자가 원하는 기능을 갖춘 식물을 만들어서 대량 재배하는 기술이다. 예를 들어, 사람에게 유익한 콜레스테롤만 함유하는 올리브 나무를 만들어서 이를 대량 재배하는 것이다. 이러한 방식은 지금까지 생산자 중심이었던 농업 생산방식이 소비자중심으로 바뀐다는 것을 의미한다.

그림 15. 옥수수 연료

바이오 기술은 환경 분야에서도 널리 사용될 예정이다. 최근에는 미생물과 효소 등을 이용하여 오염된 토양과 물에서 오염물질을 제거하고 원래의 환경으로 회복시키는 생물회복 촉매제에 대한 관심이 높아지고 있다. 또한 기름 찌꺼기를 섭취하는 미생물을 대량 배양하여 유조선 사고로 인한 해양 오염을 제거하는 기술에 대한 연구도 진행되고 있다. 이러한 환경 바이오 기술은 기존의 화학약품보다 독성이 적으며 회복이 빨리 진행되는 장점이 존재한다. 환경 분야에서는 바이오 에너지 생산을 들 수 있다. 바이오 에너지에는 옥수수로 만든 바이오 에탄올이나 바이오 디젤과 같은 연료를 예로 들 수 있다. 이러한 연료는 옥수수 뿐만 아니라 고구마, 사탕수수, 해조류, 버드나무 등에서도 얻을 수 있다. 바이오 에너지는 저장이 쉽고 오염이 적으며, 수분, 온도 등 조건이 맞으면 어느 곳에서나 적은 자본으로 개발과 생산이 가능하다는 장점이 있다.

3. 4차 산업혁명과 에너지 산업의 디지털화

최근 4차 산업혁명을 주도하고 있는 인공지능이 재생에너지 분야에서도 핵심기술로 떠오르고 있다. 국제에너지기구(IEA)는 태양광, 풍력 등 가변적 재생에너지의 리스크를 지적하면서 재생에너지의 성장세에 따라 기존 전력 시스템과의 통합이 주요 과제로 대두될 것으로 전망하고 있다. 이러한 가운데 인공지능이 재생에너지의 불확실성을 감소시켜 효과적인 시스템 통합을 가능하게 할 것으로 기대된다. 인공지능은 태양광, 풍력 발전량 및 전력 수요를 정확하게 예측하고 화석연료 발전량을 조절하며, 스마트그리드를 통해 효과적인 전력 저장·전송을 가능하게 하는 등 재생에너지 분야 전반에 걸쳐 혁신을 이루고 있다.

특허청에 따르면4차 산업혁명 시대의 활발한 인공지능 연구 추세와 최근의 친환경적인 재생에너지 육성 기조가 맞물리면서 관련 특허출원이 대폭 증가한 것으로 나타났다. 기술별로는 발전소, 전력계통 전반의 상태 진단, 수요 예측 및 관리, 발전장치 제어 등에 출원이 집중되었고, 전력망 제어, 발전량 예측, 배터리 충방전 제어 관련 출원은 다소 적은 것으로 나타났다. 재생에너지 확대와 더불어 기존 화석에너지를 줄이기 위해서는 정확한 발전량 예측과 연계한 배터리 충방전 제어, 전력망 제어가 필수적인데, 이에 대한 관심이 적은 것은 다소 아쉬운 대목이라 할 수 있다.

최근 알파고로 우리에게 친숙한 구글 딥마인드는 영국 전력회사와 협력하여 인공지능을 융합한 전력망 제어로 영국 전체 전력비용을 10%까지 감축하는 프로젝트를 진행하고 있고, IT기업으로 변신한 GE, IBM, 지멘스를 비롯한 미국, 유럽 여러 회사·기관에서 인공지능을 융합한 재생에너지 기술을 연구 개발하고 있다. 우리나라에도 세계적인 태양광모듈 생산기업과 인공지능 특허출원 기업이 있는 만큼 두 분야의 융합에 따른 성장잠재력은 충분하다고 할 수 있다. 인공지능은 기존 산업분야와 융합을 통해 많은 부가가치를 창출할 수 있으므로 재생에너지 분야 전반에 걸쳐 관련 기술개발 및 특허획득 노력이 필요한 상황이다[14]).

3-1. 에너지 산업의 디지털화[15]

4차 산업혁명 기반 기술들이 에너지 산업에 접목되면서 에너지 산업의 디지털화가 진행되고 있으며, 이로 인해 에너지 산업의 경쟁력이 부존자원 중심에서 기술력 중심으로 이동하고 있다. 이러한 변화는 에너지 시장의 헤게모니를 바꾸고 새로운 시장, 새로운 서비스, 새로운 가치를 창출할 것이다. 에너지 디지털화(Digitalizaiton)는 분산화(Decentalization), 탈탄소화(Decarbonization) 기술들과 결합하여 장기적으로 에너지 대전환을 이끌어갈 것이다.

디지털 기술은 빅데이터, D&A(Data&Analytics), 인공지능(AI), 블록체인, 클라우드(Cloud), 사물인터넷(IoT) 등 4차 산업혁명 관련 기술까지 포괄하는 폭넓은 의미를 갖는다. 최근 센서 및 데이터 스토리지 비용 감소, 머신러닝(Machine Learning, 기계학습)과 같은 고급 분석 기술의 발전, 사람 및 장치 간 연결성 향상으로 빠르고 저렴한 데이터 전송이 가능해지면서 디지털 기술이 빠르게 확산되고 있다. 각 산업은 이러한 디지털 기술과 만나 디지털화를 이루며 혁명적인 변화의 과정을 거치고 있다.

디지털 혁명은 에너지 산업으로도 다가오고 있다. 디지털 기술을 에너지 시스템에 접목하여 데이터의 수집, 분석, 연계를 가능하게 하는 개념이 에너지 디지털화이다. 디지털화 기술은 재생에너지의 단점으로 지적되는 계통불안정성, 수요공급 관리 불균형 등의 문제점들을 완화시킬 것으로 기대된다. 아울러 에너지 디지털화는 탈탄소화 및 분산화 기술과 함께 에너지 대전환을 이끌 핵심 동력이 될 것이다. 한편 에너지 디지털화는 에너지의 생산·저장·유통·소비 등 에너지 산업 생태계 전반에 큰 변화를 가져올 것으로 전망된다. 지능형센서를 이용한 전력망 구축과 각종 플랫폼을 활용한 에너지 생태계가 새롭게 형성되고 이에 따라 새로운 비즈니스 모델도 지속적으로 창출될 것이다.

14) 재생에너지에도 4차 산업혁명의 물결이, 특허청 보도자료, 2018.

15) 에너지 산업의 디지털화(Digitalization)가 가져올 미래, 삼정KPMG 경제연구원(엄이슬, 장진영, 임두빈), 2018.

표 10. 에너지 산업의 디지털 생태계

구 분	발전 부문	거래 부문	송배전 부문	소매 부문	소비 부문
빅데이터, IoT, 클라우드, AI	예방적 유지보수	거래 최적화	그리드 자동화	요금 최적화	능동적인 에너지 관리
연결성과 통합성	재생에너지 통합		그리드 최적화		
사이버 보안	에너지 사이버 보안				
신규 비즈니스 모델	분산전원	거래 자동화	마이크로그리드	실시간 요금제	연결된 가정&일터
소비자 참여				C&I 에너지 소비	스마트홈 HEMS

(a) 에너지 시장의 디지털화 적용 분야

디지털화는 클라우드를 통해 공유되는 에너지 관련 디지털 데이터가 분석 툴을 거쳐 공용 플랫폼으로 연결되어 1차 에너지 생산-발전-송배전-고객까지 에너지 산업 내 가치사슬 전분야에 적용된다. 첫째, 석유, 가스 등 에너지 자원에 대한 업스트림 부문에서는 드론의 활용, 지질학적 모델링 등으로 생산성 증대와 생산비용 절감이 가능하다. 둘째, 발전 부문에서는 VR, AI를 통한 예측정비, 안전관리, 운영 효율화 등을 기대할 수 있다. 셋째, 송배전 부문에서 디지털화는 유지보수 자동화 시스템으로 고장을 예측하여 최적 자산관리가 가능하도록 하며, 재생에너지를 활용한 분산전원을 용이하게 한다. 그리고 수요자 측면의 에너지 관리 및 판매 부문에서는 스마트그리드, 실시간 가격설정 등을 통해 에너지 소비 최적화가 가능하며, 단순한 소비자를 넘어 프로슈머로서 고객 주도의 에너지 사용환경을 조성할 수 있다. 한편, 데이터 수집 및 교환이 기하급수적으로 증가하면서 사이버 보안, 프라이버시 침해 및 데이터 소유권에 대한 분쟁, 업무 환경의 변화 등과 관련한 리스크는 물론 다양한 비즈니스 기회도 창출되고 있다. 따라서 에너지 디지털화의 리스크를 줄이기 위한 규제기관의 정책적 노력도 요구될 것이다.

표 11. 에너지 시장의 디지털화 적용 분야

적용 부문	적용 내용
1차 에너지 업스트림	생산성 증대 생산비용 절감 작업자 안전도 관리
발전	예측정비 안전관리 운영효율화
송배전	고장예측 유지보수 자동화 최적 자산관리
수요자	에너지소비 최적화 에너지 프로슈머 수요자 주도에너지 사용환경 조성

(b) 에너지 디지털화의 시장 현황

BNEF(Bloomberg New Energy Finance)에 따르면 2018년 기준 에너지 디지털화 시장은 총 520억 달러로 나타난다. 에너지 디지털화 시장은 화석연료 O&M(Operation & Maintenance), 스마트미터, 배전자동화, 가정용 에너지관리시스템(Home Energy Management System, HEMS), 유연성 설비, 풍력 O&M, 태양광 O&M 시장으로 구분되는데, 시장규모 220억 달러의 화석연료 O&M 시장이 전체의 42.3%로 가장 크다. 그 다음으로는 스마트미터(36.5%), 배전자동화(9.6%), HEMS(3.8%) 등의 순서이다.

에너지 디지털화 시장은 2025년에는 640억 달러까지 증가할 전망이다. 2018년 현재의 디지털화 시장은 화석연료 사업이 중심이 되고 있으나 향후 그 크기는 점차 감소할 것으로 예상되며, 프로슈머 개념을 접목 가능한 분산형 재생에너지원 및 스마트홈 중심으로 디지털 시장이 전환될 전망이다. 특히, HEMS 시장은 2018년 20억 달러에서 2025년 110억 달러로 증가하여 450%로 가장 높은 성장률을 보일 전망이다. 또한 스마트미터 시장은 2025년까지 260억 달러로 증가하여 에너지 디지털화 시장에서 가장 높은 점유율(40.6%)을 차지할 것이다.

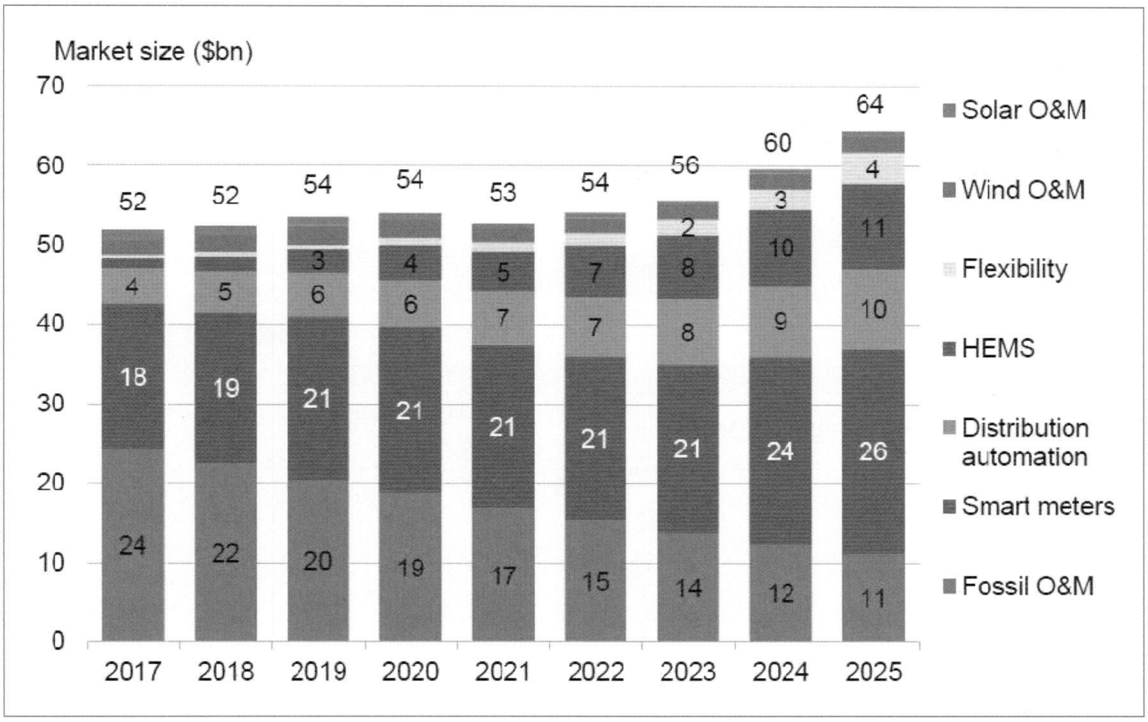

출처: Bloomberg New Energy Finance(BNEF)

그림 16. 에너지 디지털화 시장 전망

(c) 에너지 디지털화 발전방향

에너지 기업들은 디지털화를 통해 가치사슬 전분야에서 효율향상, 비용절감을 도모하고 소비자 중심의 신규 비즈니스 모델을 개발하고 있는데 부문별로 진행 정도는 상이하다. 먼저, 발전 부문의 경우 아직 디지털화 진행단계가 초기단계에 머물고 있다. 앞으로 발전소 정비를 최적화하고 예비 파트와 연료 관리를 통해 발전시설을 현대화하고 그리드(Grid)의 자동화를 구축하는 것이 기대된다. 송전 부문의 경우 디지털화가 진보된 단계에 이르렀고 향후 최적화된 송전시스템 운영을 위해 고급 알고리즘을 활용하는 단계까지 기대할 수 있다.

배전 부문의 경우 발전 부문과 마찬가지로 아직 디지털화가 초기 단계이지만 향후 에너지 손실의 최소화, 예방적 유지보수, 디지털 현장 작업자 투입으로 인한 노동생산성 증가 등을 통해 그리드의 안정성과 최적화를 위한 완전한 자동화를 목표로 하고 있다. 유틸리티 부문의 경우 파일럿 프로젝트들이 운영되고 있으며, 에너지 수요 반응에 대한 즉각적인 실행을 목표로 디지털화가 진행되고 있다.

마지막으로, 에너지 소비 부문에서는 유틸리티와 마찬가지로 여러 파일럿 프로젝트들이 진행되고 있으며, 향후에는 지붕형 태양광 등을 통해 에너지 소비자가 에너지를 직접 생산하여 소비하고 남는 전력은 판매도 하는 프로슈머 활동이 촉진될 것이며, 이러한 프로슈머들이 활동할 분산된 발전소, 가상 발전소 등의 설립도 증가하는 방향으로 발전할 전망이다. 에너지 시스템의 디지털화는 에너지 기업에 다양한 이점을 제공할 수 있다. 먼저, 그리드의 안정성 및 신뢰성이 확보되면 에너지 자산 및 산업 부하의 집계와 조치가 실시간으로 가능해지고 이는 수요에 대한 정확한 대응을 가능하게 한다. 또한 에너지 디지털화로 인해 가스터빈, 송배전망 등의 센서에서 데이터를 실시간으로 수집하여 그리드 모니터링이 강화되면 그리드 업그레이드를 지연시키는 요소와 각종 오류에 대한 적시 제거가 가능하며 이는 운영비 및 투자비를 절감시킨다. 더불어 디지털 기술로 풍력 및 태양광 생산에 대한 보다 정밀한 예측이 가능해져 재생에너지 통합을 개선할 수 있다. 재생에너지에 대한 더 나은 예측은 화석연료 활용의 적합성도 증가시킬 수 있다.

표 12. 부문별 디지털화 진행단계 및 발전방향

Value Chain	현단계	발전방향
발전	초기단계	발전시설의 현대화 그리드의 자동화
송전	진보단계	최적화된 운영을 위한 고급 알고리즘
배전	초기단계	그리드 안정성과 최적화를 위한 완전 자동화
유틸리티	파일럿 프로젝트	통합된 수요반응에 대한 빠른 실행
소비	파일럿 프로젝트	에너지 프로슈머 가상 발전소

출처 : Bloomberg New Energy Finance(BNEF)

표 13. 에너지 디지털화의 키(Key)

새로운 개념	• 스마트그리드 • 스마트 홈 • 커넥티드 빌딩 • 분산발전	• 예방적 유지보수 • 디지털 과금 • 디지털 커머스
변환의 핵심	• 다중채널 커머스 • 디지털 마케팅 • 개방형 혁신 • 디지털 혁신	• 자동화 • 디지털 현장작업자 • 고객경험/생애주기 관리
핵심 기술	• 사물인터넷(IoT) • 인공지능(AI) • 빅데이터와 D&A	• 데이터 보완 • 클라우드 • 시스템 & 데이터 구축

마지막으로, 수요자 중심의 비즈니스가 강화된다. 태양광지붕 등 HEMS을 사용하는 소비자들은 지역 마이크로그리드에 참여하거나 블록체인을 통해 에너지를 거래하며 단순 소비자가 아닌 프로슈머로서 활동할 수 있다. 이때 기업들은 디지털 기술을 활용한 챗봇, 모바일 애플리케이션 등으로 서비스 개선이 가능하며, 더 나아가 에너지 플랫폼을 개설하고 플랫폼 사용료 및 보조서비스 수수료를 받는 등 세분화된 고객 중심의 비즈니스 모델을 개발하여 신규의 수익 창출이 가능하다.

에너지 기업들은 수요자를 세분화하여 비즈니스 모델을 개발할 수 있는데, B2C의 경우 전력 가상저장 비즈니스 모델의 대표적인 예로 독일 에너지 기업 E.ON의 SolarCloud를 들 수 있다. SolarCloud는 배터리가 없는 태양광 저장 솔루션으로 소비자는 별도의 저장장치를 설치하지 않고 자가발전된 잉여전력을 가상계정을 통해 계통에 송전하고 필요 시 어느 장소에서든 가상계정으로 저장된 전력을 사용할 수 있다.

한편, 디지털화는 유틸리티의 수익성을 20~30% 향상시킬 수 있는 것으로 나타난다. 특히 가장 큰 수익률 증가가 예상되는 곳은 소매(8.5%) 부문으로 새로운 에너지 상품의 개발이 가능하며, 더 나은 가격과 고객 세분화, 디지털 오퍼레이션이 수익 증가를 이끌 것으로 분석된다. 그리고 발전(6.6%), 배전(4.3%), 거래(2.5%), 그룹본사(1.3%) 부문의 순서로 수익 증가율이 나타났다.

BNEF는 7개 산업부문을 대상으로 분석하여 에너지 부문 디지털 변환은 2025년 기준 810억 달러의 투자가 필요하며, 이는 380억 달러의 신규 수익창출 및 비용절감을 가져올 것으로 전망하고 있다.

(d) 에너지 디지털화에 따른 수요 변화

디지털 기술은 자율주행자동차, 스마트홈, 스마트공장과 같이 에너지 소비 부문에서 광범위하게 적용된다. 발전된 기술은 에너지 효율을 향상시키고 에너지 사용을 감축할 수 있도록 할 것이다. 그러나 기술 발달로 인한 에너지 효율 개선에 따른 효과는 논쟁의 대상이 되어 왔으며, 총에너지 소비의 관점에서 오히려 리바운드 효과(Rebound Effect)를 야기한다는 시각도 있다. 리바운드 효과란 에너지 효율이 높아져 자동차 주행에 필요한 연료량이 기존보다 줄어들어 지불가격이 낮아지면 소비자들 입장에서는 에너지 사용의 부담이 감소하여 오히려 더 쉽게 많은 에너지를 쓰게 되는 현상을 의미한다. 많은 에너지 경제학자들이 해당 가설에 동의하고 있으며 국가, 지역마다 상이한 리바운드의 크기에 따라 에너지 효율 향상이 가져오는 에너지 감축효과가 달라질 것이다. 여기에서는 에너지 디지털화가 수요 측면에 미치는 영향을 수송, 건물, 산업 부문으로 구분하여 분석하여 정리하였다.

수송부문에서 승용차, 트럭, 비행기, 선박 등 교통인프라는 더욱 스마트해지고 연결성이 높아져 안전성과 효율성을 향상시키고 있다. 디지털화는 자동화와 연결성을 통해 수송 부문에서 큰 영향을 미칠 수 있다. 장기적인 에너지 효율성 개선에 대한 최상의 시나리오로 볼 때 에너지 사용량은 현재 수준에서 절반까지 줄어들 수 있으나 비관적인 시나리오에서는 자율주행차로 인해 이동거리가 늘어나 에너지 사용량은 오히려 두 배 이상 증가할 수 있다고 예측하는 전문가도 있다. 또한 전기차의 전기에너지는 2차 에너지이므로 에너지 효율은 화석연료보다 낮기 때문에 에너지 소모량은 더 늘어날 수 있다. 따라서 종합하면 에너지 디지털화가 수송 부문에서 에너지 수요에 미치는 영향은 불확실하다.

IEA에 따르면 에너지 디지털화로 실시간 데이터를 사용하여 운영 효율성을 향상시킴으로서 2017년부터 2040년까지 가정용과 상업용 건물의 에너지 사용을 약 10% 감축할 수 있을 것으로 예측하고 있다. 이러한 효율성 향상은 냉방과 난방에서 가장 크며 특히, 스마트 온도 조절장치와 센서를 통해 이루어질 것으로 보인다. 스마트 온도 조절장치는 과거 경험을 토대로 거주자의 행동을 예측하고 실시간 일기예보를 사용하여 냉방 및 난방 사용량을 정확하게 예측할 수 있으며, 스마트 조명은 언제 어디서든 전원 조정이 가능하며, LED센서를 포함하여 냉난방 시스템에 최적화하기 위한 신호장치로 활용될 수 있다. 그러나 이를 위해서는 상시 유휴상태에서 대기전력 사용이 증가될 수 있기때문에 에너지 감축으로 인한 잠재적인 비용 절감 효과가 상쇄될 수 있다.

산업 부문에서는 예전부터 많은 기업들이 안정성과 생산성을 높이기 위하여 디지털 기술을 사용해왔다. 통신기술, S/W 플랫폼 활용, 개선된 프로세스 제어 및 스마트 센서와 데이터 분석을 결합하여 장비 고장을 예측함으로서 설비 오작동을 회피하고 운영비를 절감할 수 있게 되었다. 또한 설비의 수명증대와 작업 안전도 개선으로 발전효율과 작업 생산성을 향상 시킬 수 있는데 이때 3D 프린팅, 머신러닝과 향상된 연결성은 이를 더욱 증가시킬 것이다. IEA는 산업 현장의 디지털화는 거의 확실하게 에너지 수요를 줄일 것으로 기대하고 있다. 잉여 생산물이 최소화되고 공정이 효율화되면 산업시설의 에너지 소비가 크게 줄어들 가능성이 높기 때문이다.

(e) 에너지 디지털화로 인한 4가지 리스크

디지털화는 여러가지 리스크를 가지고 있으며 이는 에너지 시장에만 국한되는 문제가 아니다. 디지털화의 리스크는 사이버 보안이다. 에너지 시장의 디지털화는 사이버 공격과 같은 디지털 위험에 더 취약할 수 있다. 지역 발전소가 사이버 공격을 받아 수천 개의 가정에서 전력이 끊기는 일도 발생할 수 있다. 오늘날 대부분의 조직은 포괄적인 데이터 관리 프로그램의 필요성을 인식하고 있으나 사이버 공격 등 디지털화 시스템의 리스크를 완화하기 위한 규칙을 충분히 숙지하고 있는 담당자가 거의 없는 실정이며, 연결된 각각의 기기에 의해 발생하는 위협에 대하여 이해당사자 수가 너무 많아 리스크 관리의 책임범위가 불명확하며 투명성이 결여되고 있다.

앞으로 기술이 발달하고 전 산업에 디지털화가 가속됨에 따라 리스크 관리의 중요성은 더욱 증가할 것이다. 정부와 기업은 사이버 위협으로부터 대응하기 위하여 서로 협력해야 한다. 사이버 공격에 대한 완전한 방어는 불가능하겠지만 조직이 대비를 잘하면 그 영향은 제한적일 수 있다. 또한 사이버 공격을 받더라도 유연한 대응을 가능하게 하는 디지털 복원력을 의미하는 디지털 리질리언스(Digital Resilience, 디지털 회복력)를 길러야 하며, 이를 기술 R&D 시 혹은 시장 및 정책 프레임워크 설계 시 늘 고려해야 한다. 또한 에너지 시장의 디지털화가 가속됨에 따라 연결된 기기의 수가 증가하고 스마트미터 등에서 가정 내 에너지 사용에 관한 정보가 수집됨에 따라 개인에 대한 상세한 데이터가 수집되고 있다. 예를 들어 실시간 데이터를 통해 누가 언제 집에 있는지, 얼마나 샤워를 하고 있는지 또는 요리를 하고 있는지를 알 수 있다. 이에 따라 프라이버시 침해가 문제될 수 있으며 더 나아가 이러한 데이터 소유권이 누구에게 있는가가 주요한 관심사가 될 것이다.

개인의 데이터를 보호하기 위하여 인증과 암호화는 필수적이며, 또한 데이터의 전체 생애주기를 잘 이해하고 분류해야 하며, 데이터에 대한 통제는 소비자를 염두에 두고 설계되도록 해야 한다. 이를 잘 다루기 위해서 소비자들은 스마트 기기 및 설비에 대한 올바른 사용법을 교육받아야 하며 그러한 책임에 대해 스스로 인지하고 있어야 한다.

에너지 부문뿐 아니라 더 넓은 산업 부문에서 기존의 질서를 재편하고 있는 디지털화는 기술과 일자리에 직접적으로 영향을 미치고 있다. 가장 눈에 띄는 변화는 업무 패턴과 작업 방식의 변화이다. 과거에는 접근할 수 없었던 탐사지역을 드론 등을 통해 접근하여 송전선로 촬영화면을 전송할 수 있다. 촬영한 데이터는 AI로 분석되며 심지어 보고서가 자동으로 도출 또는 작성된다. 이에 따라 일부 부문에서는 기존의 일자리가 축소되거나 없어져 실업의 문제가 대두되기도 한다. 반면 다른 부문에서는 새로운 일자리가 창출되고 있으며 이러한 변화는 에너지 산업 내 여러 부문에 걸쳐 발생하고 있다. 따라서 근로자는 변화하는 업무패턴 및 직무에 빠르게 적응해야 하며, 기업 및 정부는 기술진보와 비용하락으로 추진되고 있는 에너지 시스템의 디지털 변환이 작업현장의 변화를 안전하고 지속 가능한 방향으로 이끌어내는데 초점을 맞춰야 한다.

표 14. 에너지 디지털화에 따른 대표적인 리스크

리스크	내용	리스크	내용
1. 사이버 공격	• 사이버 공격으로 인한 네트워크 교란 • 발전소 공격으로 인한 정전	2. 프라이버시 침해	• 사생활 정보의 과대한 수집 • 방대한 개인정보의 누출 가능성 증가
3. 데이터 소유권에 대한 분쟁	• 데이터 소유권의 주체 모호 • 수집 데이터의 악용 가능성 증가	4. 업무환경의 변화	• 업무패턴의 변화 • 기존 일자리 소멸

(f) 에너지 디지털화로 인한 변화와 대응

에너지산업 변화의 주축이 되는 큰 줄기는 첫째가 재생에너지 통합이며, 둘째가 분산전원인데 이때 스마트 수요 반응 및 스마트 충전 등을 통해 이를 촉진시키는 핵심이 바로 디지털화이다. 먼저 에너지 수요 측면에서 디지털화의 영향은 수송, 건물, 산업으로 나누어 볼 수 있는데 수송 부문에서의 디지털화는 연결성과 자동화를 향상시켜 에너지 수요에 큰 영향을 미칠 수 있다. 그러나 수송 및 건물 부문의 디지털화는 분명 에너지 효율을 증가시키지만, 이 때문에 소비자의 에너지 사용에 대한 부담이 감소하여 오히려 더 많은 에너지를 쓰게 되는 에너지 리바운드 효과가 발생할 수 있다. 또는 스마트센서 등 스마트기기 사용에 의한 대기전력 사용 증가로 에너지 소모량이 더 증가할 수도 있어 수요량에 미치는 영향은 불확실하다.

반면 산업 부문의 경우 스마트 장비와 데이터 분석을 결합하여 설비의 예방적 유지보수, 작업 프로세스 개선, 안전성 향상으로 발전 효율과 작업 생산성을 증가시킬 수 있다. 잉여 생산물이 최소화되고 공정이 효율화되면 산업시설의 에너지 소비가 크게 줄어들 가능성이 높기 때문에 산업 부문에서는 디지털화가 에너지 수요를 크게 감소시킬 것으로 예측된다.

에너지 공급 측면에서 디지털화의 영향은 좀 더 명확하다. 우선 화석연료 생산 부문에서 빅데이터와 AI의 발전은 더 빠르고 정확한 분석을 가능하게 하여 업스트림 기업들의 효율성을 높일 것이며, 로봇 및 드론의 활용은 채굴비용을 감소시킬 것이다. IEA에 따르면 신규 디지털 기술을 활용할 경우 기술적으로 채굴 가능한 석유와 가스 자원의 생산량은 약 5% 증가할 것으로 예측된다.

한편 발전 및 송배전 등을 포함한 전력 부문에서의 디지털화는 연간 800억 달러를 절약하거나 연간 발전비용의 5%를 감소시킬 것이으로 평가된다. 송전선 모니터링을 위한 무인기 활용 등을 통해 설비의 운영과 유지비용을 감소시키고 발전소와 네트워크 효율성을 개선하며, 예상치 못한 정전 및 가동 중단시간을 줄여 에너지의 최적 관리방안을 도출할 것이다.

디지털화는 에너지의 수요 및 공급에 영향을 주기도 하지만 에너지 시스템 자체를 변화시키고 있다. 에너지 산업 내 디지털화의 가장 큰 잠재력은 에너지 부문 간 경계를 허물고 전체 에너지 시스템의 통합을 가능하도록 하는 것이다. 디지털화는 에너지 시장에서 수요자와 공급자의 경계를 허물며 소비자가 실시간으로 수요와 공급의 균형을 맞추는데 있어 직접적으로 상호작용할 수 있는 기회를 창출하고 있다.

재생에너지원의 통합과 분산전원의 확산이 현재 에너지 시장에서 진행되고 있는 거대한 트랜스포메이션의 핵심인 만큼 이를 촉진하는 디지털화는 필연적이라고 할 수 있다. 특히, 기후변화 문제해결을 위해서도 효율적인 에너지 관리를 위한 디지털화는 도래할 수 밖에 없는 현상이다. 또한 IEA에 따르면 2016년 센서의 비용은 2008년 기준 가격의 10% 이하로 감소했으며, 태양광 발전은 20%, 전기차 배터리는 30% 감소하였는데, 앞으로 지속될 신기술의 비용 하락이 에너지 디지털화의 확산 속도를 더욱 증가시킬 것이다.

이러한 디지털화의 흐름에 대응하여 기업과 정부는 신속한 대응이 필요하다. 먼저 에너지 기업들은 가치사슬 전 분야에서 디지털화를 통해 효율성 향상과 비용 절감을 추구하고 소비자와 플랫폼 중심의 신규 비즈니스 모델을 적극적으로 개발해야 한다. 그러나 사이버 보안, 프라이버시 침해 및 정보의 소유권 문제, 작업환경의 변화와 같은 디지털화의 리스크에 대응하기 위하여 원칙을 정하고 책임소재를 명확히 하는 것 또한 중요하다. 한편 정부는 에너지 산업의 디지털 생태계 조성을 위해 신기술 개발 및 활용에 대한 규제를 유연하게 적용해야 한다. 디지털화를 통해 에너지 분야에서 새로운 가치를 창출하기 위해서는 에너지 데이터 공유와 에너지 시장 참여 기회가 보다 개발될 필요가 있다.

에너지 디지털화로 인해 에너지 산업의 경쟁력이 부존자원 중심에서 기술력 중심으로 이동하고 있다. 이는 디지털 강국이지만 자원 빈국으로 에너지 산업의 변방에 위치해 있었던 우리에게 절호의 기회가 될 수 있다. 거대한 변화의 흐름을 인지하고 혁신적인 시도를 두려워하지 않을 때 우리 기업들과 정부는 에너지 시장의 전통적인 헤게모니를 바꾸고 새로운 시장, 새로운 서비스, 새로운 가치를 창출해 낼 수 있을 것이다.

4. 스마트그리드[16)]

4-1. 스마트그리드 개요

스마트그리드란 기존의 전력망(Grid)에 정보통신기술(Information & Communication Technology, ICT)을 접목하여 공급자와 수요자간 양방향으로 실시간 정보를 교환함으로서 지능형 전력수요관리, 신재생 에너지 연계, 전기차 충전 등을 가능하게 하는 차세대 전력인프라 시스템을 의미한다. 즉, 발전소와 송배전 시설, 전력소비자를 정보통신망으로 연결하여 정보를 공유함으로서 전력시스템 전체가 하나의 유기체처럼 효율적으로 작동할 수 있도록 하여 에너지 이용효율을 극대화하는 것이 스마트그리드의 기본적인 개념이다. 기존 전력망이 중앙집중형으로 수요에 따라 공급자 중심으로 설비를 운영하고 전력을 공급했다면, 스마트그리드는 지역별 분산전원들이 네트워크로 연결되어 생산된 전력을 사용, 양방향으로 정보 전달 과정

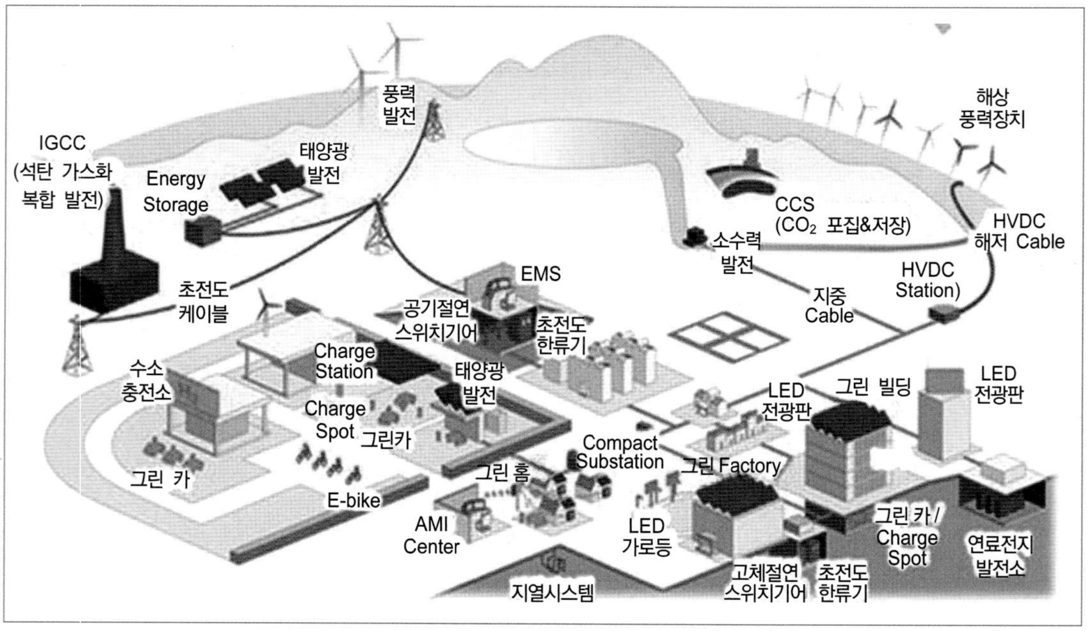

그림 17. 스마트그리드 개념도

16) 스마트그리드, 한국IR협의회(최준희), 2021.

이 자동적으로 이루어지며, 신재생에너지를 통한 전력생산에도 기여하여 소비자의 역할과 생산자의 역할을 동시에 수행할 수 있는 에너지 프로슈머(Prosumer)로 모든 사람들이 에너지의 생산과 소비를 담당하게 된다. 스마트그리드의 주요 구성요소로는 에너지 저장시스템(Energy Storage System, ESS), 지능형 원격검침 인프라(Advanced Metering Infrastructure, AMI), 에너지 관리시스템(Energy Management System, EMS), V2G(Vehicle to Grid), 마이크로그리드, 양방향 정보통신기술, 지능형 송·배전시스템 등을 들 수 있다.

표 15. 기존 전력망과 지능형 전력망 비교

전력망 = Grid	+	정보통신 = Smart	=	스마트그리드
공급자중심 일방향성		실시간 정보교환		수요자중심 양방향성

기존 전력망	지능형 전력망
아날로그/전기기계적	디지털/지능형
중앙 집중 체계	분산 체계
방사상 구조	네트워크 구조
수동 복구	자동 복구
고정 요금	실시간 요금
단방향 정보흐름	양방향 정보교류
소비자 선택권 없음	다양한 소비자 선택권

출처 : 한국스마트그리드사업단, 한국기업데이터 (주)

4-2. 스마트그리드의 주요 구성요소

(a) 에너지 저장시스템 (Energy Storage System, ESS)

에너지 저장장치(ESS)는 생산된 전기를 저장장치(배터리 등)에 저장했다가 전력이 필요할 때 공급하여 사용함으로서 전력 사용의 효율성을 높일 수 있도록 해주며, 일반적으로 건전지나 소형 배터리 같은 소규

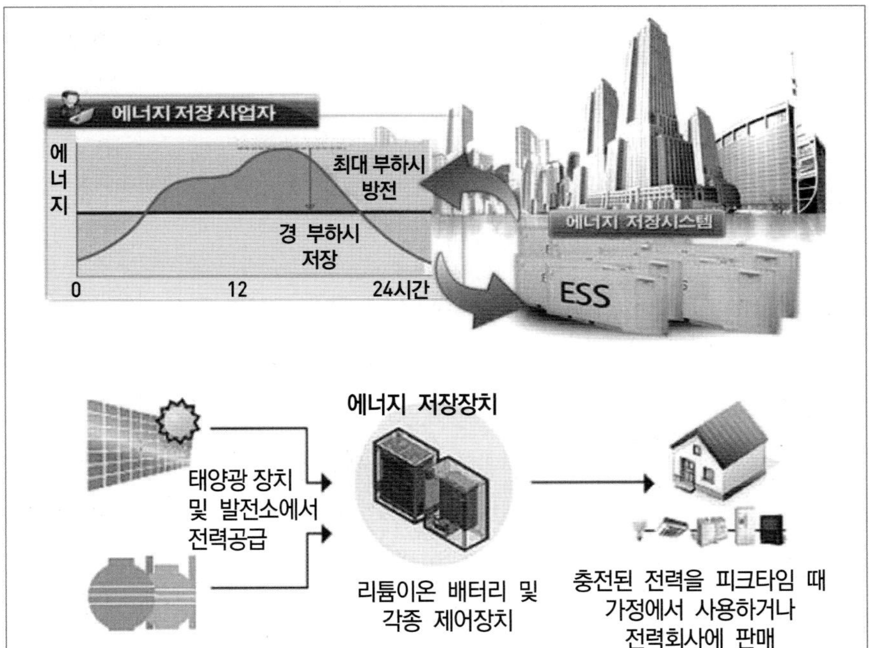

그림 18. 에너지 저장시스템(ESS) 개념도

모 전력 저장장치를 ESS라고 칭하지는 않고 일반적으로 수 백 kWh 이상의 전력을 저장하는 단독 시스템을 ESS라고 한다. 특히, 스마트그리드용 ESS는 기존의 전력망에 정보기술(IT)을 접목하여 전력 공급자와 소비자가 양방향으로 실시간 정보를 교환하고 전력 저장장치를 이용하여 가장 필요한 시기에 전기 에너지를 공급하여 에너지 효율을 향상시키며 전기를 많이 사용하지 않는 야간에는 잉여전력을 저장하여 전력 소비가 많은 주간에 사용하는 부하평준화(Load Leveling)를 통해 전력 운영의 최적화에 기여할 수 있다. ESS는 전력 저장원(배터리, 압축공기 등)과 전력 변환장치(PCS), 전력 관리시스템 등 제반 운영시스템 등으로 구성된다.

(b) 지능형 원격검침 인프라 (Advanced Metering Infrastructure, AMI)

AMI는 에너지 부하자원의 효율적인 관리와 에너지 소비 절감을 위하여 에너지 공급자와 사용자간 양방향 정보교환을 위한 인프라로서 에너지 사용정보를 측정·수집·저장·분석하고, 이를 활용하기 위한 총체적인 시스템을 의미하며, 또한 협의의 의미로는 유틸리티 사업자가 에너지 사용자의 에너지 사용정보를 취득하여 과금을 하기 위한 인프라를 의미한다. AMI는 전력선 통신 방식(PLC) 또는 무선 통신방식(LTE)을 사용할 수 있으며, 일반적으로 유럽은 전력선 통신 방식을, 북미 지역은 무선 통신방식을 선호하는 것으로 알려져 있다. AMI는 전력 사용량 검침 계기인 전자식 전력량계(스마트미터), 데이터 집중장치(DCU)와 전력량계 간 검침정보를 전송하는 모뎀, 전력량계에서 검침된 데이터를 취합하여 서버로 전송하는 데이터 집중장치(Data Concentration Unit, DCU), 전력량계로부터 데이터 취득, 저장, 분석 및 장애관리 등을 수행하는 AMI 서버로 구성된다.

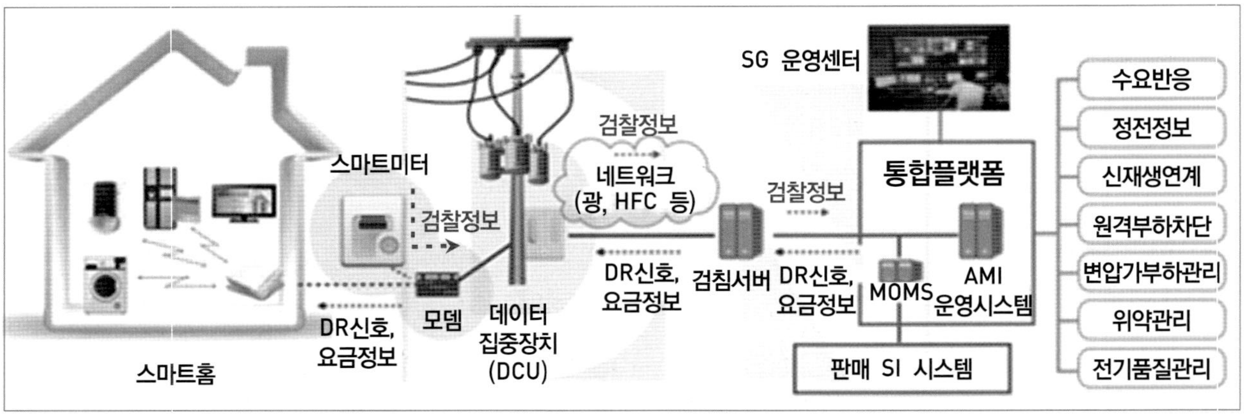

출처: 가정용 스마트전력 플랫폼, 한전경영연구원

그림 19. AMI 구성도

(c) 에너지 관리시스템 (Energy Management System, EMS)

에너지 관리시스템(EMS)는 에너지 효율을 높일 수 있도록 제어하는 IT 소프트웨어를 일컫는 말로 이를 통해 전기에너지를 필요한 만큼만 생산·공급·사용함으로서 효율을 높이고, 청정한 신재생에너지원으로부터 발전된 전기를 전력계통과 연계 운용하여 경제성과 안정성을 꾀할 수 있다. ISO 500001의 에너지 관리시스템에 관한 일반론적 정의에 근거한 단위 조직별 에너지 관리 시스템을 살펴보면, 가장 상위의 국가용(K-EMS), 지역용 (마이크로그리드 EMS), 공장에 적용하는 FEMS (Factory EMS), 상업용 건물에 적용하는 BEMS (Building EMS), 가정에 적용하는 HEMS (Home EMS)로 나누어 볼 수 있고 기능은 유사하지만 용도에 맞게 디자인과 UI 등을 다르게 적용한 것으로 이해할 수 있다.

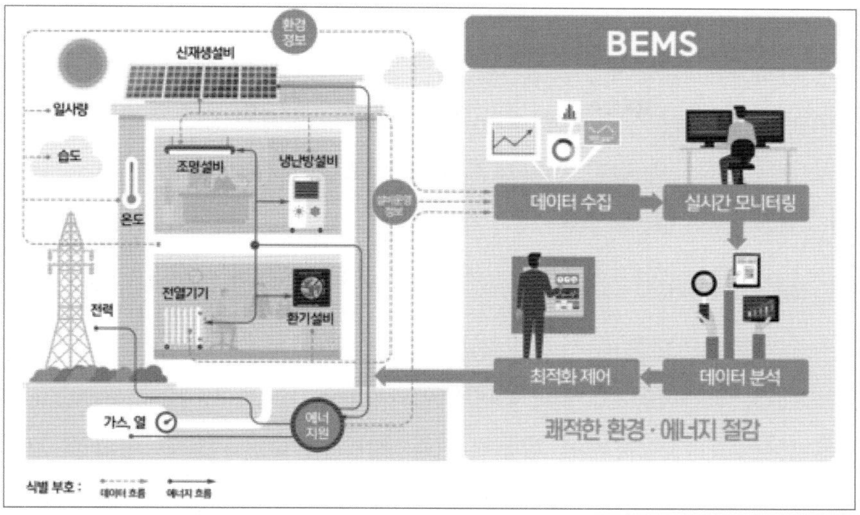

그림 20. BEMS 구성도

(d) V2G (Vehicle to Grid) 기술

스마트그리드 환경에서의 전기자동차는 단순히 전기를 소모하는 이동 수단이 아닌 에너지 저장장치로서의 역할을 수행할 수 있으며, 필요에 따라서 전기자동차에 저장된 에너지를 전력망에 전송(V2G)하여 주파수 조정, 예비전력 확보, 백업 서비스, 피크관리 등을 수행할 수 있다. 또한 V2G는 V2H (Vehicle to Home)이나 V2B (Vehicle to Building), V2D (Vehicle to Device) 등의 분야로 확장이 가능하며, V2D의 경우 야외 캠핑을 예로 들 수 있는데 TV, 전등, 컴퓨터, 냉장고 등과 같은 전자제품과 연동하여 야외에서 원활하게 전기를 사용할 수 있도록 할 수 있다. V2G 기술을 구현하기 위해서는 1) 양방향(Bi-directional) 인버터를 통해 에너지 전송이 가능한 전기자동차 기술, 2) V2G 구현 시 전력망의 품질확보 기술, 3) V2G 구성요소를 모니터링하고 운영하기 위한 EMS 기술, 4)V2G용 EV에 활용이 가능한 다양한 배터리 기술 (Ni-MH,

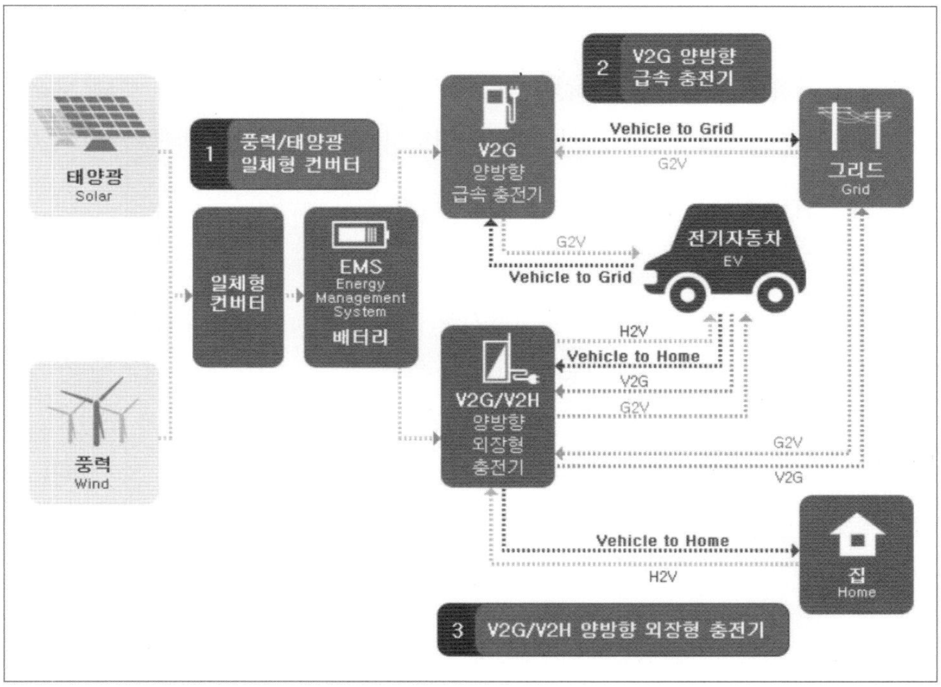

출처 : http://jejuevrc.jejunu.ac.kr/index.php/contents/project/second

그림 21. 전기차와 그리드와의 연결(V2G) 구성도

LiFePO4-cathode, Li4Ti5O12-anode 등), 5) V2G를 위한 기술표준 마련 등의 기술적 요소가 구비되어야 한다. V2G 시스템은 탄소배출 감축에 일조할 수 있는 친환경적인 방식임과 동시에 경제성까지 갖추어 지속 가능한 성장을 이어갈 수 있는 산업 모델이며, 향후 V2G 사업자와 수요관리 사업자 등 V2G를 활용한 피크 절감 효과뿐 아니라 선진국과 같은 전력계통 주파수 조정 등 다양한 전력 보조서비스 및 부가가치를 창출할 수 있는 시스템으로 평가받고 있다.

(e) 마이크로그리드 (Micro Grid)

마이크로그리드는 스마트그리드를 구성하는 집합시설(빌딩, 아파트, 공장, 오지, 섬 등)에 신재생에너지(풍력, 태양광, 바이오매스, 전기자동차, 기타 에너지원)와 EESS (Electrical Energy Storage System, 전기에너지 저장시스템) 같은 분산전원을 활용하여 계통에 연동하여 독립적인 형태로 전력을 공급함으로서 다양한 전력계통상의 환경 변화에도 불구하고 안정적인 전력을 공급할 수 있는 시스템을 의미한다. 마이크로그리드 기술은 전력시스템, 전력전자, 통신 및 제어기술이 융합된 기술로 다양한 참조모델 개발, 자원 확보, 모델링·해석기법, 제어 및 알고리즘, 에너지 최적화 및 IT 기술에 기반을 둔 통합관리 기법들을 적용한 플랫폼 개발과 다양한 데이터를 처리하는 빅데이터 기술, 실시간 배전 및 발전 기술, 통신기술 등이 융복합되어야만 완성된 하나의 시스템을 구성했다고 할 수 있다. 이와 관련된 세부 기술로는 SCADA (Supervisory Control And Data Acquisition), EMS 구축, 독립형 인버터, 유틸리티 연계형 인버터, 사이리스터, 보상기, 엔클로저, 보호 시스템, 변압기, SoC 기술, 불규칙한 신재생에너지원의 출력 변동을 최소화하기 위한 제어기술, 평활(Smoothing) 제어 기술, 정전력(Constant Power) 제어 기술, 통신기반 IoT, IoE, 보안 기술 등이 있으며, 이러한 기술들이 활용되는 대·중·소형 신재생에너지원에 대한 사례들에 기초한 표준화가 중요하다.

마이크로그리드는 전력망에 ICT 기술을 적용하여 전력 소비자와 생산자의 실시간 정보 교환을 통해 효율적인 에너지 관리가 가능한 차세대 전력망이라는 점에서는 유사하지만 발전원과 전력 소비자의 거리가 가깝고 규모가 작아 송전 설비가 따로 필요하지 않다는 점이 다르며, 스마트그리드를 소지역 특성에 맞게 적용한 것이라고 생각할 수 있다. 마이크로그리드는 각종 사물에 센서를 부착하여 데이터를 실시간으로 주고받는 기술이나 환경을 의미하는 사물인터넷(IoT) 기술과도 밀접한 관련이 있으며, 신재생에너지 외에 따로 한국전력공사에서 전력을 공급받는 스마트그리드와 달리 마이크로그리드는 모든 전력을 태양광, 풍력, 수력 발전 등 신재생에너지를 통해서만 얻기 때문에 대도시보다는 오지, 사막, 도서지역 등 전력망을 갖추기 어려운 지역에서 주로 추진된다.

(f) 스마트그리드와 IoT 기술

IoT는 우리가 일상생활에서 접하는 다양한 전자기기, 차량, 건물, 센서, 기계장치 기반시설 등이 정보통신 네트워크를 통해 인터넷에 연결되어 각종 데이터를 수집하고 사용자 또는 기기들 간에 그것을 서로 주고받는 것을 의미한다. 사물인터넷이 센서, 기계장치, 기반시설을 포함하는 경우 단순한 정보교환에 머무는 것이 아니라 사이버 물리시스템과 융합되어 스마트그리드, 가상전력발전소, 스마트홈, 더 넓게는 스마트시티를 구축하고 운용하는 데 매우 중요한 구성요소가 될 수 있다. 스마트그리드는 전력 부문에 정보기술, 통신기술, 디지털 제어기술이 결합되는 산물로 사물인터넷의 한 분야인 에너지 인터넷(Internet of Energy)의 중심무대라고 할 수 있으며, IoT의 연결성과 접근성이 좋아지면 사용자 경험이나 효율이 높아져 소비자 상호 작용이나 제어가 더욱 원활하게 이루어진다. 또한, 제조사와 유틸리티 업체에게 더 많은 정보를 제공하여 진단 비용을 절감하고 마을 전체 계량기 값을 판독할 수 있게 되는 등 IoT로 인해 좀 더 촘촘하고 효율성이 높아진 똑똑한 스마트그리드를 구축할 수 있다.

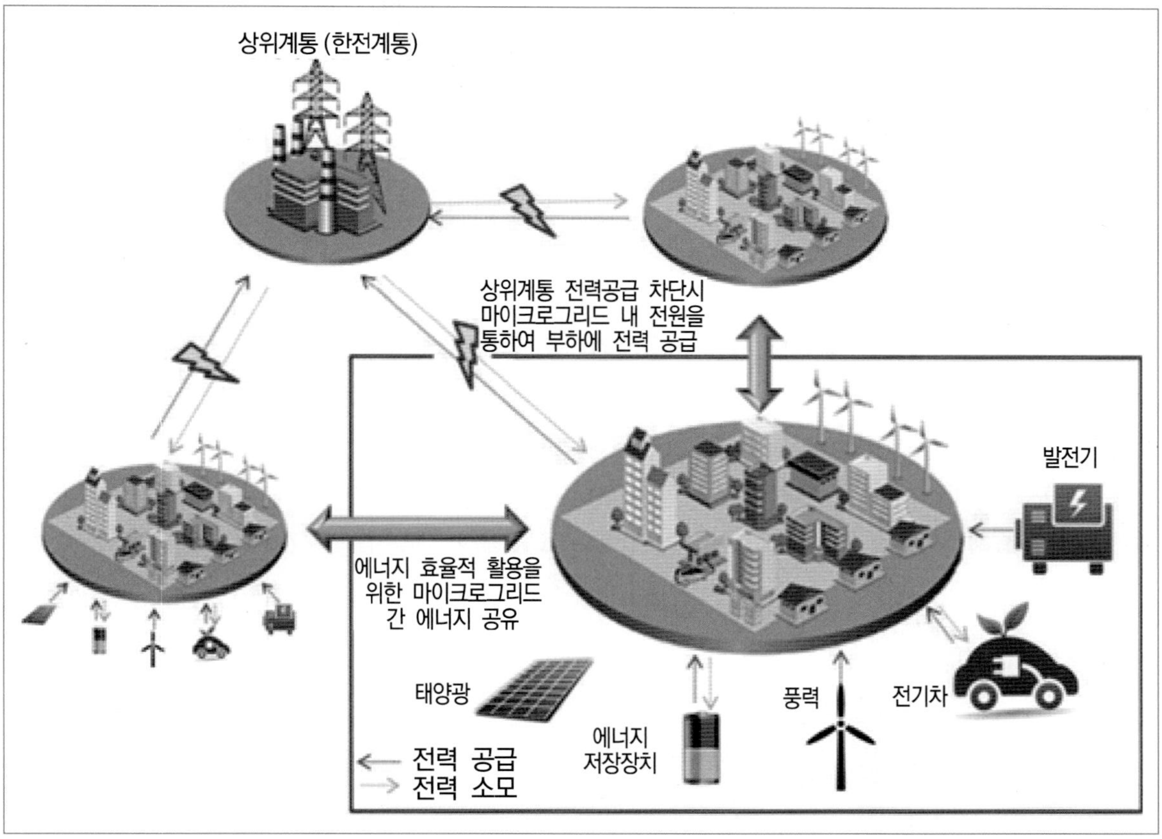

출처 : http://m.e2news.com

그림 22. 마이크로그리드 개념도

4-3. AI 기술과 스마트그리드 융합에 따른 전망

스마트그리드는 전기사용의 패턴을 효율적으로 바꿔주는 차세대 전력망 기술로 전기 생산자들에게 전기 사용 정보를 제공함으로서 보다 효과적인 전기사용 공급망의 구축을 가능케 하는 수요자 중심의 양방향성이 핵심이다. IoT 기술을 이용하여 원격으로 에어컨이나 보일러 같은 기기들을 조작할 수 있고 하루 중 어느 시간대에 어떤 가전제품을 많이 쓰는지도 확인이 가능하다. 향후 AI 기술과 5G가 보편화되면 스마트그리드 시장의 성장을 가속화시킬 것으로 전망된다.

인공지능은 인간의 지능으로 할 수 있는 사고, 학습, 모방, 자기 계발 등을 컴퓨터가 할 수 있도록 연구하는 컴퓨터공학 및 정보기술 분야라고 할 수 있다. 초기에는 게임이나 바둑 등 일부 분야에 국한되어 사용되었으나, 현재는 의료, 법률, 교육 등 다양한 분야에서 인공지능이 적용되어 사용되고 있으며, 한국에너지정보문화재단 자료에 따르면, 에너지 분야에서는 데이터 기반의 정교한 머신러닝이 전력 거래, 지능형 전력 소비, 지능형 에너지 저장 기술 향상에 도움을 줄 수 있다.

(a) 전력거래

전력거래 시장이 효율적으로 작동하기 위해서는 전력 판매자와 구매자, 중개인이 기상 예측부터 전력망 수급 현황까지 방대한 양의 데이터를 지속적으로 분석해야 하고 시장에서 우위를 차지하기 위해서는 관련 데이터를 잘 이해하고 있어야만 한다. 일례로 2018년 IBM의 딥 마인드(Deep Mind)는 미국의 700GW 규모의 구글 풍력발전소에 머신러닝 알고리즘을 적용하였다. 기상 예보와 과거 풍력터빈 데이터를 입력한 인공 신경망(Neural Network)을 활용하여 36시간 전에 풍력 발전량을 미리 예측할 수 있었으며, 1년도 되지 않아 풍력에너지의 가치를 약 20% 향상시켰다.

(b) 지능형 전력 소비

미국의 전력 소비자들 중 약 절반 정도는 전기 스마트미터를 사용한다고 한다. 스마트미터는 개인의 에너지 소비량 관련 데이터를 제공함으로서 소비자가 스스로 에너지 사용량을 관리할 수 있도록 도와준다. AI 기반 스마트미터와 스마트홈 솔루션이 아직 널리 보편화되어 있지는 않지만, 에너지 모니터링 기기들은 다른 가전제품과 연결되어 에너지 비용을 절약할 수 있도록 도와줄 수 있고 궁극적으로 지능형 전력 소비기기의 광범위한 사용은 인류를 위한 친환경적이고 안정적인 전력망 구축에 기여할 수 있다. 최근 보도에 따르면 미국 피츠버그대학교, 메사추세츠 암허스트대학교, 마이크로소프트(MS) 인도연구소 연구진은 그들이 개발한 와트스케일(WattScale)이라는 AI를 이용하여 도시나 각 지역 모집단에서 에너지 효율이 가장 낮은 건물을 골라내기도 했는데, 주거용 건물 1만 107채 중 절반 이상에서 비효율성을 발견했으며, 이는 거의 95% 사례에 대한 결함을 확인한 것이다.

(c) 지능형 에너지 저장

인공지능은 재생에너지 전력 마이크로그리드, 유틸리티 규모의 배터리 저장, 양수발전 등의 개별적인 기술을 통해 쉽게 통합할 수 있도록 함으로서 현존하는 에너지 저장 기술을 향상시킬 수 있다. 현대 전력망에서 에너지 저장의 역할은 풍력, 태양광 등 간헐적인 전력원이 확산됨에 따라 빠르게 커지고 있다. 기술이 발전하고 비용이 절감됨에 따라 지능형 에너지 저장은 전력망의 보조적 서비스에서 더욱 큰 역할을 맡게 되어 전력망 운영자가 수급 균형을 맞출 수 있도록 돕고 발전소에서 소비자까지의 송전을 지원할 수 있으며, 수요와 공급 간 격차가 발생할 때 인공지능을 통해 더욱 효율적으로 전력을 배분할 수 있다.

4-4. 보안기술로 안전한 스마트그리드 이용 환경 조성

스마트그리드는 폐쇄망인 기존 전력망과 달리 개방형 구조를 기반으로 하며, 전력사용의 효율성을 높이기 위해 사용자와의 정보교환이 증가하고 고객 편의를 위한 수요반응(DR), 지능형 검침(AMI) 등 새로운 전력 서비스를 제공하기 때문에 사이버 공격을 비롯한 여러 위협에 취약할 수 있다. 한국정보보호학회에서 발행한AMI 공격 시나리오에 기반한 스마트그리드 보안 피해비용 산정 사례 자료에 따르면 전국에 보급된 스마트미터를 200만 개로 가정하고, 그 중에서 피해를 입은 스마트미터가 전체의 10% 를 차지한다고 할 때 스마트미터 전량 교체를 포함한 5가지로 인한 1회 손실 비용이 372억 원에 달하는 것으로 나타났다. 또한 미국의 사이버보안 연구기관인 United State Cyber Consequences Unit의 CEO이자 경제학자인 Scott Borg는 미국의 1/3 지역에서 정전이 발생하여 3달간 복구되지 않을 경우, 약 40~50개의 대형 허리케인으로 인한 피해와 비슷한 약 7,000억 달러에 가까운 경제적 손실이 발생할 것으로 예측하기도 했다. 향후 스마트미터의 보급이 확대되고 피해 규모가 큰 사건이 발생하게 된다면 손실비용은 기하급수적으로 커질 수 있기 때문에 스마트그리드 상에 전송되는 데이터의 보안은 굉장히 중요한 부분이라 할 수 있다. 스마트그리드의 본격적인 추진을 위해 소비자 프라이버시가 보장될 수 있도록 하는 정책적 방안은 물론 이를 구현하는 다양한 보안 기술의 연구가 수행되어야 하는 이유이다.

우리나라는 그동안 각각의 제품 위주로 시장이 발전되어왔기 때문에 시스템 보안기술이 취약한 편이다. 스마트그리드 기술의 경우 AMI, ESS 등 여러 가지 기기들로 구성이 되어 있어 외부로부터의 침투 경로가 다양하게 분포되어 있는 것이 특징이며, 따라서 사전에 모든 공격을 방어하는 것은 사실상 불가능하다. 정부는 지능형전력망 정보의 보호조치에 관한 지침 제정 및 스마트그리드 보안기술 구축·운용 가이드라인 개발, 분야별 보안 가이드라인 수립 등을 통해 스마트그리드 보안을 위한 법·제도 기반을 조성하였으며, 지능형전력망 보안성 시험·인증 체계 구축을 통해 인증기관을 지정하고 체계적인 보안 및 인증 시험이 이루어질 수 있도록 하였다.

4-5. 스마트그리드의 해외 산업동향

GTM Research는 2020년 스마트그리드 시장의 누적가치가 4,500억 달러를 넘어서고 연평균성장률(CAGR)은 8.4%에 달할 것으로 전망된 바 있다. 중국은 24% 이상의 점유율로 세계 최대의 스마트그리드 시장이 될 것으로 예상되며, 그 뒤를 북미(23.9%), 아시아 태평양(21.2%), 유럽(20.6%) 순이 될 것으로 전망했다. 주요 구성요소별 시장규모를 살펴보면 먼저 세계 지능형검침인프라(AMI) 시장 규모는 2018년 누적 기준 약 7.5억대가 설치될 것으로 전망되며, 2025년에는 12억대까지 증가할 것으로 예상된다. 중국을 중심으로 한 아시아태평양 지역이 전체의 약 65%를 점유하며, 2025년까지 연평균 6.5% 증가할 것으로 전망된다. 그 외 지역 중에는 남미와 중동, 아프리카가 각각 연평균 20.6%, 16.2%로 빠른 성장세를 보일 것으로 예상된다.

세계 에너지관리시스템(EMS) 시장은 BEMS와 FEMS가 주도하고 있으며, BEMS 시장은 2016년 약 27억 달러에서 2025년 약 128억 달러로 연평균 약 19% 성장할 것으로 전망되고, FEMS 시장은 2016년 약 150억 달러 규모에서 2024년에는 약 350억 달러 이상의 시장 규모를 형성할 것으로 예상된다. 향후 FEMS 시장 성장의 중심축은 북미에서 점차 아시아로 이동할 것으로 전망된다. 또한 에너지 저장시스템(ESS)의 전력망 및 보조 서비스부문 시장규모는 2018년 3GW에서 2023년에는 16.5GW로 증가할 전망이며, 첨두부하 절감을 위해 운전상태 예비력, 전력망 자산 최적화 등의 분야에 ESS를 활용한 전력망투자가 증가할 것으로 예상된다. 아시아태평양 지역의 ESS시장 점유율은 2018년 26%에서 2023년 38%로 증가할 것으로 보이며, 한국 외 일본, 중국, 동남아 지역(말레이시아, 인도네시아, 필리핀, 태국 등)이 성장을 주도할 것으로 전망된다.

싱가포르 전력사인 SP Group에서 세계 29개 전력사의 전력망 지능화 정도를 평가한 결과를 살펴보면 별점 4점 이상을 차지한 전력사는 모두 미국과 유럽회사가 차지하고 있으며, 아시아지역의 업체들과 비교해 산업이나 규제 측면에서 더 빠른 혁신을 선도하고 있는 것으로 나타났다. 스마트그리드 주요 기술 분야의 경우, 전력 공급망 안정성, 고객만족도, 모니터링&제어 분야 등에서 아시아지역의 전력사들(홍콩, 싱가포르, 일본)이 우수한 기술력을 갖춘 것으로 조사되었다.

4-6. 스마트그리드의 국내 산업동향

한국에너지기술평가원(KETEP) 자료에 따르면 국내 스마트그리드 시장 규모는 2012년 약 0.4조 원에서 연평균 28% 성장하여 2020년에는 약 2.5조 원 규모의 시장을 형성할 것으로 전망되었다. 총 5개의 분야(지능형 전력망, 지능형 소비자, 지능형 서비스, 지능형 운송, 지능형 신재생) 중 지능형 전력망 부문이 가장 큰 시장규모를 차지할 것으로 전망되며, 지능형 신재생과 지능형 서비스 시장은 50%가 넘는 고성장이 예상된다. 산업통상자원부 자료에 따르면 국내에서는 2010년 5개 분야의 기술개발 계획을 포함하는 스마트그리드 국가로드맵을 수립하여 추진해오고 있으며, 2010년부터 2030년까지 총 3단계에 걸쳐 추진될 예정이다. 2011년에는 중·장기 정책목표, 기술개발, 전문인력양성, 표준화, 국외진출, 투자 등을 포함하는 지능형 전력망의 구축 및 이용촉진에 관한 법을 제정하기도 하였다. 2012년에는 다양한 선택형 요금제 도입을 비롯한 제도개선, 지능형 커뮤니티 구현 및 신산업 창출을 위한 상용화기술 개발, 스마트그리드 상호운용성 확보 및 적합성 평가 시스템 구축 등을 주요 골자로 하는 7대 광역권별 스마트그리드 거점도시 구축을 위한 1차 지능형전력망 기본계획을 수립하였으며, 2018년에는 소비자가 중심이 되는 전력시장 생태계 조성을 위한 제2차 지능형전력망 기본계획을 수립하기도 하였다. 2021년 1월에는 산업통상자원부가 건물 에너지관리 시스템(BEMS)에 대한 국가표준(KS) 제정안을 고시하였는데, 이를 통해 BEMS 관련된 국제표준이 없는 상황에서 BEMS 데이터 관리 전반에 대한 세부적인 표준 체계를 마련하였다고 할 수 있다. 세부 내용을 살펴보면 데이터 수집 단계에서는 에너지 소비에 영향을 주는 필수적인 데이터의 측정 지점과 수집 방식을 제시했으며, 데이터 분석 단계의 경우 수집된 데이터의 저장 코드를 표준화하고, 데이터의 종류, 단위, 검증 등 분석 정보의 관리 방법도 규정했다. 또한 데이터 활용 단계에서는 에너지 절감량 효과 산정 기준 및 방법을 표준화하여 체계적이고 객관적인 성과분석이 가능하도록 하였다. 이를 통해 국내 에너지 소비 전체의 약 20% 정도를 차지하는 건물 부문의 에너지 효율을 높이고, 2050년 탄소중립 실현과 에너지 전환 확산을 위한 초석을 마련할 수 있는 계기를 마련할 수 있을 것으로 보인다.

5. 디지털트윈[17)]

최근에 디지털트윈(Digital Twin) 용어가 일상생활과 항만, 교통, 건물, 에너지, 조선 등 다양한 산업 분야에서 쓰이고 있다. 스마트시티 구축과 운영의 과정에 디지털트윈이 쓰이면서 시민들의 일상생활에도 노출되어 지하철이나 고속도로 광고판에도 등장하여 사람들에게 다가가고 있다. 디지털트윈의 표면적 형태는 현실 세계의 실물객체를 가상 세계의 쌍둥이 가상객체로 만들고 실물객체의 동작과 행동을 쌍둥이 가상객체의 수행 역할 모델로 만들어 현실세계를 가상세계에서 모사 및 모의할 수 있도록 하는 것으로 나타난다. 디지털트윈은 2002년에 최초로 개념이 소개된 이후에 제조 분야에서 부분적으로 사용되어 온 것인데 최근 여러 산업 분야에서 각광을 받고 있는 데는 몇 가지 이유가 있을 것으로 본다. 첫째는 새로운 분야에서도 디지털트윈 개념을 구체화하고 적용할 수 있을 정도로 기반 기술이 축적됐다는 점이다. 디지털트윈 모델을 만들고자 하는 물리적 실체 대상에 대해 3D 형상을 만들고 증강현실(AR), 가상현실(VR) 등을 통해 가시화할 수 있고 대상물의 기능과 동작 등을 가상 모델화할 수 있다. 대상물의 실제 동작 현황을 실시간 모니터링하면서 데이터를 수집하고 빅데이터, 인공지능(AI) 등을 통해 분석할 수 있다는 점이다. 각 응용 분야에서 쌍둥이처럼 만들어져 있는 디지털트윈 시스템을 통해 계획 수립부터 운영, 관리, 유지 보수 및 조기 대응 등에 대해 사전에 시뮬레이션 검증, 시스템 운영 동안에 최적화 수행, 미래 상황 예측, 사후 문제분석 등이 가능해지게 되어 널리 도입되기 시작하고 있는 것이다. 두 번째 이유는 누구나 빠르게 이해할 수 있는 직관적 이름 덕분이라고 할 수 있다. 어떤 낯선 개념이 비즈니스 생태계에서 생존 및 확산되려면 이를 받아들이고 투자를 유발하는 선순환 관계가 만들어져야 하는데 디지털트윈은 인문학 배경의 투자자를 비롯해 누구에게나 쉽게 이해시킬 수 있는 이름인 것이다. 디지털트윈은 거울을 마주하는 쌍둥이의 이미지를 사람들에게 제공하기 때문에 내가 다루고자 하는 것이 사이버 상에서 그대로 나타나서 마음대로 다룰 수 있게 하는 것으로, 실세계의 자동차 운전은 하지 못해도 똑같은 것이 사이버에 있어서 운전해볼 수 있는 경험을 제공하고 있고 쌍둥이라고 하는 친숙하고, 가깝고, 이쁘기도 한 감각적 이름, 이런 것들이 복합적으로 작용해서 사람들의 눈길을 끌기 시작한 것으로 이해할 수 있다.

17) 디지털트윈의 개념과 기술 및 산업분야별 활용사례, 한국전자통신연구원(김용운).

5-1. 디지털트윈 개요

디지털트윈은 실시간 데이터를 통해 가상에 구현된 디지털트윈으로 모니터링이 가능하며, 현실과 연결된 가상의 환경을 통해 현실 개체의 제어가 가능하다. 따라서 시뮬레이션 미래 예측을 통해 최적의 의사결정이 가능하므로 생산성, 경제성, 안전성, 경쟁력 향상 효과가 있다. 디지털트윈(Digital Twins)은 현실에 존재하는 객체 및 시스템을 컴퓨터의 가상공간에 디지털 쌍둥이로 구현하여 현실에서 발생할 수 있는 상황을 컴퓨터로 시뮬레이션하여 미래에 대한 운영결과 및 예측이 가능한 기술이다.

디지털트윈은 2003년에 미시간 대학교의 경영 수업에서 최초로 언급된 개념이다. 2012년 NASA에서 비행물체 제조에 디지털트윈이 미칠 영향을 연구하였고, 2015년에 기술전략로드맵에 디지털트윈을 활용하였으며, 2016년 들어 GE가 Minds+Machines을 통해 기계에서 발생하는 대규모 데이터를 분석 및 수집한 후, IoT로 연결해 디지털트윈을 구현해주는 플랫폼을 공개하여 디지털트윈이 대중에게 주목받기 시작하였다. 이후, IT 리서치 기업인 가트너의 신기술 하이프 사이클 보고서에서 디지털트윈은 떠오르는 신기술 트렌드 가운데 디지털화한 생태계를 위한 주요 요소기술로 선정되었고, 향후 5년에서 10년 내 정점에 달할 혁신적 잠재력이 있는 미래 유망 10대 전략 기술로 평가받았다. 또한 가트너는 디지털트윈은 블록체인, 디지털트윈, IoT 플랫폼, 엣지 컴퓨팅 등의 주요 미래 기술이 융합되어 고도로 통합된 스마트 공간을 제공할 것으로 전망하는 등 디지털트윈은 혁신적 잠재력을 보유한 기술로 분류하였다. 디지털트윈은 현실이 반영된 가상 시스템의 구조, 맥락 및 작동을 나타내는 통합 데이터와 다양한 정보가 조합된 것으로 과거와 현재의 시스템 운용상태에 대한 이해를 기반으로 향후의 미래를 예측할 수 있는 인터페이스로 볼 수 있다. 또한 물리적 세계를 최적화하기 위해 가상의 디지털 객체를 운용하여 발생된 문제점을 기반으로 현실에서의 프로세스를 개선할 수 있어 제조 분야, 교통 및 도시 분야에까지 다양한 산업으로 확대되고 있다.

디지털트윈은 현실에 존재하는 모든 것이 대상으로 적용될 수 있다. 가상의 기계를 구성하는 부품에 대한 부품 모듈, 부품들이 조립된 공작기계, 공작기계가 결합된 제조 시스템, 제조 시스템이 결합하여 생산라인을 구성한 후 단계별 제조 흐름을 통해 완성품을 만들어내는 제조 공정과 같이 적용 가능한 대상의 종류는 다양하며, 제조공정을 수행하는 가상 기업으로의 확장까지 종류가 무궁무진하다. 디지털트윈의 규모를 살펴보면 제품과 관련된 제조관리 및 운영, 품질관리 및 유지보수에서 시작해 하나의 도시범위로 확장이 가능하며, 궁극적으로는 디지털트윈으로 이루어진 국가 구성이 가능하다. 다만 디지털트윈과 관련된 규모는 대상에 대한 명확한 모델링 목적과 활용 계획을 구체화하고 이에 부합하는 설계 범위를 설정하여 규모를 확장해야 한다.

5-2. 디지털트윈과 CPS의 비교

디지털트윈과 CPS(Cyber Physical System, 가상물리시스템)에 관련되어 있는 모든 사람들을 골치 아프게 하는 것이 두 가지 기술의 비교이다. 같은 것인지, 다른 것인지, 다르다면 어떻게 다른지 설명하는 것이 매우 곤혹스러운 것이다. 답하는 것이 곤혹스러운 이유는 두 가지 기술이 다른 영역에서 오랜 세월 활용되어온 역사가 있기 때문에 기본적으로 서로 다른 것이라는 인식 아래 그 차이점을 설명하려고 하기 때문이다. IT 시스템에서 물리 객체의 존재와 대응하는 쌍둥이 가상 객체의 존재를 만들고 시뮬레이션, 예측, 제어 등을 수행해서 운영 최적화를 하려는 노력이 있었고, 이것은 자연스런 IT 시스템의 발전과정일 것이다. 디지털트윈은 제조 분야에서, CPS는 임베디드 시스템 분야에서 각기 독립적으로 발전된 결과이다. 2002년에 디지털트윈의 기본 개념이 제시되었고, 2006년 경에 임베디드 시스템에서 디지털트윈과 같은 개념으로

CPS 단어가 등장했고, 2007년에 미국 대통령과학기술자문위원회(PCAST)가 CPS를 국가적 우선순위로 선언한 이래 임베디드 시스템이 쓰이는 여러 분야에서 CPS가 활용되어 왔다. 제조업 혁신을 도모하기 위해 독일에서 출발한 4차 산업혁명의 비전에는 CPS를 핵심 기반 기술 가운데 하나로 두고 있을 정도이다.

디지털트윈과 CPS는 둘 다 기술 규격을 갖고 있는 고유한 독자 기술이 아니고 개념적 기술이며, 이 개념을 여러 가지 종류의 기술을 결합시켜 만든 솔루션 기술이라고 할 수 있다. Wi-Fi나 Bluetooth는 구현을 위한 기술 규격이 존재하고 개발 제품에 대해 이 규격대로 만들어졌는지 시험을 하는 기관도 존재하여 단 한 가지 오류에 대해서도 부적합 판정을 내릴 수 있다. 그러나, 디지털트윈과 CPS는 기술 규격이 없기 때문에 옳고 그름을 판정할 수가 없다. 디지털트윈과 CPS가 개념적 기술이라는 것은 사람들마다 조금씩 다른 이해와 생각으로 설명할 수 있다는 것이다. 개발자들의 상상과 고객의 요구와 관련된 구현 기술을 바탕으로 조금씩 다른 형태를 보이거나 설명하고 있다. 이것이 디지털트윈과 CPS에 대해 설명해놓은 많은 것들이 조금씩 다른 이유이다. 그러나, 본질적으로는 같은 목적, 같은 내용, 같은 결과를 만들어내고자 하는 같은 종류의 기술이라고 할 수 있다. 또한 그 누구도 이 설명들이 틀렸다고 판정할 수 없다. 이 때문에 똑같은 기본 개념을 갖고 있는 디지털트윈과 CPS는 같은 개념의 다른 이름이라고 설명하는 것이 가장 합리적이라고 할 수 있다.

5-3. 디지털트윈의 기술요소[18)]

(a) 디지털트윈의 규모와 종류

디지털트윈에 대한 토론 과정에서 각자의 머리에서 생각하는 디지털트윈의 대상과 규모가 제각각이어서 사전에 설정하지 않으면 불필요한 논쟁이 진행되곤 한다. 개념적으로 디지털트윈은 현실에 존재하는 모든 것을 대상으로 적용할 수 있다. 예를 들어, 어떤 기계를 구성하는 부품에 대해 부품 단위의 디지털트윈, 부품들이 조립되어 공작기계가 되었을 때 이 기계에 대한 디지털트윈, 공작기계 몇 가지가 결합하여 제조 시스템을 구성할 때 시스템 단위의 디지털트윈, 여러 가지 제조 시스템들이 결합하여 생산 라인을 구성하여 단계별 제조 흐름을 통해 완성품을 만들어내는 제조 공정 디지털트윈이 있을 수 있다. 이것을 다시 확장시켜 공장 단위, 여러 공장들을 엮어서 회사 단위로까지 확장시킬 수 있다. 디지털트윈의 규모는 운영, 유지보수 및 성능을 관리하게 되는 도시 또는 국가까지 더 높은 수준으로 확장할 수도 있으며, 디지털트윈 도시가 추진 목표에 포함될 수 있다. 따라서, 개별적 부품 수준, 다수 부품들이 결합된 설비 수준, 다수 설비들이 결합된 시스템 수준, 다수의 시스템들이 결합된 프로세스 수준, 다수의 프로세스가 결합된 건물과 공장 수준, 이어서 회사, 도시, 국가 등 단계적 결합이 가능하기 때문에 통합적 디지털트윈의 범위를 결정해야 한다. 디지털트윈 규모의 문제는 사람들이 대상을 분석하고 설계할 때 고려해야 하는 한계를 의미하는 경계 문제에 해당하기 때문에 대상에 대한 모델링 목적과 활용 계획을 명확히 하고, 이에 부합하는 설계상의 경계 범위를 설정해야 한다. 예를 들어, 공작기계 조립에 사용하는 볼트는 느슨해졌을 때 제조 과정에 품질 문제와 고장을 야기할 수 있기 때문에 관리 대상에 포함되어야 할 수도 있지만, 수 년에 걸쳐 장기간에 변화가 일어나는 대상은 모델링의 필요성이 낮으므로 배제할 수 있다. 따라서, 달성하고자 하는 목적에 따라 경계 범위를 잘 설정해야 한다.

---

18) 1) 디지털트윈의 개념과 기술 및 산업분야별 활용사례, 한국전자통신연구원(김용운), 2) 디지털트윈, 한국IR협의회(최지석), 2021.

표 16. 디지털트윈의 요소기술

기 술	내 용
사물 인터넷	물리적 객체의 실시간 데이터 수집과 물리-가상객체 간 데이터의 원활하고 정확한 양방향 전송 촉진
인공지능	새로운 데이터로부터 학습을 촉진하고 예측 모델을 지속적으로 개선
빅데이터	패턴 유추 및 유용한 정보 발굴을 위한 양적 데이터 제공
클라우드	센서 및 다양한 플랫폼으로부터 오는 엄청난 양의 데이터를 담아 유연성, 확장성 지원
5세대 통신	실시간 정보 전송 능력으로 디지털 트윈의 반응성 향상
증강현실 / 혼합현실	실제 물리적 환경과 함께 가상환경의 디지털 트윈 인식 지원
모델링	제품, 공정, 시스템 등의 형상을 가상공간에 구현

출처 : 디지털 전환의 핵심, 디지털트윈(자예지), ICT SPOT Issue, 2019

(b) 디지털트윈 모델링

모델링은 물리적 개체로부터 구조와 행동에 대한 표현 양식을 생성하는 행위로서 구조 표현은 2D 또는 3D 모양으로 나타낼 수 있고, 행동 표현은 수학 공식, 절차 단계, 선택적 옵션, 알고리즘 규칙 등과 같이 컴퓨터가 처리할 수 있는 방식으로 나타낼 수 있다. 복잡한 동작 행위는 실측 데이터를 바탕으로 인공지능을 통해 동작 모델을 만들어 내는 방법도 사용하고 있다. 물리적 개체나 시스템에 대한 모델링은 어떤 목적으로 하느냐에 달려 있으며, 모든 것을 모델링하기 위해 불필요한 비용과 시간을 들일 필요는 없다. 즉, 모델링은 필요한 만큼만 하는 것이다. 따라서, 모델링의 목적을 먼저 정의한 다음에 구조 및 동작을 모델링해야 적절하다. 모델링 작업을 수행하기 위한 여러 가지 방법들이 제시되어 있으며, FBS (Function Behavior Structure) 프레임워크도 그 중의 한 가지 방법으로 쓰이고 있다.

(c) 디지털트윈 구현을 위한 핵심 기술요소

디지털트윈 구현을 위해서는 다양한 유형의 데이터와 데이터의 구축, 갱신, 분석, 현실세계 연결 기술과 서비스가 필요하다. 데이터 종류는 공간데이터, 센싱데이터, 이력데이터, 주제데이터 등으로 구분되며, 기술 분야는 데이터 생산/수집/갱신 기술, 데이터 처리/분석 기술, 데이터 가시화/시뮬레이션 기술, 데이터 초연결 기술, 데이터 보안기술 등이 필요하다. 국내의 경우, 2009년부터 공간처리, 갱신 및 가시화 기술에 대해 지속적인 연구와 정부투자를 진행 중에 있다. 또한, 최근 스마트시티가 주목 받으면서 다수의 국내기업이 디지털트윈 2단계에 해당하는 정적정보와 대용량의 실시간 동적정보를 융합하여 지능화하는 기술 및 IoT 센서를 통해 수집되는 데이터를 공간정보 기반에서 분석하고 시각화하기 위한 공간 빅데이터 기술 개

표 17. 디지털트윈 구현을 위한 핵심 요소기술

구 분	요소 기술
취득/처리/갱신/기술	건설도면 처리기술, 공간데이터 취득기술, IoT 센싱/계측 기술 건설/공간/IoT 데이터 융복합 기술, 실시간 데이터 편집/갱신 기술
정보 가시화 기술	3차원 데이터 가시화 기술, 다양한 디바이스 가시화 기술 VR/AR 기술, 물리엔진 기술
처리분석 기술	전문 시뮬레이션 기술, 빅데이터 분석 기술 AI 기술, 시공간 분석기술
초연결 기술	시스템 간/데이터/설비/장비 간 연계 인터페이스 기술
보안 기술	블록체인 기술, 암호화 기술, 데이터 보안관련 기술

출처 : 도시/건설 분야 디지털트윈 기술 기획 연구, 한국건설기술연구원, 2018

발이 이루어지고 있다. 특히, 국토부 사업을 통해 정형 및 비정형 데이터(공간정보, 도면정보, SNS 등)분석을 위한 체계 구축이 이루어지고 있고, 국가 R&D를 통해 공간정보 기반의 빅데이터 저장, 관리, 분석 및 가시화 등의 기술개발이 수행되고 있으며, 이 과정에서 추가 요구되는 기술이나 성능 개선은 장기적 기술개발을 추진하거나 해외의 적정 기술을 도입하여 추진하는 것이 필요한 상황이다.

정보 분야를 중심으로 디지털트윈 1단계의 핵심 기술(공간정보 분야 중심)과 관련된 정적데이터의 취득,

디지털트윈의 발전방향에 있어서, 국내는 디지털트윈 구축 초기 적용 단계에 있으며, 대기업을 필두로 주로 제조업 분야에서 활발하게 진행되고 있다. 따라서, 다른 산업분야로의 확산을 위해서는 기술 개발과 함께 제도, 인프라 등 다양한 환경이 수반되어야 한다. 다만 통신업체의 참여 증대로 방대한 데이터의 효율적 핸들링이 가능해지면서 향후 국내 디지털트윈은 빠른 속도로 구축될 것으로 전망된다. 또한 5G 통신과 같은 주변 환경의 변화 등을 반영하여 디지털트윈 기술 개발 및 도시·건설 분야 디지털트윈 적용을 위한 중장기 로드맵을 수립하고 동기화된 도시·건설 분야 디지털트윈을 통해 분야별 또는 주제별로 전문적 시뮬레이션 등을 수행함으로서 분석·예측 부문을 강화하고 이를 현실에 적용하는 방안이 필요하다. 한편 향후에는 클라우드 및 인터넷에 연결되어 연속적 데이터 교환이 가능한 센서 및 액츄에이터의 IoT 출현으로 자료 수집·분석 뿐 아니라, 현실 세계의 시뮬레이션·종합시스템, 클론 또한 5G 통신과 같은 주변 환경의 변화 등을 반영하여 디지털트윈 기술 개발 및 도시·건설 분야 디지털트윈 적용을 위한 중장기 로드맵을 수립하고 동기화된 도시·건설 분야 디지털트윈을 통해 분야별 또는 주제별로 전문적 시뮬레이션 등을 수행함으로서 분석·예측 부문을 강화하고 이를 현실에 적용하는 방안이 필요하다. 한편 향후에는 클라우드 및 인터넷에 연결되어 연속적 데이터 교환이 가능한 센서 및 액츄에이터의 IoT 출현으로 자료 수집·분석 뿐 아니라 현실 세계의 시뮬레이션·종합시스템, 클론 및 디지털 대상, 가상과 실제의 정보 연결이 가능한 디지털트윈 기술이 더욱 구체화될 것으로 전망된다. 또한 4차 산업혁명의 도래로 대부분의 영역에서 첨단 IT가 필수 역량으로 부상하면서 디지털트윈은 빅데이터, 인공지능, IoT 등의 기술과 함께 그 중심에 자리잡고 있다. 디지털트윈은 제조업을 필두로 다양한 산업분야에서 급변하는 시장 트렌드를 반영하고 다양한 기술들의 동시 성장으로 인하여 경제적 부가가치는 확대될 것으로 예상된다.

5-4. 디지털트윈의 특징 및 밸류체인

디지털트윈은 한국판 뉴딜정책의 10대 대표 과제로 스마트 마이닝(Smart Mining), 디지털 오일 필드(Digital Oil Field)와 같이 4차 산업혁명을 견인하는 기술들이 발전하고 보편화됨에 따라 이들을 기반으로 ICT와 융합하여 다양한 산업현장에서 생산성, 경제성, 안전성 등을 향상시키고자 하는 사회적 요구에 부합하는 도입기 산업으로 볼 수 있다. 디지털트윈 산업은 초창기 산업인 관계로 시장을 선도하는 기업이 제한적인 수준이지만 시장 참여 기업수가 점차 증가하고 있어 수요처의 요구사항을 만족시키는 기술 및 가격 경쟁력이 필요한 구매자 교섭력이 높은 편이며, 정보 수집, 데이터 분석, 종합 및 활용 등 세부요소기술에 대한 이해가 뒷받침되어야 하는 하이테크 기술이 집약된 산업이다. 또한 제조, 전력, 의료, 항공, 자동화, 스마트시티 등 산업 전반으로의 활용범위가 지속적으로 확대되고 있으며, 디지털트윈 산업의 밸류 체인은 디바이스 및 네트워크 → 디지털트윈 → 서비스 등으로 구성되어 있다. 최근 스마트공장, 스마트국방, 스마트시티 등에 활용 요구가 증가하고 있는 점, 디지털 모델 시뮬레이션 기반의 최적화, 예측 등을 위한 지능형 SW 요구가 증가하고 있는 점, 클라우드, 산업용 IoT, 보안 등 디지털트윈의 인프라 확대 요구가 증가하는 점 등을 살펴보면, 디지털트윈은 다양한 산업분야에 활용될 수 있어 지속적인 시장 확대가 예상된다. 또한 다양한 기업들이 디지털트윈 시장을 공략하기 위한 플랫폼과 솔루션을 출시하고 있다. 특히, 기계,

장비, 설비 등 하드웨어 부문의 선도업체들이 ICT 기술접목으로 디지털 변혁의 선도업체로 변화하는 추세이다.

디지털트윈은 도시 분야에 도입이 가능하며, 특히 스마트시티 실현(설계, 건설, 운용)에 적극 활용되고 있다. 스마트시티와 관련하여 사회(커뮤니티)를 가상환경에 복제하여 분석, 관리함으로 도시 및 사회의 지속 가능성을 향상 시킬 수 있으며, 민간의 접근 문턱을 낮추어 스마트시티 프로젝트의 참여 확대가 가능하다. 특히, 도시의 교통, 주거, 안전, 공중보건, 에너지, 환경 등 주요 문제들을 해결하는 데 있어 가상 및 실제 세계를 함께 고려한 의사결정을 통해 향후 발생할 위험을 감소시킬 수 있으며, 사고 및 재난 등에 대해 실시간 대응이 가능하게 한다. 특히, 위험분석을 통해 미래의 사태를 미리 예측해 대비할 수 있도록 하여 미래 경쟁력 확보가 용이하게 할 것이다. 또한 디지털트윈은 향후 지속 가능하고 강건한 건물 및 도시를 만들고 기후위기와 탄소절감 문제 해결이 가능하며, 디지털트윈을 이용해 시민, 교통흐름, 에너지, 쓰레기, 자원과 관련된 다양하고 효과적인 정책 개발 또한 가능할 것으로 전망된다. 한편 디지털트윈의 도입 시 개인정보 처리가 가장 심각한 문제로 나타난다. 디지털트윈으로 복제된 대상은 개인정보 유출 위험이 높을 수 있으며, 스마트시티의 디지털트윈 프로젝트를 수행하는 데 있어 이를 뒷받침할 법제도 제정의 문제, 참여자들 간의 비용 배분 문제, 그리고 하나의 도시공간을 두고 서로 다른 사용자별 요구사항을 충족시키는 문제 등도 고려해야할 것이다.

5-5. 디지털트윈의 시장 동향

디지털트윈은 빅데이터, 인공지능, IoT 등의 기술과 함께 그 중심에 자리 잡고 있는 분야로 Mind Commerce (2017)에 따르면 글로벌 디지털트윈 시장이 2017년 31.8억 달러 규모에서 2022년 960.9억 달러로 연평균 98% 성장할 것으로 전망하였다. 또한 Market Research Future에서는 디지털트윈이 2016년 18억 달러 규모에서 연평균 37% 성장률로 2023년 약 157억 달러 규모를 형성할 것으로 전망하였으며, 국가별로는 북미 시장의 32%를 이어 유럽 30%, 아시아태평양 24% 순으로 시장규모의 점유율을 차지하는 것으로 분석하였다. 한편 4차 산업혁명이 도래하면서 첨단 기술들의 발전 속도 또한 동시다발적으로 가속화되고 있다. 현실과 가상공간 동기화를 위해 필수적 요소인 IoT 센싱 기술에 요구되는 센서 가격이 하락하면서 제조업을 필두로 사물인터넷 기반 다양한 ICT 기술의 융합 시도가 증가하고 있으며, 특히, 제조업 분야에서는 IoT 기반의 클라우드 플랫폼별 소프트웨어가 확산될 것으로 예상된다. 향후, 빅데이터, 인공지능, CPS, 클라우드, 엣지 컴퓨팅, 5G 등 디지털트윈의 개별 핵심기술들의 시장규모도 다양한 분야로의 활용을 통해 지속 확산될 것으로 예측된다. 국내 시장의 경우, 국가 차원의 미래 먹거리로 디지털트윈이 부상하고 있다. 다만 지자체 부처에서 제시하는 수준은 아직은 초기단계 수준의 ICT 기반 기술에 불과하나 향후 국내의 디지털트윈은 제조업을 필두로 다양한 산업분야 (스마트시티, 자율주행자동차, 스마트 헬스케어 등)에서 활용될 것으로 예상된다.

5-6. 디지털트윈의 국내외 시장규모 및 전망

Markets and Markets에 따르면 세계 디지털트윈 시장은 2016년 18.2억 달러에서 2020년 31.5억 달러로 연평균 14.7% 증가하였으며, 이후 2025년까지 연평균 54.3% 성장하여 275.8억 달러의 시장을 형성할 것으로 전망하였다. 또한, 한국신용정보원 TDB보고서(디지털트윈, 2021년)에 따르면, 세계 디지털트윈의 적용 분야별 시장 점유율은 2020년 기준 예측정비(Predictive Maintenance) 39.4%, 비즈니스 최적화(Business Optimization) 26.3%, 실행능력감시(Performance Monitoring) 17.5%, 재고관리(Inventory Management) 13.4%,

표 18. 글로벌 디지털트윈 시장규모 (단위: 백만 달러)

구 분	2016	2017	2018	2019	2020	2021	2022	2023	2024	2025	CAGR
규 모	1,820	2,280	2,920	3,500	3,150	4,100	6,150	9,830	16,230	27,580	54.3
성장률	-	25.3	28.1	16.6	-10.0	30.2	50.0	59.8	65.1	69.9	-

상품 디자인 및 개발(Product Design & Development) 3.2%등의 순으로 나타났다. 또한, Markets and Markets에 따르면, 국내 디지털트윈 시장은 2016년 271억 원에서 2020년 742억 원으로 연평균 28.6% 증가했으며, 이후 2025년까지 연평균 52.5% 성장하여, 6,122억 원의 시장을 형성할 것으로 전망하였다. 한편, Global Market Insights에 따르면, 4차 산업혁명(Industry 4.0)의 성장(자율주행자동차 및 스마트 장치 확산, 인터넷 보급 증가, 3D 시뮬레이션 모델링 확산 등)에 따라 IOT 적용이 증가하고 있다고 한다. 따라서, 다양한 산업분야로의 디지털트윈의 적용은 제조 부문, 소매·소비재 부문에서 빠르게 적용되고 있으며 스마트시티, 교통 부문에도 응용되고 있는 추세이다. 또한, Markets and Markets에서는 자율주행자동차 발전으로 자동차·운송 부문에서 디지털트윈이 빠르게 적용되고 있으며 석유가스 정제, 조립·생산 공장, 물류, 풍력 발전, 병원, 정부부문에서 시스템 디지털트윈이 확대될 것으로 나타났다. 특히, 천연자원 평가 및 분석, 탐사 계획, 파이프라인 모니터링, 비상 대응을 위해 석유가스 등 천연자원 분야에서 디지털 지도가 유용하며, 석유가스 등 천연자원의 디지털 지도 시장이 2024년까지 연간 성장률 17.6%로 산업 중 성장률이 가장 높을 것으로 전망했다.

표 19. 국내 디지털트윈 시장규모 (단위: 억 원)

구 분	2016	2017	2018	2019	2020	2021	2022	2023	2024	2025	CAGR
규 모	271	379	534	755	742	1,050	1,709	2,958	5,267	6,122	52.5
성장률	-	39.6	40.9	41.4	-1.7	41.5	62.8	73.1	78.1	16.2	-

출처: 디지털트윈 마켓, Markets and Markets, 2020

5-7. 시사점

디지털트윈은 제조업에서 개념이 출발하여 제조 현장의 설비와 공정을 직관적으로 똑같이 들여다 볼 수 있게 만드는 쌍둥이 모형을 제공하기 때문에 점점 확산되어 왔다. 쌍둥이 모형은 상황을 편하고 쉽게 이해할 수 있게 해주기 때문에 사용자들의 호감을 살 수 있는 방식이다. 또한 제조 현장은 여러 가지 조건에 의해 품질과 생산성이 달라지는데 디지털트윈을 통해 제조 공정에 대한 동작 모델을 운영할 수 있어서 온도, 습도, 작업자, 운전조건 변경 등 다양한 변경에 대해 원인 분석과 최적화를 수행할 수 있기 때문에 산업 현장에서 유용성이 확인되어 왔다. 디지털트윈의 본질적 개념은 사람, 자동차, 제조설비 등 현실 세계의 실체 대상을 가상세계에 쌍둥이로 만들고 현실 객체의 동작과 행위를 가상세계에서도 실현시켜서 현실 세계와 가상 세계의 쌍둥이 개체가 서로의 변화를 동기화시키는 데에 있다. 어느 하나의 변화는 상대 쌍둥이에게 변화를 유발시키고, 변화의 폭과 깊이를 얼마나 다양하게 변주할 것이냐에 따라 사람들의 상상력에 의해 변화의 모습이 달라질 것이다. 이러한 개념과 효과는 제조업뿐만 아니라 교통, 의료, 환경, 안전 등 여러 산업분야에서도 필요하기 때문에 점점 도입 사례가 증가하고 확산되어 왔고, 현재 연구개발 및 시장 도입 현황에서도 관찰과 예측을 필요로 하는 모든 곳에서 활용 사례가 나타날 것이다.

CPS와 디지털트윈은 같은 개념을 실현하는 기술이고 디지털트윈이 사람들에게 개념 전달력이 더 높기 때문에 향후에는 CPS가 디지털트윈과 결합하여 디지털트윈기술로 더욱 발전해갈 것이다.

최근에는 메타버스(Metaverse) 개념과 활용 사례들이 널리 알려지고 있다. 15년 전에도 알려져서 사람들의 입길에 오르내렸던 개념이었지만, 최근의 가상현실, 증강현실, 혼합현실, 디지털트윈 기술이 결합하면서 재탄생하고 있는 상황이다. 메타버스에서 사람은 아바타의 형태로 가상공간에 존재하여 실생활 같은 가상현실 속에서 사회적, 경제적 역할을 수행할 수 있도록 하고 있는데, 디지털트윈은 여기에 접목되어 현실의 게임장이 메타버스의 게임장으로 존재하고, 메타버스 게임장의 게임 상태와 결과가 현실의 게임장에도 나타나서 사람들이 현실 공간의 게임장에서 메타버스 세계의 경험을 그대로 이어갈 수 있게도 할 수 있다. 현실세계와 가상세계의 결합은 혼합의 정도에 따라 다양한 모습으로 나타날 수 있고 필요한 기술이 달라질 수 있다. 메타버스의 경험은 가상현실, 증강현실, 디지털트윈, 혼합현실 등의 기술적 개념들이 결합하여 현실세계와 가상세계가 서로 결합하여 유기적인 동기화의 형태로 표출될 것으로 전망된다.

6. 가상발전소[19]

6-1. 가상발전소 개요

현대 문명의 기반이 되는 교류 전기 공급망은 치명적인 단점이 있다. 발전소가 기동되는 동안만 전기공급이 이루어진다는 것이다. 이 때문에 대형발전소 중 하나가 기동을 멈추게 되면 이곳의 전력망에 연결된 공장과 가정 등 수 백만 곳의 전기가 끊어지게 되는, 즉 정전사태가 발생하게 된다. 이런 상황에선 전기소비량이 갑자기 늘거나 줄어드는 사태에 바로 대처하기 쉽지 않다. 그래서 항상 10~20%의 여유를 두고 필요 이상으로 발전소를 기동하게 되며, 이로 인해 발전 효율성이 떨어지게 된다. 이런 문제는 풍력과 태양광 발전 등 이른바 재생에너지의 등장과 함께 더 심각해졌다. 풍력과 태양광 발전은 원자력이나 화력 발전과 같이 항상 일정한 양의 전기 에너지를 발생하지 못한다. 바람과 태양빛의 세기에 따라 계속 발전량이 바뀌기 때문에 그대로 전력망에 연결하면 정전 사태를 초래하게 된다.

이와 같은 기존 전력 공급 체계의 문제점을 해결해 주는 기술이 이른바 가상발전소(Virtual Power Plant, VPP)이다. 원자력·화력 등 기존 발전소와 더불어 전국에 흩어져 있는 풍력·태양광·수력 발전소 등 다양한 물리적 발전소를 서로 보완적으로 엮어 전력 공급에 최적의 효율성을 내게 하는 개념상의 발전소다. 수백개의 발전소가 매 순간 서로 짝을 바꿔 지으며 각 지역을 담당하는 수십개의 가상 발전소를 구성하는 것이라고 생각하면 이해하기가 쉬울 것이다. 상황에 맞춰 발전량 조절이 쉽고 발전 효율성도 크게 높아진다. ESS(Energy Storage System, 에너지 저장장치)를 이용하여 남은 전기를 저장하였다가 필요에 따라 사용할 수 있다.

가상발전소는 스마트그리드 기술에 바탕을 둔다. 전기 소비자(기업·가정)와 공급자(발전소)가 소비량과 발전량을 실시간으로 측정하여 5G나 초고속 인터넷망을 통해 전력 관리센터로 보낸다. 전력 관리센터는 이 정보를 AI로 분석하여 최적의 발전량과 전력 공급 방법을 정해 물리적 발전소를 가동하게 된다. 이 과정에서 물리적 발전소들이 서로 보완적으로 묶여 여러 개의 가상 발전소를 이룬다[20].

스마트그리드는 기존의 전력망에 정보통신기술 (Information Communication Technology, ICT)을 접목해 전력공급자와 소비자가 양방향으로 실시간 정보를 교환함으로서 에너지 효율을 최적화하는 차세대 전력망으로 중앙집중적이고 단방향성인 기존 전력계통의 비효율성을 극복하기 위해 분산형 에너지원 (Distributed

19) 스마트그리드 하에서 가상발전소의 전력시장 참여를 위한 제도적 선결요건에 관한 제언, 전기학회논문지 64권 3호(정구형, 박만근, 허돈), 2015.

20) 남는 전력 묶어 필요한 곳 주는 '가상 발전소'(조선일보).

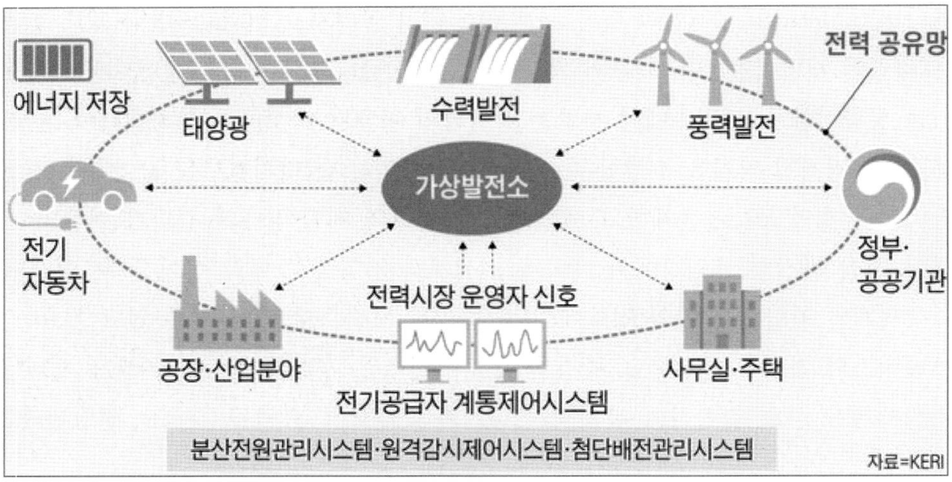

그림 23. 가상발전소 개념도

Energy Resource, DER) 시스템을 핵심 요소로 적용하고 있다. 따라서 스마트그리드 하에서의 전력계통은 수요반응(Demand Response, DR)과 신재생전원(Renewable Energy Source, RES)을 중심으로 하는 다양한 DER이 도입되어 규모에 따라 분산적이고 독립적으로 운영할 수 있는 유연한 형태를 갖추게 되며, 소비자 측의 모든 전기기기와 네트워크로 연결되어 전력 공급자와 소비자 간의 상호작용이 가능해진다. DER은 미래의 스마트그리드 시장을 구성하는 기본 단위지만 그 자체만으로는 계통연계와 전력거래를 수행하는 데에 한계가 있다. 특히, RES의 출력 제어 어려움으로 인해 필요한 시점에 전력을 생산하는 것이 불가능할 수 있으며, 이는 결과적으로 전압 및 주파수 이상에 따른 전력품질의 저하를 야기할 수 있다. 또한 DER은 그 규모가 작고 설치 대수가 매우 많아 이를 개별적으로 감시하거나 관리할 수 없기 때문에 전력거래와 계통운영을 위한 가시성이 부족하여 개별 DER이 단독으로 현행 전력시장에 참여하는 것은 현실적으로 불가능하다.

가상발전소는 이러한 문제를 해결하기 위한 대표적인 방법으로 다양한 유형의 DER을 정보통신기술을 이용하여 통합 운영함으로서 중앙급전발전기와 유사한 운영상의 유연성과 제어 가능성을 실현하기 위한 기술이다. 실제로 소규모 DER은 중앙에서 관리가 불가능하지만 이들을 하나의 발전 프로파일로 통합하여 계획발전량, 증감발률[21] (Ramp Rate), 전압 제어능력, 예비력 등을 가시화하면 중앙급전발전기로의 활용뿐만 아니라 전력시장에서의 전력거래 또한 가능하게 된다. 하지만 아직까지 가상발전소는 개념 수준에 머물러 있으며, 이에 대한 공통된 정의가 아직 존재하지 않는다. 이러한 가상발전소에 대한 명확한 가이드라인의 부재는 가상발전소 기술지원, 투자 및 비즈니스 모델 구축에 있어 가장 큰 걸림돌이 되고 있다.

6-2. 가상발전소 도입 배경

전통적인 전력계통 체계에서는 주로 고압 송전망에 연결된 대규모 중앙급전발전기로부터 생산된 전력을 저압 배전망을 통해 최종소비자에게 공급한다. 수십 년간 변하지 않은 이러한 형태의 중앙집중적이고 일방적인 전력공급 구조는 다음과 같은 단점을 가지고 있다.

- 상대적으로 낮은 에너지 효율 : 발전, 송전 및 배전계통을 통해 최종소비자에게 전력을 공급하는 동안 1차 에너지의 약 60%가 폐열 형태로 손실된다.

21) 증감발률(Ramp rate): 발전기 정격 대비 1분당 발전기출력의 변동을 의미.

- 과도한 탄소배출 수준 : 아직까지는 화석연료 발전소가 대부분의 전력수요를 감당하고 있기 때문에 전세계 탄소배출량의 많은 부분이 전력을 공급하는 과정에서 발생하고 있다.
- 발전입지의 제약: 대규모 발전소를 건설할 수 있는 입지는 제한적이며, 이에 따라 발전소가 특정 지역에 집중됨으로서 발생할 수 있는 송전혼잡 문제에 대비하여 상당 규모의 예비 공급능력을 확보해야 한다.
- 수동적인 배전망 운영 : 현재의 수동적인 배전망 운영체계에서는 배전단에 연결된 수요측 자원을 계통 운영에 반영하기에는 한계가 있다.

최근에는 기존의 전력공급 방식을 보완하기 위해 분산전원(Distributed Generation, DG)을 적극적으로 전력계통에 도입하고 있다. 분산전원은 수요지 인근에 중·소규모로 설치되기 때문에 필요한 지역에 필요한 규모로 단기간에 설치가 가능하다. 또한 분산전원은 수요지 근처에서 직접 전력을 공급하기 때문에 송전손실로 인한 전반적인 에너지 손실을 크게 감소시킬 수 있으며, 이로 인해 송전계통의 부하를 완화함으로서 전력설비 보강 및 확장에 필요한 투자를 지연 또는 회피할 수 있게 한다. 일반적으로 분산전원은 짧은 시간 내에 발전기 기동이 가능하기 때문에 배전망의 단기간 안정화에 기여할 수 있으며, 전력 부족 시에는 추가발전으로 최대수요에 유연하고 효과적으로 대처함으로서 계통신뢰도와 전력품질을 향상시키는데 활용될 수도 있다. 한편 대부분의 분산전원은 풍력발전과 같은 신재생전원이나 열병합발전 (Combined Heat and Power, CHP)과 같은 고효율 발전기로 구성되기 때문에 분산전원은 탄소배출 저감 및 에너지 효율 향상을 통한 지속가능한 발전을 가능하게 하는 요소기술로 인정받고 있다. 분산전원 기술은 계속 소형화되고 있으며, 그 결과 주택용 및 소규모 상업용으로 이용이 가능한 수준까지 확대되었다. 이러한 소규모 분산전원 기술을 보다 큰 규모(수백 kW에서 수백 MW)의 분산전원 기술과 구분하기 위해 소규모 분산전원, 제어가능부하(Controllable Load) 및 ESS를 하나로 묶어 DER(분산형 에너지원)이라고 한다. 일반적으로 250 kW 이하의 분산형 자원들을 DER 로 분류한다. 마이크로 열병합발전(μ-CHP), 태양광(Photovoltaic, PV) 패널 및 전기자동차(Electric Vehicle, EV) 등의 다양한 DER 기술은 아직까지는 대부분의 소비자에게는 고가의 설비이지만, 정부의 정책지원과 기술혁신으로 인해 DER의 보급은 지속적으로 확대되고 있다. DER의 보급이 확대되면 이와 같은 상당 수준의 편익을 달성할 수 있을 것으로 예상되지만, 아직까지는 기존 중앙급전발전기에 비해 DER 의 발전비용은 높은 편이며 운영 측면에서도 해결해야 할 다수의 기술적 난제들이 존재한다. 예를 들어 특정 지역의 DER 발전용량이 해당 지역의 수요를 초과하게 되면 전력망 내 역조류를 야기하게 된다. 이러한 역조류는 전력망 내 혼잡을 초래할 뿐만 아니라 적정 수준의 전압 유지를 어렵게 하며, 사고 발생 시에는 기존의 보호협조체계로는 해결할 수 없는 상황이 발생할 가능성 또한 존재한다. 이와 같은 기술적 문제로 인해 현재는 DER 연계 시 단순 연계용량제한 (Fit & Forget) 방식을 적용하고 있다. 이는 과거의 수동적인 배전망 운영 환경에는 적합하지만, DER 의 효율적 이용을 제한할 뿐만 아니라 배전설비에 대한 투자비용 상승과 불충분한 투자유인을 야기하게 된다. 이러한 문제를 해결하기 위해서는 DER 이 기존의 대규모 중앙급전발전소의 역할을 대체할 수 있도록 현재의 전력 및 정보통신설비를 개선하고 효과적인 연계방안을 수립해야 하며, 안정적인 계통운영을 지원할 수 있는 제어전략을 수립해야 한다. 이는 수백 기의 중앙급전발전기를 대상으로 하는 중앙제어 개념에서 수십만 기의 발전기와 제어가능부하의 운영에 적합한 새로운 분산제어 패러다임으로의 변화를 의미한다. 이러한 패러다임의 변화를 실현할 수 있는 대표적인 DER 연계 전략이 바로 마이크로그리드와 가상발전소이다. 마이크로그리드는 다수의 DER 과 부하의 집합체로서 기존의 전력망에 연계 또는 분리되어 독립운전 할 수 있는 소규모 전력망이다. 반면 가상발전소는 아직까지 공통된 정의는 존재하지 않지만, 진보된 정보통신기술을 기반으로 구성된 에너지 인터넷으로 표현할 수 있다. 이는 지역적으로 산재한 DER 에 대한 협조 운전을 통해 최종소비자와 전력계통 운영자 모두의 편익을 극대화하는 것을 목적으로 한다. 문자 그대로 마이크로그리드는 내부의 발전, 수요 및 전력망 설비 모두를 관리하는 반면, 가상발전소는 단지 발전원에 대해서만 고려한다. 그러나 두 가지 개념은 배전단에서 DER 을 통합한다는 동일한 특성을 가지고 있기 때문에 가상발전소는 마이크로그리드의 집합체로 간주할 수 있으며, 반대로 사전에 정의된 운영체계에 따라 그 기능을 수행하는 가상발전소와 유사한 개체가 마이크로그리드에 포함될 수도 있다.

6-3. 가상발전소의 기술적 특성

가상발전소는 배전단에서 수요반응, 분산전원 및 ESS를 포함한 다양한 DER 을 통합 운영한다는 측면에서 마이크로그리드와 유사한 개념이라고 할 수 있다. 일부에서는 마이크로그리드가 전력회사 또는 계통운영자에게 어떠한 서비스를 판매하게 되면 마이크로그리드가 궁극적으로 가상발전소가 된다고 주장하기도 한다. 일반적으로 가상발전소와 마이크로그리드 사이에는 상당 수준의 공통적인 특성을 공유하는 것으로 추정하고 있다. 그러나 이러한 두 기술 플랫폼 사이에는 다음과 같은 차이점 또한 존재한다.

- 마이크로그리드는 기본적으로 독립운전을 목적으로 하며 연계운전 또한 가능한 반면, 가상발전소는 반드시 계통과 연계되어야 한다.
- 마이크로그리드는 필요시 상위 계통에서 절체할 수 있지만, 가상발전소는 이러한 상황을 고려할 수 없다.
- 마이크로그리드는 일반적으로 적정수준의 ESS를 필요로 하지만, 가상발전소에서는 ESS의 참여 여부가 필수요건은 아니다.
- 마이크로그리드는 좁은 지역 내에 고정된 자원 집단을 대상으로 하는 반면, 가상발전소는 보다 넓은 지역에 산재한 다양한 자원을 통합할 수 있다.
- 마이크로그리드는 일반적으로 소매 배전 수준에서만 DER 을 활용하는 반면, 가상발전소는 도매전력시장에서 DER 을 활용하는 것을 목적으로 한다. 결과적으로, 마이크로그리드와 가상발전소의 근본적인 차이는 마이크로그리드가 최종소비자 수준에서의 수급균형에 초점을 맞추고 있는 반면, 가상발전소는 도매전력시장에서 전력거래를 통해 계통 수준의 수급균형에 기여하는 것을 목적으로 한다는 데 있다. 이러한 가상발전소와 마이크로그리드 개념 사이의 차이에 기초하여 가상발전소의 기술적 특성을 정리하면 다음과 같이 나열할 수 있다. ① 가상발전소는 중앙급전발전기로서 계통운영에 참여한다. ② 가상발전소의 구성요소로서 수요반응 및 ESS가 필수적인 것은 아니며, 계통운영자 관점에서의 제어가능 여부가 오히려 중요하다. ③ 가상발전소 운영자는 시장참여자로서 발전사업자 또는 일종의 부하관리사업자(Curtailment Service Provider; CSP)의 형태로 사업 모형을 운영한다. 따라서 기술 특성상 가상발전소를 마이크로그리드보다 상위개념으로 정의할 수 있다.

6-4. 가상발전소 제어권한 체계

가상발전소에 대한 명확한 정의 및 보다 구체적인 운영 모형 정립의 필요성은 결과적으로 계통운영자가 가상발전소를 어떠한 유형의 공급자원으로 고려하여 계통운영에 어떻게 반영할 것인가에 대한 문제와 직결되는 중요한 사안이다. 가상발전소를 구성하는 요소기술 자체는 배전 수준의 전력기술로 분류할 수도 있지만 통합 발전 포트폴리오 단위로 도매전력시장 및 계통운영에 참여하는 가상발전소 그 자체는 기존의 중앙급전발전기의 역할을 수행하는 송전 수준의 공급자원으로 고려해야 한다. 즉, 계통운영자는 가상발전소 단위로 전력시장 및 계통운영에 대한 제어를 수행해야 하며, 개별 DER 에 대한 제어는 도매전력시장 청산결과 및 계통운영자의 급전지시를 바탕으로 가상발전소 운영자가 자체적으로 수행해야 한다. 단, 이를 위해서는 가상발전소 단위의 통합 발전 포트폴리오의 공급능력을 가시화해야 할 필요성이 존재하기 때문에 이와 관련된 계통운영 기술기준의 수립이 선행되어야 한다. 본 논문에서는 중앙급전발전기 역할을 수행하는 가상발전소에 대한 제어권한은 계통운영자에게 귀속되어야 하는 것으로 고려하고 있지만, 가상발전소 제어권한과 관련된 가장 해결하기 어려운 문제는 실시간 급전 시 가상발전소가 위치한 배전망 내 제약이 발생하는 경우와 관련된 것이다. 즉, 실시간 급전 시 배전망 내 제약 발생으로 인해 가상발전소를 제어해야 하는 경우, 이를 해결하기 위한 가상발전소 제어명령을 누가 수행할 것인지를 사전에 결정해야 한다. 이는 가상발전소가 근본적으로 배전단에서 구현되는 배전 수준의 전력기술이지만, 이를 송전 수준에서 활용하고자 하기 때문에 발생하는 원천적인 문제라고 할 수 있다. 계통운영자 입장에서는 계통운영 시 배전망 운전 상태까지 고려할 필요가 없고 이에 대한 가시성 또한 확보되어 있지 않기 때문에 실시간 급전 시 발생하는 배전망 내 제약 문제를 해결하기 위해서는 최소한 배전사업자가 배전제약 발생에 한해서는 해당 지역의 가상발전소에 대한 제약급전 권한을 보유해야 한다. 그러나 계통운영자가 실시간으로 확인하지 못하는 배전 수준에서의 운영 문제로 인해 임의로 배전사업자가 가상발전소 급전을 변경한다면 이는 오히려 계통운영 상의 불확실성을 야기하는 원인으로 작용할 수도 있다는 점에 유의해야 한다. 이는 수요반응 기반의 가상발전소보다는 신재생전원 및 분산전원 자원을 중심으로 구성되는 공급자원형 가상발전소 또는 혼합형 가상발전소와 관련하여 유발되는 문제이다. 수요반응 기반의 가상발전소는 수요감축을 통해 계통운영에 기여하는 개념이기 때문에 다른 유형의 가상발전소에 비해 상대적으로 배전 혼잡과 같은 배전망 운전제약을 야기하지 않는다. 반면 공급자원형 가상발전소 및 혼합형 가상발전소는 배전망 내 다양한 유형의 분산형 에너지원 도입으로 인해 이와 같은 배전망 운전 제약을 유발할 가능성을 배제할 수 없다. 따라서 주로 공급자원형 가상발전소 기술개발을 추진하는 유럽에서는 지능형 배전망 (Active Distribution Network, ADN)의 도입을 전제로 하고 있으며, 특히 FENIX (Flexible Electricity Network to Integrate the eXpected 'energy evolution') 프로젝트에서는 이러한 문제를 해결하기 위해 TVPP (Technical VPP) 개념을 도입하게 되었다. 결국 이러한 배전망 제약과 관련된 가상발전소 제어권한 체계는 가상발전소 사업 모형 유형과 직결되는 문제로 볼 수 있다.

만약 가상발전소 사업 모형을 배전회사 소유의 전기판매사업자(ESP) 형태로 도입한다면 가상발전소는 자신의 지역 전력망 내 분산형 에너지원 자원을 통한 충분한 수준의 공급유연성을 확보할 수 있기 때문에 어떠한 유형의 가상발전소를 도입하더라도 현재의 전력계통 운영체계를 크게 변경시키지 않고도 이러한 배전망 제약 관련 문제를 상대적으로 쉽게 해결할 수 있다. 이러한 가상발전소의 공급유연성은 단순히 에너지뿐만 아니라 다양한 유형의 계통보조서비스까지 제공할 수 있도록 가상발전소의 공급능력을 향상시키는 동인이라 할 수 있다. 반면에 가상발전소 사업 모형을 제3자 소유의 독립발전사업자(Independent Power Provider, IPP) 형태로 추진한다면 분산형 에너지원 및 배전망 운영 권한의 분리로 인해 해당 가상발전소의 공급유연성을 제한하게 되어, 1일전 시장 또는 장기계약을 통해 사전에 결정된 수준의 에너지 공급만을 수행하는 수동적인 시장 참여자로 가상발전소의 역할이 제한될 가능성이 존재한다. 이러한 유형의 가상발전소 사업 모형 도입 시에는 보다 구체적인 가상발전소 기술사양과 전력계통, 특히 배전계통 운영절차에 대한 설계 및 변경이 선행되어야 한다.

현재 국내에서는 수요반응을 통한 수요관리 및 에너지 효율화에 대한 관심이 높은 편이며, 이와 관련된 에너지 정책 또한 매우 적극적으로 도입하고 있다. 이와 함께 수요반응 기반의 가상발전소의 초기 형태로 간주할 수 있는 수요자원시장을 통한 부하 관리사업자 제도를 운영하고 있다. 따라서 현재의 국내 전력산업 환경 하에서는 제3자가 소유하는 독립발전사업자 형태의 수요반응 기반의 가상발전소 즉, 실시간 자동 수요반응 형태의 가상발전소 모형의 도입이 가장 적극적으로 추진될 것으로 예상된다.

6-5. 가상발전소 도입과 전력산업구조 및 전력시장제도와의 연관관계

현 수준에서는 가상발전소 자체를 대상으로 하는 제도적, 정책적 지원보다는 가상발전소를 구성하는 요소기술 개발 및 보급을 위한 장려금 제도와 지원정책을 통해 가상발전소 도입을 추진하고 있다. 그러나 가상발전소의 도입 목적이 도매전력시장 및 계통운영에의 참여를 통해 기존의 중앙급전발전기와 동일한 역할을 수행하는 것이라고 한다면, 가상발전소 기술의 구현은 전력산업구조 또는 전력시장제도 수준에서 허용되어야만 한다. 즉, 가상발전소의 도입은 가상발전소를 통한 전기사업을 허용하는 방향으로의 전력시장제도 정비가 무엇보다 중요하다고 할 수 있다. 가상발전소 개념 자체가 수직독점구조 하에서는 정립될 수 없고 도매전력시장 구조 하에서도 전력시장운영규칙을 통해 이러한 새로운 유형의 시장참여자를 허용해야만 존재할 수 있는 자원이기 때문에 가상발전소 도입을 위해서는 전력시장운영규칙의 기술 중립성을 보장해야만 한다. 즉, 가상발전소 운영자에게 어떠한 유형의 기술을 적용하는지에 상관없이 시장참여 기회를 제공해야만 가상발전소 기술 개발에 대한 장려금을 수여할 수 있다. 한편 가상발전소 운영자는 도매전력시장에 참여하여 사업을 영위할 수 있기 때문에 최종소비자를 대상으로 하는 소매경쟁의 개방 여부는 가상발전소 기술혁신에 큰 영향을 미치지 않을 것으로 보이나 배전 수준에서의 도매경쟁 활성화 및 이에 따라 새로운 유형의 시장참여자를 허용하는 전력시장으로의 발전은 가상발전소 도입을 위한 필수요건이라 할 수 있다. 가상발전소를 구성하는 요소기술인 DER은 아직까지 기존의 중앙급전발전기와 경쟁할 수 있는 충분한 수준의 경제성을 확보하고 있지 않기 때문에 현 수준에서는 가상발전소의 수입비중은 전력판매보다는 계통보조서비스 및 용량서비스 판매에 의한 부분이 상대적으로 높을 것으로 예상된다. 따라서 가상발전소 도입을 촉진하기 위해서는 가상발전소의 참여가 허용되는 도매전력시장과 함께 충분한 수준의 용량가격 및 계통보조서비스 가격을 제공하거나 별도의 용량시장 및 계통보조서비스 시장을 도입해야 할 필요성이 존재한다. 이는 단순히 가상발전소 도입만을 목적으로 하는 것이 아니라 분산전원, 수요반응 및 ESS와 같은 전력신기술의 도입을 위해서도 반드시 필요한 선결요건이라 할 수 있다. 즉, 가상발전소를 포함한 전력신기술 촉진을 위해서는 우선 도매경쟁 활성화 및 다양한 사업자의 시장참여를 허용해야 한다. 이러한 경쟁적인 도매전력시장은 시장참여자가 금전적인 보상을 얻을 수 있는 기회와 서비스 가치 평가에 대한 투명성을 제공하며, 광범위한 소비자들에게 서비스를 판매하려는 참여자들에게 공정한 경쟁의 장을 구축하고 가격과 성능으로 승자를 결정하는 구조를 조성하여 혁신을 유도함으로서 전력신기술 시장을 성장시킬 수 있어야 한다. 이와 동시에 가상발전소의 도입은 기존의 발전사업자나 판매사업자 외에도 일종의 부하관리사업자와 같은 제3의 사업자의 시장참여를 허용해야할 필요성 또한 존재한다.

가상발전소를 포함한 전력신기술의 도입을 위해서는 도매전력 시장에서의 거래상품 및 가격결정방법에 있어서도 변화를 요구한다. 우선 다양한 자원의 시장참여를 수용해야 한다. 현재와 같이 별도의 제한된 예산으로 운영되는 수요 자원시장이 아닌 수요측 자원이 기존의 중앙급전발전기와 경쟁할 수 있도록 허용함으로서 신기술을 활용한 수요측 자원이 경쟁을 통해 수익을 얻을 수 있도록 해야 한다. 즉, 시장의 기술중립성 확보가 절실하다. 미국은 FERC (Federal Energy Regulatory Commission) Order 890을 통해 주 정부나

지방자치단체 법에 의해 위배되지 않는 경우에는 ISO (Independent System Operator)/RTO (Regional Transmission Organization)에게 수요반응 자원이 서비스를 제공할 수 있도록 하고 부하관리사업자가 소비자들을 대신해 수요반응 자원을 시장에 입찰할 수 있도록 도매전력시장을 개선하도록 요구하고 있다. 다양한 기술을 활용한 수요측 자원이 경쟁에 참여하여 정확한 가치평가를 받기 위해서는 현재의 비용입찰시장을 가격입찰시장으로 전환해야 할 필요성이 존재한다. 그 수가 많고 소규모인 분산형 에너지원에 대한 비용평가, 특히 이를 통합 운영하는 가상발전소에 대한 비용평가는 현실적으로 불가능하기 때문에 현재의 비용기반 시장은 이러한 새로운 유형의 공급자원을 수용하기 어렵다.

신재생전원을 포함한 소규모 DER의 시장참여를 활성화하기 위해서는 현재의 전국 단일 가격제보다는 지역별 또는 모선별 가격제를 도입함으로서 이들 자원이 갖는 지역적 가치를 극대화할 수 있어야 한다. 한편 계통보조서비스 시장 개선 및 용량시장 도입 또한 이러한 전력신기술의 도입을 촉진하는 하나의 방안이 될 수 있다. 현재의 규제적인 계통보조서비스 보상을 시장기반의 평가 및 보상체제로 변경하여 이를 통해 관련 시장의 규모를 확대하면 전력 신기술 개발 및 보급 확대를 위한 보다 강한 유인을 유도할 수 있다. 즉, 전력 관련 서비스를 에너지 서비스, 계통보조서비스 및 용량 서비스로 분리하고 각 서비스에 대해 가장 낮은 가격을 갖는 자원들이 시장에서 선택될 수 있게 함으로서 가상발전소의 요소기술인 ESS 및 수요반응과 같은 전력신기술들이 시장을 통해 수입을 확대할 수 있는 기회가 마련되어야 한다. 진정한 의미의 경쟁시장은 가격을 통해 자원을 선택하게 되므로 선택된 자원의 가치를 보다 정확하게 평가할 수 있다. 전통적으로 계통보조서비스는 기존의 중앙급전발전기에 의해 제공되었지만 최근 기술 발전에 따라 다양한 유형의 자원이 계통보조서비스를 제공할 수 있게 되었다. 예를 들어 주파수조정서비스는 중앙급전발전기의 자동 출력조정 신호에 따라 발전기의 출력을 증감발시킴으로서 확보하고 있지만, 전력시장운영규칙 개정을 통해 ESS 및 수요반응과 같은 비전통적인 공급자원이 이들과 경쟁할 수 있도록 해야 한다.

미국의 경우, FERC Order 890을 통해 이러한 새로운 유형의 공급자원이 계통보조서비스 시장에 참여할 수 있도록 전력시장규칙 개정을 요구한 바 있으며, NYISO (New York Independent System Operator), PJM (Pennsylvania-New Jersey-Maryland), MISO (Midcontinent ISO), CAISO (California ISO) 시장은 이미 에너지저장장치가 계통보조서비스 (주파수조정예비력 및 순동예비력)를 제공할 수 있도록 전력시장규칙을 개정하였다. 이는 결과적으로 이러한 비전통적인 공급자원으로 구성되는 가상발전소의 경쟁력을 강화시키는 요인으로 작용하여 가상발전소가 점차 중앙급전발전기의 역할을 대체할 수 있는 기반을 조성할 수 있을 것이다.

6-6. 스마트그리드 하에서의 단계별 가상발전소 지원책

스마트그리드는 다수의 사람들에게 많은 것을 내포하고 있다. 전력회사 입장에서 스마트그리드는 지능형 계량기에 관한 모든 것을 의미한다. 이러한 기술은 전력회사에게 비용효과적으로 보다 정확한 요금청구와 관련된 데이터를 수집할 수 있는 능력과 소비자에게 동적인 도매전력시장과 연동되는 판매 가격신호를 제공할 수 있는 능력을 부여한다. 따라서 지능형 계량기는 스마트그리드의 기본 구성요소라 할 수 있다. 송·배전설비의 지능화가 전제되어 있지 않다면 가상발전소의 도입은 별다른 의미가 없게 된다. 통신매체와는 관계없이 소비자 단의 지능형 계량기 보급은 가상발전소 도입을 위한 1 단계라 할 수 있다.

최종소비자에게 스마트그리드는 수요감축을 자동화할 수 있는 설비 및 기술을 이용하여 실시간 시장상태에 반응하는 능력을 부여하는 기술로 수요반응 또는 분산전원 기술로 생산된 잉여 발전량을 배전회사나 계통운영자에게 판매함으로서 과거의 수동적 소비자를 능동적 소비자로 변모시킬 것이다. 이러한 소비자

환경의 변화는 요금절감을 통해 최종소비자의 전기요금을 15% 정도 환급해 줄 수 있을 것으로 예상하고 있기 때문에 일반적으로 소비자가 소유하는 이러한 유형의 설비 및 공급능력 또한 가상발전소 도입에 필수적이라 할 수 있다. 이러한 능동적 소비자를 스마트그리드 망에 연계시키는 것이 가상발전소 도입을 위한 2 단계라 할 수 있다.

가상발전소 도입을 위한 3 단계는 광범위한 지역에 설치된 지능형 검침 인프라를 기반으로 하는 지능형 네트워크 시스템을 이용하여 전력공급 서비스를 소비자 단에서 송전단 수준으로 확장시킨다. 동시에 자동화 기술은 개별 소비자 자원을 상위 전력망의 자원 및 계통운영자와 연계할 수 있도록 한다. 이와 같은 상위 전력망과의 네트워킹이 가상발전소 도입의 4 단계이다.

계통설비 관련 하드웨어 및 소프트웨어 공급사업자는 전세계적으로 가장 수익성이 좋은 시장 가운데 하나에 자사 제품과 서비스를 공급할 수 있는 좋은 기회를 스마트그리드가 달성해 줄 것으로 기대하고 있다. 전기는 미래의 에너지 서비스를 위한 선택 수단이며, 심지어 플러그인 하이브리드 자동차를 통해 운송분야까지 확대되고 있는 실정이다. 실제로 가상발전소 구현에 따른 계통에서의 새로운 가치를 창출하기 위해 이러한 IT공급사업자들이 중요한 촉매제 역할을 수행하고 있다. 따라서 가상발전소 도입의 5 단계는 이러한 IT공급사업자들이 개방된 계통 아키텍처 기술 환경 하에서 혁신에 박차를 가할 수 있도록 이들의 참여를 허용하는 것이다. 그러나 이 단계는 IT 기업들이 제공하는 데이터 취득 및 관리 부문에서 비약적인 발전 없이는 불가능하다. 가상발전소 도입을 위한 6 단계는 이러한 데이터 흐름을 아주 자연스럽고 효율적으로 만드는 것이라 할 수 있다. 가상발전소 도입의 7 단계는 모든 가상발전소 관련 이해관계자들에게 유리한 해법을 제시할 수 있는 규제 체제를 수립하는 것이다. 아직 전세계 어디에서도 이 수준까지는 도달하지 못했지만, 미국, 덴마크, 독일 및 일본과 같은 국가들은 이와 관련하여 상당한 발전을 거듭하고 있다. 이상적으로는 이것이 1 단계가 되어야 하지만, 새로운 개념, 사업 모형 및 최첨단 기술 도입 시 이와 관련된 정책 및 규제는 기술의 진보를 따라가지 못하는 것이 현실이다. 가상발전소 개념 또한 이러한 경향을 보이고 있기 때문에 기술 구현을 바탕으로 가상발전소 개념을 보다 구체화시킨 이후에야 이와 관련된 정책 및 규제를 수립할 수 있을 것이다.

6-7. 가상발전기에 대한 정리

가상발전소는 분산형 에너지원(DER) 제어의 가시성 문제를 해결하기 위한 대표적인 방법으로 다양한 유형의 DER을 정보통신기술을 활용하여 통합 운영함으로서 중앙급전발전기와 유사한 운영상의 유연성과 제어가능성을 확보하기 위한 기술이다. 그러나 아직까지 가상발전소는 개념 정립 수준에 머물러 있으며, 이에 대한 공통된 정의가 존재하지 않는다. 따라서 가상발전소를 마이크로그리드와 같은 유형의 DER 통합 운영기술과 구분하기 위해서는 이에 대한 보다 명확한 정의가 필요하다. 이에 따라 여기에서는 가상발전소를 "도매전력시장 및 계통운영에의 참여를 목적으로 전력망 내에 산재해 있는 다양한 유형의 DER을 진보된 정보통신기술 및 자동제어기술을 활용하여 단일 발전시스템의 형태로 운영하기 위한 통합관리시스템"으로 정의하고 있다.

가상발전소의 도입을 위해서는 지능형 계량기, 지능형 검침 인프라 및 자동화 기술 등을 통한 송·배전설비의 지능화가 전제되어야 한다. 이와 함께 가상발전소 도입을 위한 제도적, 정책적지원 또한 제공되어야 한다. 그러나 현 수준에서는 전세계적으로 가상발전소를 구성하는 요소기술 개발 및 보급을 위한 장려금 제도와 지원정책을 통해 가상발전소 도입을 추진하고 있다. 결과적으로 가상발전소의 도입 목적이 도매전력시장 및 계통운영에의 참여를 통해 기존의 중앙급전발전기와 동일한 역할을 수행하는 것이라고 한다면 가상발전소 기술의 구현은 전력산업구조 또는 전력시장제도 수준에서 허용되어야만 한다. 즉, 가상발전소의 도입은 가상발전소를 통한 전기사업을 허용하는 방향으로 전력시장제도 정비가 전제되어야 한다. 그러나 가상발전소 도입과 관련하여 가장 난해한 부분은 가상발전소 개념에 대한 공통적인 인식과는 달리 보다 구체적인 가상발전소의 실체에 대한 해석이 이해관계자들의 관점에 따라 매우 다르다는 것이다. 이러한 가상발전소에 대한 정의 및 운영체계에서의 혼란은 가상발전소 도입을 지연시키고 이에 대한 부정적인 시각을 형성하는 원인으로 작용하고 있다. 따라서 가상발전소 도입과 관련된 보다 구체적인 기술에 대한 정의 및 이와 관련된 지원 방안의 수립은 해당 국가 또는 지역의 전력산업 환경을 감안하여 자체적으로 결정해야 하는 것이 합당할 것이다.

현재 국내에서는 수요반응 기반의 가상발전소의 초기 형태로 간주할 수 있는 수요자원시장을 통한 부하관리사업자 제도를 운영하고 있다. 반면 아직까지 국내에는 판매경쟁을 통한 다수의 전기판매사업자를 용인하고 있지 않기 때문에 부하관리사업자 형태의 분산전원 기반 가상발전소 모형을 도입하기에는 현행 전력산업구조 및 전력시장운영규칙의 많은 부분을 변경해야 하는 어려움이 있으며, 이에 따라 이러한 형태의 가상발전소 모형을 도입하기까지는 상당한 시간이 소요될 것이다. 이에 따라 여기에서는 현재의 국내 전력산업 환경 하에서 제3자가 소유하는 독립발전사업자 형태의 수요반응 기반의 가상발전소 즉, 실시간 자동수요반응 형태의 가상발전소 모형을 도입하는 것이 이와 관련된 규제 및 정책상의 혼란을 최소화하면서 가장 비용효과적으로 가상발전소 도입을 추진할 수 있는 현실적인 대안으로 제안하고 있다. 신재생전원, 분산전원 및 수요반응 등 다양한 유형의 DER 로 구성된 가상발전소의 도입이 가장 이상적이지만 실제로 이러한 진보된 형태의 가상발전소 도입을 위해서는 전력산업구조 및 전력시장제도에서의 개선뿐만 아니라 송·배전망의 지능화와 같은 상당 수준의 기술적 진보도 선행되어야 한다. 실시간 경제성 수요반응의 연장선상에서 가상발전소 도입을 고려하는 것이 국내 전력산업 환경에 적합한 가상발전소 개념을 구체화하고 이를 바탕으로 보다 현실적인 유관 정책 및 규제를 수립할 수 있는 방안으로 보인다. 더 나아가 가상발전소 개념의 현실화와 이를 바탕으로 하는 관련 기술 개발 및 제도 수립은 향후 스마트그리드 활성화에 따른 전력산업 환경의 변화에 대응하여 보다 이상적인 형태의 가상발전소 기술의 구현을 가능하게 하는 초석이 될 것으로 보인다.

7. 지능형 에너지[22)]

7-1. 에너지 IDX의 개요 및 특징

에너지 IDX (Intelligent Digital X-formation, 지능형 디지털 혁신) 분야는 기존의 단순한 중앙집중적 에너지 공급과 수요조절의 역할에서 나아가 인공지능, 빅데이터, IoT, 3D 프린터 등 4차 산업혁명의 ICT 핵심기술들과 융합하여 효율적이고 새로운 산업혁명의 기폭제 역할을 수행할 스마트그리드와 모바일 ESS와 연계하는 마이크로그리드, 신재생에너지 분야, 에너지 하베스팅분야를 포괄하는 산업 분야로 일반적으로 소규모 분산형 전원의 확대와 다양한 에너지 서비스 결합으로 가치를 창출할 친환경적인 에너지 신산업과 관련된 분야를 총칭하는 개념이다.

- **에너지 4.0** : 독일에서 처음 소개된 에너지 패러다임으로 에너지 기술의 디지털화 및 ICT를 비롯한

22) 지능형 에너지, 한국전자통신연구원(오대곤 외 9명), 2018.

다른 기술들과의 융합을 통해 에너지 산업에 획기적인 구조변화를 가져오는 현상을 의미한다.

- **K-에너지 4.0**: 기반산업이었던 에너지산업을 국가 성장을 견인하는 주력산업으로 재정립하기 위해 해외의 에너지 4.0을 한국의 상황에 적용한 에너지전략으로 한국의 강점인 ICT 역량을 극대화하면서 인더스트리 4.0과 에너지 4.0의 보안협력을 통한 시너지 창출을 기반으로 한 것이다.(산업통상자원부와 산업연구원은 4차산업혁명에 보다 선제적으로 대응하기 위한 에너지 신산업을 육성하고자, 2017년 2월 6일, 4차 산업혁명 시대의 에너지정책 워크숍을 통하여 K-에너지 4.0전략과 비전을 제시함).

전기 생산은 연중 피크를 대비하여 설비를 구축하였다. 그러나 수요반응(DR), ESS, 분산에너지자원(DER) 등 효율적인 관리와 더불어 인공지능, 빅데이터, IoT 등 4차 산업혁명의 ICT 핵심기술들과 융합하여 기존 중앙집중적 에너지 생산·공급·소비에서 에너지 공급과 수요를 예측하고 효율적으로 관리하여 전기에너지의 안정적 생산과 더불어 2030년 국가의 CO_2 감축 목표 계획을 달성하는 것이 바람직할 것으로 예상된다.

7-2. 에너지 IDX의 산업적 범위

지능형 에너지그리드를 제공하기 위한 가치사슬(Value-chain)은 신재생에너지 중심의 에너지 공급부문, 전기차, ESS 중심의 에너지 저장부문, 수요관리부문과 SW 플랫폼 중심의 서비스 플랫폼 부문으로 구분이 가능하다.

- **신재생에너지 공급 부문**: 탈원전, 신재생에너지 확대 정책과 지속가능 친환경 에너지 공급의 핵심인 태양광, 풍력 등 신재생에너지 시스템, 인버터, 접속반, 발전량 미터기와 계통연계 보호협조 장치 등을 포함하고 있다.
- **에너지 저장 부문**: 공급된 에너지를 외부 환경, 시장 정보 및 에너지 효율화를 위해 임시 저장하는 장치 및 BMS 시스템, 충방전 제어 SW 등을 포함하고 있다.
- **에너지 효율화 수요관리 부문**: 소비자 영역의 에너지 공급에 대해 최적의 부하 제어, 전력피크대응 등과 같은 수요관리와 비효율적인 에너지 소비에 대한 적절한 제어를 통한 수요의 감축을 제공하는 DR[23])기기, 수급최적화 SW 등을 포함하고 있다.
- **에너지 ICT 융합 플랫폼·서비스 부문**: 수요의 예측, 발전량의 예측, 이에 따른 수급최적화를 통해 에너지를 사용자에게 제공하는 영역으로서 안정적인 신재생에너지 계통연계를 위한 운영 플랫폼, 에너지 저장장치 및 전기차 통합연계 플랫폼, 에너지 융복합 빅데이터 기반 플랫폼, 분산자율형 마이크로그리드 플랫폼, 에너지 중개·거래 플랫폼 등을 포함하고 있다.

7-3. 에너지 IDX의 필요성 및 기술 동향

(a) 에너지 IDX의 필요성

에너지 분야의 다음과 같은 사회적, 환경적, 기술적 변화요인들이 존재하며, 이러한 문제와 요구사항을 해결하기 위한 국가·사회시스템의 지능형 디지털 유기체화인 에너지 IDX 추진이 필요하다.

---

23) DR(Demand response, 수요반응): 현재 전력량의 수요에 맞추기 위해 전기 사용자가 사용량을 변화시키는 것.

- **사회적 변화**: 삶의 질 향상에 따라 에너지 수요가 증가하고 이에 따라 높은 에너지 품질이 요구되고 있으며, 신규 발전소 및 송전망 확보의 한계에 따라 공급위주 수급계획과 실행에 어려움이 존재하고 있다.
- **환경적 변화**: 전세계적인 온실가스 저감 노력에 따라 신재생에너지와 분산자원의 도입 요구가 증가하고 있으며, 홈과 건물 등 소비자 영역의 에너지 효율화에 대한 요구가 증대하고 있다.
- **기술적 변화**: 중앙집중 발전 구조에서 분산발전 구조로의 전환에 따라 수급 예측의 어려움이 존재하며, 다양한 에너지 자원의 통합과 최적 운영이 절대적으로 필요하다. 또한 태양광, ESS, 전기자동차 등 DER이 소비자 가까이 접근하고 있으며, 이에 따라 기존의 수동적 소비자에서 적극적 소비자로 변모할 것으로 예상되기 때문에 에너지 프로슈머로서의 역할을 수행하기 위한 기술적인 지원이 필요하다. 에너지 분야의 주요 현안을 효과적으로 해결하기 위한 문제 해결형 산업으로서 시장의 흐름에 맞춰 가용한 신기술, 정보통신기술 등을 활용하여 사업화한 새로운 형태의 사업군을 지능형 에너지그리드 신산업으로 정의하였다.
- 공급과 수요라는 기본적인 에너지 체계에 있어서 결국 해결해야 하는 문제는 크게 수요 절감과 지속가능한 안정적 공급으로 대별될 수 있다.
- 에너지 생산, 분배(송배전)의 계통 시스템의 안정적 운영과 소비 부하의 연결과 정보 공유를 통해 에너지 시장 메커니즘 기반에서 동작하는 유기체적 시스템 구축과 관련 기술 개발이 필요하다.
- 지능형 에너지그리드는 전력망 복잡계 시스템간 디지털 유기체화를 통해 지속 가능하고 안정적인 전력을 공급하는 것이 최대 목표이다.

(b) 에너지 IDX의 기술 동향

지능형 에너지그리드의 기반 프레임워크가 되는 마이크로그리드 기술개발은 국가별로 환경 등에 따라 차이가 존재한다. 실증사업, 마이크로그리드의 확대 적용, 독립형 및 계통연계형 마이크로그리드 적용에 필요한 기술 개발이 이루어지고 있으며, 현재는 실증사업 위주의 기술개발이 추진되고 있다. 국외 선진기업 (GE, ABB, Siemens 등)은 마이크로그리드용 제어 시스템 상용화를 통해 분산자원의 통합 제어, 분산자원의 출력제어, 독립운전 모드 지원, 계통지원 기능 등이 통합적으로 구현된 제품을 개발하고 있다. 국내에서는 독립형 및 계통연계형 마이크로그리드 실증단지 구축을 통해 타당성을 분석하는 단계이다. 독립형 마이크로그리드에 있어서는 한국전력공사, 전기연구원 등이 주관으로 LS산전, 효성, 우진산전 등 참여기업들과 같이 가파도, 마라도, 가사도 등에 실증단지를 구축하여 운영 중이나, 본격적으로 해외의 ABB, Siemens, GE 등과 같은 독립형 마이크로그리드용 제어시스템이나 에너지관리 시스템 등이 상용화되지 못하고 있는 실정이다. 계통연계형인 경우, 전력IT 사업이나 K-MEG 사업, 제주실증단지 등을 통해 부분적인 실증단지 구축이 되었으나 실수용가를 대상으로 한 본격적인 의미의 마이크로그리드 구축 실적은 미흡한 실정이다. 마이크로그리드 기술은 안정적이고 회복 가능한 분산형 에너지 시스템을 구축하는 방향으로 발전할 것으로 예상된다. 그에 따라 에너지 발전, 송전, 저장, 관리 등 전체 마이크로그리드 구성요소별 효율, 안정성, 속도 개선 등이 요구된다.

7-4. 디지털 에너지 생태 환경

(a) 에너지 일반 생태계 개요

제러미 리프킨은 미래의 에너지 체계가 문명의 성격을 결정한다고 하였다. 과거 100여 년간 우리는 에너지의 원가를 절감하는 것만을 고민해 왔다면, 미래의 에너지 생태계는 에너지 수급체계의 근본적인 변화에 직면하여 전통적인 에너지 기술과 빅데이터, 사물인터넷 등 최신 ICT 기술이 서로 융합하여 지금까지는 전혀 생각하지 못했던 새로운 시너지 효과가 일어날 전망이다. 신재생에너지 기술과 에너지 저장기술을 결합하여 남는 에너지를 나눠 쓰고 공유하는 새로운 모델이 등장하고, 블록체인 같은 가상화폐를 사용해 결제하며 할인 쿠폰 등을 사용하는 다양한 에너지 유통산업이 등장할 것으로 예상되며, 최소한의 삶의 공간을 유지하기 위한 도구였던 에너지가 미래에는 새로운 소비를 이끄는 다양한 비즈니스를 만들어낼 것으로 예측된다. 에너지 소비 패턴을 분석해 지능형으로 에너지를 생산하고 소비하는 것은 미래 지식사회로 고도화하는 시작점으로 볼 수 있다. 미래 에너지 생태계는 에너지 유통체계만이 아니라 인간이 살아가는 물리적 생태계와 모든 사람의 지식 유통 생태계를 아우르는 형태로 접근해서 에너지 인프라뿐만 아니라 정보통신과 교통이나 금융, 의료, 교육 인프라, 심지어 전자정부 인프라까지 융복합적으로 신서비스 시장의 등장이 예상된다. 이 같은 환경에 대처하기 위해서 과도한 규제 환경을 개선하고 모든 산업 간에 경계를 허물고 시너지 효과를 극대화하는 상생 생태계 조성이 이루어질 것으로 기대할 수 있다.

에너지 IoT 신서비스 분야는 에너지 IoT 센서 및 게이트웨이 부문, 에너지 IoT 통신 및 프로토콜 부문, 에너지 IoT 서버솔루션 부문, 에너지 IoT 응용서비스 부문으로 구분될 수 있으며, 지능형 에너지그리드는 신재생에너지 중심의 에너지 공급 부문, 전기차, ESS중심의 에너지 저장 부문, 수요관리 부문과 SW 플랫폼 중심의 서비스 플랫폼 부문으로 구분된다. 신재생 분산 전원은 에너지 하베스팅 멀티 소스 에너지원 부문, 태양전지 모듈 생산, 직류-교류 변환 등 태양광 발전시스템 부분과 전기 생산, 관리 등 에너지 추출 및 에너지 응집 부문, 개방형 IoT 센서 부문으로 구분할 수 있다.

(b) 에너지 IoT 신서비스 분야 생태계

에너지설비에 IoT를 적용시켜 지능형 서비스를 제공하는 가치사슬은 그림 24와 같이 에너지 IoT 센서 및 게이트웨이 부문, 에너지 IoT 통신 및 프로토콜 부문, 에너지 IoT 서버솔루션 부문, 에너지 IoT 응용서비스 부문으로 구분할 수 있다.

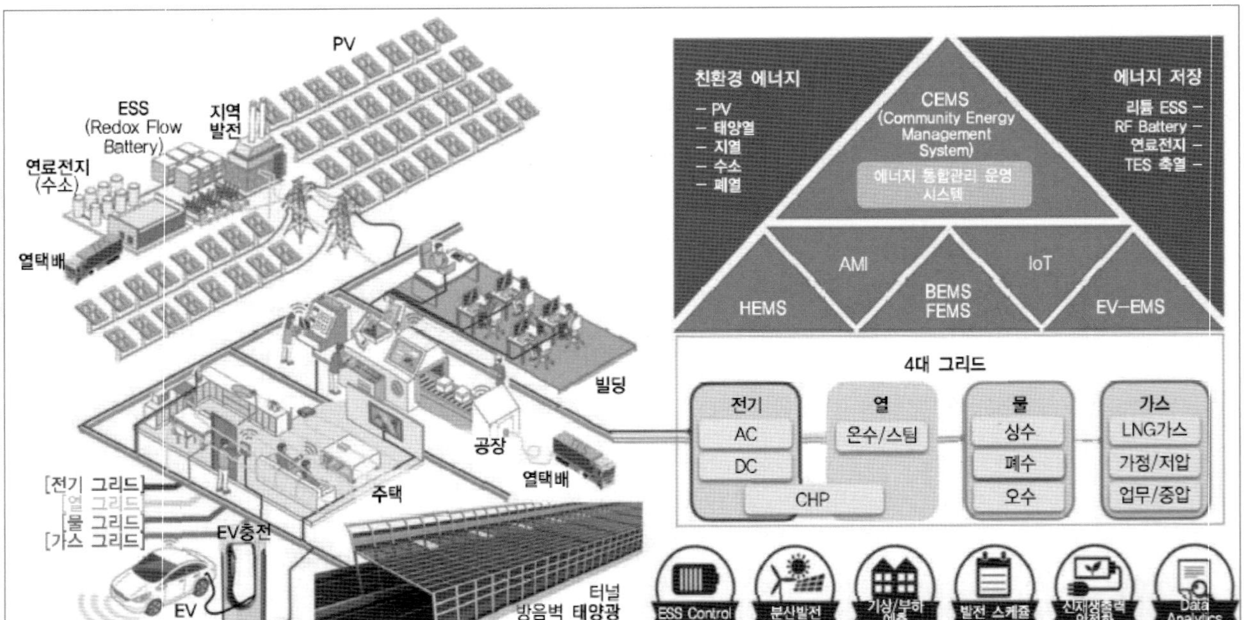

출처: 광주에너지밸리, 스마트시티 시범단지 추진, 광주광역시 제로에너지연구센터(서천석), 2017

그림 24. 에너지 IoT 신서비스 분야 스마트 에너지시티

- **에너지 IoT 센서 및 게이트웨이 부문** : 전력계통의 발전·송전·배전·고객 설비, 신재생에너지 설비, 가스배관·정압기 등 비전력계통 에너지 설비 등에 부착되는 IoT 센서와 IoT 게이트웨이 등을 포함하고 있다.
- **에너지 IoT 통신 및 프로토콜 부문** : IoT 센서-게이트웨이-서버를 연결하기 위한 무선 및 유선 통신네트워크, 프로토콜 등을 포함하고 있다.
- **에너지 IoT 서버솔루션 부문** : 센서데이터 등을 인공지능 분석하고 대용량 저장하고 실시간 가시화하기 위한 서버류 및 DB류를 포함하고 있다.
- **에너지 IoT 응용서비스 부문** : 설비의 고장진단·수명예측·사전예방 및 에너지 소비량·발생량·저장량 예측, 에너지설비 무인화 자율운전, 타 사업 영역과의 서비스연동 및 인증과금 서비스 등을 포함하고 있다.

국내 유일의 전기사업자인 한국전력은 송전·변전·배전 계통에 대한 안정적 관리의 의무가 있기 때문에 전력망 고도화에 대한 투자는 지속적으로 진행되고 있다. 최근에는 전력망 고도화를 추진하는 데 있어서 플랫폼 구축의 필요성을 인식하고 신사업 분야로 계통의 안정적 운영을 위한 플랫폼 개발을 추진 중이다.

에너지 IoT 지능화 솔루션은 서버플랫폼에 적용될 뿐만 아니라 게이트웨이 및 센서까지 확장 적용되어 실시간성이 강조된 엣지컴퓨팅 추세로 발전하고 있다. 빅데이터 분석 또는 머신러닝을 활용한 설비의 고장진단·수명예측·사전예방, 에너지 소비량·발생량·저장량 예측, 에너지설비 무인화 자율운전 등은 최신 기술 이슈여서 신생 전문기업이 유리한 측면이 있으며, 에너지 IoT와 전기자동차, 디지털홈 등과의 서비스연동 및 인증과금 서비스를 위해서는 사물인터넷 표준 메시지 프로토콜 적용 및 상호연동이 필수적이며 관련된 국제표준 인증제도(oneM2M certified 등)가 갖추어지는 추세이다.

(c) 지능형 에너지그리드 분야 생태계

지능형 에너지그리드를 제공하기 위한 가치사슬은 그림25와 같이 신재생에너지 중심의 에너지 공급 부문, 전기차, ESS 중심의 에너지 저장 부문, 수요관리 부문과 SW 플랫폼 중심의 서비스 플랫폼 부문으로 구분 가능하다.

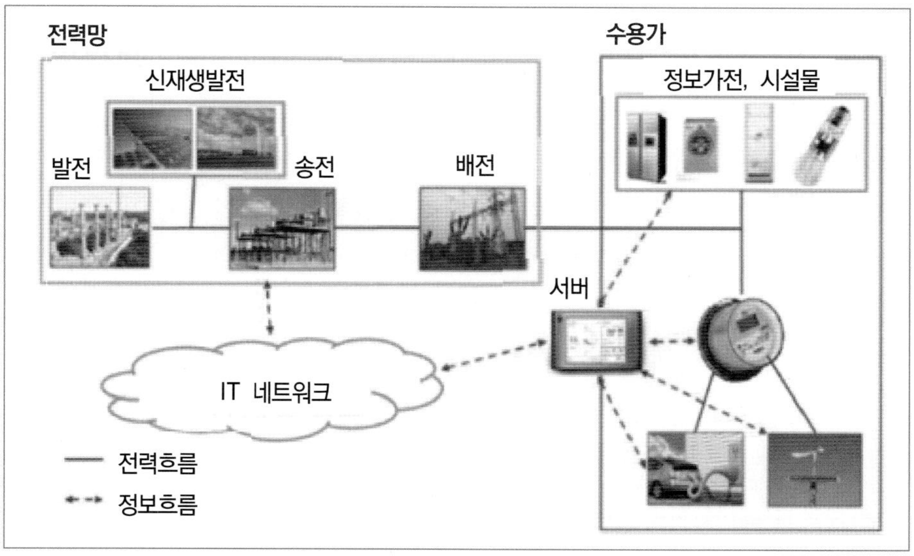

출처: ETRI, 2018

그림 25. 지능형 에너지그리드 분야 Work-Flow

- **에너지 저장 부문** : 공급된 에너지를 외부 환경, 시장 정보 및 에너지 효율화를 위해 임시 저장하는 장치 및 BMS 시스템, 충·방전 제어 SW 등을 포함하고 있다.
- **에너지 효율화 수요관리 부문** : 소비자 영역의 에너지 공급에 대해 최적의 부하 제어, 전력피크 대응 등과 같은 수요관리와 비효율적인 에너지 소비에 대한 적절한 제어를 통한 수요의 감축을 제공하는 DR기기, 수급 최적화 SW 등을 포함하고 있다.
- 에너지ICT 융합 플랫폼·서비스 부문: 수요의 예측, 발전량의 예측, 이에 따른 수급 최적화를 통해 에너지를 사용자에게 제공하는 영역으로서 안정적 신재생에너지 계통연계를 위한 운영 플랫폼, ESS 및 전기차 통합연계 플랫폼, 에너지 융복합 빅데이터 기반 플랫폼, 분산자율형 마이크로그리드 플랫폼, 에너지 중개·거래 플랫폼 등을 포함하고 있다.

국내 에너지 저장 부문의 생태계 특성은 삼성SDI, LG화학 등이 국내외 배터리의 시장을 선점하고 있으나 일본 등과 경쟁해야 하는 상황이고 경제성 측면에서 활성화될 수 있는 기술, 서비스 제공이 급선무이다. 전기차의 경우에는 전기차에서 계통으로 에너지를 역전송할 수 있는 V2G(Vehicle to Grid) 등의 기술 선점이 필요한 분야가 있으나, 제도 등의 문제로 인해 시장 초기 환경이다. ESS는 에너지그리드 망에서 유연성을 제공할 수 있는 장치로서 그 역할과 활용성이 아주 높은 분야로 분석된다.

상대적으로 에너지 수요가 많은 공장, 산업단지에서는 기업 자체적으로 에너지관리 시스템의 도입을 통해 에너지 효율화는 지속적으로 추진되고 있다. 국내에서 도입된 수요관리 시장에서도 대상 수요처가 공장 등을 중심으로 적용되고 있으며, 에너지 소비량 측면에서 낮은 일반 가구 등에서는 국민 DR 기술과 서비스가 시범적으로 추진되고 있다. 장기적으로는 스마트시티, 스마트홈의 활성화에 따라 주거용 건물 등에 대한 에너지 효율화 기술이 필수적인 분야이지만 국내에서는 관심과 투자가 미흡한 실정이다.

(d) 친환경 분산 전원 생태계

에너지 하베스팅을 이용한 전력자립 IoT 분야의 가치사슬은 전력으로 변환이 가능한 다양한 에너지원의 조합 부문, 광범위 전력관리 부문, 에너지 추출 및 에너지 응집 부문, 개방형 IoT 플랫폼 및 센서 부문으로 구분이 가능하다.

- **에너지 하베스팅 멀티 소스 에너지원 부문** : 태양광, 열에너지, 풍력, 전파, 진동 등의 다양한 에너지원으로 구성되어 있다.
- **외부환경 독립형 반영구 베타전지 부문** : 주변의 환경에 구애받지 않고 안정적인 전력 수급이 가능한 베타방출 동위원소와 이를 흡수하여 전기에너지로 변환하는 반도체 흡수체로 구성되어 있다.
- **광범위 전력관리 부문** : 에너지원의 종류에 따라 서로 다른 크기와 형태를 갖는 전력으로부터 유효한 에너지원을 재구성하고 높은 효율을 가질 수 있도록 광범위의 전력 레벨 관리 및 충전기능을 포함하고 있다.
- **에너지 추출 및 응집 부문** : 입력 에너지원의 최대출력 트래킹 기술과 배터리 독립 회로 기술을 포함하고 있다.
- **개방형 IoT 플랫폼 및 센서 부문** : 개방형 IoT 플랫폼과 호환되는 통신프로토콜과 연동하는 변형률센서, 피로센서, 가속도계, 기상센서 등으로 구성되어 있다.

신재생 태양광 발전 시스템에 의한 전기에너지 생산, 제공을 위한 가치사슬은 태양전지 모듈 생산, 직류-교류 변환 등 태양광 발전시스템 부분과 전기 생산, 관리 등 서비스 부분으로 구분할 수 있다.

- **태양광 모듈 부문**: 태양광 모듈은 규석으로부터 잉곳을 제조하고, 잉곳을 절단하여 기판과 셀을 제조하며, 제조된 셀을 연결하여 모듈 패널을 완성한다. 태양전지 모듈 부분은 잉곳, 태양전지, 모듈 패널 제조에 포함되는 소재와 장비 그리고 공정이 포함되어 있다.
- **태양광 발전 시스템 부분**: 태양광 모듈 패널을 설치하기 위한 지지체 및 기반공사, 직류-전류변환장치인 PCS 등을 포함하고 있다.
- **태양광 발전 서비스 부분**: 태양광 패널의 효율적 관리 및 점검, 그리고 전기에너지의 효율적 운영을 위한 SW 등을 포함하고 있다.

인간의 주변에서 에너지를 수확함으로서 생활의 편의성이 요구되는 분야에 활용이 가능하며(Convenience), 인간의 손이 미치기 힘든 부분(Hard to Reach) 즉, 사회기간시설이나 오지 극지 또는 인체삽입형 의료기기 등의 전력원으로 활용이 가능하다. 그리고 공공 안전을 위한 환경 센서 분야의 전원 산업 분야(Environmental Awareness)의 생태계 신규 생성 및 고도화가 가능하다. 태양광에 의한 전기에너지 가격은 기술 발전과 생산 및 설치 확대로 지속적으로 낮아지고 있으며, 현재 태양전지의 가격은 0.3$/W를 형성하고 있다. 태양광에 의한 전기에너지는 시스템 가격과 일조량(태양광량 및 시간)에 의존하게 되며, 유럽의 일부 국가는 화석에너지의 발전단가와 균형점을 이루고 있다. 우리나라와 중국 등 전기에너지 가격이 낮은 지역은 현재 균형점에 도달하지 못하고 있으나 기술발전에 의한 태양광시스템 가격의 하락과 기존 화석연료의 가격 상승으로 균형점에 도달할 것으로 예측된다.

(e) 에너지 분야 생태 환경으로부터의 시사점

사회적(삶의 질 향상으로 에너지 수요증가 및 고품질 에너지 요구), 환경적(온실가스 저감 및 신재생/분산자원 도입요구), 기술적 변화(분산발전 구조로 다양한 에너지 자원의 통합적 운영)요인들이 존재하며, 이러한 문제와 요구사항을 해결하기 위한 에너지 IDX의 추진이 필요한 시점이다. 국내에서는 독립형 및 계통연계형 마이크로그리드 실증단지 구축을 통한 타당성 분석 단계인 반면, 국외 선진기업은 마이크로그리드용 제어 시스템 상용화를 통해 분산자원의 통합 제어, 분산자원의 출력제어, 독립운전 모드 지원, 계통지원 기능 등이 통합적으로 구현된 제품을 개발 중에 있다. 우리나라는 기자재공급 분야 및 설치와 시운전 분야는 선진국 수준에 도달한 것으로 평가되지만 컨설팅, 엔지니어링 및 서비스 분야는 선진국에 비해 상대적으로 열세이다. 따라서 에너지그리드 분야는 운영자 중심에서 벗어나 소비자, 사업자 중심의 에너지 서비스·가치화로서의 에너지 IDX 기술 추진이 필요하다. 국내 에너지 정책의 프레임은 탈원전·탈석탄, 신재생에너지 확대와 이러한 정책을 지원하기 위한 논리로 구성되는데 그 논리로 국가·사회시스템의 지능형 디지털 유기체화를 통해 제4차 산업혁명 시대를 선도하고, 미래성장동력을 선점하기 위한 중장기적 Big Push 전략이 필요하다. 에너지 생산, 분배(송·배전)의 계통 시스템의 안정적 운영과 소비 부하의 연결과 정보 공유를 통해 에너지 시장 메커니즘 기반에서 동작하는 유기체적 시스템 구축과 관련 기술 개발이 필요한 상황이다.

7-5. 지능형 디지털 에너지 중점 추진전략

(a) 지능형 디지털 에너지 추진 방향

방대한 에너지 데이터 수집과 인공지능 학습을 통한 빅데이터 분석을 기술적 핵심요소로 두고 저탄소 신재생에너지 시스템으로의 전환, 에너지 운영시스템의 효율화 및 설비 운영의 최적화, 에너지 산업의 근본적인 변화를 유도하고 새로운 서비스를 창출하는 것이 환경 에너지 IDX의 기본 추진 방향이다(그림 26 참조). 기존의 노후화된 대규모 중앙 집중적인 설비 운영하에서 소규모 친환경 분산형 전원이 확대되면서 점진적으로 화석연료 발전을 대체해 친환경 청정에너지 시스템으로 전환하여 지구 온난화의 선제적 대응과 미세먼지 걱정 없는 쾌적한 환경을 조성하고자 하며, 기상 데이터와 지리정보시스템(Geographical Information System, GIS)을 활용하여 신재생에너지 발전량을 예측하거나 자연조건에 크게 의존하는 신재생에너지 설비를 효과적으로 관리하여 에너지 생산 및 에너지 사용을 최적화, 아울러 기존의 설비운영에 대한 최적화뿐만 아니라 분산전원 중심의 융복합 시스템을 구축(신재생에너지, ESS, 분산전원, 지능형 원격검침 인프라(AMI), 에너지관리시스템(EMS), 양방향 정보통신기술, 지능형 송배전시스템 결합을 통한 통합적 에너지 효율관리시스템 구축, 국가 에너지 자립도 개선) 중에 있다. 또한 에너지 소비데이터의 분석을 통해 소비자의 에너지 소비패턴을 분석하여 이에 맞는 맞춤형 서비스 및 다양한 부가적 서비스를 개발 중에 있다.

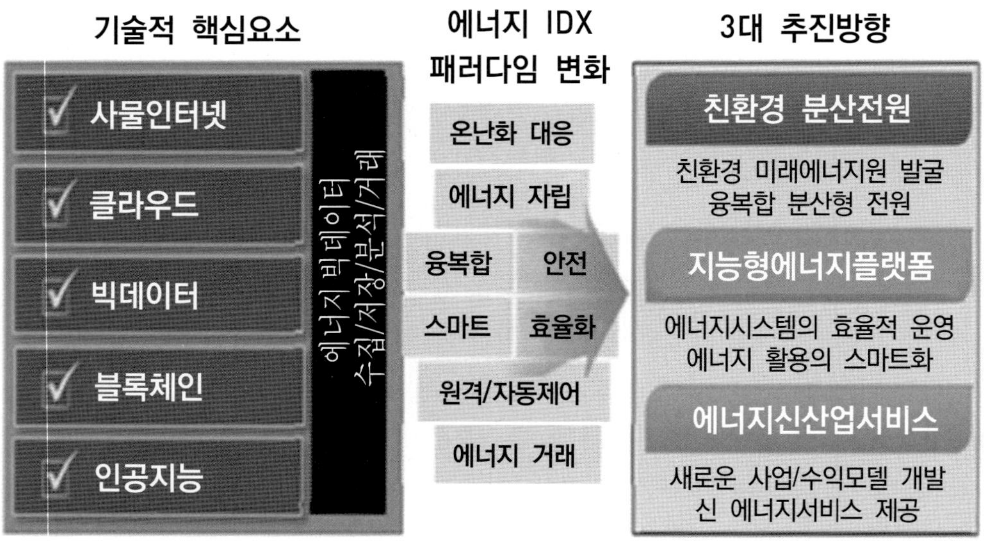

그림 26. 환경·에너지 분야 IDX 추진 방향

(b) 지능형 디지털 에너지 미래 비전 및 전략 목표

지능형 디지털 에너지 미래의 전략 목표는 에너지 신서비스 창출을 위한 미래 에너지플랫폼 환경을 구축하는 것이다. 안전하고 깨끗한 에너지로의 전환은 시대적 흐름이며, 에너지 전환을 친환경 미래에너지산업 육성의 기회로 활용하기 위해서는 4차 산업혁명 기술들을 활용하여 에너지의 생산과 소비를 효율화시키고 다양한 서비스 창출(빅데이터 기반서비스, V2G 서비스 등등)이 가능하도록 IoE(Internet of Energy) 시스템 구축과 같은 친환경 에너지 플랙폼 환경구축이 필요하다. 이에 따른 세부 추진 목표는 아래와 같다.

- **친환경 분산전원** : 친환경 저탄소 에너지 정책(신재생에너지 전력생산량을 2030년까지 20%로 확대)으로의 전환에 따라 신기후 변화, 미세먼지와 온실가스 문제를 일으키는 화석연료의 사용을 줄이고 효

율과 기능성이 좋은 태양광 재생에너지 및 센서 사용 증가와 함께 에너지 하베스팅 기반(RF, 광전효과, 열전효과, 압전효과 등)의 다양한 신재생에너지 연구개발 (신재생에너지는 기존 발전소와 달리 따로 연료를 공수해올 필요가 없고 효율을 위해 대규모 설비를 지을 필요도 없음). 환경적 측면의 지속가능성 및 재생에너지의 불확실성에 대한 대응, 분산형 전원의 활성화 및 확대를 주요 추진목표로 하고 있다.

- **지능형 에너지플랫폼** : 발전 최적화 측면에서 예측기반의 발전량 제어 및 운영관리를 통한 발전의 극대화, 그리고 소비 효율화 측면에서 실시간 정보기반의 소비 절약 및 최적 운전·제어를 통한 절감으로 소비의 효율화, 아울러 프로슈머 제도 및 중개거래를 통한 수요와 공급의 균형으로 거래 최적화를 이루어 낭비 없는 에너지 에너지 효율화를 주요 추진목표로 하고 있다.
- **에너지 신산업 서비스** : 인류가 에너지를 쾌적하고 편안하게 사용할 수 있도록 에너지의 생산·거래·저장·소비 전과정에 4차 산업혁명의 핵심 ICT 기술(AI, IoT, Big Data)을 융복합하여 다양하고 새로운 신규 서비스 창출을 추진 목표로 하고 있다.

(c) R&D 추진 분야와 세부 추진 전략

각 분야별 세부 추진 전략은 아래와 같다.

- **신재생 태양광에너지 분야** : 도심에서 필요한 전기에너지를 자체 생산하여 소비하는 제로에너 지빌딩 등 도심 맞춤형 태양광발전 기술 개발이 필요하다. 도심 맞춤 태양광 기술은 다양한 색상, 구부림, 반투명 등 심미적 디자인이 가능하여 소비자가 요구하는 다양한 욕구(색상, 디자인, 투광도 등)를 충족하며, 건축물이 요구하는 특성을 만족하는 기술 개발이 필요하다.
- **전력자립 IoT용 에너지하베스팅 분야** : 교량, 터널, 댐, 발전소 등과 같은 사회기반시설의 재난안전을 모니터링하거나 해양플랜트, 극지, 송유관 등의 극한환경의 모니터링을 위해서는 주변환경(태양광, 열전, 진동)의 변화와 관계없이 안정적인 전력의 수급·공급이 가능한 전력원이 필요하다. 이를 위해서는 배터리 교체 없이 반영구적으로 안정적인 전원 공급이 가능한 동위원소 기반 독립전원시스템 개발이 요구된다.
- **에너지 모빌리티 분야** : 신재생 에너지를 지능형 에너지그리드에서 효율적으로 활용하기 위해서는 분산 에너지 저장소 활용이 필수적이다. 분산 에너지 저장소 중에서 전기차가 지능형 에너지그리드에서 활용하기 좋은 특징들을 보유하고 있으며, 이를 위해서는 전기차와 지능형 에너지그리드 사이의 V2G·G2V 시스템 개발이 필요하다. 장기적으로는 대용량 에너지를 장기간 저장할 수 있는 에너지 저장기술과 전기뿐만 아니라 다양한 에너지 형태로 자유롭게 변경하고 관리할 수 있는 멀티에너지 변환 관리기술 개발이 필요하다.
- **지능형 에너지그리드 분야** : 분산전원 등의 확대는 이종의 다양한 에너지 시스템의 증대를 야기하며, 에너지 생산과 소비 등에서 복잡한 프로세스가 발생될 것이다. 따라서 에너지그리드 망과 다양한 장치의 IoT 기반 에너지 네트워킹은 필수 추진 분야이다. 소비자 영역의 다수 에너지 시스템을 통합하기 위한 마이크로그리드 플랫폼과 양방향 에너지 특성에 따른 중개·거래 시장 플랫폼 및 스마트시티 커뮤니티 플랫폼의 개발과 구축 추진이 필요하다.
- **에너지 IoT 분야** : 스마트에너지시티 에너지믹스 자율관제 기술. 유틸리티 기업체는 유틸리티 (전력설비·열배관가스·배관 시스템 등) 유지보수 관리에 IoT 기술을 도입하고 있다. 최근 들어 개별적으로

관리되었던 에너지원(전력, 신재생에너지, 열, 물, 가스 등)을 도시 규모로 IoT 기반 통합연동하여 관리하는 스마트에너지시티가 추세이다. 미래에는 인구의 대다수가 도시에 거주하고 도시규모로 유틸리티가 통합 관리되며, 제4차 산업혁명 ICT 기술(AI, IoT, Cloud, Big-Data, Mobile, Blockchain 등)이 적용되어 유틸리티 서비스가 통합되며 최적화된 에너지믹스 형태로 자율 운영될 것이다.

- **추진전략** : 스마트시티를 대상으로, 에너지원(전력, 신재생에너지, 열, 물, 가스 등)을 통합 연동하기 위하여 에너지 IoT를 적용하고, 에너지믹스 최적화 자율운전을 위하여 AI를 적용하고, 유틸리티 설비의 상태 및 수명관리를 위하여 Big-Data를 적용하고, 에너지거래 및 장치운영의 신뢰성 확보를 위하여 BlockChain[24)]을 적용하여 스마트에너지시티 분야의 에너지 신산업 Biz 모델을 창출한다.

24) Block Chain or BlockChain(블록체인): 관리 대상 데이터를 블록이라고 하는 소규모 데이터들이 P2P 방식을 기반으로 생성된 체인 형태의 연결고리 기반 분산 데이터 저장 환경에 저장하여 누구라도 임의로 수정할 수 없고 누구나 변경의 결과를 열람할 수 있는 분산 컴퓨팅 기술 기반의 원장 관리 기술이다. 이는 근본적으로 분산 데이터 저장기술의 한 형태로 지속적으로 변경되는 데이터를 모든 참여 노드에 기록한 변경 리스트로서 분산 노드의 운영자에 의한 임의 조작이 불가능하도록 고안되었다. 블록체인 기술은 비트코인을 비롯한 대부분의 암호화폐 거래에 사용된다. 암호화폐의 거래과정은 탈중앙화된 전자장부에 쓰이기 때문에 블록체인 소프트웨어를 실행하는 많은 사용자들의 각 컴퓨터에서 서버가 운영되어 중앙에 존재하는 은행 없이 개인 간의 자유로운 거래가 가능하다.

제2장 신재생에너지

제2장 신재생에너지

1. 세계 에너지 현황 및 전망

1-1. 세계 에너지 수급현황

BP[1]의 2020년 보고서 (BP, 2020)에 따르면 2019년 세계 1차 에너지소비는 전년 대비 1.3% 증가했다. 지난 10년간의 평균 증가율인 1.6% 보다 낮으며, 2018년의 2.8%에 비해서는 절반 이하로 줄어든 수치이다. 에너지부문 이산화탄소 배출량은 2018년에 2.1%로 높은 증가세를 보였지만, 2019년은 지난 10년간의 평균 증가율인 1.1% 보다도 낮은 0.5% 증가를 기록했다. 에너지원별로 살펴보면 세계 석탄 소비는 일부 국가(중국, 인도네시아, 베트남 등)에서 증가세를 보였으나 전체적으로는 0.6% 감소하여 1차 에너지원 중 석탄 비중이 27%까지 감소하였다. 석유 소비는 전년 대비 0.9% 증가하였으며 중국이 전년 대비 최대 증가폭(68.1만 b/d[2])을 기록하며 이에 기여했다. 천연가스 소비는 2018년 5.3% 성장이라는 높은 수치를 기록했지만, 2019년은 지난 10년간의 평균보다 조금 낮은 2% 증가에 그쳤다. 위 BP의 보고서는 수력과 재생에너지원을 분리하여 발표하고 있지만, 그럼에도 2018년 대비 가장 높은 증가세를 보인 에너지원은 재생에너지(수력 제외)이다. 1차 에너지 소비의 총 증가분(7.67 EJ[3])에서 약 40% 이상을 차지하며 높은 성장세를 기록했고, 2019년 1차에너지 소비 비중의 5%를, 수력 포함하면 11%를 차지하였다. 국제에너지기구(IEA[4])의 World Energy Balance 2020에 따르면 2018년 기준 세계 총 에너지 공급(TES[5]) 중 석유의 비중(32%)이 가장 크고 다음이 석탄(27%), 천연가스(23%), 재생에너지 및 기타(13%), 원자력(5%) 순이다. 총 에너지 공급은 지난 1971년부터 2018년까지 2.6배 증가하였으며, 이 과정에서 석유는 여전히 에너지믹스[6](Energy Mix)에 주요한 비중을 차지하고 있다. 1971년에 비해 석유의 비중은 감소했지만 천연가스, 석탄, 원자력, 재생에너지의 비중은 증가하였다. 석유 파동 이후 발전용 및 난방용 석유 수요는 급감하였지만, 수송용 수요는 안정적으로 증가하였다. 석탄은 석유발전을 대체하는 발전용에 대한 수요의 증가로 비중이 점진적으로 증가했지만 대기오염 개선 및 온실가스 감축 정책이 강화되면서 새로운 상황에 직면해 있다. 천연가스는 대기오염 개선과 온실가스 감축 정책과 관련하여 도시가스용과 발전용 수요가 동시에 증가하였다. 원자력은 에너지 안보 강화와 온실가스 감축의 측면에서 장려되었지만 1990년대 이후 증가세는 둔화되었다. 재생에너지는 에너지안보 강화와 온실가스 감축이 고려되면서 2000년대 이후 가장 빠른 증가세를 기록하고 있다[7].

1971년 세계 총 에너지 공급 중 경제협력개발기구(OECD) 회원국의 비중이 61%를 차지했지만, 2018년

1) BP(옛명 British Petroleum, 영국석유회사).
2) b/d: barrels per day.
3) EJ: exajoule로서 1018 joule을 의미.
4) IEA: International Energy Agency, 국제에너지기구.
5) TES: Total Energy Supply, 세계 총 에너지 공급.
6) 에너지믹스는 섞는다는 뜻의 단어인 'Mix'를 적용한 합성어로 에너지원을 다양화한다는 의미. 석유나 석탄 같은 기존 에너지의 효율적 활용과 태양광 같은 신에너지원의 융합을 통해 폭발적으로 증가하는 에너지 수요에 적절하게 대응한다는 내용을 포함.
7) 2020 신재생에너지 백서, 한국에너지공단, 2020.

에는 38% 수준인 5,369 Mtoe[8])까지 낮아졌다. 비(非)OECD 국가들의 에너지 공급은 꾸준히 증가하였으며 특히 중국, 인도를 포함하는 비OECD 아시아 국가들은 이 기간 동안 에너지 수요가 7배 이상 증가하여 2018년 총 에너지 공급이 5,136 Mtoe를 기록하였다. 2018년 기준, 세계 총 에너지 공급의 상위 5개 국가는 중국 (3,196 Mtoe, 22.4%), 미국(2,231 Mtoe, 15.6%), 인도(919 Mtoe, 6.4%), 러시아(759 Mtoe, 5.3%), 일본(426 Mtoe, 3.0%)이다. 한국은 282 Mtoe로 전세계에서 약 2.0%를 차지하며 브라질 다음으로 9위를 차지하였다.

1-2. 세계 에너지 전망

세계 에너지 수요는 IEA의 World Energy Outlook 2019의 세 가지 시나리오에서 아래 그림과 같은 추세를 나타내고 있다. 전반적으로 각국의 국가결정기여(NDC[9])), 새로운 에너지와 기후 정책은 에너지 수요 증가세를 둔화시키고 아울러 에너지 수요 증가와 이산화탄소 배출량 증가 사이의 연결고리를 약화시키거나 분리하는 데 기여할 전망이다. 가장 실현 가능성이 높은 제안 정책 시나리오(STEPS[10]))에서는 세계 1차 에너지 수요가 2018년부터 2040년까지 연평균 1% 증가하여 기간 내 23% 이상 증가할 것으로 전망된다.

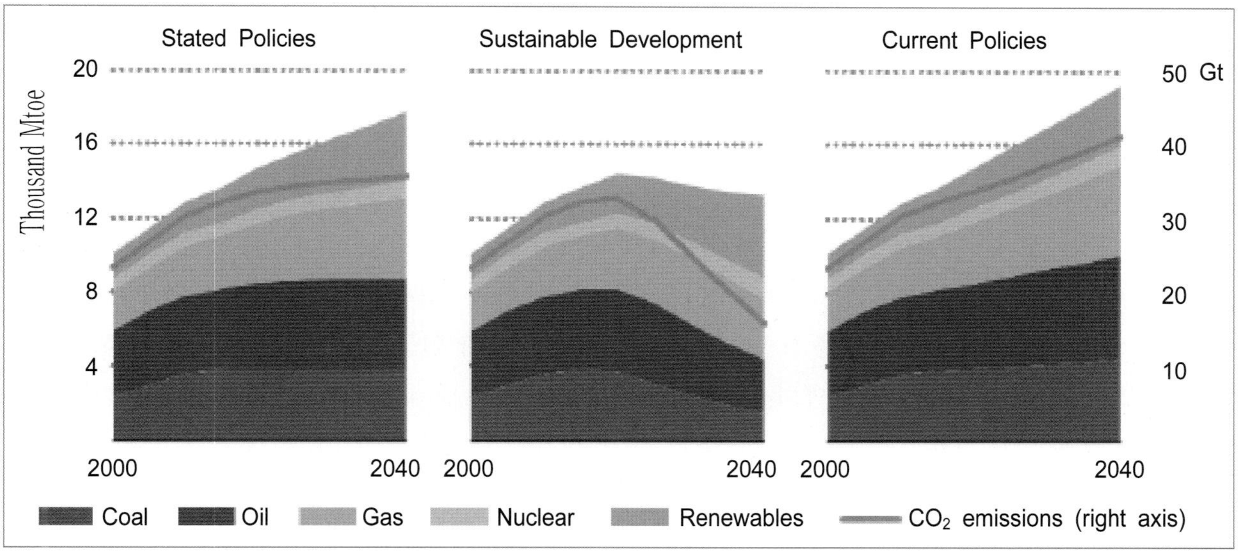

자료 : IEA,World Energy Outlook 2019

그림 27. 세계 1차 에너지 수요와 시나리오별 이산화탄소 배출량

산업, 건물, 수송 등 다양한 부문에서 전력화 비중이 커짐에 따라 전력소비는 다른 최종 에너지원보다 빠르게 증가하고 있다. 2040년까지 전세계 전력수요는 1차 에너지 수요의 2배 이상인 연간 2.1%로 증가하며, 2018년 세계 최종에너지 소비의 19%를 차지했던 전력 비중은 지속가능발전 시나리오에서 2040년 31%까지 도달할 전망이다.

세계 1차 에너지 수요는 2010년 이래 가장 높은 증가를 보이며 2018년에 2.3% 증가했으며 세계 1차 에너지 수요의 약 70%를 중국, 미국, 인도가 차지했다. 재생에너지의 증가와 같이 에너지부문에서 이산화탄

8) toe (ton of oil equivalent, 석유환산톤): 국제에너지기구(IEA)가 각종 에너지를 원유 1톤이 연소할 때 발생하는 열량을 기준으로 표준화하여 만든 단위. 원유 1 ton=휘발유 1280L=전기 4695kWh. 1toe=107kcal.

9) Nationally Determined Contribution.

10) Stated Energy Policies Scenario.

표 20. 연료 및 시나리오별 세계 1차 에너지 수요(Mtoe)

			Stated Policies		Sustainable Development		Current Policies	
	2000	2018	2030	2040	2030	2040	2030	2040
Coal	2,317	3,821	3,848	3,779	2,430	1,470	4,154	4,479
Oil	3,665	4,501	4,872	4,921	3,995	3,041	5,174	5,626
Natural gas	2,083	3,273	3,889	4,445	3,513	3,162	4,070	4,847
Nuclear	675	709	801	906	895	1,149	811	937
Renewables	659	1,391	2,287	3,127	2,776	4,381	2,138	2,741
Hydro	225	361	452	524	489	596	445	509
Modern bioenergy	374	737	1,058	1,282	1.179	1,554	1,013	1,190
Other	60	293	777	1,320	1,109	2,231	681	1,042
Solid biomass	638	620	613	546	140	75	613	546
Total	**10,037**	**14,314**	**16,311**	**17,723**	**13,750**	**13,279**	**16,960**	**19,177**
Fossil fuel share	*80%*	*81%*	*77%*	*74%*	*72%*	*58%*	*79%*	*78%*
CO_2 emissions (Gt)	**23.1**	**33.2**	**34.9**	**35.6**	**25.2**	**15.8**	**37.4**	**41.3**

소를 줄이려는 노력에도 불구하고 지난 30년 간 세계 에너지믹스에서 화석연료의 비중은 거의 변화하지 않았으며, 2018년 기준 세계 1차 에너지 수요에서 화석연료 비중은 81%를 차지했다. 그러나 향후 2040년 현 정책 시나리오에서 화석연료 비중은 78%, 제안 정책 시나리오에서는 74%, 에너지효율과 저탄소 기술에 보다 집중하는 지속가능발전 시나리오에서는 그 비중이 58%까지 감소할 전망이다.

2000년 이후 1차 에너지 수요의 증가율이 연평균 2%이었던 것과 비교하면 IEA의 기준 시나리오인 제안 정책 시나리오에서는 1%의 증가율을 보인다. 증가 속도는 감소하나 인구증가와 경제성장으로 인해 수요는 증가할 전망이다. 2040년까지 모든 에너지원의 수요가 지속적으로 증가할 것이다. 석유의 경우 2020년 후반에는 자가용의 석유 수요가 둔화되겠지만 2030년대에는 석유 수요의 변동이 거의 없을 것으로 예측된다. 2040년의 석탄 수요는 오늘날의 수요보다 약간 줄어든 정도를 유지할 것이며, 2030년 즈음에는 가스가 차지하는 비중이 석탄의 비중을 능가할 것으로 전망된다. 가스의 경우 발전부문도 증가세이지만, 그보다 산업부문에서 두 배 이상 증가하여 가스 수요는 35%까지 치솟을 것으로 전망된다.

지속가능발전 시나리오에서는 5년 내 전세계 석유수요가 정점을 기록하고, 타 시나리오 대비 매우 빠른 연료 효율 증가와 전환기를 맞이할 것이다. 이로 인해 2040년 운송부분의 석유사용은 오늘날 대비 40% 이상 낮아질 전망이다. 천연가스는 2030년까지 수요가 증가하다 하락세를 보이고, 석탄의 경우 연간 4%의 급격한 감소세를 맞이할 전망이다.

개발도상국, 특히 아시아 국가들이 모든 시나리오에서 세계 에너지 수요 증가를 이끌 것으로 전망된다. 에너지 수요 증가가 가장 높은 국가는 인도로, 2040년까지 2018년 대비 에너지수요가 2배 이상 증가할 전망이다. 중국은 저탄소 에너지원의 비중이 증가하지만, 기간 내 최대 에너지 수요국의 위상은 여전히 유지할 것으로 예측된다. 중국의 석유 수요는 2030년 이후 정체하며, 1인당 수요는 선진국 대비 상당히 낮은 수준에서 유지될 것이다. 반면, 동남아시아는 여전히 에너지 수요가 상당히 증가할 전망이다. 현재도 1인당 에너지소비량이 상당히 높은 중동 지역에서는 냉방과 담수화 수요의 증가로 에너지 수요가 상당히 늘어날 것이다.

2. 탄소 배출 제로 달성 방안

국제재생에너지기구[11]의 보고서 '재생에너지를 통한 탄소 배출 제로 달성 방안'을 요약하면 다음과 같다.

지구 평균 기온 상승을 산업화 이전 수준 대비 1.5℃ 이하로 제한하려면, 2050년 초반까지 경제 모든 부문의 이산화탄소(CO_2) 배출을 제로로 낮추어야 한다. 이는 특히 일부 산업 및 수송 부문에서 매우 어려운 도전과제가 될 것이다. 탄소 배출 제로를 달성하려면 지금까지와는 완전히 다른 사고방식이 필요하다. 부분적 감축 조치만으로는 충분하지 않으며 이 중 일부는 제로 달성에 오히려 방해가 될 수도 있다. 정책 입안자와 산업 투자자는 배출 제로 목표 달성을 위한 몇 가지 방안을 점진적으로 확장하는 데 차질 없이 주력해야 한다.

이 보고서에서 논의된 옵션 대부분은 20년 이상 논의와 실험의 대상이 되어왔지만 대부분 보급되지 못했고, 일부 개선만 이루어졌다. 그러나 최근(최소 향후 10년 내) 패러다임을 변화시키고 훨씬 더 빠른 성과를 이루어낼 것으로 기대되는 두 가지 변화가 일어났다. 첫째, 그 실행 과정의 난관이 예상됨에도 불구하고 모든 부문에서의 심층적인 탄소배출 감축이 필요하다는 것에 대한 강력하고 광범위한 인식이 생겨나고 정치적 합의가 확대되고 있다는 것이다. 둘째, 재생에너지 및 배터리 등 일부 활성화 기술이 상당히 발전했으며 모든 국가와 다수 응용분야에서 신뢰 가능하고 점차 적용가능한 옵션으로 입증되었다는 점이다.

재생에너지와 재생공급원료는 탄소 배출 제로 목표 달성을 위한 경로의 핵심이 될 것이다. 지난 10년간 급격히 감소한 재생에너지 비용 뿐만 아니라 추가적인 비용 절감과 규모 확장에 대한 잠재력으로 재생에너지 활용은 이전에는 고려되지 않았던 옵션으로도 확장될 것이다. 이 보고서에서 보여주듯이 재생에너지의 잠재력은 기존의 분석보다 훨씬 더 많이 확인되고 있다. 태양광, 풍력, 해양에너지, 지열에너지에서 생산된 재생에너지 전력 및 바이오매스와 합성 연료를 생산하는 재생에너지 전력에서 발생한 재생열에너지 및 재생연료는 산업 및 수송 부문의 에너지 수요를 해결할 수 있으며, 바이오매스 및 합성 재생 연료는 산업용 공급원료를 제공하여 화석 연료를 대체할 수 있다. 재생에너지 기반 해결책은 지금까지 필요한 만큼 충분히 엄격하고 긴급하게 검토되지 않았다.

여전히 도전과제이긴 하지만 전력, 승용차 등 일부 부문에 대한 해결책과 정책안은 비교적 분명해 보이는 반면, 표 21의 7개 산업 및 수송 부문의 탈탄소화는 가장 실행하기 어려운 과제로 보인다. 주요 정책이 바뀌지 않는다면 해당 7개 부문은 2050년까지 에너지 및 공정 탄소 배출량의 38% 및 최종 에너지 소비의 43%를 차지할 것이다. 모든 경우에 있어서 재생에너지의 역할은 앞으로 훨씬 확대될 것이다. 재생에너지 부문은 향후 수십 년 내 에너지와 공급원료의 주요 원천으로 성장할 것이고, 이 7개 부문 전반에 요구되는 직접 배출 감축량의 약 2/3에 기여할 수 있을 것이다.

11) IRENA, A summary of reaching zero with renewables, 2020.

표 21. 7대 에너지 소비 부문

에너지 소비 부문	에너지 집약 산업 부문				에너지 집약 화물 및 장거리 수송 부문		
에너지 소비 상세부문	철강	화학 및 석유화학 제품	시멘트와 석회	알루미늄	도로화물	항공	해운
기준 년	2017 (2050)	2017 (2050)	2017 (2050)	2017 (2050)	2017 (2050)	2017 (2050)	2017 (2050)
에너지소비 (EJ[12])	32	46.8	15.6	4.5	32.3	13.5	11.3
재생에너지로 충당률 (%)	4	3	6	16	1.5	0	0
CO_2방출량 (Gt[13])	3.1 (2.9)	1.7 (2.5)	2.5 (2.6)	0.4 (0.6)	2.3 (2.3)	0.9 (2.1)	0.9 (1.0)

접근방식은 부문별로 다르지만 대부분의 탄소 배출량은 다음의 5가지 "배출 감축 방안"의 조합을 통해 감축되며, 그 중 3가지는 주로 재생에너지에 의존하고 있다.

1. 수요감축 및 에너지 효율 개선

에너지 효율, 행동과 공정 변화, 재배치 및 순환 경제 원칙 적용 등 광범위한 조치를 통해 에너지와 연료에 대한 수요 및 이용 강도를 감소시킨다.

2. 청정 전력 직접 이용 – 재생에너지 공급원에서 주로 생산

전적으로 재생에너지에서 공급되는 청정 전력을 직접 사용한다. 기존 화석 연료 기반 전력 사용을 대신하고, 전기화 (electrification)를 통해 기타 에너지 수요를 대체할 수 있다.

3. 재생 열에너지와 바이오매스 직접 이용 – 태양열, 지열, 바이오연료 및 바이오 공급원료 포함

에너지 및 공급원료 목적으로 재생에너지를 직접 활용한다. 일부 열에너지로서 태양열과 지열 이용뿐만 아니라 열에너지로서 바이오에너지 직접 이용 및 바이오연료와 바이오 공급원료의 생산과 이용을 통한 지속가능한 바이오매스 이용도 포함한다. 탄소 포집 저장 기술과 바이오매스 조합도 이에 포함될 수 있다.

4. 합성연료 및 공급연료를 통한 청정 전력 간접 이용 – 주로 재생에너지 전력 이용

수소로부터 에너지와 공급원료를 공급받거나, 비(非)화석연료 공급원에서 포집된 CO_2를 이용해서 생산한 수소로부터 연료나 공급원료를 공급받는다. 수소는 청정해야 하며 가능한 재생에너지로부터 공급되는 그린수소여야 한다.

5. 이산화탄소 제거 방안 활용 – 탄소 포집, 활용 및 저장 포함

화석 연료 기반 에너지 생산 또는 기타 공정에서 발생하는 대부분 또는 모든 CO_2 배출을 포집하고 포집된 CO_2를 영구적으로 저장하거나 향후 방출되지 않는 방식으로 CO_2를 활용해야 한다. 특히 화학 공급원료나 연료 생산용으로 블루 수소 생산 또는 공정이나 대기로부터 CO_2 포집을 들 수 있다.

---

12) 1EJ=1018J, 1J=0.2390cal = 2.7778 x 10-4Wh, 1Wh=3600J, 1kWh=3.6MJ, 1ton TNT=4.18GJ(108J), 1J=1N·m=1W·s.

13) 1Gt=1,000,000,000t (1t=1,000kg).

2-1. 에너지 집약 산업 부문

표 22. 전체 CO_2 배출량의 산업 부문 비중 (2017년, 2050년)

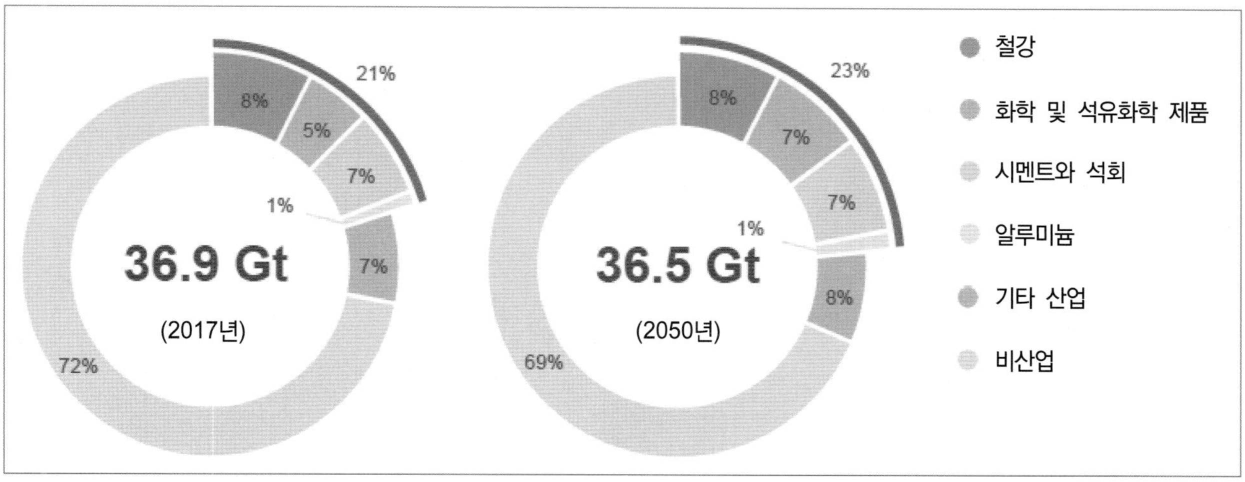

핵심 자재의 산업 생산은 현대 경제의 필수요소이다. 국가 발전으로 해당 자재에 대한 수요는 계속 증가하고 있다. 그러나 이 생산은 현재 CO_2 배출증가의 원인이 된다. 산업은 전세계 전체 CO_2 배출량의 약 28%를 차지하는데, 특히 표 22의 철강, 화학 및 석유 화학 물질, 시멘트와 석회 및 알루미늄의 4개 산업 부문이 전체 산업 배출량의 약 3/4을 차지한다.

현재 산업용 에너지 대부분은 화석 연료로부터 공급된다. 그러나 에너지 이용이 산업 부문의 유일한 배출원은 아니다. 생산 공정 및 제품의 수명주기에서 비롯되는 CO_2 배출물도 반드시 제거되어야 한다. 탄소 배출량을 줄이고 궁극적으로 배출 제로를 달성하려면 이런 자재의 생산, 소비 및 폐기 방식에 근본적인 변화가 필요하다.

철강 부문의 탄소 배출 감축을 위해서는 재생에너지와 가급적 청정 그린 수소를 활용할 수 있는 대체 공정으로 전환하거나 탄소포집, 활용 및 저장(CCUS[14]) 기술을 이용해 기존 공정에서 CO_2 배출물을 포집하는 것이다.

석유화학 부문에서는 석유화학 제품에 대한 수요 감축, 생산 공정에 사용되는 에너지 배출 감소, 화석 연료 공급원료를 바이오매스 및 재생에너지 기반으로 전환, 그리고 폐기 제품에 내장된 탄소를 영구적으로 저장하면 탄소 배출량을 줄일 수 있다.

시멘트의 주요 구성물인 클링커[15]의 생산은 시멘트 부문 탄소 배출의 대부분을 차지한다. 시멘트 부문에 있어서는 건설 분야의 콘크리트 사용을 감축, 재생에너지 및 바이오매스로 연료 변경, 시멘트의 클링커 양 저감 및 잔여 공정 관련 배출물 제거 또는 상쇄 등을 들 수 있다.

알루미늄 생산에서 탄소를 제거하려면 재생에너지를 에너지 공급원으로 전환하여 알루미나와 알루미늄 생산 단계에 이용되는 에너지의 탈탄소화를 진행하고, 탄소 양극의 이용도 제거해야 한다. 또한 저비용 재생에너지 전력을 공급할 수 있는 지역으로 더 많은 알루미늄 생산 시설을 이전할 기회를 모색해야 한다. 이는 비용을 절감하는 동시에 탄소 배출 감축에 기여할 수 있다.

---

14) CCUS기술은 이산화탄소가 생산되는 근원지에서부터 공기 중으로 방출되는 것을 막고(Carbon Capture) 필요한 곳에서 사용(Utilization)하거나 지하에 저장(Storage) 하는 기술. 국제에너지기구에서는 탄소배출제로를 가능하게 할 유일한 기술이라고 부른다.

15) 클링커(영어: clinker, 문화어: 클링카)는 포틀랜드 시멘트를 만드는 원료로, 소성로에서 석회석과 점토 등이 소성, 화합되어 나오는 암록색의 직경 3~26 mm 정도로 잔자갈 모양의 덩어리를 말한다. 태운 덩어리라는 뜻으로 소괴(燒塊)라고도 부른다.

2-2. 에너지 집약 화물 및 장거리 수송 부문

표 23. 전체 CO_2 배출량의 수송 부문 비중(2017년, 2050년)

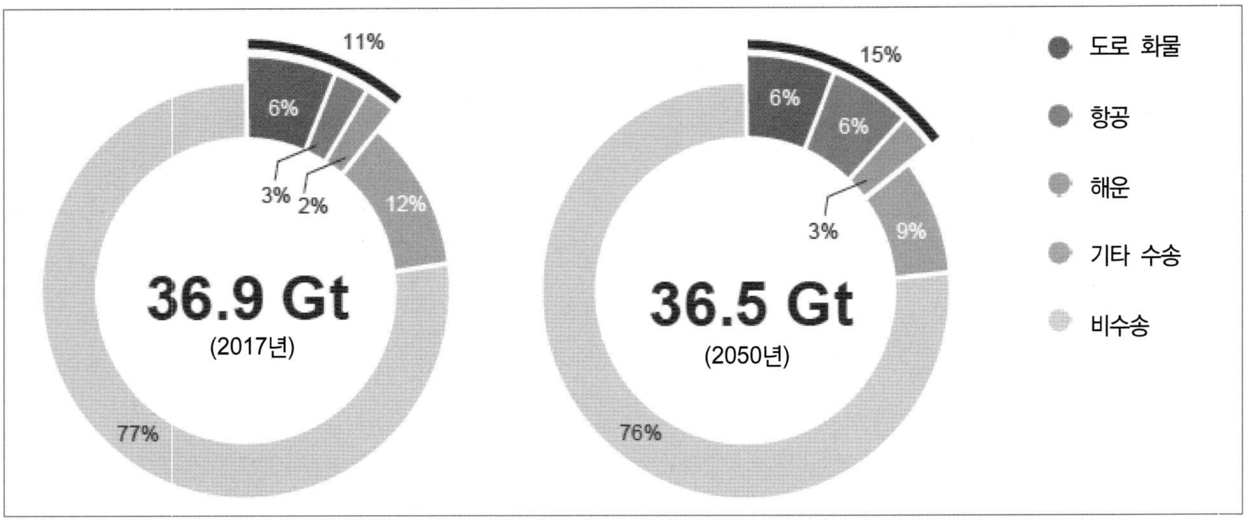

수송업은 세계 경제에 중요한 역할을 한다. 전세계 사람과 제품의 이동을 촉진하고 우리에게 익숙한 현대 생활을 가능하게 한다. 그러나 수송 부문은 현재 화석 연료에 의존도가 높은 주요 탄소 배출원이기 때문에 이에는 대가가 따른다. 수송 서비스에 대한 글로벌 수요가 향후 증가할 것으로 예상됨에 따라, 탄소 배출량 감축 및 완전 탈탄소화를 위한 방안 모색이 시급하다.

수송 관련 탄소 배출은 내연기관과 터빈 내 화석연료의 연소에서 발생한다. 이 연료를 연소할 때 CO_2, 일산화탄소, 질소산화물, 탄화수소, 기타 미립자 물질 등 다양한 온실가스와 오염물질이 배출된다. 수송 부문은 2017년 전세계 에너지 관련 CO_2 배출의 약 1/4을 차지했으며, 전체 CO_2 배출량이 8.5Gt에 달했다. 수송 관련 배출량의 약 97%는 도로, 항공 및 해운에서 발생하고 나머지 3%는 철도 수송 및 기타 수송 수단에서 비롯된다.

CO_2 배출 감축을 향한 바람직한 방식은 전체는 아니지만 일부 수송 방식에서 명확해졌다. 철도와 도로 수송(자동차, SUV, 소형 트럭)에서 재생에너지를 통한 전기화가 실행 가능하다. 철도 수송의 경우, 특히 여객 수송용으로 전기가 이미 널리 이용되고 있다. 경량 도로 수송의 경우, 배터리식 전기자동차는 최근 몇 년간 주행거리(킬로미터/충전), 비용, 시장 점유율에서 크게 향상되었다.

도로 화물 수송, 항공 및 해운 산업은 에너지의 주요 소비자이고, CO_2 다배출원이기 때문에 2060년까지 배출 제로 달성은 어려운 과제가 될 것이다.

수송 부문의 탄소 배출 감축을 위해서는 재생에너지 전력으로 충전되는 배터리팩으로 구동되는 전기 모터를 이용하거나(공통), 압축수소로 구동되는 연료전지에서 생산된 전기를 이용(공통), 바이오매스에서 생산되는 바이오항공유 이용(항공), 바이오디젤[16], 재생디젤, 바이오메탄올[17]을 이용(해운)하여 탄소 배출을 감축할 수 있다.

---

16) 바이오디젤(biodiesel)은 석유 기반인 경유의 대안으로 식물성 기름이나 동물성 지방과 같이 재생 가능한 자원을 바탕으로 제조된다.

17) 바이오에탄올의 경우 식용작물 및 넓은 토지를 요구하는 작물을 원료로 하므로 문제점이 크지만, 바이오메탄올은 유기성 폐기물로부터 발생되는 합성가스나 바이오가스로 생산이 가능하다.

3. 신재생에너지의 개요

3-1. 신재생에너지의 정의

신재생에너지란 [신에너지 및 재생에너지 개발이용보급촉진법] 제2조의 규정에 의거 '기존의 화석연료를 변환시켜 이용하거나 햇빛·물·지열·강수·생물유기체 등을 포함하여 재생 가능한 에너지를 변환시켜 이용하는 에너지'로 정의하고 11개 분야로 구분하고 있다.

이에 따라 신에너지는 수소에너지, 연료전지, 석탄액화·가스화 등 3개 분야, 재생에너지는 태양광에너지, 태양열에너지, 풍력에너지, 수력에너지, 해양에너지, 지열에너지, 바이오에너지, 폐기물에너지 등 8개 분야로 규정되어 있다.

이러한 구분은 선진국의 경우 대개 태양광, 풍력 및 수력 등 자연에서 얻고 순환 가능한 재생에너지(Renewable energy)로 분류하는 방식과는 다른데 우리나라는 태양광 등의 재생에너지에 수소 및 연료전지와 석탄가스화를 통한 에너지 등을 더하여 신재생에너지로 정의하고 있다[18].

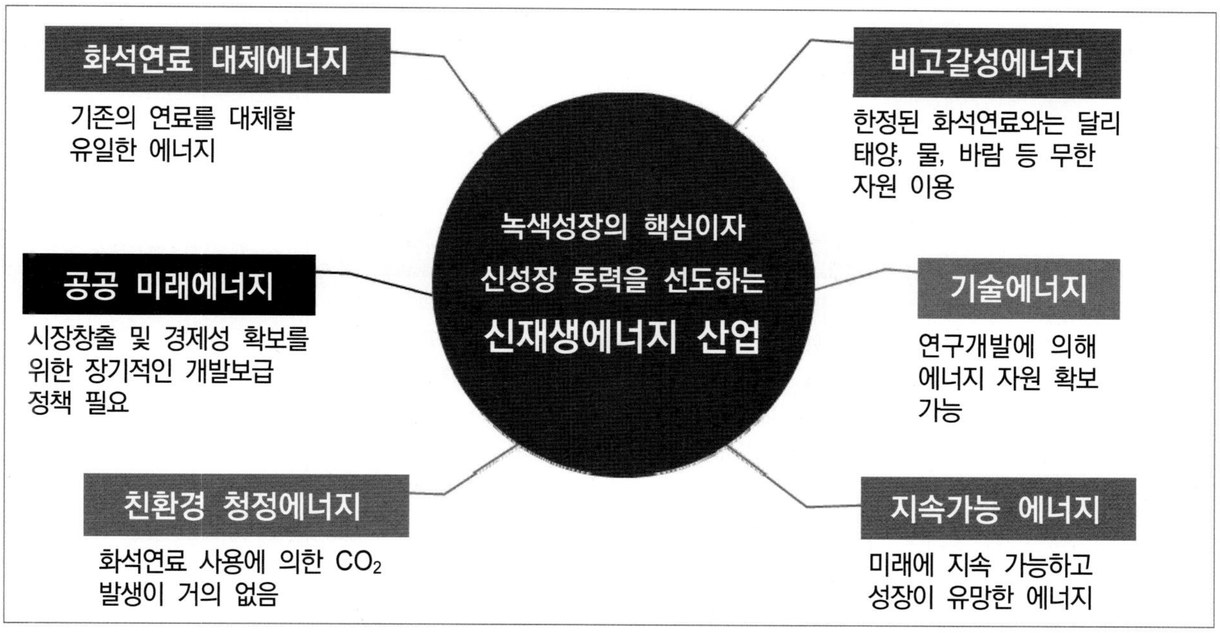

그림 28. 신재생에너지의 특징

신재생에너지의 초기 투자 부담에도 불구하고 화석에너지의 고갈 및 환경문제에 대한 핵심 해결방안이라는 점과 국가 신성장산업으로서의 미래 잠재력 때문에 선진 각국에서는 다음과 같은 이유로 신재생에너지에 대한 과감한 연구개발과 보급정책 등을 추진하고 있다.

- 최근 유가의 불안정, 기후변화협약 규제 대응 등 신재생에너지의 중요성이 재인식되면서 에너지공급 방식의 다양화가 필요
- 기존 에너지원 대비 가격경쟁력 확보시 신재생에너지 산업은 IT, BT, NT산업과 더불어 미래의 신성장 동력산업으로 급신장이 예상

18) 신재생에너지 산업기초분석, 산업연구원(곽대종), 2017.

- 우리나라는 2035년 총에너지의 11%를 신재생에너지로 보급(2015년 4.5% 달성)한다는 장기적인 목표 하에 신재생에너지 기술개발 및 보급사업 등에 대한 지원을 강화
- 신재생에너지 산업의 가격경쟁력 확보시 미래 성장 동력산업으로 급신장이 예상되며, 시장 및 일자리 창출이 가능하여 산업의 신돌파구로 주목

3-2. 신재생에너지의 범위

신재생에너지 제품은 [신에너지 및 재생에너지 개발이용보급 촉진법]에서 정의한 바와 같이 전환수단과 에너지 형태에 따른 신에너지, 에너지원의 종류에 따른 재생에너지로 분류되며, 신재생에너지 제품의 생산 및 회수에 관련된 기술과 설비, 소프트웨어 및 관리 프로그램까지 포함한다[19]).

또한 신재생에너지의 효율적 관리와 이용에 있어 매우 중요한 역할을 담당하는 에너지 저장 (ESS: Energy Storage System)과 에너지 관리시스템(EMS: Energy Management System)기술도 범위에 포함하고 있다.

에너지 저장은 이차전지, 전력변환장치, 전력관리시스템, 비배터리 및 배터리관리 시스템, 변압기, 차단기, 케이블과 계전기류 등 다양하다.

에너지관리는 일반 수요관리 시스템에서부터 정보통신기술의 발달과 연계하여 최근에는 전력선 통신과 블록체인 기술을 이용한 사업 등도 개발되고 있어 다양하게 확장되고 있다.

표 24. 국내 신에너지 부문의 정의 및 분류

기술개발 테마	구분	정의	기술범위
신에너지	수소 에너지	• 물, 유기물, 화석연료 등 화합물 형태로 존재하는 수소를 분리 및 정제해서 이용하는 기술 • 수소는 고압가스, 액체수소, 금속 수소 화물 등 다양한 형태로 저장 또는 수송이 가능함	• 물의 전기분해 또는 화석연료 열분해로 수소 생산과 정제, 수소 저장, 이용 기술 등으로 기술 분류 • 전기분해, 광생물학 반응기, 개질기, 수소기체·액체·고체 저장, 메탄올 등 화학적 전환, 수송·산업 이용기술과 설비 포함
	연료 전지	• 수소와 산소의 화학반응으로 생기는 화학에너지를 직접 전기에너지로 변환 하는 기술 • 발전효율 30~40%, 열효율 40%로 총효율 70~80% 이상 가능	• 전해질에 따라 알칼리, 인산형, 용융탄산형, 고체산화물형, 고분자전해질형, 메탄올전지로 분류 • 연료공급기, 개질기, 연료전지 스택, 전극, 전력변환기, 열교환기 및 센서 등 주변 보조기기(BOP[20])) 기술과 설비 포함
	석탄액화 가스화	• 석탄, 중질잔사유 등 저급원료를 고온·고압에서 수증기와 불완전 연소 및 가스화시켜 합성가스를 생산하는 기술 • 석탄액화는 고온·고압에서 용매를 사용, 석탄을 휘발유, 디젤유로 전환하는 기술 • 합성가스는 일산화탄소와 수소가 주성분으로 천연가스 및 화학원료 대체, 가스터빈 및 증기터빈 발전에 사용	• 석탄 가스화 반응기 운전 방식에 따라 고정층, 유동층, 이동층, 분류층으로 분류 • 석탄 액화는 직접액화, 석탄가스화 후 촉매싱에서 액체로 전환시키는 간접 액화기술이 있음 • 가스화, 액화 반응기, 냉각 장치, 고온 집진 및 탈황 등 정제기술, 가스 터빈 발전 기술과 설비를 포함

19) 중소기업기술정보진흥원, 중소기업 전략기술로드맵(2019-2021), 2019.

20) BOP(Balance of Plant)란 연료전지의 코어인스택(stack) (electrode, electrolyte, biopolar plate 등으로 구성) 이외에 열관리시스템(열교환기), 물관리시스템(펌프, 콘덴서, 가습기), 공기공급장치(송풍기, 압축기, 필터), 유체제어기 등을 일컫는다.

표 25. 국내 재생에너지 부문의 정의 및 분류

기술개발 테마	구분	정 의	기술범위
재생 에너지	태양광 에너지	• 태양의 빛에너지를 변환시켜 전기를 생산하는 발전기술 • 태양광 발전시스템은 태양전지로 구성된 모듈과 축전지 및 전력변환장치로 구성됨	• 태양전지: 재료에 따라 결정질실리콘, 비정질실리콘, 화합물반도체, 형태에 따라 기판형, 박막형으로 구분됨 • 태양전지 셀을 직렬로 연결한 모듈, PCS[21], ESS[22], 제어장치, BOP 등을 포함
	풍력 에너지	• 바람의 운동에너지를 기계적 회전력으로 변환하여 발전하는 기술 • 일반적으로 중대형은 수평축, 100kW급 이하의 소형은 수직축 사용	• 회전축 방향에 따라 수평축과 수직축형, 운전방식은 정속, 가변속 운전으로 구분 • 풍력에너지를 흡수, 변환하는 풍차 날개, 동력전달장치, 발전기, 동력변환장치, 제어장치 등을 포함
	바이오 에너지	• 바이오매스를 직접 또는 생화학적, 물리적 변환을 통해 액체, 가스, 고체연료, 전기나 열에너지로 이용하는 기술 • 바이오매스는 태양에너지를 받은 식물, 미생물의 광합성으로 생성되는 식물체·균체, 이를 먹고사는 동물체를 포함하는 생물유기체의 총칭	• 바이오에탄올, 바이오디젤 등 액체 연료, 가스화에 의한 메탄 또는 합성가스, 바이오 고형연료등 다양한 전환기술로 구분 • 파쇄·분쇄·분리 전처리 설비, 혐기성 소화조, 액화 및 당화반응기, 발효조, 연료 정제기술, 성형기술, 악취 및 대기방지설비 등 포함
	태양열 에너지	• 태양이 발산하는 열에너지를 회수하여 이용하는 기술 • 태양열의 흡수·저장·열변환 등을 통해 건물의 냉난방, 급탕 등에 활용 • 고온용 시스템은 증기 발전에도 가능	• 집열기: 형태 및 기능에 따라 평판형, 진공관형, Dish형으로 분류 • 열매체 구동장치 유무에 따라 자연형(passive), 설비형(active) 시스템으로 구분 • 집열판, 열유체 순환시스템, 축열조, 제어시스템, 시스템 설계기술 포함
	폐기물 에너지	• 사업장이나 생활폐기물의 가연 성분을 회수, 전환하여 산업 및 생산활동에 이용이 가능한 에너지로 생산하는 기술 • 가연성 성분의 가공·처리·전환 방법에 따라 고체, 액체, 가스연료, 폐열, 전력 등 다양한 형태의 에너지 생산	• 열분해에 의한 오일화, 성형 고형연료화, 열분해 가스화, 소각열 회수 등으로 구분 • 파쇄·분쇄·분리 설비, 폐기물 이송설비 소각 연소로, 보일러, 발전기, 열분해 반응기, 악취 및 대기방지설비 등 포함
	지열 에너지	• 물, 지하수, 지하의 열 등 온도차를 냉·난방에 활용 또는 발전에 이용하는 기술 • 지표면의 얕은 곳 또는 수km 깊이의 마그마 열에 의한 고온의 열에너지를 회수하여 이용	• 지열회수 파이프의 회로구성에 따라 폐회로(Closed), 개방회로(Open)로 구분 • 지중 열교환기, 작동유제 순환 펌프, 열펌프 유닛, 지열 컨트롤 시스템, 냉온수 순환펌프 및 저장 탱크 포함
	(소)수력 에너지	• 물의 유동 및 위치에너지를 이용하여 발전하는 기술 • R&D 및 보급 대상은 주로 발전설비 용량 10MW 이하, RPS는 5MW 이하 지원	• 수차는 물에 잠김 및 형태에 따라 펠톤, 프란시스, 카플란 수차 등으로 구분 • 댐 취수구로, 수압관로, 수압판, 조절밸브, 수차발전기, 변속기, 흡출관 등 포함
	해양 에너지	• 해양의 조수·파도·해류·온도차 에너지를 변환시켜 전기 또는 열을 생산하는 기술 • 전기를 생산하는 방식에는 조력·파력·조류·온도차발전 등이 있음	• 해수면 상하운동을 이용하는 조력발전, 연안심해 파랑에너지를 이용하는 파력발전, 해수 유동을 이용하는 조류발전 포함 • 해양구조물, 터빈과 발전기, 송전설비 포함

21) PCS(Power Conditioning System, 전력변환장치): ESS 시스템 내에서 전력을 입력받아 배터리에 저장하거나 계통 방출하기 위해 전기의 특성 (주파수, 전압, AC/DC)을 변환해주는 시스템.

22) ESS(Energy Storage System, 에너지 저장시스템): 태양광·풍력 등에서 발생한 에너지를 배터리에 저장하는 시스템.

국제 기준에서의 신재생에너지 분류는 우리나라의 분류 기준과는 다소 차이가 있다. 국제에너지기구(International Energy Agency, IEA)는 신재생에너지를 자연현상에서 발생하고 지속적으로 보충되는 에너지로 정의하는 '재생에너지' 8개 분류와 산업체·기관·병원·가정의 연소 가능한 여러 물질로 구성된 연료로 정의하는 '폐기물에너지'로 구분하고 있다. IEA의 신재생에너지의 분류는 바이오와 관련된 에너지를 세분화하며, 폐기물에너지 중 정제폐유와 윤활유 등은 IEA에서 신재생에너지로 분류하지 않고 있다[23].

표 26. 국제에너지기구(IEA)의 재생에너지 분류

구 분	에너지원 분류	분 류
재생 가능 에너지	태양에너지 (Solar Energy)	태양광, 태양열
	풍력 (Wind Energy)	전기에너지
	수력 (Hydro Energy)	전기에너지
	해양에너지 (Tide, Wave, Ocean)	전기에너지
	지열 (Geothermal)	발전, 직접 열 이용
	고체바이오연료 (Solid Biofuels)	목재연료, 흑액[24], 동물 폐기물 등
	바이오가스 (Biogases)	매립지가스, 하수가스, 기타 혐기성 소화 바이오가스 등
	액체 바이오연료 (Liquid Biofuels)	바이오 가솔린, 바이오 디젤 등
	재생도시폐기물 (Municiple waste, Renewables)	생분해성을 가진 도시 폐기물
비재생 폐기물 에너지	비재생폐기물 에너지 (Non-Renewable Wastes)	산업폐기물, 비재생 도시 폐기물

3-3. 신재생에너지의 현황

현재 신재생에너지가 세계 에너지 시장의 성장을 주도하고 있으며, 특히 태양광과 풍력이 신재생에너지 성장의 중심에 있다. 1990년부터2017년까지 세계 1차에너지 공급은 연평균 1.7% 증가하였지만, 재생에너지는 연평균 2% 증가하였으며, 태양광과 풍력은 각각 연평균 37%, 23.4% 증가하였다. 태양광과 풍력 중심의 재생에너지 공급이 증가하면서 발전 부문에서 재생에너지의 성장이 두드러졌다. 동일 기간 세계 전력 생산은 연평균 2.9% 증가하였지만, 재생에너지 전력 생산량은 연평균 3.8% 증가하였다. 전력 생산량 중 재생에너지가 차지하는 비중은 19.4%에서 23.5%로 증가하였다. 특히 태양광과 풍력 중심의 비수력 부문의 재생에너지 발전량은 1.3%에서 8.5%로 크게 증가하였다[25].

이러한 태양광과 풍력 중심의 신재생에너지 보급 확대 추세는 향후 지속될 것으로 보인다. 보급 확대에 따른 규모의 경제 실현으로 비용이 크게 하락한 태양광과 풍력은 에너지 시장 특히 발전 부문 성장을 주도

23) 중소기업기술정보진흥원, 중소기업 전략기술로드맵(2021-2023), 2021.

24) 흑액(Black liquor, 黑液): 제지 공업에서 크라프트펄프 등 알칼리 펄프화법을 통해 목재 칩을 처리(증해)하고 남은 액체로, 증해액에 포함되어 있던 무기물과 목재에서 녹아 나온 리그닌 등의 유기물이 함유되어 있는 암갈색 액체.

25) 국제 신재생에너지 정책변화 및 시장분석, 에너지경제연구원(이승문, 조일현), 2019.

할 것으로 전망된다. 2040년 세계 발전량에서 재생에너지의 비중은 26%에서 44%로 증가하고 태양광과 풍력의 발전비중은 7%에서 24%에 이를 것으로 전망된다.

우리나라 역시 재생에너지 보급은 지속적으로 증가하였다. 총에너지는 2000년부터 2017년까지 연평균 2.6% 증가하였으나, 신재생에너지 및 기타에너지는 12.2% 증가하였다. 국내 발전량에서 신재생에너지가 차지하는 비중은 2011년 3.46%에서 2018년 8.88%로 증가하였다. 우리나라에서도 향후 태양광과 풍력 중심으로 재생에너지 보급이 더욱 확대될 것으로 보인다. 정부는 2017년 12월 '재생에너지 3020 이행계획'을 통해 2030년까지 총발전량의 20%를 태양광과 풍력 중심의 재생에너지로 충당할 계획을 발표하였다. 2017년 신재생에너지 설비용량 15.1GW에서 태양광과 풍력이 차지하는 비중은 38%(5.7GW), 8%(1.2GW)이었지만, 2030년에는 각각 57%(36.5GW), 28%(17.7GW)로 상승할 것으로 기대된다. 제3차 에너지기본계획에 따르면 2017~2040년 기준수요 기준 총에너지는 연평균 0.6% 증가하고, 신재생에너지는 4.3% 증가할 것으로 전망된다. 전력은 연평균 1.5% 증가할 것으로 예상된다. 2040년 전력 생산에서 재생에너지의 비중은 30~35%로 확대될 계획이다.

향후 에너지 소비에서 재생에너지가 차지하는 비중은 지속적으로 증가하고, 특히 전력 생산에서 차지하는 비중도 상승할 것이다. 하지만, 발전 부문에서 태양광과 풍력 같은 변동적인 재생에너지 비중의 증가는 전력시스템의 안정성에 문제를 야기할 것으로 평가된다.

변동적인 재생에너지와 전력망 연계에서 기존 전력망이 재생에너지 전력을 충분히 받아들일 수 없거나 재생에너지를 포함한 전력 공급이 전체 전력 수요를 초과할 경우 전력계통 운영자는 전력망 안정을 위해 재생에너지 출력을 제한하여야 한다. 재생에너지 발전의 출력제한은 유럽, 미국, 중국, 일본 등에서 많이 발생하였으며, 우리나라의 제주도에서도 신재생에너지 발전의 출력 제한이 빈번하게 발생하고 있다.

신재생에너지 발전의 출력제한 문제를 해결하는 방안은 송·배전망 설비를 확충, 유연성 자원확대, 최소 발전량 수준완화, 전력 시장 개선 등이 있다. 하지만 출력제한의 국제 사례를 살펴보면, 출력제한이 급격히 감소한 때는 송전망 설비가 크게 확충된 시기였다. 그러나 재생에너지 전력이 크게 보급될 것으로 예상되는 시점에서 송전망 설비 확충도 한계를 보일 것으로 예상된다.

송전망 확대의 한계를 극복하기 위해서 장기적인 관점에서는 새로운 해결 방안이 부상하고 있다. 가장 큰 관심을 받는 방안 중 하나는 전력 수요를 상회하는 공급 전력을 수소로 변화시켜 저장하는 것이다. 즉 수전해를 이용하여 전기를 수소로 저장하고 다시 전력이 필요할 때 연료전지를 이용하여 수소를 전기로 전환하는 것이다. 유럽, 미국, 일본 등에서는 재생에너지 보급에 따른 문제점을 해결하기 위해 수소 경제를 추진하고 있다. 수소 경제의 핵심은 얼마나 깨끗한 수소를 생산하는가이다. 기존의 석유화학 공정에서 발생하는 부생 수소와 천연가스의 개질로부터 생산되는 개질수소를 회색수소로, 수전해를 통한 수소를 그린수소로 나눌 수 있다. 현재까지 수소를 대량생산하기 위해 가장 경제적인 방법은 화석연료로부터의 추출이다. 하지만, 화석연료의 사용은 많은 문제점을 일으키고 있어 대안이 필요한데, 그 중 하나가 수전해이다. 수전해란 물에 전기에너지를 가해 수소와 산소로 분해하는 기술로, 일반 전기를 활용할 경우 이에 대한 비판이 예상된다. 이러한 문제점을 해결하기 위해 주요 선진국들은 재생에너지의 출력제한으로 버려지는 전력을 수전해에 활용하는 기술을 발달시키고 있다. 즉, 수소 경제는 재생에너지의 출력제한으로 남아도는 전력 활용과 깊은 연관을 갖는다. 그러므로 그린수소를 생산하는 수전해 기술은 재생에너지 전력의 출력제한 문제를 해결하는 동시에 전력계통의 안정성을 유지하는 방안으로 부상하고 있으며 수소 경제를 이끄는 주요 기술로 인식되고 있다.

신재생에너지의 보급 확대는 우리나라를 비롯한 세계 주요 국가들이 에너지 전환을 위해 정책적으로 중요하게 추진하는 정책 중 하나이다. 그러나 신재생에너지 전력 생산 확대에 따른 전력 시스템 불안정성 증가는 신재생에너지 보급에 가장 큰 장애물 중 하나로 인식되고 있다. 그러므로 신재생에너지 보급이 급속히 진행 중인 현시점에서 신재생에너지 발전량 증가에 따른 출력제한 문제의 국제 경험을 살펴보고, 출력제한 문제 해결 방안 중 하나인 수전해 기술의 국제 사례를 분석하는 연구가 필요하다고 판단된다.

3-4. 신재생에너지 전망

에너지 안보 강화, 대기오염 개선, 기후변화 대응, 경제 활성화, 에너지 빈곤 해소 등 다양한 목적을 달성하기 위한 정책적 지원 덕분에 세계적으로 재생에너지는 꾸준히 증가해오고 있다. 파리협정의 체결과 각국의 최근 정책 변화로 재생에너지에 대한 전망은 매우 낙관적이다. 그러나 정책 불확실성, 비경제적 장애요인, 전력망 통합 등은 재생에너지를 확대하는 데 상당한 도전이 될 전망이다.

IEA는 World Energy Outlook 2019를 발간하면서 재생에너지를 포함하여 에너지 수요와 에너지공급 믹스를 전망해오고 있다. 현재 시점에서 IEA의 세계 에너지 전망을 통해 재생에너지를 중심으로 미래 변화를 예상할 수 있다. IEA의 World Energy Outlook 2019에 따르면 2040년까지 전세계 1차 에너지 수요는 인구증가와 경제성장으로 꾸준히 증가하며, 2040년까지 저탄소 에너지원이 총 에너지 증가량에서 절반 이상을 차지할 것으로 전망하고 있다. 특히 모든 시나리오에서 재생에너지의 발전 비중이 증가하는 것으로 나타났다. 기준 전망에 해당하는 제안 정책 시나리오에서는 재생에너지 비중이 2018년 26%에서 2040년 44%로 증가할 전망이다. 현 정책 시나리오에서는 재생에너지 비중이 31%에 불과하지만 지속가능개발 시나리오에서는 총 발전량 중 재생에너지 비중이 67%까지 늘어날 것으로 전망되었다. 발전부문보다 열에너지와 수송부문에서는 재생에너지의 역할이 제한적일 수 있다. 제안정책 시나리오에서는 열에너지 중 재생에너지의 비중이 2018년 10%에서 2040년 16%로 증가하고 지속가능 개발 시나리오에서는 2040년 30%로 증가한다. 바이오연료는 제안정책 시나리오에선 2040년 수송연료에서 8% 비중을, 지속가능 개발 시나리오에서는 23% 비중을 차지할 것으로 전망된다.

한편 시장 분석 기관인 BNEF[26]는 최근 들어 미래 전력시장의 전개를 전망하는 새로운 에너지 전망을 매년 발표해오고 있다. BNEF의 New Energy Outlook 2019에 따르면 주요 경제 전환 시나리오에서 에너지 사용으로 인한 전세계 탄소 배출량은 8% 감소하며, 풍력과 태양광 발전은 2050년 세계 전력수요의 56%를 충족하는 성장세를 이어나갈 것으로 전망하였다. 또한 전세계 신규 발전설비 투자액(15.1조 달러) 중 80%가 재생에너지와 배터리에 투자되고 아시아 태평양은 전체 신규 자본의 45%를 유치할 것이라 예측하였으며, 미래 전력시스템 활성화를 위해서는 지금부터 2050년까지 14조 달러의 전력망 투자가 필요하다고 권고하였다.

석유 수요는 2035년에 정점에 도달한 다음, 전년 대비 0.7% 하락하여 2050년에 2018년 수준으로 돌아갈 것이다. 전기차(EV)는 2025년 이전에 내연기관(ICE) 차량과 동일한 가격에 도달하여 이후에는 소비자들의 선택의 폭이 넓어질 것으로 예상된다. 가스는 시나리오에서 지속적으로 성장하는 유일한 화석연료로 2050년까지 전년 대비 0.5% 증가하며 저렴한 가격으로 인해 미국의 에너지전환을 늦출 가능성이 있다. 석탄수요는 2018년에 정점을 찍었고 현재 26%에서 세기 중반까지 1차 에너지의 18%까지 축소될 것으로 전망된다. 석탄수요는 산업에서 지속적으로 증가하고 있으나 최종 에너지 소비는 2019년 67%에서 2050년 61%까지 낮아질 것이다.

---

26) BNEF(Bloomberg New Energy Finance, 블룸버그 뉴 에너지 파이낸스): 청정 에너지와 탄소시장 분야에 관한 독립적 분석, 데이터, 뉴스를 제공하는 마켓 리서치 회사.

표 27. 시나리오별 재생에너지 전망

	2018	제안 정책 시나리오		지속가능 개발 시나리오		현 정책 시나리오	
		2030	2040	2030	2040	2030	2040
총 1차 에너지 수요 (Mtoe)	14,314	16,311	17,723	13,750	13,279	16,960	19,177
화석연료 비중 (%)	81	77	74	72	58	79	78
총 최종에너지 소비 (Mtoe)	9,954	11,607	12,672	9,904	9,500	11,996	13,540
GDP의 에너지집약도 (2018=100)	100	75	60	63	45	78	65
재생에너지 발전량 (TWh)	6,799	12,479	18,049	15,434	2,065	11,627	15,485
바이오에너지	636	1,085	1,459	1,335	2,196	1,022	1,256
수력	4,203	5,255	6,098	5,685	6,934	5,171	5,923
풍력	1,265	3,317	5,226	4,453	8,295	2,955	4,258
지열	90	182	316	282	552	161	258
태양광	592	2,562	4,705	3,513	7,208	2,265	3,658
태양열	12	67	196	153	805	46	104
총 발전량 중 비중	26	37	44	49	67	33	36
최종 소비 (Mtoe)	992	1,649	2,259	2,054	3,137	1,531	1,969
바이오에너지 (Modern)	430	592	718	729	873	5555	664
전력	488	916	1,337	1,138	14,951	848	1,135
최종에너지 소비 비중	10	14	18	21	33	13	15
열 부분 소비 (Mtoe)	506	731	936	830	1,176	704	869
바이오에너지 (Modern)	342	423	492	428	495	419	493
전력	90	167	240	215	368	156	206
지역난방	22	37	46	30	44	42	46
총 열 수요 중 비중	10	13	16	19	30	13	14
수송 부문 (Mtoe)	96	199	302	354	606	153	203
도로 (바이오연료)	88	149	186	248	243	130	162
수송·항공 (바이오연료)	0	17	36	50	129	3	6
총 운송수요 중 비중	3	6	8	12	23	4	5

청정 전력 및 녹색 수소 경로에서 온실가스 배출을 2℃ 이하로 낮추려면 지금부터 2050년까지 78조 달러에서 130조 달러 사이의 신규 투자가 필요하다. 구체적으로는 전력생산 및 전력망 확충에 64조 달러, 수소 제조·운송 및 저장에 최소 14조 달러에서 최대 66조 달러가 필요할 것으로 전망된다.

2050년까지 태양광 발전의 평균 건설비용이 63%, 육상풍력은 50% 하락할 것으로 전망되고 있으며, 2050년까지 전력수요가 62% 증가할 것으로 예측됨에 따라 발전설비 확대에 13조 3,000억 달러의 투자가 필요할 것으로 분석하고 있다. 전체 발전설비 투자액 13조 3,000억 달러 중 77%(약 10조달러)가 재생에너지에 투자될 예정이며, 풍력과 태양광 분야에 각각 5조 3,000억 달러, 4조 2,000억 달러가 투자될 것으로 예상되고 있다.

2040년에는 저탄소 발전설비로의 전환이 활발히 진행되면서 신재생에너지의 비중이 발전량과 발전설비 용량 측면에서 크게 증가할 것으로 예측되고 있다. 신재생 발전량은 2035년 이후 석탄발전량을 추월하여 2040년에는 전체 발전량 중 풍력 13%, 태양광 11%, 수력 15%의 비중을 차지할 것으로 예상되고 있다. 발전설비용량 측면에서 2040년 전세계 설비용량은 1만 3000GW로 2018년 대비 80% 이상 증가하며, 신재생 설비는 2035년 이후 태양광 설비의 용량이 가장 큰 비중을 차지할 것으로 예측되고 있다.

발전비용 측면에서 2040년에는 발전원별 균등화발전원가(LCOE[27])의 차이가 지역별로 크지 않아 전력 공급 경쟁이 치열할 것으로 전망된다. 2040년 태양광 LCOE가 $65/MWh 이하로 낮아질 것으로 전망되며, 석탄 및 가스발전의 경우 대부분의 지역에서 2018년 대비 LCOE가 상승할 것이다.

2017년부터 2040년까지 개발도상국 및 아시아 국가의 에너지 수요 증가가 세계 에너지 수요 증가를 견인할 것으로 전망된다.

- **중국** : 중국은 수력, 태양광, 풍력, 태양열, 온수 등 여러 분야에서 보급과 투자를 주도하고 있다. 중국의 에너지 수요는 2040년에도 세계 최대 에너지 소비국으로 위상을 차지할 것으로 예상되나, 증가율은 2000~2017년 증가율 대비 1/5 수준일 것으로 분석된다. 2050년에는 재생에너지 발전량 비중이 62%에 달할 것으로 예측된다.
- **인도** : 2017년 대비 인도의 에너지 수요는 2040년까지 2배 이상 증가하여 전세계 에너지 수요 증가를 견인할 것으로 예상되며, 2040년에는 중국 에너지 수요의 50%에 달할 것으로 예측된다.
- **미국** : 미국의 2040년 에너지 수요는 2017년 소비수준에서 유지될 전망이며, 배터리 보급 성장을 바탕으로 2050년에 재생에너지 발전량 비중 55%를 달성할 것으로 전망된다.
- **독일** : 독일은 풍력과 태양광을 합쳐서 74%, 기타 재생에너지원을 포함하여 발전량 비중 84%를 달성하며, 영국은 해상풍력과 배터리 중심 성장에 힘입어 83%를 달성할 것으로 전망된다.
- **국내** : 국내 신재생에너지 산업은 태양광 위주로 성장했으며, 향후 국내 신재생에너지 산업은 태양광, 풍력, 수소 위주로 활성화될 것으로 전망된다. 2017년 기준 신재생에너지 설비용량은 15.7GW이며, 이 중 태양광이 37%를 차지하고 있다. 신재생에너지 시장규모가 커지면서 태양광, 풍력, ESS등을 IoT로 연계한 신규 사업이 성장할 것으로 예상된다. 국내 태양광산업은 사업자 수익을 보호하는 등 지원이 확대되면서 성장세가 지속될 것으로 예상된다. 풍력산업은 정부 보조금이 증가하고 대규모 프로젝트가 추진되면서 사업이 확대될 전망이다.

4. 재생에너지 발전비용 추이

국제재생에너지기구(IRENA)는 2019년 재생에너지 발전비용 추이 및 전망을 발표하였다[28]). 재생에너지 발전비용은 지난 10년간 기술 개선, 규모의 경제, 공급망 경쟁력 향상, 개발자들의 경험 증가로 인해 꾸준히 절감되어 왔다.

2019년 유틸리티급 재생에너지 발전비용($/kWh)은 2010년 대비 태양광은 82%, 집광형 태양광 발전(CSP) 47%, 육상풍력 39%, 해상풍력 29%가 각각 하락하였다. 균등화발전비용(Levelised cost of electricity, LCOE)으로 나타내면 표 28과 같다.

27) 균등화발전원가(LCOE) : 발전설비의 수명기간동안 불규칙적으로 발생하는 비용과 발전량을 화폐의 시간적 가치를 고려하여 일정 시점으로 할인하고 연도별로 균일하게 나타낸 단위 가격.

28) IRENA, Renewable Power Generation Costs in 2019, 2019.

표 28. 2019년 재생에너지 가중평균 균등화발전비용(LCOE) 및 2010년 대비 변화율

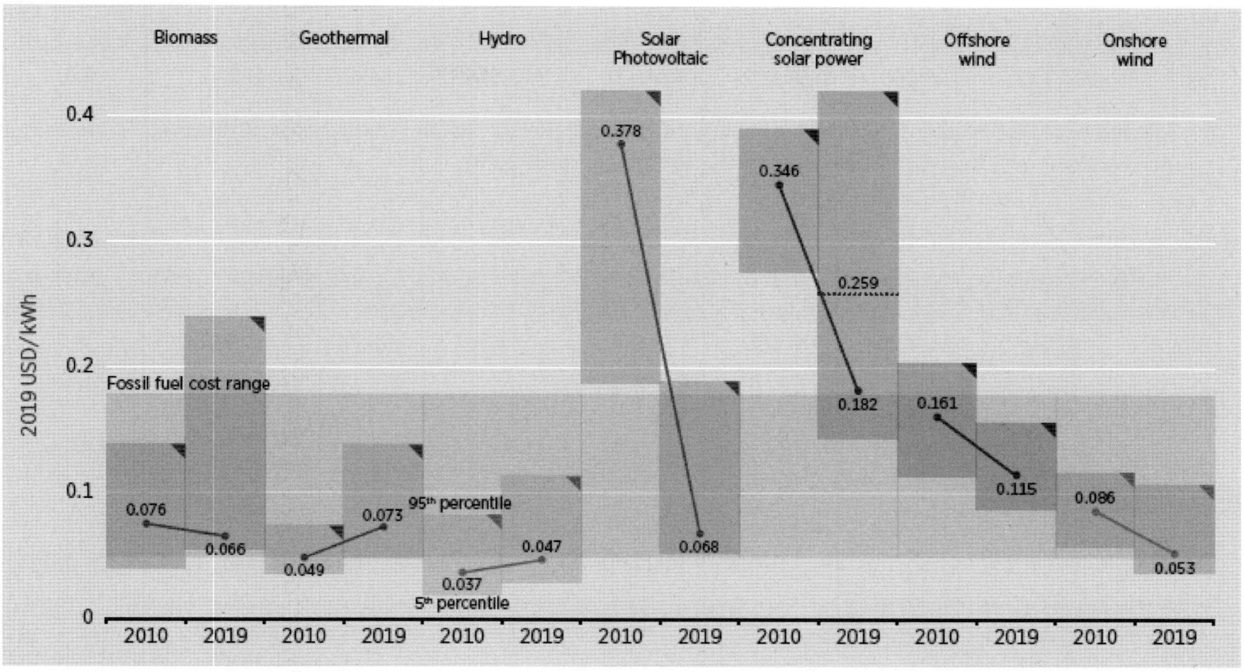

* 석탄 발전비용 범위는 회색 음영 표시

* 왼쪽부터 바이오매스, 지열, 수력, 태양광, 집광형 태양열, 해상풍력, 육상풍력 순임

표 29. 2019년 재생에너지 가중평균 균등화발전비용(LCOE) 및 변화율

재생에너지원	세계 가중평균 LCOE ($/kWh)			2019년 LCOE 변화율	
	2019년	전망치	변화율(%)	2010년 대비(%)	2018년 대비(%)
유틸리티급 태양광	0.068	0.039('21)	-42	-82	-13
육상풍력	0.053	0.043('21)	-18	-39	-9
해상풍력	0.115	0.082('21)	-29	-29	-9
집광형 태양열	0.182	0.075('23)	-59	-47	-1
바이오에너지	0.066	-		-13	16
지열	0.073	-		49	1
수력	0.047	-		27	4

4-1. 수소에너지

수소에너지는 수소위원회에서 발간한 Hydrogen, Scaling up'보고서에 의하면 2050년에 전세계 에너지 수요량의 대략 20%를 담당하며, 이로 인해 이산화탄소가 매년 약 60억톤이 감축될 것으로 전망하고 있다. 2050년까지 수소와 관련된 산업 분야에서 연간 2조 5,000억달러의 시장가치 유발효과 및 3,000만 개 이상의 일자리 창출이 가능할 것으로 예측하고 있다. 2050년까지 수송부문이 가장 큰 비중을 차지할 것으로 전망되며, 그 중 수송용 연료전지가 연료전지 시장 성장을 주도할 것으로 예측하고 있다. 세계 수소에너지 시장은 2018~2024년간 6.0%의 연평균 성장률로 성장을 지속하여 2024년에는 1,954억 달러 규모에 이를 것으로 전망된다.

국내 수소 사용량은 2015년 기준 약 240만 톤으로 수소의 대부분은 산업용 원료로 사용하고 있다. 맥킨지 보고서에 의하면 2050년 국내 수소 사용량은 약 1,690만 톤으로 2015년 대비 사용량이 약 7배 증가할 것으로 전망된다.

표 30. 수소에너지 세계 시장규모 및 전망 (단위: 백만 달러, %)

구분	2018	2019	2020	2021	2022	2023	2024	CAGR[29]
합계	137,800	146,068	154,832	164,122	173,969	184,407	195,471	6.0

* 출처: Persistence Market Reasearch, Global Market Study on Hydrogen: Robust Growth in the Adoption of Hydeogen Across Various Applications to be Observed in North America in the Coming Years (2018)

표 31. 수소에너지 국내 시장규모 및 전망 (단위: 억 원, %)

구분	2018	2019	2020	2021	2022	2023	2024	CAGR
합계	14,690	15,425	16,196	17,006	17,856	18,749	19,686	5.0

* 출처: 맥킨지 인코로레이티드, 한국 수소 산업 로드맵, 2018

4-2. 태양광에너지

2020년 세계 태양광시장은 코로나 여파로 90~120GW에 이를 것으로 예측되었으나 130GW를 상회한 것으로 나타났다. BNEF가 발간한 보고서 2018 Long-Term PV Market Outlook에 의하면 2050년 주요국가 전력의 40% 이상이 태양광으로 공급될 것으로 예측하고 있다. 또한 2020년 100GW, 2030년 전후로 200GW, 2035년 이후로 250GW 규모의 연간 태양광 시장이 형성될 것으로 전망되고 있다. 전세계 태양광 발전 시스템 시장은 2018년 7,957억 4,000만 달러에서 연평균 성장률 20.7%로 증가하여 2024년에는 2조 3,900억 달러에 이를 것으로 예상하고 있다.

국내 태양광 시장은 2018년 2.03GW가 설치돼 사상 최고치를 기록하였고, 2018년 설치량 기준 세계 7위 규모이며, RPS 물량 확대 및 재생에너지 3020 이행계획 등 정부의 지속적인 보급확대 노력으로 2020년 신규보급용량이 4GW에 육박하였고, 2021년에는 5GW를 넘어설 것으로 전망하고 있다. 앞으로도 계속 중국산 모듈의 국내 시장진입이 활발해질 것으로 예상되며 이에 대한 대책 마련이 요구되며, 내수시장 활성화는 국내 태양광 산업 경쟁력 강화에 크게 기여할 것으로 예측된다.

표 32. 태양광에너지 세계 시장규모 및 전망 (단위: 백만 달러, %)

구분	2018	2019	2020	2021	2022	2023	2024	CAGR
합계	795,740	954,890	1,145,900	1,375,000	1,650,000	1,980,000	2,389,860	20.7

* 출처: TechNavio, Global Solar PV System Market, 2017

표 33. 태양광에너지 국내 시장규모 및 전망 (단위: 억 원, %)

구분	2018	2019	2020	2021	2022	2023	2024	CAGR
합계	30,300(예측) 33,476(실제)	34,900(예측) 49,053(실제)	40,100	46,100	53,000	60,900	70,035	15.0

* 출처: PIHS 2017, TechNavio (Global Solar PV System Market, 2017)

29) CAGR은 (복합)연평균 성장률(Compound Annual Growth Rate)의 약자로 일반적인 시장분석 자료에서 많이 활용되는 개념으로, 특히 현재 시점에서 몇 년 후까지 얼마나 시장이 성장할 것인가를 예측할 때 많이 활용되는 지표이다.

4-3. 풍력에너지

2020년부터 시작된 코로나 19의 영향으로 공급망 차질 및 건설 활동 지연으로 설치용량이 감소될 것으로 예상된다. 풍력발전은 중국, 유럽 및 북미 등 시장 형성이 확립된 지역에서 확대가 예상된다. 최근의 풍력에너지협회(GWEC) 전망에 의하면 2017년 60GW 설치 규모를 초과하여 2020년에는 글로벌 연간 설치가 80GW를 도달하게 되며 이로서 총 누적설치용량이 797GW를 기록하게 될 것으로 예측되고 있다.

유럽은 해상풍력 시장의 허브로서 영국과 독일 등 유럽 국가들이 북해를 중심으로 해상풍력 개발을 주도하고 있다. 특히 영국, 독일, 덴마크, 네덜란드, 벨기에 5개국이 누적용량 기준 유럽의 98%로 전세계의 82%를 차지하고 있다.

중국은 2013년 이후 처음으로 연간 신규 설비용량이 20GW 이하로 감소했으나 2020년까지 10GW 착공, 5GW 완공 계획으로 향후 5년 내 세계 1위에 등극할 것으로 예상된다.

IRENA(2018)에 따르면 세계 해상풍력의 균등하발전단가(LCOE)는 설비이용률 향상, 공급사슬 성숙에 따른 설치, 경쟁입찰 시행 등의 요인들로 인해, 2010년 $0.17/kWh에서 2016년 $0.14/kWh로 하락한 것으로 조사되었다.

세계 풍력부품 시장은 2018년 4억 5,200만 달러에서 연평균 성장률 12.7% 증가하며, 2024년 12억 6,000만 달러로 증가할 것으로 전망되며, 세계 풍력 시스템 시장은 2018년 2,400억 달러에서 2024년 7,200만 달러 규모로 증가할 것으로 예측된다.

국내 풍력발전 시장은 2018년 기준 총발전용량 1.30GW(신규161MW), 2019년 1.49GW(신규 191MW), 2020년 1.64GW(신규 160MW) 내외의 다소 협소한 시장이다. 국내 터빈 용량은 최근 3.5MW급으로 2020년 이후 준공 예정인 프로젝트들의 터빈 용량은 4MW를 넘을 것으로 전망된다. 국내 해상풍력 자원 잠재력은 최소 경제성 기준으로 33.2GW로 추정되며, 정부는 2030년까지 이 중 13GW를 사업화할 예정이다.

표 34. 풍력에너지 세계 시장규모 및 전망 (단위 : 백만 달러, %)

구분	2018	2019	2020	2021	2022	2023	2024	CAGR
풍력부품	452	543	651	781	937	1,120	1,260	12.7
풍력시스템	24	29	35	41	49	60	72	20.1

* 출처 : Global Wind Report, 2017

표 35. 풍력에너지 국내 시장규모 및 전망 (단위 : 억 원, %)

구분	2018	2019	2020	2021	2022	2023	2024	CAGR
합계	1,700	2,000	2,500	2,900	3,400	4,200	5,044	20.0

* 출처 : 2018 신재생에너지 보급통계 (한국에너지공단, 2019)

4-4. 폐기물에너지

세계 폐기물에너지 시장은 2018년 333억 달러에서 연평균 6.2% 증가하여 2024년 478억 달러가 될 것으로 전망된다. 전세계 폐기물에너지 시장은 2019~2027년 기간에 연평균 6.22% 증가하여 2019년 354억 달러에서 2023년 450억 달러, 2027년에는 573억 달러로 60% 이상의 증가가 전망되는데, 이 중 폐기물의 에너지 전환 및 회수기술로 과잉 공기에 의한 소각 및 연소, 산소 제한 조건의 가스화, 무산소 조건의 열분해 등 고온 기술이 전체 시장의 85% 이상을 차지할 것으로 예상된다.

유럽은 온실가스 배출량 감축, 화석에너지 고갈 대비 안정적인 전력 공급의 목적으로 폐기물에너지 시장 및 기술을 주도하고 있으며, 최근 중국과 인도가 주요 시장으로 부상하고 있다.

국내 폐기물 고형연료 시장은 2018년 2,695억 원에서 2024년 5,491억 원으로 연평균 15.9% 증가할 것으로 전망된다. 코로나 발생 후 배달 포장재 급증 및 중국 등 재활용 폐기물 수입 억제 정책으로 국내 적체 폐기물 처리를 위한 고형 연료화의 긍정적 요인과 미세먼지 이슈 등 고형연료 사용에 대한 국민 수용성 악화로 부정적 요인이 공존하고 있다.

표 36. 폐기물에너지 세계 시장규모 및 전망 (단위: 백만 달러, %)

구분	2018	2019	2020	2021	2022	2023	2024	CAGR
합계	33,300	35,400	37,600	39,900	42,400	45,000	47,799	6.2

* 출처: Global waste to energy market forecast 2019-2027

표 37. 폐기물에너지 국내 시장규모 및 전망 (단위: 억 원, %)

구분	2018	2019	2020	2021	2022	2023	2024	CAGR
합계	2,695	2,992	3,378	3,814	4,306	4,863	5,491	15.9

* 출처: 고형연료제품 제조사용수입 실적현황(2015~2020년도 각 자료) 최근 5개년 기준 가중평균 성장률 산정
2020년 자원순환센터 고형연료(SRF) 위탁처리 용역 입찰공고, 순천시(2019.12.16), SRF 기초단가 적용 시장규모 전망

4-5. 바이오에너지

바이오에너지 발전용량은 7% 증가하여 122GW에 이르렀고 발전량은 세계적으로 11% 증가하여 555TkW에 달하고 있다. 바이오에너지는 세계 최종 에너지소비의 13%를 차지하고 있으며, 이는 열, 전력, 수송 등 세 가지 주요 에너지 소비부문에서 역할을 하고 있다. 최종 소비 부문별로 살펴보면 건물 난방에서 25.8%로 비중이 가장 높고, 산업용 열에너지의 6.1%, 수송의 3.0%, 전력의 2.1%를 각각 차지하고 있다.

TechNavio의 'Global Bioenergy Market'보고서에 따르면 세계 바이오에너지 시장규모는 2018년 1,717억 달러에서 연평균 5.9% 성장하여 2024년에는 2,436억 달러의 시장규모가 될 것으로 전망하고 있다.

국내의 경우, 2025년까지 약 1조 4,617억 원을 하수처리장 혐기성소화조 증설을 위해 투입하여, 병합소화바이오가스 시설은 2030년까지 지속적으로 증가될 것으로 예상된다. 열분해·가스화 분야에서 국내의 경우 열분해 오일 시장이 현재 형성되지 않았으나, 산업부의 시범사업으로 남부발전, 중부발전, 동서발전, 지역난방공사 등에서 상용화를 위해 개발을 진행 중에 있다. 바이오에너지 분야에서 고형 바이오연료 부문은 국내 상용화 비중이 높은 산업으로 고형연료는 중점적으로 발전 및 열병합 시설과 산업용 보일러, 기타 시멘트 소성로, 지역난방 등의 시설에서 사용 중에 있다. 국내 바이오에너지 시장은 연평균 4.8%로 성장하고 있다.

표 38. 바이오에너지 세계 시장규모 및 전망 (단위: 백만 달러, %)

구분	2018	2019	2020	2021	2022	2023	2024	CAGR
합계	171,700	181,200	191,800	203,700	217,200	230,015	243,586	5.9

* 출처: TechNavio, 2018

표 39. 바이오에너지 국내 시장규모 및 전망 (단위 : 억 원, %)

구분	2018	2019	2020	2021	2022	2023	2024	CAGR
합계	27,248	28,555	29,926	31,363	32,868	34,446	36,099	48

* 출처 : 녹색기술센터, 바이오에너지 이슈분석 및 정책제언 (2014), TechNavio (2018)

5. 국내 신재생에너지 기술동향

5-1. 국내 신재생에너지 주요 현황

신재생에너지 산업은 핵심기술 보유 여부에 따라 글로벌 기업으로 부상할 수 있는 산업이므로, 산업생태계 구축에 대기업과 중소기업의 공생발전 방안이 시급한 상황이다. 국내 신재생에너지 산업 생태계 현황에서 수출확대 가능성, 기업전략·구조와 경쟁 측면, 지원산업 조건, 중소기업 육성, 기술경쟁력 등 생산요소 조건에서 다소 우위에 있는 산업으로 분석되고 있다.

신재생에너지 분야의 기술경쟁력 평가 결과, 최고기술국은 미국이며, 우리나라의 기술 수준은 최고기술국 대비 81.1%로 나타났고, 중소기업은 73.0%로 평가되고 있다. 최고기술국 대비 기술격차는 2.2년으로 평가되고 있으며, 중소기업의 경우는 3.0년으로 평가되고 있다.

표 40. 국내 신재생에너지 주요현황

분 야	주요 현황
수소에너지	• 한국은 수소에너지 기술, 수소 자동차와 연료전지 분야에만 편중되어 있어서, 수소에너지 인프라 분야의 기술 혁신은 미흡한 상황이다. • 현재 국내에서 수소에너지 기술개발은 자동차 산업에서 주도하고 있으며, 일부 기업들에 심하게 편중됨에 따라 중소기업과 산학의 동반 진출이 절실히 요구되는 분야이다.
태양광에너지	• 저렴한 중국 제품으로 인하여 가격 경쟁력에서 밀려 국내 태양광 업계가 힘들어지고 있는 상황이다. • 국내 태양광 제조기업의 판로 확보를 위한 대책 마련과 대기업과 중소기업의 동반성장 모델 제시, 입찰 기준 재정비와 지역 경제 활성화를 위한 대책이 필요한 상황이다. • 대기업을 중심으로 원자재에서 시스템까지 수직계열화가 이루어져 있으며, 중소·중견기업과의 협력이 중요한 상황이다.
풍력에너지	• 국내 풍력발전 시장은 외국 기업이 선점하고 있으며, 특히 덴마크의 베스타스, 스페인 지멘스 가메사, 미국 GE 등 선진국이 주도하고 있다. • 풍력발전 부품은 중소기업이, 시스템 완제품은 대기업이 생산하는 구도이지만, 중소·중견기업의 장비산업 및 핵심 부품소재에서 여전히 취약한 상황이다. • 풍력부품을 제조하는 국내 중소기업과 시스템을 생산하는 대기업의 상호협력관계 강화 및 단조부품 외 부품 제조업 육성이 필요한 상황이다.
폐기물에너지	• 상생협력의 기반을 조성하고 중소기업이 기술경쟁력 제고를 통한 강소기업으로의 성장 발판을 마련할 수 있도록 지원이 절실히 요구되고 있다.
바이오에너지	• 바이오 액체연료 중 바이오디젤은 2006년부터 중소기업을 중심으로 투자, 생산이 진행되었으며 이후 대기업이 참여하고 있는 실정이다.

정부는 코로나 이후의 경기회복에 재생에너지의 보급확대 등의 그린뉴딜정책[30])을 내놓고 있으며, 녹색 산업을 중심으로 경기부양책을 펼칠 계획이어서 국내 신재생에너지 산업은 다소 양호한 회복세를 보일 것으로 예상된다.

국내 신재생에너지 산업은 태양광과 풍력, 수소연료전지 위주로 활성화가 예상되며, 정부는 REC[31])의 가중치를 정책 수단으로 활용하여 신재생에너지 산업을 지원할 예정이어서, 향후 태양광, 풍력, ESS등을 IoT로 연계한 신규 사업이 성장할 전망이다.

5-2. 국내 신재생에너지 보급 현황

(a) 2018년

현재 우리나라 신재생에너지 보급 현황을 살펴보면 2018년 국내 신재생에너지 생산량은 전년 대비 8.45% 증가한 17,838천toe로 1차에너지에 대한 비중은 5.83%를 차지하였다. 국내 신재생에너지 비중 산정은 IEA 기준과 차이가 있어서 IEA 기준의 국내 1차에너지 공급 비중은 2017년 현재 1.67%이다. 2018년 총발전량에서 신재생에너지의 비중은 8.88% (재생에너지 8.30%)로 전년 대비 0.69% 증가하였다. 폐기물을 제외한 신재생에너지의 발전량 비중은 4.67%이다. 원별로 살펴보면 폐기물의 생산량과 발전량 비중이 각각 신재생에너지원 중 50.9%, 46.2%를 차지하여 폐기물의 의존도가 여전히 높은 것으로 나타났다. 바이오의 생산량과 발전량 비중은 각각 24.9%, 17.8%로 두 번째로 높은 비중을 차지하였다. 태양광의 생산량과 발전량이 각각 30.4%와 30.5% 증가하였고 태양광의 발전량이 바이오와 거의 대등한 수준으로 증가하였다.

표 41. 2018년 신재생에너지 생산량 및 발전량 (단위 : MW, %)

구 분		생산량			발전량		
		toe	비중	증감	MWh	비중	증감
재생	태양열	27,395	0.2	△2.6			
	태양광	1,977,148	11..1	30.4	9,208,099	17.5	30.5
	풍력	525,188	2.9	13.6	2,464,879	4.7	13.6
	수력	718,787	4.0	19.7	3,374,375	6.4	19.7
	해양	103,380	0.6	△0.8	485,353	0.9	△0.8
	지열	205,464	1.2	11.7			
	수열	14,725	0.1	85.4			
	바이오	4,442,376	24.9	23.4	9,363,229	17.8	25.4
	폐기물	9,084,212	50.9	△2.9	24,355,370	46.2	2.0
신	연료전지	376,304	2.1	20.1	1,765,948	3.3	20.1
	IGCC	362,527	2.0	32.4	1,702.006	3.2	32.4
재생에너지		17,098,676	5.59	7.80	49,251,304	8.30	12.27
신에너지		738,831	0.24	25.83	3,466,954	0.58	25.84
신재생에너지		17,837,507	5.83	8.45	52,718,258	8.88	13.07
1차에너지 (천 toe)		306,123	100	1.34			
총발전량					593,638,916		2.82

30) 그린뉴딜 (Green New Deal)정책은 친환경 신재생에너지 산업 인프라를 구축하고 관련 산업을 육성함으로서, 에너지 구조를 전면적으로 조정하여 고용과 노동까지 아우르는 혁신을 가져오자는 정책.

31) REC (Renewable Energy Certificate,신재생에너지 공급인증서) : 신재생에너지 설비를 이용하여 전력을 생산했다는 증명서.

2018년 신규 신재생에너지 설비용량은 전년보다 68.9% 증가한 3,533MW로, 이 중 태양광은 2,367MW가 추가되어 신규 설비용량의 67%를 차지하였고, 바이오는 두 번째로 많은 865MW가 추가되었다. 누적 설비용량은 19,027MW로 태양광이 38.8% 증가한 8,099MW를 기록하여 신재생에너지 설비용량의 42.6%를 차지하였다. 풍력은 161MW가 늘어나 누적 설비용량 1,303MW를 기록하였고 폐기물은 38MW가 추가되어 누적 설비용량 3,813MW를 기록하였다.

표 42. 2018년 신재생에너지 설비용량 (단위 : MW, %)

구 분		생산량			발전량		
		설비용량	비중	증감	설비용량	비중	증감
재생	태양광	2,367	67.0	73.7	8,099	42.6	38.8
	풍력	161	4.6	42.0	1,303	6.8	13.9
	수력	4	0.1	△32.8	1,798	9.4	0.2
	해양	-	-	-	255	1.3	△0.0
	바이오	865	24.5	77.7	3,065	16.1	34.2
	폐기물	38	1.1	△57.9	3,813	20.0	0.5
신	연료전지	98	2.8	198.9	348	1.8	38.9
	IGCC	-	-	-	346	1.8	-
재생에너지		3,435	97.23	66.85	18,333	14.79	21.36
신에너지		98	2.77	198.88	694	0.56	16.31
신재생에너지		3,533	100	68.92	19,027	15.35	21.17
전체 (신재생포함)					123,950	100	1.80

(b) 2019년

2019년 폐비닐, 플라스틱 등 고형폐기물을 원료로 하는 비재생폐기물이 재생에너지 대상에서 제외되었다. 2019년 10월 신재생에너지법 개정 시행으로 비재생폐기물이 제외됨에 따라 2020년 이후 부터는 비재생폐기물이 전체 제외된 값으로 재생에너지가 공표된다. 2019년 1월, 정부는 '신에너지 및 재생에너지 개발·이용·보급 촉진법 일부개정법률'을 공포하고 2019년 10월 1일부터 폐기물에너지, 즉 비재생폐기물로부터 생산된 에너지는 재생에너지에서 제외키로 했다.

지금까지 국내 신재생에너지의 기준은 아주 광범위하여 생활쓰레기는 물론 산업 폐기물, 폐가스 외에도 폐기물 고형연료(SRF, Solid Refuse Fuel)까지 재생에너지로 분류해왔다. 이와 같은 기준이 계속되면서 신재생에너지 공급의무화(RPS)제도로 폐기물이 국가지원을 받게 됨으로서 폐기물 발전시설을 건립하려는 민간업자와 지역주민 간의 갈등과 분쟁이 계속되어 왔다.

또한 그동안 신재생에너지에 대한 국제기준과 국내기준이 큰 차이를 보여왔다. 국제에너지기구 (IEA)는 가정·상업·공공 분야에서 발생하는 폐기물, 즉 생물학적으로 분해 가능한 것들은 재생 도시폐기물로, 재생 불가능한 산업폐기물과 생물학적으로 분해되지 않는 것들은 비재생 도시폐기물로 분류해왔다. 이와 반대로 국내의 경우 산업폐기물을 시작으로 폐기물 고형연료, 생활쓰레기, 대형 도시쓰레기 등 모든 폐기물을 신재생에너지원으로 인정해오면서 많은 비판을 받아왔다.

산업통상자원부에 따르면 국내 신재생에너지 비중은 8%가 넘지만, 국제사회 기준으로 분류할 경우 고작 3.5%에 불과하다. 친환경 사회의 구현을 위해 재생에너지의 확대와 보급이 꾸준히 이루어져야하는 시점에, 기준에 차이가 있을 경우 정책 결정에 혼란을 가지고 올 수 있다는 점 때문이었는데, 이번에 법이 개정되면서 폐비닐 외에도 폐플라스틱, 폐타이어 등을 원료로 하는 폐기물 고형연료(SRF)역시 재생에너지의 정의에서 제외되면서 REC 공급인증도 받을 수 없게 되었다. 그간 발전소의 난립과 갈등을 불러온 정책을 폐기하고 재생에너지에 대한 인식을 바로잡을 수 있는 계기가 될 것으로 예상하고 있다.

폐기물 재생에너지란 사업장이나 가정에서 발생되는 가연성 폐기물을 활용하는 에너지이다. 이 가연성 폐기물 중 에너지 함량이 높은 폐기물을 가지고 다양한 가공 처리 방법을 활용해 고체 연료, 액체 연료, 가스 연료 등을 생산하는데. 생산된 연료를 산업 생산 활동에 사용할 수 있는 에너지로 만드는 것을 말한다.

폐기물 신재생에너지는 4가지 종류가 있다.

① 성형 고체연료(RDF)

종이, 나무, 플라스틱 등 가연성 폐기물을 파쇄, 분리, 건조, 성형 등의 공정을 거쳐 제조된 고체연료

② 폐유 정제유

자동차 폐윤활유 등의 폐유를 이온정제법, 열분해 정제법, 감압증류법 등의 공정으로 정제하여 생산된 재생유

③ 플라스틱 열분해 연료유

플라스틱, 합성수지, 고무, 타이어 등의 고분자 폐기물을 열분해하여 생산되는 청정 연료유

④ 폐기물 소각열

연성 폐기물 소각열 회수에 의한 스팀생산 및 발전으로의 이용

2019년 국내 신재생에너지 생산량은 16,246천toe로 이 중 재생에너지 생산량은 15,539천toe, 신에너지 생산량은 707천toe로, 1차에너지 대비 신재생에너지 생산비중은 5.36%(재생에너지 5.13%, 신에너지 0.23%)를 차지하였다. 전술한 신재생에너지법 개정 시행으로 비재생폐기물이 제외됨에 따라 비재생폐기물 4/4분기 제외 실적과 전체 제외 실적을 공표한 것이다. 2020년 이후 부터는 비재생폐기물이 전부 제외된 값으로 공표된다. 원별로 살펴보면 폐기물의 생산량이 4/4분기의 비재생폐기물을 제외하더라도 그 비중이 신재생에너지원 중 43.4%를 차지하여 폐기물에 대한 의존도가 여전히 높지만, 2019년도의 비재생폐기물을 전체적으로 제외하면 10.9%로 현저히 줄어든 것을 볼 수 있다. 그 대신 바이오의 생산량 비중이 40.3%로 증가하여 가장 높은 신재생에너지의 생산량을 차지하였다[32].

2019년 신재생에너지발전량은 51,122GWh로 이 중 재생에너지 발전량은 47,806GWh, 신에너지 발전량은 3,316GWh를 차지하였다. 총발전량 대비 신재생에너지 발전비중은 8.69%(재생에너지 8.13%, 신에너지 0.56%)를 차지하였다.

신재생에너지법 개정 시행으로 비재생 폐기물이 제외됨에 따라 4/4분기를 제외하더라도 폐기물이 차지한 비율이 36.1%로 가장 높았으나, 전체를 제외하면 겨우 1.1%에 지나지 않았고, 그 대신 태양광의 비중이 25.4%에서 39.3%로, 바이오의 비중이 20.4%에서 31.5%로 높아졌다.

32) 2019년 신재생에너지 보급통계, 한국에너지공단, 2020년.

표 43. 2019년 신재생에너지 생산량 및 생산비중

(단위 : toe)

구 분		2019 (비재생폐기물 4/4분기 제외) 생산량	2019 (비재생폐기물 4/4분기 제외) 비중(%)	2019 (비재생폐기물 전체 제외) 생산량	2019 (비재생폐기물 전체 제외) 비중(%)
1차에너지(천 toe)		303,092	100.00	303,092	100.00
	신·재생에너지	16,245,938	5.36	10,316,277	3.40
	재생에너지	15,539,093	5.13	9,609,432	3.17
	신에너지	706,845	0.23	706,845	0.23
재생에너지	태양열	26,912	0.2	26,912	0.3
	태양광	2,787,935	17.2	2,787,935	27.0
	풍력	570,816	3.5	570,816	5.5
	수력	594,539	3.7	594,539	5.8
	해양	101,030	0.6	101,030	1.0
	지열	224,722	1.4	224,722	2.2
	수열	21,236	0.1	21,236	0.2
	바이오	4,162,427	25.6	4,162,427	40.3
	폐기물	7,049,477	43.4	1,119,816	10.9
신에너지	연료전지	487,184	3.0	487,184	4.7
	IGCC	219,661	1.4	219,661	2.1

표 44. 2019년 신재생에너지 발전량 및 발전비중

(단위 : MWh)

구 분		2019 (비재생폐기물 4/4분기 제외) 발전량	2019 (비재생폐기물 4/4분기 제외) 비중(%)	2019 (비재생폐기물 전체 제외) 발전량	2019 (비재생폐기물 전체 제외) 비중(%)
총발전량		587,981,456	100.00	587,981,456	100.00
	신·재생에너지	51,122,085	8.69	33,028,791	5.62
	재생에너지	47,805,649	8.13	29,712,355	5.05
	신에너지	3,316,436	0.56	3,316,436	0.56
재생에너지	태양광	12,996,018	25.4	12,996,018	39.3
	풍력	2,679,158	5.2	2,679,158	8.1
	수력	2,791,076	5.5	2,791,076	8.5
	해양	474,321	0.9	474,321	1.4
	바이오	10,415,632	20.4	10,415,632	31.5
	폐기물	18,449,443	36.1	356,149	1.1
신에너지	연료전지	2,285,164	4.5	2,285,164	6.9
	IGCC	1,031,272	2.0	1,031,272	3.1

* 국내 총발전량은 사업자+상용자가+신재생자가용 합계임

표 45. 2019년 신재생에너지 신규 설비용량 및 비중 (단위 : MW)

구분		2019 (비재생폐기물 4/4분기 제외) 설비용량	2019 (비재생폐기물 4/4분기 제외) 비중(%)	2019 (비재생폐기물 전체 제외) 설비용량	2019 (비재생폐기물 전체 제외) 비중(%)
	신·재생에너지	4,485	100.00	4,478	100.00
	재생에너지	4,363	97.28	4,356	97.28
	신에너지	122	2.72	122	2.72
재생에너지	태양광	3,789	84.5	3,789	84.6
	풍력	191	4.3	191	4.3
	수력	12	0.3	12	0.3
	해양	1	0.0	1	0.0
	바이오	290	6.5	290	6.5
	폐기물	81	1.8	73	1.6
신에너지	연료전지	122	2.7	122	2.7
	IGCC	-	-	-	-

* 2019년도 신규보급 및 증설용량임

2019년도 신재생에너지 신규 보급용량의 비중은 태양광이 84.6%로 압도적으로 높음을 알 수 있다.

표 46. 2019년 신재생에너지 누적 설비용량 및 비중 (단위 : MW)

구분		2019 (비재생폐기물 4/4분기 제외) 설비용량	2019 (비재생폐기물 4/4분기 제외) 비중(%)	2019 (비재생폐기물 전체 제외) 설비용량	2019 (비재생폐기물 전체 제외) 비중(%)
총발전량		131,168	100.00	131,168	100.00
	신·재생에너지	23,171	17.67	19,651	14.98
	재생에너지	22,356	17.04	18,836	14.36
	신에너지	815	0.62	815	0.62
재생에너지	태양광	11,768	50.8	11,768	59.9
	풍력	1,494	6.4	1,494	7.6
	수력	1,809	7.8	1,809	9.2
	해양	256	1.1	256	1.3
	바이오	3,141	13.6	3,141	16.0
	폐기물	3,888	16.8	368	1.9
신에너지	연료전지	469	2.0	469	2.4
	IGCC	346	1.5	346	1.8

* 국내 총발전량은 사업자 + 상용자가 + 신재생자가용 합계임

5-3. 국제에너지기구(IEA) 기준 국내 재생에너지 현황

신재생에너지에 대해 국제적으로 통일된 정의는 없으며, 이에 따라 신재생에너지 통계 기준도 국가별로 상이한 것이 현실이다. IEA에서는 통계 작성에 필요한 자체 기준을 가지고 통계 발표를 하고 있으며, IEA 회원국들은 국가별 부존여건, 환경기준 등에 따라 특정 에너지원을 추가 또는 제외하고 있다. IEA 통계조사 대상 에너지원은 태양광, 풍력, 태양열, 수력, 해양, 지열, 고체바이오, 액체바이오, 바이오가스, 도시폐기물(재생), 산업폐기물, 도시폐기물(비재생)을 선정하고 있다. 이와 같이 IEA와 자국 내의 통계기준에 차이가 발생하기 때문에 세계 각국에서는 IEA에 제출하는 통계치와 자국 내의 통계치를 따로 작성하고 있어서 양자 간의 차이가 발생하는 경우가 있다.

표 47. 국제에너지기구 기준 국내 재생에너지 현황

구 분		생산량 (천 toe)		발전량 (GWh)	
		2018년	2019년 (잠정)	2018년	2019년 (잠정)
재 생 에너지	태양열	45	44	-	-
	태양광	792	1,120	9,208	13,022
	풍력	212	229	2—465	2,666
	수력	289	239	3,359	2,776
	지열	209	235	-	-
	조력 / 파력 / 해양	42	41	485	474
	바이오	3,514	4,316	7,335	9,134
	도서폐기물 (재생)	384	393	173	177
비재생 폐기물	산업폐기물	2,583	2,583	667	667
	도시폐기물 (비재생)	575	529	261	240
총 계		8,644	9,728	23,954	29,157

표 48. 2019년 국내 지역별 태양광·풍력 발전량 및 누적 설비 동향

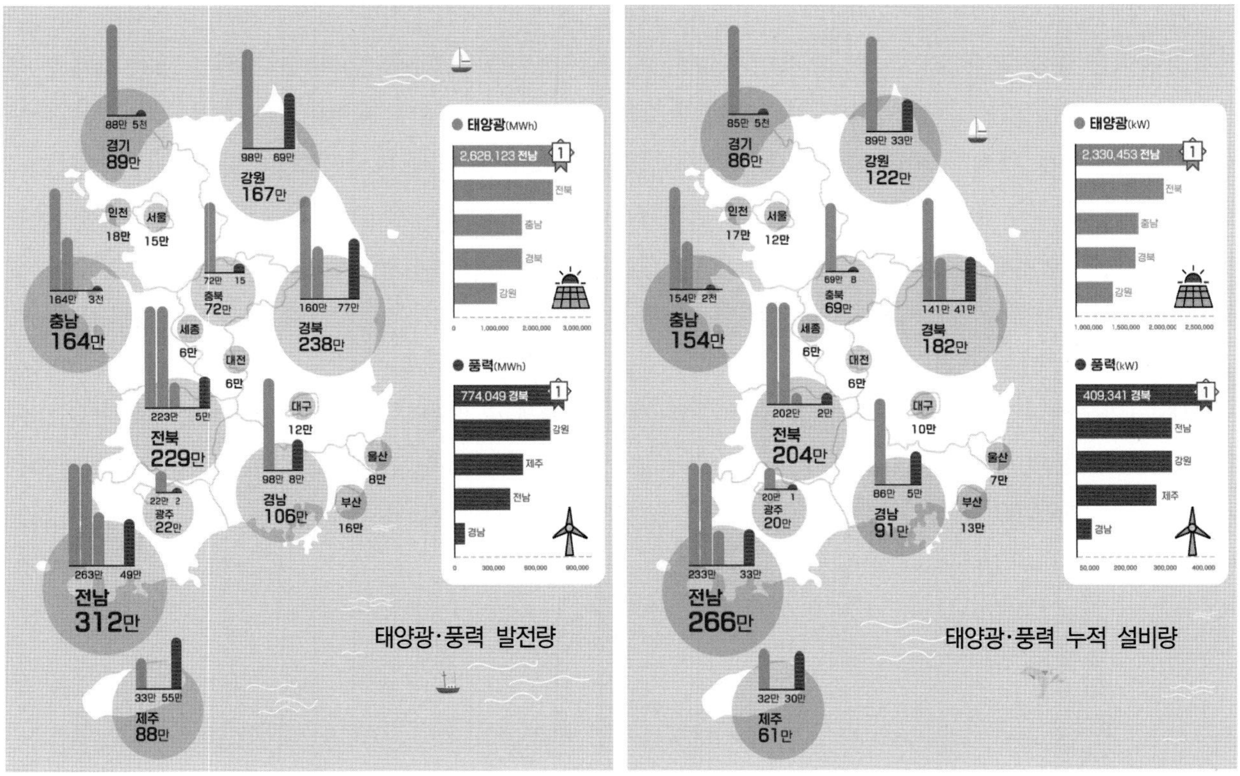

2019년도의 국내 지역별 태양광과 풍력의 발전량을 보면 태양광의 경우는 1위 전남, 2위 전북, 3위 충남, 4위 경북, 5위 강원 순이며, 풍력은 1위 경북, 2위 강원, 3위 제주, 4위 전남, 5위 경남 순으로 차지하였다.

2019년도 누적 발전설비용량의 경우는 1위 전남, 2위 전북, 3위 충남, 4위 경북, 5위 강원 순이며, 풍력은 1위 경북, 2위 강원, 3위 제주, 4위 전남, 5위 경남 순으로 차지하였다.

5-4. 국내 주요 기업현황

국내에서 수소에너지를 개발하는 주요 기업으로는 현대차그룹을 비롯하여 SK에너지, S-OIL, 롯데케미칼, GS칼텍스, 효성, 이수화학, 대한유화공업, 태광산업, ㈜덕양(열화학공정), 롯데정밀화학, LG화학, 한화케미칼(전기분해 공정) 등이 있다. 수소관련 부품 및 설비기업이 전체의 34.7%를 차지하며 연료전지 기업이 29.9%, 수소제조 8.2%, 운송저장 5.4% 등의 비율로 차지하고 있다. 수소충전소를 개발하고 있는 기업으로는 효성중공업, 이엠코리아, 제이엔케이히터 등이 있다. 제이엔케이히터는 LPG와 도시가스를 수소로 변환하는 기술을 가진 회사로 하루 250kg과 500kg의 수소를 생산하는 개질기를 개발하여 이에 대한 제작 노하우를 확보하고 있다.

연료전지 분야의 주요 기업으로는 에스퓨얼셀, 두산퓨얼셀이 있으며, 연료전지차 및 부품관련 기업으로는 현대자동차, 기아자동차, 현대모비스, 일진다이아, 한온시스템, S&T모티브, 우리산업, 뉴로스, 뉴인텍, 삼화전자가 존재하고 있다. 에스퓨얼셀은 GS칼텍스의 연료전지 사업부를 인수하면서 설립되었으며, 스택과 고분자전해질연료전지(PEMFC) 시스템의 통합 설계 및 제어에 관련된 독자 기술을 보유하고 있다.

국내 태양광 관련 기업으로는 한화큐셀, 웅진에너지, 신성이엔지가 있으며, 이들 기업의 태양광제품의 성능 및 기술력은 세계 최고수준이나 중국산 대비 가격에서 열세를 면하지 못하고 있는 상황이어서 이에 대한 대책마련이 시급한 실정이다. 한화큐셀은 태양광셀, 태양광모듈, 상업용Rooftop 설치시스템 및 턴키 솔루션을 아우르는 제품 라인업을 보유한 기업이며, 신성이엔지는 태양광셀, 태양광모듈의 제조 및 판매, 클린룸장비(FFU, EFU)의 제조, 판매와 설치공사 등의 사업을 영위하고 있다.

국내 풍력터빈 제조사들은 2000년대 초반 풍력사업시장에 뛰어들었지만 시장규모가 작은데다 성능과 가격경쟁력을 갖춘 외국 기업들이 대거 밀려오자 사업을 철수했고 현재는 극소수 기업만 남은 상황이다. 실제 KDB미래전략연구소가 발표한 보고서에 따르면 2018년 기준 국내 풍력터빈 시장은 해외 풍력터빈 제조사가 47.7%를 차지하고 있으며, 국내 해상풍력터빈 제조사 중 국제 형식인증을 보유한 곳은 두산중공업과 유니슨 등 일부이다. 풍력발전용 핵심부품 개발 및 생산은 주로 부산과 경남지역의 평산, 태웅, 용현BM, 현지소재, 동국S&C, 유니슨 등에서 메인샤프트, 타워플렌지, 타워, 베어링 등 철강단조 및 용접 공정을 거치는 주요부품을 생산하여 국내 조달을 하거나 수출을 하고 있는 실정이다.

국내 폐기물에너지 관련 기업은 두산중공업과 포스코에너지를 들 수 있다.

국내 바이오에너지 시장에 참여하고 있는 주요 기업은 크게 고체(목재펠릿), 액체(바이오디젤, 바이오에탄올, 바이오부탄올), 기체(바이오가스) 바이오연료를 개발 및 제조하는 기업군으로 분류된다. SK케미칼은 국내 최대 바이오디젤 생산업체로 동식물성 오일을 주원료로 사용하여 기존 수송용 경유를 대체하기 위한 제품으로 공급하고 있다.

6. 해외 신재생에너지 기술동향

6-1. 해외 신재생에너지 주요 현황

현재 신재생에너지가 세계 에너지 시장의 성장을 주도하고 있으며, 특히 태양광과 풍력이 신재생에너지 성장의 중심에 있다. 이러한 태양광과 풍력 중심의 신재생에너지 보급 확대 추세는 향후 세계 에너지 시장에서도 지속될 것으로 보인다. 비용이 크게 하락한 태양광과 풍력은 향후 에너지 시장 특히 발전 부문의 성장을 주도할 것으로 전망된다[33].

전력부문에서 재생에너지의 성장이 두드러져서 전력 중 재생에너지 발전 비중은 1990년 19.4%에서 2017년 24.5%로 늘었다. 이러한 전력부문의 성장은 태양광과 풍력을 중심으로 보급이 증가하고 있기 때문이다. 태양광과 풍력의 가격은 계속 하락하고 있다. 2010년부터 2018년까지 태양광 LCOE는 77% 하락, 육상풍력의 경우 35%, 해상풍력은 20% 하락하여 신규 보급되는 발전전원 중 가장 비용이 낮은 에너지원이 태양광과 풍력인 지역이 증가하였다.

태양광은 2018년 중국 시장이 2017년 53.1GW에서 45GW로 축소되었음에도 중국 외 지역에서 보급이 빠르게 증가하여 처음으로 100GW를 넘어 108GW가 보급되었다. 태양광 제조업은 2018년 중국의 정책 변화에 따라 가격이 급락하여 경쟁력이 부족한 기업은 한계에 몰리고 있다.

풍력은 2018년 51GW를 보급하여 50GW 수준으로 최근 안정적으로 보급되고 있다. 이것 또한 중국이 가장 큰 시장이고 2018년 신규보급 상위 국가는 중국 다음으로 미국, 독일, 인도, 브라질이 차지하였다. 향후 해상풍력의 성장세를 눈여겨볼만하며, 전세계적으로도 해상풍력은 빠르게 성장할 것으로 전망된다.

세계적으로 재생에너지 전력 생산이 증가하면서 재생에너지 전력 출력이 제한되는 상황이 빈번하게 발생하게 되었다. 출력제한의 원인으로는 송전 혼잡, 계통 안정화 유지, 전압 및 주파수 안정화, 공급과잉에 따른 배분 계통의 과부화 방지 등이 있으며, 송전 혼잡과 계통 안정화 유지가 출력제한의 주요 요인으로 뽑힌다.

표 49. 2018년 전세계 발전방식별 비중

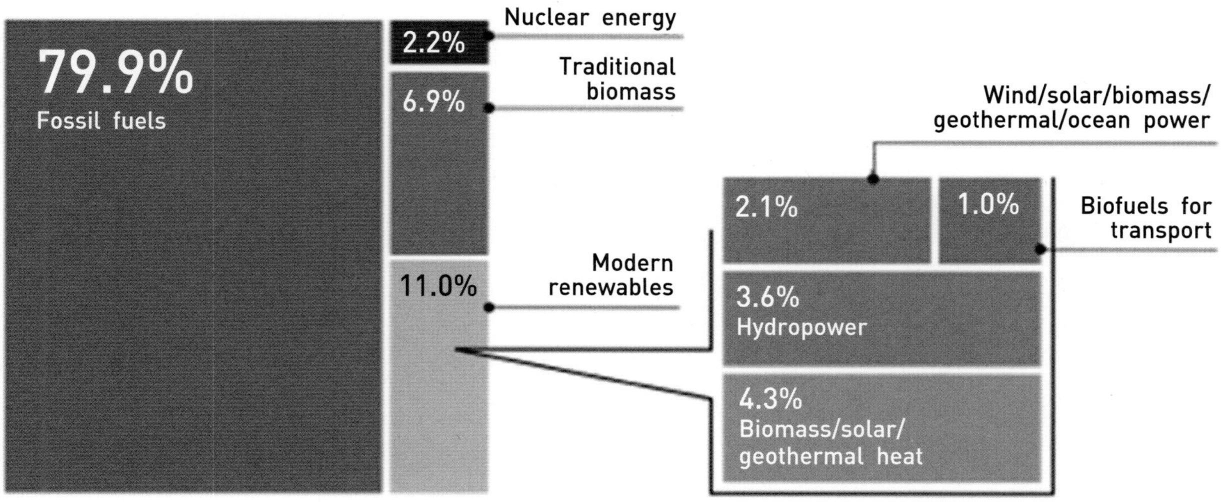

출처: REN21, Renewables 2018 Global Status Report, 2020

33) 국제 신재생에너지 정책변화 및 시장분석, 에너지경제연구원(이승문, 조일현), 2019.

전세계 많은 국가에서 재생에너지는 이미 경쟁력 있는 에너지원이 되었으며, 이에 대한 점유율도 꾸준히 확대되고 있다. 2019년도 재생에너지는 기록적인 성과를 달성한 한 해였다. 재생에너지 설비용량은 꾸준히 증가하며 201GW가 신규로 설치되었다. 재생에너지 설비 설치와 투자가 꾸준히 증가하였으며, 그에 대한 지속적인 비용절감을 이루어 나가며 재생에너지 전력구매계약(PPA[34])이 활발하게 이루어졌다. 재생에너지는 특히 전력부문에서 뚜렷한 발전을 이루었으며, 이 외에도 난방과 수송부문에서도 재생에너지 사용이 지속적으로 확대되었다. 분산형 재생에너지는 세계적으로 에너지 부유층과 빈곤층 간의 격차를 점차 좁혀 가고 있다.

2018년 기준 재래식 바이오매스(Traditional use of Biomass)를 포함한 재생에너지는 세계 최종 에너지 소비의 17.9%를 차지하였다. 현대적 재생에너지(Modern Renewable Energy) 중에서는 주로 열에너지(바이오매스, 지열, 태양열 등)의 비중이 최종 에너지의 4.3%로 가장 크고, 그 다음 수력 3.6%, 재생에너지 전력(태양광, 풍력, 바이오매스, 지열, 해양) 2.1%, 수송 바이오연료가 0.9% 순이다. 난방과 조리용으로 직접 태우는 나무, 목탄, 나뭇잎, 농업찌꺼기, 폐기물, 가축 분뇨 같은 재래식 바이오매스는 주로 사하라 이남 아프리카, 동남아시아와 인도의 농촌 지역, 남미의 농촌에서 높은 비중을 차지하고 있다.

세계 재생에너지 보급과 투자를 주도하는 나라는 중국이다. 수력, 태양광, 풍력, 태양열 온수 등 여러 분야에서 중국이 보급과 투자를 주도하고 있다. 브라질은 바이오디젤과 바이오에탄올 등 바이오연료가 생산을 주도하고 있으며 미국은 태양광 및 풍력 보급이 활발하다. 일본과 베트남은 태양광, 터키는 지열 분야 투자를 유지하고 있다. 인도는 재생에너지 시장으로 꾸준히 성장하고 있으며 영국은 해상 풍력 보급이 활발한 편이다. 1인당 재생에너지 투자가 활발한 국가는 아이슬란드, 덴마크, 스웨덴, 독일, 호주 순이다.

표 50. 2019년 세계 재생에너지 투자 (상위 5개국)

	1	2	3	4	5
재생에너지 발전과 연료 투자(대수력 > 50MW 제외)	중국	미국	일본	인도	대만
1인당 재생에너지 발전과 연료 투자	아이슬란드	덴마크	스웨덴	독일	호주
지열 발전용량	터키	인도네시아	케냐	코스타리카	일본
수력 발전용량	브라질	중국	라오스	부탄	타지키스탄
태양광용량	중국	미국	인도	일본	베트남
태양열(CSP) 발전용량	이스라엘	중국	남아프리카	쿠웨이트	프랑스
풍력용량	중국	미국	영국	인도	스페인
태양열 온수용량	중국	터키	인도	브라질	미국
바이오디젤생산	인도네시아	브라질	중국	인도	캐나다
연료에탄올생산	미국	브라질	중국	인도	캐나다

출처: REN21, Renewables 2018 Global Status Report, 2020

34) PPA(Power Purchase Agreement, 전력구매계약): 기업이 직접 재생에너지 발전사업자와 계약을 맺고 친환경 전력을 공급받는 방식.

재생에너지 총 발전 설비용량은 중국, 미국, 브라질, 인도, 독일 순이다. 수력을 제외하면 브라질 대신 일본이 세계 5위권에 들어간다. 1인당 재생에너지 발전 설비용량은 아이슬란드, 덴마크, 스웨덴, 독일, 호주 순으로 재생에너지 확대에 적극적인 유럽지역이 강세이다. 설비용량 기준으로 중국은 수력, 태양광, 풍력, 바이오 분야에서 모두 1위를 차지하였다.

표 51. 2019년 세계 재생에너지 누적 설비용량 (상위 5개국)

	1	2	3	4	5
전 력					
재생에너지 발전 (수력 포함)	중국	미국	브라질	인도	독일
재생에너지 발전 (수력 제외	중국	미국	독일	인도	일본
1인당 재생에너지 발전용량 (수력 제외)	아이슬란드	덴마크	스웨덴	독일	호주
바이오 발전용량	중국	미국	브라질	인도	독일
지열 발전용량	미국	인도네시아	필리핀	터키	뉴질랜드
수력 용량	중국	브라질	캐나다	미국	러시아
수력 발전량	중국	브라질	캐나다	미국	러시아
태양광발전(PV) 용량	중국	미국	일본	독일	인도
태양열발전(CSP) 용량	스페인	미국	모로코	남아프리카	중국
풍력 용량	중국	미국	독일	인도	스페인

출처: REN21, Renewables 2018 Global Status Report, 2020

재생에너지는 특히 전력 생산부문에서 두드러진 역할을 하고 있다. 2019년 기준으로 재생에너지는 세계 전력수요의 27.3%를 차지하였다. 수력은 여전히 재생에너지 발전량 중 58%를 차지하고 있으며, 뒤이어 풍력(22%), 태양광(10%), 바이오(8%) 순이다. 전체 비율로 따지면 수력발전(15.9%), 풍력(5.9%), 태양광(2.8%), 바이오에너지(2.2%) 순으로 세계 전력생산에 기여하고 있다. 전력생산에서 재생에너지 발전비중은 여러 국가에서 꾸준히 증가하고 있다. 2009년 19%를 기록했던 EU 국가들도 2019년 현재 35%를 기록하고 있다. 이 외에도 덴마크, 독일, 영국, 미국 등 수많은 국가에서 재생에너지 비중이 급격하게 증가하고 있다.

재생에너지가 지속적으로 증가하는 가장 중요한 요인은 재생에너지 기술의 경제성 향상이다. 지난 10년간 기술 진보, 규모의 경제, 밸류체인 경쟁력 향상, 개발업자들의 역량강화를 토대로 발전비용은 꾸준히 줄어들고 있다. 2010년 태양광 발전이 가장 저렴한 화력발전의 7.6배였던 당시와 비교하면 2019년 신규 설치된 유틸리티급 재생에너지 설비의 절반 이상(56%)이 가장 저렴한 신규 화력 발전소보다 더 낮은 발전비용을 기록하였다. 이를 통해 재생에너지 기술 및 비용의 경제성 향상 추세는 지속될 것으로 전망된다.

6-2. 전세계 재생에너지 활용 현황

건축물 분야에서는2017년 재생에너지는 건축물에서 사용하는 전체 에너지 수요 중 14%를 차지하였다. 전세계 건축물에서 사용하는 최종 에너지 수요 중 3/4은 냉난방으로 화석연료에 크게 의존하고 있다. 2018년 기준으로 재생에너지는 건축물의 냉난방에 필요한 에너지 수요 중 10.1%만 공급하였다. 이는 2010년

8%였던 것에 비하면 거의 오르지 않은 것이다. 건축물에서 사용하는 재생에너지 종류를 보면 바이오 에너지가 가장 많으며, 재생에너지로 생산한 전기, 태양열과 지열이 그 뒤를 이었다. 재생에너지 사용의 증가는 대부분 재생에너지로 생산한 전기, 태양열에서 비롯하였으며, 바이오에너지는 크게 증가하지 않았다. 대부분의 재생에너지로 생산한 전기는 지붕에 설치한 태양광 발전에서 비롯한 것이다. 많은 지방 및 중앙 정부가 난방을 위해 화석연료를 사용하는 것을 금지하였지만, 2019년 건축물에서 재생에너지 사용을 늘리기 위한 직접적인 정책은 부족하였다. 하지만 건축물에서 전체적으로 탄소 배출을 제로로 하려는 노력이나, 넷 제로[35] 에너지빌딩(net zero energy building)으로 탈탄소화 하려는 노력이 건축물 분야에서 재생에너지 비율을 높이는 데 공헌하였다.

산업 분야에서는 재생에너지가 산업에너지 수요의 14.5%를 차지하였으며, 이 중 절반은 바이오에너지가 점하였다. 바이오에너지는 특히 펄프 및 제지 산업에서 100℃ 이하의 저온 열을 이용할 때 주로 사용되었다. 산업 분야에서는 에너지 집약적인 분야에서 재생에너지를 가장 적게 사용하는 것으로 나타났다. 재생에너지로 생산한 전기는 산업 부문에서 전기 및 열을 필요로 하는 곳에 모두 사용되었다. 2019년 현황을 보면 재생에너지로 생산한 전기를 제철 및 시멘트 생산에 사용하거나, 채굴에 사용하기도 하였다. 또한 연안의 풍력에너지에서 발생한 전력으로 수소를 생산할 계획이 발표되기도 하였다.

운송 분야는 최종 에너지 소비의 약 1/3을 차지하고 있지만, 재생에너지 비율이 가장 낮은 분야로 3.3%에 불과하다. 운송 분야에서 사용하는 대부분의 에너지는 화석연료에 의존하고 있으며, 바이오 연료와 재생에너지로 생산한 전기는 매우 적은 부분을 차지하고 있다. 에너지 효율의 개선과 바이오연료 및 전기자동차의 성장은 운송 분야에서 증가하고 있는 에너지 수요를 상쇄시켜주고 있다. 바이오연료는 2019년 운송 분야에서 재생에너지 중 가장 많이 사용한 에너지를 차지하고 있다. 재생에너지와 직접적으로 관련은 없지만, 전기자동차도 많은 국가에서 정책적으로 추진한 결과 널리 보급되고 있는 실정이다. 많은 도시에서 화석연료를 이용하는 자동차를 정책적으로 제한함에 따라 새로운 운송 서비스 기업이 빠르게 성장하고 있으며, 여기에 재생에너지로 생산한 전기를 사용하는 전기차가 대부분을 점하고 있다. 몇몇 지역에서는 수소나 합성연료를 운송 분야에 사용하는 경우가 증가하고 있지만, 아직까지는 미미한 실정이다. 아직까지 많은 국가에서 탈탄소화 운송을 위한 전체적인 전략이 부족한 실정이다. 2019년 운송 분야 전반에서 탈탄소화를 위한 노력이 있었지만, 기후변화 목표를 달성하기 위해서는 아직 부족한 실정이다.

발전 분야에서는 재생에너지를 이용한 발전에서 2019년 200GW 이상의 성장이 발생하였으며, 이 발전 대부분을 태양광이 차지하였다. 또한 5년 연속 재생에너지를 이용하여 생산된 전력생산량의 증가분이 새로 도입된 화석 연료와 원자력을 합친 발전량보다 많았다. 2019년 전세계적으로 32개 국가에서 재생에너지를 이용하여 최소 10GW의 발전용량이 늘어났으며, 이는 2010년대초 19개 국가였던 것에 비하면 큰 증가 추세를 보이고 있다. 대부분의 국가에서 풍력과 태양광을 이용하여 전기를 생산하였으며, 이들 재생에너지로 생산한 전력은 화력발전소에서 생산한 전력보다 비용면에서 더 효율적인 것으로 나타났다. 이 저비용화로 인해 입찰 과정에서 기록적으로 낮은 입찰가격이 형성되기도 하였다. 하지만 경쟁적인 입찰로 인해 많은기업이 연합하였고 결과적으로는 커뮤니티를 중심으로 한 소규모 그룹보다는 다국적 에너지 회사 등에 더 유리하게 작용한 시장이 되었다. 2019년 연말 기준으로 재생에너지 발전 용량은 전세계 전기 생산의 27.3%를 차지하였다[36].

35) 넷 제로(Net-Zero)는 이산화탄소 발생량을 '0'으로 만드는 것을 의미.

36) Renewables 2020 Global Status Report, Ren 21, 2020.

6-3. 신재생에너지에 대한 각국의 정책적 영향

재생에너지는 가격경쟁력을 갖추었으나 여전히 재생에너지 보급은 정책의 변화에 민감하게 반응하고 있다. 2018년도 태양광 시장의 가장 큰 이슈는 중국의 FIT[37] 요율 삭감과 보조금이 필요한 신규설비에 대한 규제로 관련 산업은 즉각적으로 반응하고 영향을 받았다. 2019년 베트남의 태양광 시장이 급성장한 이유는 2019년 6월 30일까지 높은 FIT요율을 받을 수 있었기 때문이다. 이렇듯 재생에너지 시장은 아직 정책에 의해 보급이 좌지우지되는 상황으로 그 영향이 크기에 각국의 정책변화에 지속적인 관심을 기울일 필요가 있다. 특히 우리나라 재생에너지 기업들의 해외 진출에 대한 관심이 높아지는 상황에서, 각국의 변화하는 정책과 시장에 대한 정확하고 시의적절한 정보제공의 중요성이 크다고 하겠다.

태양광과 풍력의 제조는 상위 업체를 중심으로 시장이 재편되는 상황이다. 태양광 제조에 대한 가치사슬에 있어서 중국이 차지하는 비중이 계속 확대되고 있다. 인도의 경우 모듈 수입 비중이 높아 자국 산업을 키우기 위해 2018년 세이프가드 관세를 부과하였으나 중국산과의 가격 경쟁력 때문에 자국 내 제조업 신규투자 유치, 확대에 난항을 겪고 있다. 풍력터빈 제조의 경우, 2014년도 상위 5개사의 시장 점유율이 48%이었으나 2018년에는 64%로 증가하였다.

우리나라는 제조업에 강점을 가지기에 태양광과 풍력 시장이 성장하며 기회를 가질 것으로 기대하였으나 많은 기업이 경쟁력을 갖추지 못하고 시장에서 퇴출당하였다. 제조 측면의 산업 경쟁력을 키우기 위한 노력은 필요하겠지만 신중한 접근이 필요해 보인다.

재생에너지 발전량의 확대는 출력제한을 확대시킬 것으로 예상된다. 따라서 풍력 및 태양광에너지의 비중이 높아짐에 따라 향후 출력제한 가능성을 완화시킬 수 있는 전략의 중요성이 대두된다. 정부 및 전력관련 기업들은 출력제한을 완화하기 위한 다양한 해결책을 도입해야 할 것이다. 출력제한을 감소시키는 방법 중 하나는 전력계통에 유연성이 있는 자원을 제공하는 것이다. 수요관리, 배터리 등이 유연성 자원으로 고려되고 있다. 또 하나 장기적으로 고려할 수 있는 것은 P2G[38] 기술이다.

출력제한을 감소시키기 위한 장기적인 방안으로 거론된 P2G 기술에서 가장 중요한 것은 깨끗한 수소를 생산하는 것이다. 그린 수소를 얻는 방법 중 가장 주목받고 있는 방법은 수전해 기술이다. 하지만 재생에너지를 이용해서 수소를 생산하는 것은 경제성도 낮지만 기술적으로 풀어야할 문제들을 다수 갖고 있다. 현재 재생에너지를 이용하여 그린수소를 생산하는 당면 과제는 경제성이 아니라 기술적 완성도를 높이는 데에 있다. 재생에너지를 이용하여 수전해를 하는 기술은 그리드 연계 수전해 대비 부하 변동에 대응하는 기술, 대면적 기술, 수소생산 단가 저감 기술이 필요하다.

---

37) FIT(Feed-in Tariffs, 발전차액지원제도): 신재생에너지 발전사업자에게 고정된 가격으로 일정 기간 동안 신재생에너지 생산을 보장하는 제도.

38) P2G(Power to Gas): 전력계통에서 수용할 수 없는 풍력·태양광 등의 출력을 이용하여 물을 전기분해하여 수소를 생산·활용하거나, 생산된 수소를 이산화탄소와 반응시켜 메탄 등의 연료형태로 저장·이용하는 기술을 말함.

제 3 장 태양광에너지

1. 태양에너지
2. 태양광 발전
3. 태양전지의 종류
4. 태양광 발전의 특징 및 활용 분야
5. 태양광 발전의 이슈
6. 국내외 시장동향
7. 국내외 산업동향
8. 국내외 기술개발동향

제3장 태양광에너지

1. 태양에너지

태양에너지는 지구상에 있는 거의 모든 에너지의 원천이다. 인간은 다른 모든 동물, 식물과 같이 에너지와 음식을 태양에 의존한다. 하지만, 인간은 여러 가지 방법으로 태양에너지를 활용한다. 예를 들어 식물성 물질인 화석연료는 운송과 발전용으로 사용되는데, 본질적으로는 오래 전부터 저장된 태양에너지이다. 마찬가지로, 바이오매스는 태양에너지를 연료로 변환시켜 주어 열이나 수송 혹은 발전용으로 사용할 수 있게 된다. 기계적 에너지 혹은 수송용으로 수백 년 동안 사용된 풍력에너지는 태양에너지에 의해 가열된 공기나 지구의 자전에 의해 만들어진 공기의 흐름을 이용한다. 오늘날 풍력터빈은 전통적인 사용뿐 아니라 바람의 에너지를 전기로 변환한다. 심지어 수력발전도 태양으로부터 유래한 것이다. 수력은 태양에 의한 물의 증발에 의존하고, 비가 되어 지구로 되돌아오면 댐에 물을 제공한다. 태양광(Photovoltaics : PV)은 태양에너지를 이용하는 간단하고도 세련된 방법이다. PV 소자(태양전지)는 소음이나 오염, 기계적인 구동 부품 없이 입사된 태양의 복사에너지를 직접 전기로 변환시켜 주기 때문에 매우 독특하고 안전할 뿐만 아니라 신뢰성이 높고 수명이 긴 특징이 있다. 태양전지는 통신 및 컴퓨터 혁명을 가능하게 한 반도체와 동일한 원리, 소재에 기반을 두고 있다[1]).

태양전지는 태양의 빛을 받아 발전하는 구조로 되어 있다. 그래서 태양전지에 대해 배우기 전에 태양광이 어느 정도의 파워를 가지고 있는지 가늠해 볼 필요가 있다. $1m^2$의 지면에 내리쬐는 태양광 파워가 몇 W인지 계산해보자. 태양은 반경이 약 6.96×10^5km (6.96×10^8m)이며 가스로 이루어진 천체이다. 태양은 수소원자가 핵융합에 의해 헬륨원자로 전환될 때 열에너지를 방출한다. 이 고온의 태양표면으로부터 1초에 방사되는 빛에너지가 3.85×10^{26}J이기 때문에 태양의 파워는 3.85×10^{26}W가 된다. 지구의 대기권 밖에 내리쬐는 파워밀도P는 태양을 중심으로 하는 반경 1.496×10^{11}m의 구의 표면적 $4\pi\times(1.496\times10^{11}m)^2$로 나누면,

$$P=3.85\times10^{26}[W]\ /4\pi\times(1.496\times10^{11}[m])^2 \fallingdotseq 1.37\ [kW/m^2]$$

가 되며, 이를 태양상수[2]라 한다. 지표에 도달하는 태양밀도는 공기층을 통하여 오기 때문에 질소, 산소, 수증기, 이산화탄소 등의 분자에 의해 흡수를 받아 대기권 밖보다 P값이 작아진다. 통과한 공기의 양을 에어매스(AM)이라고 하며, 대기권 밖에서는 AM0, 천정으로부터 수직으로 입사할 경우를 AM1, 중위도지대에서는 1.5배의 공기층을 통과하여 온다고 생각하여 AM1.5로 부르고 있다. AM1.5인 경우 태양광의 파워밀도는 약 $1kW/m^2$가 된다.

만약 변환효율이 100%인 태양전지를 생각할 경우, 수광면적이 $1m^2$라면 최대 1kW의 전력을 얻을 수 있다. 그러나 실제로는 가정용 태양전지의 경우 변환효율이 10~20%이기 때문에 한 변이 1m인 정방형의 태

1) PVCDROM: 태양광 개론, 한국에너지기술연구원(윤경훈 역), 2016.

2) 태양상수는 지구 대기의 바깥 표면에서 평면에 대해 수직으로 들어오는 광선을 측정한 단위 면적 당 태양 전자기복사의 양이다. 태양상수는 가시광선뿐만 아니라 태양복사의 모든 종류를 포함하고 있다.

양전지로부터 얻을 수 있는 전력은 100~200W가 된다.

위 식에서 계산한 것처럼 태양으로부터 매초 $1m^2$당 1.37kJ의 에너지가 지구에 도달하고 있다. 지구의 투영면적을 S라고 하면 지구 반경이 6.378×10^6m이므로,

$$S = \pi \times (6.378 \times 10^6[m])^2 \fallingdotseq 1.28 \times 10^{14}\ [m^2]$$

가 되며, 지구가 태양으로부터 1초 간에 받는 에너지 E는

$$E = 1.37[kJ/m^2] \times 1.28 \times 10^{14}\ [m^2] = 1.75 \times 10^{14}[kJ] = 175[TJ]$$

가 된다.

1년을 계산하면 $t=365\times24\times3{,}600s=3.1536\times10^7[s]$을 곱하여 5.52×10^{21}J의 에너지를 얻을 수 있다. 이 가운데 약 30%는 구름 등에 의해 대기권 밖으로 반사되기 때문에 실제로 지구가 얻을 수 있는 에너지는 3.86×10^{21}J가 된다. 이 값을 석유로 환산하면, 1toe=41.9[GJ]=4.19×10^{10}[J]가 되기 때문에 매년 9.22×10^{10}toe(약 1,000억톤)의 에너지가 된다. 이 에너지로 인해 물의 순환이 일어나 비가 내리게 되며, 수력발전은 이 물을 사용하게 된다. 또한 태양광은 공기의 순환을 일으키게 되며, 풍력발전은 이 공기의 이동을 이용하고 있다.

2. 태양광 발전

2-1. 태양전지의 개요

태양광(PV)은 태양전지를 사용하여 햇빛을 직접 전기로 변환하는 프로세스이다. 오늘날 태양전지는 화력 발전을 대체할 수 있는 재생에너지 발전기술로 급격히 성장하고 있고, 그 중요성이 증대되고 있다. 하지만 1950년대에 처음으로 실용적인 태양광 발전기술이 도입되어 여타의 발전 방식에 비해 비교적 새로운 기술이다. 태양전지의 연구개발은 독립적인 전력 공급을 필요로 하는 우주용으로 1960년대에 처음으로 각광을 받게 되었다. 이러한 우주용 태양전지는 지금의 태양전지에 비해 수천 배나 비싸 지상 발전용으로 사용하고자 하는 필요성이 대두된 것은 불과 20여 년 전이다[3].

1970년대의 석유위기로 지상용 대체에너지원의 필요성에 대한 세계적인 관심이 고조되었고, 그 결과 지상용 발전기술의 하나로 태양광에 대한 연구가 활발히 진행되었다. 비록 석유위기가 단기에 그치고 태양전지 개발에 대한 재정적인 인센티브가 줄어들게 되었지만 태양전지는 발전기술로서 시장에 진입하게 되었다. 원격지의 전원 공급용으로서의 활용성과 장점에 대한 인식이 형성되면서 지상용 태양광 산업의 개발이 활발하게 되었다. 소규모 이동용 전자기기(계산기, 시계 등)의 전원공급용으로 활용되었고, 원격지 전원공급 분야에도 진출하게 되었다.

1980년대 실리콘 태양전지 연구가 성과를 보이면서 태양전지의 효율이 향상되기 시작하였다. 1985년 실리콘 태양전지는 20% 효율의 이정표를 달성하였다. 이후 10년간, 태양광 산업은 주로 원격지 전원 공급용 시장으로 인해 매년 15~20% 씩 꾸준히 성장하였다. 1997년도는 연간 38% 성장하였고, 오늘날 태양전지는 전력 계통선에 접근이 되지 않는 사람들에게는 전력 공급과 삶의 질을 향상시켜 줄 뿐만 아니라 선진 산업국가에서는 기존 발전방식에 의해 발생되는 환경오염을 크게 줄여주는 방안으로 인정받고 있다. 태양

3) PVCDROM : 태양광 개론, 한국에너지기술연구원(윤경훈 역), 2016.

광 시장이 증대되는 현재의 측면은 이전에 비해 더 많은 활용분야에서 태양광이 전력 공급원으로 자리잡고 있다는 것을 의미한다.

태양전지는 광전소자(Photoelectric device)의 한 종류이다. 광전소자는 빛을 조사하여 전기 신호를 발생시키는 소자 또는 빛 에너지를 전기 에너지로 변환하는 소자를 말한다. 광전 소자의 작동은 광자의 흡수에 의해 전도성이 증가하는 광전도효과[4]나 물질에서 튀어나오는 자유전자가 발생하는 광전효과[5]에 기초한다. 물질에 빛을 쪼이면 물질에 자유전자가 발생하여 전도도가 증가하는데 이를 광전도효과라고 한다. 반도체의 전자구조는 페르미 레벨 근처에서 가전자띠(valence band)와 전도띠(conduction band)로 나눠지고, 두 띠 사이의 에너지 차이가 밴드갭이 된다. 이 때 밴드갭보다 높은 에너지의 빛을 쪼이면 가전자띠의 전자가 전도띠로 전이하면서 자유전자가 되어 전도성을 갖는다. 광전소자의 작동원리인 광전효과는 빛이 물질에 부딪힐 때 전자가 방출되는 현상이다. 이러한 방식으로 방출되는 전자를 광전자라 한다. 광전효과는 빛에서 전자로 에너지가 전달되기 때문에 발생한다고 할 수 있다.

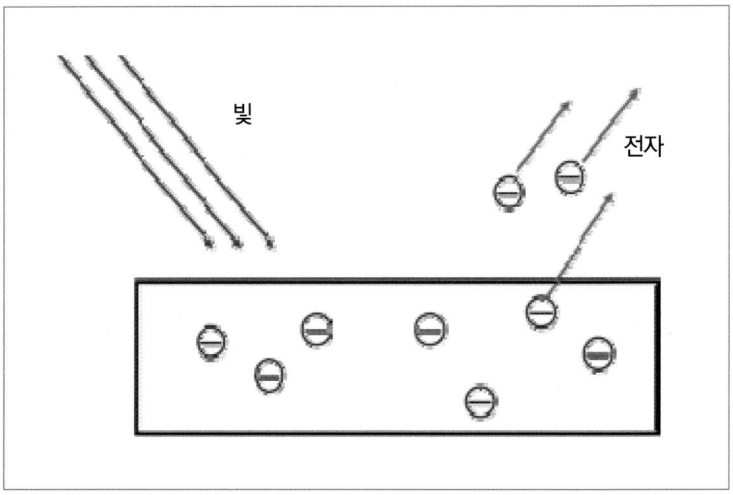

그림 29. 광전효과

광전소자는 빛에너지와 전기에너지에 대한 상호 변환장치를 말한다. 광전소자로서는 디스플레이, 조명 등이 있으며, 전기에너지를 소모하면서 빛의 발생을 유도하여 이용하는 수전발광(受電發光, Electric energy conversion to light)이 대표적인 예이다. 이와 달리 태양전지는 입사하는 빛에너지를 전기에너지로 교환하는 광전소자인데, 현재의 기술로는 거의 유일한 수광발전(受光發電, Light conversion to electric energy)을 할 수 있는 장치이다.

1839년 프랑스 물리학자인 에드몽 베크렐(Alex and re Edmond Becquerel)이 금속전극에 광량(Light intensity)이 증가함에 따라 발생전압이 상승하는 것을 처음 발견하였고, 이는 광전효과(Photovoltaic effect)를 이용한 태양전지의 역사적인 시작이었다. 태양전지는 기본적으로 반도체 물질을 이용한 다이오드의 특성을 가진다. 전압과 전류의 상관관계를 가지며, 전자와 정공의 흐름을 제어하는 정류작용(Rectification)을 하게 된다. 모든 다이오드가 태양전지의 특성을 가지지는 않지만, 거의 모든 태양전지는 다이오드 특성을 가지고 있다. 태양전지는 이상적 다이오드(Ideal diode)에 병렬저항과 직렬저항 성분을 가지게 된다. 이때, 병렬저항이 무한히 크면, 이상적인 전압원(Ideal voltage source)으로 역할을 하게 된다. 그러나 실제에서는

4) 광도전효과는 광이 물체에 조사되었을 때 물체의 도전율이 증가하는 현상이다.
5) 광전효과는 물질이 빛을 흡수하여 자유로이 움직일 수 있는 전자, 즉 광전자를 방출하는 현상을 말한다.

전체저항 성분은 직렬성분과 병렬성분의 의존관계를 갖게 된다. 직렬저항이 크면, 단락전류 (Short circuit current)를 감소시키고, 병렬저항이 작으면, 누설전류가 커지고, 개방전압 (Open circuit voltage)을 낮추게 된다. 이 두 가지 경우 모두 충실률(Fill factor)에 영향을 미치게 되므로, 태양전지에서는 큰 병렬저항과 작은 직렬저항이 요구된다. 태양전지는 일반적인 광전소자와 다른 구간에서 구동한다. 즉 스위치, 광감지기 (Photo detector), LED 등은 1사분면 혹은 3사분면에 작동하며, 전류와 전압의 곱 (I × V)이 양의 값을 나타내고, 즉 전력을 사용하게 된다. 이와 다르게, 태양전지는 4 사분면에서 구동하므로, 음의 전력을 생산하여 외부에 전기를 공급할 수 있다.

태양전지는 태양에너지를 전기에너지로 변환시켜주는 반도체 소자로서 P형의 반도체와 N형 반도체의 접합형태를 가지며, 그 기본구조는 다이오드와 동일하다. 일반적으로 반도체에 빛이 입사하면 흡수되어 빛과 반도체를 구성하고 있는 물질과의 상호 작용이 일어난다. 그리고 (−)전하와 (+)전하를 띤 전자와 정공(전자가 빠져나간 것)이 발생하여 전류가 흐르거나 전기 그 자체가 발생하기도 한다. 이것을 전술한 바와 같이 반도체의 광전효과라고 한다. 반도체에는 (−)전하를 띤 전자를 끌어당기는 N형 반도체와 (+)전하를 띠는 정공을 끌어당기는 P형 반도체의 두 종류가 있는데, 태양전지는 위 그림과 같이 이 두 가지를 접합한 것이다. 일반적으로 반도체에서 발생한 (−)전하는 N형 반도체 쪽으로, (+)전하는 P형 반도체 쪽으로 끌어당겨져 각각 양쪽의 전극부에 모인다. 마치 건전지와 같은 상태가 되는 것이다. 양쪽의 전극을 전선으로 연결하면 전기가 흐르므로 전력을 얻을 수 있다. 여기에서 (+) 전하와 (−) 전하는 결국 같은 수가 된다. 그러므로 빛이 있는 한 발전은 멈추지 않는다. 즉 빛을 받으면 PN 접합을 가진 반도체 속에서 빛과 물질의상호 작용이 일어나 (+) 전하와 (−) 전하가 발생하고, 그 전하를 밖으로 방출함으로서 전기가 흐르고 그 에너지로 모터를 회전시키거나 전등을 켤 수 있다. 따라서 태양 전지는 태양의 빛뿐만 아니라 형광등의 빛도 전기로 바꿀 수 있다[6].

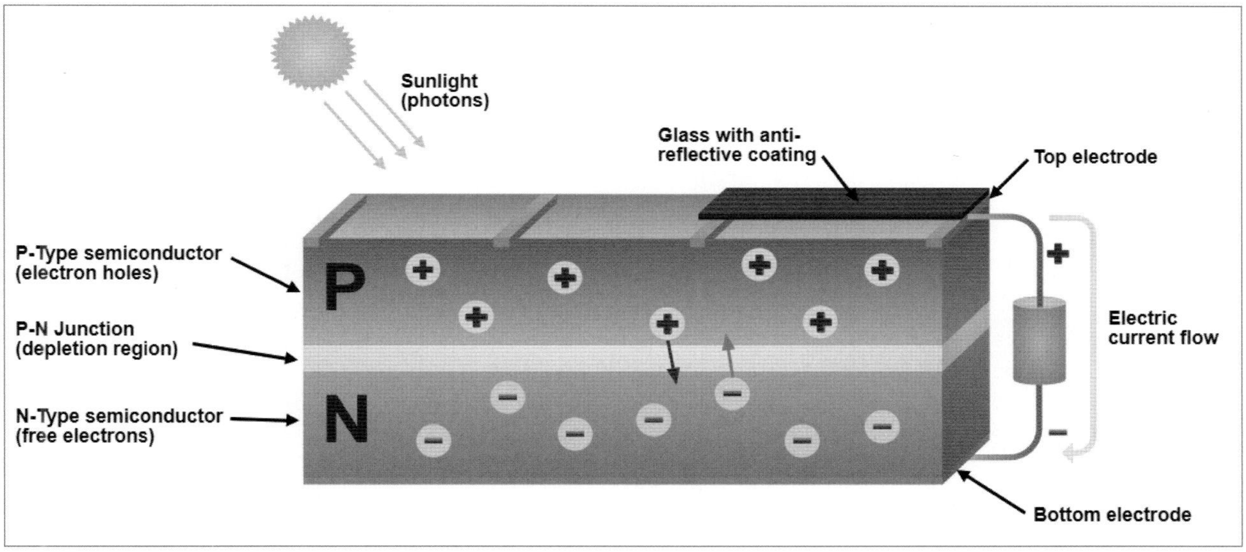

출처: https://www.apricus.com

그림 30. 태양전지의 구조

2-2. 태양광 발전 시스템의 구성

태양광 발전 시스템이란 태양광에너지를 전기에너지로 변환한 다음 실제로 활용할 수 있는 규격의 전기로 만들어 주는 일련의 장치와 방법들을 말한다. 태양전지가 전기를 생산하는 복수적 의미로 사용되는 경

6) 차세대 태양전지, 한국과학기술정보연구원(김희제, 박종규), 2007.

우 국제적인 용어로 Photovoltaic Generator, 줄여서 PV-Generator 또는 PVG라고 한다. 이 태양전지가 생산하는 전기는 직류이다. 그런데 태양광의 세기가 일기에 따라 수시로 변하듯이 생산되는 전기도 일정하지 않다. 그래서 이 불균일하게 생산된 직류전력을 안정된 직류 또는 교류 전압원으로 만들어주는 것이 태양광 발전시스템의 주요 기능인 셈이다.

태양광에너지는 수시로 변하기 때문에 PV모듈에서 얻어지는 전력을 그대로 사용하는 것은 어렵고 특히 야간에는 전력을 전혀 얻을 수 없다. 그래서 최초로 만들어진 태양광 발전시스템은 축전지에 전력을 저장하고 필요할 때 사용하는 방법을 사용하였다. 축전지는 저수지 또는 댐(dam)과 같은 역할을 한다[7].

태양광 발전 시스템은 태양전지의 배열판을 어떻게 그리고 어디에 설치하느냐에 따라 가정용, 건물일체형(Building Integrated Photo Voltaic), 발전 시설용으로 나뉜다. 또 발전 용량을 극대화하기 위해 태양의 자오선 방향을 수직으로 태양의 위치를 따라가며 그 방향을 바꾸는 정도에 따라 태양추적형, 반 추적형, 고정형 태양전지 설비로 나뉜다. 일반적으로 태양광 발전은 기존의 상업용 송전선에 물려 발전된 전기를 기존 계통선로에 송전하도록 설비한다. 이를 개통연계형 태양광 발전이라 하며, 이는 현재 민간이 투자한 태양광 발전설비에 의해 발전된 전기를 계통선로를 통해 송전할 경우 한국전력이 생산하는 전기단가의 수배를 보상하고 있는 제도로 인해 일반화 되었다. 우선 태양전지 판에 의해 생산된 전기는 직류이므로 PCS(Power Conditioning System)[8]에 의해 충전 및 인버팅한 후 계통연계 안전장치를 통해 상업용 계통 연계선로로 송전되며 그 송전량을 읽는 장치에 의해 송전 누계를 표시한다. 다음 그림에 태양광 발전 시스템의 개략도를 나타내었다[9].

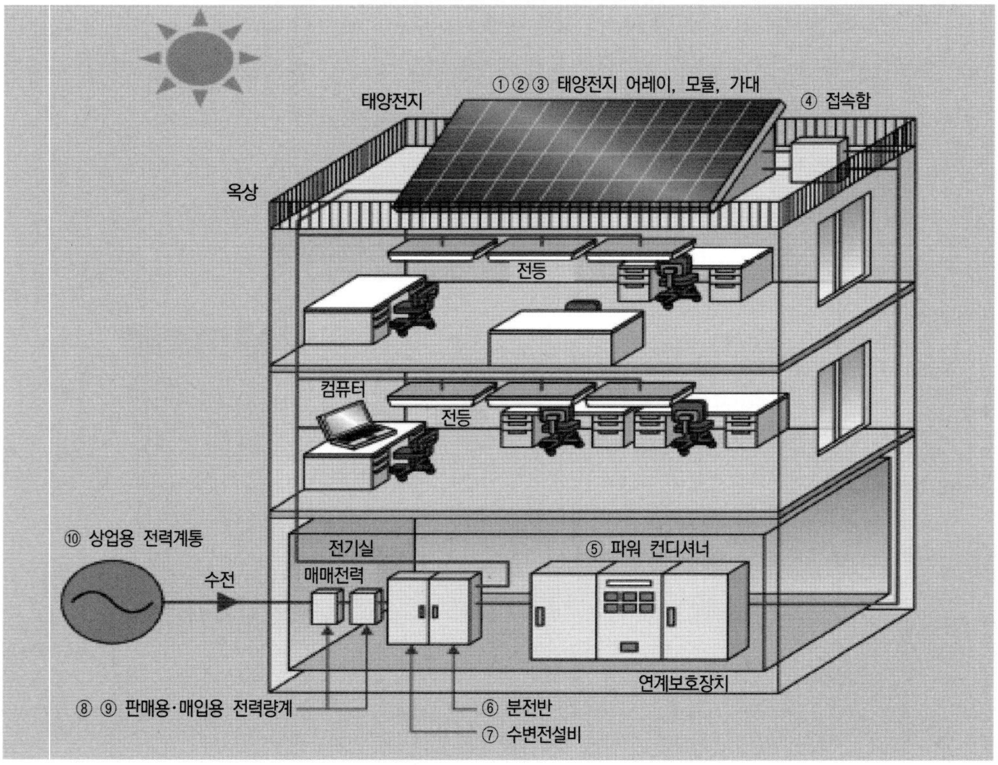

출처 : 태양광 발전협회 홈페이지

그림 31. 공공·산업용 태양광 발전 시스템 구성 예(계통연계형)

7) 태양광발전 시스템 국내외 시장동향과 신사업기회, 한국과학기술정보연구원(박창걸), 2016 .

8) PCS는 ESS(에너지 저장 시스템) 내에서 전력을 입력받아 배터리(축전지)에 저장하거나 계통방출하기 위해 전기의 특성 (주파수, 전압, AC/DC)을 변환해주는 시스템.

9) 그림으로 해설한 분산전원(태양광, 풍력 등) 고저압 배전선 계통연계, 성안당, 월간전기기술편집부, 2016.

표 52. 태양광발전 시스템의 구성요소

No.	구성 요소	설 명
①	태양전지 어레이	• 복수의 태양전지 모듈을 기계적, 전기적으로 가대에 부착한 태양전지군
②	태양전지 모듈	• 태양광에너지를 직접 전기에너지(직류)로 변환하는 패널
③	태양전지 가대	• 태양전지 모듈을 소정의 경사각으로 부착하기 위한 가대 • 일반적으로 강철과 알루미늄 합금제일 경우가 많다. • 지붕 건재형 모듈의 경우는 불필요한 경우가 있다.
④	접속함	• 블록마다 접속된 태양전지 모듈로부터 배선을 하나로 모으기 위한 박스 • 태양전지의 점검·보수 시 등에 사용할 개폐기와 피뢰소자 외에 태양전지에 역류하지 않도록 하기 위한 역류 방지 다이오드도 내장되어 있다. • 파워 컨디셔너와 하나가 된 경우도 있다.
⑤	파워 컨디셔너 (PCS)	• 태양전지가 발생하는 직류전력을 최대한 끌어내도록 제어함과 동시에 교류전력으로 변환한다. • 통상 전력회사로부터 배전선(상업용 전력계통)에 악영향을 미치지 않도록 하는 연계보호장치가 내장되어 있다 • 자립운전기능을 갖추고 상업용 전력이 정전됐을 때 특정한 부하에 전력을 공급할 수 있는 것도 있다.
⑥	분전반	• 전력을 건물 내의 전기부하로 분배한다. • 파워 컨디셔너 출력계통과 상업용 전력계통과의 연계점이 된다. • 태양광 발전 시스템 전용의 전류차단기가 필요하다.
⑦	수변전 설비	• 상업용 전력계통(6.6kV 등)을 수전하여 필요에 따라 저압의 동력 전원 (3상 3선식 200V), 전등전원(단상 3선식 200/100V)으로 변압한다. • 저압 수전에서는 이런 설비가 없는 경우도 있다.
⑧	충전용 전력량계	• 전력회사에 전기를 판매하는 역조류가 있는 시스템에서 판매전력량(잉여전력량)을 측정하기 위한 전력량계 • 전력회사에 따라서는 수요자 측에서 비용을 부담할 필요가 있다. • 매입전력 계약 종류에 따라 기기가 다를 수도 있어 주의가 필요하다.
⑨	매입용 전력량계	• 전력회사로부터의 매입전력량(수요전력량)을 측정하기 위한 전력량계 • 종래의 전력량계를 전력회사 측에서 역전 방지가 딸린 것으로 교환한다.
⑩	상업용 전력량계	• 전력회사로부터의 전력계통(교류 3상 3선식 6.6kV와 단상 200V 등)

출처: 태양광 발전협회 [태양광 발전시스템 입문서 -기초편-]

태양전지 셀(결정형)은 태양전지의 최소 단위이다. 그 출력전압은 0.5~1.0V로 낮기 때문에 소정의 전압과 전력(예; 50V, 200W)를 얻기 위해 아래 그림 32와 같이 복수의 태양전지 셀을 조합하여 옥외 사용이 가능하도록 수지나 유리로 보호하여 패키지화 하고 태양전지 모듈을 구성한다. 또한 출력전압(200~300V 정도)을 확보하기 위해 복수의 태양전지 모듈을 직렬 접속하여 그림32와 같이 스트링을 구성한다. 이것에서 소정의 전력(전류)을 얻기 위해 복수의 스트링을 병렬 접속하여 지붕 등에 설치할 수 있도록 이러한 것들을 금속제의 가대에 부착시켜 태양전지 어레이를 구성한다. 스트링을 구성하는 각각의 태양전지 모듈에는 역병렬 다이오드 바이패스 소자가 부착되어 있다. 이 목적은 그늘진 태양전지 모듈에는 발전하고 있는 모듈의 개방전압의 총합계와 동등한 역방향 전압이 추가되므로 이 전압으로부터 보호하기 위함이다. 태양전지 어레이는 복수의 스트링을 병렬 접속하여 구성된다. 여기에 역류방지소자(Surge) 전압으로부터 태양전지를 보호하는 피뢰기와 태양전지 어레이 개폐기, 주개폐기를 수납한 접속함을 직렬로 접속하여 PCS에 입력한다. 접속함이 복수인 경우에는 이들로부터의 배선을 집전함에서 한데 모아 PCS로 입력한다. PCS는 태양전지 어레이로 발전된 직류전력을 교류전력으로 변환하는 인버터, 발전전력 등의 감시기능과 계통연계 보호계전기 등의 보호기능 등이 일체화된 장치이다.

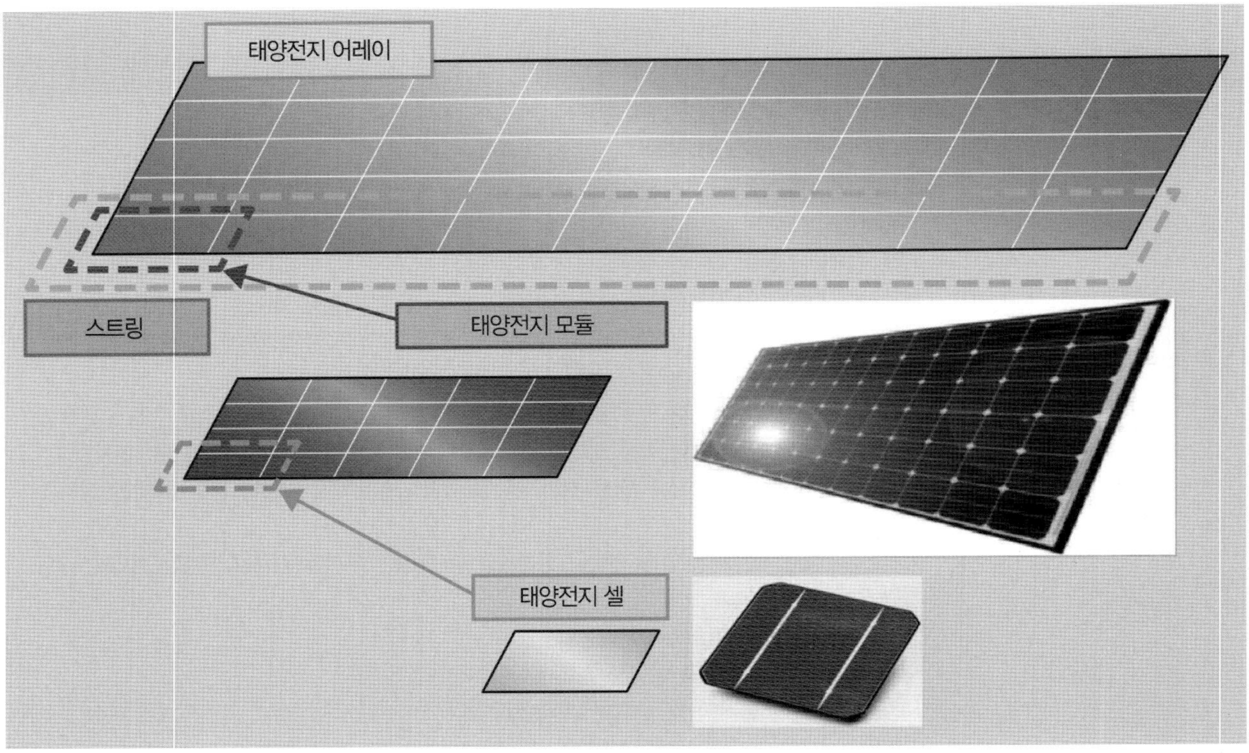

그림 32. 태양전지 셀·어레이·모듈

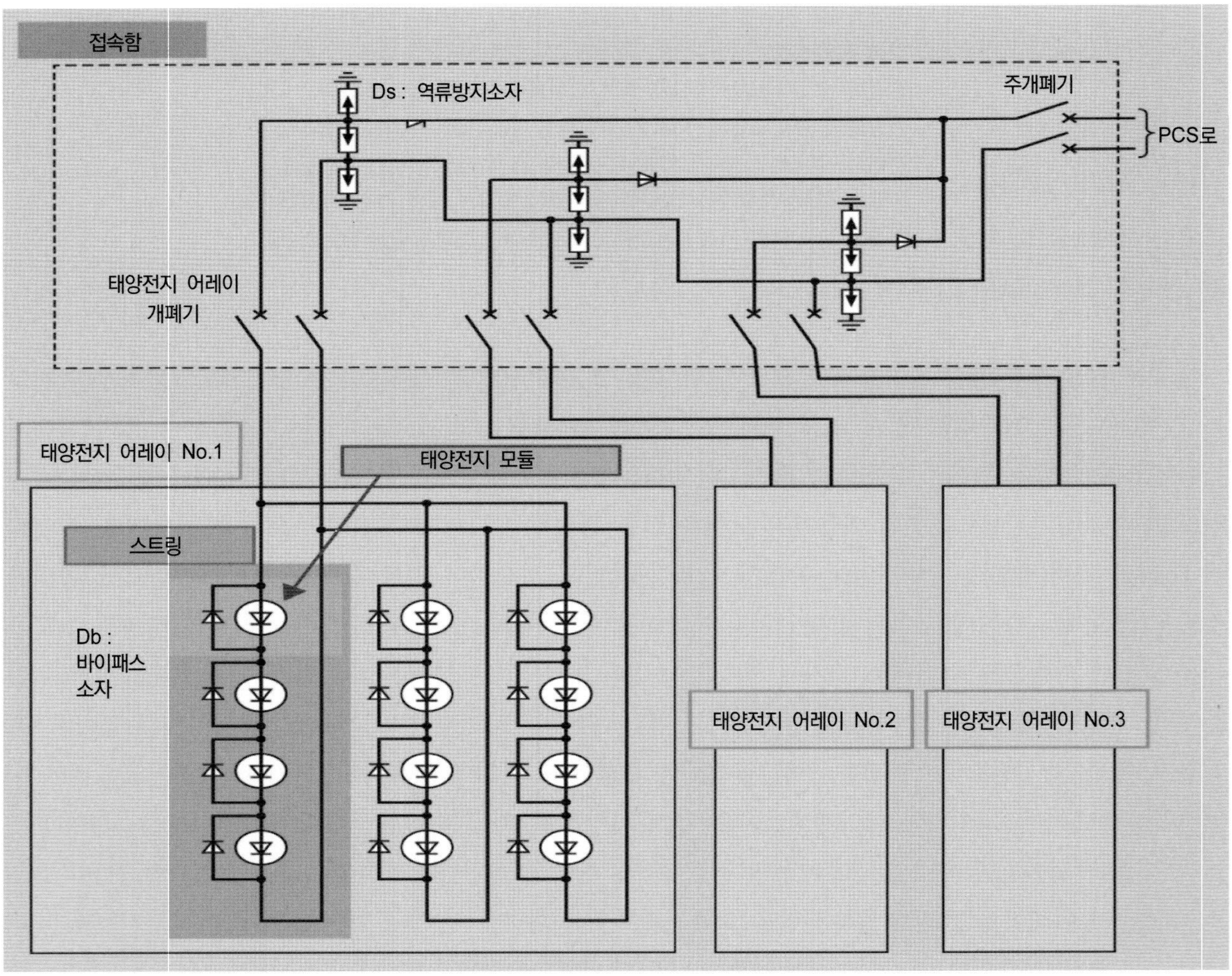

그림 33. 태양전지 어레이와 접속함의 구성 예

주택용 태양광 발전 시스템을 구성하는 단상 인버터처럼 작은 용량의 것에 관해서는 일반적으로 역률 1로 운전을 하므로 출력전압과 출력전류는 동상(同相)이 되고 좌표 변환을 이용하지 않고 비교적 간단하게 제어할 수 있는 순시 전류제어 방식이 많이 적용되고 있다. 그 기본 구성은 그림 34와 같다.

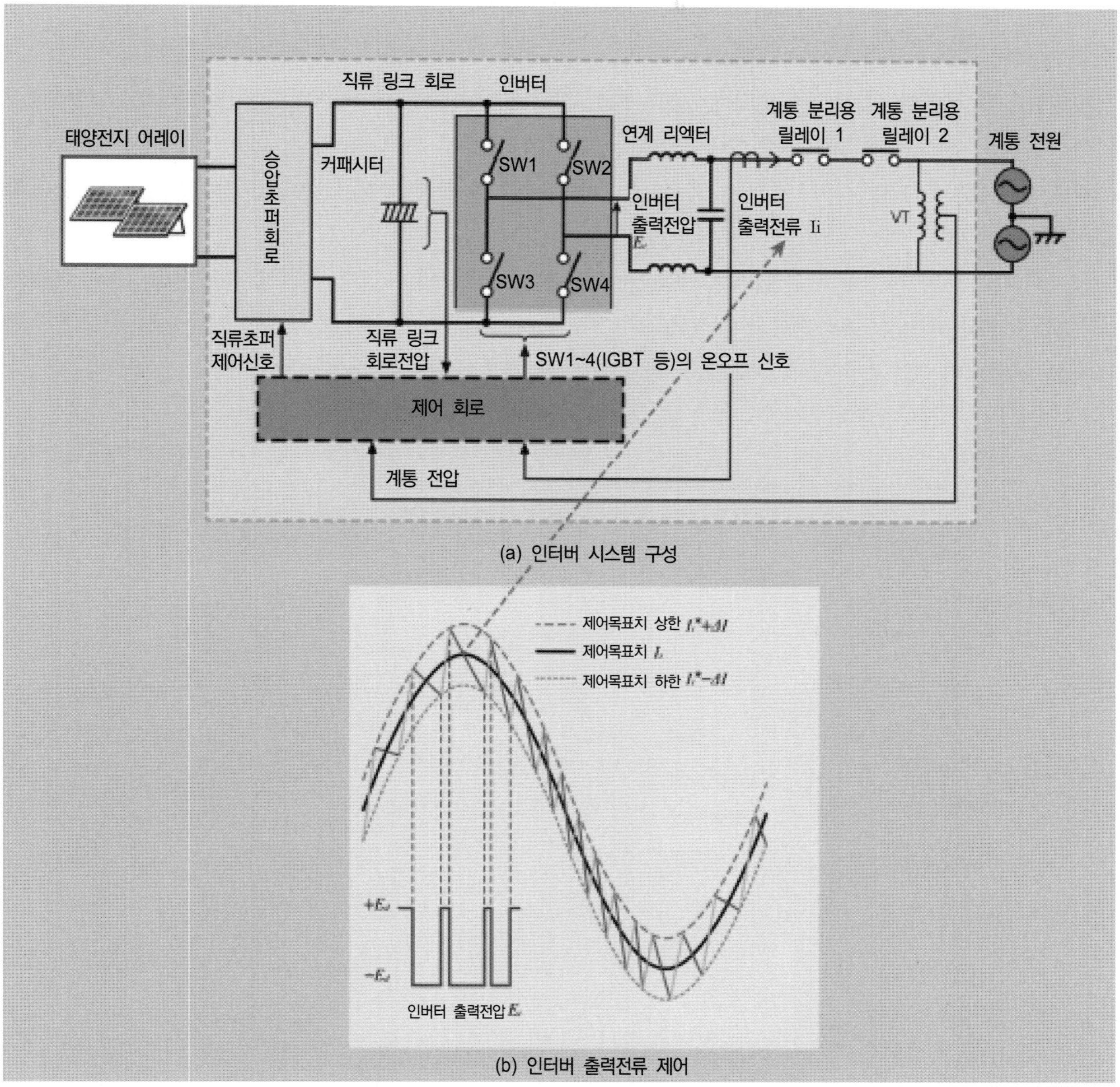

출처: 파나소닉(주) 멀티스트링형 PCS 표준사양서

그림 34. 단상 인버터 시스템 구성과 제어 원리

계통전압과 동상인 인버터 출력전류의 제어목표치 Ii*(순시치)를 조성하여 그에 대해 제어목표치 상한치(Ii*+ΔI), 제어목표치 하한치(Ii*-ΔI)를 정하고, 인버터 출력전류 Ii가 하한치에 달하면 인버터 스위치 SW1과 SW4를 ON, SW2와 SW3을 OFF로 하여 인버터의 출력전류를 증가시킨다. 이 전류가 상한치에 달하면 인버터의 스위치 SW1과 SW4를 OFF, SW2와 SW3을 ON으로 하여 인버터의 출력전류를 감소시킨다.

이처럼 하여 인버터 출력전류의 순시치가 제어목표치의 상·하한치 내에 안정되도록 제어된다. 승압 초퍼 회로로 태양전지 어레이의 전압을 승압시켜 인버터 직류링크 회로에 입력함에 동시에 태양전지 어레이의 전압을 바꾸어 MPPT[10] 제어를 한다.

인버터 출력전류의 제어목표치 Ii*는 그림 35의 제어회로에서 조성된다. 태양전지 어레이로 발전된 전력을 출력하기 위해 이 전력과 동일한 값이 유효전력 제어목표치로 설정된다(SW1, SW2는 2측). 인버터 출력전력을 이 제어목표치로 일치하도록 제어하기 위해 이 제어목표치와 유효전력 연산회로에서 연산된 인버터 출력전력과의 차이를 PI 제어회로[11] (비례·적분회로, P : Proportion, I : Integration)에 입력하여 그 출력으로 인버터 출력전류의 제어목표치(크기)를 얻는다. 또는 직류 링크 회로 전압 제어목표치와 그 회로의 정격전압을 설정하여 이 목표치와 직류 링크 회로 전압과의 차이를 PI 제어회로에 입력하여 그 출력으로 인버터 출력전류의 제어 목표치를 얻는다(SW1, SW2는 1측).

나중에 언급하는 FRT(사고 시 운전 계속) 요건에 대응하기 위해 PI 제어회로 출력에 리미터 회로(녹색)가 설치되어 있다.

동기회로(PLL)와 사인파형 출력회로, 구해진 계통전압과 동상의 사인파형에 그 출력전류의 제어목표치(크기)를 곱하면 인버터 출력전류의 제어목표치(순시치)를 얻을 수 있으므로 이것을 기준으로 앞서 언급한 것처럼 인버터의 IGBT에 대해 ON/OFF 제어를 한다.

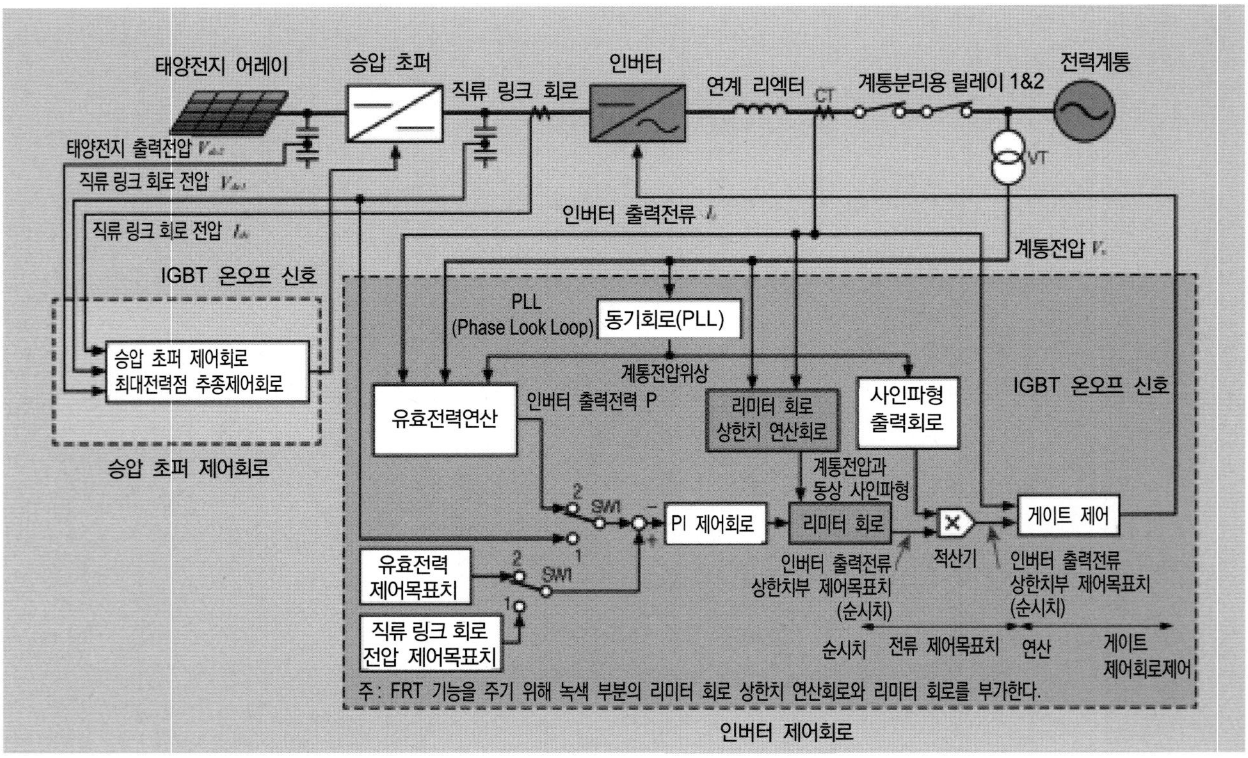

그림 35. 단상인버터의 제어회로

산업·공공용 태양광 발전 시스템의 3상 인버터에서는 응답성과 제어성 면에서 전류 제어방식이 일반적으로 적용되고 있다. 그림 36에 3상 인버터의 기본 구성과 제어회로를 나타낸다.

주요부는 ARR(자동유효전력제어부) 및 AQR(자동무효전력제어부)와 ACR(자동전류제어부)로 구성되어

10) MPPT (Maximum Power Point Tracking, 최대전력점 추적): 태양광 발전 인버터에 사용되는 기법으로, 광전지 배열로부터 가능한 최대 전력을 얻기 위한 것이다.

11) 미소한 잔류편차를 시간적으로 누적하여, 어떤 크기로 된 곳에서 조작량을 증가하여 편차를 없애는 식으로 동작시킨다. 이와 같이, 비례 동작에 적분 동작을 추가한 제어를 PI 제어라 부른다.

있으며 APR, AQR은 유효·무효전력 제어 목표치와 이러한 것들의 측정치와의 차이를 PI 제어회로에 입력하여 이러한 출력에서 유효전력 제어 목표치와 무효전류 제어 목표치를 얻는다.

ACR에서 전압·전류는 3상/2상 d/q축(또는 α/β축)에 좌표 교환된 값이 사용되고 있다. 유효전류 제어 목표치와 유효전류 측정치(q축 전류)와의 차이를 PI 제어회로에 입력하고 이러한 회로출력에서 얻어진 유효전류 및 무효전류와 계통전압 d/q축 전압연산회로에서 얻어진 계통전압 d/q축 전압을 d/q축 전압연산회로에 입력하여 이 회로에서 비간섭 제어로 인버터 출력 d/q축 전압(변조파)을 얻는다. 이러한 전압을 3상으로 역변환하여PWM 제어로 인버터의 IGBT에 대해 ON/OFF 신호를 제공한다.

APR에서는 태양전지 어레이 출력전력의 측정치를 유효전력 제어 목표치로 제공하는 방식과 (SW1, SW2는 2측), 직류링크 회로로 전압의 정격전압을 제어 목표치로 제공하고, 이것과 이 회로전압 측정치와의 차이를 PI 제어회로에 입력하여 유효전류 제어 목표치를 얻는 방법이 있다(SW1, SW2는 1측). PI 제어회로의 출력에 리미터 회로(녹색)를 설치한 것은 나중에 언급하는 것처럼 FRT 요건에 대응하기 위함이다.

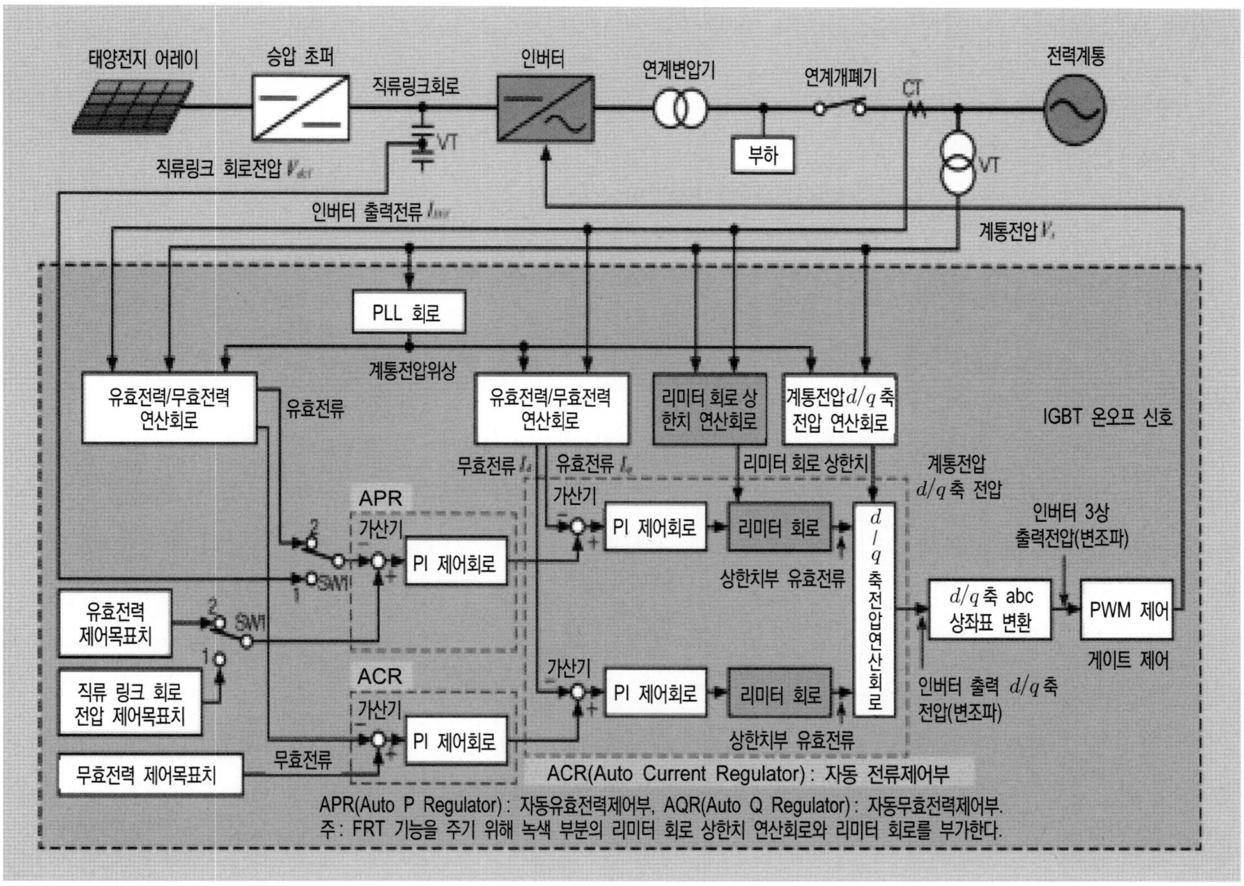

그림 36. 3상 인버터의 제어회로

2-3. 태양전지의 온도의 영향[12)]

[태양광 모듈의 온도 (PV Module Temperature)]

태양전지를 태양광 모듈로 봉지(封止, encapsulation)함에 따라 원하지 않게 발생하는 부작용은 모듈 내외부로의 열의 흐름이 봉지에 의해 바뀌고 그에 의해 모듈의 동작 온도가 상승한다는 점이다. 이렇게 온도가

12) PVCDROM : 태양광 개론, 한국에너지기술연구원(윤경훈 역), 2016.

올라가면 전압을 낮추게 되고 결과적으로 출력 전력을 낮추어 태양광 모듈에 큰 영향을 미치게 된다. 게다가, 온도의 상승은 여러 가지 결함이나 열화에도 관계를 하게 되는데, 왜냐하면 온도의 상승이 열팽창과 연관되어 스트레스를 증가시키고 또한 온도가 10℃올라갈 때 마다 약 2배 정도 열화 속도가 증가하기 때문이다. 모듈의 동작온도는 모듈이 생산하는 열, 외부로 손실되는 열과 주위 동작온도 사이의 평형에 의해 결정된다. 모듈이 생산하는 열은 모듈의 동작온도, 모듈과 태양전지의 광학적 특성 그리고 모듈에서 태양전지의 패킹 밀도에 의존한다. 주위로 손실되는 열은 3가지 메커니즘 중의 하나에 의해 진행되는데, 그것은 전도(conduction), 대류(convection) 그리고 복사(radiation)이다. 이들 손실 메커니즘은 모듈 재료의 열저항, 모듈의 방사특성 그리고 주위 조건(특히 풍속)에 의존한다.

[태양광 모듈에서의 열 발생 (Heat Generation in PV Modules)]

태양광에 노출된 태양광 모듈은 전기뿐 아니라 열도 생산한다. 최대 출력점에서 동작하는 전형적인 상업용 모듈의 경우 입사 태양광의 약 10~15%만 전기로 변환되고 나머지 대부분은 열로 변환된다. 모듈의 가열에 영향을 미치는 인자들은 아래와 같다.

1. 모듈 상단으로부터의 반사
2. 모듈의 전기적 동작점
3. 태양전지로 커버되지 않는 영역에서 모듈에 의한 빛의 흡수
4. 모듈 혹은 태양전지에서 낮은 에너지(적외선) 빛의 흡수
5. 태양전지의 패킹 밀도

[앞면 반사 (Front Surface Reflection)]

모듈의 앞면으로부터 반사된 빛은 전력생산에 기여하지 않는다. 이런 빛은 최소화시켜야 할 전기적인 손실 메커니즘으로 간주한다. 반사된 빛은 모듈을 가열하는 데 기여하지도 않는다. 따라서 모듈의 최대 온도 상승은 입사된 전력에 반사율을 곱한 것으로 계산한다. 상단이 유리로 된 보통 모듈의 경우, 반사된 빛은 입사에너지의 약 4%이다.

[모듈의 동작점과 효율 (Operating Point and Efficiency of the Module)]

태양전지의 동작점과 효율이 태양전지에 의해 흡수된 빛 중에서 전기로 변환되는 빛의 비율을 결정한다. 만약 태양전지가 단락전류나 개방전압에서 동작한다면 전기를 생산하지 못하는 것으로, 태양전지가 흡수하는 모든 전력은 열로 변환된다.

[모듈에 의한 빛의 흡수 (Absorption of Light by the PV Module)]

태양전지가 아닌 모듈의 여타 부분에 의해 흡수되는 빛도 모듈을 가열하는데 기여한다. 얼마나 많은 빛이 흡수되고 반사되는 지는 모듈의 후면 지지층(backing layer)의 색깔과 재료에 의해 결정된다.

[적외선의 흡수 (Absorption of Infra-red Light)]

태양전지의 밴드갭보다 작은 에너지를 가진 빛은 전력 생산에 기여하지 못하나, 만약 태양전지나 모듈에 의해 흡수되면 가열에는 기여한다. 태양전지의 후면에 있는 알루미늄은 이 적외선 빛을 흡수하는 경향

이 있다. 태양전지 후면이 알루미늄으로 완전히 덮여 있지 않은 경우에는 적외선이 태양전지를 통과하여 모듈을 빠져나가게 된다.

[태양전지의 패킹 밀도 (Packing Factor of the Solar Cells)]

태양전지는 특별히 태양 복사를 효율적으로 흡수하도록 설계되어 있다. 태양전지는 모듈 봉지재와 후면 지지층보다 훨씬 더 많은 열을 생산한다. 그러므로 태양전지의 패킹 밀도가 높으면 단위 면적당의 열 생산도 증가한다.

[태양광 모듈에서의 열 손실 (Heat Loss in PV Modules)]

태양광 모듈의 동작 온도는 모듈이 생산한 열과 주위 환경으로 손실되는 열 사이의 평형이다. 세 가지 주요 열 손실 메커니즘이 있는데, 전도, 대류 그리고 복사이다. 모듈의 온도는 태양광에 의해 모듈이 생산한 열과 모듈로부터의 전도, 대류, 복사에 의한 손실 사이의 평형에 의해 결정된다.

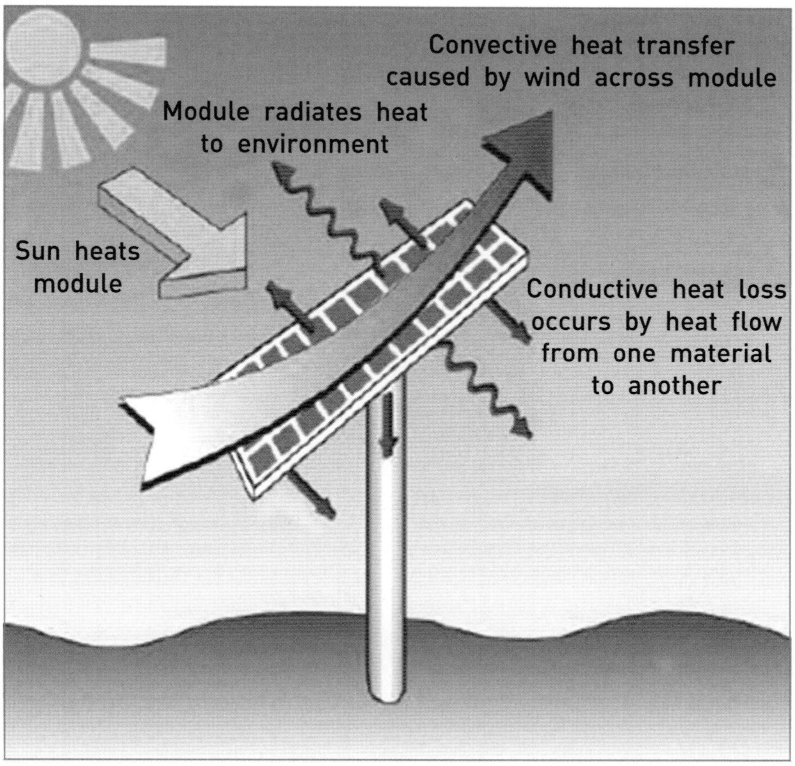

그림 37. 태양광 모듈로부터의 열 손실

[열전도 (Heat Conduction)]

열전도에 의한 손실은 모듈과 모듈이 접촉하고 있는 여타 재료(주위 공기 포함) 사이의 열 구배에 의한 것이다. 모듈이 그 주위로 열을 전달하는 성능은 태양전지를 봉지하는데 사용한 재료의 열저항과 형태에 의해 좌우된다. 전도에 의한 열흐름은 전기회로에서의 전류 흐름과 유사하다. 전도에 의한 열흐름에서는 온도 차이가 주어진 열저항을 가진 재료에서 열전달을 가능케 하는 구동력이고, 반면에 전기회로에서는 전압의 차이가 특정 전기 저항을 가진 재료에서의 전류 흐름을 야기한다. 그러므로 온도와 열(즉 전력) 사이의 관계는 저항기에서의 전압과 전류 관계식과 유사한 방정식으로 주어진다. 재료가 균일하고 정상 상태에 있다고 가정하면 열전달과 온도 사이의 방정식은 다음과 같이 주어진다.

$$\Delta T = \Phi P_{heat} \tag{3.1}$$

여기서,

P_{heat} : 모듈에 의해 생산된 열(전력).

Φ : 방사 표면의 열저항 (℃/W)

ΔT : 두 재료 사이의 온도 차이 (℃)

모듈의 열저항은 재료의 두께와 그 열저항률(혹은 전도도)에 의존한다. 열저항은 전기저항과 유사하고 열저항의 방정식은 아래와 같다.

$$\Phi = \frac{1}{K}\frac{\ell}{A} \tag{3.2}$$

여기서,

A : 열을 전달하는 표면의 면적

ℓ : 열이 통과하여야 하는 재료의 길이

K : 열전도도 (W/m·℃)

좀 더 복잡한 구조의 열저항을 구하기 위해서는 개별 열저항을 직렬 혹은 병렬로 합할 수도 있다. 예를 들어, 앞면과 후면 모두 모듈로부터 주위로 열을 전달하므로 이들 두 가지메커니즘이 상호 병렬적으로 동작하고, 앞면과 후면의 열저항이 병렬로 축적된다. 대안으로 모듈에서는 봉지재와 앞 유리의 열저항이 직렬로 합해진다. 전 그림은 프레임과 테두리의 전도를 무시한, 단순한 태양광 모듈의 열저항 다이어그램이다.

[대류 (Convection)]

대류성의 열전달은 하나의 재료가 다른 재료의 표면을 가로질러 움직임에 따라, 그 결과로 하나의 표면으로부터 바깥쪽으로 열을 전달하는 것에 기인한다. 태양광 모듈에서 대류성 열전달은 모듈 표면을 가로질러 부는 바람에 기인한 것이다. 이 프로세스로 전달되는 열은 다음 식으로 주어진다.

$$P_{heat} = hA\Delta T \tag{3.3}$$

여기서,

A : 두 재료 사이의 접촉 면적

h : 대류 열전달 계수 (W/m^2· ℃)

ΔT : 두 재료 사이의 온도 차이 (℃).

열저항과는 달리, h는 직접 계산하기 복잡하여 흔히 특정 시스템과 조건에서 실험적으로 결정되는 인자이다.

[복사 (Radiation)]

태양광 모듈이 주위로 열을 전달하는 마지막 방법은 복사를 통해서이다. 흑체복사(Blackbody Radiation)에서 설명한 바와 같이 물체는 그 온도를 기준으로 복사에너지를 방사한다. 흑체에 의해 방사되는 출력밀도는 다음 식으로 주어진다.

$$P = \sigma T^4 \tag{3.4}$$

여기서,

P : 모듈에 의해 열로 생산되는 출력

σ : Stefan-Boltzmann 상수

T : 태양전지의 온도 (K)

그러나 태양광 모듈은 이상적인 흑체가 아니기 때문에, 비이상적인 흑체를 고려하기 위하여 흑체 방정식은 재료나 물체의 방사율(emissivity) ε라 부르는 인자를 포함시켜 수정한다. 완전한 방사체(혹은 흡수체)인 흑체는 방사율이 1 이다. 어떤 물체의 방사율은 흔히 그 흡수특성으로 판단하는데, 왜냐하면 그 두 개가 통상적으로 매우 유사하기 때문이다. 예를 들어 흡수가 감소된 금속은 또한 방사율도 0.03 범위로 더 낮다. 어떤 표면으로부터 방사된 출력밀도에 방사율을 포함시키면 다음 식이 된다.

$$P = \varepsilon\sigma T^4 \tag{3.5}$$

여기서,

ε : 표면의 방사율

나머지 변수는 위와 동일하다.

복사에 의한 모듈로부터의 열이나 혹은 출력의 net 손실은 주위로부터 모듈로 방사된 열과 모듈로부터 주위에 방사된 열 사이의 차이이다. 수학적인 형식은 아래와 같다.

$$P = \varepsilon\sigma\left(T_{sc}^4 - T_{amb}^4\right) \tag{3.6}$$

여기서,

T_{sc} : 태양전지의 온도

T_{amb} : 태양전지 주위의 온도

그리고 나머지 변수는 위와 같다.

[태양전지의 명목상의 동작 온도 (Nominal Operating Cell Temperature)]

태양광 모듈은 통상 25℃, 1 kW/m^2 조사 하에서 등급을 결정한다. 그러나 실제로 옥외에서 동작할 때 통상은 더 높은 온도에서 그리고 약간 더 낮은 일조 조건에서 동작한다. 태양전지의 출력전력을 결정하기 위해서는 태양광 모듈의 예상 동작온도를 결정하는 것이 중요하다. 명목상의 동작온도[13] (Nominal Operating Cell Temperature : NOCT)는 아래 조건 하에서 모듈을 개방회로로 하였을 때 도달되는 온도로 정의한다.

1. 표면에서의 일조강도 = 800 W/m^2
2. 공기 온도 = 20℃
3. 풍속 = 1 m/s
4. 모듈 지지 방법 = 후면을 개방한 상태 (open back side)

태양광 복사와 모듈과 공기 사이의 온도 차이를 나타내는 방정식은, 열저항과 대류 열전달계수가 온도와 함께 크게 변하지 않으면, 전도와 대류 손실 둘 다는 주어진 특정 풍속 하에서 입사되는 태양 일조(solar insolation)와 직선관계인 것을 보여준다. 최상, 최악 그리고 평균적인 모듈의 경우의 NOCT가 아래 그림에

13) 일반적인 운전상태(정상 작동 조건)에서의 온도.

나타나 있다. 최상의 경우는 냉각을 위해 모듈의 후면에 알루미늄 핀(fin)을 부착한 경우이며, 냉각에 의해 열저항이 감소하고 대류에 필요한 표면적이 증가하게 된다.

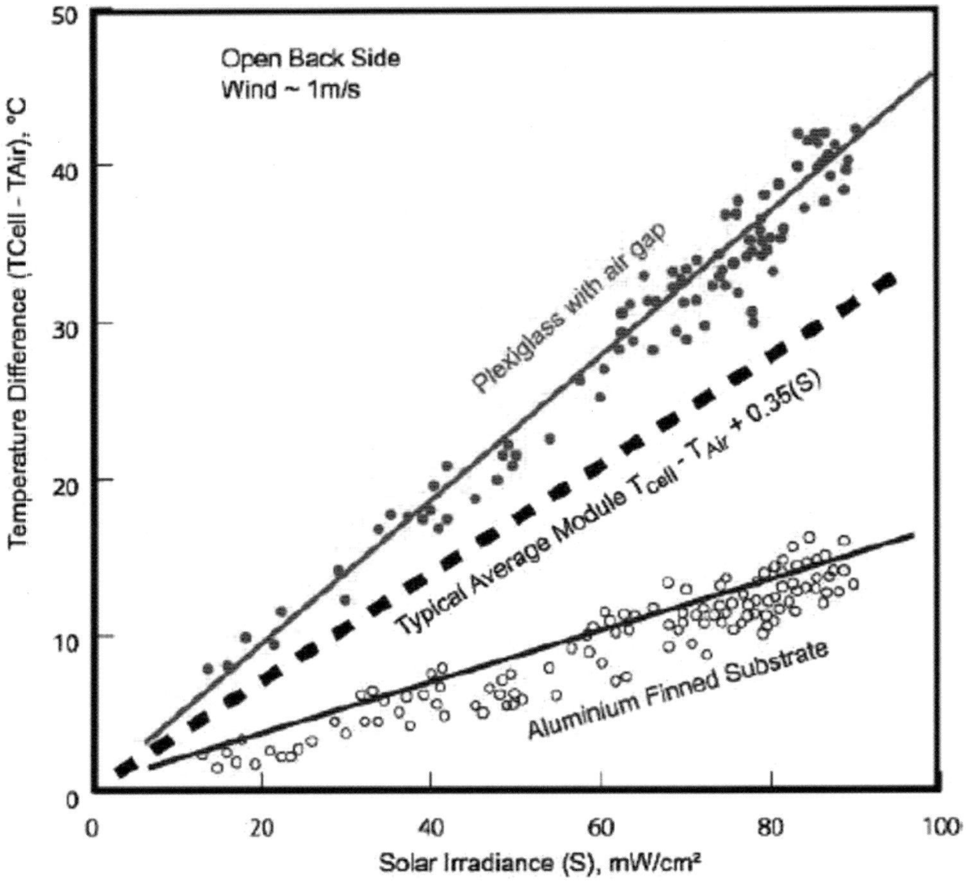

그림 38. 태양전지 모듈의 온도특성

최상의 모듈은 NOCT 33℃에서, 최악의 모듈은 58℃에서 그리고 통상 모듈은 48℃에서 동작한다. 온도를 계산하는 근사 표현은 다음과 같이 주어진다.

$$T_{cell}=T_{air} + \frac{NOCT-20}{80}S \quad (3.7)$$

여기서,

S = 일조강도(mW/cm^2).

모듈 온도는 풍속이 높을 때는 이보다 더 낮고, 바람이 없으면 이보다 더 높다.

[모듈 설계가 NOCT에 미치는 영향 (Impact of Module Design on NOCT)]

모듈의 재료와 패킹 밀도를 비롯한 모듈 설계가 NOCT에 큰 영향을 미친다. 예를 들어, 패킹 밀도가 낮고, 열저항이 감소된 후면은 온도가 5°C 혹은 그 이상 차이가 난다.

[모듈 지지 방법의 영향 (Impact of Mounting Conditions)]

전도성과 대류성 열전달은 모두 모듈의 지지대 설계에 의해 큰 영향을 받는다. 주위와 열교환을 할 수 없는 후면(즉, 중간에 공기층 없이 지붕에 직접 설치된 후면이 덮여 있는 경우)은 실제로 후면 열저항이 무한하다고 볼 수 있다. 마찬가지로 이런 조건에서 대류는 모듈의 앞면으로부터의 대류에 한정된다. 이렇게 지붕에 일체화시킨 모듈 지지 방식에서는 동작온도가 더 높게 되고, 모듈온도가 10℃ 정도 올라간다.

[열팽창과 열응력 (Thermal Expansion and Thermal Stresses)]

열팽창은 모듈을 설계할 때 고려해야 할 또 다른 중요한 온도 효과이다.

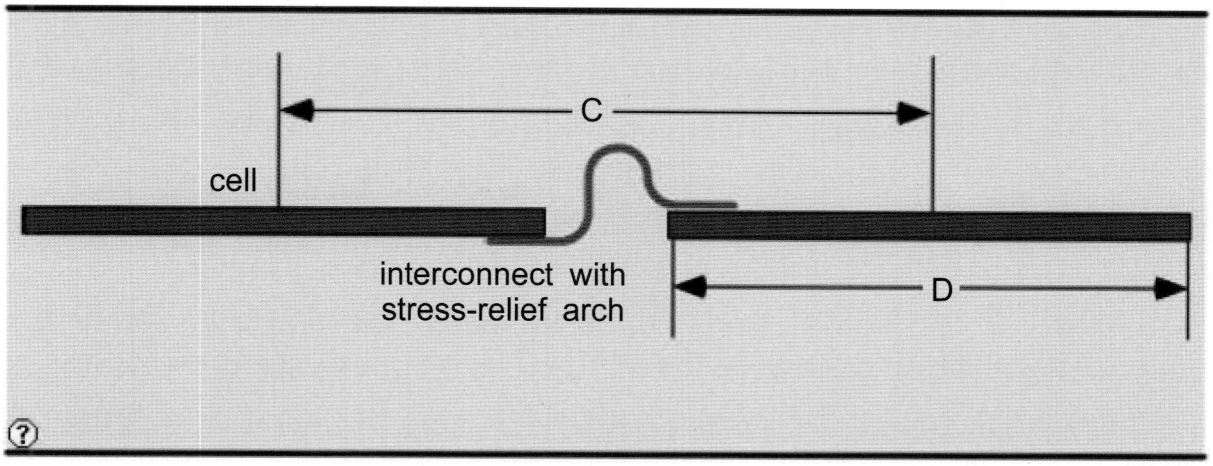

그림 39. 태양광 모듈의 열팽창

여기서 응력이완루프(stress relief loop)는 온도가 상승하고 있는 태양전지 사이의 팽창을 수용하기 위해 사용한다. 태양전지 사이의 간격이 δ 만큼 증가할 때의 표현식은 아래와 같다.

$$\delta = (\alpha_G C - \alpha_C D)\ \Delta T \tag{3.8}$$

여기서,

α_G, α_C : 유리와 셀의 팽창계수

D : 셀의 폭

C : 셀의 중심과 중심 사이의 거리

통상, 태양전지 사이의 상호 연결은 보는 바와 같이 사이클 응력을 최소화하기 위해 고리모양을 하고 있다. 이런 응력에 의해 야기되는 피로 파괴 확률로부터 보호하기 위해 이중으로 상호 연결하는 방식도 사용된다. 상호 연결에 의한 응력 외에도, 모든 모듈의 계면은 온도와 관련된 사이클 응력을 받는데, 이는 결국에는 모듈의 계면파손(delamination)으로 연결된다.

3. 태양전지의 종류[14)]

태양전지의 분류는 크게 반도체 소재에 따른 분류와 이용분야 또는 태양전지 구조에 따른 분류로 나누어 생각할 수 있다.

14) 차세대 태양전지, 한국과학기술정보연구원(김희제, 박종규), 2007.

3-1. 재료에 따른 분류

1980년대 이후 태양전지 제조에 가장 먼저 사용된 반도체 재료가 단결정실리콘이다. 이후 태양전지 시장에서 차지하는 비중이 많이 떨어지긴 하였지만 현재로서도 시장, 특히 대규모 발전시스템 분야에서 가장 널리 이용되고 있다. 이는 단결정실리콘으로 만든 태양전지의 효율이 기타 재료로 만든 태양전지에 비해 변환효율이 높기 때문이다. 반면에 가격은 아직 높은데, 그 해결방안으로 보다 저급의 실리콘을 이용하는 방법, 대량생산 및 공정 개선에 의한 방법 등이 시도 또는 계획되고 있다. 다결정실리콘 태양전지는 원재료로 저급의 실리콘 웨이퍼를 사용하는데, 따라서 효율은 단결정실리콘에 비해 낮은 반면 가격은 싸다. 그리고 이용 분야도 주택용 시스템 등이 주 대상이다. 단결정 및 다결정실리콘은 벌크 상태의 원재료로부터 태양전지를 만들기 때문에 원재료비가 비싸고, 공정 자체가 복잡하여 가격의 절감 측면에서는 한계가 있을 수밖에 없다. 이와 같은 문제점을 해결하기 위한 방안으로 기판의 두께를 혁신적으로 줄이는 기술, 또는 유리와 같이 값싼 기판 위에 박막형태의 태양전지를 증착시키는 기술이 주목을 받고 있다. 기존의 박막 제조공정을 이용할 경우 보다 값싼 방법으로 태양전지의 대량생산이 가능하기 때문이다.

박막 태양전지 중 가장 처음으로 개발된 것이 비정질실리콘으로 기존 결정질실리콘 태양전지의 약 1/100에 해당하는 두께만으로도 태양전지의 제조가 가능하다. 하지만 결정질실리콘 태양전지에 비해 효율이 낮고, 특히 초기 빛에 노출될 경우 효율이 급격히 떨어지는 단점이 있다. 따라서 대규모 발전용으로는 사용되지 못하고, 시계, 라디오, 완구 등 소규모 가전제품의 전원용으로 주로 사용되고 있었는데, 최근 효율의 향상과 함께 초기 열화현상을 최소화할 수 있는 다중 접합 구조의 비정질실리콘 태양전지의 개발과 함께 일부 전력용으로 이용되기 시작하였다.

뒤이어 출현한 박막 태양전지가 CdTe, CuInSe2 계의 화합물 반도체를 소재로 한 것이다. 비정질실리콘에 비해 효율이 높고, 또한 초기 열화현상이 없는 등 비교적 안정성이 높은 태양전지로 현재 CdTe는 대규모 전력용으로 사용하기 위한 실증시험 중에 있다. CuInSe2는 실험실적으로 만든 박막 태양전지 중에서 가장 높은 변환효율을 기록하고 있는데, 아직까지 파일럿 생산단계로 대량생산 단계까지는 이르지 못하고 있다. 이들 박막 태양전지는 전력용으로 사용되기까지는 앞으로도 더 많은 연구개발이 필요할 것으로 예상되고 있다. 다결정 박막 실리콘은 최근에 주목을 받기 시작하였는데, 부존량이 풍부한 실리콘을 원재료로 하고 있고, 또한 박막 태양전지 제조공정을 이용하여 대량생산을 통해 가격을 획기적으로 절감할 수 있다는 장점을 지니고 있다. 최근 일본의 Kaneka에서 제품을 생산하고 있지만, 아직 가격 측면에서 기존 결정질실리콘 태양전지와 별 차이를 보이지 못하고 있다.

[NREL 차트 보는 법]

대분류는 왼쪽 상단에 색으로 구분된다.

① **보라색**은 서로 다른 반도체 재료로 만들어진 다중 p-n 접합으로 되어 있는 다중접합 태양전지(Multijunction cells)와 단일접합갈륨비소(Single-junction GaAS) 태양전지이며 각 방식 중 최고효율을 기록한 태양전지가 연대순으로 기록된다. 그리고 각 기록을 달성한 기관이 명시되어 있다.

② **파란색**은 결정질(Crystalline) 실리콘 태양전지이다.

③ **녹색**은 CIGS, CdTe와 같은 박막형(Thin film) 태양전지이다.

④ **주황색**은 염료감응형(Dye-sensitized cells), 페로브스카이트(Perovskite cells), 유기 (Organic cells) 태양전지와 같은 차세대 태양전지이다.

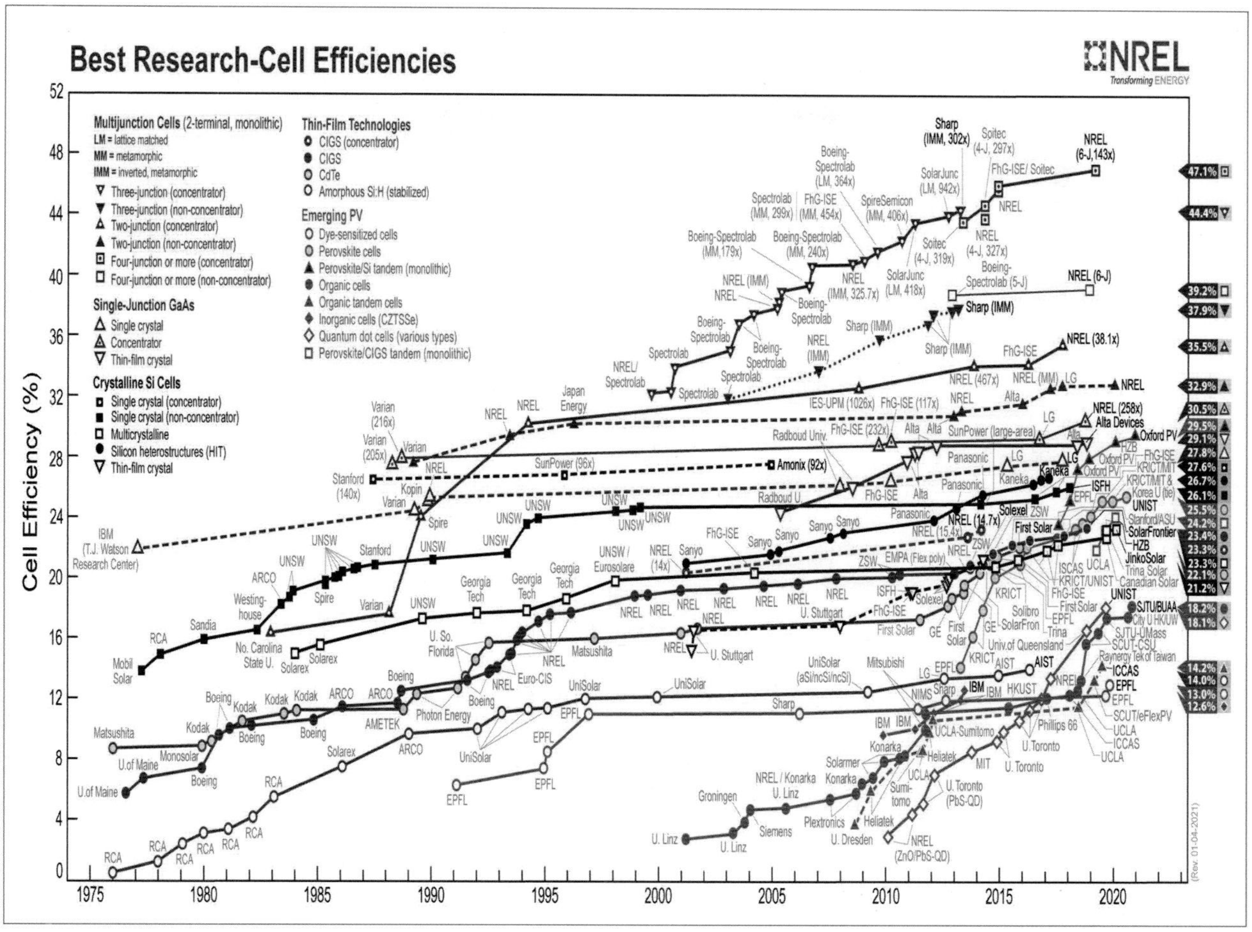

출처: NREL, http://www.nrel.gov/ncpv, 2021

그림 40. Best Research Cell Efficiencies (부문별 세계 최고 변환효율을 갖는 태양전지의 변천)

GaAs, InP 등의 단결정으로부터 만든 화합물 태양전지는 결정질실리콘 태양전지보다 더 높은 효율을 나타내는데, 가장 큰 단점은 가격이 매우 비싸다는 점이다. 따라서 그 용도도 지상 발전용보다는 우주선 등의 전원 공급용에 국한되어 있는데, 가격도 지상용 태양전지의 수백 배에 이른다. 가격을 절감하여 지상용으로 사용하기 위해서는 값싼 기판 위에 박막으로 제조해야 하는데, 아직까지 실용화 단계에 이르지 못하고 있다. 얇고 가벼운 플라스틱 태양전지로서의 가능성을 지닌 유기분자형 태양전지 역시 최근 활발히 연구가 진행되고 있으나 최고 효율 2~3% 정도로 매우 낮다. 90년대 초반부터는 100% 무기 반도체 대신 유무기 혼합 또는 순수 유기 태양전지가 주목받고 있다. 1991년 스위스 로잔 공과대학의 Gratzel 그룹에서 개발한 염료를 소재로 광합성원리를 이용한 염료감응 광전기 화학 태양전지는 제조단가가 기존 실리콘 태양전지에 비해 현저히 낮다.

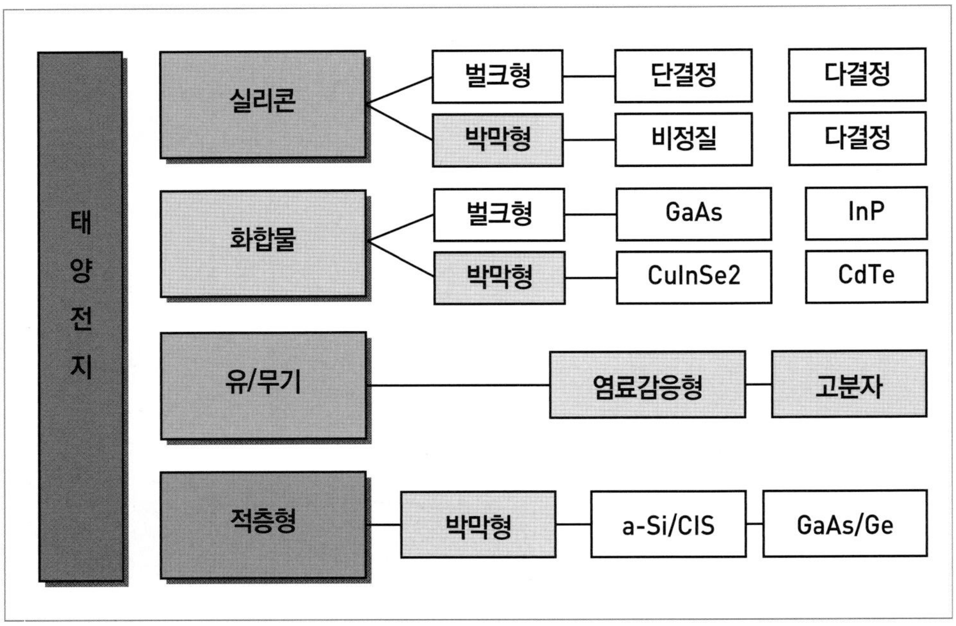

출처 : http://nanotube.korea.ac.kr (Nanoelectronics Laboratory(Korea University))

그림 41. 태양전지의 종류

3-2. 실리콘 태양전지 (Silicon solar cell)

실리콘 태양전지는 결정질실리콘 태양전지와 비정질 태양전지로 나눌 수 있다. 태양전지의 본구조 및 전기 생산과정을 실리콘 태양전지 단면도를 이용하여 그림 42에 나타내었다. 실리콘 태양전지는 p형과 n형 반도체를 접합시키고 ('p-n 접합') 앞뒤 표면에 금속전극을 붙여 제작한다. 빛이 도체에서 흡수되면 전자와 정공 쌍이 생성되고, 전자와 정공은 p-n 접합부에 존재하는 전기장의 영향으로 서로 반대 방향으로 흘러간다. 따라서 도선으로 연결된 외부 회로에 전기가 발생하게 된다. 결정질실리콘 태양전지 (Crystalline silicon solar cell)는 크게 단결정 (Single crystal) 형태와 다결정 (Polycrystalline) 형태의 재료로 나뉘며 기본적으로 p-n 동종접합 (homojunction)으로서 태양전지에 사용된다.

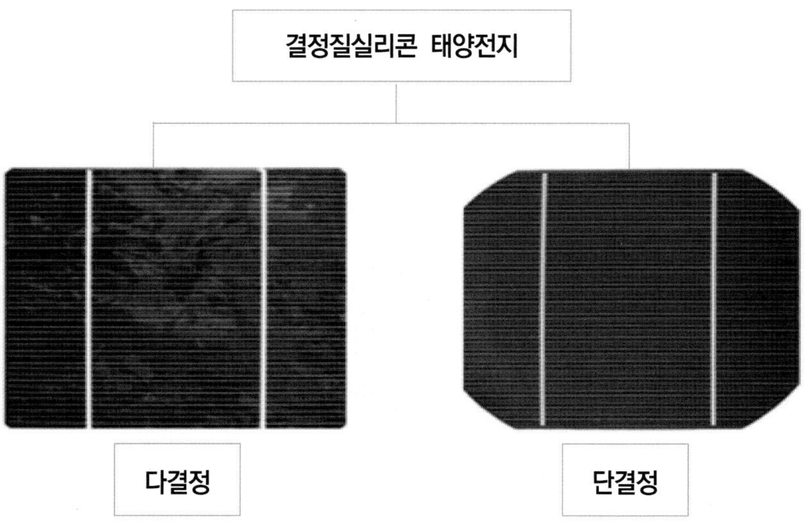

그림 42. 결정질실리콘 태양전지

광전 에너지 변환 효율을 높이기 위해서는 (i) 가급적 많은 빛이 반도체 내부에서 흡수되도록 하고, (ii) 빛에 의해 생성된 전자와 정공 쌍이 소멸되지 않고 외부 회로까지 전달되도록 하며, (iii) p-n 접합부에 큰 전기장이 생기도록 소재 및 공정을 설계해야 한다.

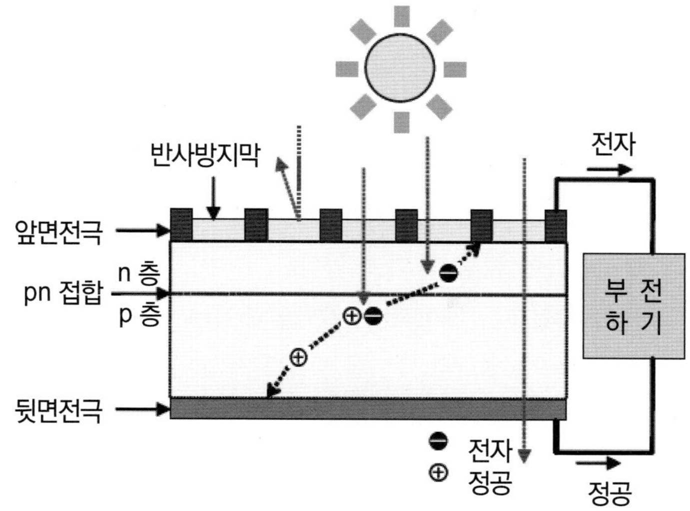

그림 43. 실리콘 태양전지의 기본구조 및 작동원리

단결정은 순도가 높고 결 정결함 밀도가 낮은 고품위의 재료로서 당연히 높은 효율을 달성할 수 있으나 고가이고, 다결정 재료는 상대적으로 저급한 재료를 저렴한 공정으로 처리하여 상용화가 가능한 정도의 효율의 전지를 낮은 비용으로 생산하려는 의도로 사용된다. 단결정실리콘을 사용한 전지는 집광장치를 사용하지 않은 경우의 기록이 약 24%정도이며 집광장치를 사용한 전지는 28%이상의 효율이 발표되었다. 다결정 실리콘 전지는 약 18%효율이 발표되었는데, 효율의 도달 한계치는 단결정이 35%, 다결정이 19% 정도인 것으로 예측된 바 있다.

비정질실리콘 태양전지(Amorphous Silicon Solar Cell) (a-Si)는 가장 상업적으로 성공한 최초의 박막 형의 태양전지이다. 그러나 이 태양전지는 아직은 1980년대부터 예상되어왔던 만큼의 효율은 현재 보이지 않고 있다. 그 이유는 빛을 받을 때 a-Si이 상당히 열화되기 때문이다. 빛을 쪼여줄 때 발생하는 열화는 약 20%정도로 제한될 수 있다. 따라서 재료의 가공기술과 디바이스 디자인을 얼마나 발전시키는가가 a-Si의

그림 44. 비정질실리콘 태양전지

효율을 안정화 시키는 관건이 된다. 다중접합(Multijunction)을 이용하는 디바이스(복합셀 내에서 더욱더 얇은 흡수층을 가능하게 한다)와 빛을 잡아두는 방식은 안정된 효율의 태양전지를 제작하게 할 수 있다. 현재 이런 방법으로 비정질실리콘 태양전지의 효율은 약 12% 이상 그리고 모듈(Module, 1평방 피트) 로서는 10% 이상의 고효율을 기록하고 있다.

3-3. 박막 태양전지

현재 태양전지 시장의 주종은 결정질실리콘 기판을 이용한 태양전지이다. 하지만 결정질실리콘은 기판 소재 비용이 전체 가격대비 차지하는 비중이 높고 잉곳 → 웨이퍼 → 전지 → 모듈 등의 단속적이고 복잡한 공정을 거쳐야 하기 때문에 가격 저감에 한계가 있다. 또한 최근의 실리콘 원소재 가격 급등은 전체적인 태양광 발전 시스템의 발전단가에 부담이 되고 있다.

이러한 문제를 극복하기 위하여 실리콘 웨이퍼의 두께를 줄이는 기술과 함께 박막형 태양전지가 대안으로 제시되고 있다. 박막 태양전지는 수 μm의 박막을 태양전지 광흡수층으로 이용함으로서 원소재 소모가 극히 적으며, 반도체 공정을 사용하기 때문에 연속공정이 가능하다. 또한 유리, 금속 등의 기판을 사용하게 되면 저가의 건물일체형 태양전지 모듈도 제조할 수 있다.

무기박막 태양전지는 광흡수층 소재에 따라 실리콘 박막, 화합물 박막 태양전지로 구분되며, I-III-VI2 화합물인 Cu(In,Ga)Se_2(CIGS) 박막 태양전지와 II-VI족 화합물인 CdTe 태양전지가 화합물 박막 태양전지에 포함된다. 또한 CIGS, CdTe 모두 Se, Te 등의 VI족 원소를 사용하기 때문에 칼코지나이드계 소재로 표현되기도 한다[15].

(a) 실리콘 박막 태양전지

실리콘 박막 태양전지의 역사는 멀리 1969년 이전까지 올라가며 초기에 아몰포스 실리콘 박막을 스퍼터링(sputtering) 등의 방법으로 증착하는 것으로부터 시작된다. 실리콘 박막은 SiH_4와 H_2의 혼합 가스를 주입하고 PECVD (Plasma Enhanced Chemical Vapor Deposition) 방법으로 증 착하게 되며, 여러 주변 성막 조건이 고정된 하에서 H_2 가스 분량이 총 가스에서 차지하는 양에 따라 그림 45에서 보는 바와 같이 크게 3종류의 박막이 증착될 수 있다.

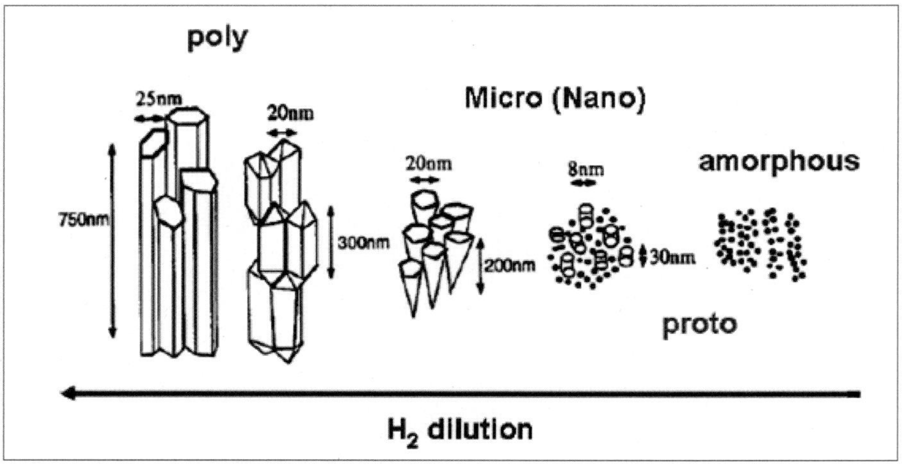

그림 45. 실리콘 박막의 분류

15) Korea University. (2019). “Nanoelectronics Laboratory.” Solar Cell: http://nanotube.korea.ac.kr/?page_id=2196에서 검색됨.

여기서 아몰포스 상(Phase)은 전혀 결정을 포함하고 있지 않은 상태이며 원자들의 배열이 비방향성 결합구조(random network)를 형성하고 있다. 마이크로 결정(Micro)은 아몰포스와 결정상 모두가 구조 내에 존재하나 그 기본 형상의 크기가 20 nm 가량이 된다. 반면 폴리 결정(Poly)은 결정만으로 구성되어 있고, 아몰포스 상은 포함되지 않은 구조를 가지고 있으며, 그 기본 형상의 크기가 20 nm 이상인 것을 특징으로 한다. 연구자에 따라서는 아몰포스 상과 마이크로 결정상의 경계에 프로토(Proto) 상이 존재한다고 하는데, 이 상은 TEM(Tunneling Electron Microscopy) 분석으로 보면 소수 원자들의 결정들이 상호간에 비방향성 결정구조를 보여주면서 우수한 태양전지 특성을 갖는 상을 말한다.

실리콘 박막 태양전지의 세대 분류는 그림 46에서 보는 바와 같이 크게 3가지로 나누어 볼 수 있다.

Single Junction cell	Tandem (double Junction) cell	Triple Junction cell
Efficiency : 6~7%	Efficiency : 9~11%	Efficiency : 〉 10%
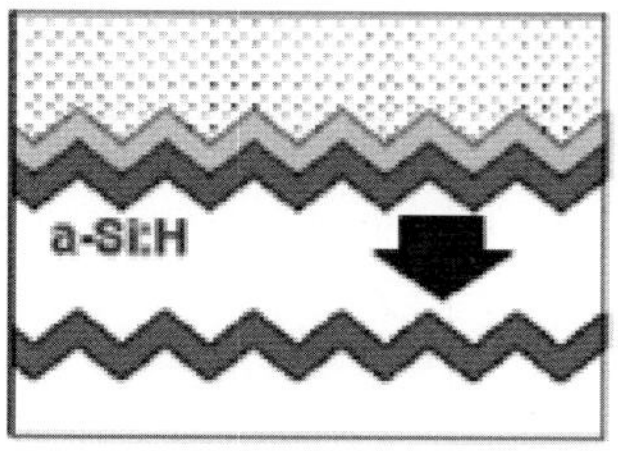	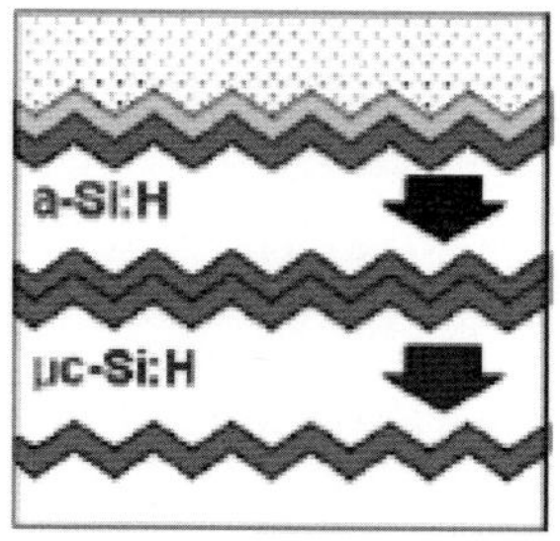	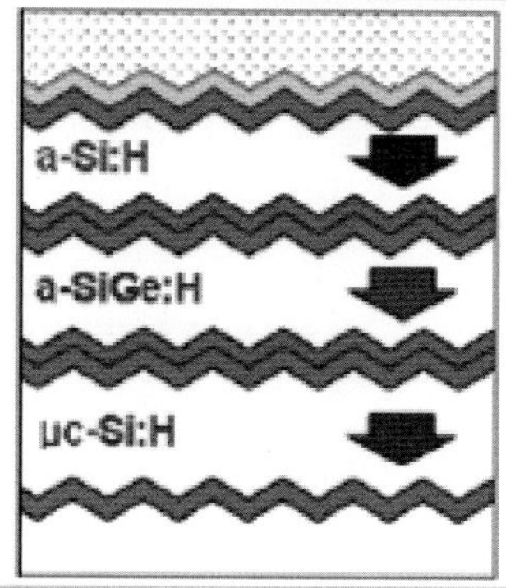
Mass Production Stage		
• Japan: Kaneka • US: EPV • EU: Ersol, Schott Solar	Kaneka Mitsubishi Heavy Ind.	Sharp

그림 46. 실리콘 박막 태양전지의 분류

먼저 1세대는 단일 접합구조(Single Junction)로 아몰포스나 마이크로 실리콘 중 하나의 박막을 광 흡수층으로 하는 박막형 태양전지이다. 가장 단순한 구조이면서 제조 원가가 매우 싸다는 장점이 있으나 안정화 효율이 6~7%대로 그리 높지 않다. 여기서 특히 안정화 효율을 정의하는 이유는 아몰포스 박막이 광의 흡수에 따라서 열화되는 특성을 보여주기 때문이다. 열화특성은 박막의 증착 조건이나 사용된 장비의 사양 및 소자의 구조에 따라서 차이가 나겠지만 대략 초기 효율의 15~25% 가량 열화되는 특성을 보여주며 열처리에 따라서 원래 초기 효율이 회복되기도 한다. 다음으로 2세대형 실리콘 박막 태양전지의 구조는 아몰포스와 마이크로 실리콘 박막의 두 개 광흡수층을 갖는 이중접합(Tandem Cell or Double Junction Cell) 구조를 가지고 있다. 이러한 구조는 효율이 9~11% 대로 상대적으로 높은 효율을 보여준다. 하지만 1세대 단일 접합에 비해서 효율의 증가 정도가 크기 않고 공정은 2배 이상 복잡해지며 생산에 있어서의 효율성도 매우 떨어지는 단점을 갖고 있다.

단일 접합 구조의 실리콘 박막 태양전지는 그림 47에서 보는바와 같이 빛이 들어오는 방향에서부터 유리기판, 투명전도체(TCO: Transparent Conducting Oxide), p 아몰포스, i 아몰포스(광흡수층), n 아몰포스, 광반사층(BR: Back Reflector) 및 금속 전극으로 구성되어 있다. 이러한 구조에서 광이 입사하여 광흡수층에 흡수되면 광전효과(Photo electric Effect)에 의해 전자 정공 쌍이 생성되고 p-i-n 접합 구조가 만들어 주는 전기장에 의해서 전자는 n층으로 정공은 p층으로 흐르게 된다. 이러한 p-i-n 접합을 실리콘 박막 태양전지에서 특별히 적용하게 되는 이유는 실리콘 박막에서의 전자 정공 수명(life time)이 짧기 때문에 소자 구조를 통한 전기장으로 전류를 최대한 흐를 수 있게 하기 위한 것이다. 투명 전도체층은 일반적으로 입사한 광의 광경로를 증가시켜 주기 위해 수 마이크로미터 크기에 이르기까지 요철구조를 가지고 있으며 하부 금속 전극을 입히기 전에 다시 투명 전도체를 이용하여 광반사층을 만들어서 입사한 빛이 최대한 광흡수층 내에서 가능한 긴 경로를 가지고 움직이도록 광 포집 구조를 만들어 준다. 이중접합 구조는 아몰포스 단일 접합 위에 마이크로 실리콘 박막을 이용한 p-i-n 접합을 추가하여 제작하게 되는데 기본적인 동작원리는 아몰포스에 의한 상부 접합 구조는 단파장대의 빛을 흡수하고 마이크로 결정 실리콘 박막의 하부접합 구조에서 장파장대 빛을 흡수하도록 설계된 소자이다. 이러한 광흡수를 최대화하기 위한 구조는 상부 접합과 하부 접합이 광의 최적 분할 흡수를 하도록 각각의 광흡수층 밴드 갭을 최적화하여야 하며 직렬로 연결된 두 개의 다이오드가 최고효율로 동작하기 위해 전류 생성 양을 일치시켜 주는 작업이 필요하다. 이러한 최적화 작업을 하게 되면 이중접합 셀의 경우 아몰포스 실리콘 광흡수 층은 약 200 nm 가량이 되고 마이크로 결정 광흡수층은 1,000~2,000 nm 가량이 된다.

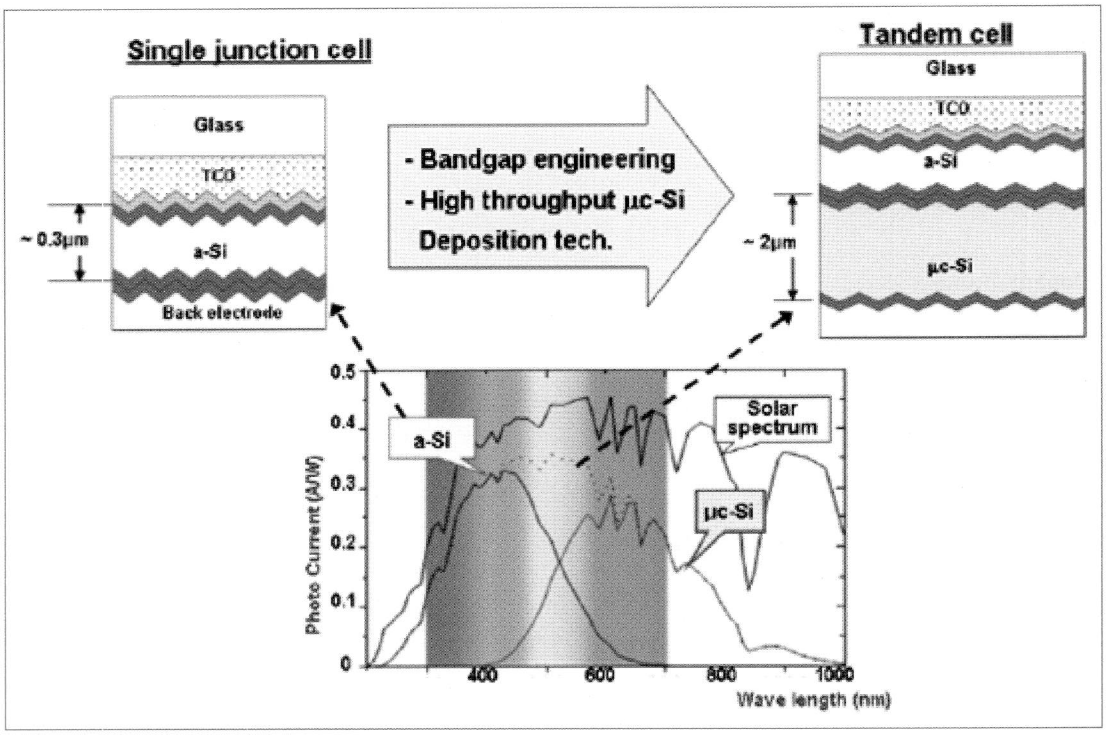

그림 47. Tandem Cell의 동작원리

(b) CIGS 박막 태양전지

CIGS를 광흡수층으로 하는 태양전지의 구조는 그림 48과 같다. 일반적으로 유리를 기판으로 5개의 단위 박막-배면전극, 광흡수층, Buffer층, 앞면 투명전극, 반사방지막을 순차적으로 형성시켜 만든다. 단위 박막별로 다양한 종류의 재료와 조성, 또한 제조방법에서는 갖가지 물리적, 화학적 박막 제조방법이 사용될 수 있다. 태양전지의 면적이 커지면 면저항의 증가로 인하여 효율이 감소하게 된다. 따라서 대면적 모듈의 경우는 그림 49와 같이 일정한 간격으로 직렬연결이 되도록 패터닝한다.

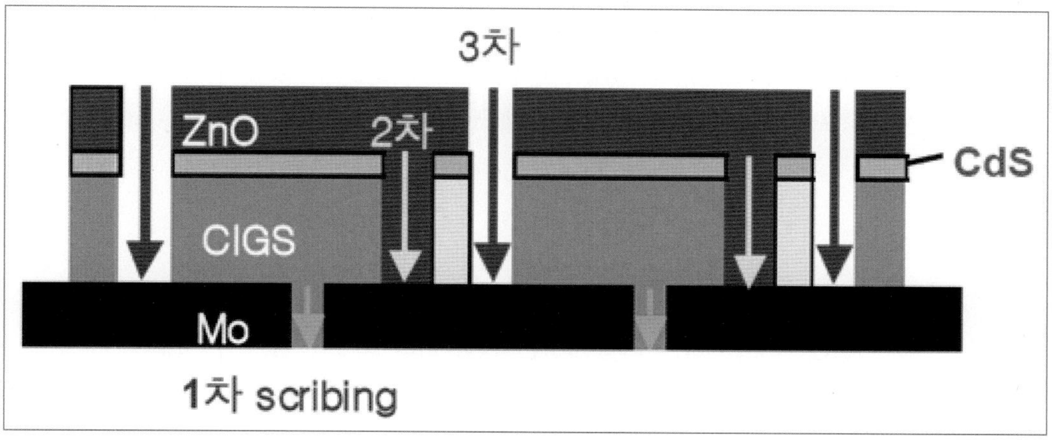

그림 48. CIGS 박막모듈의 구조

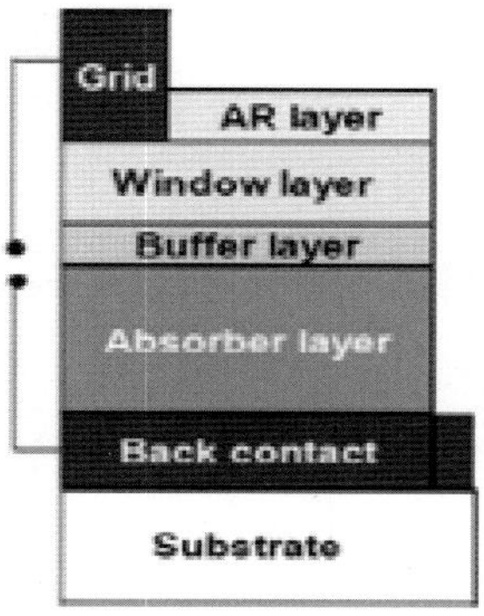

Thick, Materials	Process
3μm, Al / 50nm, Ni	E-beam evaporation
100nm, MgF_2	E-beam evaporation
500nm, n-ZnO / 50nm, i-ZnO	RF sputtering
50nm, CdS, In(OH,S)	CBD
1.5-3μm, $Cu(In,Ga)Se_2$	Co-evaporation, sputtering
1μm, Mo	DC sputtering
2-3mm, glass	cleaning

그림 49. CIGS 박막 태양전지의 기본 구조

기판의 재질로는 일반적으로 유리가 사용되고 있다. 그 밖에 알루미나와 같은 세라믹 기판, 스테인리스 스틸, Cu tape같은 금속 기판, 폴리머 등도 사용이 가능하다. 유리 기판으로 소다회 유리(sodalime glass)를 사용한다. 미국 NREL이 기록한 19.9%의 변환효율도 소다회 유리를 기판으로 사용한 것이다. 소다회 유리 기판은 코닝 유리 기판에 비해 저렴하다는 장점으로 인해 공정온도의 한계(600 ℃)가 있음에도 불구하고 기판재료로 사용되었다. 하지만 소다회 유리에서 확산된 Na이 태양전지의 효율을 증가시킨다는 사실이 알려지게 되면서 최근에는 CIGS 태양전지에서 소다회 유리가 가장 널리 사용되고 있다. 소다회 유리에 존재하는 Na은 공정 중에 CIGS 광흡수층으로 확산되는데 박막의 전하농도를 증가시키거나 CIGS 단일 상의 영역을 증가시켜 조성변화에 따른 구조적인 특성변화를 줄여주는 역할을 한다고 보고되고 있다. 후면전극 물질로는 Sputtering법[16]으로 증착된 Mo이 가장 광범위하게 사용된다. 이는 Mo이 가진 높은 전기전도도, CIGS와의 옴접합(ohmic contact)[17], Se 분위기 하에서의 고온 안정성 때문이다. Mo 박막은 전극으로서 비저항이 낮아야 하고 또한 열팽창계수의 차이로 인하여 박리현상이 일어나지 않도록 유리기판에의 점착성이 뛰어나야 한다.

태양전지 효율에 있어서 가장 중요한 요소인 광흡수층의 경우, CIGS 박막은 다원화합물이기 때문에 제조공정이 매우 까다롭다. 물리적인 박막제조방법으로 진공증발법(evaporation)[18], 스퍼터링(sputtering) + 셀

16) 스퍼터링(Sputtering)은 집적회로 생산라인 공정에서 많이 쓰이는 진공 증착법의 일종으로 비교적 낮은 진공도에서 플라즈마를 이온화된 아르곤 등의 가스를 가속하여 타겟에 충돌시키고, 원자를 분출시켜 웨이퍼나 유리 같은 기판상에 막을 만드는 방법을 뜻한다.

17) 옴 접합(Ohmic contact)은 금속-반도체 접합 소자에 가해준 전압과 전류가 비례(옴의 법칙)하는 경우를 말한다.

렌화(selenization), 화학적인 방법으로는 전기도금(electrodeposition)[19] 등이 있다. 각 방법에 있어서도 출발물질(금속, 2원 화합물 등)의 종류에 따라 다양한 제조방법이 동원될 수 있다. 현재까지 가장 좋은 효율을 얻을 수 있었던 것은 증착(evaporation)[20]방법이며 출발물질로 4개의 금속원소 – Cu, In, Ga, Se – 를 사용한 것이다.

(c) 유기박막 태양전지

최근 들어 정보 전자산업의 급속한 발전과 함께 차세대 디스플레이로서 유연성(flexible) 디스플레이에 대한 관심이 증대하고 있다. 이 차세대 디스플레이는 마음대로 휘거나 접을 수 있고 가벼우며 곡면으로 제작이 가능하여, 개인이 휴대하거나 차량으로 손쉽게 이동이 가능하며 주어진 환경에서의 설치나 철거가 용이하여 디스플레이로서의 영역을 크게 확장할 것으로 기대되고 있다. 그러나 이러한 편리한 디스플레이를 만들기 위해서는 가볍고 깨지지 않으며 값이 싼 재료들이 사용되어야 하는데 이런 목적에 가장 적합한 재료가 플라스틱과 같은 유기물 재료이다. 유기물이면서도 전기가 잘 통하는 전도성 고분자나 반도체 소자를 구현할 수 있는 유기 반도체 재료들이 최근 들어 큰 관심을 끌고 있는 것도 이런 이유에서이다. 이런 재료들은 앞서의 유연성 디스플레이를 위한 유기 발광소자와 유기 전계 트랜지스터를 위시하여, 유기 반도체 레이저, 유기박막 태양전지 등으로 그 활용성을 크게 확대해 나가고 있다.

유기박막 태양전지의 기본구조는 그림 50과 같이 금속/유기반도체(광활성층)/금속(Metal-Semiconductor or Insulator-Metal, MIM) 구조로 간단히 표시할 수 있는데, 높은 일함수를 가진 투명 전극인 ITO(indium tin oxide)를 양극으로, 낮은 일함수를 가진 Al 이나 Ca 등을 음극 물질로 사용한다. 그리고 광활성층은 100nm 정도의 두께를 가진, 전자공여체 물질(electron donor: D)[21]과 전자수용체 물질(electron acceptor: A)[22]의 2층 구조(D/A bi-layer structure) 혹은 복합박막((D+A) blend) 구조를 이용하는데 (각각 그림 50의 (a) 및 (b)), 경우에 따라서는 전자의 두 도너-액셉터(donor-acceptor) 층 사이에 후자의 복합박막이 끼어 있는 혼합구조(D/(D+A)/A)를 이용하기도 한다. 또한 버퍼(buffer) 층으로 양극인 ITO 전극과 광활성층 사이에는 정공 이송층(hole transport layer)을, 음극과 광활성층 사이에는 전자 이송층(electron transport layer)을 끼워 넣기도 한다.

한편, 광활성층으로 사용되는 유기 반도체에는 유기 단분자와 고분자가 있는데, 유기 단분자의 경우는 진공에서 가열하여 도너층과 액셉터층을 연속으로 형성시키는 방법을 사용하고, 유기 고분자의 경우는 도너와 액셉터 물질이 함께 녹아있는 용액을 스핀 코팅(spin coating)법이나, 잉크젯 프린팅(ink-jet printing)법, 또는 스크린 프린팅(screen printing)법 등과 같은 습식 공정을 이용하여 막을 형성시킨다.

유기박막 태양전지에 광을 쬐어주면, 도너 물질에서 광을 흡수하여 여기 상태의 전자-정공 쌍(exciton)이 형성된다. 이 전자-정공 쌍은 임의 방향으로 확산하다가 액셉터 물질과의 계면(interface)을 만나면 전자와 정공으로 분리된다. 즉, 전자는 전자 친화도가 큰 액셉터 물질 쪽으로 이동하고 정공은 도너쪽에 남아 각각의 전하 상태로 분리된다. 이들은 양쪽 전극의 일함수 차이로 형성된 내부 전기장과 쌓여진 전하의 농도

---

18) 증발법(evaporation): 가장 기본적인 박막 형성 방법으로, 금속 및 비금속의 소스를 가열, 증발시켜 온도가 낮은 상태인 기판 표면에 응축시켜 박막을 형성하는 방법이다.

19) 전기 도금(electroplating): 전기분해의 원리를 이용해 한쪽에 있는 금속을 다른 쪽의 금속에 입히는 작업을 의미한다.

20) 증착(Evaporation): 어떤 물질을 기판 표면에 박막으로 부착시키는 것을 말한다.

21) 전자공여체 물질(electron donor): 다른 화합물에게 전자를 주는 화학물질이다. 전자공여체는 전자를 주는 특성으로 인해 반응 과정에서 자신은 산화되고, 상대물질을 환원시키는 환원제이다.

22) 전자수용체 물질(electron acceptor)는 다른 화합물로부터 전자를 받아들이는 화학물질이다. 전자수용체는 전자를 받아들이는 특성으로 인해 반응 과정에서 자신은 환원되고, 상대 물질을 산화시키는 산화제이다.

차에 의해 각각의 전극으로 이동하여 수집되며 최종적으로 외부 회로를 통해 전류의 형태로 흐르게 된다. 이 현상을 광기전력 효과 (photovoltaic effect)라고 하는데, 특히 BHJ(bulk-heterojunction) 구조는 바이-레이어(bi-layer) 구조에 비해 D/A 계면의 면적이 매우 커 전하 분리의 가능성이 더 큼을 알 수 있는데, 기존 무기계 태양전지(p-n접합구조)와는 뚜렷이 구별되는 유기박막 태양전지만의 독특한 구조이다.

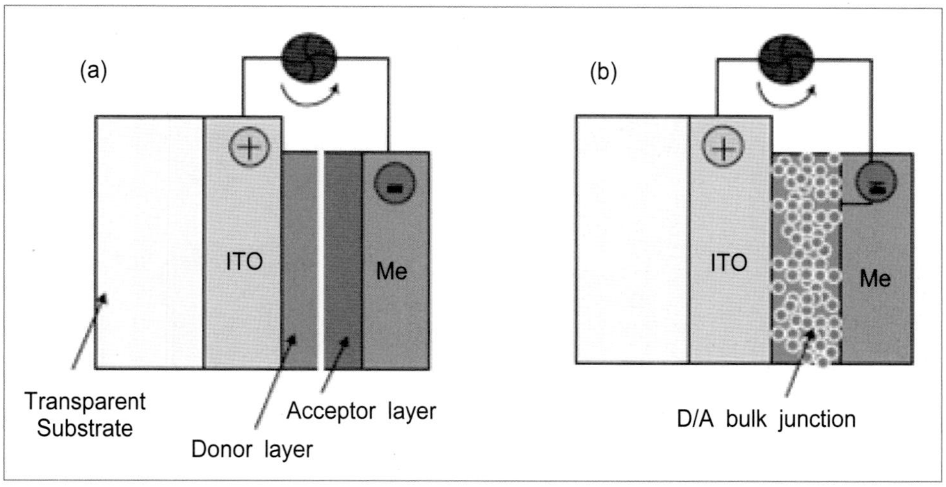

(a) bi-layer structure (b) bulk-hetero junction structure

그림 50. 전형적인 유기박막 태양전지의 모식도

(c-1) 단분자 유기박막 태양전지

단분자 유기박막 태양전지는 활성층을 저분자 물질들의 순차적인 열증착을 통해 적층하는 방법인데, 초기에는 단분자/단분자 bi-layer 구조가 1986년 C.W. Tang의 발표 이후 초기에 가장 많이 시도되었다. 2005년에는 포레스트(Forrest) 그룹에서 도너 층과 액셉터 층 사이에 (D+A)의 혼합 계층을 도입한 '하이브리드 도너-액셉트 몰레큘러 헤테로정션' 구조를 사용하여 4.4~5%의 에너지 전환효율을 얻었고, 2007년에는 홍콩의 리(Lee)그룹에서 엑시톤 블로킹 레이어로 BPhen (bathophenanthroline)을 사용하고, 도너와 액셉터층 사이에 도너와 액셉터가 흡수하는 영역 이외의 광을 흡수할 수 있으며 도너보다 일함수가 큰 HOMO 수준을 갖는 형광물질인 루벤 (5,6,11,12-tetraphenylnaphthacene)을 도핑한 ITO/CuPc (10nm)/50%rubrene:CuPc (10nm)/50% rubrene:C60 (10nm)/C60(30nm)/BPhen (5nm)/Al 구조의 소자를 사용하여 Jsc와 Voc를 동시에 향상시켜 5.58%의 효율을 달성한 것을 보고하고 있다.

(c-2) 고분자 유기박막 태양전지

단분자 유기박막 태양전지의 경우는 단분자 물질인 도너와 액셉터를 차례로 열증착하는데 반하여, 고분자 유기박막 태양전지는 도너와 액셉터의 최소한 한쪽을 고분자를 사용하고 용매공정을 통하여 광활성층을 도입할 수 있어 대면적화와 비용적인 측면에서 장점을 가진다. 이때 활성층은 도너와 액셉터가 섞여 있는 BHJ (bulk D/A hetero-junction)구조가 되는 것이 일반적이다. 그림 51은 고분자 태양전지의 작동원리를 나타낸 것이다.

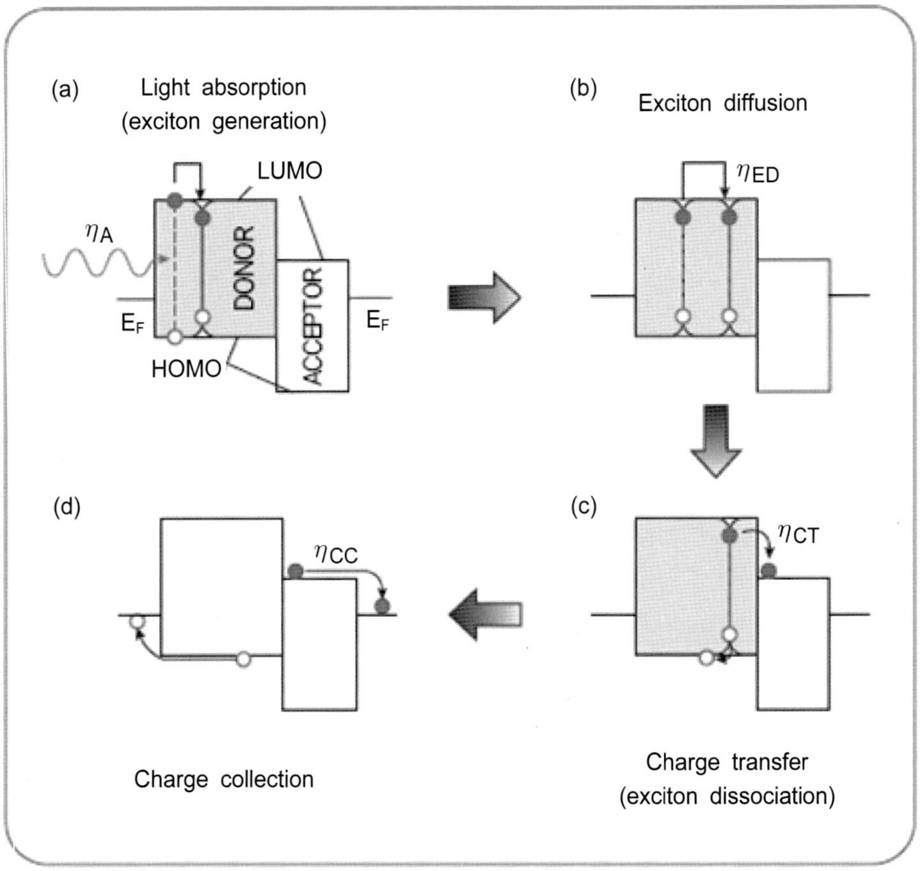

그림 51. 고분자 유기박막 태양전지의 작동원리

(d) 염료감응형 태양전지

박막을 이용한 태양전지 개발은 많은 진전이 있었으며 실용화를 위해서 많은 연구가 계속되고 있다. 반면에 나노구조 소재를 이용한 태양전지 연구는 기초연구단계로서 광-전기 변환효율이 매우 떨어진다. 하지만 진공용기에서 고온 증착을 하는 기존 태양전지에 비해서 적은 비용과 에너지를 소모한다. 전세계에서 연간 사용되는 에너지는 20 TW (20 × 10^{12} watt)로 추산된다. 소비되는 모든 에너지를 10% 효율의 태양전지로 대체하려 한다면 대략 남한면적의 4배 이상의 면적이 필요하다. 진공 및 CVD를 기반으로 하는 기존 태양전지 생산 기술로는 석유고갈이 예상되는 수십 년 내에 이러한 면적을 대체하기가 어려울 것으로 예측하고 있다. 이러한 점을 감안할 때 태양전지의 효율 뿐만 아니라 생산성까지 고려한 새로운 개념의 태양전지 개발이 필요하다.

태양전지는 구성하는 물질에 따라 실리콘, 화합물반도체와 같은 무기소재로 이루어진 태양전지, 유기물질을 포함하고 있는 유기 태양전지(유기 태양전지는 염료감응형 태양전지(dye-sensitized solar cell)와 유기분자접합형(organic D-A)태양전지 포함)로 나눌 수 있다. 태양전지를 구성하는 물질에 따른 분류 외에 태양전지 구조에 따른 분류를 할 수 있는데, 이 경우 태양전지는 크게 3가지로 분류될 수 있다: 웨이퍼구조(벌크 실리콘 태양전지), 박막구조(화합물 태양전지, 유기폴리머 태양전지 등). 광전기화학구조(염료감응 태양전지). 특히 염료감응 태양전지는 나노소재를 이용하여 극대화된 표면적을 갖는 필름의 표면에 광흡수층인 유기염료를 흡착하는 기술을 이용하고 있다.

1991년 스위스 EPFL의 Grätzel 교수 연구그룹에서 보고한 염료감응 나노입자 산화물 광전기화학 태양전지는 에너지 변환 효율이 비정질실리콘 태양전지에 버금가는 높은 에너지 변환 효율과 함께 매우 저렴

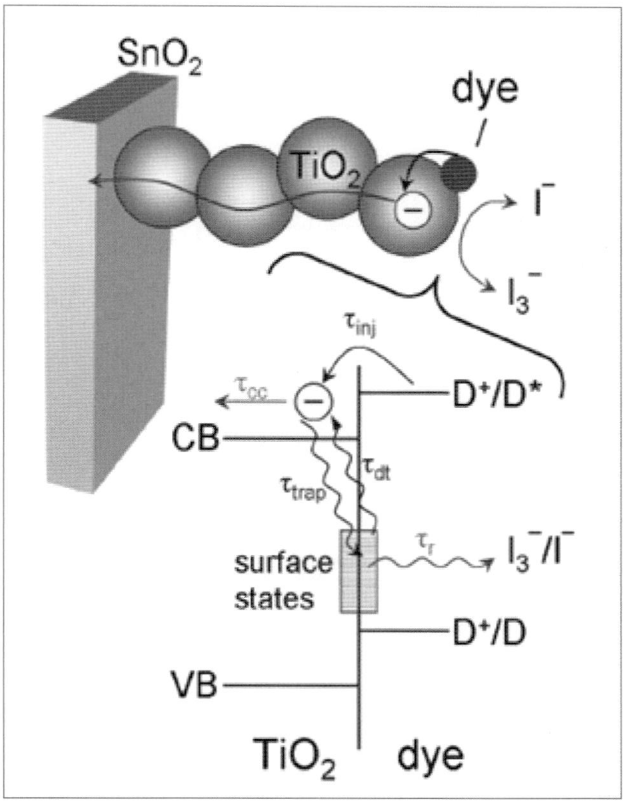

그림 52. 염료감응 태양전지 광전자의 전달과정과 구성 요소간 에너지 준위

한 제조단가로 인하여 연구계 및 산업계의 비상한 관심을 모으고 있다.

그림 53은 염료감응 태양전지의 구조와 작동 원리를 보여주고 있다. 표면에 염료 분자가 화학적으로 흡착된 n형 나노입자 반도체 산화물 전극에 태양 빛(가시광선)이 흡수되면 염료분자는 전자-홀 쌍을 생성하며, 전자는 반도체 산화물의 전도띠로 주입된다. 반도체 산화물 전극으로 주입된 전자는 나노입자간 계면을 통하여 투명 전도성막으로 전달되어 전류를 발생시키게 된다. 염료 분자에 생성된 홀은 산화-환원 전해질에 의해 전자를 받아 다시 환원되어 염료감응 태양전지 작동과정이 완성된다.

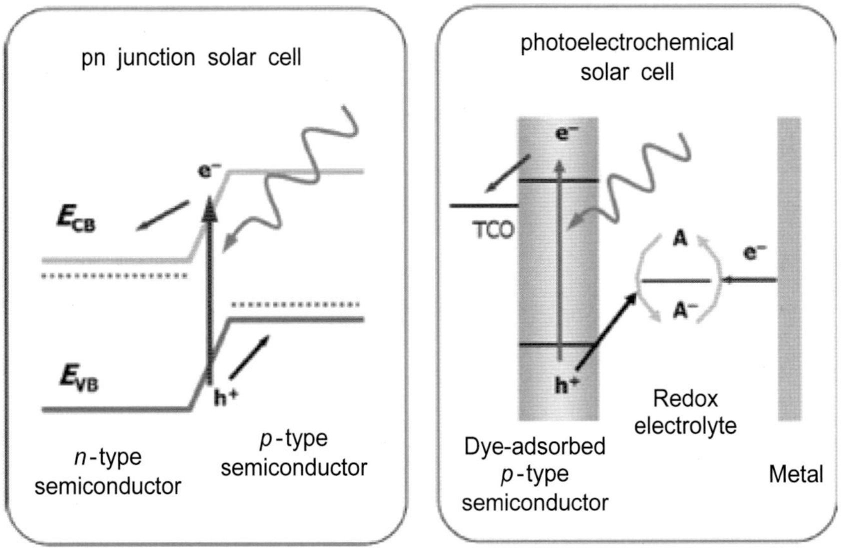

그림 53. P-N접합 태양전지와 염료감응 태양전지 구조 비교

그림 54에서 표시한 바와 같이 투명한 상부전극을 통과한 빛은 dye에 흡수된다. 빛에 의해 여기된 dye는 전자를 방출하고 cation이 된다.

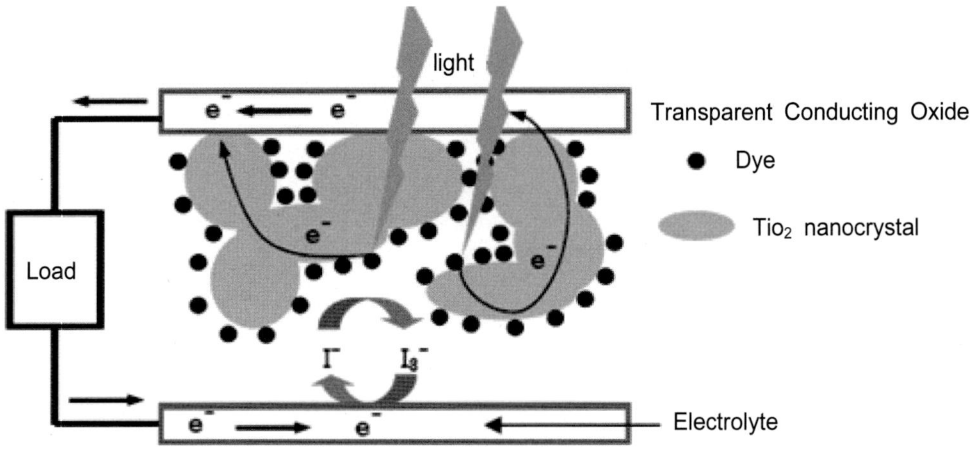

그림 54. Nanocrystalline TiO_2 DSSC의 구조

방출된 전자는 TiO_2 nanocrystal network을 따라서 상부전극으로 이동하여서 외부로 전류를 공급하게 된다. 한편 cation으로 바뀐 dye는 I-와 반응해서 환원되어 I_3-가 생성된다. 태양전지 외부에서 에너지를 전달한 전자는 counter 전극에 도착해서 I_3- 를 다시 환원시켜서 I-를 생성한다. 다음은 DSSC 구성요소에 대한 자세한 설명이다.

(Transparent Conducting Oxide)

DSSC 최상부는 TCO(Transparent Conducting Oxide)가 코팅된 유리로 이루어져 있다. 높은 효율을 얻기 위해서는 낮은 면저항과 높은 투과도를 가져야 하며 일반적으로 TiO_2 전극의 sintering 처리 온도인 500℃까지 안정해야 한다. Indium-tin oxide (ITO)가 대표적인 TCO라 할 수 있다.

(TiO_2 전극)

TCO 하부에는 nanocrystalline 구조의 TiO_2 전극이 있다. TiO_2 전극의 장점은 화학적 안정성과 넓은 표면적이다. 일반적으로 Si, GaAs, InP, CdS 등의 반도체 물질을 용액상로 태양광에 장시간 노출시키면 photocorrosion에 의해서 분해된다. 하지만 TiO_2와 같은 금속산화물 반도체는 이러한 조건에서 안정성이 뛰어나다. 이러한 안정성으로 인해서 TiO_2외에도 SnO_2, ZnO 등과 같은 많은 금속산화물이 태양전지의 전극으로 사용된다. TiO_2 전극은 TiO_2 colloid 용액을 TCO 표면에 coating한 후 500℃ 부근에서 가열해서 얻게 된다. 열처리 과정을 통해서 10~30 nm 크기의 TiO_2 입자가 형성되며 nanoporous 구조가 얻어진다. 이러한 nanoporous 구조는 두께 10 ㎛, 면적 1 cm^2인 TiO_2 박막의 경우 실제 표면적을 1,000 cm^2 까지 증가시킬 수 있으므로 단결정과 같이 표면적이 작은 전극에 비해서 많은 양의 photosensitizing dye를 흡착시킬 수 있다.

(Photosensitizing Dye)

태양광의 대부분을 차지하는 가시광 (400~800 nm)에 대한 흡수능력이 뛰어난 photosensitizing dye는 대부분은 Ru complex들이다. 가시광 흡수는 중심금속인 Ru에서 ligand로의 전하 전이에 의한 것으로 알려져 있다.

(Redox Electrolyte)

DSSC에 사용되는 electrolyte는 I-/I_3- redox ion으로 구성되어 있으며 TiO_2 전극과 counter 전극 사이에서 전자를 전달하는 역할을 한다. 실제 구성은 LiI, NaI, KI 등이 I_2와 함께 acetonitrile 등과 같은 nonprotonic solvent에 녹아 있는 용액이다. 태양전지의 성능은 counter cation (Li^+, Na^+, K^+)에 영향을 받는데 이는 counter cation의 확산속도, TiO_2 표면 흡착 능력 때문인 것으로 알려져 있다.

(Counter 전극(Dye cation))

(I- anion)간의 환원-산화 반응에 의해서 형성된 I_3- 는 counter 전극에서 다시 I- 로 환원된다. 따라서 counter 전극은 활성이 뛰어나야 한다. 이를 위해서 Pt가 coating 된 TCO이나 carbon 전극을 사용한다.

그림 55. 다양한 염료를 이용한 염료감응 태양전지

(e) 양자점 태양전지

나노 테크놀로지는 인류의 미래 생활에 도움을 줄 수 있는 기술로서 많은 연구가 진행되어 오고 있다. 나노 물질은 크기 및 형상에 따라 벌크 물질과는 다른 특성을 갖는 0차원, 1차원, 2차원 등의 저차원 구조로 분류되는데, 0차원 구조인 양자점(Quantum dot)[23]은 LED(Light emitting device)의 발광 재료로 많은 주목을 받아 왔다. 발광에 기여하는 엑시톤의 크기가 보어 반경 이하에서 나타나는 양자 제한 효과에 의해 양자점은 크기가 감소함에 따라 에너지 밴드갭이 커져 원래보다 작은 파장의 빛을 낼 수 있고, 균일한 크기를 가져 색순도가 좋은 특성을 가지고 있어서 CdSe나 CdS와 같은 화합물 반도체 양자점은 상업화까지 진전되었다. 이러한 양자점은 높은 광변환 효율을 갖는 차세대 태양 전지에도 응용 가능함이 알려졌고, 2000년대 초반 미국 NREL(국립재생에너지연구소)의 A. J. Nozik 박사에 의해 본격적으로 제안되었다. 기

23) 양자점((quantum dot, QD, 量子點)은 크기가 수 나노미터(nm) 크기에 불과한 초미세 반도체 입자를 말한다. 밝은 부분은 더 밝게, 어두운 부분은 더 세밀하고 정교하게 표현한다. 발광하는 빛의 파장도 크기에 따라 달라져 기존에 접하지 못한 색을 구현할 수 있다. 또한 전력 소모량도 줄일 수 있다. 퀀텀닷 기술을 이용해 기존의 PDP, LCD, LED, OLED 등에 비해 색상이 더 선명하고 수명이 길며 가격도 저렴한 디스플레이 장치를 만들 수 있다.

존의 실리콘 기반 태양 전지는 Shockley와 Queisser에 의해 최대 에너지 변환 효율이 31%라고 알려졌고, 이 변환 효율을 극복하기 위해 태양 빛의 흡수 대역을 극대화하기 위한 tandem 구조와 같은 방법들이 제시되었다. 하지만 각각의 흡수 에너지 대역이 높은 재료를 순서대로 적층시켜 하층부까지 태양광이 흡수할 수 있도록 만드는 적층형 태양 전지 소자는 구조 구현의 어려움으로 인해 아직까지 높은 효율을 얻지 못하고 있다. 에너지 밴드갭보다 큰 광에너지가 물질에 입사되면 전자가 낮은 에너지 상태인 가전자대에서 높은 에너지 상태인 전도대로 올라가며 광에너지와 밴드갭의 차이만큼 역학적 에너지가 발생한다. 이 여분의 역학적 에너지는 전자와 정공과 같은 운반자들의 유효 온도가 올라간 효과를 가져 이런 운반자들을 hot electron과 hot hole이라고 부른다. 에너지가 높은 전자와 정공은 포논과의 상호 작용에 의해 가지고 있던 에너지를 잃고 격자의 온도를 높이며, 전도대의 낮은 에너지 상태로 떨어져 에너지의 손실이 발생하게 된다. 여기광에 의해 생성된 hot carrier들을 효율적으로 태양 전지에 이용하기 위해서 두 가지 방법이 제안되었다. 한 가지는 광전압을 높이는 방법이고 다른 하나는 광전류를 많이 얻는 것이다. 높은 광전압을 얻기 위해서는 hot carrier들이 밴드 에지로 냉각(cooling)되기 전에 재빨리 추출해야 하는데 가까이 존재하는 양자점들의 에너지 레벨의 중첩에 의해 생성된 미니 밴드를 이용해 운반자들을 효율적으로 분리하고 전달시킨다. 또한 높은 광전류를 얻는 방법으로 아래 그림과 같이 에너지가 높은 hot carrier들이 충돌 이온화(Impact ionization)로 불리는 현상에 의해 다른 전자나 정공들을 많이 생성시키는 것이다. 즉 높은 광에너지를 흡수하여 여기된 전자와 정공이 낮은 에너지 상태로 천이하면서 1개의 전자-정공쌍을 만드는데, 이때 낮은 에너지 상태로 천이되면서 발생된 에너지를 가전자대의 전자가 흡수하여 다시 전자-정공쌍을 만들어 2개 혹은 여러 개의 전자-정공쌍을 생성하는 메커니즘으로 MEG(Multiple-exciton generation)라고 한다. 즉, MEG는 태양전지에서 열로 손실되는 에너지의 일부를 다시 전기로 변환해 발전 효율을 높이는 방법으로 사용될 수 있다. 이것은 높은 에너지 상태의 전자나 정공이 냉각률(cooling rate)이 작아 빠르게 낮은 에너지 상태로 천이되지 않아야 효과적이다. 냉각률은 운반자의 유효질량과 관계가 있으므로 정공이 전자보다 크고, 양자점의 크기가 작아질수록 커진다.

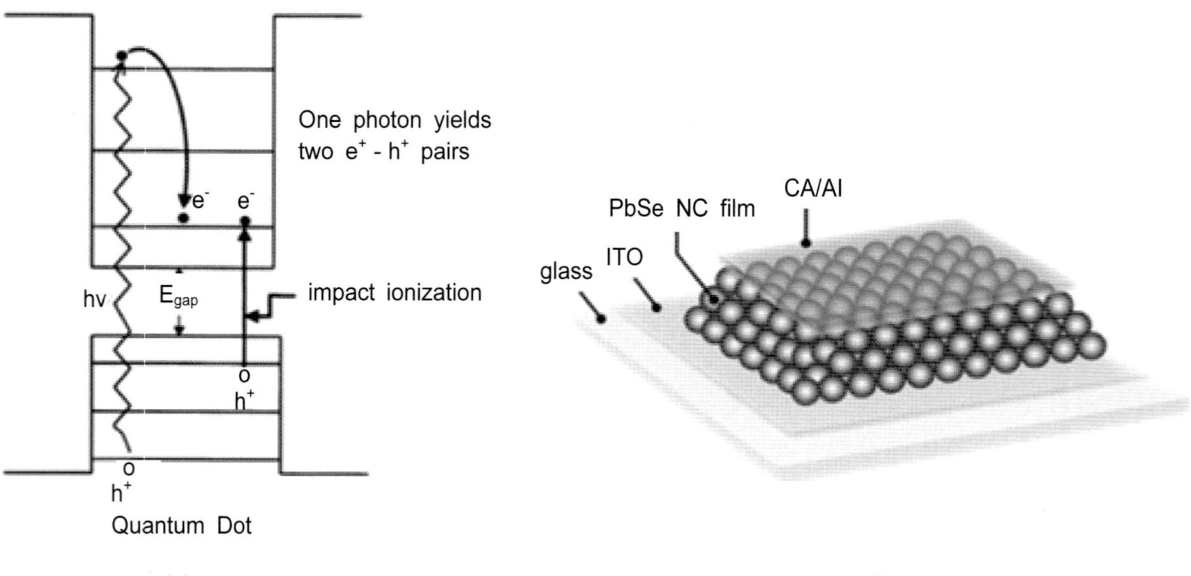

그림 56. (a) 이온 충돌화에 의해 광전 변환효율이 증가된 양자점 태양전지의 원리, (b) PbSe 양자점 Shottky 태양전지 구조

이러한 다중 엑시톤 생성은 물질의 에너지 밴드갭의 2배 이상의 광에너지가 입사했을 때 가능하며 3배 이상이 입사되었을 경우 내부 양자 효율이 100%가 넘는다고 보고되었다. 최근에 실험적으로 구현된 결과로, 화학적으로 처리된 7.4 nm 크기의 PbSe 양자점 박막 밴드갭의 5배까지 광에너지를 이용할 수 있었다. 양자점에서 충돌 이온화 메커니즘 현상을 이용한 태양 전지의 광전 변환 효율은 열역학적 이론치인 66% 이상으로 예견되고 있으며, PbSe나 PbS 양자점을 이용한 결과가 최근 여러 연구 그룹에서 얻어지고 있다. 양자점 태양 전지는 양자점 어레이 외에도, 그림과 같이 다른 밴드갭을 가지는 TiO_2 나노 입자와 양자점의 복합 구조, 전자나 정공의 전도가 가능한 폴리머에 양자점이 분산된 구조가 시도되었고, 이러한 소자들은 충돌 이온화에 의한 높은 광전 변환 효율을 가진 태양 전지 구조의 예가 된다.

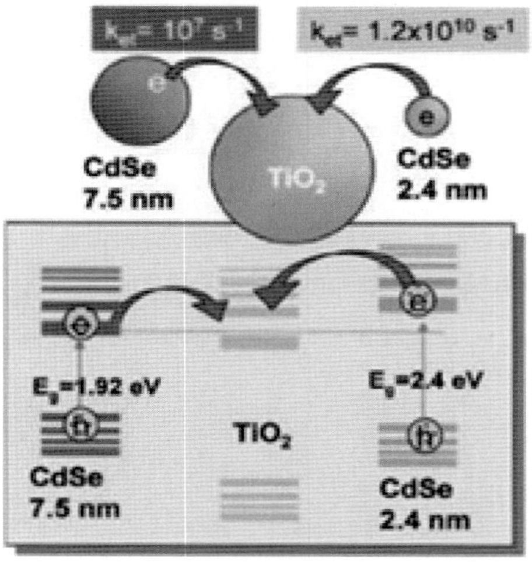

(a)

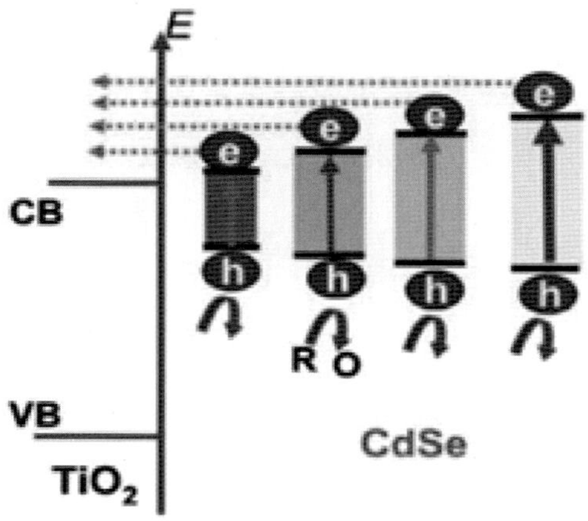

(b)

그림 57. (a) 광에너지 입사에 의해 다른 크기를 갖는 CdSe 양자점에서 생성된 전자가 TiO_2 나노입자로 이동되는 원리도
(b) 양자점의 크기에 따라 에너지 레벨이 변화되고 나노입자로 주입되는 전하의 에너지도 변화가 가능함을 보여주는 도식도

4. 태양광 발전의 특징 및 활용 분야

4-1. 태양광 발전의 특징[24)]

태양광 발전의 첫 번째 특징이자 장점은 청정하면서 무한정한 태양에너지를 원료비용 없이 사용할 수 있다는 것이다. 그림 58에 나타난 바와 같이 2007년 기준 세계 1차 에너지 소비량의 1,800배의 태양에너지가 지구상에 유입된다. 따라서 여타 발전방식에 비해 유지 운영에 필요한 비용이 매우 낮다. 그리고 발전 과정에서의 소음이 거의 없으며 환경오염이 발생하지 않는다.

하지만 태양빛은 낮에만 조사될 뿐만 아니라 날씨 상황에 따라서도 변경된다. 국내 신 재생에너지 보급 통계 및 전력거래소 통계에 의하면 국내 가정용 태양광 발전 시스템의 이용률은 15% 내외이다. 이는 하루 24시간 중 평균 3.6시간만 발전한다는 것을 의미한다. 즉 주택 지붕에 3kW의 태양광 모듈을 설치하게 되면 30일 동안 평균적으로 3kW×3.6h/일×30/월 = 324 kWh/월의 전력량을 만들어내게 된다. 이용률은 지역별 일사량과 밀접한 연관이 있으며 우리나라의 이용률은 독일에 비해 높은 것으로 알려져 있다. 또한 여타 발전원 대비 상대적으로 낮은 이용률이지만 그림 59와 같이 전기 사용률이 높은 시간에 전력 생산량도 증

24) 2020 신재생에너지 백서, 한국에너지공단, 2020.

가하기 때문에 첨두부하[25]를 낮추는 역할을 함으로서 전체적인 경제성을 향상시킨다. 이어 국내에 보급된 태양광 발전으로 인해 여름철 전력 수요 피크시간대가 14~15시에서 16~17시로 이전되었다. 이는 태양광 발전이 여름철 냉방수요를 감소시켜서 안정적인 전력수급관리에 기여를 하고 있다는 것을 의미한다.

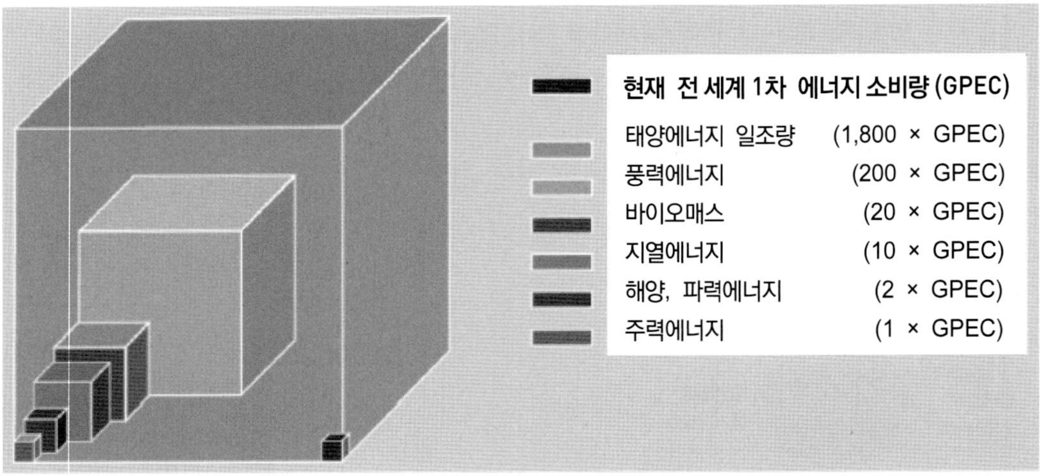

출처: Nitshe, F. (2007) Technologische energiewirtschaftliche Perspektiven erneuerbarer Energien

그림 58. 태양에너지와 여타 에너지의 상대적 비교

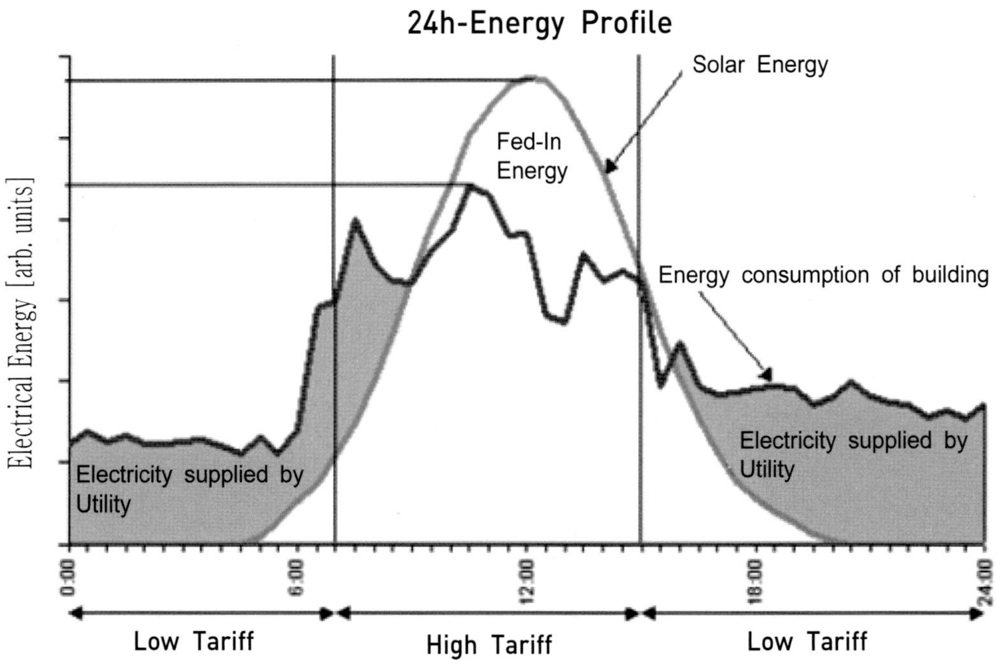

그림 59. 시간별 건물부하와 태양에너지

25) 첨두부하: 발전할 때 시간적 또는 계절적으로 변동하는 발전부하 중 가장 높은 경우(최대 수요전력)의 연속적인 수요발전용량을 뜻한다.

표 53. 태양광 발전의 장단점

장 점	단 점
• 에너지원이 청정하고 무제한이다 • 필요한 장소에서 필요량의 발전이 가능하다 • 유지보수가 용이하고 무인화가 가능하다 • 20년 이상의 긴 수명을 갖는다	• 전력생산량이 지역별 일사량에 의존한다 • 에너지 밀도가 낮아 큰 설치면적이 필요하다 • 설치 장소가 한정적이고 시스템 비용이 고가이다 • 초기 투자비와 발전 단가가 높다

4-2. 태양광 발전의 활용 분야

태양광 발전시스템은 독립형 태양광 발전시스템과 계통연계형 태양광 발전시스템으로 구분된다. 계통연계형 태양광 발전시스템(on-grid solar power system 또는 grid-tied solar power system)은 현재 가장 널리 쓰이고 있는 발전시스템으로 태양전지 패널(photovoltaic panels)과 AC/DC 인버터(AC/DC inverter)로 이루어져 있고, 전력망과 연결되어 가정에서 쓰고 남는 전기는 한국전력에 보내져 판매된다. 태양전지 패널에서는 태양에너지를 이용하여 전력을 생산하고, 이를 통해 생산된 전력이 직류 형태이기 때문에 가정에서 이 전력을 사용하기 위해서는 인버터를 통해 직류 전류를 교류 전류로 변환해주어야 한다. 수 kW에서 수 GW까지 설치 용량이 다양하고, 대형 발전소, 상업용, 가정용 발전시스템에 널리 적용되고 있다. 독립형 태양광 발전시스템에 비해 발전단가는 낮지만 전력망과 연결되어 있어야 한다는 점 때문에 설치지역에 제한이 있다.

독립형 발전시스템의 단점을 보완하기 위해 축전시설을 별도로 요구하지 않는 계통 연계형 태양광 발전시스템이 등장하게 되었으며, 이 방식에서는 생산된 태양광전력을 즉시 교류로 변환하여 상용전력망에 공급하고 필요할 경우 공공 전력망의 전력을 사용하는 방식을 취한다. 계통 연계형 방식은 독립형보다 시스템 구성이 훨씬 간단하며, 직류를 교류로 바꿔주는 인버터와 태양전력생산자와 전력망 관리회사 간의 요금계산을 위한 전력량계가 주요 구성요소이다. 태양광 발전소의 인터버에서 출력되는 교류는 접속되는 상용전력 선로의 전압 및 주파수와 정확하게 일치해야 하고 잡음이나 불필요한 고주파 등이 포함되지 않아야 하는 등 까다로운 품질규격을 갖추어야 하기 때문에 보급 초기에는 가격도 비쌌다. 그럼에도 불구하고 이 방식이 활성화 된 이유는 환경에 대한 인식 이외에도 전자제어 기술의 발달이 큰 도움이 되었으며 성능은 높아지고 중량은 작아지면서도 가격이 대폭 낮아졌기 때문이다.

이에 반해 독립형 태양광 발전시스템은 태양광으로 발생되는 전력의 생산과 공급을 전력망에 의존하지 않고 자체적으로 해결할 수 있는 발전시스템이다. 독립형 태양광 발전시스템은 태양전지 패널, 배터리(Battery), 충전조절기(Charge Controller), AC/DC 인버터로 이루어진다. 배터리는 태양전지 패널에서 생산된 전력을 저장하는 역할을 한다. 충전조절기(Charge Controller)는 태양전지판과 배터리 사이에 위치하여 배터리의 충전상태를 모니터링하고, 충전이 완료되었을 때 태양전지 패널에서 배터리로 전력이 흐르는 것을 방지하여 배터리의 손상을 막는 역할을 할 뿐 아니라 배터리에서 태양전지 패널로 전력이 역류하는 것을 방지하기도 한다[26].

독립형 태양광 발전시스템은 설치지역에 제한을 받지 않기 때문에 주로 전력망 보급이 어려운 산간이나 섬 등의 격오지에 전력을 공급하기 위한 발전시스템으로 널리 사용되고 있다. 또한 아프리카와 같이 전력망이 제대로 갖춰지지 않은 지역에 적용되기도 한다. 그 외에 태양광 가로등, 무선기지국, 캠핑카, 이동용 화장실 등에도 독립형 태양광 발전시스템이 적용되고 있다.

26) 독립형 태양광발전 시스템, KISTI(박훈), 2014.

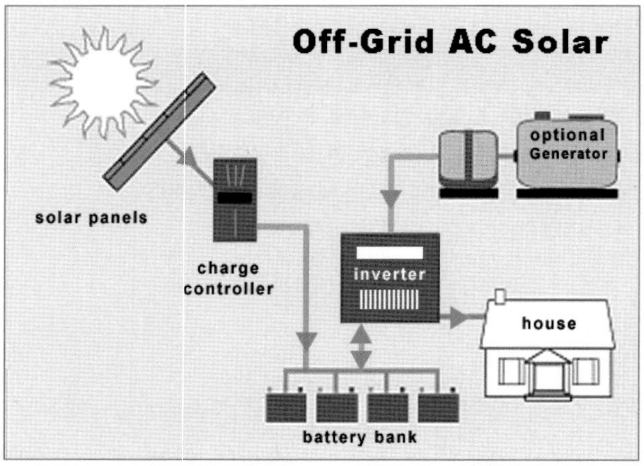

독립형 태양광 발전시스템

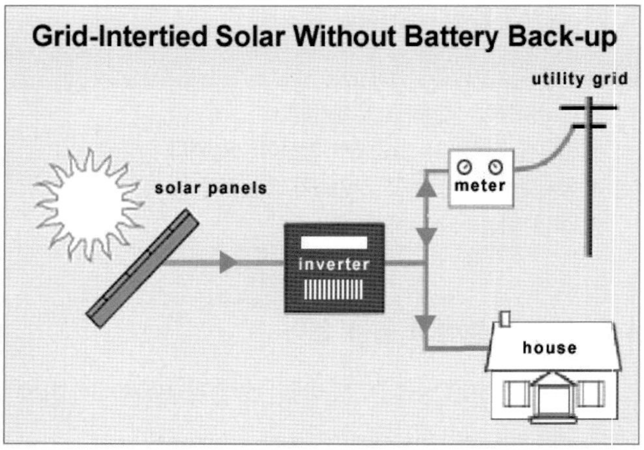

계통연계형 태양광 발전시스템

그림 60. 독립형 및 계통연계형 태양광 발전시스템

초기의 태양광 발전은 모두 독립형으로 야간이나 비 오는 날 전력생산이 되지 않을 때를 대비하여 전력을 저장하는 축전시설이 필수적으로 요구되었다. 안정된 전압을 가진 축전지 덕분에 직류부하를 사용할 수도 있고, 회전기기를 위해 교류로 변환하여 사용할 수도 있다. 독립형 태양광 발전(Stand alone type)의 단점은 축전지가 환경파괴의 한 원인이 된다는 점과 충전과 방전을 행하는 과정에서 효율이 저하한다는 점이다. 태양전지의 수명은 20년인데 축전지의 수명은 3~4년 정도에 지나지 않는다. 따라서 독립형 태양광 발전이 대량으로 보급되었을 때 폐기되는 축전지가 폐 자동차의 수십 배가 된다고 상상해 본다면 또 다른 환경재앙이 아닐 수 없을 것이다.

계통연계형 태양광 발전시스템에서 배터리와 충전조절기가 추가되기 때문에 독립형 태양광 발전시스템은 발전단가가 계통연계형 대비 높을 수밖에 없다. 하지만 독립형 태양광 발전시스템은 태양광에 의해 생산된 전력을 배터리에 저장했다가 발전이 어려운 밤에 사용할 수 있기 때문에 전력운용 효율이 높다. 또한 배터리로부터 전력을 사용하기 때문에 전력 품질이나 안정성도 뛰어나다는 장점이 있다.

주택형의 경우 단순 지붕 부착형에서 최근 테슬라에서 제안한 Solar Roof와 같이 심미성을 고려한 제품이 개발되고 있다. 특히 주택 디자인과의 일체화를 추구한다는 측면에서 눈여겨 볼 만한다. 주차장 부지를 활용하는 경우 별도의 공간이 불필요할 뿐만 아니라 주차 편의를 증대할 수 있는 장점이 있다. 최근 많은 고속도로 주차장에 태양광이 적용되고 있으며 앞으로의 확대가 기대된다. 건물에 적용하는 경우에도 단순 부착형 뿐만 아니라 건축물자재와 일체화되는 건물 일체형 태양광 모듈도 개발되고 있다. 건물에 적용하게 되면 출력이 감소할 뿐만 아니라 유지관리에 어려움이 있다. 하지만 건물일체형 태양광 모듈이 건자재로 사용되면 약간의 비용 추가만으로 전기를 생산할 수 있는 건물이 되는 것이다. 최근 대도시 중심으로 보급되고 있는 아파트 베란다형 태양광의 경우도 건물에 부착한 태양광 모듈의 한 형태로 여러 가지 개선해야 할 점이 많지만 도심지역에서 적용가능한 기술로 주목받고 있다.

한편 농사도 짓고 발전도 하는 영농형 태양광과 저수지나 댐을 이용하는 수상 태양광에 대한 개발 보급도 적극적으로 진행되고 있다. 영농형은 농지 감소를 최소화할 수 있다는 장점이 있고 수상태양광의 경우 부가적인 부지를 활용할 수 있다는 장점 이외에도 자연 냉각에 의한 출력량 증대도 기대할 수 있다. 이 밖에도 이동형 충전기용 태양광, 자동자용 태양광, 항공 우주용 태양광이 개발되고 있다. 특히 자동차형 태양광 모듈은 설치 면적의 한계로 인해 개발이 촉진되지 못했으나 최근 모듈 효율의 증대와 여름철 온도 증가에 따른 차량내부 공조의 필요성 증대, 그리고 전기자동차 확대 등의 이유로 인해 기술개발에 대한

그림 61. 태양광 발전의 활용 분야

관심이 높아지고 있다. 아래에서 태양전지의 응용분야에 대해 조금 더 구체적으로 기술한다.

(a) 태양광 발전 분야

전력용으로 각종 규모의 실험 플랜트가 전세계에서 각국의 건설 프로젝트로 진행되고 있다. 태양광 발전시스템의 최우선 목표는 전력망과 연계한 태양광 발전소의 건설이다. 현재 가동중인 세계 최대의 태양광 발전소는 2019년 아랍에미리트(UAE) 아부다비 정부 수자원·전력청(EWEC)이 사막에 건설한 '누르 아부다비' 태양광 발전소이다. 이 태양광 발전소의 발전량은 1천177㎿로, 단일 규모 태양광 발전소로는 세계 최대다. UAE에 건설 중인 한국형 원자력 발전소 APR-1400 1기의 발전량이 1천400㎿임을 고려하면 이에 맞먹는 수준이다. 누르 아부다비 발전소는 8㎢(축구장 1천100여개)의 면적에 태양광 발전 패널 320만개가 쓰였다. EWEC는 이 태양광 발전소를 상업 가동함으로서 자동차 20만대에 해당하는 연간 100만t의 이산화탄소를 감축하는 효과가 있을 것으로 추산했다.

태양전지의 모듈가격이 어느 정도까지 내려가면 실용화할 수 있는가란 문제는 사용 장소에서의 평균 일조시간, 기존 발전기술의 발전원가, 태양전지의 에너지 회수시간 등과 맞물려 각종의 케이스에 대한 연구가 진행되고 있다. 한 구체적인 시산 결과에 의하면 대규모 집중발전에서 BOS(Balance of system)[27]의 점유율을 50%로 가정해도 모듈원가가 W당 2800원이 되어 향후 10년 정도 상용전력으로도 채산성이 맞을 것으로 예상되고 있다.

27) BOS(Balance of System) : 태양광 발전사업에서 주축이 되는 태양전지 및 인버터를 제외한 모든 주변장치를 뜻한다.

그림 62. 세계최대 UAE 아부다비 태양광 발전소

표 54. 국내 모듈시장 와트당 가격비교 (단위: 원)

<table>
<tr><th rowspan="2" colspan="2">구분
모듈업체</th><th colspan="2">7~8월
(탄소인증제 적용 전)</th><th colspan="2">9~10월</th><th colspan="2">12~1월
(탄소인증제 적용 후)</th></tr>
<tr><th>양면</th><th>단면</th><th>양면</th><th>단면</th><th>양면</th><th>단면</th></tr>
<tr><td colspan="2">해외 A사</td><td>310</td><td>300</td><td>310</td><td>295</td><td>320</td><td>300</td></tr>
<tr><td colspan="2">해외 B사</td><td>295</td><td>290</td><td>295</td><td>290</td><td>300</td><td></td></tr>
<tr><td colspan="2">해외 C사</td><td></td><td></td><td>290</td><td></td><td>300</td><td></td></tr>
<tr><td rowspan="2">국내 D사</td><td>1등급</td><td rowspan="2"></td><td rowspan="2">360</td><td rowspan="2"></td><td rowspan="2">300</td><td>460</td><td>450</td></tr>
<tr><td>2등급</td><td>385</td><td>375</td></tr>
<tr><td colspan="2">국내 E사</td><td></td><td>330</td><td>380</td><td>330</td><td>360</td><td>340</td></tr>
</table>

그러나 2020년 5월의 탄소인증제 적용 후 국내 1등급제품의 경우 W당 360원이 450원으로 가격이 상승하여 해외시장 대비 12% 비싼 가격으로 국내에 모듈이 공급되고 있다. 국산제품의 품질을 높이고 저탄소제품 사용을 독려하기 위해 도입한 탄소인증제가 오히려 국내 모듈 가격만 높였다는 지적이 나오고 있다. 탄소인증제는 폴리실리콘부터 모듈까지 태양광모듈 제조 전과정에서 나오는 탄소배출 총량을 관리하는 제도다. 정부는 탄소배출량에 따라 1등급부터 3등급으로 모듈을 나눠 탄소배출이 적은 제품은 인센티브를 주고 있다. 탄소인증제를 통해 국내에 보급되는 태양광제품의 친환경성을 강화하고, 국내제품 보급 활성화도 꾀하기 위해서다.

(b) 태양광 건물 분야

건물일체형 태양광 발전시스템(Building Integrated Photovoltaic, BIPV)은 PV모듈을 건축외장재용으로 건자재화하여 건물 외피에 적용함으로서 경제성을 포함한 각종 부가가치를 높여 보다 효율적으로 PV시스템을 보급 활성화시키려는 개념이다. 특히, 건물분야의 전기에너지 절감에 대한 확실한 기술적 대안이 없는 실정에서, 태양광 발전을 통한 건물의 자체적 전기수급 기술은 21세기를 주도할 미래 산업분야로 관심이 집중되고 있다. BIPV시스템은 신재생에너지의 핵심인 태양광 발전을 건축분야에 적용한 시스템으로서 단순히 신재생에너지를 적용하는데 그치는 것이 아니라 건축, 토목, 전기, 전자 및 화학, 신소재 등의 다양한 기술이 융합된 분야이며 이에 따라 기술개발, 연관산업 파급효과가 큰 분야이다. 건물에너지 소비 요소 중 점차 증대되고 있는 부분인 전력부분에 대해서는 BIPV시스템을 적용할 경우 에너지 상쇄가 가능하고,

하절기 및 동절기의 전력부하로 인한 전력피크 완화에 기여할 수 있다. 또한 시스템의 설치를 위한 별도의 설치 부지가 필요 없으며, 실제 거주면적이 협소한 지형조건에 매우 적합한 형태라고 할 수 있다. 더불어 태양에너지 이용이라는 환경 친화적인 요소기술의 도입으로 인한 건물의 부가가치를 높일 수 있을 뿐만 아니라 신축 또는 기존 건물의 개보수에 모두 적용 가능하기 때문에 그 잠재성이 매우 크다고 할 수 있다.

BIPV시스템의 건물 통합 방법 및 종류에 있어서PV모듈을 건물 외장재로 대체하는 방법은 건물과의 결합 수준에 따라 크게 완전일체형과 단순거치형으로 구별할 수 있으며, 부착방식 및 통기 구조에 따라 보다 세부적으로 다양하게 구분할 수 있다. 그림 64는 BIPV모듈을 건물의 어느 부위에 적용시켜 통합하느냐의 여부에 따라 구분된 일례이다.

그림 65는 창호일체형 BIPV시스템의 사례를 예시한 것이다. 창호일체형 태양광시스템의 경우 유리창의 본래 기능인 투과성과 채광성을 가지고 있는 것이 특징이다. 셀의 배치 변화에 따라 그림자 패턴을 줄 수 있으며, 투과율 조절을 통해 다양한 건축적 기법으로 활용이 가능하다. 가시성 확보를 위해 기존의 유리와 혼합하여 입면에 적용할 수 있으며, 공공건물에서의 유리소재 사용이 급증 (커튼월)하고 있는 현 추세에서 유용하게 적용될 수 있는 기법이다.

그림 66은 외벽일체형 사례를 나타내는 것으로 건물의 입면에 적용되는 외벽일체형 태양광시스템은 건물의 외장자재를 대체할 수 있으며, 새로운 건물뿐만 아니라 기존 건물의 외피를 교체하는 개보수에도 적용이 가능한 장점이 있다. 비록 최적의 경사각으로 설치되었을 경우와 비교하면 예상되는 발전량이 더 낮은 수준이지만, 모듈의 사이즈 및 형태, 패턴, 색상 변화에 따라 다양한 디자인이 가능하다. 또한 건물의 전체 표면적 대비 수직면이 많은 도심형 건물의 경우 건물의 부지를 최대한 활용할 수 있기 때문에 그 잠재력이 매우 크다고 할 수 있다.

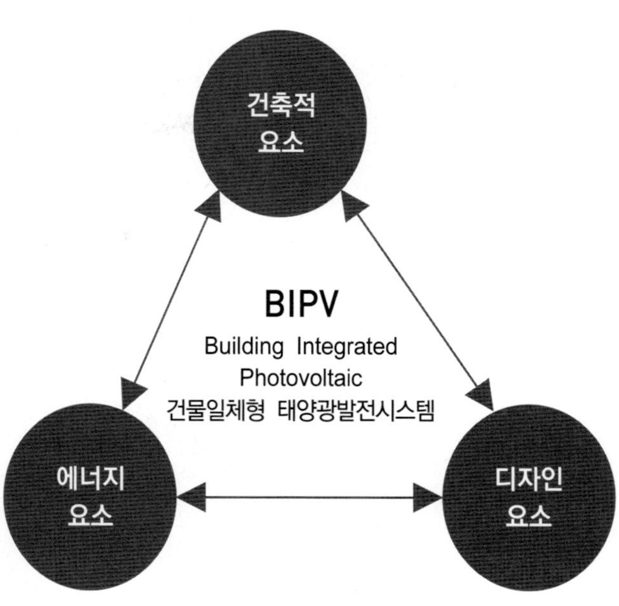

그림 63. BIPV의 개념도

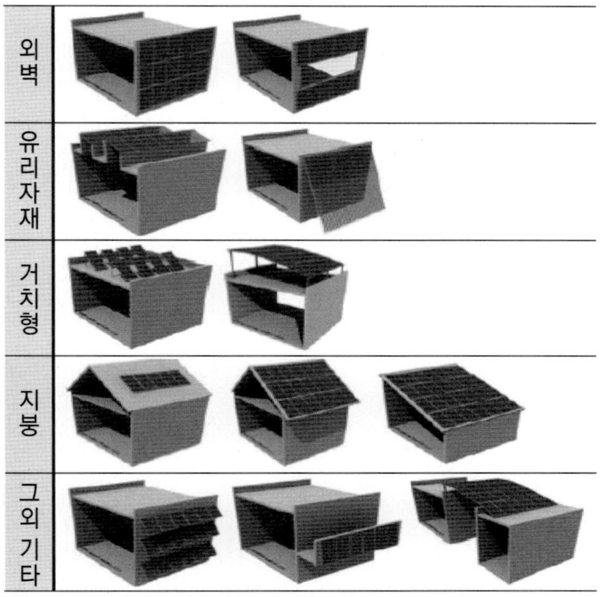

그림 64. BIPV모듈의 설치 위치에 따른 통합 방안

그림 65. 창호일체형 태양광 시스템 적용사례

그림 66. 외벽일체형 태양광시스템 적용 모습

그림 67은 차양장치 및 루버형 BIPV시스템의 적용사례이다. 루버와 일체화된 PV시스템의 경우 과도한 직사일광과 현휘[28]를 막아주어 실내 조명부하를 줄일 수 있을 뿐만 아니라 재실자의 시각적 쾌적성을 확보할 수 있는 장점이 있다. 또한 루버의 각도를 태양광 발전을 위한 최적 각도로 맞추어 입면에서도 최대한 발전효율을 유지할 수 있다. 루버는 가변형과 고정형 등으로 다양하게 디자인될 수 있으나, 하부 음영을 고려하여 모듈의 경사각 및 루버의 간격을 조절하여 디자인해야 한다.

그림 67. 루버일체형 태양광시스템 적용 모습

그림 68은 지붕일체형 시스템의 사례이다. 지붕에 PV시스템을 적용하는 것은 일사획득이 가장 용이한 방법으로서 외피면적 대비 지붕면적이 큰 건물에 적합한 방식이다. 지붕일체형 태양광 발전시스템은 경사지붕과 통합하여 자연스럽게 모듈 설치가 가능하며, 모듈의 패턴을 이용하여 이미지의 형상화가 가능한 장

28) 현희(Glare)란 시계 내에서 과다한 휘도의 차이에 의한 시각의 손상 또는 불쾌함을 말한다.

점이 있다. 또한 지붕에 적용되기 때문에 최적의 설치여건, 최적의 각도로 설치가 가능하여 발전효율을 극대화할 수 있다. 현재 시중에 나와 있는 BIPV관련 지붕자재에는 PV슬레이트, PV타일, PV싱글, PV지붕금속판 등이 있으며, 기존 지붕 공사공법을 그대로 사용하여 쉽게 시공할 수 있을 뿐만 아니라 기존 지붕자재와 혼용하여 사용하여도 시각적으로 일체화된 느낌을 유지할 수 있다. 그 외에도 기존의 PV패널을 단열 지붕패널과 일체화한 제품은 기존 건물 및 신축 건물의 지붕 단열을 높일 수 있을 뿐만 아니라 발전을 할 수 있는 이중 효과를 기대할 수 있다.

그림 68. 지붕일체형 태양광시스템 적용 모습

그림 69와 같이 건물의 발코니 난간에 적용된 BIPV시스템은 반투명 태양전지를 통해 채광성을 유지하거나 발코니가 외부에 노출되어 있는 경우에는 불투명 태양전지를 이용하여 보다 효율을 높일 수 있다. 이 방식은 발코니 면적이 넓은 공동주택에 적합한 방식으로, 수직으로 설치되기 때문에 공간의 여유가 생기고 옥상 부분을 녹화, 휴식 공간 등 다른 용도로 활용할 수 있어 공간의 유효성이 증대되는 장점이 있다.

그림 69. 발코니일체형 태양광시스템 적용 모습

BIPV시스템은 독립형 PV 시스템과 달리 건물이라는 특수한 조건과 결합되어야 하기 때문에 독립형 시스템에서는 포함되지 않았던 수많은 고려변수가 추가된다. 독립형 시스템에서와 같이 에너지 성능의 극대화만이 설계의 최종목표가 될 수 없으며, 많은 건축적 요소를 포함하여 계획 전 과정에 걸쳐 종합적인 통합설계안이 체계적으로 도출되어야 한다. 따라서 빌딩엔지니어를 포함한 전기 및 PV전문가, 시공기술자들이 건축 설계자와 유기적인 관계를 유지하며 계획 초기단계부터 설계과정에 참여하여야 한다. 특히, BIPV는 건물의 이미지를 결정하는 의장적 요소가 매우 큰 비중을 차지하기 때문에 건축설계자의 역할이 매우 중요하다. 따라서 효과적 결과물을 도출하기 위해서는 건축가 스스로가 BIPV에 대한 물리적 기초지식 및 통합설계에 대한 이해를 일정수준 습득할 필요성이 있다. PV 시스템의 에너지 성능은 고려요소의 일부에 불과하며, 나머지 모든 성능요소가 효과적으로 종합되어 설계안에 반영될 경우에만 성공적인 BIPV건물이 건립될 수 있는 것이다.

BIPV시장의 동향에 있어서 세계 건물에너지 관련 시장은 탄소경제시대로의 전환에 따른 큰 패러다임의 변화를 겪고 있다. 90년대 초부터 시작된 탄소배출권의 문제는 이미 2005년부터 발효된 교토의정서에 따라 세계는 CDM 청정개발체제(Clean Development Mechanism)의 경쟁으로 진입한지 오래이다. 이에 따라 2010년을 전후해 세계 대부분의 국가 기본정책에 그린시장 개발이 핵심 이슈로 자리잡았다. 세계 탄소배출량에 큰 비중을 차지하고 있는 건물에너지 소비분야도 당연히 주요 관리대상이 되었으며, 과거의 진행속도보다 매우 빠르고 강력한 수준으로 건물에너지 소비의 효율성을 요구하는 각종 정책 및 제도가 확립되고 있다. 2020년을 전후해서는 EU 전역에 걸쳐 신축 주거 및 비주거건물 전체를 대상으로 화석연료의 사용을 최대한 억제시킨 준 제로에너지건물 (nnZEB ; nearly net Zero Energy Building)의 의무화가 시작될

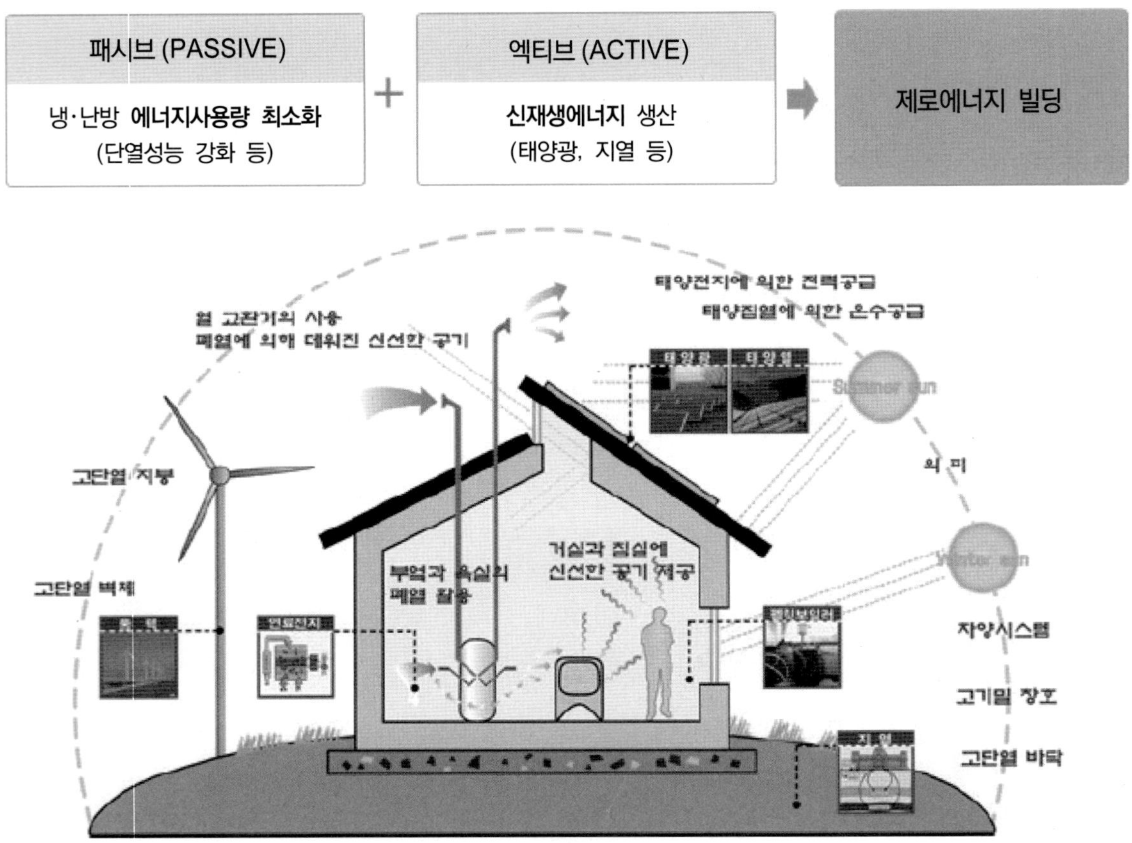

출처 : 국토교통부 홈페이지 (http://www.molit.go.kr)

그림 70. 제로에너지 빌딩의 개념도

예정이다. 이는 국가별로 속도는 다르지만 이미 각 국가의 건물에너지 정책 로드맵에 반영되어 매년 단계적으로 급속히 화석에너지소비량의 억제를 요구하고 있는 실정이다. 국내의 경우도 2017년에 기존 대비 60% 절감의 제로에너지주택, 2025년에 완전한 제로에너지주택의 의무화를 선언하고 단계별 기준강화를 시행해가고 있다. 이러한 배경하에 이미 전세계 건축시장은 화석에너지의 사용으로부터 탈피된 제로에너지빌딩 시장제제로 재편되고 있으며, 이는 건설산업은 물론 이와 관련된 많은 산업분야에 걸쳐 매우 큰 시장변화를 요구하고 있다. 제로에너지건물의 구현을 위해서는 우선 건물의 부하를 최소화시키기 위한 패시브적(Passive) 기술 즉, 건물에너지 절감 및 효율과 관련된 기술이 우선 적용된 후, 액티브적(Active) 기술 즉, 백업설비시스템 및 신재생에너지 관련 기술을 통해 잔여부하를 제거하는 형식으로 설계가 진행되어야 하며, 이러한 접근방법은 이미 대부분의 현업 설계사무소에서 실무에 응용되고 있을 정도로 시장에 빠르게 정착하고 있다. 이 과정에서 신재생에너지 시스템은 잔여부하를 처리하기 위한 최종단계의 기술로 열 및 전기부하의 충당을 위해 매우 중요한 역할을 담당하고 있다. 특히, 비주거용건물에서 큰 주도적 비중을 차지하고 있는 전기부하의 경우 에너지절감 및 효율을 통해 저감시킬 수 있는 한계가 매우 제한적이기 때문에 전기를 생산 충당할 수 있는 신재생에너지기술의 개발은 다른 어떠한 기술보다 시급히 제로에너지빌딩의 구현을 위해 제공되어야 하는 분야이다.

현재의 기술수준을 고려할 때 풍력, 연료전지, 바이오열병합발전, 태양열발전 등의 전기생산 관련 신재생에너지기술은 아직 건물로 곧바로 응용되기에는 많은 장벽이 남아있는 실정이며, 이러한 관점에서 건물외장재의 역할을 겸용할 수 있는 건물일체형 태양광 발전(BIPV) 기술은 효율 및 비용의 논쟁을 차치하더라도 미래 제로에너지빌딩의 구현에 결정적인 영향을 기여해야 한다는 점에는 어느 누구도 이견을 달리하지 못할 것이다. 이러한 배경으로 인해 전세계 많은 관련기업들이 이미 오래전부터 BIPV시장에 지속적인 관심을 두고 시장개척과 기술개발에 매진하고 있다.

가까운 시일 내에 엄청난 규모의 시장으로 확대될 것으로 예측되고 있는 BIPV분야는 현재 침체된 국내 건설시장 및 태양광시장의 재도약을 위한 촉진제 역할을 할 수 있는 충분한 잠재성을 가진 기술 분야이다. 부존자원이 부족한 국내의 현실에서 이미 상당한 기술력을 확보하고 있는 건설시장과 태양광시장의 기술 인프라를 고려할 때 소프트웨어적 첨단 융합기술 중심의 BIPV시장은 세계 경쟁력을 갖출 수 있는 매우 매력적이고 유망한 국가 중점개발 기술분야 중 하나로 자리매김할 것이다. 이를 위해서는 기술적 R&D는 물론이고 국가차원의 정책적, 사회적, 경제적 관점에서 복합적인 지원체계와 제도의 정립이 병행되어야 할 것이다. 특히, 아직 시장기반이 확립되지 못한 BIPV분야의 경우는 다른 무엇보다도 정책적, 제도적 기반의 확립이 BIPV시장 활성화의 성패를 가름하는 결정적인 영향을 미치는 요소가 될 것이다.

5. 태양광 발전의 이슈

5-1. 태양광 모듈의 탄소인증제

최근 산업통상자원부가 태양광 모듈에 대한 탄소인증제 시행을 본격화하면서 국내 태양광 모듈 제조기업과 중국을 비롯한 해외 태양광 모듈 제조기업 간은 물론, 국내 태양광 관련 기업들 간에도 희비가 엇갈리고 있는 분위기다.

2020년 5월, 산업통상자원부가 고시한 저탄소 태양광 모듈 제품 지원에 관한 운영지침은 재생에너지산업 경쟁력 강화 방안의 주요 과제로, 당시 재생에너지 설비의 생산, 운송, 설치, 폐기까지 온실가스량을 계량화해서 탄소배출량이 적은 제품에 대해서는 인센티브를 적용하겠다는 계획이다. 이번에 산업통상자원부가 실시하는 태양광 모듈 탄소인증제란, 폴리실리콘과 잉곳, 웨이퍼, 셀, 모듈 등 태양광 모듈 제조의 전 과정에서 배출되는 단위 출력당(1kW) 온실가스 총량을 계량화하고 검증하는 제도로 탄소 배출량에 따라 크게 3등급으로 분류하고 있다. 즉, 탄소배출량 1등급 태양광 모듈은 1kW당 670kg CO_2 이하, 2등급은 1kW당 670kg 초과 830kg CO_2 이하, 3등급은 1kW당 830kg CO_2 초과로 규정하고 있다. 따라서 향후 등급에 따른 인센티브는 RPS 선정입찰시에는 신규 발전사업자 대상 선정입찰시에 탄소배출량을 주요 요소로 평가하며, 정부보급사업에서는 등급에 따라 보조율 등을 차등 지원할 계획이다. 이렇듯 태양광 시장에서 탄소인증제도를 도입하는 취지는 저탄소 태양광 제품의 경쟁력을 높이고 세계 시장에서 탄소배출량이 낮은 친환경 모듈 개발을 적극 장려하기 위함이다. 해외의 경우, 프랑스는 우리나라의 태양광 모듈 탄소인증제와 비슷한 탄소발자국(Carbon Footprint, CFP)[29] 제도를 2011년부터 시행하고 있으며, EU에서도 향후 도입할 계획인 것으로 알려져 있다.

정부의 태양광 모듈 탄소인증제도에 대해 국내 제조기업과 해외 제조기업 간은 물론 태양광 모듈 수입, 판매 시공관련 국내 기업 간에도 이견이 분분한 것으로 알려지고 있다. 그 이유는 탄소배출량 외에도 탄소인증제와 관련한 태양광 모듈이 1등급이 되기 위해서는, 예를 들어 국내산 웨이퍼와 셀, 모듈을 사용해야 하며, 2등급은 중국산 웨이퍼 사용 및 국내 생산 모듈, 3등급은 중국산 웨이퍼 및 모듈 사용과 인증을 받지 않은 모든 모듈로 인식되고 있어 자칫 중국산 태양광 모듈에 대한 차별화로 인식되고 있기 때문이다. 또한 국내에서 중국산 태양광 모듈 수입 및 설치시공 관련 기업들은 저탄소 태양광 시장 보호장치 역할을 할 탄소인증제의 필요성에 대해서는 공감하지만, 지금 당장 공급선을 바꾸기도 쉽지 않고, 더불어 자재를 바꾸게 되면 KS 인증을 다시 받아야 하는 등 물리적 시간이 부족하다는 어려움을 호소하고 있는 실정이다[30].

5-2. 급격한 태양광 보급 확대로 인한 시장 성장

IEA PVPS[31]에서 발간한 Snapshot of Global Photovoltaic Markets와 REN21에서 발간한 Renewables 2020 Global Status Report에 의하면 2019년 연간 약 115 GW의 신규 태양광이 보급되었으며 이는 전년 대비 12%가 증가한 수치이다. 또한 이는 2019년 재생에너지 신규 설비 용량 200 GW의 57%에 달하는 수치이며, 화석연료나 원자력 발전의 신규 용량을 합친 것보다 많은 수치이다. 신규 설치량 뿐만 아니라 전기 공급측면에서도 2019년 기준 전세계 전기 생산의 2.8 %를 담당하고 있다. 아직 다른 에너지원에 비해서는 낮은 비중이지만 최근 가장 많은 신규 발전 설비가 태양광으로 보급되고 있기 때문에 급격하게 증가될 전망이다. 또한 기후변화억제를 위한 2DS[32]에 의하면 태양광비중이 2060년까지 전체 전기 생산량의

29) 탄소발자국이란 우리가 일상생활에서 사용하는 제품의 원료, 만드는 과정, 사용하고 버려지는 과정에 이르기까지 모든 과정에서 발생하는 이산화탄소(CO_2) 배출량으로 환산한 수치로, 표시 단위는 kg 혹은 우리가 심어야 하는 나무 그루 수로 표시한다. 예를 들어 감자칩 포장지의 탄소발자국 마크에 75g이라고 표시돼 있으면, 감자 재배에서부터 감자칩 생산에 이르기까지 전 과정에서 제품당 평균 75g의 이산화탄소가 배출된다는 것을 의미한다. 우리가 무심코 사용하는 종이컵의 탄소발자국은 얼마나 될까? 종이컵의 무게는 고작 5g이지만 탄소발자국은 2배가 넘는 11g이나 된다.

30) 인더스트리 뉴스 (http://www.industrynews.co.kr).

31) IEA (International Energy Agency, 국제에너지기구), PVPS (Photovoltaic Power Systems Programme, 태양광발전분과)

32) 국제에너지기구(IEA)는 3가지 시나리오(6DS/4DS/2DS) 설정을 통해 지구온도 1.5 ℃ 상승에 필요한 2050년까지의 저탄소 달성방안(ETP 2016)을 제시하였음.
- 6DS(기준안)는 현재의 정책을 유지하여 2050년까지 2013년 대비 화석연료 연 소 온실가스 배출량이 60% 증가, 지구온도가 2100년까지 4℃ 상승, 2050년까지 누적 이산화탄소 배출량은 1조 7,000억CO_2톤에 이르는 경우임.
- 4DS(감축 강화안)는 온실가스 감축과 에너지효율 개선을 강화하는 경우로서 지 구온도를 2100년까지 3℃ 상승으로 제한하는 시나리오임.
- 2DS(2℃ 달성안)는 2050년까지 2013년 대비 온실가스 배출량을 50% 이상 감소 하여 21세기 후반에는 탄소중립 도달, 지구온도는

20% 수준까지 증가해야 하기 때문에 현재의 시장과 미래시장을 고려했을 때 태양광은 현재 가장 유망한 에너지원이라고 할 수 있다. 최근 IEA에서 발간한 World Energy Outlook 2020에 따르면, 이미 태양광은 현존하는 에너지원 중 가장 값싼 에너지원이며, 2050년 탄소중립 목표를 실현하는 과정에서 주력 에너지원이 될 것이라고 전망하고 있다.

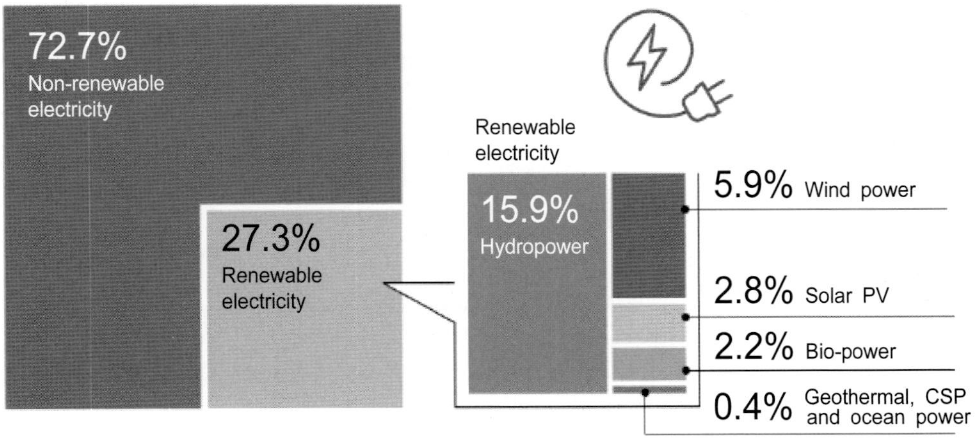

출처: REN21, GSR2020: Estimated Renewable Energy Share of Global Electricity Production, End-2019, 2020년

그림 71. 2019년 전세계 발전방식별 비중

기후변화 대응을 위한 전세계적인 에너지전환 흐름과 마찬가지로 국내에서도 깨끗하고 안전한 에너지로의 전환이 '재생에너지 3020이행계획'을 통해 추진되고 있다. 특히 태양광은 2030년까지 30 GW 이상의 신규로 보급되는 것을 목표로 하고 있다. 따라서 주민수용성, 계통 안정성 등의 문제를 해결하여 국내에 태양광 보급을 확대하는 것은 물론이거니와 국내 보급을 실적(Track Record) 축적의 기회로 삼아 국내 기업의 글로벌 경쟁력 확보를 위한 기회로 활용해야 한다. 태양광 국내 보급이 확대되면서 여러 가지 이슈들이 제기되고 있다. 태양광의 경우 NREL(미국) 및 국회 예정처 자료에 의하면 1 GW 시스템을 위해서는 10~13km^{2}의 면적이 필요하다. 따라서 30 GW의 태양광 보급을 위해서는 300~400km^{2}의 면적이 필요하다. 간척지, 폐염전뿐만 아니라 다양한 부지를 확보하는 것이 중요하다. 건물 옥상 면적의 10%를 활용하면 30 GW 이상이 설치가능하며, 수상 면적의 5% 수준만으로 14GW, 총경지 면적의 1%를 활용해도 20 GW의 태양광 보급이 가능하다. 최근 대통령의 2050년 탄소 중립 선언 등을 통해 향후 태양광 국내 보급량이 급격하게 증가할 것으로 예측된다.

아래 그림과 같이 최근 40년 동안 태양광 시장은 급속하게 성장하였으며 태양광 모듈 단가도 급속하게 감소하였다. 이러한 추세는 이후 태양광 시장 성장과 함께 지속될 것으로 전망된다. 따라서 태양광 모듈을 비롯한 태양광 발전 시스템 및 요소 부품의 가격이 계속적으로 하락될 것으로 전망된다. 이와 함께 각 제조 기업들 간의 가격 경쟁이 심화될 것으로 보인다.

최근 몇 년 동안 전반적인 시장 성장 속에서도 기업들의 영업이익은 기업의 경쟁력에 따라 상반된 경향을 나타내었다. 또한 2018년 하반기 중국의 내수 시장이 축소되어 이로 인한 공급 과잉현상이 진행되고 있다. 따라서 태양광 제품의 추가적인 가격 하락과 구조조정이 예상된다.

2100년까지 2℃ 상승, 2050년 까지 누적 이산화탄소 배출량은 1조 7,000억CO_2톤 규모로 제한하는 시나리오임.

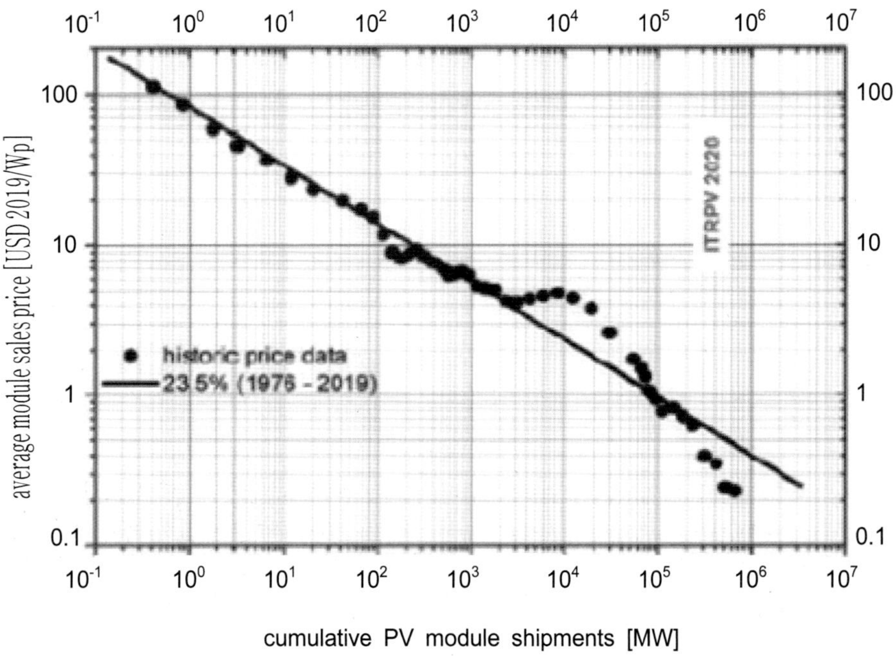

출처 : International Technology Roadmap for PV(ITRPV) 2020 :
Learning curve for module price as a function of cumulative shipments

그림 72. 결정질실리콘 태양전지의 가격 추이

6. 국내외 시장동향

6-1. 세계 시장 동향

세계 태양광 발전 시스템 설치시장은 2004년 1 GW를 초과한 이후 43% 이상의 폭발적인 복합연평균성장률(CAGR)[33]을 나타내며 급성장하여 왔고, 2015년에 약 50 GW를 초과하는 시장규모에 이르렀으며, 2019년에는 약 115 GW의 설치량을 기록했다. 전세계 태양광 발전 누적 설치 용량은 2019년 634 GW를 달성하였으며, 향후 5년간 지속적인 증가세를 전망하고 있다. 글로벌 시장은 중국, 미국, 인도가 시장을 주도할 것으로 예상하고 있다. 그림 73은 국제에너지기구(IEA) 태양광발전분과(PVPS)에서 2020년 발표한 태양광발전 시스템의 설치용량 자료이다. 태양광은 발전단가의 하락과 효과적인 정부 정책에 힘입어 예측 기간 동안 2.5배 증가하여 2024년에 누적 설비용량 1.45 TW가 설치될 것으로 전망되며, 중국이 전체 태양광 시장 성장의 40% 이상을 차지할 것으로 예상하고 있다[34].

2006년부터 시작된 태양광발전 시스템의 설치용량 증가 추세는 여전히 지속되고 있는 것을 알 수 있다. 특히 2011년 후쿠시마 원전사고 이후 일본 및 유럽 등에서 원전 설치계획을 축소 또는 폐지하였고, 중국, 일본, 미국 및 신흥 시장(동남아시아, 아프리카, 남미 등)에서 태양광 설치량을 확대하면서 향후 세계 태양광시장은 꾸준히 증가할 것으로 예측된다.

---

33) 연평균복합성장률(compound annual growth rate : CAGR) : 여러 해동안의 성장률을 복리의 효과를 반영하는 기하평균을 이용하여 연간성장률로 환산한 값이다. 흔히 사용하는 산술평균은 여러 해동안의 평균성장률 혹은 평균수익률을 계산할 때 왜곡을 가져오게 된다.
34) 2020 신재생에너지 백서, 한국에너지공단, 2020.

(단위 : GW)

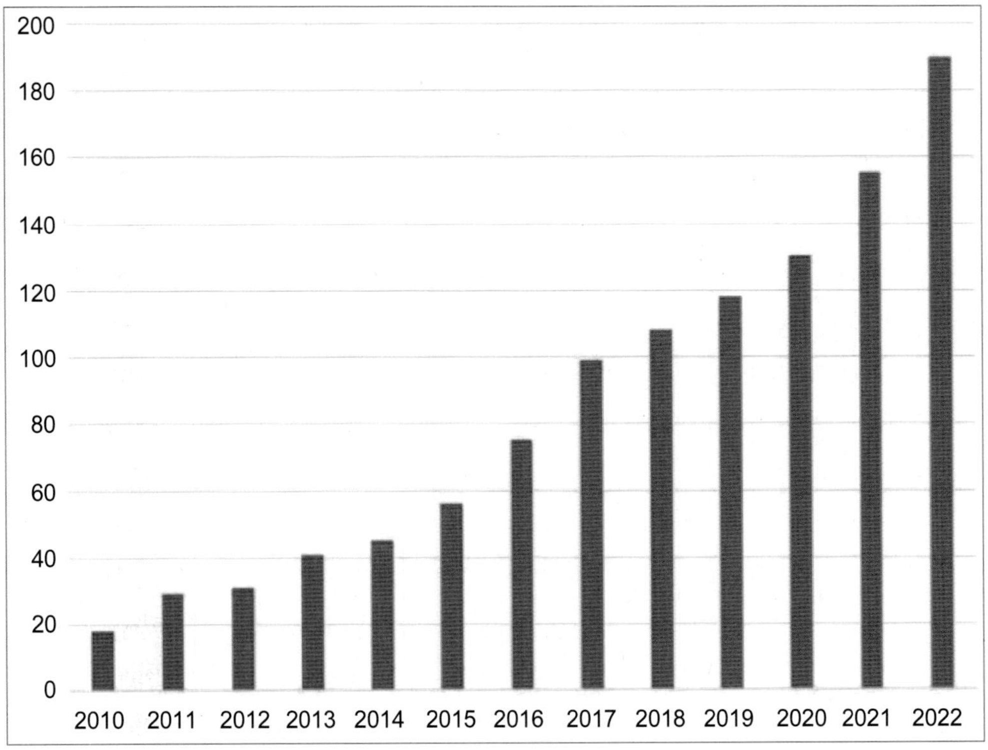

출처 : BNFE, 전망치는 수출입은행

그림 **73.** 세계 태양광 보급 현황 및 전망

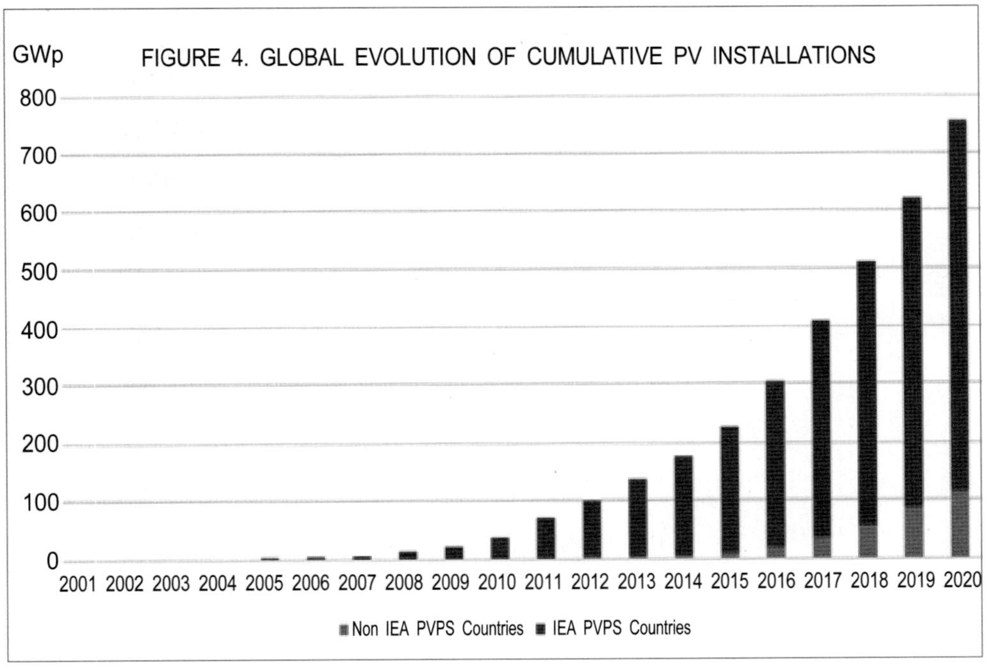

출처 : IEA PVPS, Snapshot of Global PV Markets 2021

그림 **74.** 세계 태양광 누적 보급 현황

2008년 미국의 금융위기로부터 촉발되어 세계경제의 침체로 확장되던 2011년을 기점으로 한 시장 성장률 감소의 원인은 태양광 시장의 수요-공급 불일치에 따른 구조조정과 유럽의 경제 위기이다. 결국 공급과잉이 심화되면서 2012년까지 태양광 모듈의 가격이 급격히 하락하였고, 태양광 기업들의 채산성까지 악화되었다. 중국의 SunTech, 독일의 Q-Cells와 같이 세계1위를 차지했던 기업뿐만 아니라 미국의 Solyndra, 독일의 Sovello와 같이 신기술 창업 또는 합자회사들도 파산하면서 업계에 커다란 파장을 일으켰다. 이후 2014년 초까지 증설투자도 없었고, 이에 따라 세계적인 태양광 전문 장비 업체들도 힘겨운 구조조정을 겪었지만, 이후 모듈 가격 하락에 따른 보급량 증대와 함께 원전사고 이후 조성된 재생에너지 보급 확대정책 덕분에 시장성장이 지속되면서 공급과잉이 완화되는 모습을 보이고 있다.

중국은 2020년 한해 설치량이 48.2 GW에 달했고, 누적 설치량도 253.4 GW로 전체 758.3 GW의 33%를 점유하였다. 전체적으로 중국, 인도, 일본, 베트남, 한국 등 아시아 국가들이 전체 시장을 주도하였다. 미국 시장은 전년 대비 12 % 증가하여 19.2 GW의 시장이 형성되었고, 베트남은 전년도 5위에서 인도를 제치고 세계 3위 시장으로 부상하였다.

FOR ANNUAL INSTALLED CAPACITY			FOR CUMULATIVE CAPACITY		
1	China	48,2 GW	1	China	253,4 GW
(2)	*European Union*	19.6 GW	(2)	*European Union*	151,3 GW
2	United States	19,2 GW	2	United States	93,2 GW
3	Vietnam	11,1 GW	3	Japan	71,4 GW
4	Japan	8,2 GW	4	Germany	53,9 GW
5	Germany	4,9 GW	5	India	47,4 GW
6	India	4,4 GW	6	Italy	21,7 GW
7	Australia	4,1 GW	7	Australia	20,2 GW
8	Korea	4,1 GW	8	Vietnam	16,4 GW
9	Brazil	3,1 GW	9	Korea	15,9 GW
10	Netherlands	3 GW	10	UK	13,5 GW

출처: IEA PVPS, Snapshot of Global PV Markets 2021R

그림 75. 2020년 연간 보급량 및 누적 보급량 Top 10 국가

연간 1 GW 이상이 설치된 국가는 2015년까지 6개국에 불과했으나, 2018년 13개, 2019년 17개로 국가로 태양광 발전단가의 하락으로 인해 태양광의 수요는 지속적으로 확대 중이다. 또한 중국의 보급 확대로 인해 지붕 태양광의 비중이 증가하였고, 향후 중국과 미국을 중심으로 신규 주택 및 리모델링에 필요한 지붕 태양광 시장 성장이 기대된다.

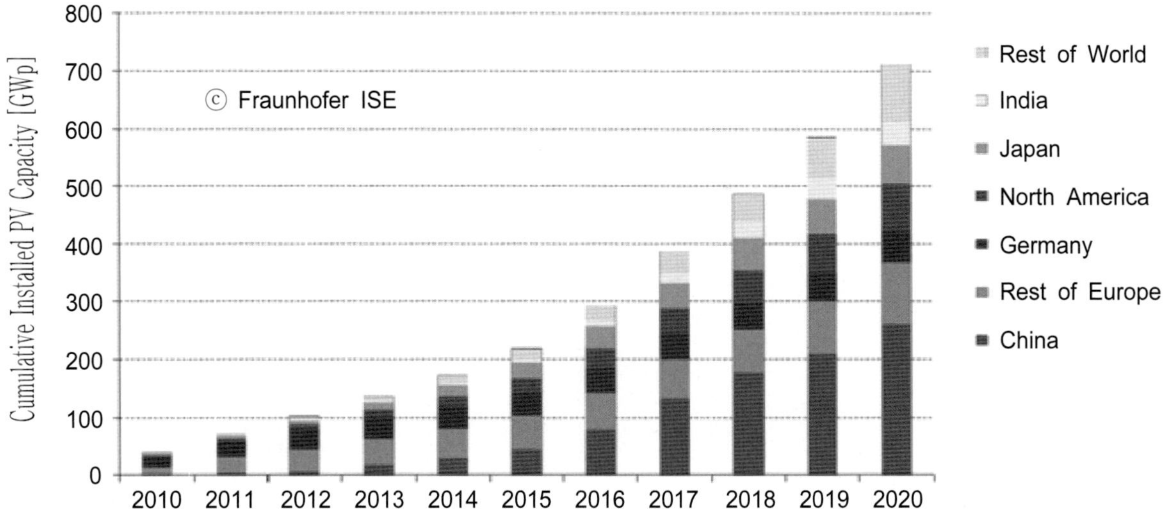

출처: Fraunhofer ISE, Photovoltaic Report 2021

그림 76. 2010~2020년 국가별 누적 보급량

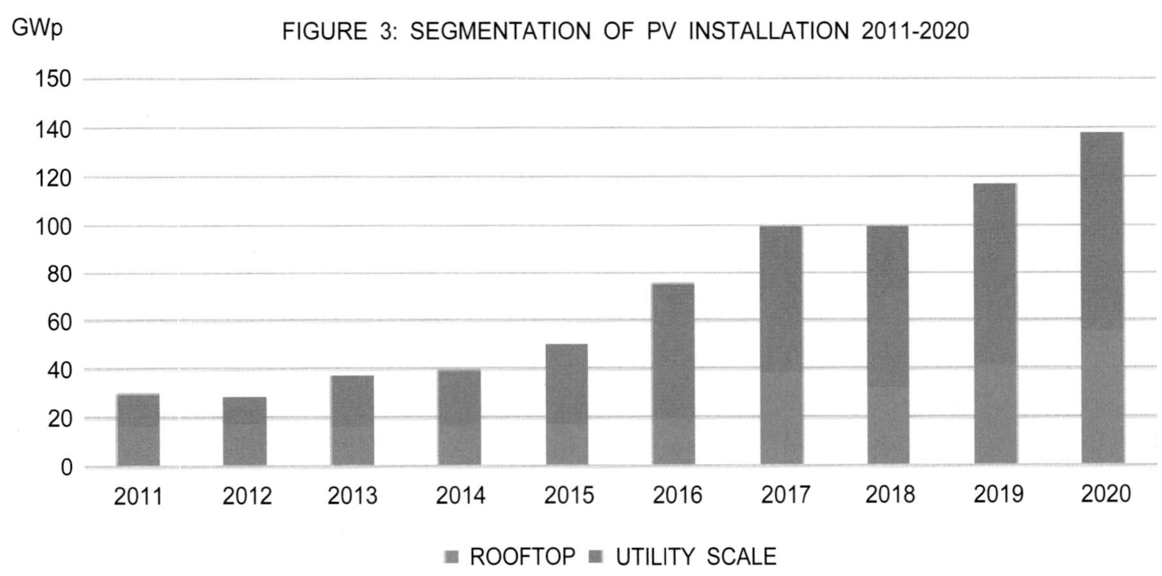

출처 : IEA PVPS, Snapshot of Global PV Markets 2021

그림 77. 2011~2020년 태양광 종류별 보급량

IEA가 발간한 'Renewable Energy Market Update(2021.5)'에 따르면, 코로나19 확산으로 공급망 혼란 및 재생에너지 프로젝트 건설 지연이 발생하였음에도 2020년 신규 재생에너지 발전 설비용량은 전년 대비 45% 증가한 280GW에 달하였다. 이는 1999년 이후 최대 증가폭으로 동 기간 신규 태양광 발전 설비용량은 전년 대비 23% 증가하여 135GW를 기록하였다. 2021~2022년에 신규 태양광 설비용량은 지속 증가하는 반면, 풍력은 감소할 것으로 전망되며, 태양광 투자비용 감소 및 정책적 지원으로 태양광 증가세가 지속되어 2021년과 2022년 신규 태양광 발전 설비용량은 각각 145GW와 162GW에 달해 사상 최고치를 기록할 것으로 전망된다. 이는 코로나19 이전 수준보다 50% 증가한 수치이며, 총 재생에너지 증가분의 55%를 차지하는 것으로 나타났다.

Bloomberg New Energy Fiance에서 2018년 8월에 발간한 "2018 Long-Term PV Market Outlook"에 의하면 태양광 가격은 계속적으로 하락하고, 기후변화 억제를 위해 전력 뿐만 아니라 수송 부문에서의 활용도 높아질 것으로 예측하고 있다. 또한 에너지 저장장치나 계통연결에 있어서의 경제성이 확보된다면 2050년에 주요국가에서 전력의 40% 이상을 태양광으로 공급하는 것을 예측하고 있다. 발전단가의 경우에도 전체적으로 2050년 $25/MWh 수준이 될 것으로 전망하고 있다. 소규모 태양광도 동반하여 성장할 것으로 예측하고 있으며 이러한 시나리오가 만족할 경우 2020년 100 GW, 2030년 전후로 200 GW, 2035년 이후로 250 GW 규모의 연간 태양광 시장이 형성될 것으로 전망하고 있다.

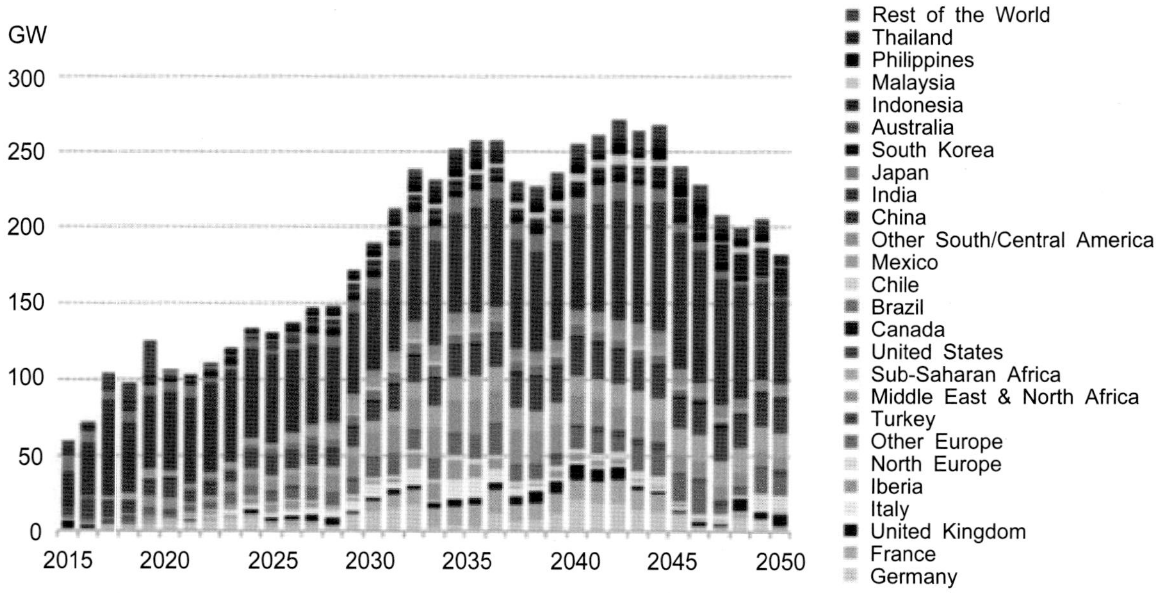

출처: BNEF, 2018 Long-Term PV Market Outlook, 2018

그림 78. BNEF의 연간 태양광 보급 전망

최근 IEA에 의해서 발간된 'World Energy Outlook 2020'에 의하면 태양광은 현존하는 가장 값싼 에너지이며 기후변화 대응을 위한 시나리오로 향후 에너지 트렌드가 변화할 경우 2050년 주력 에너지가 될 것이라고 전망하고 있다.

6-2. 국내 시장 동향

2020년 국내 태양광 신규 보급용량 및 증설 용량은 4.1 GW에 달하며, 이는 2019년 3.7 GW에 비해 0.4 GW 이상 증가하였다. 국내 태양광 수요의 90% 이상은 발전사의 신재생에너지 공급의무화제도(RPS)를 통해 발생한다. 총 누적용량은 5.83 GW로 전체 신재생에너지 중에서는 37%를 점유하였지만 전체 발전설비의 5~6% 수준에 머물고 있다.

2018년도에는 재생에너지 3020 이행계획이 본격적으로 진행됨에 따라 상반기에만 1.34 GW가 보급되었다. 이는 정부가 지난해부터 계약기간 20년의 장기고정가격 계약 의무화제도를 통해 RPS 의무공급기관들이 SMP와 RPS 가격을 합산 고정 가격으로 장기간 발전사업자와 구매계약을 맺도록 한데에서 기인한 것으로 보인다. 또한 현재 소규모 태양광을 위한 한국형 FIT 제도를 본격 시행하면서 농가와 개인사업자를 중심으로 한 설치 물량이 올해부터 본격적으로 확대될 것으로 기대되고 있어 계속적으로 설치량이 증가할 것으로 보인다.

7. 국내외 산업동향

7-1. 세계 산업 동향

현재 태양전지 분야에서는 결정질실리콘 태양전지가 전체 태양전지 시장을 주도하고 있다. 2007년까지는 결정질실리콘 태양전지가 90% 이상의 시장 점유율을 나타내었으나, 폴리실리콘 가격의 상승에 의한 박막 태양전지의 보급 확대로 인하여 한때 결정질실리콘 태양전지의 점유율은 80%대로 감소한 바 있다. 하지만 2011년 들어 폴리실리콘 가격의 하락 및 수급불균형에 따라 결정질실리콘 태양전지와 모듈의 가격이 급락하면서 다시 시장을 주도하는 상황이다. 특히, 박막 태양전지의 선두 기업으로 CdTe 모듈을 생산하는 미국의 First Solar사와 CIGS 모듈을 생산하는 일본의 Solar Frontier사에 국한되면서 산업생태계가 상대적으로 취약한 점이 박막 태양전지의 시장점유율이 낮은 이유 중의 하나라 할 수 있다. 2013년 하반기부터 시작된 폴리실리콘 가격의 안정화와 모듈 수급 불균형의 해소에 힘입어 안정되는 모습을 보이고 있고, 결정질실리콘 태양전지를 중심으로 시장이 점차 안정적으로 성장하는 모습을 보이고 있다. 2019년의 경우에도 이러한 추세가 유지되면서 결정질실리콘 태양전지 시장이 전체 시장의 95% 이상을 점유하고 있다. 박막 태양전지가 결정질실리콘 태양전지에 대한 경쟁력을 확보하기 위해서는 저가 및 고기능성, 신규 응용분야로의 진출이 필요할 것으로 보이며, 박막 태양전지 시장은 2020년 이후부터 서서히 성장할 것으로 예측된다[35].

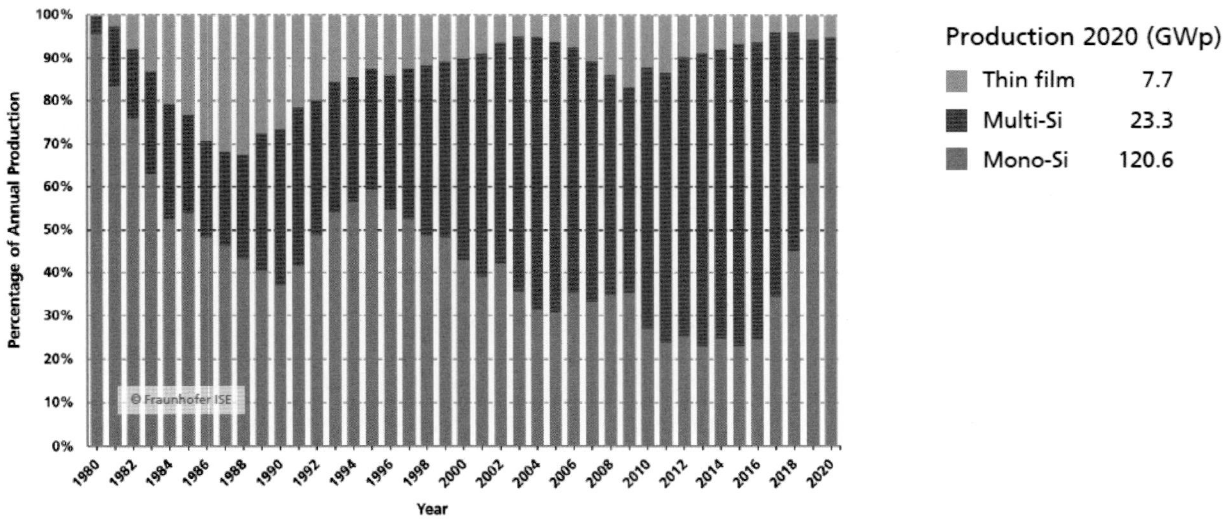

출처: Fraunhofer ISE, Photovoltaic Report 2021

그림 79. 태양전지 종류별 시장 점유율

한편 앞서 언급한 중국의 시장 환경 변화와 수요 감소에 따른 기업 간 경쟁은 더욱더 심화될 것으로 보인다. 또한 아래 그림에서와 같이 태양광 산업분야에서 점차 심화되고 있는 중국 중심의 산업 구조도 이후 산업 구조 개편에 있어서 중요한 지점이라고 할 수 있다.

태양광 모듈의 가격 측면에서는 2019년 초와 2020년 초를 비교해보면, 2020년은 2019년에 비해 약 10% 정도 가격이 하락했으며, 이는 같은 기간에 태양전지의 가격이 20% 하락한 것에 비해 비교적 적은 폭으로

35) 2020 신재생에너지 백서, 한국에너지공단, 2020.

하락한 것이다. 한편, 2018년 초와 2020년 초의 전체 가격 중 실리콘, 웨이퍼, 셀, 모듈이 차지하는 가격 비중을 비교해 보면, 모듈의 경우 상대적으로 가격 변동은 안정되었을지라도 모듈의 가격 비중은 50% 이상으로 증가했다.

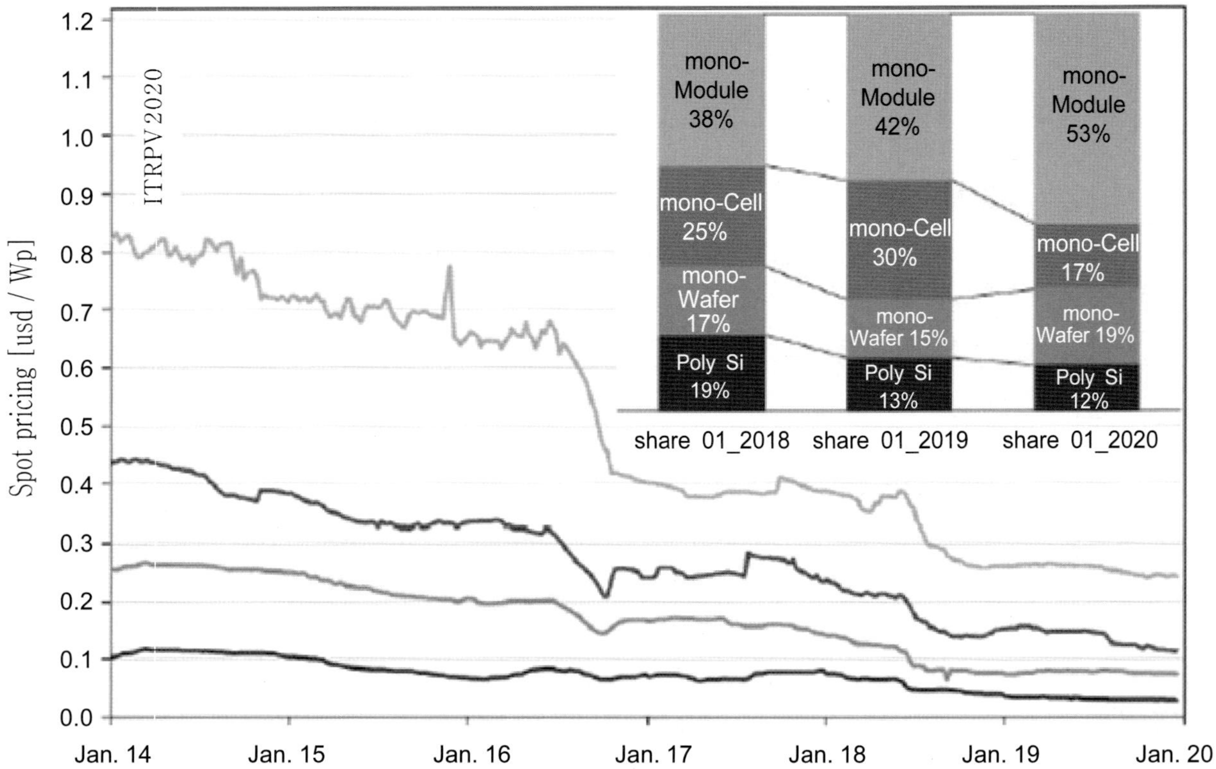

출처: International Technolosy Roadmap for PV(ITRPV)2020: Price trend for mono-Si modules

그림 80. 폴리실리콘, 실리콘 웨이퍼, 태양전지 및 모듈의 가격 동향

한편 2019년 태양광 가치사슬별 상위 10개 기업의 시장점유율의 경우, 2018년 대비 폴리실리콘은 76%에서 88%로 증가했고, 단결정 잉곳의 경우 상위 10개 사의 시장점유율이 96%에 달해 사실상 시장 재편이 끝난 것으로 볼 수 있다. 또한 태양전지 및 모듈 분야는 상대적으로 많은 기업들이 포진해 주도적인 기업이 없는 상황으로, 시장주도권을 확보하기 위한 경쟁이 치열할 것으로 예상된다. 모듈의 경우 2019년 설비용량 10 GW 이상을 갖춘 대형회사가 4개로 증가했으며, 태양광 가치사슬 중 상위 10개 기업 비중이 40%에 불과해 주도권 경쟁이 가장 치열할 것으로 전망된다[36].

(a) 폴리실리콘/웨이퍼

2019년 515,000 톤의 폴리실리콘 생산량이 기록되었고, 2020년에도 증설된 폴리실리콘 물량이 신규로 시장에 진입할 것으로 예상되어 2020년 예상 폴리 실리콘 생산량은 620,000톤으로 예상된다. 이는 2016년 394,000톤에 비해 16%가 성장하였다. 중국 52%, 독일 15%, 한국 22%, 미국 7%의 시장점유율을 기록했으며, 중국의 GCL-Poly이 74, 818톤, 한국의 OCI가 72,000톤, 독일의 Wacker-Chem이 71,000톤의 생산량을 기록하였다. 약 5년 동안에 걸친 가격 급락으로 인해 여러 기업들이 혹독한 구조조정으로 인한 변화가 생

36) 2019년 4분기 태양광산업 동향, 한국수출입은행.

기고 있는 중이며, 일부 기업들은 생산을 중단하거나 증설 계획을 수정하고 있는 실정이다. 중국 제품에 대한 미국의 반덤핑 제제에 대한 여파는 여전히 유효한 상황이며 Hemlock과 REC Silicon은 계속적으로 시장 점유율이 낮아지고 있다. 2016년 대비하여 2017년 수요와 공급 균형 및 일시적인 공급부족으로 인해 \$15.5/kg 였던 가격이 \$20/kg대까지 상승하였다. 그로 인해 기술력과 낮은 원가를 보유한 기업을 중심으로 높은 수익률을 나타내었으며 이는 추가적인 생산설비 증대로 이어질 가능성이 크다. 따라서 이후 가격은 \$12/kg 이하로 내려갈 것으로 전망된다.

Longi Green Energy Technology는 33.6 GW의 웨이퍼를 생산하여 2019년 가장 많은 생산량을 나타내었다. 이는 32.2 GW를 생산한 경쟁사인 GCL과 거의 비슷한 수치이며, 불과 2년 전인 2017년에는 GCL이 Longi보다 두 배 이상 앞섰지만 지금은 거의 비슷한 생산량을 보이고 있다. 세 번째로 많은 생산량을 나타낸 곳은 Zhonghuan으로 26.6 GW이며, 그림 81에서 알 수 있듯이 절대적으로 중국 기업들의 시장 점유율이 높은 상황이다.

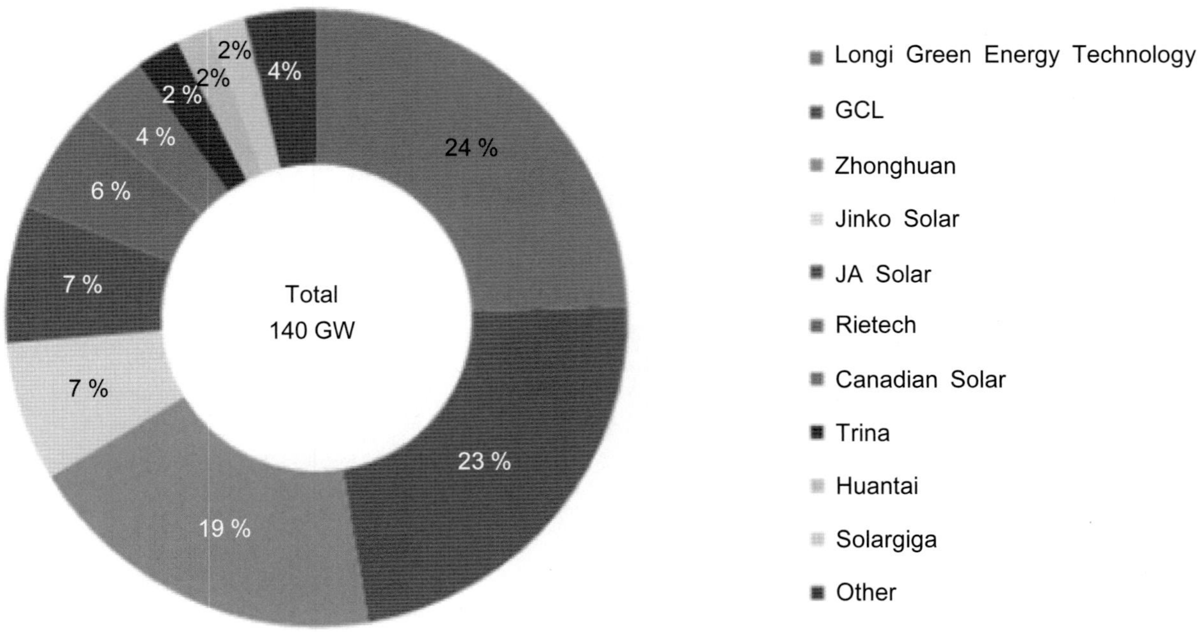

출처: BNEF, Top 10 slar wafer manufacturers in 2019 by production

그림 81. 2019년 실리콘 웨이퍼 제조 기업별 점유율

(b) 셀/모듈

2019년 중국의 Tongwei가 7.7 GW로 세계에서 가장 많은 태양전지를 생산하였고, 그 뒤를 이어 JA Solar(6.5 GW), Longi Green Energy Technology (4.5 GW)순으로 생산하였다. 중국의 Tongwei는 전년 대비 59%, 대만의 Motech은 전년 대비 12% 생산량이 증가하였다. 대부분 모듈 생산업체가 셀도 함께 생산하는 추세로 역시 중국기업들이 주도하고 있다.

모듈의 경우 JinkoSolar가 4년 연속 최대 생산 기업으로 등극하였다. 2016년의 6.7 GW에서 무려 14 GW 이상으로 성장하였다. Longi의 경우도 2016년 생산량의 4배 이상을 생산하여 8 GW 이상의 생산량을 나타내었다. 한화큐셀도 7 GW 이상의 생산하여 전체 순위 6위를 기록하였다.

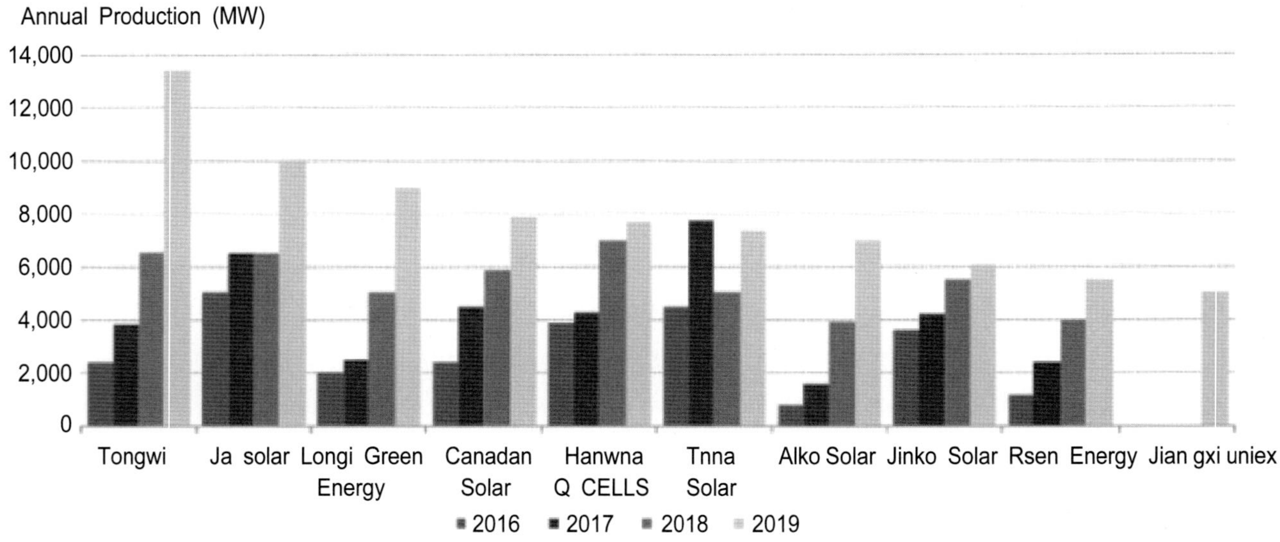

출처: BNEF, Top 10 slar cell manufacturers in 2019 by production

그림 82. 2016~2019년 태양전지 상위 기업별 생산량

각 기업의 본사 위치를 기준으로 국가별 생산량을 살펴보면 중국 집중도가 더욱 심화되고 있다. 중국 기업은 전체 모듈의 72%를 생산하고 있고 대만까지 합친다면 73%까지 상승한다. 한국은 한화큐셀, 신성이엔지, 현대그린에너지 등의 생산에 힘입어 전체 모듈 시장의 8%를 점유하고 있다.

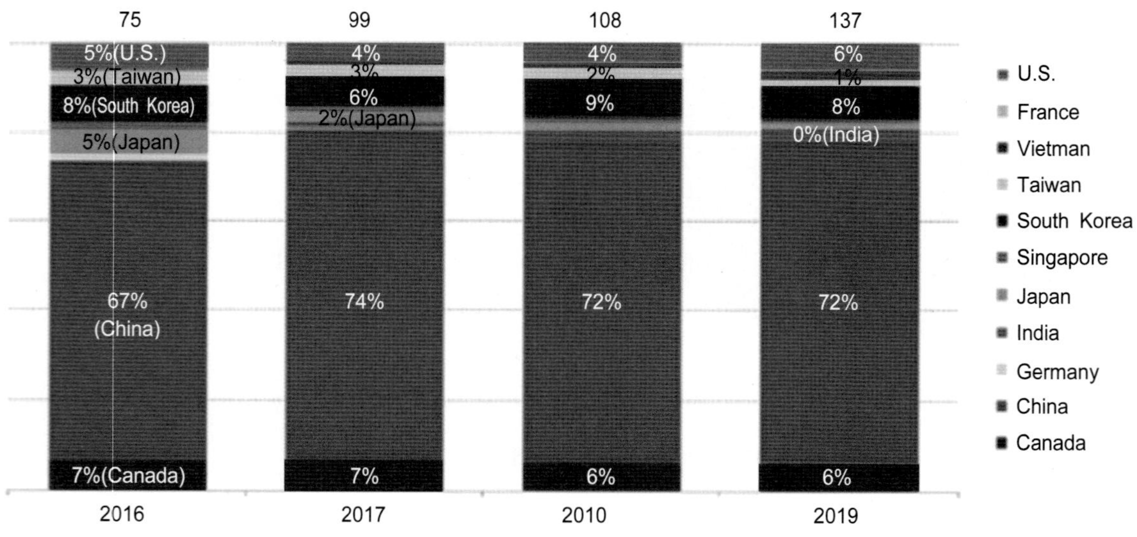

출처: BNEF, Annual module production by contry

그림 83. 태양광 모듈 국가별 생산비중

(c) 박막 태양광 모듈

박막 태양광 모듈의 경우 5~6% 내외의 시장 점유율을 나타내고 있으며, 미국의 First Solar사의 CdTe 박막과 일본의 Solar Frontier사의 CIGS 박막이 주도하고 있다. 결정질실리콘 태양전지 대비 가격 경쟁력의 확보에 어려움을 겪고 있으나 최근 모듈 효율 증가, 결정질실리콘 대비 높은 출력량 등으로 인하여 시장 확대를 꾀하고 있고 건물일체형 모듈도 주목받고 있다. 중국을 중심으로 수백 MW~GW급 생산 플랜

트가 건설되고 있다. 2010년 이후 First solar의 CdTe 모듈 생산량이 급증했으나 2016년 이후 CIGS 생산량이 증가되고 있다.

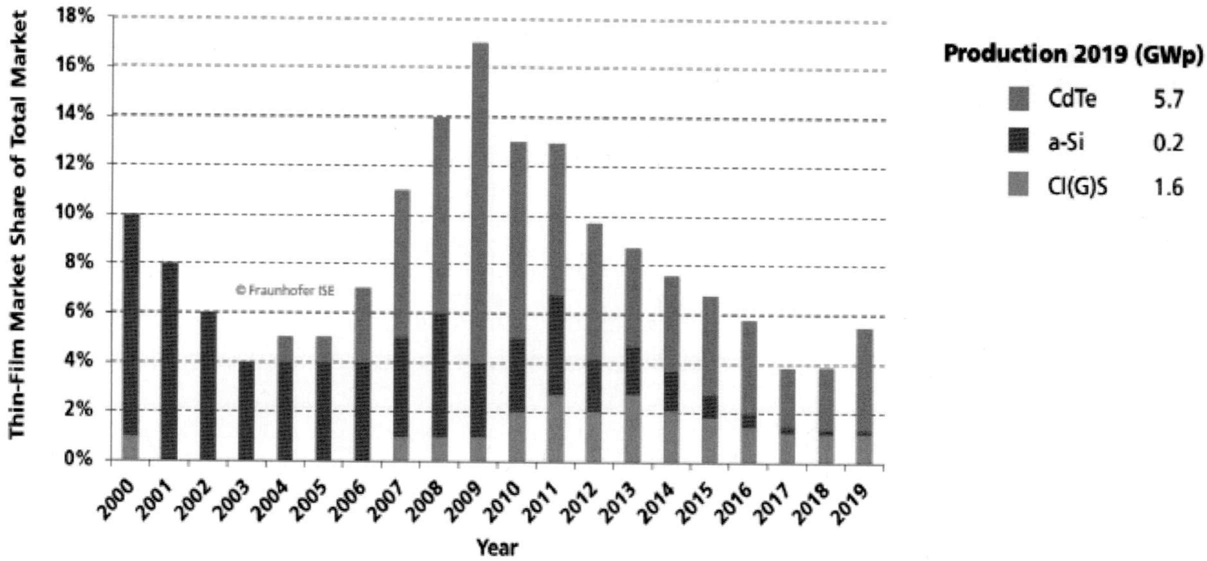

출처: Fraunhofer ISE, Photovoltaics Report 2020

그림 84. 박막 태양전지 생산 동향

결정질실리콘 태양전지가 누적 생산량이 630 GW 이상이고 박막은 45 GW 정도이기 때문에 1/10보다도 적은 상황이다. 따라서 시장에서의 가격경쟁에 어려움이 있다고 보여진다. 하지만 아래 학습곡선에 의하면 생산량이 더 증가할 경우 가격하락의 여지가 더 크다고 할 수 있다.

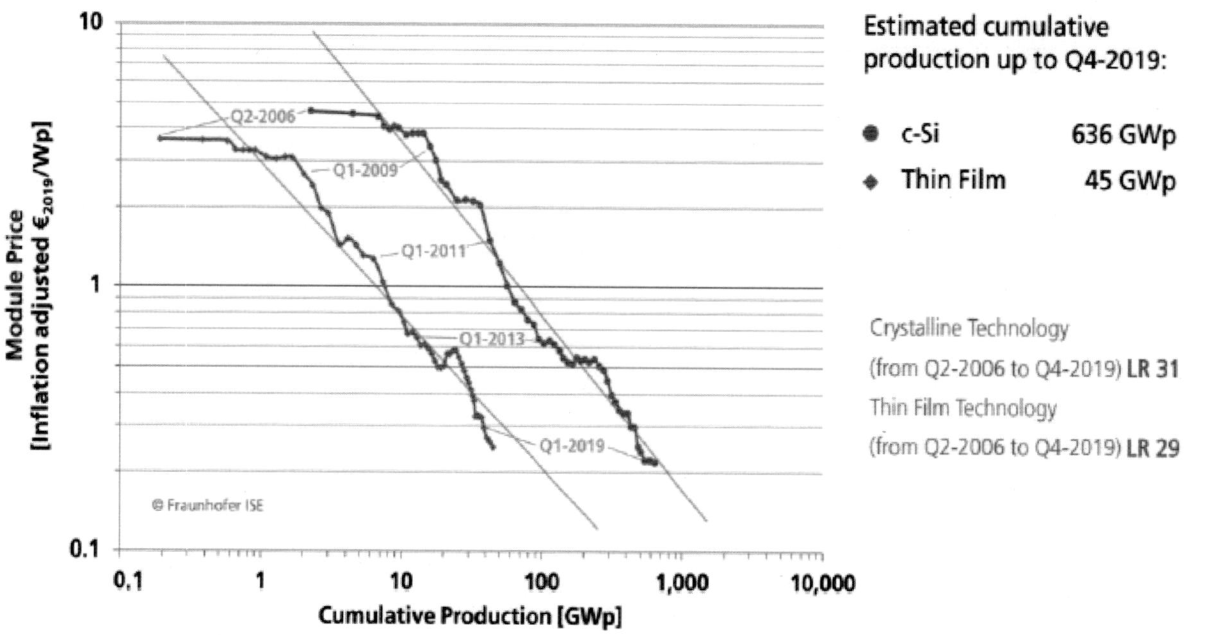

출처: Fraunhofer ISE, Photovoltaics Report 2020

그림 85. 태양전지 종류별 가격 학습곡선

7-2. 국내 산업 동향

2018년 국내 신재생에너지 산업의 약 10조 원의 매출액 중 64.8%에 해당하는 6.5조 원을 태양광 분야가 차지하였으며, 수출액도 전체 3조 5천억 원 중 태양광이 3조 원의 실적으로 87%의 비중을 나타내었다. 기업체 수, 고용인원, 수출액 등에서도 태양광 분야가 신재생에너지원 중 압도적인 비중을 차지하고 있다.

표 55. 신재생에너지 및 태양광 분야 산업 통계

	구 분	2015	2016	2017	2018
기업체수 (개)	신·재생전체	493	418	454	385
	태양광(%)	127(26%)	108(25.8%)	118(26%)	102(25.5%)
고용인원 (명)	신·재생전체	16,177	14,412	13,927	13,8885
	태양광(%)	8,698(54%)	8,112(56%)	7,522(54%)	7,732(55.7%)
매출액 (억원)	신·재생전체	113,077	100,892	95,463	99,671
	태양광(%)	75,637(67%)	70,248(70%)	64,358(67%)	64,597(65%)

출처: 신재생에너지 센터(www.renewableenergy.or.kr)

국내 태양광산업은 2005년 이후 본격화되어 상대적으로 뒤늦게 참여하였으나, 단기간에 전체 가치사슬에 걸쳐 생산기반을 확보하였다. 국내 태양광 기업의 가치사슬별 생산용량은 2014년부터 다시 확대되었고, 앞으로도 지속적인 증가 추세가 예측되며, 특히 셀/모듈의 경우, 2015년 진천 및 음성에 셀/모듈공장을 건설하며 국내에 신규생산을 시작한 한화큐셀과 LG전자의 추가 증설로 국내 생산능력은 7 GW 이상으로 상승하였고 향후 지속적으로 상승할 것으로 예상된다.

2018년 품목별 매출현황을 살펴보면 모듈과 폴리실리콘의 비중이 절대적으로 높으며 수출이 내수의 1.5배 정도 차지하고 있음을 알 수 있다. 잉곳과 웨이퍼는 국내 기업의 어려움으로 인해 매출액이 발생하지 않았고 장비, 부품소재, 전력변환장치 등은 수출보다도 내수의 비중이 월등히 높다.

표 56. 국내 태양광 주요 품목별 매출액 현황(2018년 실적) (단위: 억 원)

구 분	폴리실리콘	양곳	웨이퍼	셀	모듈	장비	전력변환장치	부품/소재	집광채광기	계
매출액	10,866	-	-	955	43,190	619	3,049	4,106	24	64,597
내수	792	-	-	470	12,489	239	2,924	3,530	24	21,116
수출	8,505	-	-	485	19,322	380	125	577	-	30,234
해외공장	1,569	-	-	-	11,379	-		-	-	13,248
비중 (%)	16.8	-	-	1.5	66.9	1.0	4.7	6.4	0	100.0

출처: 신재생에너지 센터, 2018년 신재생에너지 산업통계

8. 국내외 기술개발동향

결정질실리콘 태양전지의 경우 최근 실험실 및 상업용 모듈의 효율이 기술개발에 의해 지속적으로 증가하고 있으며, 실리콘 웨이퍼의 두께를 줄이는 연구가 진행되고 있다. 박막 태양전지 중에서는 고효율화 기술개발과 함께 플렉시블 태양전지의 개발이 진행되고 있다[37].

8-1. 결정질실리콘 태양전지 개발동향

폴리실리콘을 제조하는 방법은 지멘스법[38]이 대세를 이루고 있으며 FBR법[39]이 그 다음을 이루며 UMG 실리콘[40] 등이 앞으로 비중을 늘려나갈 것으로 예상된다. 잉곳에서 웨이퍼를 제조할 때에는 와이어 소잉을 이용하게 되는데 예전에는 슬러리를 이용한 와이어 소잉이 대세를 이뤘지만 현재는 다이아몬드 와이어 소잉을 사용한다. 다이아몬드 와이어 소잉은 와이어를 재사용할 수 있기 때문에 상대적으로 더 저렴한 공정이다. 슬러리를 이용한 와이어 소잉은 절삭손상(Saw Damage)가 적고 TTV (Top to Valley)가 상대적으로 적고 쏘우마크(Saw Mark)가 작게 생기기 때문에 태양전지 제조공정에서 공정 윈도우가 넓은 편이나 다이아몬드 와이어 소잉은 그렇지 못해 기존에 사용했던 텍스처링 공정을 이용하지 못하는 단점이 있다. 하지만 이제는 텍스처링 공정에 사용되는 첨가제 등이 개발되어 절삭 손상문제나 쏘우마크 등의 문제가 해결이 되고 있다. 이미 단결정실리콘 태양전지에서는 대부분이 다이아몬드 와이어 소잉으로 넘어왔으며 다결정실리콘 태양전지에서는 50:50 정도이며 향후 다이아몬드 와이어 소잉으로 급격히 바뀔 전망이다.

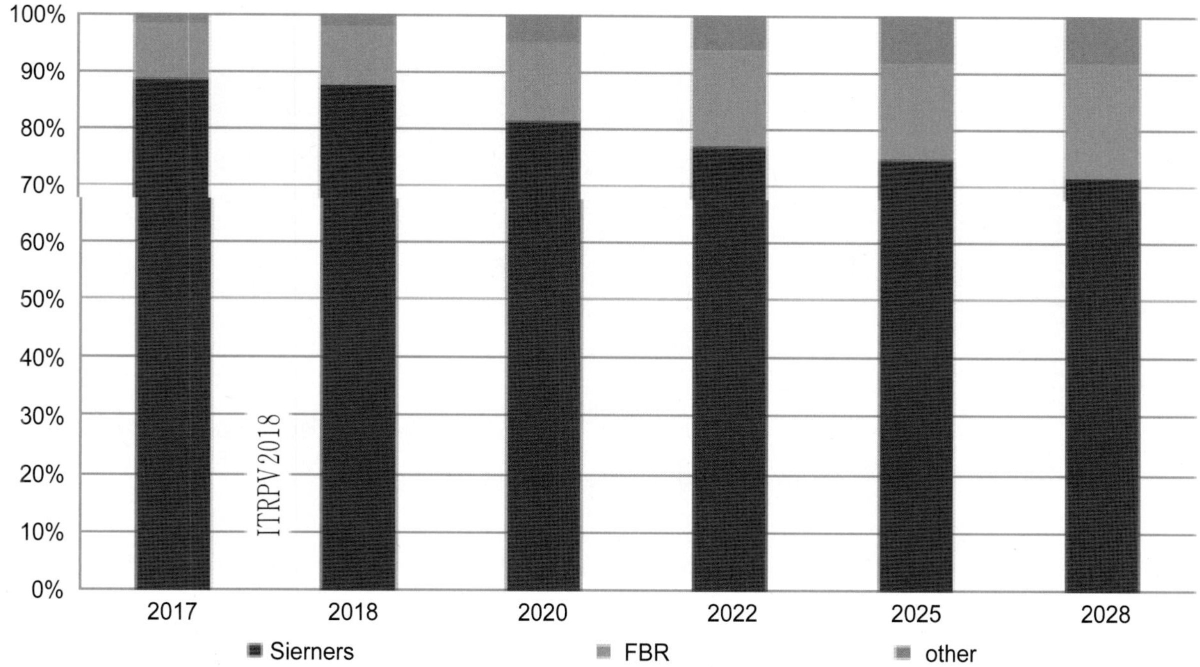

출처: International Technology Roadmap for Photovoltaics.

그림 86. 폴리실리콘 제조 공정별 세계 시장 점유율

37) 2020 신재생에너지 백서, 한국에너지공단, 2020.

38) 지멘스법: 1950년대 지멘스에 의해 개발된 지멘스 공법은 전세계적으로 약 90%가 사용하는 전통적인 방식이다.

39) FBR(Fluidized Bed Reactor)공법: FBR공법은 유동층반응기를 이용해 입자형태의 폴리실리콘을 얻는 방식이다.

40) UMG실리콘: UMG실리콘은 기존 지멘스 공법의 폴리실리콘과 달리 TCS(트리클로로실란) 및 모노실란 등 화학 공정을 거치지 않고, 고도의 금속정련 기술을 이용해 생산하는 실리콘이다.

단결정실리콘 태양전지의 세계 최고 변환 효율은 2017년 일본의 Kaneka사의 후면전극형 이종접합(HJ-IBC)태양전지로 얻은 26.6%(79cm^2)이며, 다결정실리콘 태양전지의 최고 변환 효율은 2017년 독일의 Fraunhofer ISE에서 발표한 22.3%(4cm^2)이다. Panasonic사는 n형 단결정실리콘 기판에 Intrinsic과 도핑된 비정질실리콘을 PECVD 공정을 이용하여 차례로 성막하여 만든 HIT(Hetero-junction with Intrinsic Thin layer) 셀을 개발하여 2013년 당시 세계 최고의 셀 효율 24.7%(101.8cm^2)를 기록한 바 있으며, 72셀로 구성된 모듈에서도 23.8%의 세계 최고 효율기록을 달성하였다고 2016년 3월 보고하였다. 한편, 미국의 Sunpower사는 태양광이 입사하는 전면에 위치한 전극이 없는 후면전극형 IBC (Inter-digitated Back Contact) 셀을 개발하여 현재 효율 20% 이상의 양산용 셀(125mm × 125mm)을 생산하고 있으며, 2015년 셀효율을 최고 25.2%(153.5cm^2)까지 달성한 바 있다. 그리고 2016년 모듈 효율 24.1%를 달성한 바 있다.

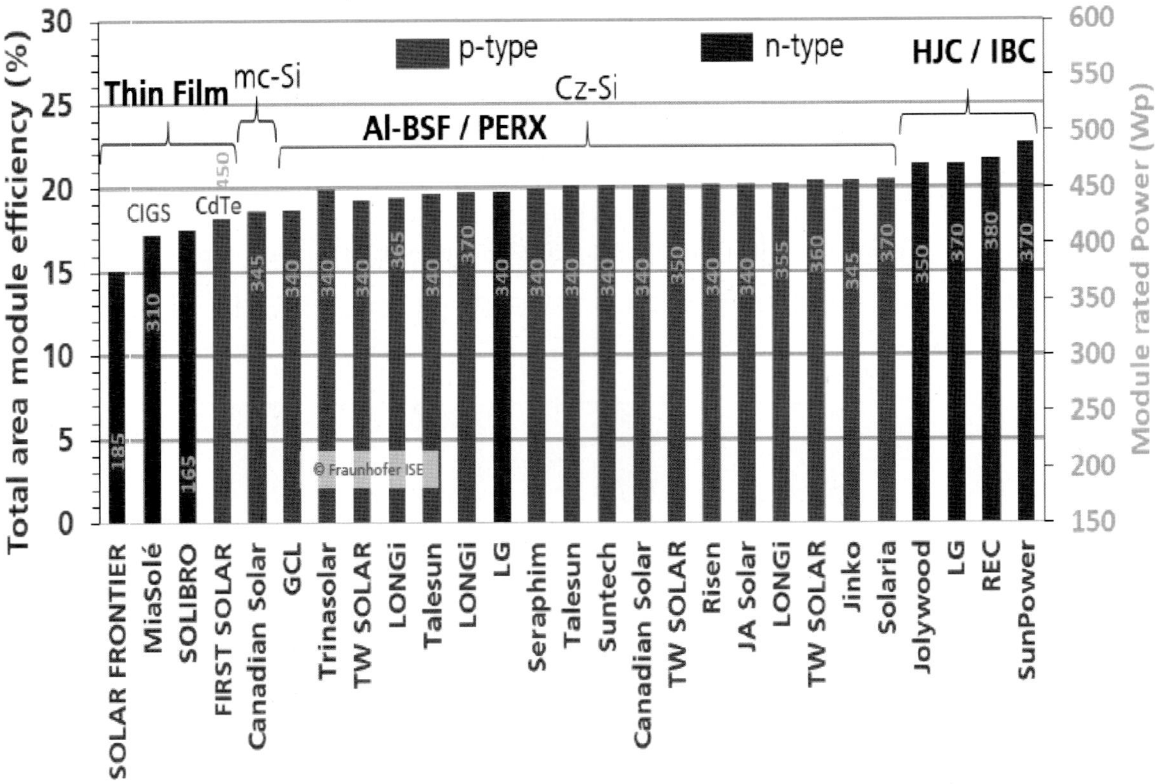

출처: Fraunhofer ISE, Photovoltaics Report 2021.

그림 87. 태양전지 구조에 따른 기업별 모듈 최고효율

현재 전세계 결정질실리콘 태양전지 생산량의 70% 이상을 점유하고 있는 셀은 후면 점접촉 구조(PERC) 기술을 이용한 p형 인쇄전극방식(Screen Printed) 셀로서, 생산되고 있는 단결정 셀(156mm×156mm)의 평균 효율은 21.5~22.5%이며, 다결정 셀의 평균효율은 18%~19%이다. 최근 고효율 양산용 셀을 제조하기 위한 기술로 후면 패시베이션 선택적 전하 컨택 기술이 주목을 받고 있으며, 이를 위한 증착기술, 컨택 페이스트기술 등이 개발됨으로서 태양전지의 효율 향상에 크게 기여하고 있다. 결정질실리콘 태양전지는 이미 그 효율이 이론적 최대치에 가까워져 R&D를 통해 성능을 획기적으로 개선할 수 있는 여지는 비교적 작은 상황으로, 효율 증대보다는 소재 개발 및 생산기술 개선을 통한 원가절감에 초점을 맞추면서 다양한 연구개발이 이루어지고 있다. 전지수명 향상을 위한 보호소재 연구도 진행 중이다. 또한 웨이퍼 두께를 줄여 폴리실리콘의 소모량을 줄이는 연구와, 모듈제작 시 효율이 저하되는 문제(CTM Loss)를 해결하기 위한 연

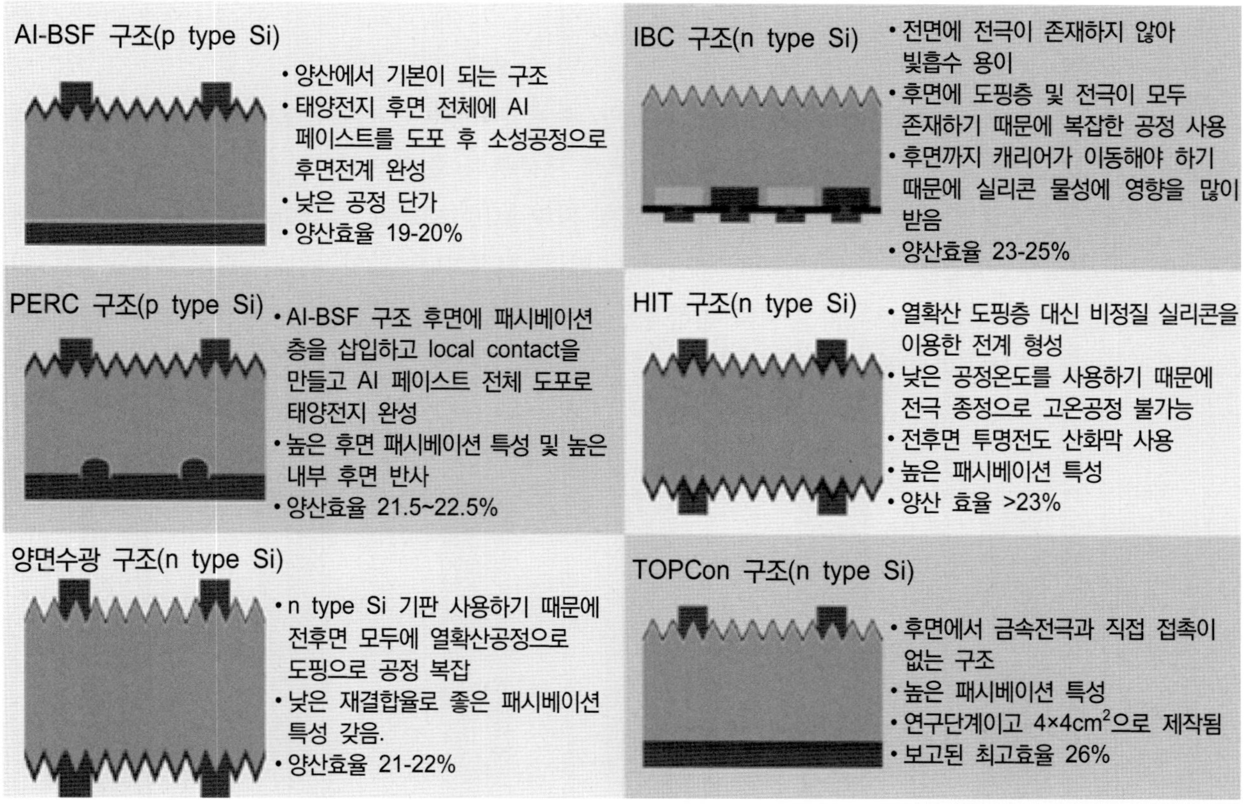

그림 88. 결정질실리콘 태양전지 구조별 특징

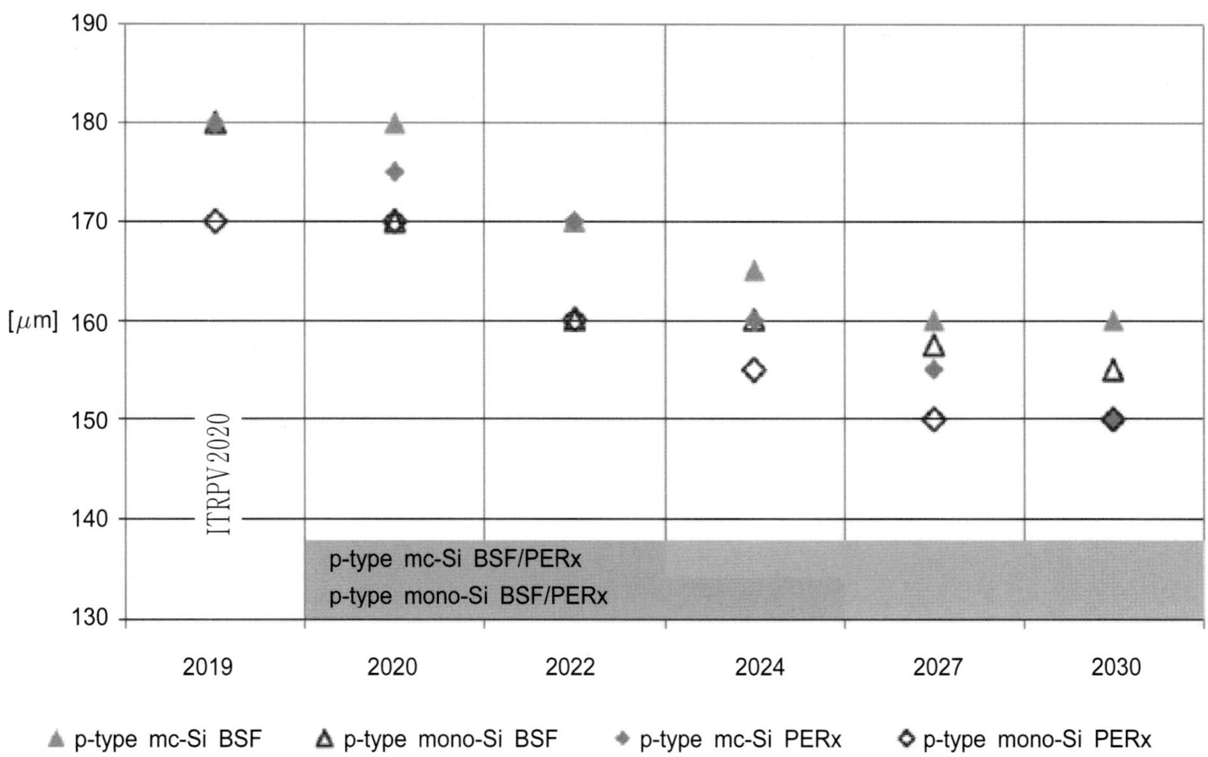

출처: International Technology Roadmap for Photovoltaics (ITRPV) 2020

그림 89. 실리콘 웨이퍼 및 태양전지 두께 추이

구도 활발히 진행 중이다.

웨이퍼 두께는 현재 170-180um정도를 사용하고 있으며 앞으로 점차 낮아질 것으로 전망하고 있으나 실리콘 가격의 급락으로 박형화가 점점 늦어지고 있는 추세이다. 최근 고출력 모듈의 개발 추세에 따라 웨이퍼의 크기가 점차 증대되고 있고 2020년을 기점으로 대부분의 셀 양산라인이 M6 (166mm × 166mm) 웨이퍼 기술로 대체되고 있다. 모듈의 고출력화 니즈에 따라 M10 (182mm × 182mm) 또는 M12 (210mm × 210mm) 모듈의 양산화도 급진적으로 추진되고 있는 실정이다. 태양전지의 광열화(light induced degradation (LID))를 방지하고 최종 출력의 안정성을 위해 기존 웨이퍼에 보론 도핑된 p-type 대신 갈륨 도핑된 p-type를 생산하고 이를 적용하고 있다.

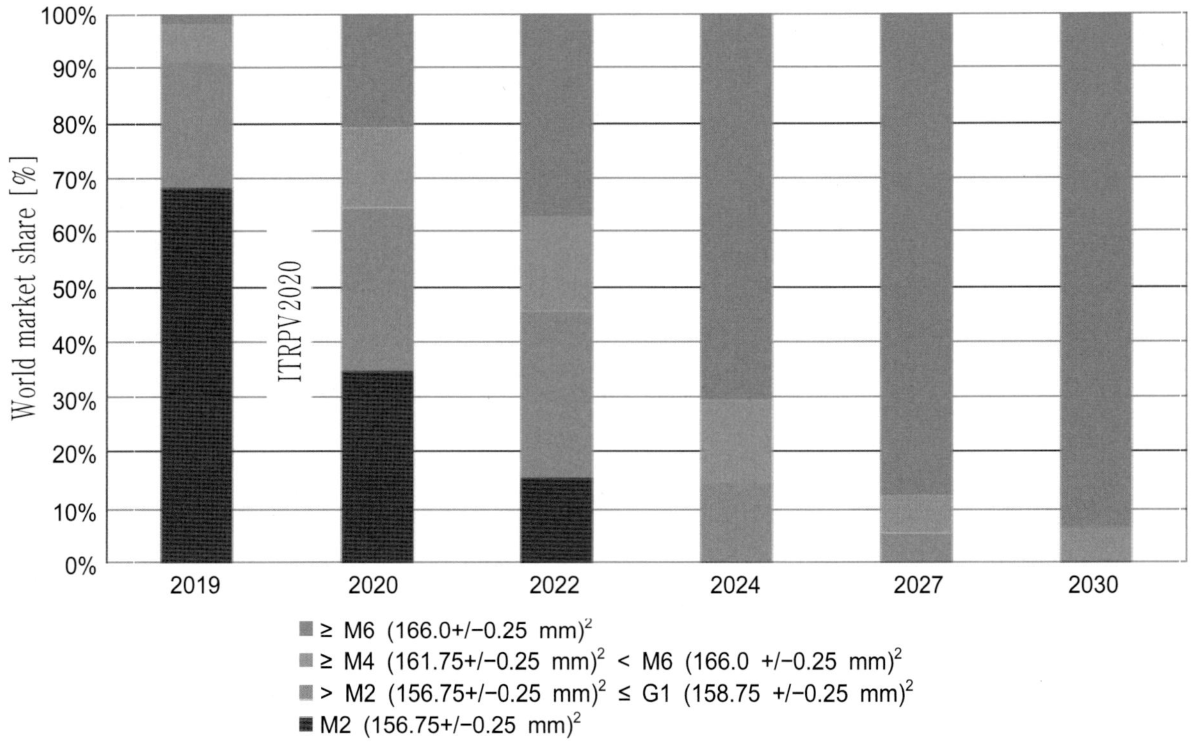

출처: International Technology Roadmap for Photovoltaics (ITRPV) 2020

그림 90. 실리콘 웨이퍼 크기에 따른 시장점유율 추이

8-2. 박막 태양전지 개발 동향

박막 태양전지는 저렴한 생산단가와 넓은 응용분야를 가지고 있어 결정질실리콘 태양전지를 이을 차세대 기술로 주목받고 있다. 박막 태양전지는 비교적 단순한 제조공정과 함께 실리콘 기판 대신 유리와 같은 저렴한 기판의 사용이 가능하여 제조단가를 저감할 수 있으며, 가벼운 무게와 유연한 특징은 건물 외장재 등 다양한 제품군에의 적용에 유리할 것으로 전망되고 있다. 박막 태양전지는 비정질실리콘계, 화합물 반도체계(CIGS 및 CdTe), 염료감응형계(DSSC), 유기 태양전지계(OPV), 페로브스카이트(Perovskite) 태양전지 등으로 구분되는데, 화합물 반도체계인 CdTe 및 CIGS 박막 태양전지와 비정질실리콘 태양전지를 중심으로 양산제품이 출시되어 있다. 향후 시장에서는 CdTe 및 CIGS 박막 태양전지의 점유율이 높아질 것으로 보인다.

비정질실리콘 태양전지의 경우 초기 박막 태양전지 시장을 주도했으나, 효율이 낮고 가격 경쟁력이 부족한 약점이 개선되지 않아 점차 시장에서의 지위가 약화되고 있다. 다만, 비정질실리콘 태양전지의 기술이 결정질실리콘의 효율상승에 활용되고 있어 실리콘 태양전지로 흡수되는 모습이다. 한편 CdTe 박막 태양전지는 현재 박막 태양전지 중 최대의 시장 점유율을 보이고 있으나, 원료소재 확보 문제와 함께 Cd 원소의 독성 문제로 인하여 시장 확대에는 여전히 한계가 있을 것으로 예상된다. CIGS 박막 태양전지의 경우, 효율이 높고 저가 생산이 가능하여 향후 박막 태양전지 시장을 주도할 것으로 기대되었지만, 획기적인 성장을 위해서는 대량생산 체계 구축에 있어서의 문제점 등 아직도 시장경쟁력을 확보해야 하는 과제를 안고 있다.

염료감응형 및 유기 태양전지 등은 그동안 제조 단가와 응용성에 있어서의 장점에도 불구하고 사업화에 장애요소로 작용하는 낮은 효율과 안정성 이슈 등을 해결해야 하는 과제를 안고 있다. 염료감응형 태양전지의 염료를 고체화하려는 연구개발에서 페로브스카이트구조의 유무기화합물을 발견한 후 2020년 국내 연구진이 세계 최고 수준의 효율인 25.5%를 기록하면서 미래의 고효율 고안정성 박막 태양전지 기술에 대한 기대를 높이고 있다.

이 밖에 양자점(Quantum Dot)태양전지도 연구개발 초기 단계에 있는데, 반도체 입자의 크기가 작으면 짧은 파장의, 커질수록 긴 파장의 빛을 흡수할 수 있다는 현상을 이용, 다양한 크기의 입자를 배열하여 태양광 변환효율을 높이려는 노력이 진행 중이다.

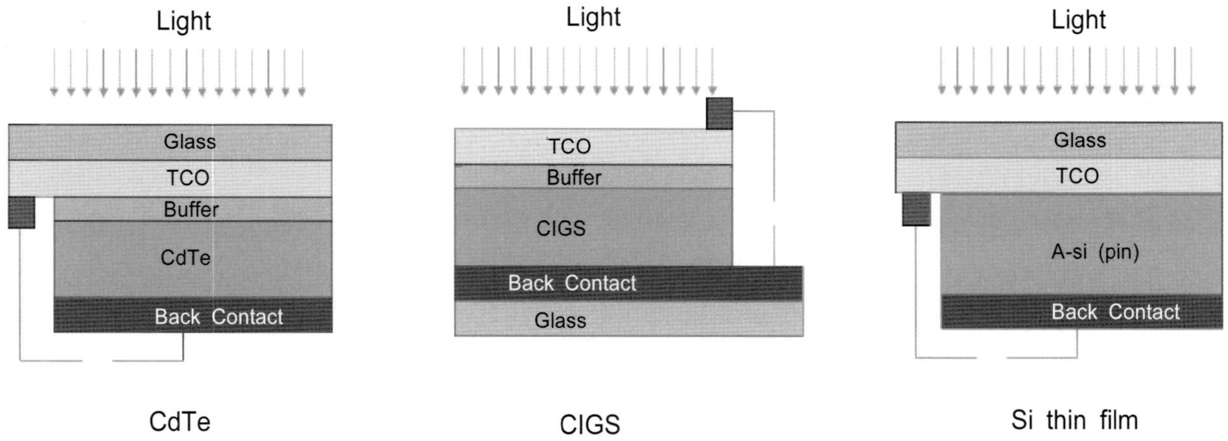

그림 91. 상용화된 박막 태양전지 군의 소자구조 도식도

박막 태양전지 분야에서 가장 두각을 나타내고 있는 CdTe태양전지는 2015년 미국 First Solar사에서 22.1%의 최고효율을 달성하였으며, 양산모듈의 효율은 18%를 초과하는 수준으로 미국을 중심으로 대규모 발전용 시장에서 자리매김하고 있다. 생산능력이 박막태양전지분야 최고인 2.7 GW이며, 양산원가 및 효율을 지속적으로 향상시키고 있으며, GE사의 해당사업을 인수하는 등 독보적인 위상을 구축했다. 다만, Cd 문제를 대응하기 위하여 리싸이클 책임 등의 보완책을 실행 중이나, 확장에 부정적인 영향을 미치고 있다.

CIGS 박막 태양전지는 2016년 독일 ZSW에서 22.6%, 2019년 일본의 Solar Frontier에서 23.35%의 최고효율을 잇달아 달성함으로서 실험실 수준에서는 단결정실리콘 태양전지 수준에 도달할 정도로 높은 효율 상승여력을 보여주고 있으며, 기존의 CdS 버퍼층을 ZnS로 대체하여 중금속인 Cd의 유해성 이슈에서도 벗어나려는 노력을 보이고 있다. 상업용 대면적 CIGS 박막 태양전지의 효율 또한 일본의 Solar Frontier 등에서 최신 생산라인에서 패널 기준으로 15%를 넘는 등, 다결정실리콘 태양전지에 근접한 수준에 도달하고 있다. 중국 CNBM사는 독일 Avancis사 인수를 통해 기술을 확보하고, 약 1.8조 원 투자를 통해 총 1.5 GW 양산을 위한 1단계 300 MW 공장 착공 및 2단계 추가 300 MW 공장용 장비 발주를 발표하였다. 또 중국의 Hanergy사에서도 독일의 Solibro, 미국의 MiaSole 및 Global Solar등의 CIGS박막 태양전지 회사를 인수하여 확보한 기술을 바탕으로 사업화를 추진할 것으로 기대되었으나, 태양광 공급과잉 및 시장 경쟁격화로 본격적인 양산 및 시장 출하는 지체되고 있다.

실리콘 박막 태양전지는 기판 형태를 기준으로 유리 기판 및 플렉시블 기판 이용 전지로 나눠지며, 태양전지의 고효율화를 위해 다중접합기술, 광포획기술 및 생산성 향상을 위한 mc-Si 고속증착과 대면적 양산화 장비기술 등이 광범위하게 개발되었다. 그러나 실리콘 박막 태양전지가 갖고 있는 낮은 효율(7~11%) 및 생산성 문제를 극복하지 못한 가운데 결정질실리콘 태양전지의 가격이 급락함에 따라 시장경쟁력을 크게 상실한 실정이다. 이에 따라 많은 실리콘 박막 태양전지 제조 기업들이 수익성 악화로 인하여 파산하거나 인수합병의 대상이 되고 있는 실정이다. 다만, 최근에 실리콘 박막기술을 이용하여, 결정질실리콘 태양전지의 구조에 비정질실리콘 또는 실리콘 산화물 박막을 포함하여 터널링 효과를 이용, 효율을 획기적으로 높이는 연구개발을 통해 미국의 Silevo사는 양산투자를 진행 중이다. 1990년대 초반, 소면적 실험실 Cell 기준 10% 대의 효율로 혜성같이 등장한 염료감응 태양전지는 그 후 수많은 노력에도 불구하고 아직까지는 12%대의 최고 효율에 머물러 있는 실정이다. 그러나 그동안의 노력에 힘입어 소자의 특성 규명과 장기 안정성, 대면적화 측면에서 괄목한 만한 발전을 이룩한 바 있다. 세계의 많은 업체들이 DIPV나 BIPV 용으로의 활용을 위해 실용화 연구를 추진하고 있으며, 서브 모듈 기준 10%에 근접하는 결과들이 발표되고 있다. 2012년 말에 유무기 Perovskite계 염료와 OMeTAD 고상 전도물질을 이용한 고상 염료감응 태양전지(효율 10.9%)가 영국 옥스퍼드대 Snaith 교수 팀에 의해 발표되면서 큰 주목을 받았다. 전통적인 액상 염료감응 태양전지 분야에서는 선구자인 스위스의 Gratzel 교수 그룹이 2019년에 발표한 효율 12.3%가 최고 효율이며 최근 10년간 매우 더딘 발전을 지속하고 있다.

2000년대 들어 10년 만에 효율 10%대로 진입한 유기박막 태양전지(OPV)의 경우, 그동안 실용화 개발의 선두 주자 역할을 해왔던 미국의 Konaka사가 2012년에 도산하면서 발전 속도가 다소 제동이 걸린 상태이다. 하지만 OPV의 차별적인 특성과 용도, 성능 향상에 고무된 많은 기업들이 여전히 물밑 연구개발에 박차를 가하고 있는 바, 독일의 Heliatek이 2013년 1월 저분자 진공 소자에서 12.0%(면적 1.1cm^2), 일본의 Mitsubishi Chemical이 저분자 습식 소자에서 12%에 육박하는 최고 성능을 발표하고 있다. 독일의 Heliatek사 및 일본의 Mitsubishi Chemical사는 준양산 규모의 플렉시블 유기박막 태양전지 모듈 생산시설을 활용하여 2016년 중 본격적인 사업화를 진행하고 있다. 2018년 이후 non-fullerene acceptors (NFAs) 이용 및 다양한 소재 개발로 효율의 대폭적인 증대가 있었으며, 2020년 City University of Hong Kong이 최고 17.5% 효율을 보고하였다. 유기박막 태양전지는 흡수층의 구성재료에 따라 고분자계와 유기 단분자계로 나누어지며, 고분자계는 또한 p-n 접합 재료의 구성에 따라 고분자-고분자계, 고분자-플러렌계 및 고분자-무기반도체 복합계로 나누어진다.

국내의 경우, 생산하는 업체와 연구 기관의 수가 적은 비정질실리콘 박막 및 CIGS 박막 태양전지의 생산기술 국산화율과 기술 수준은 아직 상대적으로 낮게 나타나고 있다. 2008년 이후, 정부의 육성의지를 담은 태양광 R&D 지원이 본격적으로 확대되면서 결정질실리콘 태양전지가 극복해야 할 문제인 온도 상승에 따른 효율저감 및 가격저감을 위하여 다양한 박막 태양전지 연구가 진행되어 왔는데, 그 내용을 살펴보면 아래와 같다.

실리콘 박막은 실리콘의 사용량을 줄여 가격을 저감하기 위한 필요성이 대두됨에 따라 -대면적 실리콘

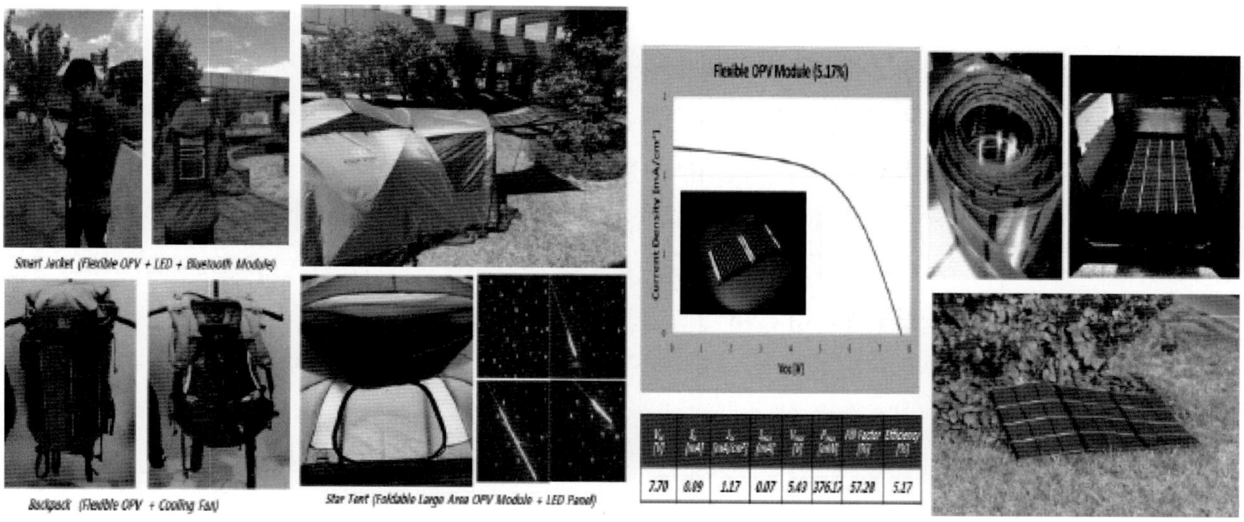

그림 92. 플렉시블 유기박막 태양광 모듈 및 시제품 (코오롱 인더스트리사)

박막 태양전지 기술개발 과제(LG전자)들이 진행되었고, 또한 Flexible 실리콘 박막 태양광 모듈 양산을 위한 핵심 부품소재를 개발하기 위한 연구 (한국철강)도 진행되었다. LG전자는 특히, 삼중접합 구조를 활용한 13.4% 효율의 실리콘 박막 태양전지를 개발하여 세계 최고 효율표에 한국 최초로 등재된 바 있다. 그러나 이러한 연구개발의 결과가 그 자체로 상용화되지는 않았고, 현재는 이러한 기술개발의 결과가 결정질실리콘 태양전지(n-type)의 효율 향상이나 Bifacial 태양전지의 개발 등에 적용되고 있다.

CIGS 박막 태양전지는 실리콘보다 이론적인 물성이 매우 우수하면서도 저렴하게 제조할 수 있는 화합물 반도체를 사용하여 태양전지를 제조할 필요성이 대두됨에 따라 연구개발이 진행되어 왔으며, 유리 기판 CIGS계 박막 태양전지 모듈의 제조기술 개발은 완료되어(LG이노텍, 삼성SDI) 현재 양산이 가능한 수준에 도달하였다. 또한 기존에 개발된 진공방식이 아닌 비진공 프린팅법을 적용한 CIGS 박막 태양광 서브모듈 개발과제(금호전기)도 착수된 바 있다. 그러나 비정질실리콘 태양전지의 경우와 마찬가지로 결정질실리콘의 급격한 가격하락에 따라 시장경쟁력이 아직 확보되지 않고 있어 상용화에 차질을 빚고 있거나 사업에서 철수한 상태이다. 최근 도심지의 발전에 대한 요구로 BIPV와 같은 태양전지에 대한 관심이 증가하고 있어 지붕형 뿐만 아니라 벽면형 등 다양한 구조물에 대응 가능한 유연한 CIGS계 박막태양전지에 대한 연구개발도 확대되고 있다. 국내 다수의 중소기업에서는 CIGS계 박막태양전지의 상용화를 적극적으로 추진하고 있다. ㈜솔라플렉스는 금속기판상 CIGS 유연 모듈의 연구개발을 통해 포터블 충전용 모듈 및 태양광 도로 사업화를 도모 중에 있으며 ㈜다쓰테크는 전착법 기반의 CIGS 박막 태양전지 양산화 연구를 진행 중이다. 또한 ㈜쏠라딘은 CIGS 모듈 공정 기술을 보유하고 있으며, 이를 바탕으로 플렉서블 모듈에 필요한 Roll-to-Roll 장비 설계 및 양산화를 도모하고 있다. ㈜ 솔란드는 CIGS 플렉서블 모듈 제조 기술을 개발하여 사업화를 위한 KS인증을 시도하고 있다. 한국에너지기술연구원에서는 폴리머 기판과 금속포일 기판에서 각각 20% 이상의 고효율 유연 CIGS계 박막 태양전지 효율을 달성한 바가 있다.

염료감응 태양전지의 경우, 스위스의 EPFL 연구진이 보유한 특허에 기반을 두고 유럽에서 기술개발이 시작되었지만 기술의 발전은 한국에서 진행되었다. 산학연에서 고르게 연구가 진행되었으며, 최근에도 신규 소재 및 구조의 적용을 검토하고 있는 연구자들이 활발한 연구 성과를 발표하고 있다. 산업계에서는 이러한 연구를 확대하여 상용화를 위한 모듈 제조공정 기술의 개발, 모듈 대면적화 기술 개발을 진행하고 있으며, 관련 특허 확보 및 해외 수출모델 구축에 적극적인 활동을 하고 있다. 동진 세미켐은 관련 특허를

200여 개 이상 보유하고 있으며 세계 최초로 Glass 기반 염료감응 태양전지 시생산라인을 구축하였다. 특히 BIPV, 유리난간, 공공시설물 등의 다양한 응용분야를 적극적으로 탐색하고 있다.

유기 박막 태양전지는 3세대 태양전지의 대표 주자로서 지난 20년간의 꾸준한 연구개발로 광전변환효율이 10%에 도달하였으며, 최근 비풀러렌 계열 물질 등의 신규 소재가 개발되면서 13% 이상의 높은 효율을 달성함에 따라 상용화에 대한 기대가 커지고 있다. GIST 연구진에서는 기능층 패턴을 제거한 모듈 구조를 인쇄공정으로 제작하여 7.5%(면적 4.15cm^2)의 모듈 효율을 달성하였고, 한국화학연구원에서도 7.45%(광활성영역 면적 77.8cm^2)의 효율을 보고하였다. 코오롱 인더스트리(주)는 유연 유기박막태양전지 기술개발에 10년 이상 투자해 왔으며 세계 최고수준의 롤투롤 공정을 이용한 유연 박막태양전지 생산 기술을 보유하고 있다. 지난 5년간 광전변환효율이 약 10%에서 25%이상으로 획기적인 효율향상을 보이고 있는 페로브스카이트(Perovskite) 태양전지 분야는 국내 다양한 연구팀에서 원천기술 개발을 진행하고 있으며 최근에는 상용화를 위한 대면적, 유연, 적층형 태양전지 기술개발에 집중하고 있다.

8-3. 페로브스카이트 기반 이중접합 태양전지

Shockley-Queisser limit라고 잘 알려져 있는 단일접합 태양전지의 이론적 효율 한계 계산에 따르면 단일접합 실리콘 태양전지의 경우 이론적으로 약 32.33%의 효율 달성이 가능하다. 하지만 이 수치는 이상적인 상황을 가정한 것으로 현실적으로는 29.43%가 결정질실리콘 태양전지의 한계효율로 제시되고 있다. 현재 보고된 결정질실리콘 태양전지의 세계 최고효율은 Kaneka Corporation에서 2017년 달성한26.7%이다. 현재 태양전지 시장의 주류로 자리 잡은 실리콘 태양전지는 이미 이론 효율에 가까운 수준으로 발전하여 더 이상의 효율 향상이 기대되기 어려우며, 궁극적으로 30% 이상의 초고효율 달성은 불가능하다는 것을 알 수 있다. 따라서 이러한 단일접합 기술의 한계를 극복하고 30%이상의 초고효율을 달성하기 위해서는 서로 다른 밴드갭을 갖는 소재들을 기반으로 한 다중접합 태양전지 구현이 필수적이다.

페로브스카이트 태양전지는 탁월한 특성과 고효율을 보이며 빠르게 연구가 이루어져 왔으며 최근 국내 UNIST 연구진이 25.5%의 인증효율을 달성하면서 국내 연구진이 페로브스카이트 태양전지 분야를 계속해서 이끌어가고 있다. 페로브스카이트 태양전지는 고효율뿐만 아니라 조성에 따라 쉽게 밴드갭을 조절할 수

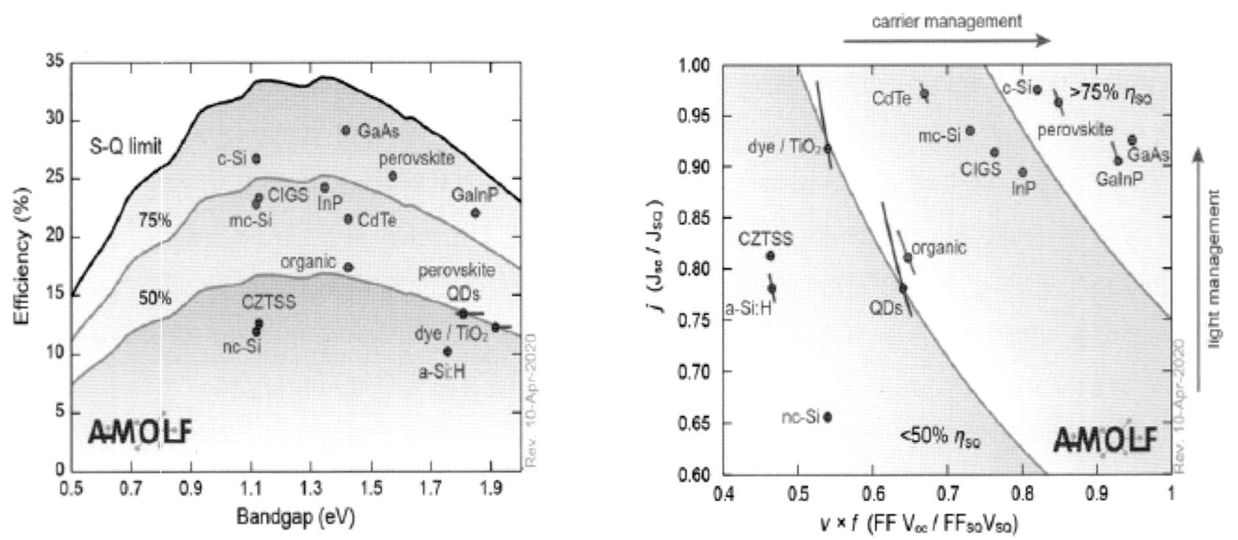

그림 93. 단일접합 태양전지의 이론효율 한계를 나타낸 Shockley-Queisser limit

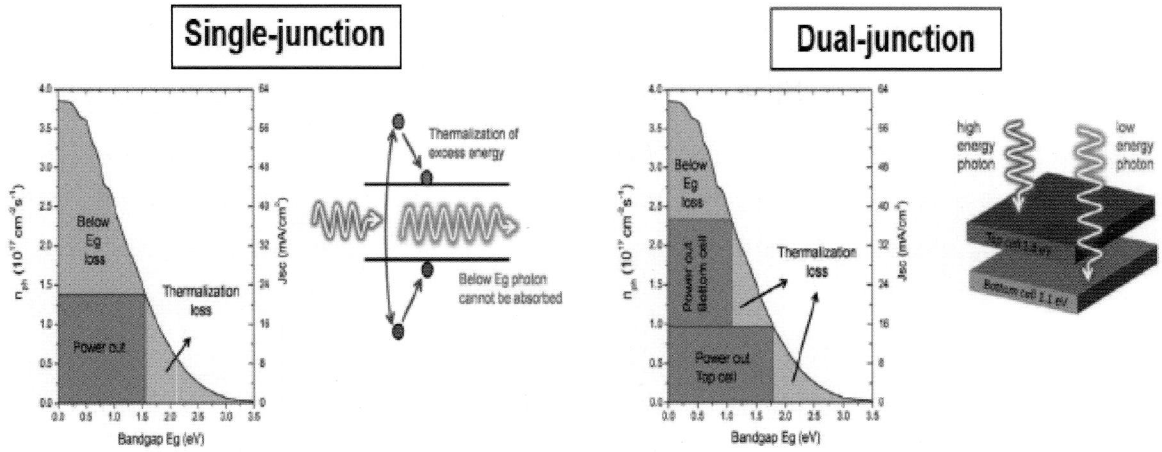

그림 94. 다중접합 태양전지 개념도 (Adv. Energy Mater. 2017, 1602400)

있으며 저온의 간단한 공정으로 제작이 가능하기 때문에 밴드갭이 작은 결정성 실리콘이나 CIGS 박막 태양전지 등과 결합한 이중접합 태양전지 개발에 대한 다양한 시도가 이루어지고 있다. 페로브스카이트 기반 이중접합 태양전지는 소자의 전극이 연결된 형태에 따라 2단자(2-terminal)와 4단자 (4-terminal)로 나누어지며 각 형태로 개발이 활발히 이루어지고 있다. 2단자의 경우 상하부셀이 바로 적층되기 때문에 기판의 개수가 줄며 빛 손실이 적다는 장점이 있지만 고효율을 위해서는 상하부셀의 밴드갭 조절, 전류매칭 최적화가 신중하게 이루어져야 하며 빛의 일사조건에 따라 소자의 효율 변화가 생긴다는 단점이 있다. 4단자의 경우 2단자와 달리 전극이 독립되어 있기 때문에 전류매칭을 고려할 필요가 없어 고효율을 위한 상하부셀 밴드갭 선택 영역이 훨씬 넓어지는 장점이 있지만 2단자에 비해 상하부셀 사이의 빛의 손실이 많이 발생하게 된다. 따라서 이중접합 태양전지의 접합 형태에 따라 고효율을 구현하기 위해 시뮬레이션을 통한 상, 하부셀의 밴드갭 조합과 빛의 손실을 최소화할 수 있는 다양한 기술들이 개발되고 있다. 하부셀의 반도체 종류에 따라 상부 페로브스카이트 태양전지의 구조가 NIP 혹은 PIN 구조로 결정되며 각 구조의 고효율화 기술도 다양하게 개발되고 발전되어 왔다. 특히, 표면거칠기가 크거나 마이크로미터 단위의 텍스처링이 되어 있는 하부셀상에 고품질의 페로브스카이트 태양전지가 적층될 수 있는 소재 탐색 및 공정 기술 개발은 중요한 연구 주제로 다뤄지고 있다.

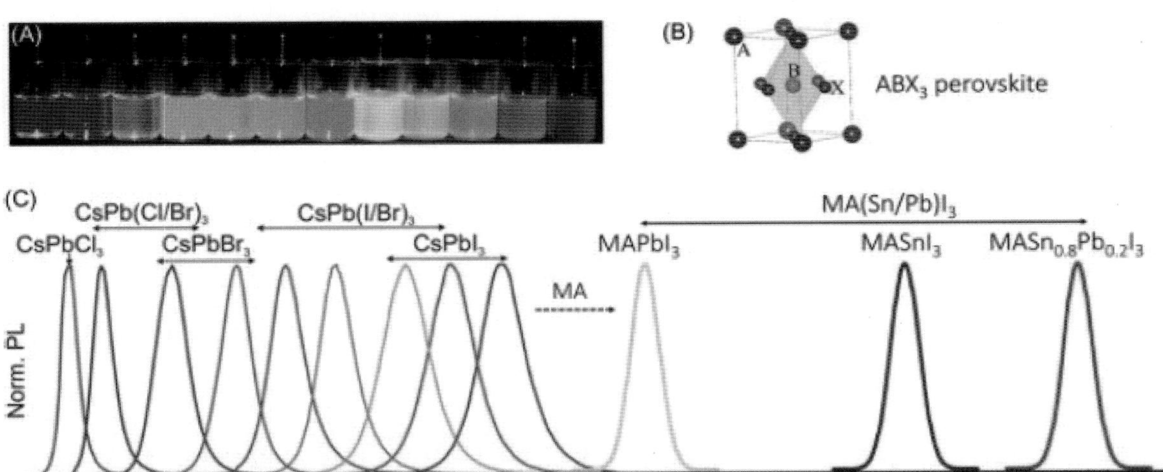

그림 95. 페로브스카이트 조성에 따른 밴드간 변화

Perovskite/Si 이중접합 태양전지 소자에 관한 연구는 2013년 초기의 전산모사 연구를 시작으로 2015년에 13.7%의 효율을 가진 실 제작 소자가 발표된 이후, 최근 29.1 %의 고효율 탠덤 태양전지까지 보고되었으며, 고효율 가능성 및 기존 세대 태양전지와의 접목이 용이하다는 장점으로 주목을 받고 있다.

2017년 Stanford-ASU 그룹에서는 하부셀의 장파장 응답을 개선하기 위해 <100>웨이퍼를 이용한 실리콘 이종접합 하부셀의 후면을 텍스쳐하고 실리콘 나노입자 기반의 후면 반사막을 이용하였다. 상부셀로는 Cs과 Formamidinium 양이온이 섞인 페로스카이트 재료를 이용하여 상부셀을 제작하고 window 층 재료로 SnO_2/ZTO이중층을 ALD방식으로 증착하였다. 중간층에 NiO 박막을 적용하여 스펙트럼 분배의 효율성을 모색하였으며, 1cm^2 면적에서 23.6%의 효율을 달성하였다[41].

2018년에는 EPFL 그룹에서는 전, 후면 모두 텍스쳐가 된 이종접합 실리콘 태양전지를 하부셀로 사용하여 2단자형 모놀리틱 탠덤 태양전지로 25.2%의 효율을 인증받았다. 기존의 2단자형 페로브스카이트/실리콘 탠덤 태양전지의 구조는 페로브스카이트 상부셀의 스핀코팅공정을 위해서 실리콘 하부셀의 텍스처 구조를 평탄화시켜 사용하였지만 EPFL에서는 실리콘 하부셀의 텍스처 구조를 유지하고 진공증착공정을 도입한 페로브스카이트 상부셀을 성공적으로 제작해 탠덤소자의 전류와 효율을 향상시켰다[42].

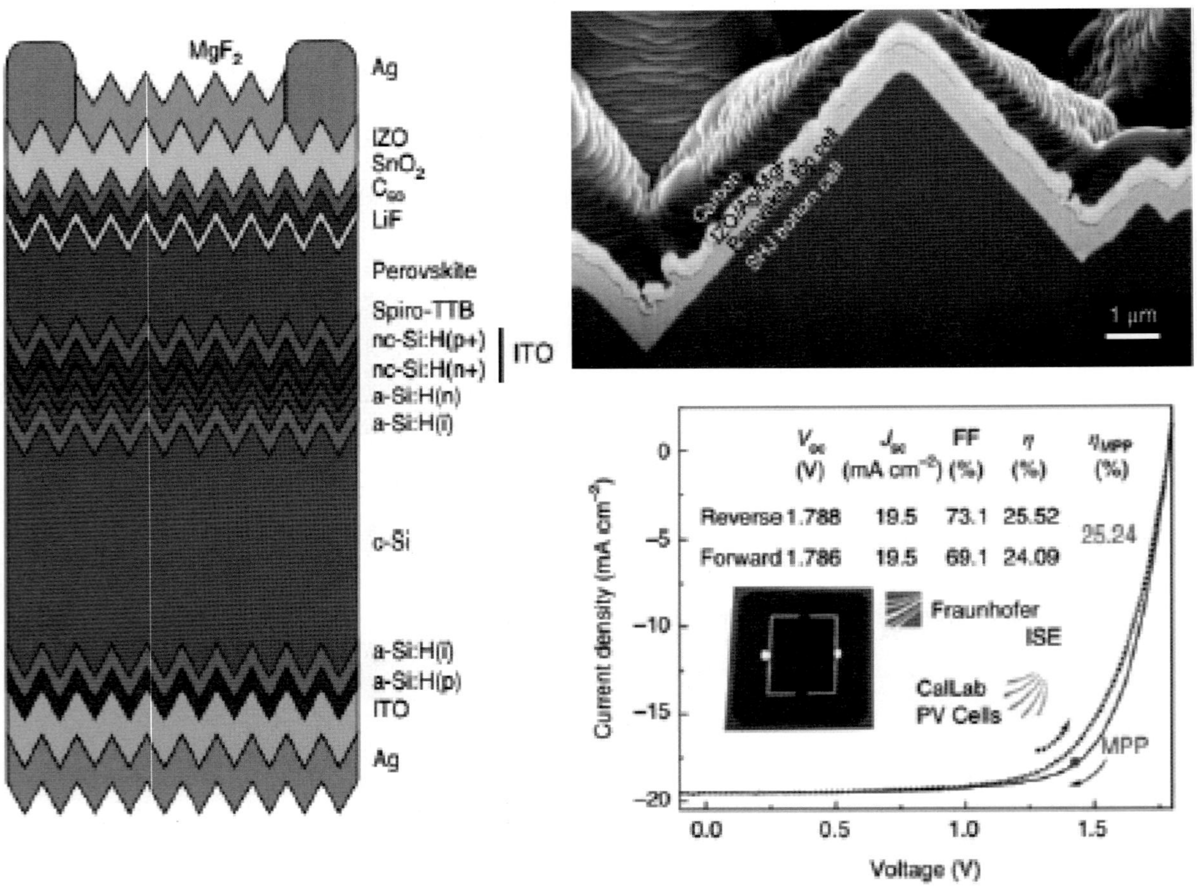

그림 96. 전후면 모두 텍스처된 실리콘 이종접합 셀 기반의 페로브스카이트/실리콘 탠덤 태양전지 (Nat. Mater 2018. 17. 820)

41) Nat. Energy 2, 17009, 2017.
42) Nat. Mater 17, 820, 2018.

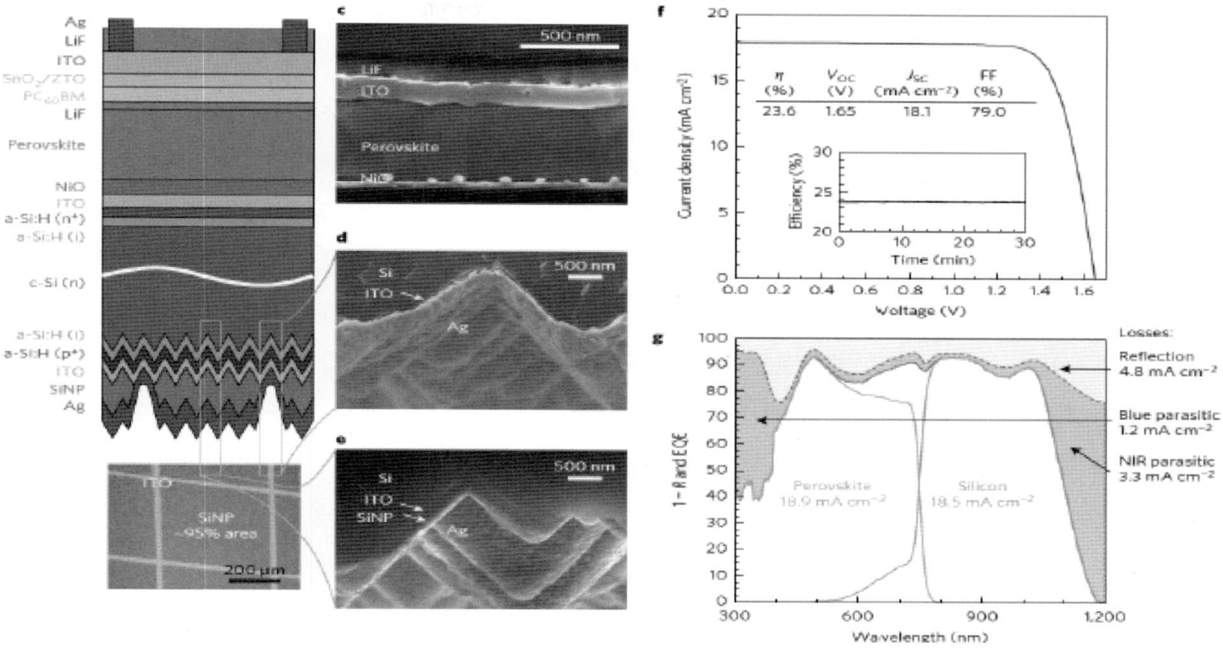

그림 97. CsFA 페로스카이트/실리콘 이종접합 기반의 고효율 탠덤 태양전지 (Nat. Energy 2017.2.17009)

텍스처 구조를 도입하여 빛을 산란시키거나 반사를 줄여 탠덤 태양전지의 전류와 효율을 향상시킨 연구 결과가 최근에 HZB 연구 그룹에서도 발표되었다. 실리콘셀과 페로브스카이트셀 접합부에 텍스처구조를 만드는 것이 아닌 페로브스카이트 상부층에 피라미드구조의 Light Management (LM) foil을 부착하여 소자가 빛을 효과적으로 사용할 수 있게 하였으며 이 LM foil을 통해 탠덤 태양전지 효율을 23.4%에서 25.5%로 향상시켰다.

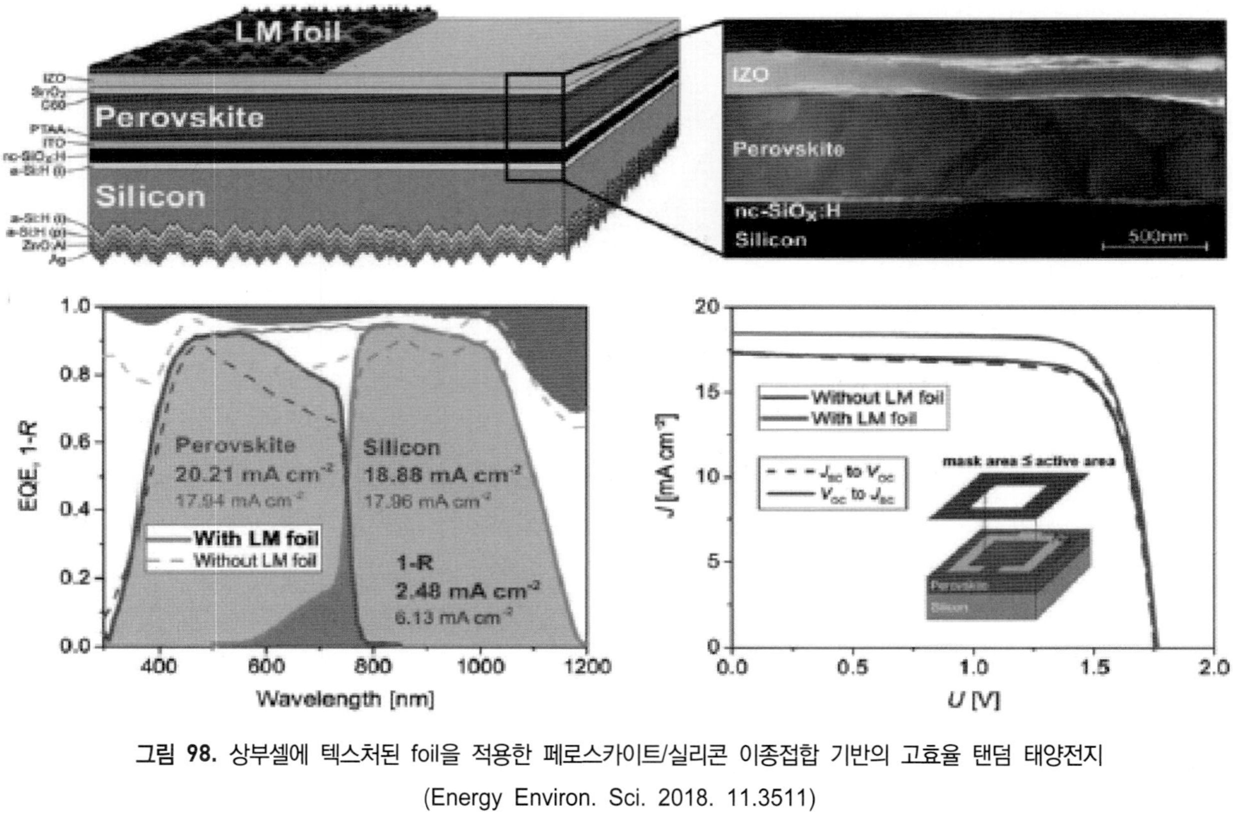

그림 98. 상부셀에 텍스처된 foil을 적용한 페로스카이트/실리콘 이종접합 기반의 고효율 탠덤 태양전지 (Energy Environ. Sci. 2018. 11.3511)

2018년 말에는 영국의 Oxford PV 그룹에서 2단자 모놀리틱 페로브스카이트/실리콘 탠덤 태양전지로 최고효율인 28.0%를 보고하였다. 이는 단일접합 실리콘 태양전지의 최고 효율인 26.6%를 뛰어넘는 것으로 탠덤 태양전지로서 굉장히 의미있는 결과이며 큰 가능성을 보여주었다. 최근 독일 HZB 그룹에서는 페로브스카이트/실리콘 탠덤 태양전지로 이전의 Oxford PV에서 보고한 효율 28%를 넘어 29.1%의 고효율을 보고하였다. 아직 논문으로 보고되지 않아 구체적인 내용은 밝혀지지 않았다.

기계적으로 스택킹한 4단자 구조의 페로브스카이트/실리콘 탠덤 태양전지도 계속해서 향상된 효율이 보고되고 있다. 최근 imec와 solliance 공동연구진은 23%의 IBC 실리콘 하부셀을 기반으로 0.13cm^{2}의 소면적 페로브스카이트 셀과 4cm^{2}의 페로브스카이트 모듈을 상부셀로 적용하여 각각 27.1%와 25.3%의 효율을 달성하였다. 또한 16cm^{2}의 페로브스카이트 모듈과 IBC 실리콘 모듈을 4단자로 연결하여 20.2%의 효율을 달성하였다. 호주 ANU의 Kylie Catchpole 연구진에서도 꾸준히 페로브스카이트/실리콘 4단자 탠덤 태양전지 기술을 개발하고 있으며 최근에는 IBC 실리콘 태양전지를 하부셀로 사용하여 27.7%의 고효율을 달성하였다.

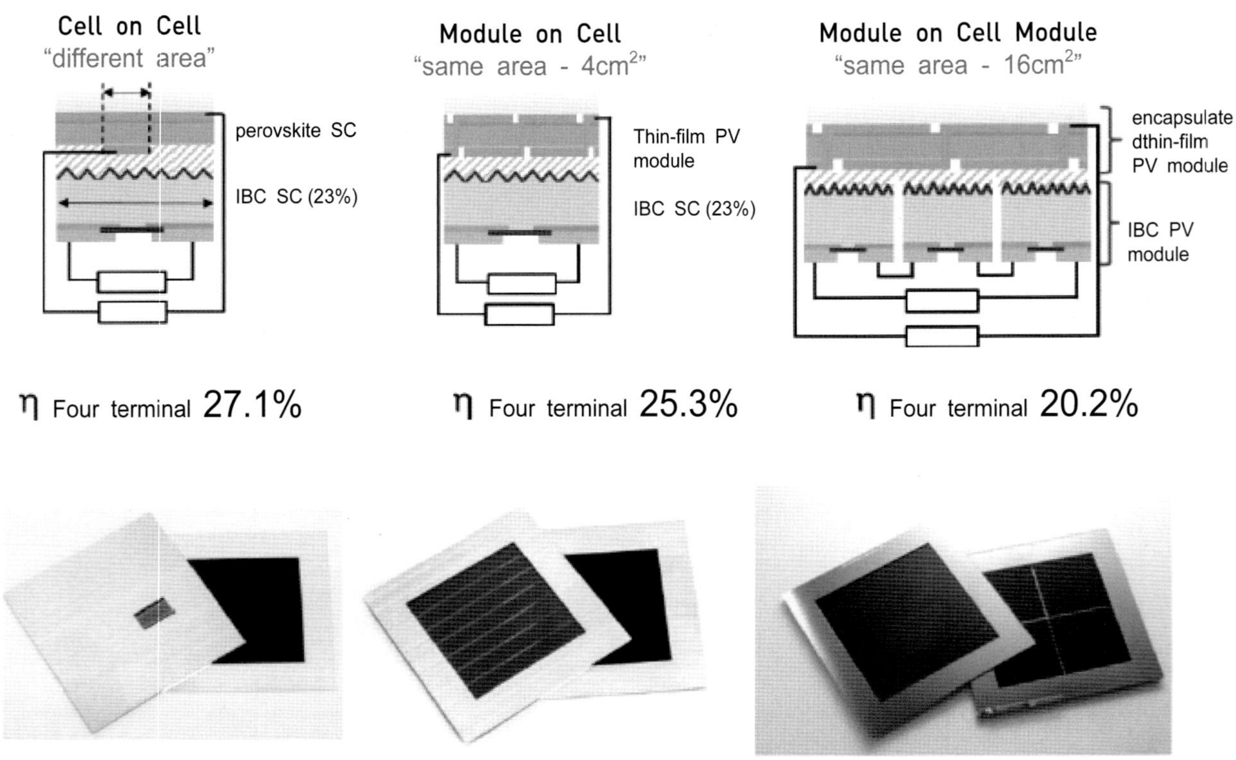

그림 99. imec에서 개발 중인 4단자형 페로브스카이트/실리콘 탠덤 태양전지

Perovskite/CIGS 다중접합 태양전지는 2015년 IBM 연구진에서 2단자로 효율 10.9%를 보고한 이후로 연구가 활발히 이어졌다.(Adv. Energy Mater. 1500799, (2015)) 하지만 초반에 PIN구조의 perovskite 태양전지 기술이 부족하였을 뿐만 아니라 표면 거칠기가 큰 CIGS 태양전지 위에 perovskite 태양전지를 균일하게 코팅하기 어려웠기 때문에 2단자보다는 주로 4단자 구조로 연구가 이루어졌다.

2018년 UCLA의 연구진은 CIGS 하부셀의 투명전극층을 두껍게 올린 뒤 Chemical mechanical polishing (CMP) 공정을 통해 표면 거칠기를 줄였으며, 이를 기반으로 22.43% 효율의 모놀리틱 Perovskite/CIGS 태양전지를 보고하였다[43].

최근에 HZB 연구진에서는 self-assembled monolayer (SAM)을 형성할 수 있는 유기분자(MeO-2PACz)를 개발하여 CIGS 하부셀 표면에 균일한 정공수송층을 만들었으며 이를 기반으로 고품질의 페로브스카이트 상부셀을 구현하여 모놀리틱 Perovskite/CIGS 다중접합 태양전지로는 최고효율인 23.26%를 보고하였다[44]. 가장 최근에는 효율을 더욱 향상시켜 24.2%의 Perovskite/CIGS 탠덤 태양전지를 보고하였다.

페로브스카이트 기반 탠덤 태양전지의 국내 기술동향을 살펴보면 먼저 2015년에 성균관대학교 연구진과 일본 Kaneka에서 공동연구를 통해 splitter형태의 탠덤 태양전지를 구현하였다[45]. 태양광 스펙트럼을 광학적 분리장치 (Optical Splitting System)에 통과시켜 550 나노미터 이하의 빛은 페로브스카이트 태양전지로 입사시키고, 550 나노미터 이상의 빛은 실리콘 태양전지에 입사하도록 분배하여 4 terminal-splitter 기준 28 %의 효율을 보고하였다.

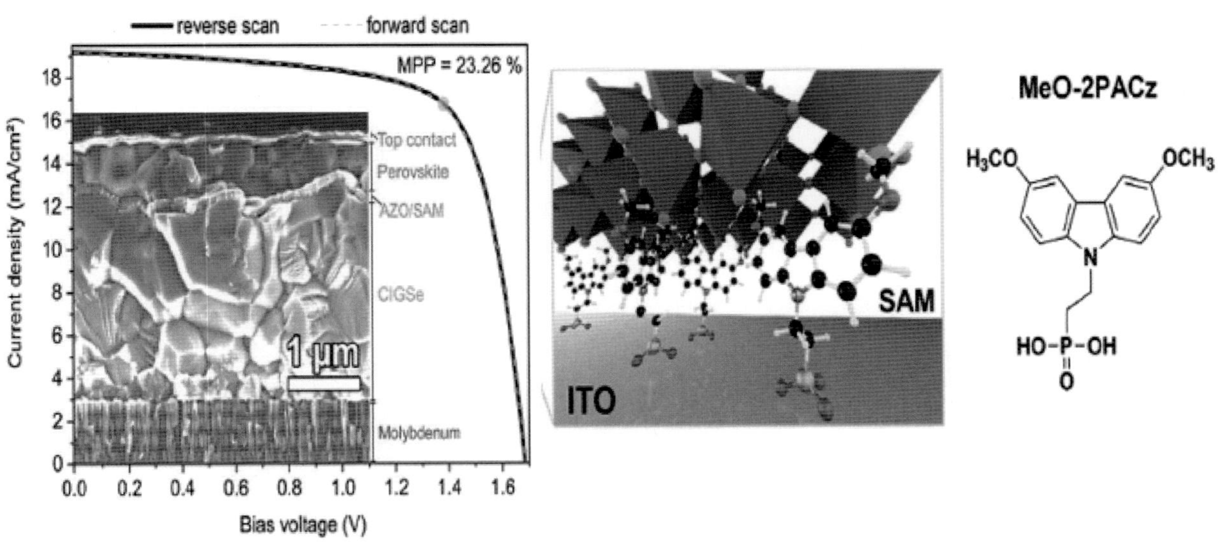

그림 100. SAM 분자를 이용한 23.26% 효율의 모놀리틱 Perovskite/CIGS 탠덤 태양전지 (Energy Environ. Sci. 2019.12.3356)

2019년에 서울대학교 연구진에서는 Nickel oxide (NiOx)를 정공수송층으로 적용한 PIN구조의 페로브스카이트 태양전지를 이용하여 23.3%의 모놀리틱 Perovskite/Si 다중접합 태양전지를 개발하였다. 특히 상부셀과 하부셀을 연결하는 ITO층을 따로 전극으로 만들어 3-terminal 구조를 도입하였으며 이를 통해 기존 2단자 다중접합 태양전지 측정에서 발생할 수 있는 오차를 줄일 방법을 제시하였다.

최근 UNIST 연구진에서는 p-type homojunction Si 태양전지를 기반으로 페로브스카이트 흡수층의 조성(밴드갭) 및 두께 조절, 정공수송층 물질 최적화를 통해 21.19%의 이중접합 태양전지를 개발하였다[46]. 아직까진 국내에서 다중접합 태양전지로 소수의 결과만 보고되고 있지만 고효율의 페로브스카이트 태양전지 기술을 국내 많은 연구진들이 확보하고 있으므로 앞으로 다중접합 태양전지와 관련하여 많은 연구 결과들이 보고될 것이라 기대되고 있다.

43) Science 361, 904, 2018.
44) Energy Environ. Sci. 12, 3356, 2019.
45) Appl. Phys. Lett. 106, 013506, 2015.
46) Nano Energy. 60, 213, 2019.

제4장 풍력에너지

1. 바람에너지
2. 풍력발전
3. 풍력발전 블레이드
4. 풍력발전기의 종류
5. 풍력발전 시스템의 구조
6. 해상 풍력발전기
7. 육상 풍력발전기

제 4 장 풍력에너지

1. 바람에너지

1-1. 바람이 발생하는 이유

(a) 기압경도력에 의한 바람의 발생

바람은 공기의 흐름이다. 그러면 공기의 흐름은 어떻게 발생하는 것일까. 공기의 흐름에 영향을 미치는 변수는 다양하지만, 가장 대표적인 것은 지역별 기압차다. 예를 들어, 어떤 지역의 공기가 태양열 등에 의해 데워지면 무게가 가벼워져 낮은 기압이 형성되면서 상승하게 되고, 반대로 차가워진 지역의 공기는 무게가 무거워져 높은 기압이 형성되고 하강하게 된다. 이때, 공기가 상승하면서 빠져나간 곳은 공기가 하강하면서 추가되는 곳에서 공기의 이동을 유발한다. 이렇게 대기의 균형을 맞추기 위한 공기의 흐름이 바람이다. 전술한 바와 같이 기압차는 바람을 만드는 일차적인 요인이다. 하지만 기압차를 나타내는 기압경도력 외에도 전향력, 구심력, 마찰력 등이 복합적으로 작용하여 바람의 세기와 방향을 결정하게 된다.

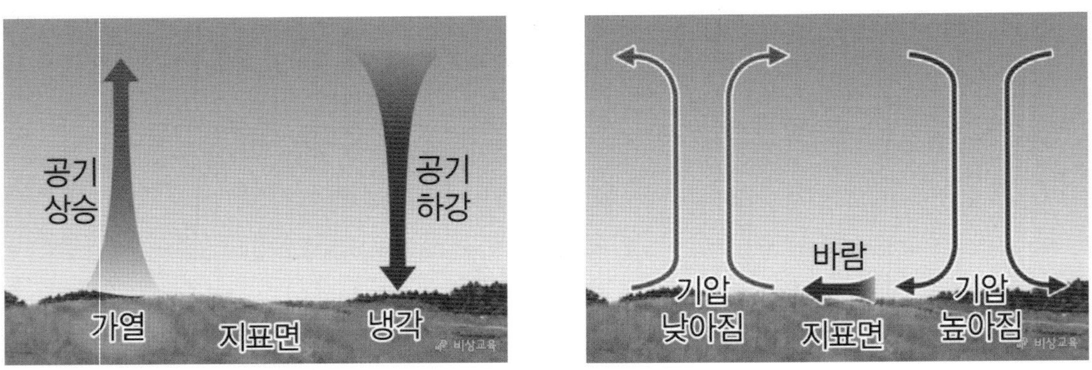

① **가열된 곳**: 공기가 주위보다 가벼워져서 상승한다 → 지표면의 기압이 낮아진다.
② **냉각된 곳**: 공기가 주위보다 무거워져서 하강한다 → 지표면의 기압이 높아진다.

[바람의 방향과 크기]
① 바람은 기압이 높은 곳에서 낮은 곳으로 분다.
② 두 지점의 기압 차가 클수록 바람이 강하게 분다.

출처: 비상학습백과(바람)

그림 101. 기압차로 인한 바람의 발생

대기는 지표면에서의 온도에 의해 밀도가 달라지게 되고 이로 인해 각 지점별 기압차가 생기게 된다. 이때 기압이 높은 곳의 공기는 기압이 낮은 곳으로 이동하게 되는데 이와 같이 수평면 상에서 두 지점 사이의 대기압의 차이에 따라 나타나는 힘이 기압경도력이다. 이러한 기압경도력은 그림 102와 같이 수압 차이에 의해 발생하는 물의 이동과 같다. 기압경도력의 크기는 두 지점 사이의 기압 차이에 비례하고 거리에 반비례한다. 따라서, 그림 102와 같이 두 등압선의 기압 차이가 일정하면 등압선이 조밀한 곳일수록 기압경도력이 커져서 바람이 세게 분다[1].

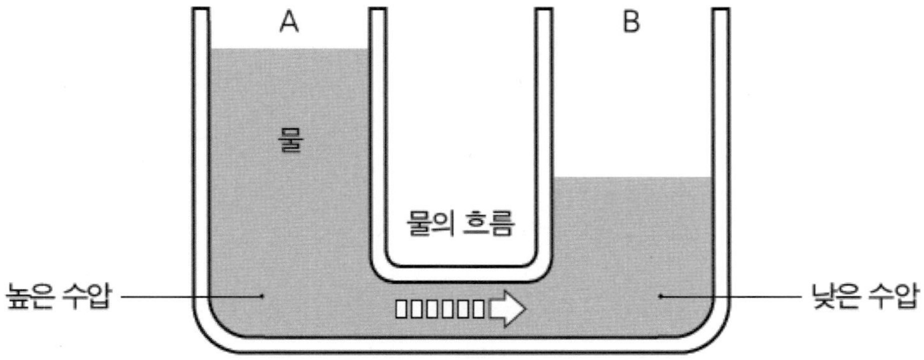

그림 102. 수압차에 의한 물의 이동

기압이 동일한 지점을 이은 선을 등압선이라 하며 그림 103과 같이 기압경도력은 등압선에 직각으로 작용하며 등압선 사이가 좁을수록 커진다. 즉, 등압선 사이가 좁은 곳일수록 바람이 강하게 분다[2].

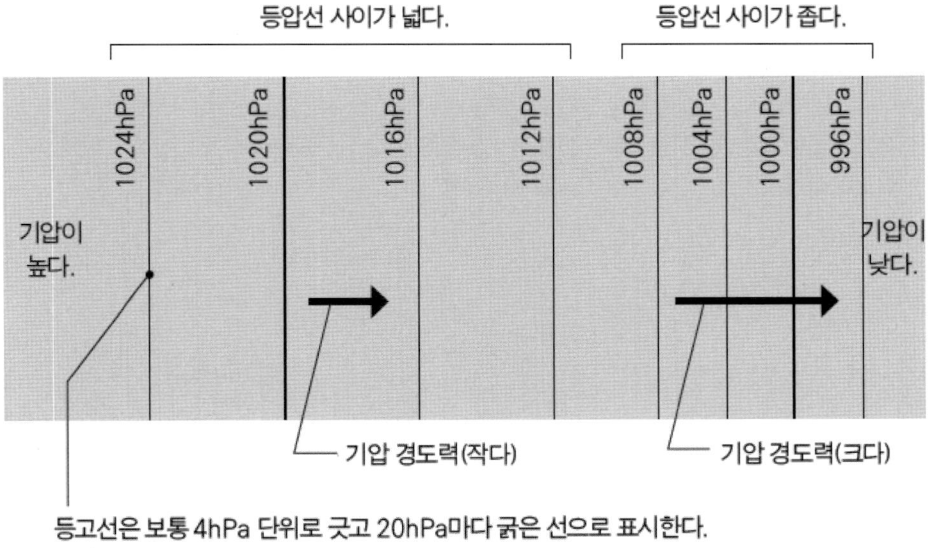

그림 103. 등압선과 기압경도력과의 관계

등압선을 그리다 보면 선이 동심원 모양으로 닫히는 곳이 있는데, 그림 104와 같이 동심원의 중심 기압이 주위보다 높은 곳은 고기압이고 반대로 주위보다 낮은 곳은 저기압이다.

공기 기둥이 데워지면 상공은 고기압 지상은 저기압이 된다. 지구 대기의 해면 기압은 장소와 시간에 따라 다르고 항상 변한다. 그리고 그 기압차로 인해 바람이 발생한다. 그럼 기압이 일정하지 않고 장소에

1) 재난상황 관리정보 "제6호 바람", 소방방재청.
2) 기상구조 교과서, 보누스출판사(후루가와), 2018.

따라 기압차가 발생하는 이유는 무엇일까. 기압차가 생기는 기본 원리 중 하나를 이해하기 위해 공기 기둥 이론을 적용하여 살펴본다.

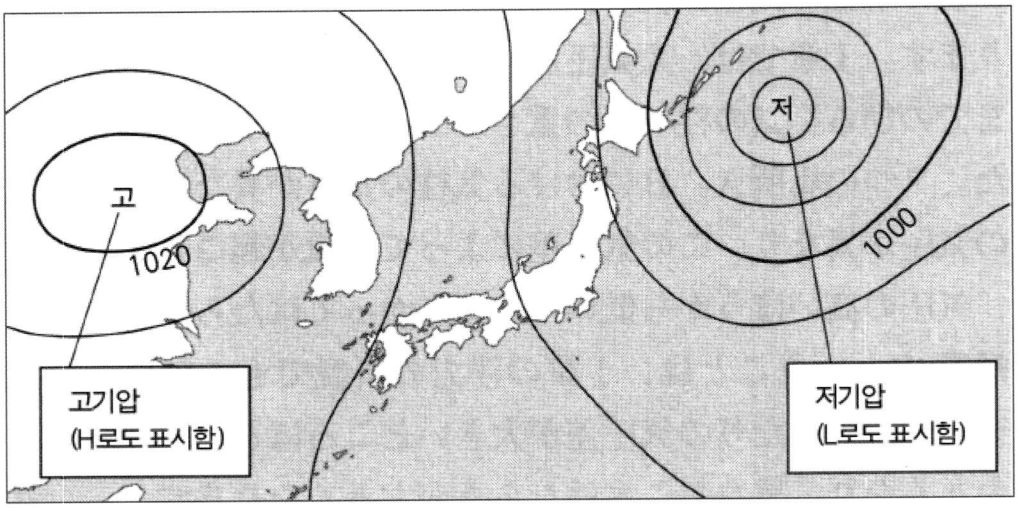

그림 104. 등압선과 고기압, 저기압

기압은 대기를 지표에서 상단까지 잘라낸 공기 기둥[3]의 무게로 인해 발생한다. 여기서 그림 105처럼 두 장소 A와 B에 있는 각각의 공기 기둥을 생각해 보자. 보다 쉬운 이해를 위해 공기 기둥 내부의 공기 밀도는 동일하다고 가정해 본다. 그림 ①의 공기 기둥 둘의 무게는 동일하기 때문에 지상의 기압도 동일하다. 당연히 이때는 지상에 바람을 일으키는 기압경도력은 작용하지 않는다.

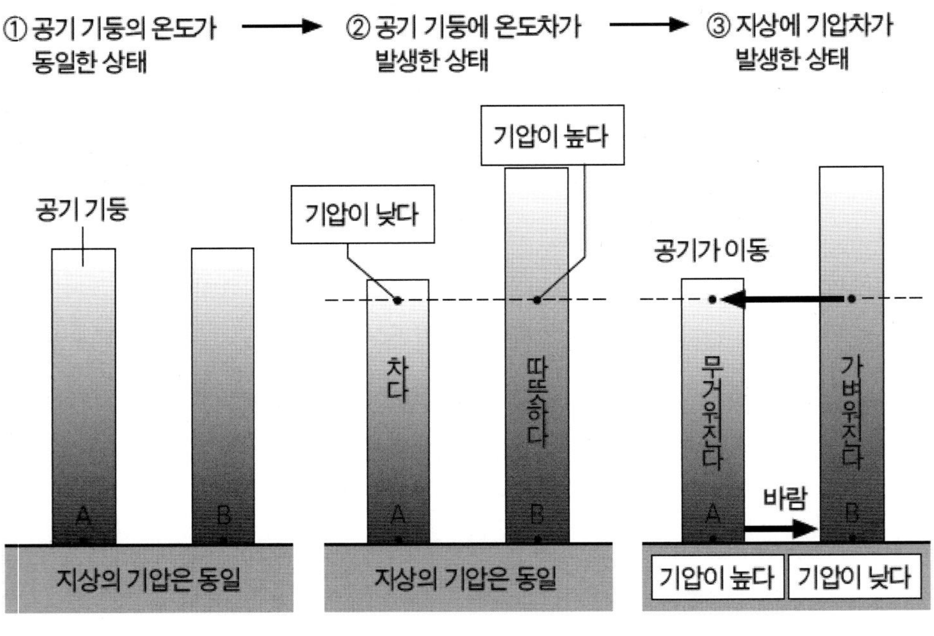

그림 105. 따뜻한 공기 기둥과 찬 공기 기둥의 모델

3) 공기기둥(Air Column): 대기 중에 임의로 설정한 단위면적을 밑면으로 한 기둥의 부피를 채우고 있는 공기 덩어리를 공기 기둥이라 한다. 일반적으로 등압면 사이에 설정하여 그 평균 기온을 알고 있을 경우 같은 위치의 어느 고도에 따른 기압으로부터 연직방향으로 다른 고도의 기압을 추산할 수 있으며, 기압이 같은 경우 공기기둥의 높이에 따라 온도의 차이를 알 수도 있다.

다음으로 그림②는 A와 B 두 장소에 온도차가 있는 경우이다. 차가워진 A의 공기 기둥은 부피가 줄고 높이도 낮아진다. 반면 따뜻해진 B의 공기 기둥은 부피가 커지고 높이도 높아진다. 높이가 변했지만 두 공기 기둥을 구성하는 분자 수는 변하지 않는다. 그래서 A와 B 두 공기 기둥의 무게는 당연히 같으며 지상의 기압도 동일하다. 그런데 상공에서 중요한 변화가 보인다. ②의 점선을 보면 A의 공기 기둥은 이 점선 위가 짧지만 B는 길어진다. 즉 A보다 B의 상공에 있는 공기가 무겁고 기압이 높다는 것을 의미한다. 그래서 그림③처럼 기압이 높은 B의 상공에서 기압이 낮은 A의 상공으로 기압경도력이 발생하여 공기가 움직이는 것이다. 공기가 움직이면 A의 공기 기둥 무게가 늘고 B의 공기 기둥 무게가 준다. 공기 기둥의 무게가 변한 결과로 A의 지표 기압은 커지고 B의 지표 기압은 작아진다. 이렇게 하여 찬 공기가 있는 A의 지상 기압은 높아지고 따뜻한 공기가 있는 B의 지상 기압은 낮아진게 된다. 지표 부근에서 발생한 기압경도력에 따라 A에서 B의 지상 기압은 낮아진다. 지표 부근에서 발생한 기압경도력에 따라 A에서 B로 바람이 불게 된다. 이상을 정리하면 다음과 같다.

두 공기 기둥에 온도차가 생기면

- 데워진 공기 기둥은 길어져 지상에서 저기압, 상공에서 고기압
- 차가워진 공기 기둥은 줄어들어 지상에서 고기압, 상공에서 저기압

간단히 말하면 장소에 따른 기온차 때문에 공기 기둥에 온도차가 발생하고 기압차가 생기는 것이다.

(b) 전향력에 의한 바람의 발생

그림 106과 같이 자전하고 있는 지구의 북극과 남극에서 각각 적도쪽으로 공을 던진다고 가정하자. 이것을 지구 밖에서 보면 공은 똑바로 운동하는 것처럼 보이지만, 북극에 있는 사람은 지구의 회전을 감지하지 못하므로 공이 운동 방향에 대하여 오른쪽으로 전향된 것으로 보이고, 남극에 있는 사람 또한 지구의 회전을 감지하지 못하므로 공이 운동 방향에 대하여 왼쪽으로 전향된 것으로 보인다. 기압경도력에 의해 공기가 이동하면, 동일한 원리에 의해 이 공기 덩어리는 휘어지게 되는데, 이때 작용하는 힘을 전향력(Coriolis Effect / 轉向力)[4]이라 한다. 전향력이란 실제 작용하는 것이 아니라 지구가 자전에 의해 바람의 이동이 휘어지는 현상을 설명하기 위한 가상적인 힘으로 북반구에서는 바람 방향의 오른쪽으로, 남반구에서는 왼쪽으로 작용한다. 고기압이나 저기압부터 시작해서 바람의 방향(기온이라는 변수가 추가적으로 작용), 적도 용승 등 기상 현상에 결정적인 영향을 끼치는 요소이기도 하다[5].

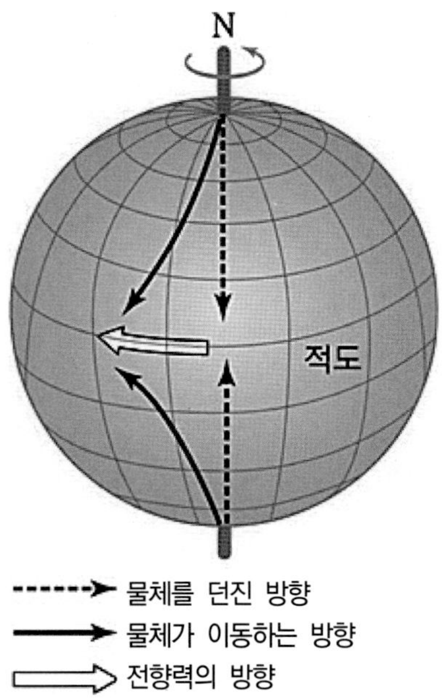

그림 106. 전향력

북반구에서 저기압의 상승기류가 반시계 방향으로, 고기압의 하강기류가 시계 방향으로 회전하게 된다. 우리가 매년 여름마다 겪는 태풍도 북반구의 저기압 기류 중 하나이므로 당연히 반시계 방향으로 회전을 한다. 이것이 북쪽으로 향하는 태풍의 진행 방향과 맞물려서 태풍의 동쪽 부분은 태풍의 이동 속도와 회전 속도가 합쳐진 속도로 바람이 불게 되고 반대로 태풍의 서쪽 방향은

4) 전향력(Coriolis Effect / 轉向力): 코리올리 효과 또는 코리올리 힘이라고도 하며 명칭은 1835년 프랑스 과학자 가스파르-귀스타브 코리올리(Gaspard-Gustave Coriolis)가 처음 설명하여 붙여졌다. 실제 힘이 아닌 만큼 반작용도 존재하지 않으며, 관측자가 힘을 받는 중이라는 걸 인식하지 못한다는 면에서 원심력과 마찬가지인 현상이다.

5) 재난상황관리정보 "제6호 바람", 소방방재청

태풍의 이동 속도와 회전 속도가 서로 상쇄되어서 바람이 다소 약해지게 되는데, 이것이 바로 태풍의 위험 반원·안전반원을 만드는 원인이다. 남반구에서는 이 방향이 반대이므로 남반구의 열대성 저기압인 윌리윌리[6]와 같은 것은 시계 방향으로 회전하는 것을 볼 수 있다.

지구상에서는 지구의 자전으로 북반구에서는 물체가 운동하는 방향의 오른쪽으로 전향력이 작용한다. 전향력의 크기는 극지방에서 최대이고, 적도지방에서 최소이다. 위 그림과 같이 북극에서 적도지방을 향하여 물체를 발사했을 때, 물체가 이동하는 동안에 지구의 자전으로 지구상의 관측자에게는 물체를 던진 방향보다 오른쪽으로 휘어져 이동하는 것으로 관측된다. 즉 물체를 던진 방향에 대해 북반구에서는 오른쪽으로, 남반구에서는 왼쪽으로 힘이 작용하는 것처럼 운동하게 되는데, 이때의 가상적인 힘이 전향력이다.
출처: Basic 고교생을 위한 지구과학 용어사전

(c) 원심력에 의한 바람의 발생

그림 107과 같이 돌을 실에 매어 돌리면 돌은 회전 중심으로부터 떨어져 나가려는 원심력을 받게 된다. 하지만, 돌이 떨어져 나가려는 것을 막기 위해 물체의 운동방향을 계속 변하게 하면서 중심을 향해 작용하는 힘, 즉 원운동을 하게 하는 힘이 있는데 이를 구심력이라 한다. 회전이 빠를수록 (구심력이 클수록) 바깥으로 갈려는 힘(원심력)도 커진다. 그리고 구심력과 원심력의 크기는 같고 방향은 반대로 작용한다. 공기의 흐름이 원운동을 할 경우, 이와 같은 원심력과 구심력이 작용하게 된다. 즉 저기압의 경우만 설명을 하자면 저기압에서 바람을 회전하게 하는 구심력은 기압경도력과 전향력의 차이 때문에 만들어진다. 즉 구심력은 기압경도력-전향력의 크기를 갖는다. 따라서, 구심력=원심력이므로 기압경도력-전향력=원심력이 된다. 그래서 기압경도력=전향력 + 원심력으로 표현할 수 있다(그림 108 참조).

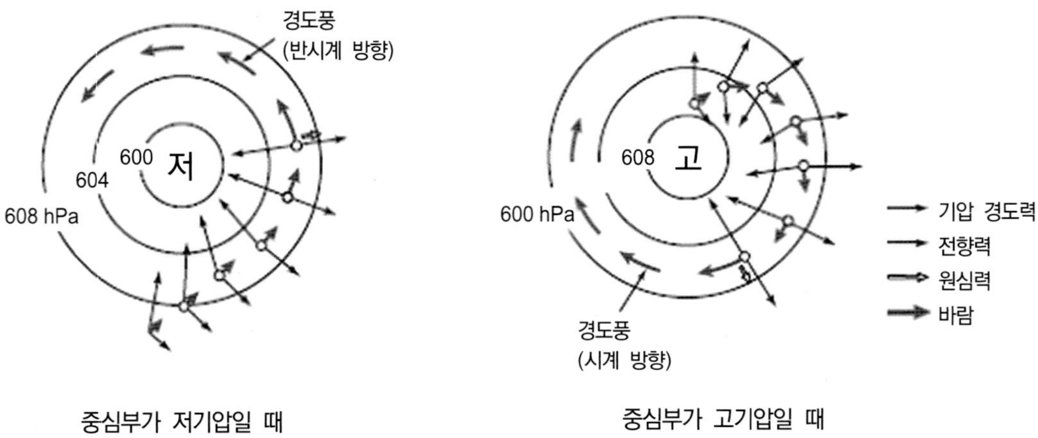

그림 107. 바람과 대기의 운동

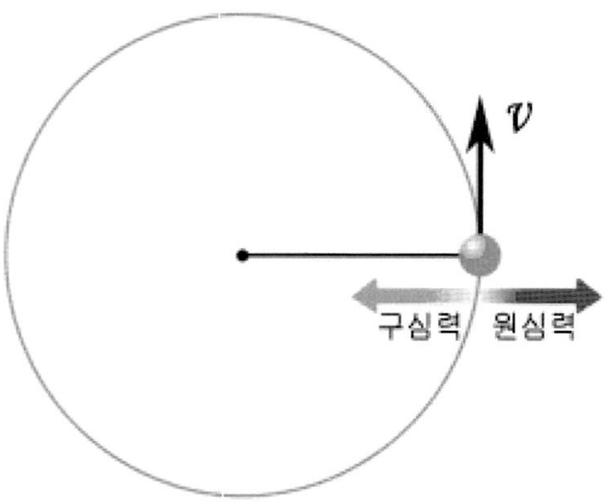

출처 : https://myssem.tistory.com/14

그림 108. 원심력과 구심력의 작용

6) 오스트레일리아 북쪽 부근 해상에서 여름철에서 가을철에 걸쳐 발생하는 열대성 저기압을 윌리 윌리(willy willy)라고 한다. 오스트레일리아 북쪽의 주변 해상에서 발생하여 남쪽으로 진행하는데 태풍과는 반대로 서남쪽으로 진행한다.

(d) 마찰력에 의한 바람의 발생

공기가 지표 가까이에서 불 때 지표면의 기복이나 굴곡, 건물 등의 영향으로 인해 마찰력을 받게 된다. 이러한 마찰력은 지표면이 거칠수록 크고, 매끄러울수록 작으며, 물체의 운동을 방해하는 방향, 즉, 풍향과 반대방향으로 작용하다. 마찰력은 지표면에서 멀어질수록 줄어들게 되는데 통상 지표면으로 1km 이상의 높이에서는 마찰력의 영향을 받지 않게 된다.

대기 경계층(대략적으로 말해서 대기의 최하층 1km 정도)에서는 추가적인 힘인 마찰력의 존재 때문에 힘의 균형이 복잡해진다. 바람이 불 때 지표면의 지형은 난류 에디(Eddy)를 일으키는데, 이 에디들이 대기에 항력(Drag)을 유발한다. 이 항력이 마찰력 역할을 하게 되고 마찰력의 크기는 지표면의 거칠기와 풍속에 따라 변한다. 예를 들면 마찰력은 바다 위에서보다 육지 위에서 더 크다. 마찰력에 포함된 물리는 복잡하지만, 여기서는 우리 목적상 마찰력을 바람의 정반대 방향으로 작용하는 단일 힘으로 취급해도 된다. 여기서 고려해야 할 힘이 세 가지가 있는데, 이 힘들의 균형을 생각할 것이다. 그림 110은 이 세 가지 경우를 보여 준다. 첫 번째는 지균 균형의 경우, 두 번째와 세 번째는 증가하는 마찰의 효과를 나타낸다. 균형이 유지되기 때문에 등압선에 직각인 방향으로 마찰력(FF)과 전향력(CF)의 성분 합은 기압경도력(PGF)의 크기와 같고 방향이 반대이다. 반면, 등압선 방향으로 마찰력의 성분은 전향력의 성분과 크기가 같고 방향이 반대이다. 그림 109에서 마찰력이 증가함에 따라 기압경도력과 균형을 유지하기 위해서는 전향력이 감소해야 한다는 것을 볼 수 있다. 그러므로 풍속 역시 감소해야 한다. 마찰은 바람을 약하게 해야 하기 때문에 이 사실은 직관적으로 알 수 있다. 등압선에 평행한 방향으로 마찰력 성분과 균형을 이루기 위해 전향력 성분이 반대 방향으로 생겨야 하는데 이를 위해 바람은 반시계 방향으로 돌아야 한다.

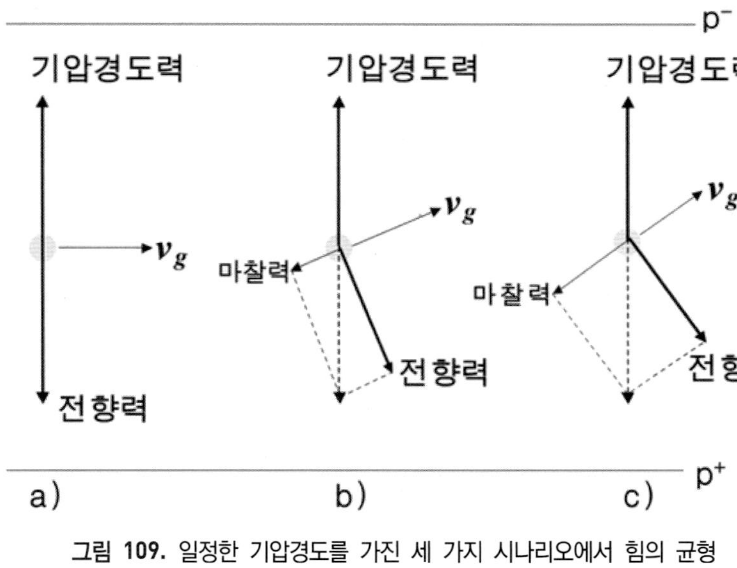

그림 109. 일정한 기압경도를 가진 세 가지 시나리오에서 힘의 균형

일정한 기압 경도(고기압부터 저기압까지)를 가진 세 가지 시나리오에서 힘의 균형에 있어서 a)는 마찰력 없이 기압경도력(PGF)과 전향력(CF)이 균형을 이루어 결과적으로 지균풍이 불게 되는 경우를 보여 주고 있고, b)와 c)에서는 크기가 증가되는 마찰력(FF)이 추가된 것을 보여주고 있다.

마찰력은 풍속을 감소시키고 풍향을 저기압 쪽으로 향하게 만든다. 전형적으로 바다 위에서 고도 10m 바람은 지균풍과 10~20°의 각을 이루어 불게 되고 풍속이 지균풍[7]의 0.8배 정도이다. 보통 정도로 거친

7) 지균풍(地衡風, geostrophic wind): 전향력과 기압경도력의 크기가 같을 때 나타나는 이론적인 바람으로, 고도가 1km보다 높은 곳에서

육상에서는 이 값들이 30~40°와 0.5배이다. 이와 같은 지상 바람 균형은 북반구에서의 결과이다. 남반구에서는 마찰 효과가 바람을 시계 방향으로 돌게 하지만, 마찰이 바람을 저기압 쪽으로 편향시키는 것은 북반구와 같다. 위와 아주 다른 힘의 균형이 저위도에서 발생할 수 있다. 저위도에서는 전향력이 작다. 그러므로 지균 균형에 도달하기 위해서는 풍속이 커야 한다. 적도 근처에서는 흔히 이 지균 균형이 되기 전에 기압경도력과 마찰력 사이에 정상 상태의 균형에 도달하게 된다. 이때 바람은 고기압에서 저기압으로 직접 불고 전향력은 유의하지 않을 정도로 아주 작다. 이와 같은 바람을 반대여정 바람(Antitriptic Wind)이라 한다. 이 바람은 고기압에서 저기 압으로 불지만, 코리올리 가속도가 기압경도에 직각인 바람 성분을 증가시킴에 따라 시계 방향으로 풍향이 점점 바뀌려 한다. 반대여정 바람은 또한 고위도에서 생기는 해풍과 같이 짧은 시간 규모의 중규모 순환에서도 발생할 수 있다.

1-2. 높이에 따른 바람의 종류

지표면의 기복에 의한 마찰을 무시할 수 있는 높이 1km 이상에서 부는 바람을 상공풍이라 하며, 그 이하에서 불어 지표면의 기복에 의한 마찰을 받는 바람을 지상풍이라 한다. 일반적으로 상공풍은 일기도의 등압선과 수평한 바람이지만, 지상풍은 등압선과 경사를 이루는데, 이는 지상풍의 경우 마찰력의 영향을 받기 때문이다. 이를 세부적으로 살펴보면 다음과 같다[8].

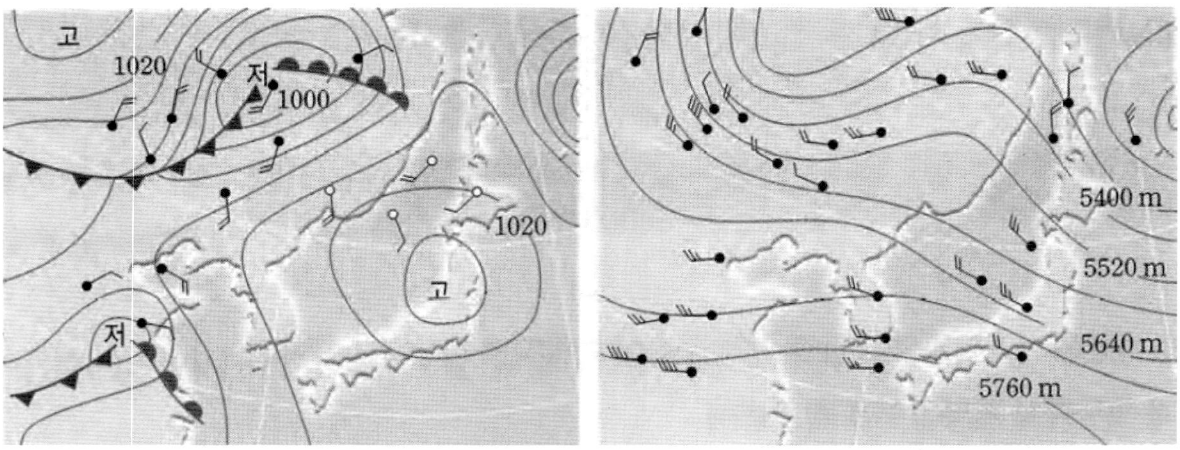

(a) (b)

그림 110. 지상과 상공에서의 바람의 방향 (a) 지상풍 (b) 상공풍

(a) 지상풍

높이 1km 이하의 지표면 부근에서는 지표면의 마찰력이 바람에 큰 영향을 미친다. 지표면 부근에서는 대기가 지표면과 마찰되면서 풍속이 감소하게 되고, 그 결과 지상 부근에서 운동하는 대기에 작용하는 기압경도력은 그림 111과 같이 전향력과 마찰력의 합력과 평형을 유지하게 된다. 이렇게 지상풍은 등압선에 대하여 비스듬하게 부는데, 지상풍과 등압선이 이루는 각은 지표면의 마찰이 커질수록 커진다. 보통 이 각은 약 10~45°인데, 해양에서는 10~20°, 산악 지방에서는 20~45°가 된다. 만약 등압선이 원형일 경우에는 모든 힘, 즉 기압경도력, 전향력, 구심력, 마찰력의 합력이 평형을 이루게 된다. 이런 이유로, 북반구 지상에서 고기압 중심에서는 바람이 시계 방향으로 불어 나오고, 저기압 중심에서는 반시계 방향으로 불어 들어

등압선에 나란하게 부는 바람이다.

8) 재난상황관리정보 “제6호 바람”, 소방방재청

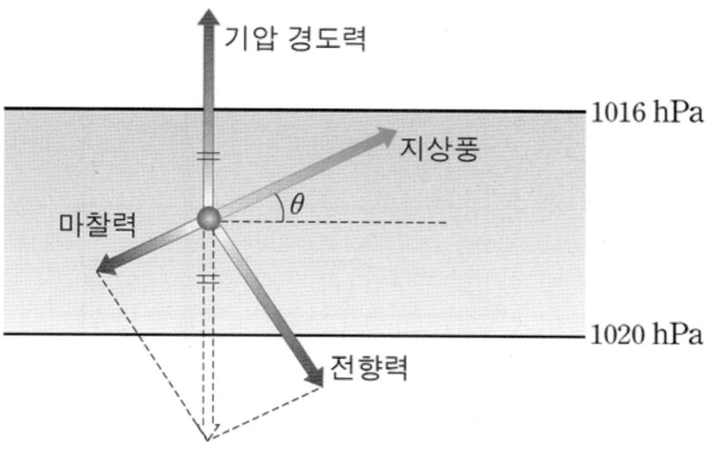

그림 111. 지상풍의 원리

간다. 남반구의 경우에는 이와 반대이다.

지상풍의 풍향을 보고 고기압과 저기압의 방향을 알 수 있는데, 이를 보이스 발로트(Buys Ballot) 법칙[9]이라고 한다. 이 법칙은 북반구에서 바람을 등지고 서면 저기압의 중심은 그 사람의 왼쪽 팔 약간 앞쪽에 있고, 고기압은 오른쪽 팔의 뒤쪽에 있다는 것이다. 지상풍은 마찰층 내에서 에크만 운동[10]을 하는데 이는 높이 올라가면서 풍향은 시계 방향으로 점차 변하면서 마찰력이 작아지고 전향력이 작용하는 방향으로 풍향이 바뀌며 풍속이 증가하는 것이다. 지상풍의 경우 지상의 고기압 부근에서 바람이 중심으로부터 시계 방향으로 회전하며 바깥쪽으로 불어 나가고, 지상의 저기압 부근에서는 바람이 반시계 방향으로 회전하며 중심쪽으로 불어 들어온다.

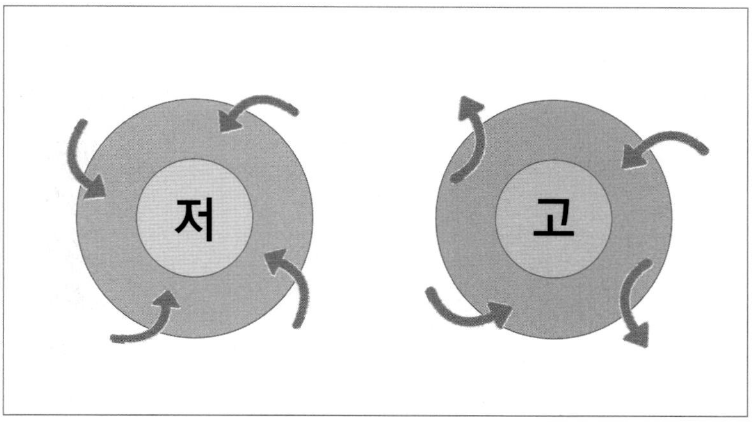

그림 112. 등압선이 원형일 때 나타나는 지상층(북반구)

(b) 상공풍

상공풍에는 등압선의 형태에 따라 지균풍과 경도풍이 있는데, 일반적으로 마찰력의 영향을 받지 않기 때문에 지상에서보다 바람이 더 빠르게 분다.

9) 보이스 발로트의 법칙 (Buys Ballot's law): 네덜란드의 C.H.D. 보이스 발로트가 발표한 법칙으로 북반구에서 관측자가 바람을 등지고 설 때, 왼팔 앞 쪽에 저기압이, 오른팔 뒤쪽에 고기압이 위치하며, 남반구에서는 이와 반대로 된다는 법칙이다.

10) 바람이 불 경우, 바람의 영향으로 일정한 수심까지 해류가 형성되는데 이를 에크만류(Ekman current) 혹은 에크만운동(Ekman motion)이라 한다.

【지균풍】

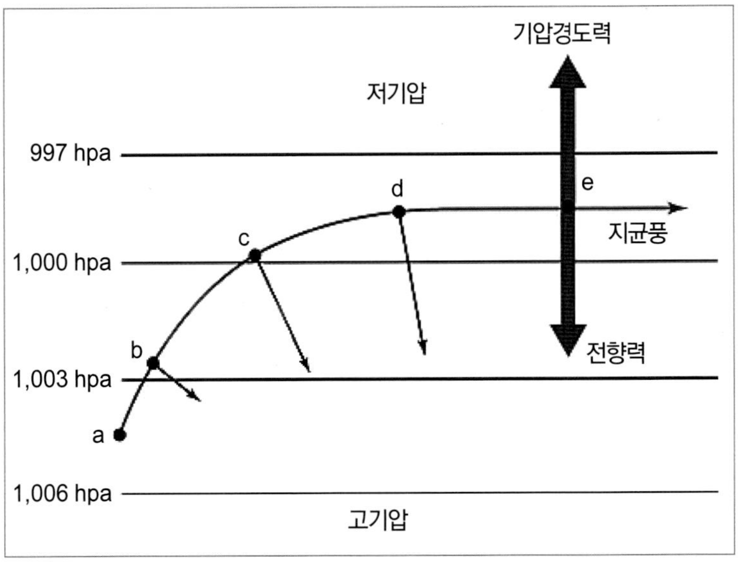

그림 113. 지균풍의 원리

지상으로부터 1km보다 높은 상공에서 대기는 지표면의 영향, 즉 지표면의 마찰력을 받지 않는다. 따라서, 이러한 높이에서의 바람은 기압경도력과 전향력의 작용을 받아서 불게 된다. 그림 114에 나타낸 바와 같이 등압선에서 수평방향으로 두 지점 사이에 기압차가 생기면 정지해 있던 공기덩어리는 기압경도력이 작용하여 등압선에 직각방향으로 운동하기 시작한다. 그러나 공기 덩어리가 이동하기 시작하면 전향력이 작용하므로 공기 덩어리의 이동 방향은 오른쪽으로 휘게 된다. 이렇게 이동하는 공기 덩어리에는 기압경도력이 계속 작용하여 공기 덩어리의 속도가 더 빨라지게 되고 이에 따른 전향력도 커지므로 풍향은 오른쪽으로 더욱 편향된다. 이러한 과정을 거쳐 마침내 전향력과 기압경도력이 평형을 이루게 되면 바람은 일정한 속력으로 등압선과 평행하게 불게 된다. 이와 같이 부는 바람을 지균풍이라고 한다. 기압경도력은 등압선 간격에 반비례하므로 지균풍의 풍속 또한 등압선 간격에 반비례한다. 그리고 기압경도력이 같을 때에는 전향력 공식을 고려할 때 저위도에서 지균풍의 속도가 더욱 빠르게 나타난다.

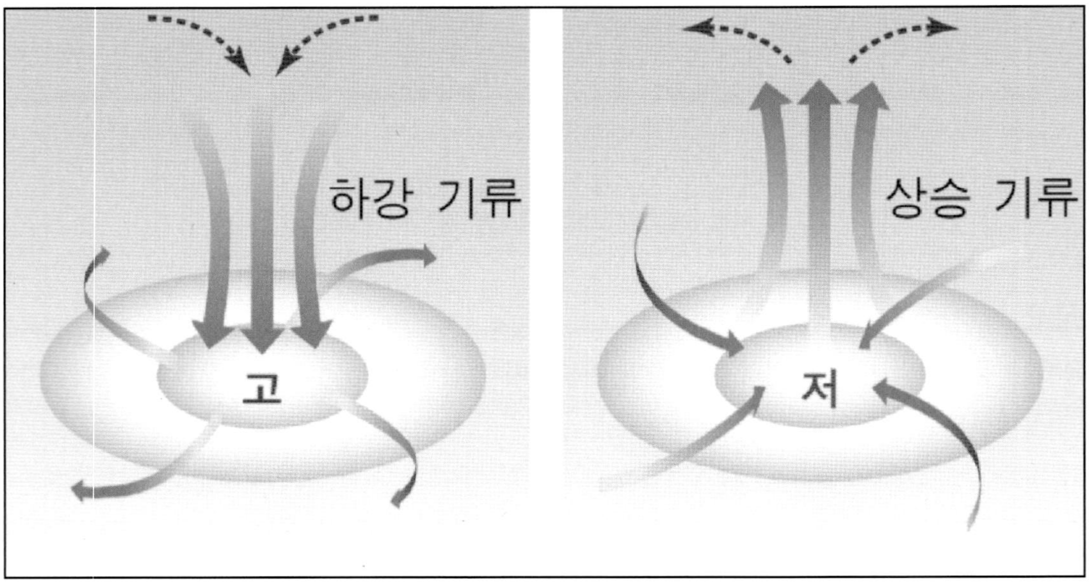

그림 114. 북반구에서 등압선이 원형일 때의 지상층(북반구)

지균풍은 지구 자전으로 인한 전향력과 기압경도력이 완전하게 균형을 이루고 있을 때 부는 가상의 바람을 말한다. 실제로 지균풍은 기압이 낮은 쪽을 왼쪽에 두고 등압선과 평행하게 분다. 크기는 기압경도력에 비례하고, 위도의 사인(sin)값에 반비례하는 특성이 있다. 따라서 같은 기압경도력이면 북극에서의 속도는 우리나라의 약 2분의 1밖에 되지 않는다. 지균풍이 부는 한 기류는 발산·수렴하지 않으며, 기압에도 변화가 생기지 않는다. 사실 고도 수 km 이상의 상층풍은 이러한 지균풍에 가깝다고 볼 수 있다.

지균풍은 균형을 이룬 상태에서 바람이 불다가 갑자기 등압선의 간격이 좁아지면 기압경도력은 순식간에 증가하는데, 전향력의 증가가 이에 미치지 못하고 풍향이 고기압에서 저기압 쪽으로 향하며 풍속은 증가한다. 이러한 경우를 초지균풍이라고 한다. 반대로 기압 경도력이 작아지게 되면 전향력의 감소보다 기압경도력의 감소가 더 크기 때문에 풍향이 오히려 고기압 쪽으로 치우치게 되며 결국 풍속이 감소하게 된다. 이를 아지균풍이라고 한다.

【경도풍】

한편, 마찰력이 작용하지 않는 대기 상층에서 등압선이 원형 모양으로 나타날 때에는 기압경도력과 전향력 외에 바람이 원운동하면서 생기는 구심력을 고려해야 한다. 이렇게 지상 1km 이상의 높이에서 등압선이 원형일 때 등압선을 따라 원운동하는 바람을 경도풍이라 한다.

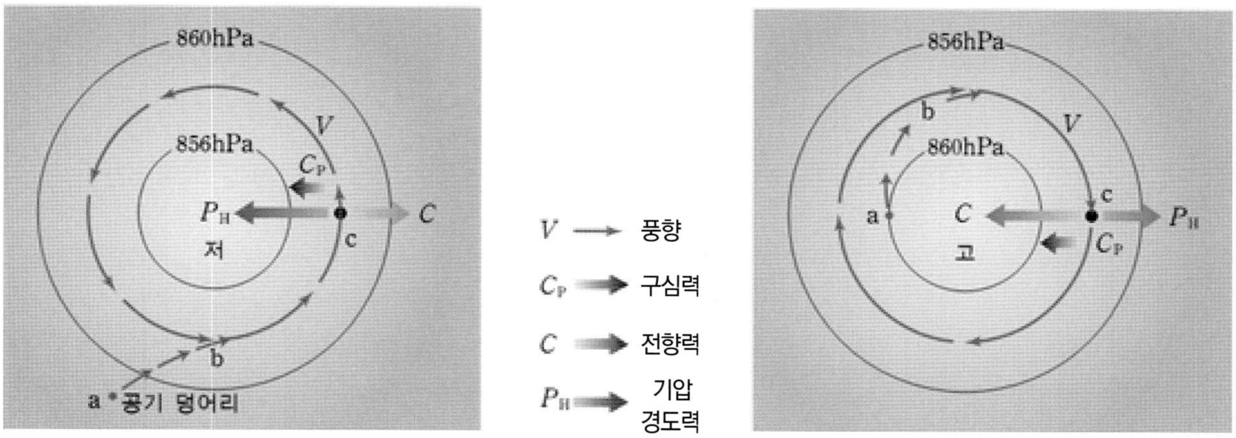

(가) 저기압 : 기압 경도력 - 구심력 = 전향력 (나) 고기압 : 전향력 - 구심력 = 기압 경도력

그림 115. 저기압과 고기압에서 경도풍의 발생원리(북반구)

그림 115의 북반구 경도풍은 (가)와 같이 북반구 상공에서 처음 a의 위치에 정지해 있던 공기덩어리가 기압경도력에 의해 저기압 방향으로 운동을 시작하는데, 전향력의 영향으로 운동방향이 등압선에 비스듬하게 나타난다. 공기덩어리가 b위치까지 움직일 때에는 속력이 증가하고 전향력도 커져서 마침내 등압선에 나란한 바람이 된 후, c위치에 이르면 일정한 속력으로 반시계 방향으로 원운동을 하게 된다. 이 때 기압경도력은 전향력보다 크게 나타나고, 두 힘의 차이는 저기압 중심쪽으로 작용하여 바람이 반시계 방향으로 원운동하게 하는 구심력으로 작용한다. 그림의 (나)에서도 처음 a의 위치에 정지해 있던 공기덩어리는 기압경도력에 의해 저기압방향으로 운동을 시작하게 되는데, 공기덩어리가 b → c위치까지 움직이면서 일정한 속력으로 시계방향으로 원운동을 하게 된다. 이 때 고기압 중심을 향하는 전향력이 기압 경도력보다 크게 나타나고 두 힘의 차이는 고기압 중심쪽으로 작용하여 바람이 시계 방향으로 원운동하게 하는 구심력으로 작용한다. 남반구의 경도풍은 같은 위도에서 기압경도력이 같을 경우 풍속의 크기는 고기압 주위가 저기압의 주위보다 크다.

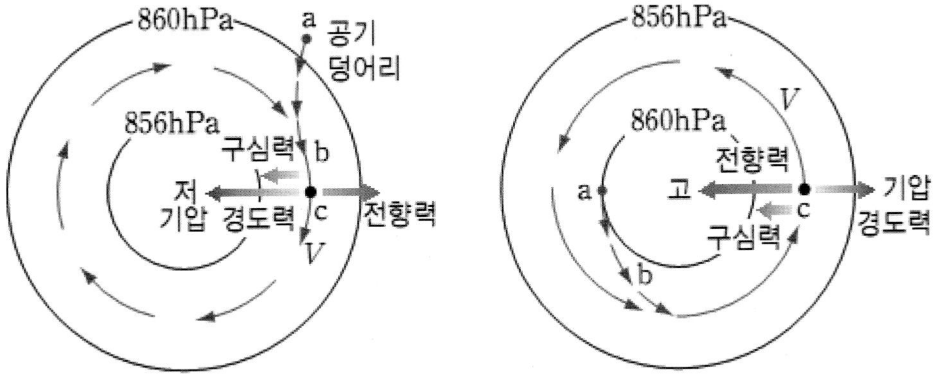

그림 116. 저기압과 고기압에서 경도풍의 발생원리 (남반구)

1-3. 대기순환에 따른 바람의 종류

기압차가 바람을 일으키듯 우리가 살고 있는 지구에는 주변과의 대기균형을 맞추기 위해 끊임없이 대기가 순환하고 있다. 이러한 순환은 규모가 수천 km이상의 대규모인 것도 있고, 수 m의 작은 경우도 있다. 바람에 살랑이는 나뭇잎이나 펄럭이는 깃발과 같이 우리의 대기는 이렇게 다양한 순환규모에 따라 끊임없이 움직이게 되는 것이다. 일반적으로 대기순환의 규모는 그림 117과 같이 수평규모가 수km인 전지구적인 것부터 수평규모가 2km 미만인 미규모까지 다양하다. 계절풍 등과 같이 지구규모인 대기순환의 경우 전향력의 영향을 받으며, 날씨의 계절적 특성을 좌우하며, 태풍 등 종관규모인 대기순환의 경우에는 전향력의 영향력을 받으며 수 일간 날씨의 특성을 좌우한다. 하지만, 해륙풍, 토네이토 등 중간규모 및 미규모인 대기순환의 경우에는 전향력의 영향이 없으며, 날씨에 영향을 미치는 시간규모도 기껏해야 수 시간 수준이다. 이 중에서 우리가 일상에서 느끼는 바람과 관련된 사항을 세부적으로 살펴보면 다음과 같다.

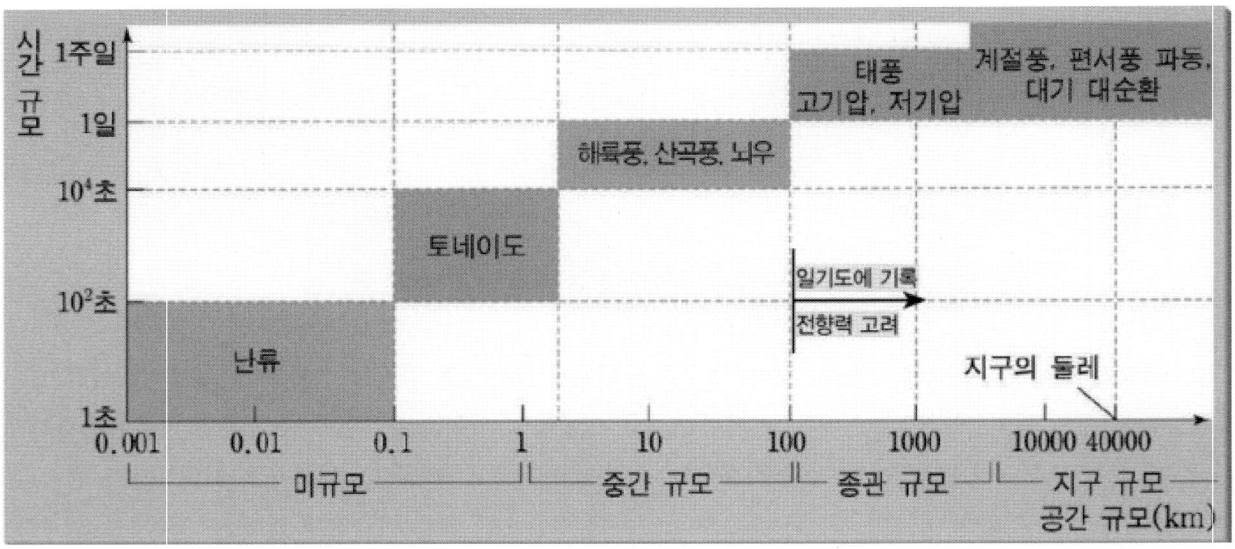

그림 117. 공간규모와 시간규모에 따른 대기순환의 종류

(a) 편서풍

편서풍(偏西風 westerlies)은 편동풍에 대칭되는 바람으로 북반구와 남반구의 중위도지역에서 서쪽에서 동쪽으로 분다. 북반구 대륙에서는 산맥 때문에 편서풍의 진로가 자주 바뀐다. 위도 30도 와 60도 사이의 중위도 지역에서 서쪽에서 동쪽으로 부는 탁월풍[11]을 말한다. 편서풍 또는 탁월풍은 30도에서 60도 사이의

중위도에서 지배적이며 마위도(Horse latitudes, 30～35)의 고압 영역에서 극으로 분다. 바람은 주로 북반구에서는 남서쪽에서, 남반구에서는 북서쪽에서 불어온다. 무역풍과 함께 편서풍은 초기의 유럽 항해선박을 위한 왕복항로로 이용되었다. 편서풍은 지역에 따라 부분적으로 강하거나 약하게 부는데, 특히 남반구는 북반구보다 중위도 지역에 육지가 적기 때문에 마찰이 줄어들어 바람이 더 강하게 분다. 편서풍은 위도 40도에서 50도 사이(Roaring Forties)에서 가장 강하게 분다. 편서풍은 북위와 남위 30～60℃ 사이의 중위도 지방에서 모두 극지역을 향해 부는 바람으로 전향력의 효과 때문에 바람의 방향이 서쪽에서 동쪽으로 되어 있다. 우리나라는 계절을 막론하고 전반적인 대기의 흐름이 서쪽에서 동쪽으로 나타나게 되는데, 바로 이러한 편서풍의 영향으로 인해 일어나는 현상이다[12].

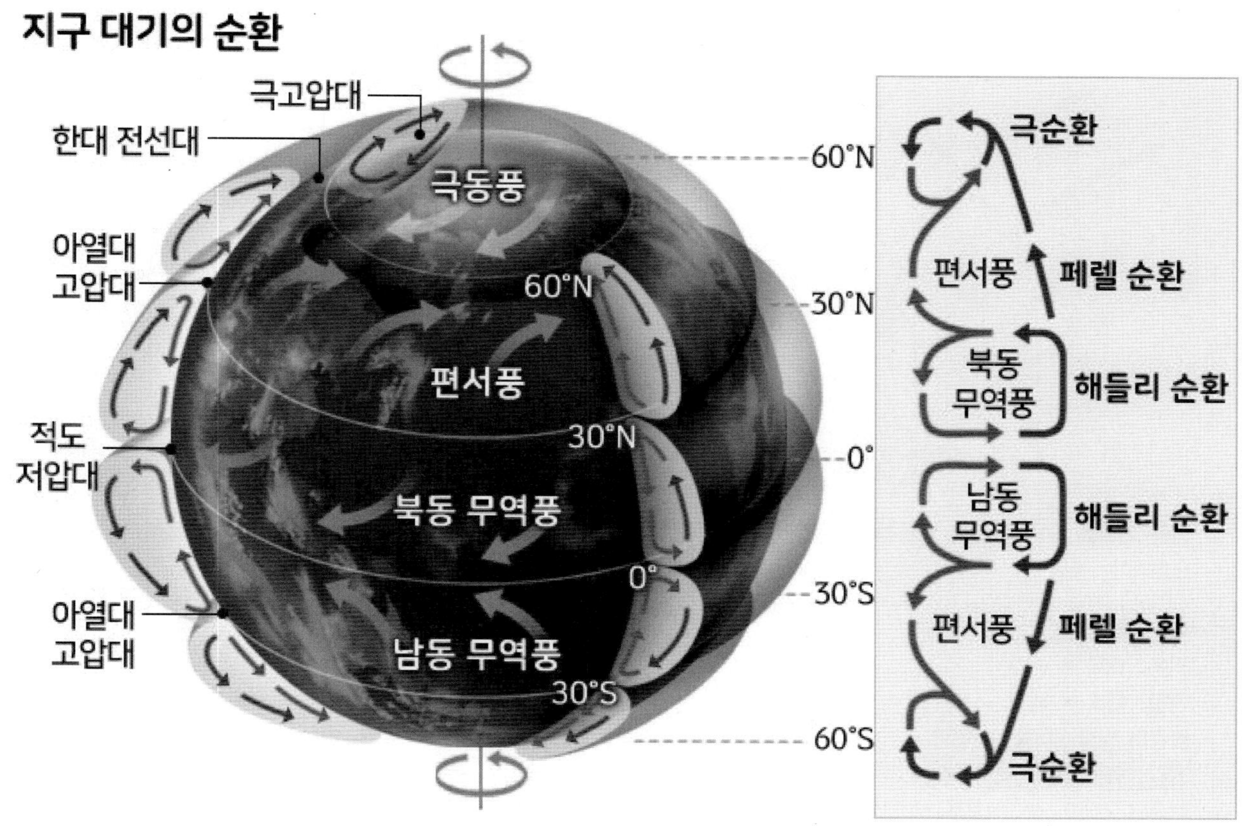

그림 118. 편서풍 발생형태

(b) 계절풍

계절풍(季節風, Monsoon)은 1년 동안 계절에 따라 바뀌는 바람을 말하며, 계절풍의 원인은 대륙과 해양의 비열 차이로 발생한다. 대륙은 해양보다 비열이 작아 대륙이 해양보다 빨리 데워지고, 냉각되는 특징이 나타난다. 그래서 여름철에는 대륙이 해양보다 온도가 상대적으로 높아 대륙 지역에 저압대가 형성되고, 해양 지역은 대륙보다 온도가 상대적으로 낮아 고압대가 형성되어 바람이 해양에서 대륙으로 불게 된다. 이를 한국에서는 남동계절풍이라고 부르며 주로 한반도를 기준으로 일기도를 그렸을 때 남동쪽에 북태평양 고기압이 위치하고, 북쪽에 저기압이 위치하게 된다. 동남아시아와 남아시아 지역에서는 남서계절풍(남서

11) 탁월풍(卓越風) 또는 항상풍(恒常風)은 일정 지역, 혹은 일정 위도 영역에서 거의 일정한 방향으로 부는 바람을 말한다. 열대권에서는 무역풍, 위도 30도~60도까지는 편서풍 그리고 극지방에서는 극동풍이 탁월풍이다.

12) 위키백과, 편서풍.

몬순)이라고 부르는데, 주로 5월에서 10월 사이에 불며, 이때 우기가 발생한다.

겨울철에는 대륙이 해양보다 온도가 낮아 대륙 지역에는 고압대가 형성되고, 해양 지역은 대륙보다 상대적으로 온도가 높아 저압대가 형성되어 바람이 대륙에서 해양으로 불게 된다. 이를 한국에서는 북서계절풍이라고 부르며 주로 한반도를 기준으로 일기도를 그렸을 때 북서쪽에 시베리아 고기압(대륙 고기압)이 위치하고, 동쪽에 저기압이 위치하게 된다. 겨울철에는 대륙이 빠르게 냉각되지만 해양은 비열이 커서 빠르게 냉각되지 않기 때문에 대륙의 공기 밀도가 더욱 높아져 여름철의 북태평양 고기압보다 큰 고기압이 발생하게 된다. 그래서 여름철보다 겨울철의 기압 경도력이 더 높아 여름철의 남동계절풍보다 겨울철 북서계절풍의 평균 풍속이 더 높게 나타난다[13].

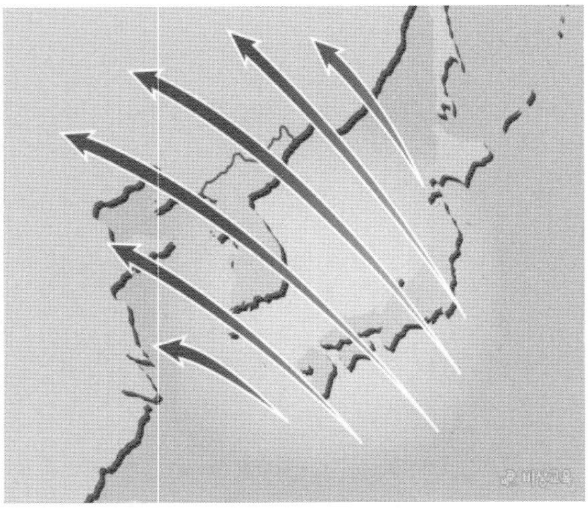

① **남동 계절풍**: 우리나라의 여름철에 해양에서 대륙쪽으로 부는 바람

- **부는 때**: 여름
- **기온**: 대륙 > 해양
- **기압**: 대륙 < 해양
- **바람의 방향**: 대륙 ← 해양
- **원리**: 여름에는 대륙이 해양보다 빨리 가열되어 대륙의 기압이 상대적으로 낮아지므로 해양에서 대륙으로 바람이 분다.

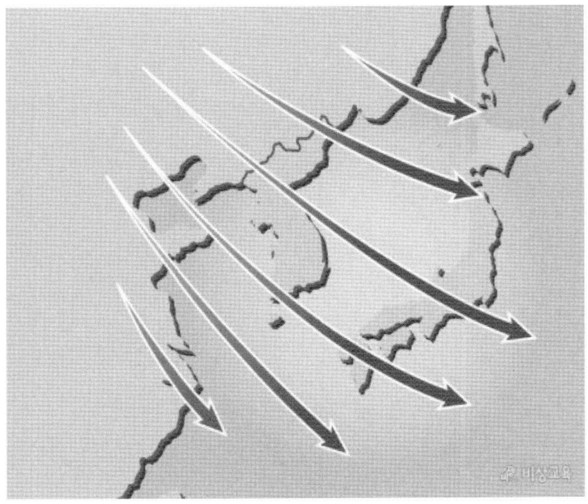

② **북서 계절풍**: 우리나라의 겨울철에 대륙에서 해양쪽으로 부는 바람

- **부는 때**: 겨울
- **기온**: 대륙 < 해양
- **기압**: 대륙 > 해양
- **부는 방향**: 대륙 → 해양
- **원리**: 겨울에는 대륙이 해양보다 빨리 냉각되어 대륙의 기압이 상대적으로 높아지므로 대륙에서 해양으로 바람이 분다.

출처: 비상학습백과 (바람)

그림 119. 여름과 겨울의 계절풍 발생 형태

(c) 해륙풍과 산곡풍

해륙풍은 하루 동안 바다와 육지 간의 비열차이로 나타나는 온도차이로 바다와 육지 간에 교대로 부는 바람을 말한다. 육지는 비열이 작아 온도의 상승과 하강이 빠른 반면 바다는 비열이 커서 하루 동안 온도 변화가 거의 없다. 따라서 낮 동안 육지는 온도가 빠르게 상승하여 저기압이 형성되고 상대적으로 온도가 낮은 바다는 고기압이 되어 육지로 바람이 부는데 이를 해풍이라고 한다. 해풍은 상대적으로 저온이고 습윤한 성질을 지닌다. 반면에 밤 동안은 육지가 빠르게 냉각하여 고기압이 형성되고 상대적으로 온도가 높은 바다는 저기압이 형성되어 육지에서 바다로 바람이 부는데 이 바람을 육풍이라고 한다. 해륙풍은 날씨

13) 위키백과, 계절풍.

가 맑고 일사량이 많을수록 탁월하게 나타난다. 그래서 우리나라에서 여름철에 해륙풍이 탁월하다. 일사량이 적고 계절풍이 강한 계절에는 해륙풍이 약화되기 때문이다. 또한 해풍이 육풍보다 탁월하고 풍속도 센 편이다. 해풍은 해수면 마찰이 작고 낮 동안 육지와 바다 간에 온도차이가 밤보다 커 기압차이가 크게 나타나기 때문이다. 해풍은 오후 2~3시쯤 가장 강하고, 여름철 오후 3시쯤에는 모든 해안에서 관찰된다. 반면에 육풍은 새벽 3~4시가 가장 강하나 피부로 느낄 정도는 아니다. 그러나 해안의 배후에 산지가 있는 동해안이나 제주도 해안의 경우 육풍과 산풍이 결합하여 보다 탁월하게 나타난다.

해륙풍이 해안에서 하루 동안 교대로 부는 바람이라면 산곡풍은 산지나 분지지역에서 하루 동안 교대로 부는 바람을 말한다. 곡풍은 낮에 평지나 계곡에서 산 정상이나 능선 쪽으로 산비탈을 따라 올라가는 바람이다. 태양이 비치는 낮에는 산의 비탈면이 복사에너지를 흡수하여 가열되므로, 비탈 근처의 공기는 가열되어 상승기류가 생기고 계곡에서 바람이 비탈을 따라 불어 올라가게 되는데, 이러한 활승바람을 곡풍이라고 한다. 낮에 능선을 따라 등산할 때는 계곡이나 평지에서 불어오는 곡풍이 무척 시원하다. 반면에 산풍은 밤에 산 정상이나 능선에서 산비탈면을 타고 계곡이나 평지로 부는 바람을 말한다. 일몰 후에 산비탈면 근처의 공기는 경사면에서 떨어져 있는 공기보다 빨리 냉각되어 밀도가 커지므로 산 아래로 바람이 불어 내려간다. 이러한 활강바람을 산풍이라고 한다. 산풍이 부는 계곡이나 골짜기, 그리고 분지지형과 같이 폐쇄적 지형인 경우 찬 냉기류가 바닥에 쌓여 냉기호가 형성되면 기온 역전현상과 함께 안개가 많이 끼게 된다. 계곡이나 골짜기에 쌓인 냉기류는 중력에 의해 계곡이나 골짜기의 하류쪽이나 평지로 흘러 내려가면서 산풍이 불게 된다. 즉, 산풍은 산 정상이나 능선에서 계곡이나 평지로 부는 내리바람이며, 곡풍은 산정상이나 산 능선 쪽으로 불어 올라가는 바람이다. 산곡풍은 북반구의 경우 맑은 날 일사량이 많은 남사면에서 잘 발달하며 산풍이 곡풍보다 강한 것이 일반적이다. 내리 부는 바람은 중력이 더해지기 때문이다. 산곡풍은 봄철 건조한 날씨로 자주 발생하는 산불 진화에 많은 어려움을 겪게 한다.

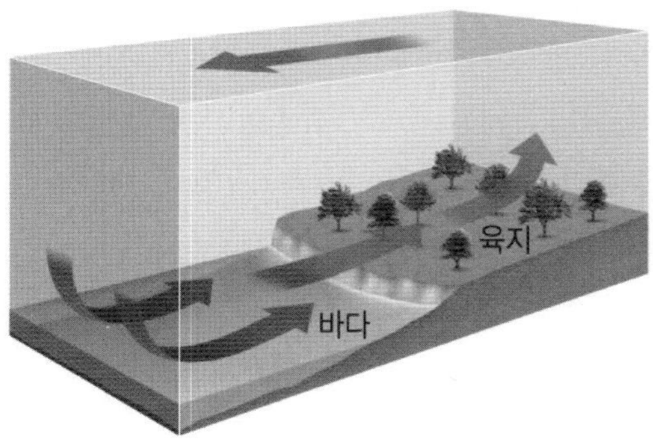

① **해풍**: 낮에 바다에서 육지를 향해 부는 바람
- **기온**: 바다 < 육지
- **기압**: 바다 > 육지
- **바람의 방향**: 바다 → 육지
- **원리**: 낮에는 육지가 바다보다 빨리 가열되어 육지의 기압이 상대적으로 낮아지므로 바다에서 육지로 바람이 분다.

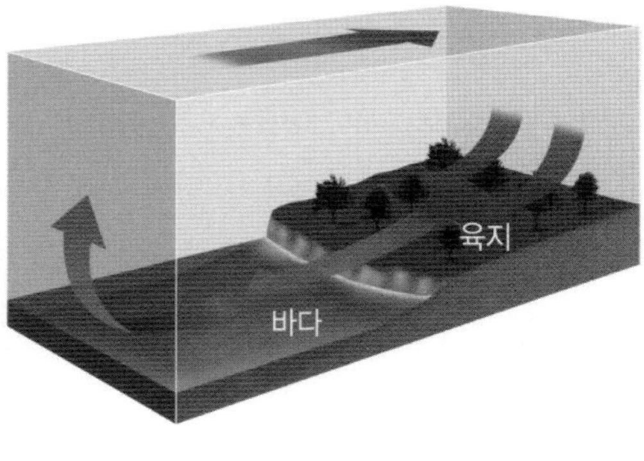

② **육풍**: 밤에 육지에서 바다를 향해 부는 바람
- **기온**: 바다 > 육지
- **기압**: 바다 < 육지
- **바람의 방향**: 육지 → 바다
- **원리**: 밤에는 육지가 바다보다 빨리 냉각되어 육지의 기압이 상대적으로 높아지므로 육지에서 바다로 바람이 분다.

출처: 비상학습백과 (바람)

그림 120. 해륙풍의 발생 형태

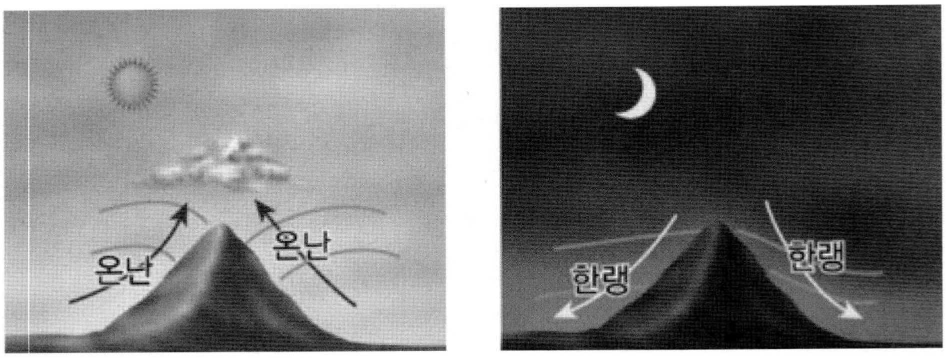

그림 121. 산곡풍의 발생 형태

(d) 태풍

태풍(Typhoon) 은 열대 해상에서 발생하는 발달한 열대저기압의 한 종류로, 중심 부근의 최대 풍속이 17.2 m/s 이상의 강한 폭풍우를 동반하고 있는 국지적 기상 현상을 말한다. 태풍은 북태평양 서쪽에서 7월~10월에 가장 많이 발생하며, 고위도로 북상하면서 동아시아와 동남아시아, 그리고 미크로네시아 일부에 영향을 준다. 최대 풍속이 17.2 m/s 미만이면 열대 저압부로 구분하며, 중심부의 난기핵이 소멸되면 온대 저기압 등으로 변질되기도 한다.

태풍과 같은 열대 폭풍은 발생 지역에 따라 명칭이 다르다. 인도양과 남태평양에서 발생하면 사이클론(cyclone)이라고 하며, 북태평양 중부와 동부, 북대서양 서부에서는 최대 풍속 32.7 m/s 이상의 열대저기압 폭풍을 허리케인이라고 한다. 브라질 동쪽 남대서양에서는 거의 발생하지 않아 명칭이 정의되지 않았지만, 브라질에서는 사이클론, 미국에서는 허리케인으로 부른다. 각 지역마다 발생 기준에 차이가 있으며, 코리올리 힘의 영향으로 북반구에서는 반시계 방향으로 남반구에서는 시계 방향으로 회전한다.

태풍은 폭우, 해일, 강풍으로 인해 피해를 주기도 하지만, 가뭄 해갈 등의 수자원 공급과 대기질 개선, 냉해와 폭염완화, 바다의 적조현상과 강의 녹조현상 억제, 지구의 열 순환 등 여러 긍정적인 역할도 한다.

적도 부근 열대 해역의 대기는 일반적으로 공기가 고온 다습한 상태에 있기 때문에 적란운이 쉽게 발생하며, 종종 강한 스콜을 동반한다. 이 스콜이 최초로 공기의 작은 소용돌이가 되고, 수렴기류(Convergence Air Current)를 따라 북반구의 북동무역풍과 남반구의 남동무역풍의 경계인 적도전선(Equatorial Front) 부근에 쌓이게 된다. 이 소용돌이들이 북동무역풍대의 동풍 중에 발생한 수평 파동인 편동풍파동(Easterly Wave)에 의해 한 곳에 모이게 되면 큰 소용돌이가 되는데, 이것이 태풍의 씨앗인 열대요란(Tropical Disturbance)이 된다. 이 단계에서는 구름들이 산발적인 형태를 띠며, 조직화되면 열대저기압으로 발달하게 된다.

적도전선에서 기류의 수렴이 강해지면 전향력(코리올리의 힘)에 의해 기압이 낮은 중심을 축으로 바람이 순환하게 된다. 바람은 공기의 이동을 의미한다. 온도가 낮은 곳에서 높은 방향으로, 기압이 높은 곳에서 낮은 방향으로 불며 그 차이(기압경도력, Pressure Gradient Force)가 커질수록 풍속은 증가한다.

물은 증발하여 수증기가 될 때 열량을 흡수하고 수증기가 응결하여 물이 될 때 흡수한 열량을 방출한다. 이 수증기의 응결에 의해 방출되는 잠열이 태풍의 주 에너지원이다. 열대저기압 중심 부근의 강한 상승 기류를 타고 수렴된 수증기는 적란운을 발달시키면서 강한 비를 내리게 되는데 이 과정에서 잠열이 방출된다. 방출된 잠열로 데워진 공기는 상승 기류를 강화시켜 수증기를 재공급하게 되고, 다시 강한 비로 바뀐다. 온도가 높아진 공기가 팽창하면서 상승 기류를 따라 올라가면 하층의 밀도는 감소하면서 중심 기압은 더 내려가게 된다. 이렇게 낮아진 기압과 높아진 온도로 인해 중심부가 주변부의 공기를 빨아들이면서 강한 회전력을 갖게 된다. 이 과정에서 원심력에 의해 하강 기류가 생기면 태풍의 눈이 만들어진다.

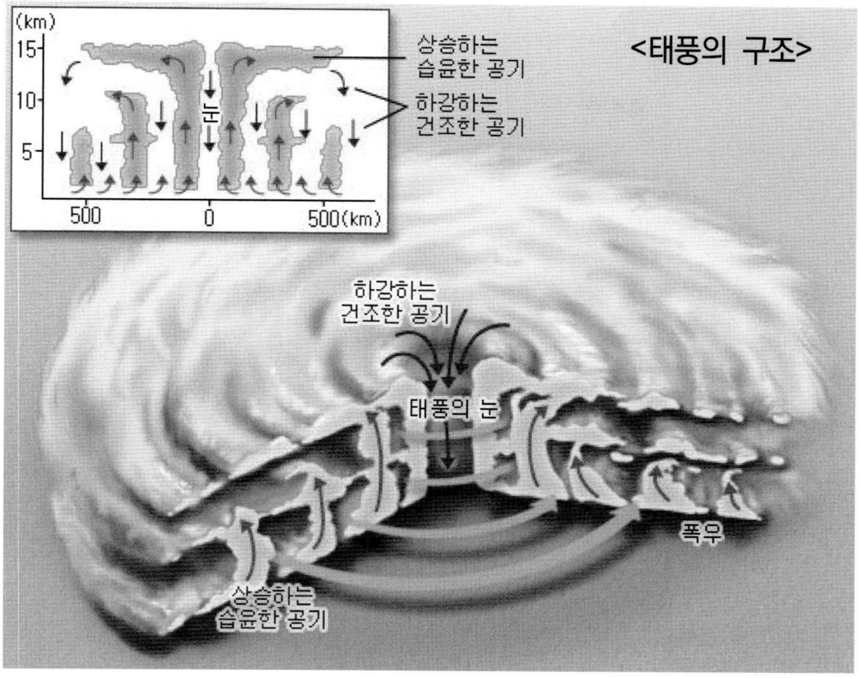

그림 122. 태풍의 구조

이러한 대류 과정을 반복하면서 태풍으로 발달하게 되는데, 이러한 조건이 되기 위해서는 수심 50 m의 해수면 온도가 26.5℃ 이상 되어야 하고, 해수면과 상층 대류권 사이의 풍속 차이가 10 m/s 미만이어야 한다. 북서태평양에서 발생한 강한 태풍들은 해수면 온도가 28℃ 이상인 곳에서 급속히 발달하는 일이 많다. 특히 필리핀 동남쪽 해역은 해수면 온도가 높아 태풍이 종종 맹렬한 기세로 발달하는데, 해수면 온도가 높을수록 증발량이 늘어나 수증기가 충분히 공급되고, 상층대기와 온도 편차가 커지면서 대류가 촉발되기 좋은 상황이 되기 때문이다. 일반적으로 해수면 온도가 1℃ 높아지면 대기 중의 습도는 약 7%정도 증가한다. 발생한 열대요란이 태풍으로 발달하는 것은 일부이며 그 기간은 약 4~8일 정도 걸린다.

태풍은 북위 5°~25°(N), 동경 125°~160°(E) 사이의 해상에서 주로 발생하며, 태평양 전체로 보면 서쪽 부분에 해당한다. 북중미 지역에 종종 피해를 주는 허리케인도 북대서양의 서쪽 부분에서 발생하는데, 대양의 서부에서는 해류의 영향으로 해수면 온도가 높은 것과 매우 밀접한 관련이 있다. 하지만 적도와 인접한 남·북위 5° 이하의 저위도(적도로부터 약 500 km 이내)에서는 기압이 낮은 곳이 생기고, 해수면 온도가 높다고 해도 전향력의 영향이 적어 소용돌이가 되기 어려워서 태풍으로 발달하는 일은 극히 드물다. 또한 북위 25° 이상이 되면 해수면 온도가 낮아지고, 상공에서 서풍이 강하게 불기 때문에 발생 빈도가 낮다.

태풍의 주요 발생 장소인 적도전선은 연중 200일 이상 강우가 발생하는 지역으로 적도 북쪽에서 서동 방향으로 기울어져 형성되어 있는데, 북반구에 온도가 높은 육지가 많아 남반구의 남동무역풍이 적도를 넘어 북쪽으로 불어오기 때문이다. 북동무역풍과 남동무역풍은 모두 열대 기단의 고온 다습한 성질로 차이가 작아 전선 본래의 성질이 불분명할 때가 많다. 하지만 북반구가 여름이 되면 남반구는 겨울이기 때문에 온도 차로 인해 전선이 분명해지면 태풍의 발생 위치나 강도에 영향을 준다. 과거에 태풍이 발생한 장소를 보면, 더운 계절에는 비교적 북쪽에 치우친 지역(북위 20°~30°), 추운 계절에는 남쪽에 치우친 지역(북위 20° 이하)에서 많이 발생한 것을 알 수 있다.

태풍이 북쪽으로 진행하는 원인은 위도에 따른 전향력 차이 때문이다. 그 값은 적도에서 0이며 극에서 최대가 되는데, 북반구에서는 항상 풍향의 우측 수직 방향으로 작용한다. 태풍의 북쪽 반원은 동풍 구역으

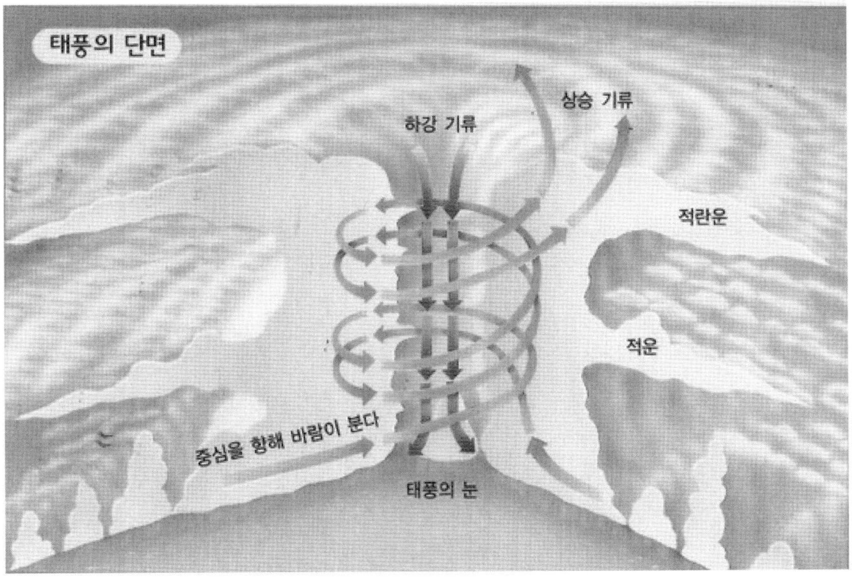

그림 123. 태풍의 단면

로 전향력은 이를 북쪽으로 끌어당기며 남쪽 반원은 서풍 구역으로 적도 쪽으로 끌어당기게 된다. 하지만 적도와 가까운 저위도에서는 전향력의 효과가 작아서 태풍은 북쪽으로 끌려가게 된다. 전향력은 풍속에 비례하기 때문에 태풍 북쪽의 동풍이 강해지면 북상할 가능성이 커진다.

열대에 있는 발달기의 태풍은 무역풍을 타고 20~25 km/h 정도의 비교적 느린 속도로 서쪽 또는 서북서로 진행한다. 발생한 태풍 가운데 3분의 1 정도는 그대로 서쪽으로 진행하여 필리핀, 대만 또는 남중국해로 들어간다. 그러나 나머지 3분의 2의 태풍은 북서로 진행하다 북위 20°~30°에 이르면 편서풍의 영향으로 진로를 북쪽 또는 북동쪽으로 바꿔 한반도 쪽으로 향한다. 이 시점을 태풍의 전향(轉向)이라 한다. 전향점의 위치는 5~6월에는 북위 20° 부근, 7~8월에는 북위 30° 부근이나 10월에는 다시 남하해 북위 22° 부근이 되는 월별 변화를 보인다. 태풍은 전향할 때 약 하루 정도 정체하는데, 일단 전향하면 이동 속도는 급속히 증가한다. 여름에는 보통 35~40 km/h 정도이고, 가을이 되면 제트기류의 영향으로 속도가 더욱 빨라져 드물게는 80 km/h 이상 달하는 일도 있다. 태풍의 이동 속도는 일반적으로 지속성이 있으므로 과거의 이동 속도를 답습하는 경우가 많아 1일 이내는 비교적 정확하게 예측할 수 있다.

태풍의 움직임은 강물 속의 소용돌이에 많이 비유된다. 강물의 소용돌이는 소용돌이 자체가 회전하면서 강물의 흐름에 따라 움직인다. 태풍도 이와 마찬가지로 시계 반대 방향으로 도는 커다란 소용돌이이며, 주위의 대규모 바람(지향류, Steering Current)을 따라 이동하는데 북태평양 고기압 주위의 기류가 이에 해당하며, 고기압을 진행 방향의 오른쪽에 두고 그 가장자리(경계면)를 따라 이동한다. 시계 방향으로 회전하는 북태평양 고기압은 반시계 방향으로 회전하는 태풍과 톱니바퀴처럼 맞물려 북상을 견인하고 편서풍이 밀어 올리는 역할을 하면서 진로에 많은 영향을 준다. 지향류는 태풍의 바람과 중첩되어 있고, 북태평양 고기압이 매일 변동하면서 그 주변의 기류도 변동하고 있어서 기류에 좌우되는 태풍의 진로를 예측하는 것은 실제로 상당히 어렵다.

북태평양 고기압이 동서로 길게 이어져 있는 6월에는 서쪽 또는 서북서 방향으로 진행하며, 세력이 조금씩 약화하기 시작하는 7월에는 대만 부근에서 중국 연안을 따라 서해로 북상한다. 8월에는 동중국해를 지나 대한해협이나 한반도를 가로질러 동해로 북상하며, 9월에는 일본 오키나와 동쪽 해상을 지나 일본 열도 쪽으로 북상한다. 10월 이후에는 일본 남쪽 해상 멀리 지나간다.

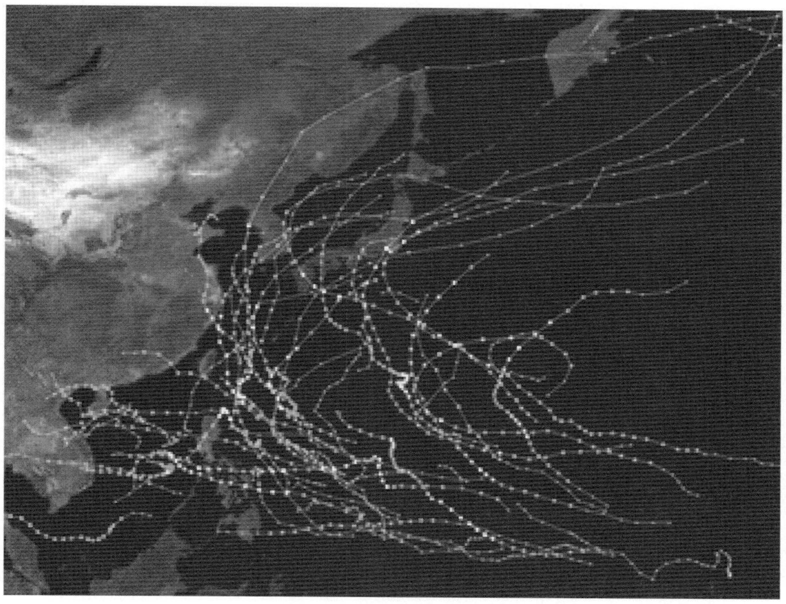

그림 124. 2019년 북서태평양에서 발생한 열대저기압의 이동경로

태풍은 그 주변의 기류를 타고 이동하는 것만이 아니라 소용돌이(와류, vortex)의 특성에 따른 움직임도 갖고 있다. 대형 태풍이나 이동 속도가 빠른 태풍은 원심력 때문에 일반적으로 예상되는 경로보다도 북쪽으로 치우치는 경향이 있으며, 고리나 갈지자(之) 형태로 이상 경로를 보이는 태풍도 있다. 보통 저기압은 상호 간에 흡인하는 경향이 있어 전방에 저기압대가 있거나 다른 태풍이 앞서 지나갔으면 그 방향으로 진행하기도 한다. 또한 두 개 이상의 태풍이 1,000 km 이내에 인접해 있으면 서로 직접적인 영향을 주고받으면서 기형적인 진로가 나타나는 후지와라 효과도 있다. 이러한 움직임들은 태풍을 이동시키는 지향류가 강한 경우에는 잘 나타나지 않지만 약한 경우에는 두드러진다. 이 경우 태풍의 이동 속도가 느려지지만, 진로 예측은 매우 어려워진다.

태풍은 발생부터 소멸할 때까지 보통 1주일~10일, 길게는 20일 정도의 수명을 가진다, 일반적으로 형성기, 발달기, 최성기, 쇠퇴기의 4단계로 구분한다. 일단 태풍으로 발달하게 되면 열대 해상에서 소멸하는 일은 드물며, 해수면 온도가 낮아져 수증기 공급이 감소하는 고위도 지역으로 이동하면 세력이 약화된다. 상층과 하층의 바람 차이로 상승 기류를 방해하여 구조의 변화를 일으키는 대규모 연직시어(Vertical Wind Shear)[14]의 영향권으로 이동하거나, 수증기 공급이 중단되고 지표면과 마찰이 생기는 육지에 상륙하게 되면 급격히 쇠퇴한다. 섬과 같은 육지를 횡단할 때는 중심부가 소멸하였다가 다른 쪽에 중심이 발생하여 세력이 옮겨가는 일도 있고, 지형이 고른 평원지역에 상륙하면 세력을 좀 더 오래 유지하면서 내륙으로 진행하기도 한다. 열대저압부로 소멸했다가 태풍으로 재발달할 수는 있지만, 성질을 잃고 온대저기압으로 변질되면 태풍으로서의 일생을 마친 것으로 간주한다[15].

14) 연직시어(Vertical Wind Shear): 상층과 하층 사이 바람의 상대속도 차이를 의미한다. 바람의 세기와 방향은 상관없이 상층과 하층간의 상대적인 풍속 차이를 의미한다. 즉, 상층의 바람 속도와 하층 바람 속도의 상대속도만큼의 차이가 연직시어의 강도를 결정하며 상층이든 하층이든 각각의 풍속이 연직시어에 영향을 주는 것이 아니라 각각의 상대속도, 즉 풍향과 풍속의 차이가 클수록 연직시어가 강해지고 상하층이 거의 일치한 바람이 불 경우 바람 세기와 관계없이 연직시어는 작아지게 된다.

15) 위키백과, 태풍.

2. 풍력발전

2-1. 풍력발전의 역사

풍력 발전은 지표면의 공기의 흐름, 즉 바람으로부터 얻어지는 운동에너지를 전기에너지로 변환하는 발전방식이다. 바람을 이용하는 것은 아마도 인류의 역사와 함께 했다고 보아도 무방할 것이다. 주거 환경을 구성하는 중요한 요소로 작용했을 것이므로 바람을 이용한다는 것은 당연하고도 자연스러운 발상으로 볼 수 있다. 그렇기 때문에 인류가 도구를 사용하고 목재, 헝겊 등 가벼운 재료를 원하는 모양으로 가공할 수 있을 시점에서 바람을 통해 무엇인가 일을 할 수 있는 수단과 결합하려는 노력은 매우 자연스러운 과정이었을 것이다. 이러한 노력 중에서 오늘날 풍력 발전의 시초로 볼만한 사례는 기원전 1세기경 로마의 알렉산드리아에 당대의 수학자이자 공학자인 헤론의 풍차를 이용한 오르간을 들 수 있다. 그림 125는 당시에 헤론이 묘사한 장치를 후대에 그림으로 묘사한 것으로 풍력을 이용해 축을 회전시켜 운동에너지로 변환하는 핵심적인 개념이 모두 나타나 있음을 알 수 있다.

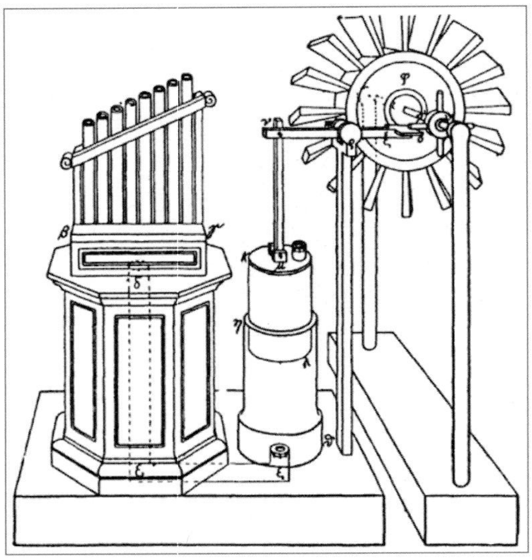

그림 125. 헤론의 풍차를 이용한 오르간

어찌 보면 이러한 발상은 매우 자연스러운 것으로 로마뿐만 아니라 여러 나라에서 시도된 것으로 보고 있다. 역사상 최초의 풍차는 7세기경 페르시아에서 관개(灌漑)용 물을 퍼 올리거나 곡식을 갈기 위하여 만들어진 그림 126의 수직형 회전풍차(페르시아형)이다. 갈대로 짠 매트나 나무들이 수평으로 나와 있는 지주들에 부착되어 중심의 회전축에 연결되어 있으며 부착된 갈대 매트는 견인력을 야기하여 바람을 따라 돌게 된다. 풍차의 중심 회전축은 점토로 지은 방에 들어 있는 맷돌에 연결되어 있어 곡식이 분쇄되는 것이다. 풍차는 기원전부터 이미 보급되기 시작했던 수차(물레방아)와는 달리 아주 늦게 인류 역사에 등장하였다. Nashtifan은 이란의 khvaf 카운티에 위치한 마을로 아프가니스탄 국경으로부터 30km 떨어져 있는데 이 지역의 중요한 특징은 1년에 120일 가량 불어치는 강풍으로 풍속은 때로는 시간당 120km에 달한다. 따라서 이 지역의 자연적인 요소, 즉 바람을 이용한 풍차가 특별히 Nashtifan에 많이 생겼으며 수세기 동안 사용되어 왔다. 여기서 기술을 전수받아 네덜란드를 포함한 다른 나라에서 풍차를 만들게 되었다. Nashtifan의 풍차는 2002년 이란의 문화재로 지정되었다.

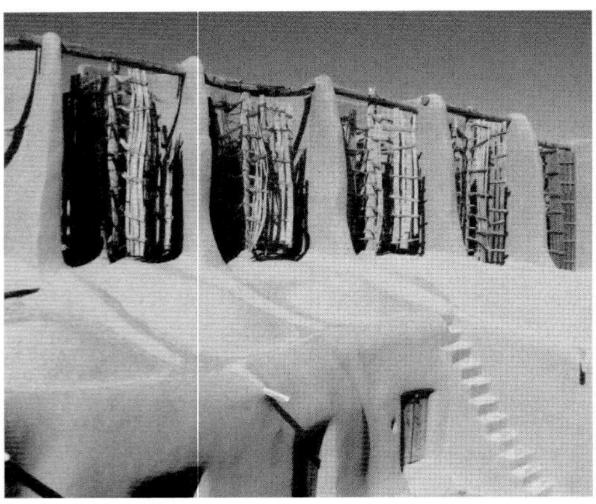

출처: Earth Science Australia

그림 126. 이란 Nashtifan 지역의 고대 페르시아 풍차

당시 페르시아의 풍차는 수평 풍차 구성을 하고 있는데 그림 127을 보면 간략하게 구조를 확인할 수 있다.

중세 시대 후기로 접어들면서 풍차의 전형적인 이미지를 구축하고 있는 유럽의 수직 구성의 풍차들이 제작되기 시작했다. 가장 이른 시기에 발견되는 풍차는 12세기부터인데 이후에 제분 및 물 펌프의 용도로 널리 사용되었다. 특히 네덜란드에서는 14세기에 수위가 높은 저지대의 물을 내보내기 위해 풍차를 사용하였으며 오늘날에도 네덜란드는 풍력 발전의 주요 기술 선진국으로 자리매김하고 있다. 중세 시대의 풍차 기술은 근대의 풍력 발전을 위한 기초적인 공학적 기반을 충분히 다지는 기간이 되었다. 이후 산업혁명 시대를 거치면서 기초 과학의 혁명적인 발전을 통해 전자기학에 대한 결실로 전기라는 새로운 에너지를 생성하고 사용하는 산업이 발달하면서 풍차라는 기계가 풍력 발전기가 되는 계기를 마련하게 되었다.

그림 127. 페르시아 풍차의 구조 개략도

출처: www.aesdes.org

그림 128. 네덜란드 풍차

미국의 공학자 찰스 브러쉬(Charles F. Brush, 1849~1929)는 아크 전등에 대한 특허와 기술 개발을 하여 제작하였는데, 이때 전등의 개발과 제작을 하면서 동시에 전등을 설치하고 운영까지 하기 위하여 다이나모

(dynamo – 전기 발전기)를 사용하여 전력 공급까지 직접 하게 된다.

1878년에는 기존에 유럽 등지에서 개발되었던 몇 가지 다이나모 제품의 단점을 개선하여 독자적인 특허를 받아 당시에 기술적으로 매우 앞선 발전기를 만들었다. 이후 1880년에 뉴욕에서 자신이 설계 제작한 다이나모를 사용하여 아크 전등과 함께 조명 시스템을 공급하였다. 브러쉬의 다이나모는 전등에서 많은 전기가 요구될 때 전류를 일정하게 유지하면서 전압을 자동적으로 더 높임으로서 안정적인 전력이 아크 전등으로 공급되도록 할 수 있었는데 이를 통해 당시 경쟁사에 비해 두 배 이상 긴 수명을 가진 아크 전등 시스템을 제공할 수 있었다. 이를 바탕으로 1881년까지 브러쉬는 뉴욕뿐만 아니라 보스턴, 필라델피아, 몬트리올 등 북미 동북부 주요 지역에 자신의 발전 및 조명 시스템을 설치하였다. 1884년 브러쉬는 자신의 발명을 전시하기 위한 공간이자 거주를 위한 목적으로 집을 짓고 개인 실험실도 두었다. 1888년에 그는 그곳에서 전력을 공급하기 위해 자동 운전이 가능한 세계 최초의 풍력 발전기를 제작하여 설치하고 12개의 충전지에 전력을 저장하여 공급하도록 구성하였다. 그 집은 당시 클리블랜드(Cleveland) 주에서 전기가 공급된 최초의 집이 되었다. 그림 129에서 우측 하단의 네모 상자 속 사람을 보면 브러쉬가 설치한 풍력 발전기의 크기가 짐작이 가는데 발전 용량이 12 kW, 높이 약 18미터, 회전자 직경 약 17미터, 무게는 약 36톤에 달했다. 브러쉬가 설치한 풍력 발전기는 이후 20년이 넘는 기간 동안 발전기의 터빈이 고장 없이 지속적으로 전력을 공급할 수 있었다고 한다.

출처: www.hevac-heritage.org

그림 129. 브러쉬의 아크전등과 다이나모 전기 발전기

출처: www.hevac-heritage.org

그림 130. 찰스 브러쉬의 풍력발전기

20세기에 들어서면서 풍력 발전기는 기본적인 형태와 원리 상의 큰 변화 없이 발전기의 규모를 키우는 데 집중을 하게 되고 현대의 항공 재료, 기계, 전기공학 등의 발전과 함께 끊임없이 터빈과 발전기의 크기를 높여 왔다(그림 131). 미국과 네덜란드가 풍력 발전기의 설치와 기술을 선도해 왔는데 세계 최초의 1MW급 풍력 발전기는 미국이, 1MW급 풍력 발전 단지는 네덜란드가 각각 주도하였다. 발전기 규모의 추

세를 보면 1995년에 1.2MW의 풍력 발전기가 개발이 되고 10년 주기로 거의 2배 이상씩 성장을 하여 약 30년 후인 2025년경에는 10배가 넘는 규모의 풍력 발전기가 개발되어 운영될 것으로 전망하고 있다[16].

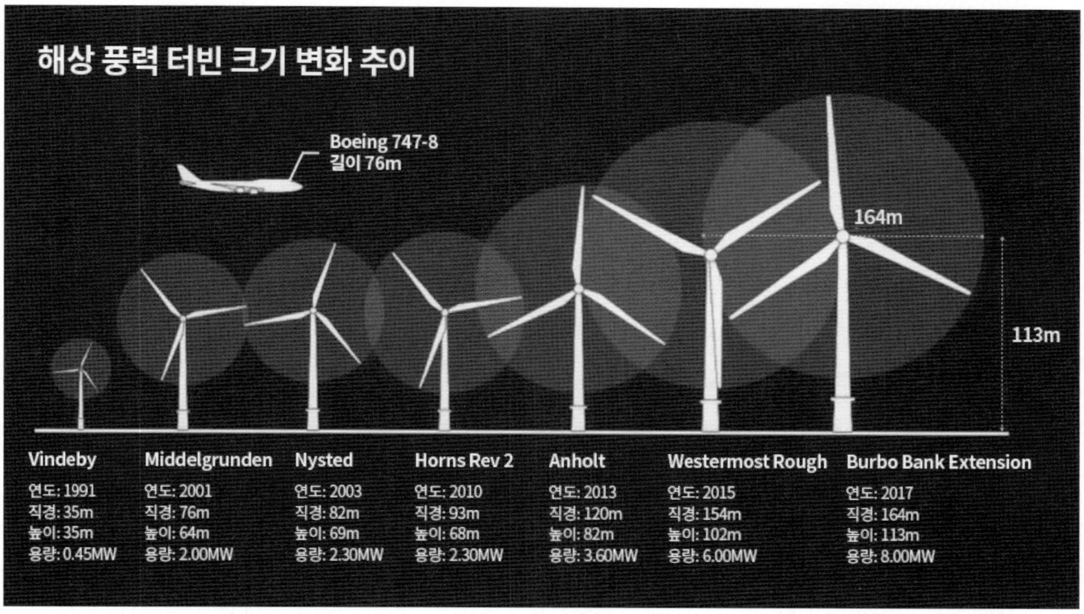

출처: Open Ocean

그림 131. 해상풍력터빈 크기 변화추이

2-2. 풍력발전의 원리

풍력발전은 바람에 의하여 발생하는 에너지를 전기에너지로 변환하는 에너지 변환 기술이다. 바람이 가지는 운동에너지에서 로터 블레이드가 기계적 에너지를 추출하고 이 회전력으로 발전기의 로터를 회전시켜 전력을 생산한다. 블레이드를 통과하는 바람에 의하여 발생하는 양력과 항력으로부터 로터 블레이드를 회전시키는 힘이 발생하며, 이 때 바람이 가지는 운동에너지의 일부를 기계적인 에너지로 추출하게 된다. 블레이드의 회전 동력은 주축을 통하여 발전기의 회전자로 전달되어 전기를 생산한다. 발전기에서 생산된 전력은 축전지에 저장하여 사용하거나 전력계통에 연계하여 송전한다. 증속기를 갖는 풍력터빈에서는 저회전 고토크의 로터회전 동력이고 회전 저토크의 동력으로 증속되어 발전기에 연결된다. 저회전 로터의 주축이 직접 발전기에 연결되는 풍력터빈은 계통 주파수와 일치시키기 위하여 전력변환장치를 사용한다. 이론적으로 블레이드가 1개일 때 최대에너지의 생산이 가능하나, 현실적으로 안정성 및 항공 역학적 성능에서 3개의 블레이드를 갖는 풍력설비가 가장 유리한 것으로 평가되고 있다.

2-3. 양력발생의 원리

항공기 날개 또는 풍력발전기 블레이드에서 양력을 발생시키는데 최근까지 많이 인용된 양력 이론이 바로 베르누이(Bernoulli)의 원리이다(그림 132). 베르누이 원리의 내용은 날개의 단면은 위쪽이 굽어 있고 아래쪽은 평평하다고 가정하고, 날개 앞에서 출발한 공기는 날개 뒷부분에서 동시에 만나야 하므로, 더 먼 거리로 돌아서 움직여야 하는 위쪽 공기는 더 빠르게 움직여야 한다는 것이다. 이때 베르누이의 공식에 의하여 빠른 속도의 공기는 압력이 더 낮아지므로 결국 날개 위쪽의 압력이 낮아지게 되어서 압력은 높은

16) 신재생에너지의 현재와 미래, 대한기계학회(손영준), 2019.

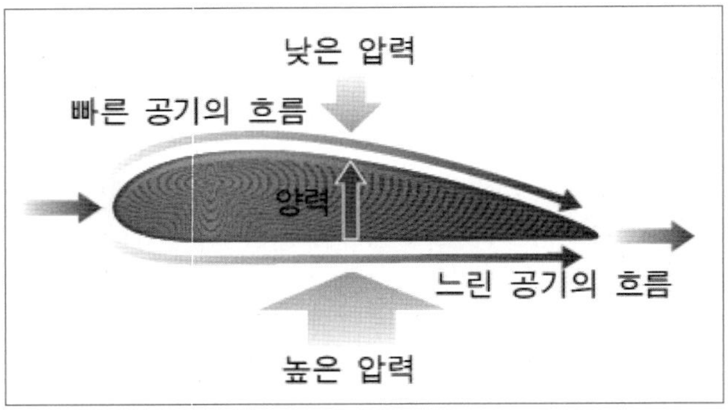

그림 132. 베르누이의 원리

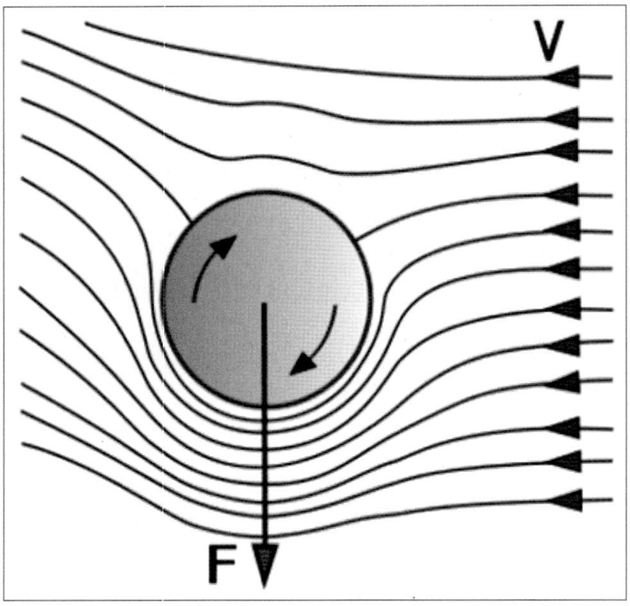

그림 133. 마그누스 효과

데서 낮은 곳으로 움직이려 하므로 결국 날개 아래에서 위로 움직이려는 힘이 생기는데 이것이 바로 양력이라고 설명하고 있다. 하지만 베르누이의 이론은 이상적인 유동에 대해서만 성립할 수 있는 것으로 양력의 발생 원리를 제대로 설명하기에는 부족하다. 실제로 풍동실험을 통하여 날개 단면의 주위를 흐르는 공기 흐름에 대하여 살펴보면, 날개 위로 흐른 공기와 날개 아래로 흐른 공기는 서로 동시에 만나지 않으며, 날개 윗면의 공기가 훨씬 빨리 날개 주변을 통과해 버리는 것을 알 수 있다. 그러므로 날개 단면의 앞전에서 분리된 공기가 뒷전에서 동시에 만나야 한다는 것은 물리적으로 타당한 가설이 아니라고 할 수 있다.

그리고 베르누이의 이론으로는 전투기나 곡예기동을 하는 항공기에서 흔히 볼 수 있는 배면비행의 원리도 쉽게 설명할 수가 없다. 이러한 문제점을 해결하기 위해서 위에서 언급한 마그누스 효과를 항공기에 적용하여 항공기에서 양력이 발생하는 원리를 설명할 수 있다[17].

마그누스 효과란 액체 또는 기체 속에서 회전하는 원주 또는 공 등의 물체에서 물체와 유체 사이에 상대속도가 존재할 때 그 물체의 속도에 수직방향으로 물체에 힘이 발생하는 현상으로, 1852년 독일의 과학자 하인리히 구스타프 마그누스(Heinrich Gustav Magnus)가 포탄의 탄도를 연구하다 발견했다. 마그누스 효과는 공을 이용하는 스포츠에서 주로 발생하며, 공을 의도적으로 휘어지게 하려는 기술에서 중요하게 다뤄진다. 시계 방향으로 회전하는 공이 왼쪽으로 날아가는 경우를 생각해보자. 이때 운동하는 공과 공기의 충돌에 의해 공 이동 방향의 반대 방향, 즉 오른쪽으로 주변 공기의 흐름이 생기게 된다. 또한 공이 회전하기 때문에 공 표면에 아주 가까이 있는 공기는 공과 같은 시계 반대 방향으로 움직이게 된다. 그렇게 되면 공의 위쪽에서는 공에 가까운 공기와 주변의 기류가 서로 반대 방향으로 이동한다. 따라서 위쪽의 공기는 상대적으로 느린 속도를 갖게 된다. 반대로 공 아래쪽에서는 공에 가까운 공기와 주변의 기류가 서로 같은 방향으로 이동하기 때문에 상대적으로 빠른 속도를 갖게 된다. 베르누이의 법칙에 의하면 유체(액체 또는 기체)에서 물체의 속도가 증가하면 그 물체가 유체로부터 받는 압력은 감소하고, 반대로 물체의 속도가 감소하면 그 압력은 증가한다. 따라서 상대적으로 빠른 속도를 갖게 된 공의 아래쪽의 압력은 감소하고, 상대적으로 느린 속도를 갖게 된 공의 위쪽의 압력은 증가한다. 공의 위, 아래에 발생한 이 압력차이가 양력을 발생시켜 공을 압력이 높은 곳에서 낮은 곳으로 이동시키는데 이런 힘을 마그누스 힘이라고 한다. 이 힘에 의해 공이 회전 방향(이 경

17) 항공과학원리, KAI 한국우주항공교육원(박영근).

우에서는 아래쪽)으로 휘게 된다. 마그누스 효과는 물체의 회전 방향에 따라 어느 방향으로도 작용할 수 있다. 마그누스 힘은 회전하는 공의 회전각속도와 이동속도, 공의 반지름, 단면적, 그리고 공이 이동하는 유체의 밀도에 비례한다. 회전이 빠르거나, 공을 빠르게 던지면 그 힘의 크기가 커지고, 공이 클수록, 유체의 밀도가 높을수록 힘이 커지므로 마그누스 효과가 잘 나타난다. 그래서 비행기 날개나 풍력발전기 블레이드의 양력을 완벽하게 설명하려면 베르누이의 정리(Bernoulli's theorem)와 마그누스 효과(Magnus effect)를 함께 설명하여 적용해야 한다는 것이다.

독일의 수학자 쿠타 (M. Wilhelm Kutta, 1867-1944)와 러시아의 물리학자 주코프스키(Nikolai E. Joukowski, 1847-1921)는 쿠타 주코프스키(Kutta – Joukowsk) 정리라고 알려져 있는 양력의 발생 원리를 제안하였다. 이 이론은 날개 단면 주위의 생성된 공기 흐름의 순환(Circulation)으로 양력발생을 설명한다. 날개주의의 양력에 대해 설명하기에 앞서 먼저 순환(circulation)의 개념에 대해서 잠시 설명하기로 한다.

위의 그림과 같이 날개의 단면이 비대칭 형상으로 이루어지게 되면, 위쪽의 유체는 캠버를 타고 돌아오면서 아랫면으로 흘러가는 유체속도에 비해 상대적으로 더욱 빠른 속도를 가지게 되고 그로 인하여 날개 단면 주위의 공기 흐름이 날개 단면을 중심으로 마치 회전하려는 것처럼 보이게 된다. 그러나 실제로 공기의 흐름이 날개의 단면을 중심으로 회전하면서 일주하는 것은 아니고 윗면과 아랫면의 속도차이에 의해 마치 회전하는 듯한 경향을 보이는 것이다.

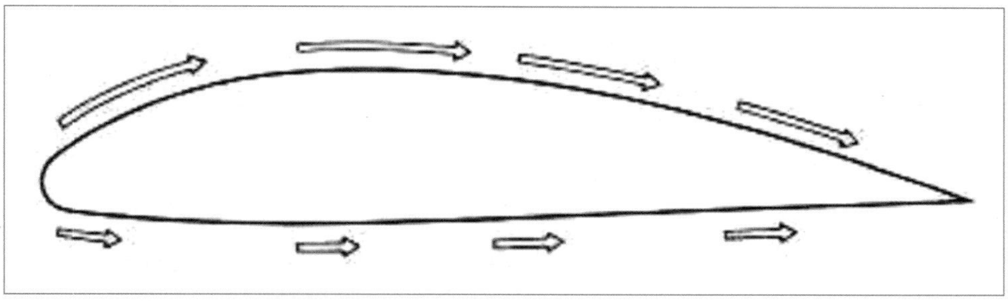

그림 134. 날개 표면의 공기의 순환

위 그림에서 날개의 단면에 작용하는 단위 길이 당 양력을 L이라고 하고, 날개 주위를 순환하는 흐름의 와류의 강도를 Γ , 주위의 공기 밀도를 ρ, 멀리서부터 불어오는 유속을 V_∞ 라고 할 때, 날개 단면에 작용하는 단위 길이 당 양력 L 은 다음과 같이 나타낸다.

$$L = \rho V_\infty \Gamma \tag{4.1}$$

양력에 대해 좀 더 구체적으로 기술하자면 양력이란 유체가 흐르는 방향에 대해 수직으로 작용하는 힘이다. 즉, 물체를 들어 올리는 힘으로 비행기 날개처럼 생긴 풍차의 날개에 바람이 부딪치면 그림 135와 같이 날개의 윗면을 흐르는 공기와 아랫면에 흐르는 공기로 나뉘게 되고 윗면에 흐르는 공기의 경우 아랫면에 공기에 비해 빨리 흐르게 된다. 이때 생성된 날개 양면의 유속 차에 의해 위로 들어 올리려는 양력이 발생하고 양력의 방향으로 움직이게 된다. 이를 풍력발전기에 응용하여 양력형 풍력발전기의 경우 비행기 날개와 비슷한 풍차의 날개를 설계하여 사용하며, 양력의 방향으로 날개가 회전하게 된다.

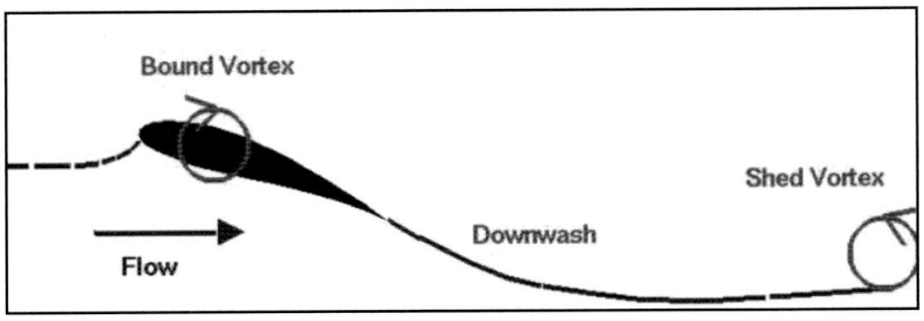

그림 135. 발산와류(Shed Vortex)

2-4. 풍력발전의 기초이론

풍력발전기는 이론상으로는 바람에너지의 최대 59.3%까지 전기 에너지로 변환시킬 수 있지만, 현실적으로 날개의 형상, 기계적 마찰, 발전기의 효율 등에 따른 손실요인이 존재하기 때문에 실용상의 효율은 20~40% 수준에 머물고 있다[18].

(a) 운동량 이론

질량 m을 가진 유체입자의 모임이 속도 v로 움직일 때 운동에너지는 식(4.2)와 같이 표현된다.

$$E=\frac{1}{2}mv^2 \tag{4.2}$$

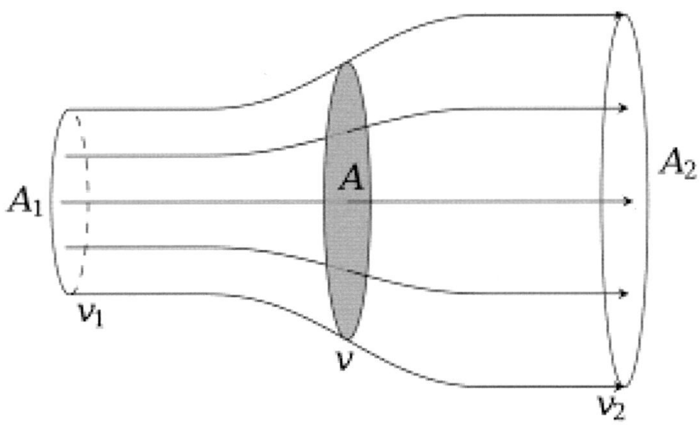

그림 136. 로터의 회전 면적과 유속

그림 136과 같이 유체가 터빈을 통과할 때 유체의 방향과 수직인 면적이 A인 가상원판(Actuator Disk)를 가정하면 이 disk를 통과하는 유체의 질량유량율(mass flow rate) dm/dt는 물의 밀도 ρ와 유체속도 v의 함수인 식(4.3)으로 주어진다.

$$\frac{dm}{dt}=\rho vA \tag{4.3}$$

단위 시간당 에너지의 변화가 출력으로 정의되므로 유체의 최대 가능출력은 식(4.4)로 나타낼 수 있다.

18) 국내 조류자원에 적합한 수평축터빈의 BEMT 검증 및 성능해석, 최현준(박사학위), 2018.

$$P = \frac{1}{2}\frac{dm}{dt}v^2 \tag{4.4}$$

따라서 식(4.4)에 식(4.3)을 대입하면 유체의 최대 가용 출력은 식(4.5)와 같다.

$$P = \frac{1}{2}\rho A v^3 \tag{4.5}$$

여기서 P는 출력[W], ρ는 공기밀도 [kg/㎥], A는 로터의 회전면적 [㎡], v 는 유체속도 [m/s]이다. 이 식들은 자유 유동의 유체흐름에서 에너지 변환장치에 의하여 얼마나 기계적 에너지를 얻을 수 있는지 설명해 준다. 출력은 터빈의 넓이에 비례하고 유속의 세제곱에 비례함을 알 수 있다. 따라서 발전기의 출력은 유속에 매우 민감하게 증가함을 알 수 있다. 즉, 유속이 두 배로 증가하면 출력은 8배로 증가한다. Actuator disk는 수평축 터빈에서 블레이드의 회전에 의하여 생긴다.

실제로 수평축 풍력발전기의 출력을 계산해 보기로 하자. 여기서, 로터 회전직경을 1m, 풍속 v =5m/s, 공기밀도 ρ=1.225kg/m^3, 효율을 45%라고 할 때 다음과 같은 계산 결과가 나온다.

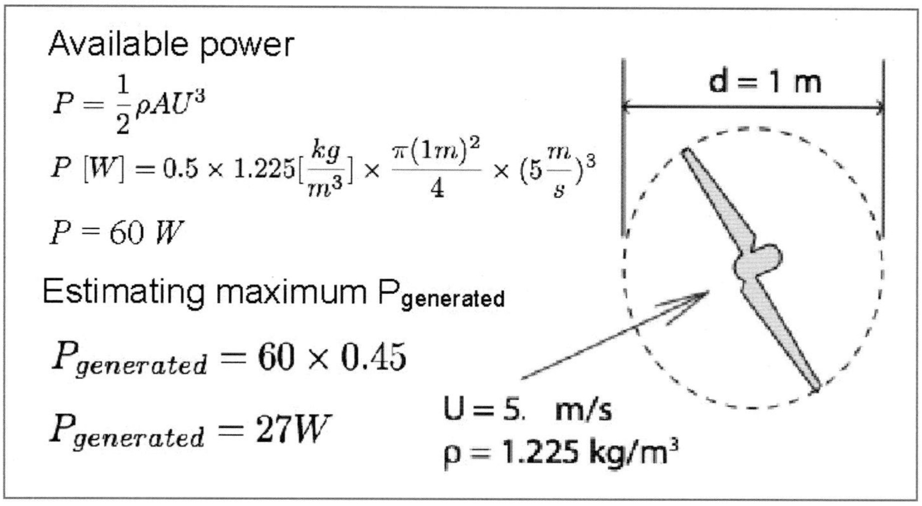

(b) 이론적 출력 (Theoretical power)

유체의 흐름으로 발생한 운동에너지가 터빈 로터의 회전면 Actuator disk를 통과하는 에너지를 모두 추출해내는 것은 터빈 후방의 흐름이 완전히 정지하는 것을 의미하는데 이는 현실적으로 일어날 수 있는 상황은 아니다. 터빈을 움직일 수 있는 기계적 에너지는 유체가 가지고 있는 운동에너지를 이용해야만 얻을 수 있다. 질량은 일정하게 유지되므로 에너지 보존의 법칙(Law of conservation of energy)에 의하여 터빈디스크 뒤쪽의 유속은 감소되어야 하며 유속이 느려지는 것은 동일한 질량이 터빈을 지나야 하므로 단면적이 증가한다는 뜻이다. 그림 137은 그림 136을 도식적으로 나타낸 것이다.

터빈 블레이드 전후의 유동장은 그림 137의 Actuator disk model로 나타낼 수 있다. 터빈은 로터디스크 전후에서 정압력 강하를 통하여 유체에너지를 뽑아낸다. 유체가 로터디스크에 접근하게 되면 유속은 감소하고 이에 따라 정압력이 상승하다가 로터디스크를 통과하면서 낮은 압력으로 압력강하가 발생한다. 이후 유체가 로터디스크 후류로 갈수록 원래의 압력을 회복되고 결과적으로 속도는 더욱 감소하게 되며 유량 보존의 원리에 의해 actuator disk 후류의 유동관의 단면적은 확대된다. 따라서 로터디스크 전후에서 유체는 운동에너지 감소를 겪게 되고 이중 일부는 터빈에 의하여 전기에너지로 전환된다. 이상의 과정은 Betz의 운동량 이론으로 잘 정리할 수 있는데 로터 블레이드 작동원리와 효율에 대한 개념을 제공한다. 이를 요약하면 다음의 식으로 표현할 수 있다.

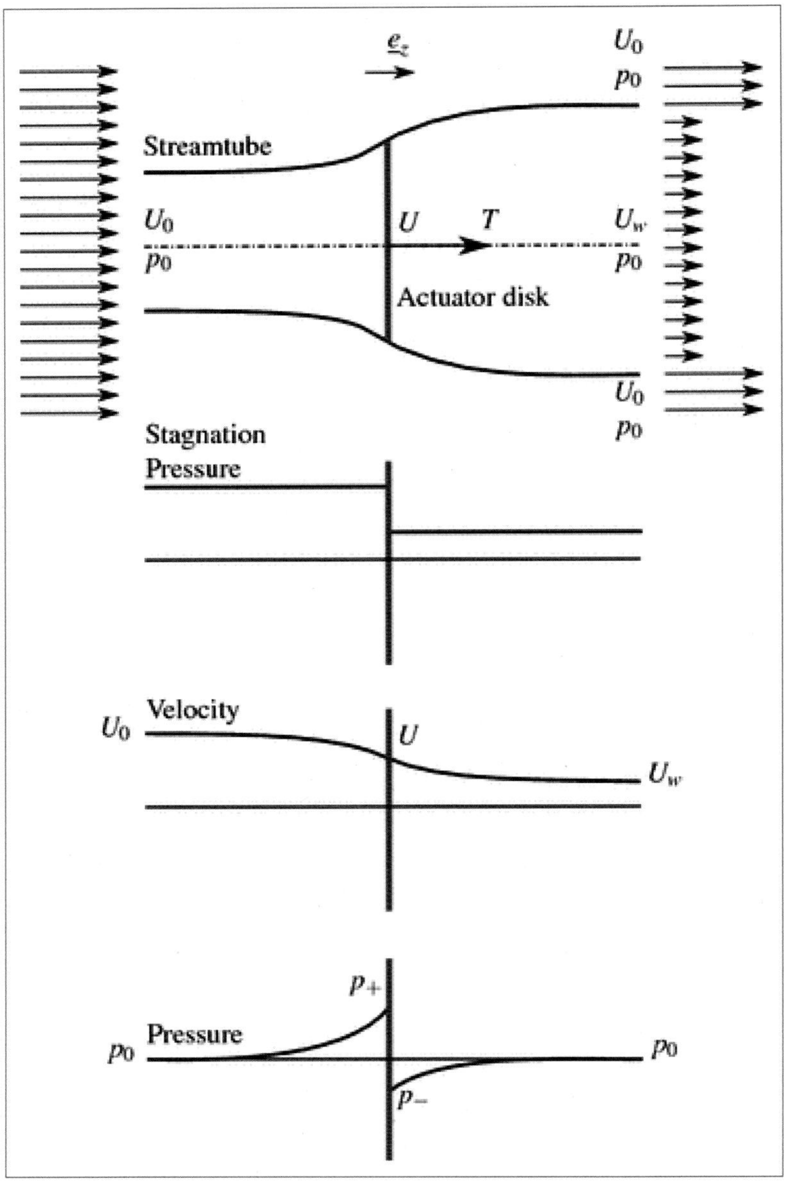

출처: Momentum Theory, Springer, 2017

그림 137. 로터의 회전 면적에 대한 유속 및 압력의 변화

$$P_{extracted} = \frac{1}{2}\dot{m}(\dot{v}_1^2 - v_3^2) \quad (4.6)$$

또한 로터디스크에 가해지는 하중(추력) F는 유체의 운동량 변화에 의하여 발생되므로 터빈이 얻는 출력은 다음 식(4.7)으로도 표현할 수 있다.

$$P_{extracted} = \dot{m}(\dot{v}_1 - v_3)v_2 \quad (4.7)$$

위의 두 식(4.6)과 (4.7)로부터 로터디스크에서의 유속 v_2는 다음과 같이 정리할 수 있다.

$$\frac{1}{2}\dot{m}(v_1^2 - v_3^2) = \dot{m}(v_1 - v_3)v_2$$

$$v_2 = \frac{1}{2}(v_1 + v_3) \tag{4.8}$$

따라서 로터디스크에서의 유속 v_2는 상류의 유속 v_1과 하류의 유속 v_3의 산술평균이다. 로터디스크를 통과하는 유량은 식(4.9)와 같이 나타낼 수 있다.

$$\dot{m} = \rho A v_2 = \frac{1}{2}\rho A(v_1 + v_3) \tag{4.9}$$

식(4.6)는 다음과 같이 식(4.10)로 표현할 수 있다.

$$P_{extracted} = \frac{1}{2}\rho A(v_1^2 - v_3^2)(v_1 + v_3) \tag{4.10}$$

위의 식(4.10)로부터 로터디스크를 통과하는 유체의 총 에너지는 다음과 같이 정의된다.

$$P_{current} = \frac{1}{2}\rho v_1^3 A \tag{4.11}$$

터빈의 출력계수 C_P를 유체가 가지는 총 에너지에 대하여 터빈이 추출해낼 수 있는 에너지의 비로 정의하면 식(4.12)와 같이 표현할 수 있다.

$$C_P = \frac{P_{extracted}}{P_{current}} = \frac{1}{2}\left[1 - \left(\frac{v_3}{v_1}\right)^2\right]\left[1 + \left(\frac{v_3}{v_1}\right)\right] \tag{4.12}$$

따라서 출력계수 C_P (Power Coefficient)는 v_3/v_1에서 최대값 16/27=0.593을 가진다. 이는 각 손실을 무시하고 이론적으로 로터디스크가 유체로부터 뽑아낼 수 있는 최대 출력이 유체가 가지는 총 에너지의 59.3%를 넘을 수 없다는 것을 의미하는데 이를 베츠의 한계이론(Betz Limit)이라 불린다.

(c) 출력계수 (Power Coefficient)

이론적으로 이용이 가능한 출력은 0.593이지만 터빈으로 이 출력을 추출해낼 수는 없고 유체의 흐름이 터빈을 지날 때 운동에너지의 일부분만이 로터에 전달된다. 로터에 의하여 생산되는 실제 출력은 유체에서 로터로의 에너지 전달효율로 결정된다. 따라서 터빈을 이용해서 유체로부터 추출해 낼 수 있는 출력의 비율을 출력계수 C_P라 하는데 이는 위에서 정의하였다. 최대로 얻을 수 있는 출력계수의 값은 베츠의 한계이론이라고 알려져 있다. 이론적 출력계수의 최대값은 0.593이며 그림 138에서 보여주는 바와 같이 고성능 프로펠러형 터빈이 0.45~0.48이고, 항력형 사보니우스 터빈은 0.15~0.20 정도이다.

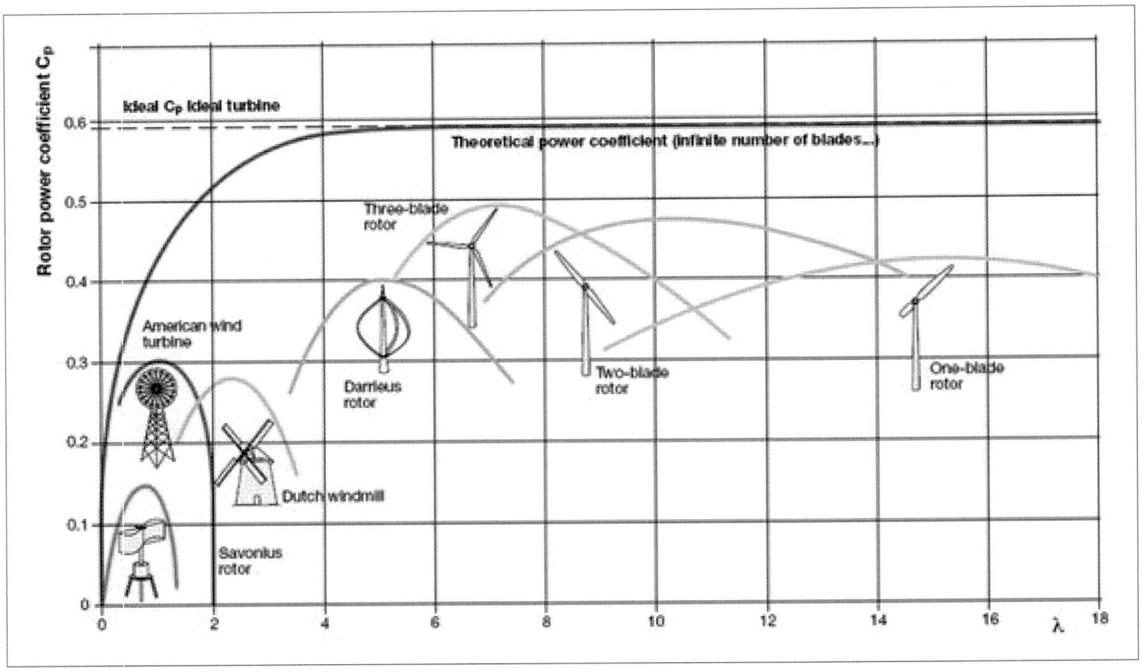

출처: Ajayi, O. Application of Automotive Alternators in Small Wind Turbines. Master's Thesis, Delft University of Technology, Delft, Netherlands, 2012.

그림 138. 풍력발전기의 종류별 출력계수 비교

(d) 주속비 (TSR, Tip Speed Ratio)

풍력발전 터빈의 블레이드 날개 끝 속도(Tip Speed)는 블레이드가 회전할 때 블레이드 끝의 속도를 나타내는 용어이다. 이 속도는 터빈을 설명하는데 일반적으로 많이 고려되는 무차원수이다. 날개 끝 속도는 블레이드의 직경이 증가함에 따라 선 속도가 증가하며, 일정 속도를 초과하면 소음 발생 및 캐비테이션 발생과 관련되기 때문에 중요한 요소이다. 터빈 블레이드의 날개 끝 속도와 유입속도의 비로 정의되는 값을 주속비(TSR)라고 하며 식(4.13)과 같이 나타 낼 수 있다.

$$\lambda = \frac{Bladetipspeed}{Currentspeed} = \frac{\omega R}{v_\infty} = \frac{2\pi n R}{v_\infty} \tag{4.13}$$

여기서 ω는 각속도 R은 로터의 회전반경, n은 회전수, v_∞는 유입 유속을 의미한다. 수평축 발전기 중 양력형의 경우에는 블레이드 날개 끝이 유입속도보다 5~10배나 빠르다. 따라서 같은 TSR의 터빈에서도 대형 터빈의 로터는 회전수가 낮고, 소형 터빈의 로터는 회전수가 높다.

(e) 익형 (Airfoil)과 양력 (Lift Force)

터빈의 성능은 블레이드와 유체와의 작용에 크게 달려있는데 이 작용은 익형의 형상과 유체의 각도에 의해서 결정된다. 익형과 관련된 주요 힘은 양력과 항력이다. 항력은 상대 유속과 평행하게 작용하고 양력은 수직으로 작용한다. 이 힘의 실제 크기는 익형 상하면의 압력차에 달려 있다. 양력과 항력은 블레이드의 면에 대하여 압력과 속도 벡터를 적분함으로서 구할 수 있다. 양력과 항력은 다음 식(4.14), (4.15)와 같이 나타낼 수 있다.

$$L = \frac{1}{2} C_L \rho v^2 A \tag{4.14}$$

$$d = \frac{1}{2} C_D \rho v_2 A \tag{4.15}$$

여기서 L과 D는 양력과 항력이며, A는 블레이드의 회전 면적이다. 양력계수(C_L, Lift Coefficient)와 항력계수(C_D, Drag Coefficient)는 익형의 형상, 받음각(Angle of Attack), 레이놀즈수와 마하수와 관계가 있는 실험치로서 직접 측정이나 CFD 계산에 의해 구하는 방법이 있다. 양력과 항력계수들에 가장 영향을 미치는 것은 익형의 단면형상과 받음각이다. 위 두 식에서 날개의 단면적과 양력과 항력이 비례하는 것을 알 수 있다. 식 (4.14)에서 나타낸 양력계수는 다음 그림과 같이 받음각과 밀접한 관계가 있다.

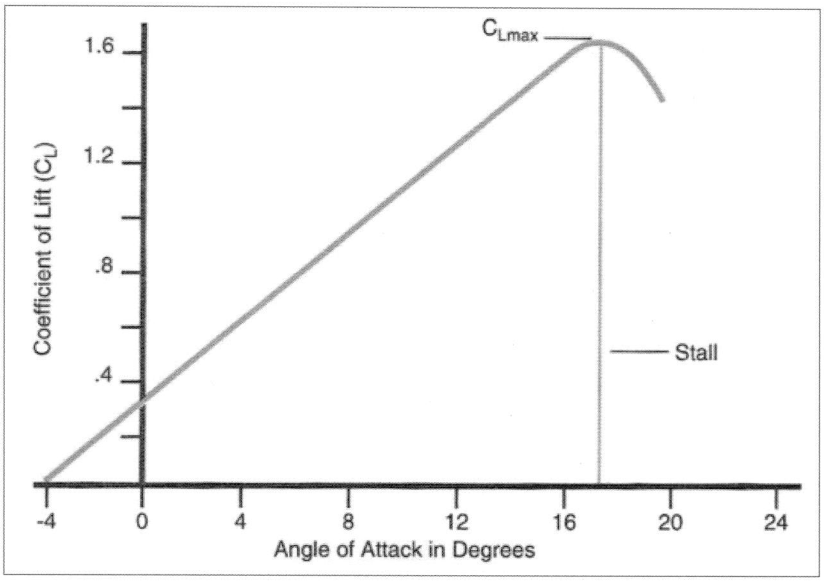

그림 139. 받음각과 양력계수와의 관계

위 그래프에서 X축은 받음각이고, Y축은 양력계수이다. 주목해야 할 점은 최대 양력계수 지점이다. 이때의 받음각을 실속각이라고 한다. 실속은 항공기라면 속도를 잃고 추락하는 현상이다. 받음각이 이 실속각을 넘게 되면 실속이 일어나게 되고 항공기는 추락하게 된다. 즉, 받음각을 증가시키면 양력계수가 증가하고, 최종적으로 양력이 증가하게 된다. 하지만 실속각을 넘어가는 받음각을 줄 경우 양력이 급격히 감소하여 실속을 하게 된다.

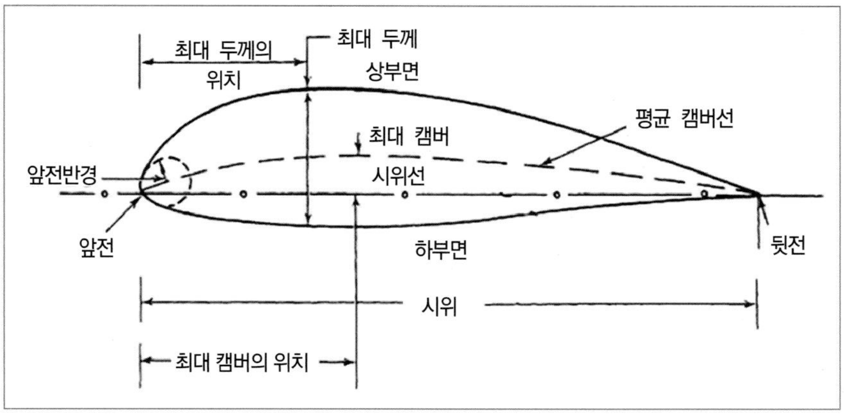

그림 140. 날개골의 명칭

날개골(익형, Airfoil)의 종류는 4자 계열, 5자 계열, 6자 계열, 그리고 전투기로 나눌 수 있다. 날개골 단면의 각각의 명칭에 대해 간단히 설명하면 다음과 같다.

① 앞전 (Leading Edge) : 날개골 앞 부분의 끝, 원호 또는 쐐기모양. 앞전의 형상에 따라 성능이 달라진다.
② 뒷전 (Trailing Edge) : 날개골 뒷 부분의 끝. 곡선모양 또는 직선모양
③ 시위선 (Chord Line) : 앞전과 뒷전을 연결한 직선
④ 두께 (Thinckness) : 시위선에서 수직으로 그었을 때 윗면과 아랫면 사이의 수직거리
⑤ 평균 캠버선 (Mean Camber Line) : 두께의 2등분점을 연결한 선으로 날개가 휘어진 정도를 나타낸다.
⑥ 캠버 (Camber) : 시위선에서 평균 캠버선까지의 거리이며 시위선과의 비로 표시. 시위선과 평균 캠버선이 일치하는 날개골, 즉 캠버가 0인 날개골을 대칭형 날개골이라 한다.
⑦ 앞전 반경 : 앞전에서 평균 캠버선상에 중심을 잡고 앞전 곡선에 내접하여 그린 원의 반지름. 앞전의 모양을 나타낸다.
⑧ 받음각 (AOA, Angle Of Attack) : 공기 흐름의 방향과 시위선이 만드는 사이각

(f) 추력계수 (Thrust coefficient)

로터에 작용하는 유체가 터빈을 후방으로 미는 힘을 추력이라 하며 로터디스크에 걸리는 압력과 면적의 곱으로 나타낼 수 있으며 다음 식(4.16)과 같이 나타낼 수 있다.

$$T = \rho A v (v_1 - v_2) \qquad (4.16)$$

식(4.10)에서 고려되었던 유관에서 상류와 하류의 압력을 고려하면

$$T = \frac{1}{2}\rho A (v_1^2 - v_2^2) \qquad (4.17)$$

따라서 출력계수(C_T)와 유사한 논리에 의하여 무차원 추력계수(Thrust coefficient)는 식(4.18)과 같이 나타낼 수 있다.

$$C_T = \frac{T}{\frac{1}{2}\rho A v_1^2} \qquad (4.18)$$

여기서 T는 터빈에 작용하는 유효 추력이다.

(g) 토크계수 (Torque coefficient)

터빈에서 토크란 양력형 터빈의 경우 블레이드의 회전면에서 발생하는 양력 성분이 회전축과 이루는 모멘트이고 항력형 터빈의 경우에는 항력 성분과 항력의 합성모멘트이다. 터빈의 출력은 블레이드의 회전수와 토크의 곱으로 나타나므로 터빈에서 중요한 힘의 요소이다. 토크를 알면 축에 걸리는 전단응력을 계산해 낼 수 있기 때문에 축의 직경을 결정할 수 있다. 따라서 무차원 계수로서 토크계수(C_Q, Torque coefficient)는 다음 식(4.19)와 같이 나타낼 수 있다.

$$C_Q = \frac{Q}{\frac{1}{2}\rho A R v_1^2} \qquad (4.19)$$

여기서 Q는 유효토크를 나타내고 A는 로터디스크의 면적(m^2), R은 로터 반경(m)을 나타낸다.

(h) 솔리디티 (Solidity)

터빈의 성능을 특정짓는 중요한 특성계수로서 솔리디티의 정의는 터빈의 로터 회전면적에 대한 로터블레이드 전 투영면적의 비로서 정의 된다. 그리고 터빈의 TSR은 솔리디티와 강한 상관관계가 있다. 솔리디티는 아래 수식 (4.20), (4.21)과 같이 나타 낼 수 있다.

$$\sigma = \frac{BS}{\pi R^2}(\text{수평축형}) \tag{4.20}$$

$$\sigma = \frac{BC}{2\pi R}(\text{수직축형}) \tag{4.21}$$

여기에서 R은 블레이드의 반경, S는 수평축 블레이드의 투영면적, B는 블레이드의 수, C는 수직축에서 블레이드의 코드길이를 나타낸다.

3. 풍력발전 블레이드

3-1. 풍력발전 블레이드 기술

풍력발전 블레이드는 공역학적으로 최적화된 유선형의 단면 형상으로 블레이드에 작용하는 공력 하중에 충분히 강하고 안전하게 설계 제작되며, 블레이드 각 부분의 공력 하중에 적합한 강성과 경량의 재료로 제작된다. 블레이드에 작용하는 풍하중은 블레이드의 각 부분에 플랩방향(flapwise)과 에지방향(edgewise)의 굽힘모멘트, 자중, 축 방향의 인장, 압축 등을 발생시키고 블레이드는 이러한 응력을 지지할 수 있는 외부

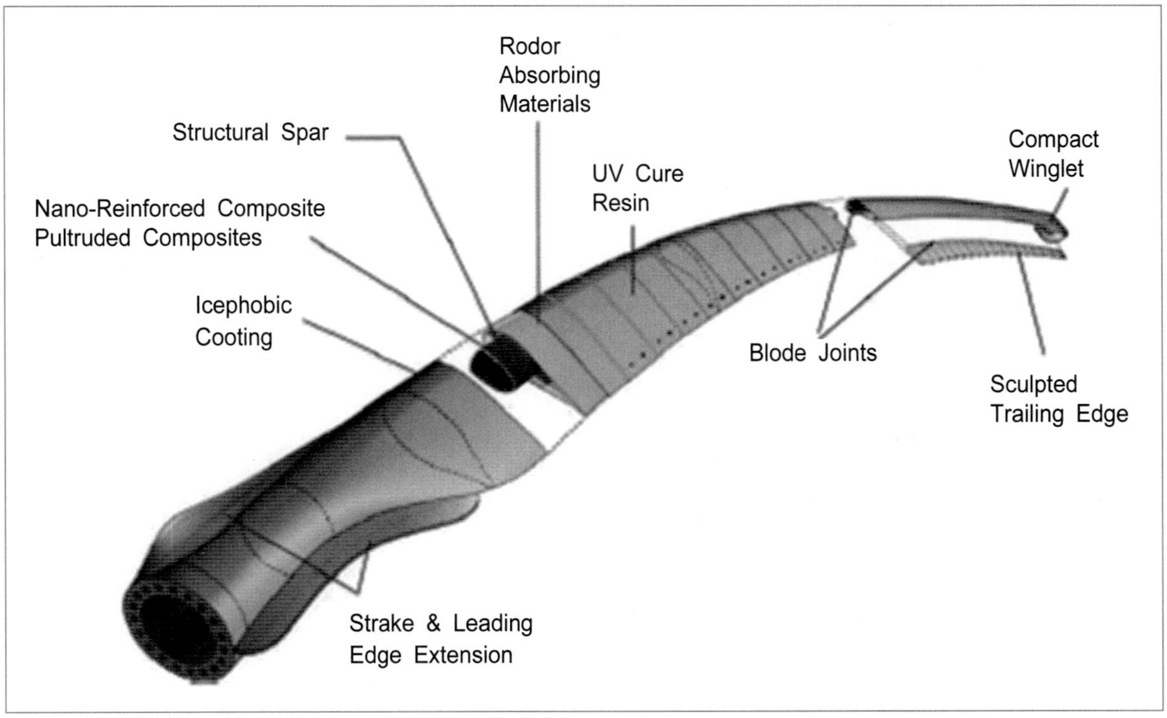

출처: Ref. Wendy Lin, Wind Blade Technologies to Enable New Paradigms

그림 141. 첨단기술 블레이드 개념도

셸(shell)과 박스 빔(box beam)과 같은 스파(spar)로 구성된다. 대부분의 블레이드는 에폭시와 같은 매트릭스에 섬유 강화된 복합재(FRP composite)로 제작되고, 블레이드 스팬방향으로 하중을 지지하는 스파(spar)는 단축 방향의 복합재가 부착되는 샌드위치 폼이 그리고 패널(wide panel)부분은 발사 샌드위치(balsa sandwich)가 사용되고, 스파와 외부 복합재 스킨은 접합제로 접합(bonding)되어 있다. 이러한 기본 구조로 만들어지는 블레이드가 장대화되기 위하여 효율적인 비용-품질을 확보하는 것이 필요하며 블레이드 설계, 재료 및 생산에 대한 기술적 향상이 요구된다. 공역학적 성능 향상, 블레이드 길이 및 재료 기술에 의하여 에너지 비용(LCOE)을 저감 혹은 직접적인 재료 비용(DM) 저감, 실제 에너지생산량(AEP) 향상 그리고 소음 저감 내구성 향상 등을 이룰 수 있는 설계 기술, 무게 대 비용 효과적인 성능을 향상시킬 수 있는 재료 기술, 그리고 자동화 및 몰드 비용 저감 등을 통한 생산 기술 향상 등이 연구되고 있다. 그림 141은 이러한 블레이드 기술을 고려한 첨단 기술이 포함된 블레이드 개념의 한 예를 보여준다.

3-2. 블레이드 파손 유형 및 신뢰성 기술

(a) 블레이드 파손 유형

복합재료 블레이드의 제작과 접합(bonding) 공정에서는 다양한 유형의 제작 결함이 발생할 수 있으며, 이는 블레이드 하중지지 능력의 저하를 유발하게 된다. 블레이드를 구성하는 복합재료의 주요 공법으로는 주입(infusion), 진공 레진 전이 몰딩(VARTM: Vacuum-Assisted Resin Transfer Molding)과 프리프레그 수제 적층(hand layup prepreg) 등이 있다. 블레이드 복합재료의 제작 공정과 접합 공정 과정에서 발생하는 일반적인 제작 결함은 그림 142와 같은 층간분리(delamination), 접착이 이루어지지 않는 부분 혹은 기공, 불완전한 경화, 복합 층간의 주름, 강화 섬유 결함, 섬유방향의 오류, 접착분리, 섬유 방향을 따르는 모재 균열 등이 발생할 수 있고, 사용 중에는 이물질의 충돌, 낙뢰 등에 의한 손상이 발생하고, 블레이드의 대 변형으로 타워와의 충돌에 의한 손상, 블레이드 표면의 침식 그리고 과하중 혹은 주기적인 하중에 의한 복합재료의 계면 손상 등이 발생하게 된다. 이와 같은 블레이드의 제작 및 사용 중 발생하는 손상은 사용 중 블레이드 파손에서 발생한 손상 유형의 50% 이상이 제작상의 결함으로 발생하고 있다.

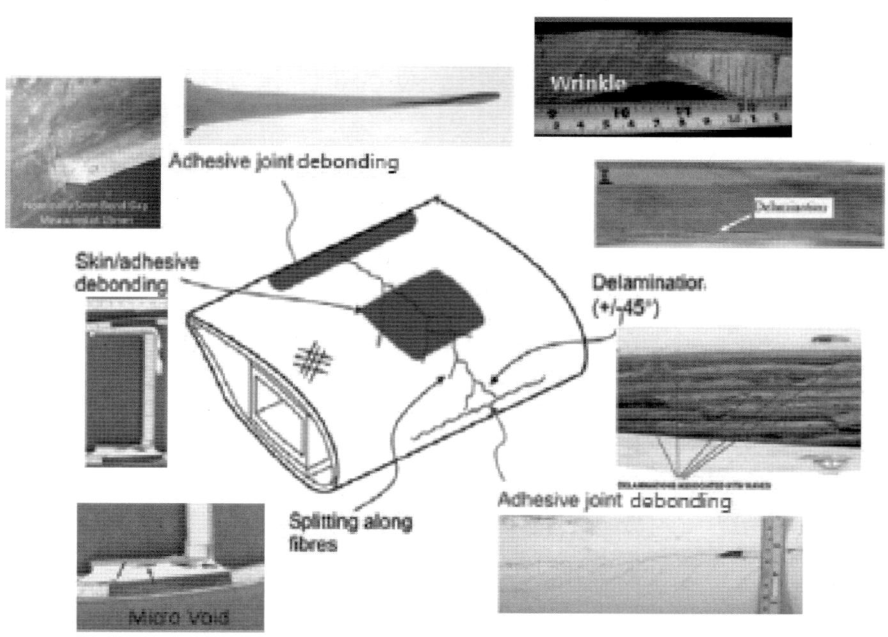

그림 142. 블레이드 제작 공정상 발생하는 손상 유형

(b) 블레이드 신뢰성 기술

세계의 풍력발전 기술의 방향이 대형화 및 해상 풍력으로 전개됨에 따라 풍력발전 블레이드를 포함한 시스템의 신뢰성은 세계 시장 경쟁력 확보를 위해서 가장 중요한 요인으로 등장하고 있다. 유럽(EU)의 "2030 Vision"에서도 2030 Vision을 실현하기 위해서 발전시스템의 신뢰성 극대화는 풍력발전 기술의 전략적 연구분야에서 주연구 분야로 설정하고 있다. 미국에서도 2008년도부터 기대 이하의 신뢰성과 증가하는 유지 관리 비용 등에 의한 산업체 위기에 특별히 관심을 가지게 되어 DOE 협력 프로그램이 시작되었고, 이는 DOE지원 CREW(Continuous Reliability Enhancement for Wind) 데이터베이스 사업이 Sandia 국립 연구소 중심으로 시작되어 미국 내 풍력발전기 신뢰성 성능 기준을 설정하고 부분품 수준의 파손과 정지시간에 대한 주요 요인을 찾고자 신뢰성이 가능한 풍력발전소 운영 데이터의 국가 신뢰성 데이터베이스를 구축하고 있다. 그림 143은 샌디아 국립연구소에서 구축하고 있는 CREW의 연계도를 보이며, 그림 144는 2012년 미국 내 풍력발전기 기준에 따른 비이용률(unavailability)을 나타낸다. 풍력발전기 블레이드는 발전기, 제어시스템과 함께 2012년에 미국 내 이용률이 낮은 3대 부품으로 인식되고 있고 최근 3년 내에서도 이용률이 낮은 2대 부품으로 선정되어, 신뢰성을 지속적으로 향상시켜야 하는 부품으로 인식되고 있다. 또한 미국에서는 블레이드 신뢰성 협력 프로그램(BRC: Blade Reliability Collaborative)을 SANDIA, NREL, MSU, 산업체 그리고 대학 기관 등이 참여하여 진행하고 있고, 이로부터 풍력발전 현장에 도달되는 블레이드의 신뢰성 향상에 요하는 기술을 조사하며, 주요 신뢰성 인자로서는 수지 주입 품질, 검사 능력, 접합 품질, 환경 보호, 조립 라인, 인증 및 기술 피드백 등에 대한 데이터를 확보하고 있다.

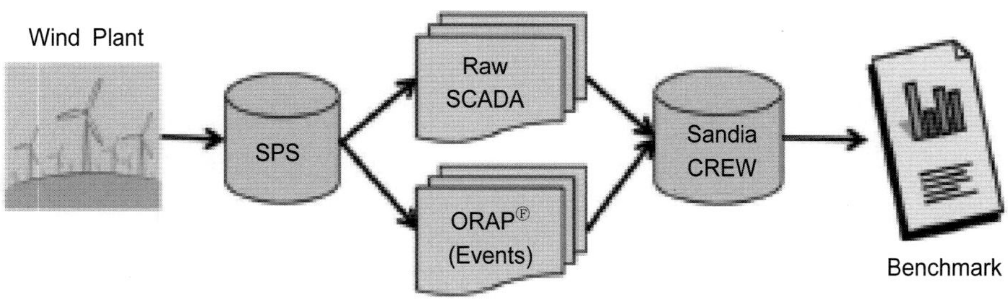

그림 143. CREW로 ORAPWind 데이터 전달 절차

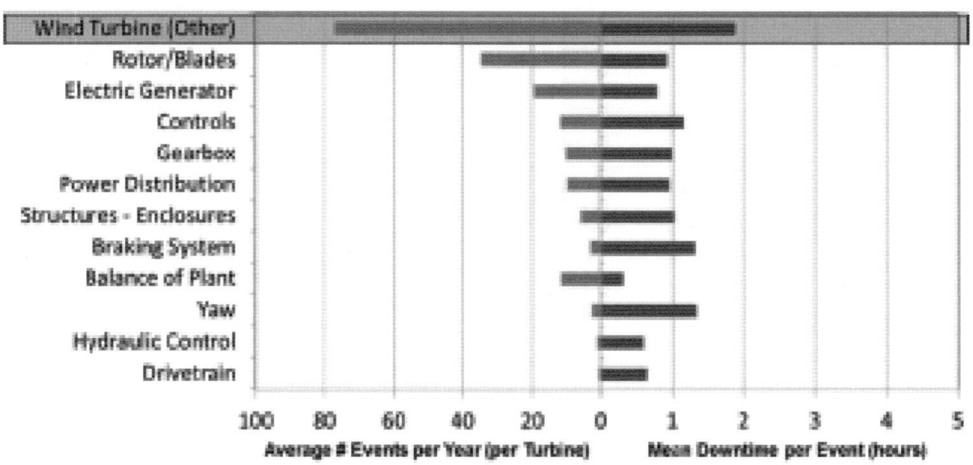

그림 144. 풍력 시스템의 비이용율 데이터: 발생 빈도수와 정지시간

독일의 Fraunhofer Wilhelm-Klauditz-Institut(WKI)에서는 복합재 풍력발전 블레이드에서 결함 허용 설계 개념을 정립하고 있으며, 제작에서부터 결함을 검사하는 단계적 방법과 함께 이에 대한 신뢰성 모사 및 해석을 진행하고 있고, 그림 145와 같은 체계도로 이루어지기를 제안하고 있다.

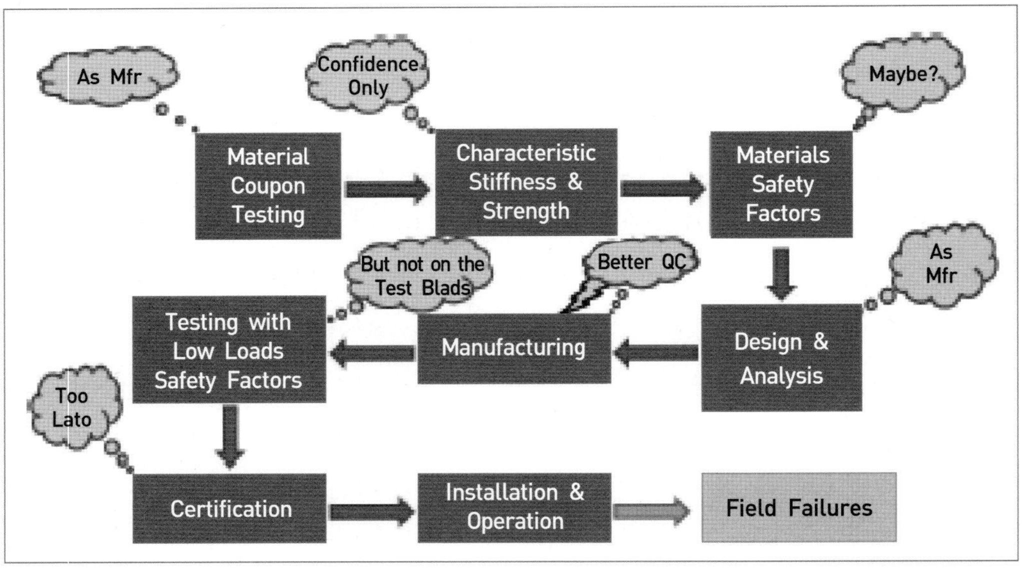

출처: Ref. Defect-Tolerant Structural Design of Wind Turbine Blades, Kyle K. Wetzel, EWEC 2009

그림 145. 블레이드 제작에서의 결함 허용 구조 고려 모식도

3-3. 블레이드 손상 검출기술 및 손상 평가기술

(a) 블레이드 손상 검출기술

블레이드 제작 결함 탐지 및 결함 발생 영향을 포함하는 신뢰성 정량화를 위하여 스마트 측정 기술 개발이 진행되고 있다. 블레이드 제작 품질 및 성능을 향상시킬 수 있는 공정상의 결함 탐지 능력, 이에 따른 성능의 향상을 측정할 수 있는 기술 그리고 공정 연계기술의 개발이 이루어지고 있다. 블레이드의 설계를 시작으로 생산, 검사, 손상 임계 하중 이하에서의 시험 그리고 인증 절차의 단계로 이루어지고, 이런 절차 후 블레이드는 풍력발전에 사용되고 각 단계에서는 블레이드의 신뢰성을 확인하기 위한 각각의 검사기법이 활용되도록 제안되고 있다.

블레이드 결함은 제작 공정상에서 일차적으로 검사할 수 있는 공정 내(in-process) 검사 기법으로 탐지하고 최종 검사단계에서는 초음파 및 열영상 등의 검사기법을, 작은 하중에 의한 시험에서는 하중 부하 장치에 의한 하중 작용으로 음향 방출에 의한 감춰진 결함을 검사하는 등의 일련의 종합적인 품질 관리 체계가 제안된다. 결함 탐지 후보 기술로는 음향 방출 기술(AET), 초음파 기법, 열화상 기법 등이 제안되고 있고, 음향 방출 기술은 제작 결함의 위치를 정적 혹은 피로하중 하에서 음향 방출 센서로 결함 부위에서 발생하는 소리를 모니터링함으로서 결함의 위치 및 결함 정도를 정량적으로 나타나게 한다. 초음파 기술(UT)은 블레이드 표면 밑의 공기 틈이나 작은 결함들에서는 반사되어 돌아오는 원리를 이용하여 결함의 크기, 형태 등에 대한 정보를 얻을 수 있으므로 비파괴검사 중 대표적인 정량적인 기술로 사용되고 있고, 제작 결함 및 사용 중 발생한 결함을 모니터링하는 기술로도 사용하고 있다(그림 146 참조). 적외선 열화상 기술(IRT)은 대상체의 적외선 방출 에너지를 활용하므로 비접촉인 상태로 대상체의 결함 이미지를 검출 가능한 기술로서, 복합재료의 경우 얇은 복합재료의 층간 박리나 디본딩(debonding) 등을 초음파 가진을 통하여 결함부에 운동에너지를 부과하여 그 부분에서 열분포를 만들어 내고 이를 통해 결함의 존재를 가시화하는 기술이며, 현재 검출 능력을 향상시키는 연구가 진행되고 있다(그림 147 참조). 레이저 초음파 기술(LUT)은 레이저빔 조사(impinging)에 의해 발생하는 초음파를 이용하며 비접촉 원거리 고속 스캐닝이 가능하여 자동으로 공정 중에 결함을 검출하고 영상화할 수 있는 비파괴 검사 신기술로 개발되고 있다. 이외에도 한국표준과학연구원, 덴마크 RISO 등에서 디지털 이미지 상관 기법(DIC: Digital Image Correlation)이 결함 정량화 검출 기술로 개발되고 있다(그림 148 참조).

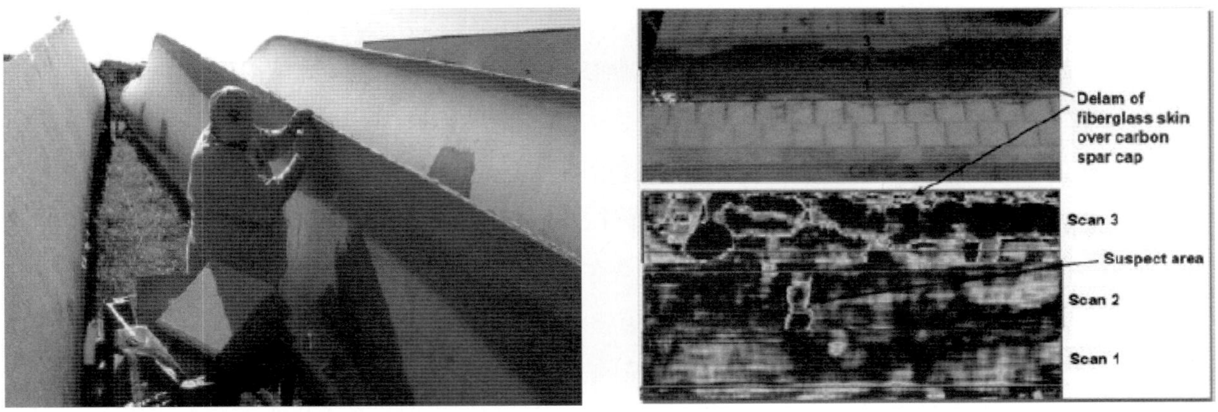

(a) (b)

출처: Fraunhofer Institute, Germany

그림 146. 초음파 검출법에 의한 (a) 현장검사 및 (b) 결함 검출(SNL, USA)

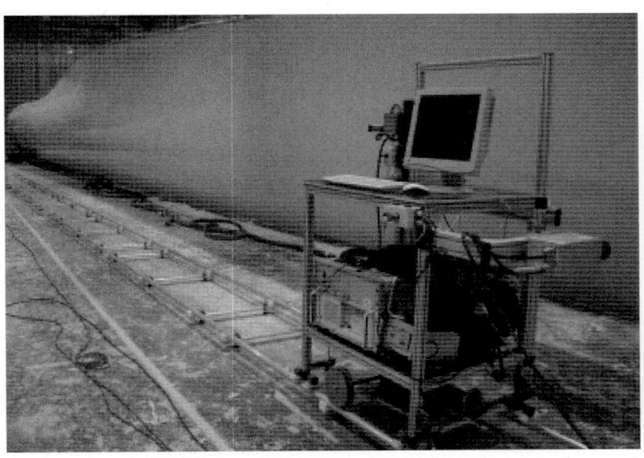

그림 147. 블레이드 결함 탐지를 위한 열영상 시스템

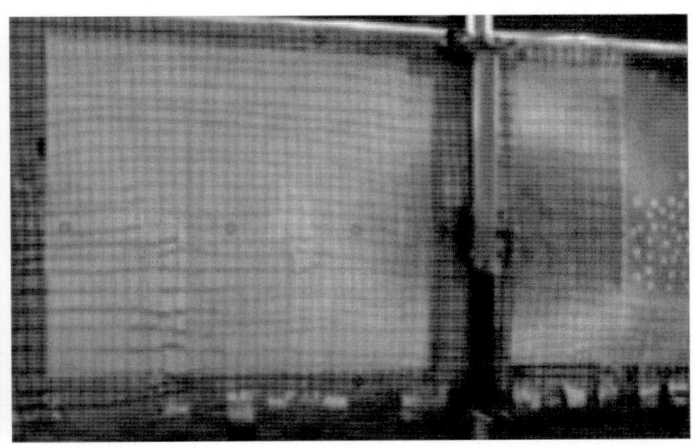

출처: RISO, Denmark

그림 148. 디지털 이미지 상관법(DIC)에 의한 블레이드 손상 가시화

풍력발전 블레이드의 운영 및 관리(O&M: Operation & Maintenance)는 사용 중 결함을 검출하기 위하여 앞에서 언급한 비파괴적 기법을 이용하고 있으며, 검사능력을 향상시키는 연구가 진행되고 있다. 사용 중의 결함 혹은 손상을 상시적으로 모니터링하기 위하여 스마트 구조 건전 모니터링(SHM) 기법에 대한 연구가 블레이드 제작 시 광섬유의 삽입 혹은 임피던스 센서, 음향 방출 센서 등을 블레이드 재료내부에 함침(embed ding)의 방법으로 진행되고 있다.

(b) 블레이드 손상 평가 기술

블레이드에 존재하거나 발생하는 손상에 대한 구조 임계성은 해석적, 실험적 및 통계적 접근으로 평가하고 있다. 블레이드 손상에 대한 해석적 모델은 손상의 발생, 유형, 성장 그리고 최종 파단 등을 예측할 수 있도록 이루어지며 파손 기준, 손상 논리 그리고 손상 거동을 포함한다. 손상 모델링은 손상을 모사하는 재료 열화를 고려하는 연속체 손상 모델링(CDM)과 실제 손상을 모델링하는 이산 손상 모델링(DDM)이 개발되고 있다. 통계적 신뢰성 평가에서는 블레이드에 작용하는 하중, 재료 거동, 구조적 특성에 대한 통계적 분석 데이터와 사용 중 평가에 의해 얻어진 손상의 통계적 분석을 기반으로 통계적 구조 해석을 하게 되고 이로부터 신뢰성/위험평가 사용 수명 추정이 이루어지도록 하고 있다.

3-4. 블레이드 구조 시험 및 평가 기술

블레이드의 구조적 건전성을 평가하거나 인증 성능을 평가하기 위한 시험 규격으로 IEC61400-23이 있다. 일반적으로 IEC 표준에 근거한 인증에서는 블레이드의 실규모 정적 및 피로 구조 성능을 평가하도록 권고하고 있으나, GL 인증 기준에서는 정적 구조 성능만을 측정하고 있다. 그러나 최근 풍력발전기의 신뢰성 문제가 깊이 고려되면서 일반적으로 블레이드의 정적 및 피로 성능을 같이 평가한다. 실규모 블레이드의 정적 성능은 블레이드의 플랩 방향과 에지 방향, 그리고 비틀림 방향으로의 정적 성능을 평가한다. 블레이드의 피로 성능은 단축 방향의 피로 성능을 측정하고 있으나, 최근 블레이드에 작용하는 실제 하중의 모드와 유사하게 할 수 있는 이축 방향(플랩 방향과 에지 방향)의 피로 성능을 평가하는 방법들이 연구되고 있다. 대형 블레이드에서 정적 및 피로 하중 부하는 기술적 어려움을 가지고 있으나, 설비 및 기법의 개발로 제한적이지만 정적 및 피로 성능을 평가하는 시험 설비 및 기법들이 개발되어 많은 시험 평가 기관에서 이축 정적 하중과 피로 하중 부하 능력을 향상시키고 있다. 대표적으로 미국의 NREL은 그림 149에서 보여준 바와 같이 2축 정적 시험 시스템과 2축 피로 시험 시스템을 포함하여 대형 풍력 블레이드의 피로 시험을 수행할 수 있는 기반시설을 구축하고 있으며, 덴마크의 RISO에서도 대형 블레이드 실규모 시험을 위한 정적 및 피로 시험 능력을 구축하고 있다.

(a)

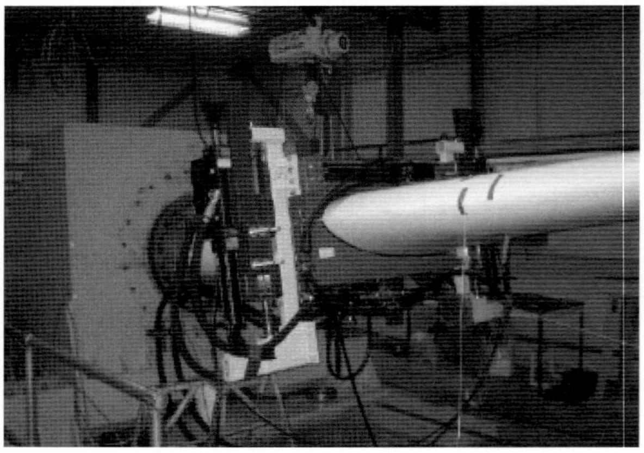

(b)

그림 149. 미국 NREL에서 구축한 (a) 대형 블레이드 정적 시험 설비 (b) 이축 피로공진 시험 시스템

한국에서도 풍력발전 시스템의 형식 인증을 위한 기반 기술로 블레이드를 정적 및 피로 하중을 부하할 수 있는 시험 능력을 구축하고 있다. 한국표준과학연구원에서는 그림 150(a)에 보여준 바와 같이 정적 및 이축 피로 성능을 측정할 수 있는 기반 기술을 확립하고 있고, 특히 이축 피로 공진 시험 설비를 개발하여 구축하였고, 재료연구소에서는 2M급 이상의 블레이드에 대한 정적 및 피로 성능을 평가할 수 있는 기반 시험 설비를 그림 150(b)와 같이 구축하였다[19].

(a)

(b)

그림 150. 한국에서 구축한 (a) 블레이드 이축 공진형 피로 시스템 (한국표준과학연구원)
(b) 대형 블레이드 정적 및 피로 시험 시스템(재료연구소)

4. 풍력발전기의 종류

풍력발전기를 분류하는 방법은 일반적으로 형상과 기능에 따라 회전축에 의한 분류, 운전방식에 의한 분류, 출력제어 방식에 의한 분류, 드라이브 트레인 구성방식에 의한 분류, 발전기 종류에 의한 분류 등으로 나눌 수 있다.

표 57. 풍력발전기의 종류

구 분	종 류
• 회전축 방향에 의한 분류	수평축 풍력발전, 수직축 풍력발전
• 증속기 유무에 의한 분류	증속기형 풍력발전, 직결형 풍력발전
• 공기역학적 방식에 의한 분류	양력식 풍력발전, 항력식 풍력발전
• 운전속도에 의한 분류	정속형 풍력발전, 가변속형 풍력발전
• 출력제어 방식에 의한 분류	날개각제어형 풍력발전, 실속제어형 풍력발전
• 계통연계 여부에 의한 분류	계통연계형 풍력발전, 독립전원형 풍력발전
• 설치장소에 의한 분류	육상 풍력발전, 해상 풍력발전

4-1. 회전축 방향에 의한 분류

풍력발전기를 회전축 방향에 따라 분류하면 수평축과 수직축으로 크게 구분한다. 지면과 회전축 방향이 평행하게 설치되면 수평축 풍력발전기(HAWT: Horizontal Axis Wind Turbine), 수직하게 설치되면 수직축 풍력발전기(VAWT: Vertical Axis Wind Turbine)이다. 바람이 지면에 대하여 평행하게 불어온다고 하면 수평축은 회전축이 지면과 나란한 방향으로 설치되고, 수직축은 지면과 수직으로 설치된다.

19) 풍력발전 블레이드 제작 및 사용에서의 신뢰성 기술, 한국표준과학연구원(허용학), 2014.

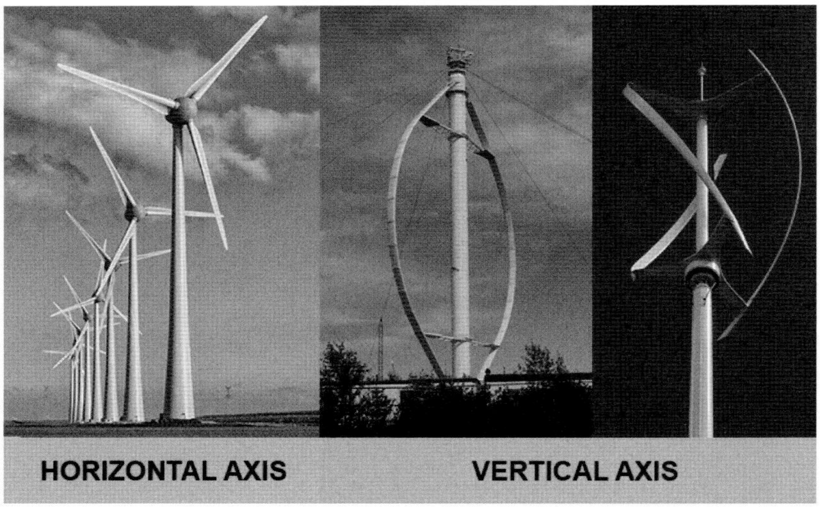

그림 151. 수평축 풍력발전기(프로펠러형)와 수직축 풍력발전기

(a) 수평축 풍력발전기

수평축 풍력발전기는 1개에서 4개까지의 날개를 가진 다양한 종류가 있지만, 현재 발전용으로 가장 많이 이용되고 있는 것은 3개의 날개를 가진 프로펠러형이다. 수평축 풍력발전기는 구조가 간단하고 설치가 용이하며 에너지 변환효율이 우수하다는 장점이 있지만, 날개 전면을 바람 방향에 맞추기 위해서는 너셀을 360도 회전시켜줄 수 있는 요잉(Yawing)장치가 필요하며, 증속기(Gear box)와 발전기 등을 포함하는 무거운 너셀(Nacelle)이 타워 상부에 설치되어 점검, 정비가 어렵다는 단점이 있다. 현재 설치되고 있는 풍력발전기의 80% 이상을 수평축이 차지하고 있다.

[수평축 풍력발전의 종류]

- 프로펠라형 : 날개의 형태가 비행기 날개와 유사하며, 풍력발전기용으로 사용함
- 세일윙형 : 날개의 형태가 삼각형이며 지중해 지방에서 제분 및 배수에 사용함
- 네덜란드형 : 유럽에서 14세기초부터 19세기 말까지 제분 및 배수에 사용함
- 퍼들형 : 단순한 컵형 또는 풍배형이며, 로빈슨 풍속계 이용
- 다익형 : 19세기부터 현재까지 미국 농장에서 양수용 풍차로 사용함

수평축형은 중대형급 이상에 주로 사용되며, 간단한 구조로 이루어져 있어 설치하기 편리하나 바람의 방향에 영향을 받기 때문에 바람의 방향을 고려하여 설치하여야 한다. 수평축형에는 맞바람 형식(Upwind Type)과 뒷바람 형식(Downwind Type)이 존재하는데, 맞바람 형식은 블레이드가 너셀(nacelle)앞에 위치하여 바람을 먼저 받게 된다. 너셀과 타워의 방해 없이 바람을 직접 받으므로 풍속의 손실과 난류의 영향이 적기 때문에 효율이 높은 터빈의 설계에 유리하다. 바람의 방향이 바뀌면 로터의 회전면을 바람이 부는 방향으로 일치시키기 위한 요잉 장치가 필요하다. 소형 풍력발전기는 너셀 후방에 꼬리날개를 설치하여 바람의 힘에 의한 요 모멘트(yaw moment)를 이용하고, 중대형 풍력발전기는 너셀을 회전시키기 위하여 요 드라이브(yaw drive)를 사용한다. 뒷바람 형식은 블레이드가 너셀 뒤에 위치하기 때문에 너셀과 타워를 통과한 바람을 받게 된다. 장점은 너셀의 방향 제어를 위한 요 시스템의 설계에 유리하고 블레이드가 강한 바람에 타워에 충돌할 위험이 낮으며, 요잉 시스템이 필요하지 않아 상대적으로 저렴한 비용이 소요되나 블레이드가 너셀과 타워를 거쳐서 바람을 받게 되어 난류의 영향과 타워에 의한 피로 문제를 가져오며, 타워로 인한 풍속 손실과 변동이 크다는 단점이 있다.

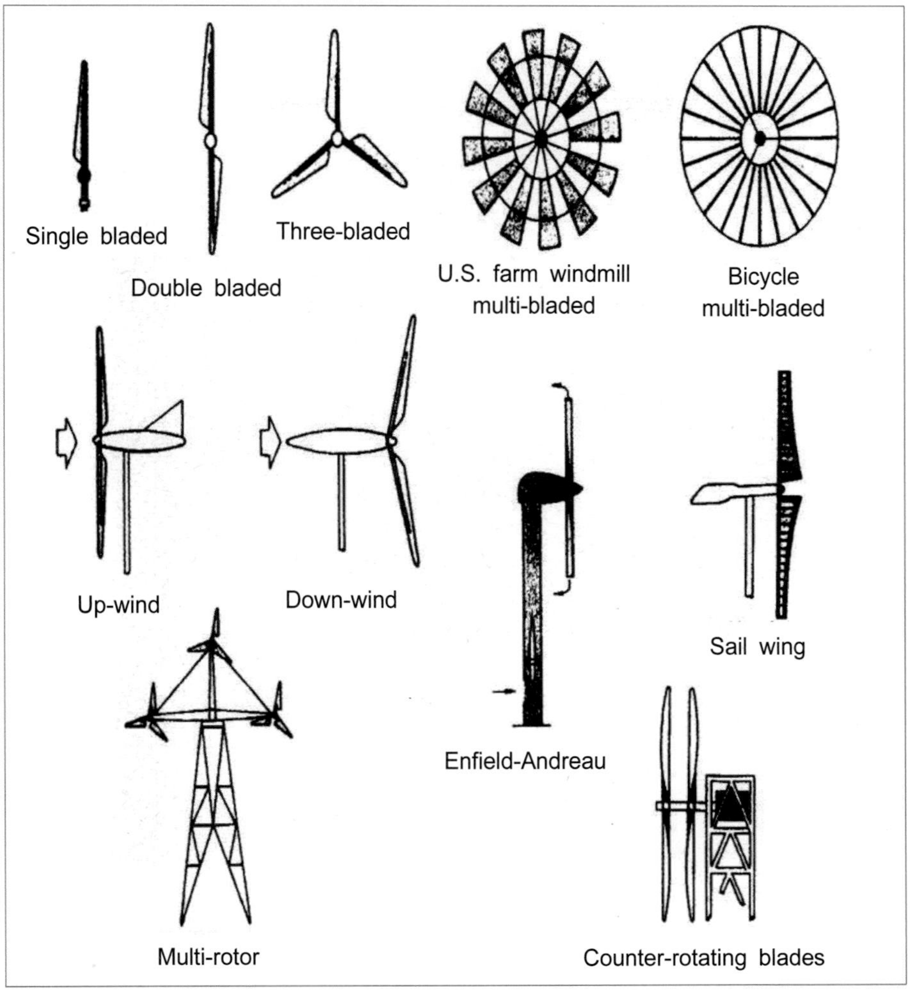

출처 : www.researchgate.net

그림 152. 수평축 풍력발전기의 종류

(b) 수직축 풍력발전기

수직축 풍력발전기에는 원호형 날개 2~3개를 수직축에 붙인 다리우스 형(Darrieus type)과 2~4개의 수직 대칭익형 날개를 붙인 자이로밀형(Gyromill type), 그리고 반원통형의 날개를 마주보게 한 사보니우스형(Savonius type) 등이 있다. 수직축형은 바람의 방향에 관계가 없어 사막이나 평원에 많이 설치하여 이용 가능하지만 소재가 비싸고 수평축형에 비해 효율이 떨어져 100kw급 이하의 소형에 주로 사용된다. 수직축형은 공간을 적게 차지하고 낮은 풍속에서도 발전이 가능하다는 점, 그리고 바람의 방향이 관계 없다는 장점이 있어 소형발전에 주로 사용되며, 다양한 형태의 발전기가 개발되었다. 수직축형은 상업적으로 크게 활용되지는 못하고 있지만, 수평축에 비해 비교적 설치가 간편하고 발전기 및 기어박스를 아래쪽에 설치할 수 있어서 관리가 용이하다는 장점을 지니고 있다.

[수직축발전기의 종류]

- 다리우스형 : 일정한 단면형상의 원호형 날개가 수직축으로 나열된 특이한 구조
- 자이로밀형 : 수직으로 붙여진 대칭형 블레이드가 풍향에 대해 자동적으로 최적의 반각(영각)을 얻는 구조
- 사보니우스형 : 핀란드 S.J. 사보니우스에 의해 고안된 풍차로서 반원통의 날개를 마주보게 하여 구동하는 구조

- 퍼들형 : 단순한 컵형 또는 풍배형이며, 로빈슨 풍속계 이용
- 크로스플로우형 : 다수의 길고 가느다란 곡면판 블레이드가 상하 원판의 구조로서 공동용 형태이며, 저 낙차 소수력발전의 뱅크 터빈과 유사함

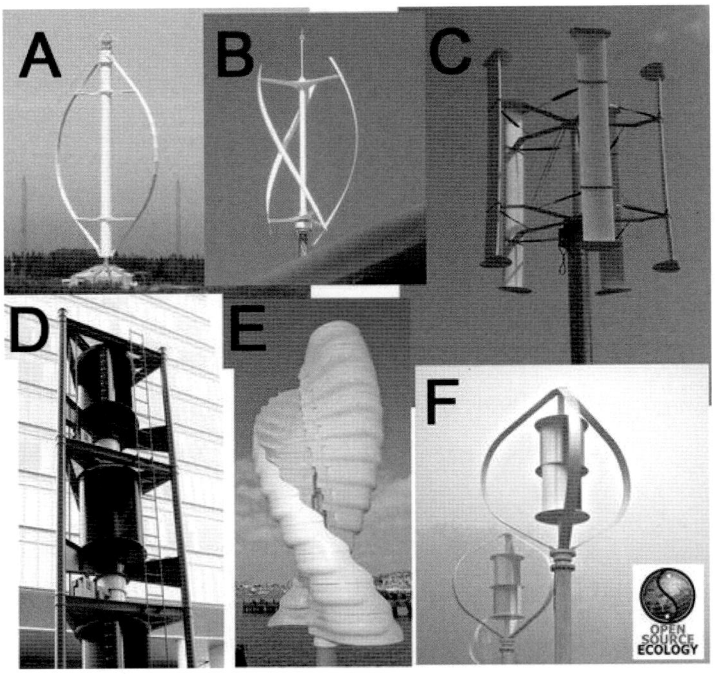

(A) Darrius type (B) Gorlov type (C) H-type (D) Savonius type
(E) Twisted Savonius type (F) mixed Savonius and Darrieus type
출처 : https://wiki.opensourceecology.org/wiki/VAWT

그림 153. 수직축 풍력발전기의 종류

다리우스형(Darrieus Type) : 1925년 프랑스에서 개발된 다리우스 풍력터빈은 바람에 의해 안과 밖으로 회전하는 수직회전 블레이드 구조이다. 수평축 터빈보다 높은 효율로 작동할 수 있으며, 구조가 단순하고 바람의 방향에 영향을 받지 않는다는 장점이 있다. 날개의 형태에 따라 다리우스형 터빈은 직선(직진) 다리우스(Straight), 비튼 다리우스(Cross) 등 여러 가지 변형된 모습을 갖고 있다. 자이로밀형태는 직선 다리우스형을 개량한 형태이다. 다리우스형은 양력을 이용하기 때문에 회전수가 매우 크고, 방향조정이 필요없지만, 정지상태에서 바람으로부터 얻는 기동토크가 매우 작고, 자력 회전시작이 어려우며, 시공이 어렵고 안전을 위해 주위에 방벽 설치가 필요하다는 단점을 갖고 있다.

자이로밀형(Giromil Type) : 자이로밀형 터빈은 수직으로 붙여진 대칭형 블레이드가 바람방향에 따라 자동적으로 최적의 반각 영각을 얻는 구조의 풍력발전이다. 직선 다리우스형을 개량한 모델이며 가동이 시작되면 주속비가 높고 회전 토크가 크다. 쉬운 설계 및 설치가 가능하지만, 다리우스 풍력터빈에 비해 효율이 낮고 더 높은 풍속조건이 요구되는 단점이 있다.

사보니우스형(Savonious Type) : 핀란드의 사보니우스에 의해 고안된 반원통형의 날개로 구성, 좌우 날개를 서로 다르게 엇갈리게 만든 형상이다. 두 원통 사이를 빠져나가는 바람을 반대쪽 원통 뒷면에 흘러들도록 하여 회전 효율을 높인 형태이다. 회전방향으로 미는 작용과 맞바람의 저항을 억제하는 힘을 이용, 즉 항력(drag)을 이용하여 회전 효율을 높였다. 회전수가 낮고 소음이 별로 없으며 토크는 비교적 큰편이다.

헬리컬형(Helical Type) : 미국에서 수력터빈용으로 개발된 헬리컬 터빈은 다리우스 터빈의 진보된 형식이다. 두개의 날개가 나선형으로 올라가는 구조로 모든 위치에서 제어가 가능하고 다리우스 터빈에 비해 소음, 진동의 특성이 개선되었지만, 아직 발전용으로 보급되지는 못하고 있다.

4-2. 증속기 유무에 의한 분류

증속기(Gearbox)란 풍력발전기 날개에 직결되어 회전하는 주축(Main Shaft)과 발전기(Generator) 사이에 설치되어 발전기축의 회전속도를 증가시키는 장치이다. 증속기가 있으면 증속기형(Geared type), 없으면 직결식(Gearless type)이라 한다.

(a) 증속기형(Geared type)

간접 구동식으로도 불리는 증속기형 풍력발전기는 초기 풍력터빈 개발 단계부터 적용한 기술적 접근 방법이다. 기술적 발전을 거듭한 오늘날에도 시장의 80~90% 이상이 이 형식을 적용한다. 풍력발전 시스템용 증속기는 저회전, 고토크를 갖는 입력동력을 고회전, 저토크의 출력동력으로 변환하는 역할을 한다. 증속기는 소형화와 경량화가 요구되는데 이는 풍력발전시스템 너셀의 무게와 부피를 최적화하므로 경제성을 확보할 수 있기 때문이다. 따라서 증속기의 구조는 동력밀도(power density), 회전 강성(rotational stiffness)이 크며, 관성(inertia)이 작도록 2단의 유성기어열과 평행치차열을 이용하여 구성한다. 최근 증속비를 높여 발전기의 크기를 줄이는 기술과 증속기형의 문제점인 진동과 소음, 하중의 불균등 분배 등을 없애기 위한 기술 개발이 활발하다. 풍력발전기는 타워, 블레이드, 증속기, 발전기 및 각종 기계 장치로 구성되어 있고, 이 중 증속기는 저속, 고토크의 바람에너지를 고속, 저토크의 기계 에너지로 변환을 시켜주는 장치로서 내부는 대부분 기어와 베어링 등으로 구성되어 있다. 이와 같은 증속기의 구조적인 특징과 수시로 변화하는 바람으로 인한 입력 하중의 변동은 운전 중인 증속기로부터 소음을 발생시키는 원인이 된다. 설치 후 유지보수가 쉽지 않은 풍력발전기의 특성상 저소음의 증속기 설계는 20년 이상의 수명이 요구되는 풍력발전기의 신뢰성 측면에서도 매우 중요한 항목이라고 할 수 있다.

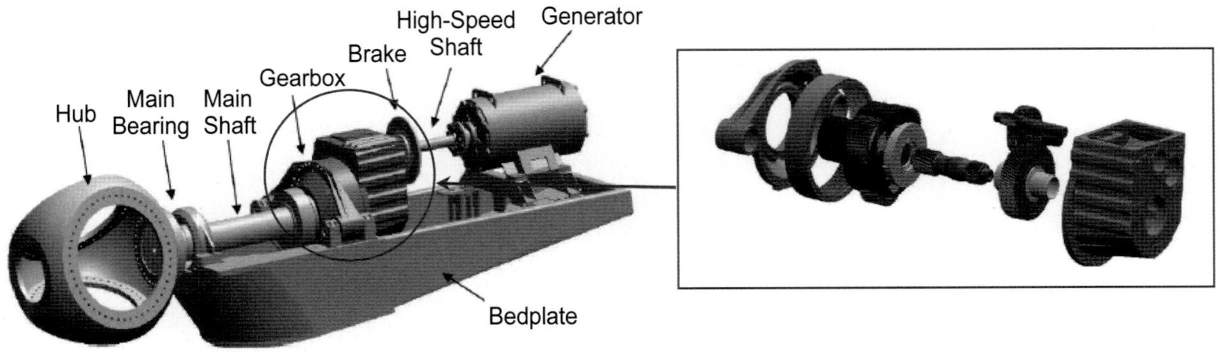

출처 : National Renewable Energy Laboratory: Golden, CO, USA, 2009.

그림 154. 풍력발전기용 증속기

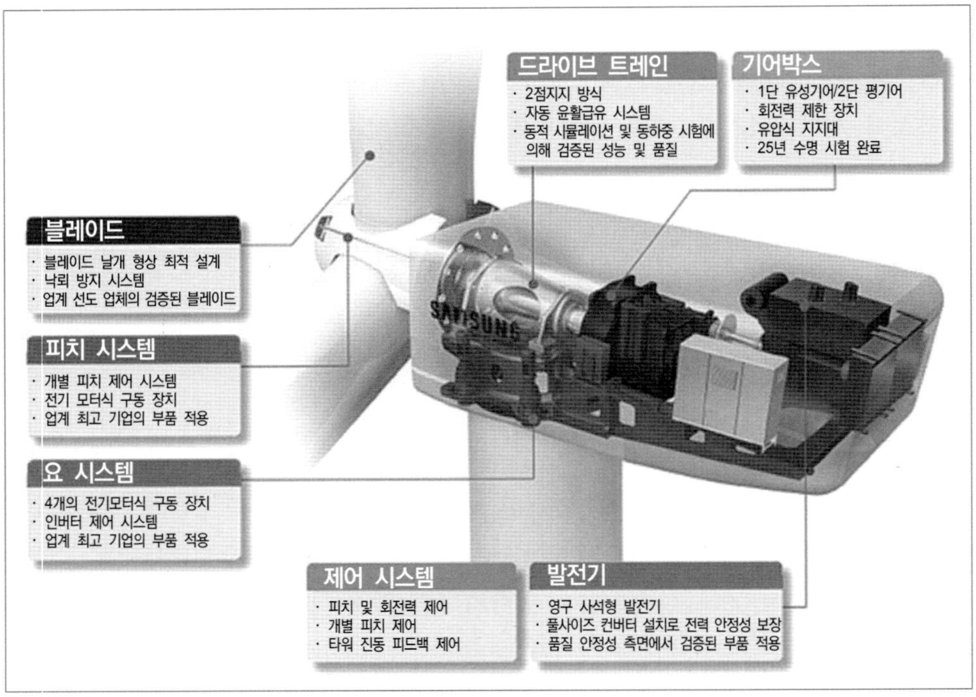

출처: https://returntooza.tistory.com/80

그림 155. 증속기형 풍력발전기 (프로펠러형)

(b) 직결형(Gearless type or Direct drive type)

풍력터빈용 발전기(Generator)의 기술 향상으로 증속기 없는 형태로 개발한 것이다. 기어박스가 없기에 단순한 구조, 줄어든 기계적 응력, 낮은 기계적 소음, 적은 운전과 유지비용, 높은 가동률 등 장점이 많다. 반면, 회전속도가 느린 탓에 다극 발전기를 사용하므로 발전기의 크기와 무게는 늘고 가격도 비싸다. 로터와 발전기가 가까이 있어 너셀의 무게 중심이 한쪽으로 쏠릴 수 있어, 이를 해결하려면 타워와 기초비용이 늘어난다.

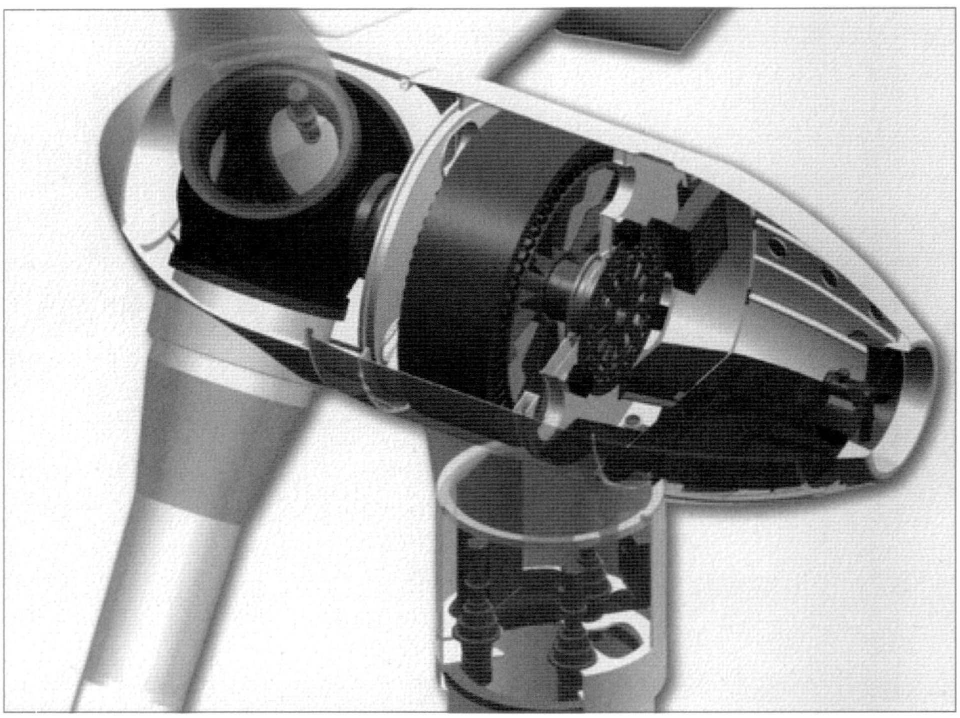

출처: MTorres (https://www.mtorres.es/)

그림 156. 직결형 풍력발전기

표 58. 증속기형과 직결형의 장단점 비교

구 분	장 점	단 점
증속기형	① 오랜 기간의 기술축적으로 시스템이 안정적이다 ② 회전속도가 빠르다	① 기계적 손실이 발생한다 ② 시스템의 수명을 단축시킨다 ③ 기어로 인해 진동과 소음이 크다
직결형	① 구조가 단순하다 ② 소음이 적다 ③ 운전, 유지비용이 저렴하다	① 회전속도가 느리다 ② 너셀의 무게중심이 한쪽으로 쏠린다

4-3. 공기역학적 방식에 의한 분류

공기역학은 동역학의 한 분야로서 공기의 흐름을 다루며, 특히 움직이는 물체와 공기가 상호 작용할 때의 흐름을 다룬다. 공기역학은 유체 동역학 및 기체역학과 밀접한 관련이 있어, 공기역학의 이론 중 많은 부분을 이 학문들과 공유하고 있다. 공기역학과 기체역학은 동의어로 쓰이는 경우가 많은데, 기체역학은 공기뿐 아니라 모든 기체에 적용된다는 차이가 있다. 물체 주위의 공기의 유동을 이해하면 그 물체에 작용하는 힘과 모멘트를 계산할 수 있다. 이러한 공기 유동과 관련되는 성질로는 속도, 압력, 밀도, 온도 등이 있으며, 이 물리량들을 공간 및 시간의 함수로서 구하는 것이다. 유동장 주위에 제어 체적(control volume)을 정의하고 보존 법칙을 적용하여 이러한 물리량들을 계산하게 된다. 풍력발전을 공기역학적으로는 양력형과 항력형으로 나눌 수 있다.

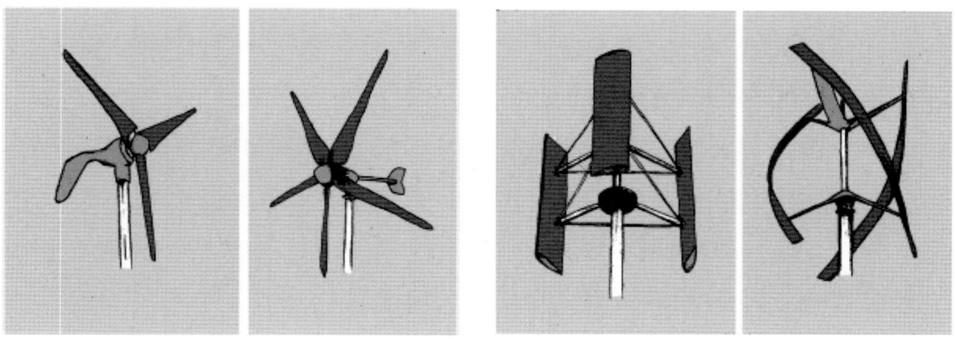

Horizontal axis wind turbines　　Darrieus type – vertical axis

(a) wind turbines using lift force

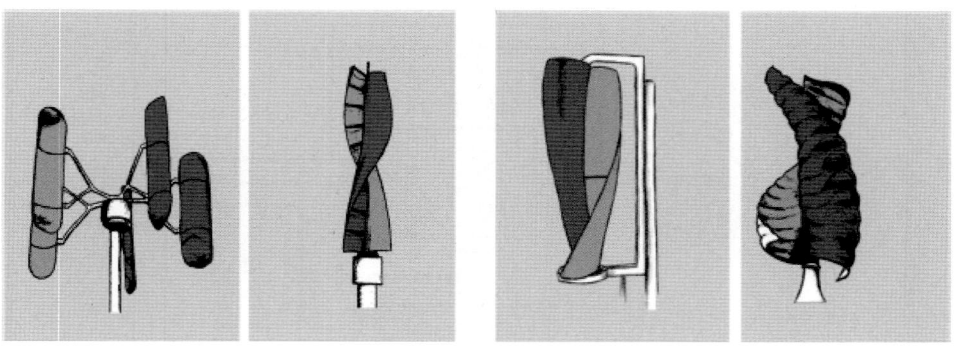

(b) wind turbines using drag force

출처 : Variable Size Twin-Rotor Wind Turbine (www.mdpi,com/journal/energies)

그림 157. 양력형 및 항력형 풍력발전기

(a) 양력형 (Lift Type)

양력(lift)이란 물체의 주위에 유체가 흐를 때 물체의 표면에서 유체의 흐름에 대하여 수직 방향으로 발생하는 역학적 힘이다. 양력(Lift force)을 이용하여 날개를 회전시키는 풍력터빈을 양력식 풍력발전기라 한다. 양력식 풍력발전기가 회전하는 원리는 날개의 앞쪽에서 출발한 바람이 곡면부와 평탄한 부위로 분리되어 흐르게 되는데 곡면부를 통과한 바람은 평탄한 부위를 통과하는 바람보다 속도가 빨라지게 되는데, 이 때 생성되는 날개 양면의 유속 차에 의해 양력이 발생하게 되고 이 힘에 의해 날개가 양력방향으로 움직이면서 회전하게 된다.

(b) 항력형 (Drag Type)

항력(drag)이란 물체가 유체 내를 움직일 때 이 움직임에 저항하는 힘으로서, 항력은 물체의 표면에 평행 방향으로 작용하는 마찰력과 물체의 표면에 수직 방향으로 작용하는 압력으로 구분된다. 블레이드가 바람의 저항 즉, 항력을 직접 받아서 축을 회전시키는 풍력발전기를 항력식 풍력발전기라고 한다. 대표적인 것으로 사보니우스형을 들 수 있으며 또한 흔히 주변에서 볼 수 있는 컵형 풍속계(anemometer)도 이 형식에 속한다. 항력식 풍력발전기의 경우 날개의 회전속도는 풍속을 초과할 수 없다는 특징이 있다.

4-4. 운전속도에 의한 분류

풍력발전 분류 중에서도 로터의 운전 속도에 의한 분류 방법이다. 풍속에 상관 없이 운행하는 정속형과 풍속과 관련하여 운행하는 가변속형 시스템이 있다. 이에 따라 계통의 주파수, 증속비, 발전기에 대한 설계를 함께 고려하여야 한다.

(a) 정속운전형 (fixed roter speed type)

풍속에 영향을 받지 않고 로터를 일정한 속도로 회전시키는 풍력터빈이다. 유도발전기를 장착한 정속운전 풍력발전기는 계통에 직접 연결한다. 무효 전력 보상을 위해 역률 보상 장치를 설치하며, 계통 연계시 돌입 전류로부터 시스템을 보호하고자 소프트 스타터를 사용한다. 정속 운전은 특정 풍속에서 최대 효율을 내므로 1990년대 대부분의 풍력터빈을 정속으로 운전했다.

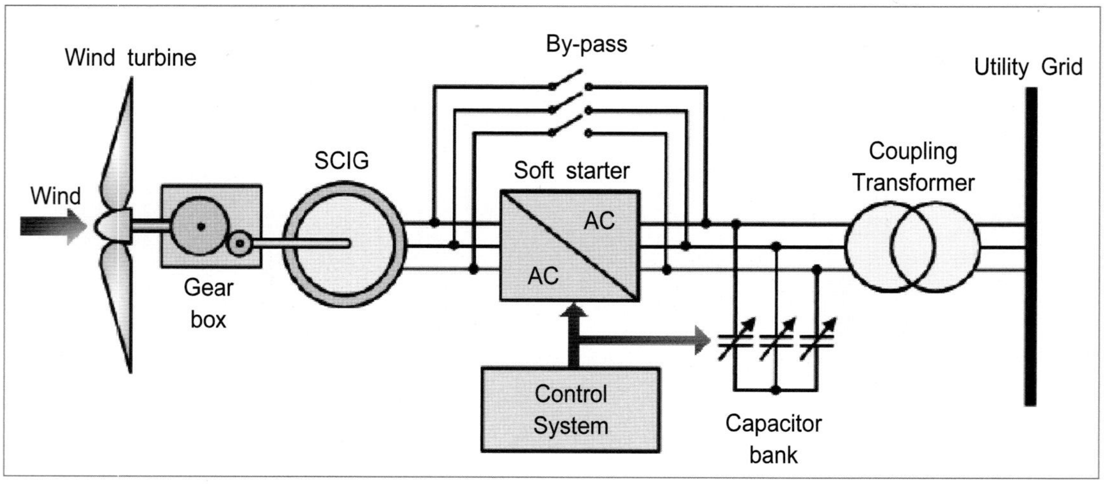

https://www.researchgate.net/figure/Type-A-wind-turbine-concept-Fixed-speed-wind-turbine

그림 158. 정속운전형 풍력발전 시스템

이 제어방식은 구조가 간단하고 신뢰성이 높으며 발전기의 가격이 저렴하다는 장점을 갖고 있지만, 무효전력 및 전력품질의 제어가 어렵고 기계적 응력을 많이 받는다는 단점을 갖고 있다. 과거의 덴마크형 풍력발전기는 단순하고 저가이며 견고한 유도발전기와 전력변환장치를 적용하기 위하여 정속운전 방식을 채택하였다. 정속운전 방식은 특정 풍속에서 최대의 효율을 낼 수 있기 때문에 실속제어와 함께 초기의 풍력 발전기에 많이 사용되었다.

(b) **가변속운전형**(variable roter speed type)

넓은 범위의 풍속에서 최대공력 효율을 얻도록 설계한 풍력발전기다. 가변속 운전을 통해 변동하는 풍속에 대응하는 회전속도를 연속적으로 받아들이며, 이때 최대출력 계수에 해당하는 주속비는 일정한 값을 유지한다. 유도발전기나 동기발전기를 사용하며 전력 변환기를 통해 계통에 연결한다. 전력 변환기는 발전기 속도를 제어하며, 풍속 변화에 의한 출력 변동은 발전기의 속도 변화와 로터 속도의 변화를 통해 흡수한다.

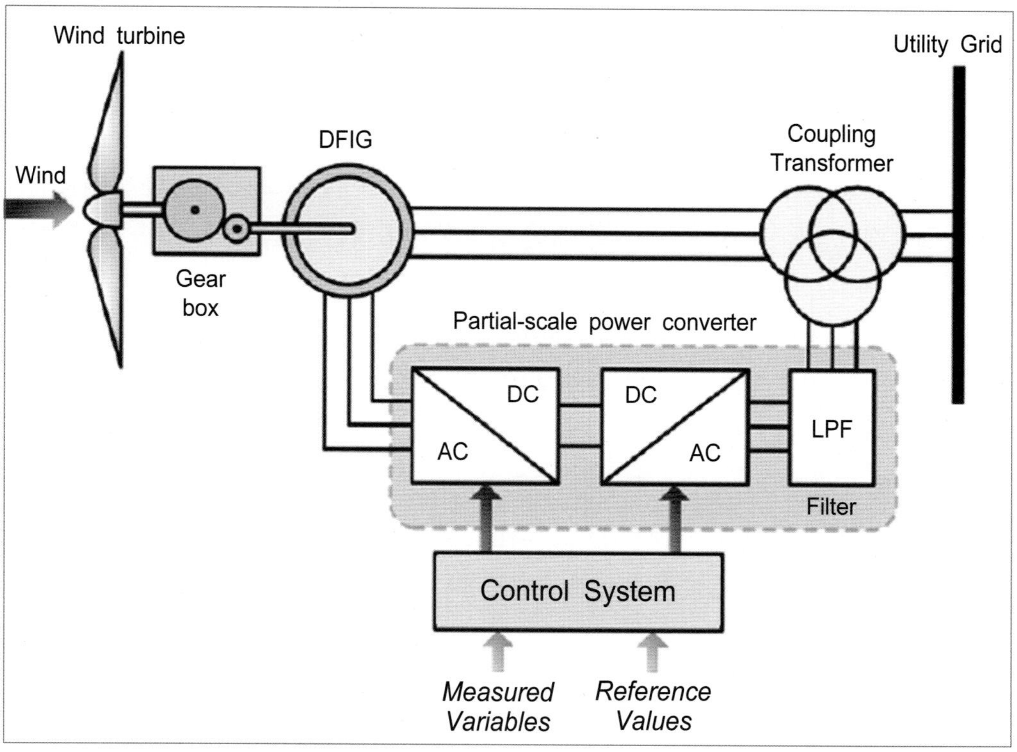

https://www.researchgate.net/figure/Type-C-wind-turbine-concept-Variable-speed-wind-turbine

그림 159. 가변속운전형 풍력발전 시스템

가변속 운전방식은 풍속의 변화에 대하여 로터의 회전속도를 연속적으로 받아들인다. 가변속 운전 시스템은 발전기의 토크를 일정하게 유지하고 풍속의 변화는 발전기의 속도를 변화시켜 대응한다. 넓은 범위의 풍속에서 최대의 공력 효율을 얻을 수 있도록 설계하며, 풍속의 변화에 따른 출력계수가 최적이 되도록 주속비를 조절한다. 가변속 운전은 같은 풍황 조건에서 정속 운전보다 출력을 많이 얻을 수 있고 보다 우수한 전력 품질을 얻을 수 있기 때문에 현재 개발되고 있는 대부분의 풍력발전기에 채택되고 있다.

이 제어방식은 같은 풍항 조건에서 정속형보다 많은 출력과 우수한 전력 품질을 얻을 수 있고 기계적 응력을 줄일 수 있는 장점을 갖지만, 정속형보다 전기시스템이 복잡해지므로 제어/관리의 어려움이 있으며 많은 부속품으로 인해 단가가 상승하는 단점을 갖고 있다.

4-5. 출력제어방식에 의한 분류

풍력발전기는 정격풍속에서 최대의 출력이 발생할 수 있도록 설계되며, 정격풍속 이상의 풍속에 대하여 풍력터빈 시스템의 보호를 위하여 발전량을 조절하는 출력제어를 한다. 출력제어방식은 크게 실속제어(stall control)와 피치제어(pith control)로 구분된다. 이 방식들은 풍력발전시스템에서 제어장치와 연관이 큰 부분이다.

(a) 실속제어방식

실속제어방식은 실속현상을 이용하여 일정풍속 이상에서 블레이드에 작용하는 양력을 증가시키지 않거나 줄어들도록 함으로서 로터의 회전속도를 제어하는 방식이다. 블레이드의 피치각은 일정하게 고정되어 있으며, 풍속이 빨라지면 블레이드의 받음각이 증가하여 실속이 자연적으로 발생하여 양력을 감소시키게 된다. 이와 같이 피치각이 고정되고 조절하지 않는 경우를 수동형 실속제어(passive stall control)라고하며, 경제성을 고려하여 이전의 중소형 풍력발전기에 많이 채택되었다.

유선형 날개의 상하부로 흐르는 공기 중 빠른 속도로 흐르는 공기는 공기의 특성, 날개의 형상, 진입 공기의 입사각 등에 따른 저항을 받는다. 유속이 증가해 일정 수준 이상이면 날개 후면에서 이 저항에 의한 와류(Turbulence)가 발생해 양력을 급격하게 떨어뜨리는데, 이 현상을 실속(Stall)이라 한다. 일정한 풍속 이상이면 실속현상을 일으켜 날개의 양력을 증가시키지 않거나 감소시킴으로서 터빈의 회전속도를 제어하는 방식이다. 특히, 실속제어방식 중 날개 각 제어 대신 실속제어만 하는 방식을 수동형 실속제어(Passive Stall Control)라고 한다. 이 경우 정격출력을 유지하기 어렵다. 수동형의 단점을 없애고자 날개 각을 제어하되 일정 풍속 이상에서 실속 제어하도록 한 것을 능동형 실속 제어(Active Stall Control)라고 한다. 실속 제어 방식은 풍속 변화에 대한 대응 속도가 느려 순간적으로 높은 토크를 발생하므로 대형 풍력터빈인 경우 안전을 저해할 수 있다. 이 제어방식은 기계적 장치가 필요 없어 구조가 간단하여 유지관리에 유리한 장점이 있으나 제동효율이 좋지 못하고 날개의 복잡한 공기역학적 설계가 필요하다는 단점이 있다.

그림 160에서와 같이 받음각(angle of attack)이 크면 날개 윗면을 따라서 흐르는 공기는 완전히 날개 표면을 따라서 흐르지 못한다. 공기가 날개 표면에서 분리되면 그 분리점 이후 날개 윗면에서 와류가 발생하

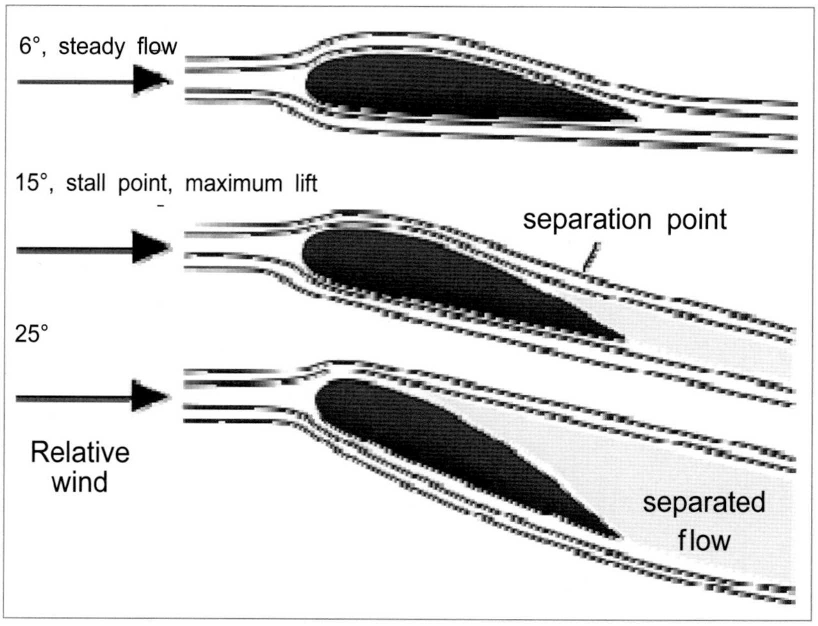

그림 160. 블레이드의 실속현상그림

여 압력이 증가하고 전체적인 양력이 감소한다. 이러한 현상을 stall현상이라 하고 받음각이 계속 증가하면 양력을 발생하지 못하게 되어 날개는 회전력을 잃고 정지한다.

(b) 피치제어방식

이 제어방식은 바람의 세기에 따라 회전자의 회전속도가 달라진다. 회전자의 속도가 변하게 되면 발전기의 회전속도가 변하게 되어 발전기의 출력과 주파수에 영향을 미치게 된다. 그러므로 회전자의 속도는 가능하면 일정하게 유지하는 것이 필요하다. 따라서 피치제어는 날개의 각도를 제어하여 날개에 미치는 양력의 크기를 조절함으로서 회전자의 속도를 제어한다. 피치제어는 너셀 외부에 설치된 풍속계와 피치전동기로 구성되며 풍속계에서 수시로 변하는 풍속의 정보를 컨트롤러에 제공하고 컨트롤러가 이를 판단하여 피치전동기를 동작시킨다. 그리고 태풍이나 강풍으로부터 회전자를 안전하게 보호하기 위해서는 회전자가 돌지 못하도록 정지시켜야 한다. 이때는 날개에 양력이 전혀 작용하지 못하도록 날개의 피치 각을 조절하는데 이것을 페더링 제어라고 한다. 이 제어방식은 수동형 실속제어보다 정밀한 출력제어가 가능하며 돌풍 상황에서 출력의 과도한 증가를 방지할 수 있다. 또한 피치제어 방식은 출력제어를 효율적으로 할 수 있고 전력 생산량을 높일 수 있기 때문에 현대의 중대형 풍력발전기에서 거의 대부분 필수적으로 채택하고 있다.

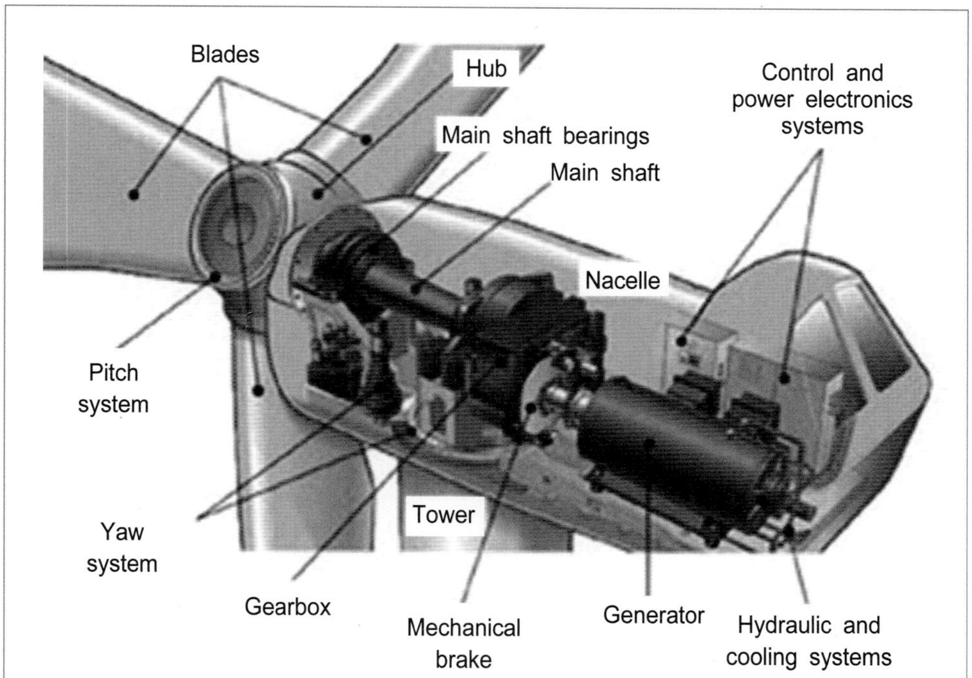

출처: Upgrade of Blade Pitch Control Delivers on Wind Turbine Reliability(http://blog.parker.com/)

그림 161. 피치제어형 풍력발전 시스템

4-6. 전력사용방식에 의한 분류

전력사용방식은 전력을 어떻게 사용하는가에 따라 분류되는 방식이다. 전력사용방식은 2가지로, 계통연계방식과 독립전원방식이 있다.

(a) 계통연계방식

계통연계방식은 유도발전기, 동기발전기를 사용한다. 풍력터빈에서 생산한 전력을 국가 전력 계통망에 연결해 전력을 공급하는 형식이다. 오늘날 중형급 이상 풍력터빈의 경우 대부분 계통에 연결해 발전용으로 사용하며, 이 경우 경제성이나 기술적인 측면에서 유리하다.

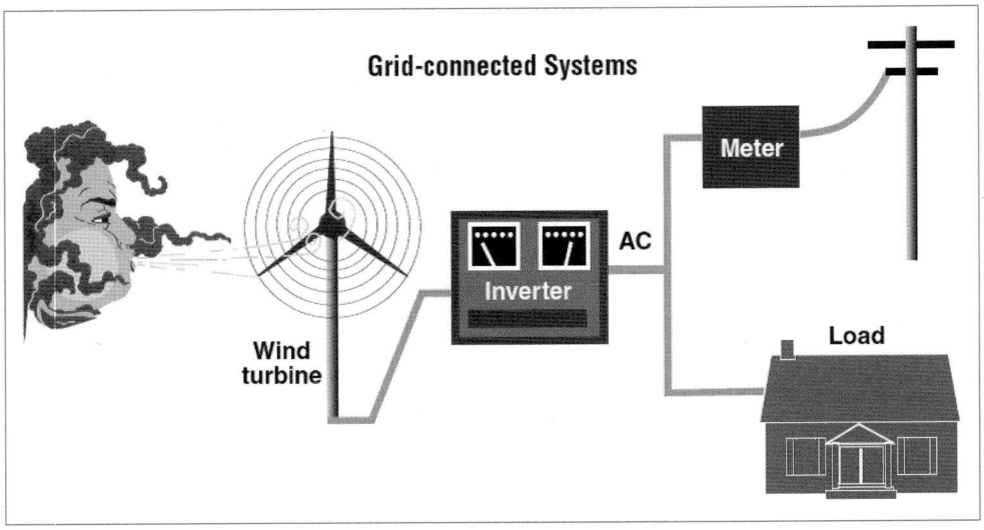

출처 : https://www.airvoltaics.com/frequently-asked-questions-about-wind-turbines/

그림 162. 계통연계형 풍력발전 시스템

(b) 독립전원방식

독립전원방식은 동기발전기, 직류발전기를 사용한다. 전력을 사용하는 지역 근처에 발전기를 설치해 전력을 독립적으로 활용하는 형식이다. 소형 풍력터빈에도 드물게 계통에 연계하기도 하나, 대개 원격지에서 독립적으로 운전하거나 디젤 발전기 등과 혼합해 하이브리드 형식으로 운전한다.

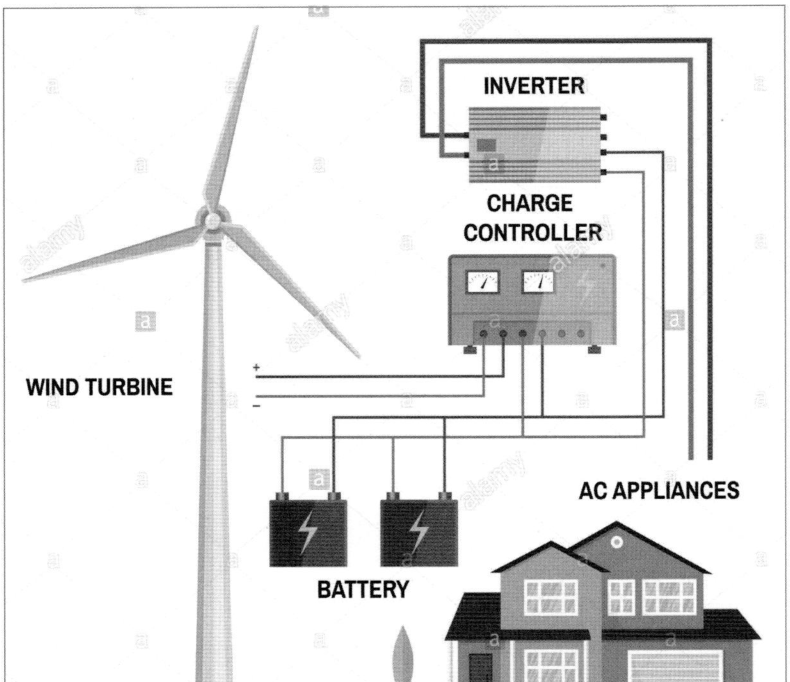

출처 : https://www.alamy.com/

그림 163. 독립전원형 풍력발전 시스템

4-7. 설치장소에 의한 분류

(a) 육상풍력발전(Onshore type)

육상풍력은 건설이 쉽고 경제성이 높기에 종전까지 국내외 대부분의 풍력발전단지를 육상에 건설했다. 하지만 육상 단지의 포화, 민원 발생, 풍력 효율 저하, 대형화의 한계성 등 건설상 제약 요인이 많아 지금은 점차 해상 풍력으로 이행하는 추세다.

[육상풍력발전의 특징]

- 바람을 이용하기 때문에 환경오염이 적으며 자원 고갈염려가 없다.
- MW당 약 5,000㎡ 정도의 면적이 소요되며, 발전단지 내 기타 면적은 목축, 농업 등 타용도로 이용이 가능하다.
- 산지에 조성되는 진입 및 관리도로는 산림 관리를 위한 임도로 활용 가능하다.
- 일부 단지는 관광자원화를 통해 지역경제 활성화가 이루어지고 있다.

출처 : https://www.renewableenergyhub.co.uk/

그림 164. 육상풍력발전 시스템

(b) 해상풍력발전(Offshore type)

바닷물 속에 풍력발전 단지를 건설해 전력을 생산하는 방식이다. 해상(Offshore)이란 개념은 해양 산업에서 통상적으로 사용하는 바다만을 의미하지 않는다. 해상 풍력발전에 호수·협강·폐쇄 해안지역 등 내륙에 속하는 지역의 풍력발전까지 포함한다. 해상 풍력발전은 전통적 바닥 고정(Fixed Bottom)형 풍력발전 기술은 물론, 물이 깊은 곳에선 부유식 풍력터빈(Floating Wind Turbine) 기술도 이용한다. 해상 풍력은 넓은 부지 확보, 적은 민원, 설비와 풍력단지의 대형화, 양호한 바람의 품질과 풍속, 풍력발전기의 안전성과 효율성 측면에서 유리하다. 육상풍력과 비교했을 때 경제성이 낮고, 설치와 운전·유지뿐만 아니라 계통연계에도 어려움이 따른다.

[해상풍력발전의 특징]

- 해상풍력의 기초구조물 설치 방식에 따라 고정식과 부유식으로 구분한다.
- 육상풍력에 비해 입지 선정이 자유롭고, 대형화로 높은 이용률을 확보할 수 있다.
- 해상풍력의 기초구조물이 인공어초 역할을 하여 어족자원 확대에 기여할 수 있다.
- 해상풍력 주변에서 수산업(바다목장, 양식장 등) 활동이 가능하다.
- 해양레저, 관광단지 개발 및 육성을 통해 지역경제 활성화에 기여할 수 있다.

출처: https://www.power-technology.com/

그림 165. 해상풍력발전 시스템

5. 풍력발전 시스템의 구조

풍력발전시스템은 크게 기계시스템, 전기시스템, 제어시스템으로 구분되며 주요 부품으로 이루어진 날개(Blade), 허브(Hub), 너셀(Nacelle), 타워(Tower) 등으로 나누어진다. 기계시스템은 바람에너지를 기계적 에너지로 변환시켜주는 부품 혹은 부속으로 정의하며, 회전날개(Blade)와 이를 주축에 연결시켜서 힘을 전달하는 허브(Hub), 이들을 합쳐 회전자(Rotor Blade)라 부르기도 한다. 또한 회전자와 발전기의 연결점이 되는 회전축(Shaft)과 회전속도와 관련된 증속기(Gearbox)가 있다. 전기시스템은 기계적 에너지를 전기에너지로 변환시켜 주는 발전기(Generator)와 제동장치(Brake)가 있다. 제어시스템은 풍력발전이 용이하도록 날개의 각도를 조절하는 피치시스템, 낫셀(Nacelle)을 회전시켜 바람의 방향에 맞게 설정해 주는 요잉시스템(Yawing System)이 있다. 그러므로 풍력발전기는 유체공학, 기계공학, 기계제어, 재료공학, 전기제어, 전력공학 등의 복합 기술이라고 할 수 있다. 그림 166은 현재 가장 많이 보급되어 있는 풍력발전기의 한 종류인 수평형, 중대형급 풍력발전 시스템의 주요 내부구조와 구성요소를 나타내고 있다.

일반적으로 요우(Yaw) 시스템은 두 개 또는 세 개의 요우 기어전동기에 의하여 운전되고 베어링 시스템은 마찰이 있는 슬라이드 시스템이거나 요 베어링을 이용한다. 너셀(Nacelle)은 보통 고강도 합성수지나 금속으로 제작되는데, 일반적으로 밀폐형 구조로 외기에 의한 부식이나 이물질의 침입을 막으며, 낙뢰로부터 너셀 내부의 주요 구성품 등을 보호하게 된다. 제어장치는 속도제어, 출력제어, 운전·정지제어, 요잉제어,

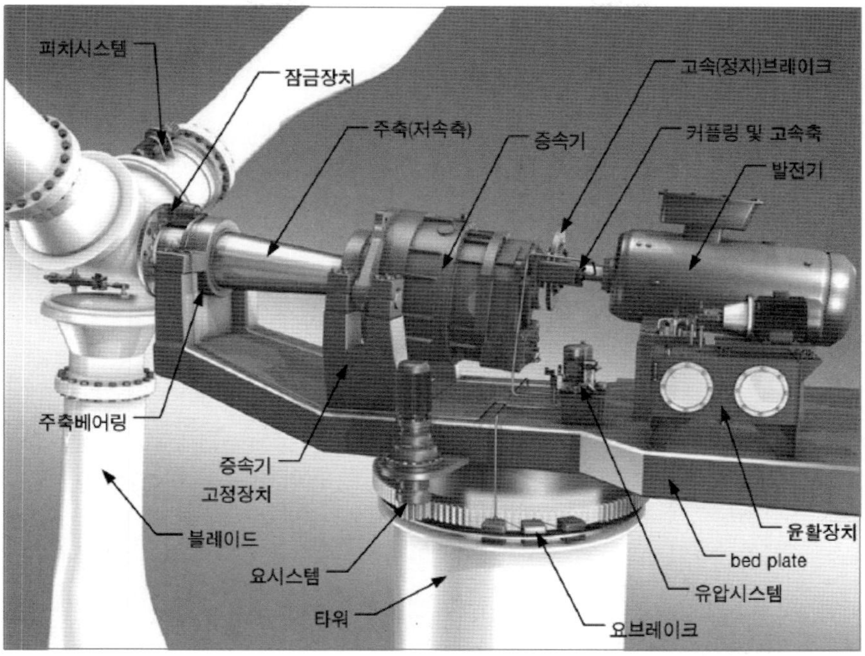

출처 : https://m.blog.naver.com/

그림 166. 풍력발전 시스템의 구성

계통연계제어는 물론이고 풍향, 풍속, 발전기의 회전속도, 기어박스의 온도, 발전전압 및 전류 등 풍력발전 시스템 운전에 필요한 자료를 항상 감시하며 마이크로 프로세서를 갖춘 중앙 제어장치에 의해 시스템 제어가 이루어진다.

(a) 블레이드

바람이 가진 에너지를 회전력으로 변환시켜 주는 장치이며, 풍력발전기의 성능에 큰 영향을 미친다. 효과적인 풍력발전을 위해서는 이러한 로터의 설계가 매우 중요하며, 특히 각각의 날개(Blade) 설계가 아주 중요한 요소로 작용한다. 제작용 재료는 섬유(Fiber), 수지(Resin), 발사(Balsa) 폼 등이 사용된다(그림 167)[20].

출처 : https://www.bloomberg.com/

그림 167. 블레이드

20) 풍력발전시스템 개발에 따른 부품소재, 손충열.

(b) 너셀

너셀은 풍력터빈의 하우징(housing)과 베드 플레이트(bed plate), 메인 프레임(main frame), 방향제어 시스템 등을 포함한다. 메인 프레임은 동력전달장치의 장착 및 정확한 고정을 위한 장치이며, 너셀 커버는 외부환경으로부터 주요 기계요소들을 보호하는 역할을 한다. 방향제어 시스템은 로터축을 항상 바람이 불어오는 방향에 일치하도록 제어하는 장치이다. 방향 제어 시스템을 구성하는 주된 장치는 메인 프레임과 타워를 연결하는 대형 베어링이다. 요 능동 제어(active yaw) 시스템은 일반적으로 단일 혹은 이중 요 모터를 장착한 전방향 풍력발전 시스템에 적용되며, 요 베어링에 장착된 불 기어(bull gear)에 대해 피니언 기어(pinion gear)가 맞물려 구동 한다. 이러한 방향제어 시스템은 풍력터빈의 너셀 후방에 장착된 풍향센서 신호에 의해 자동으로 제어되며, 너셀의 방향을 제자리에 고정하기 위한 목적으로 사용되기도 한다. 요 수동 제어(free yaw) 시스템의 경우 통상 후방향풍력발전시스템에 적용된다(그림 168).

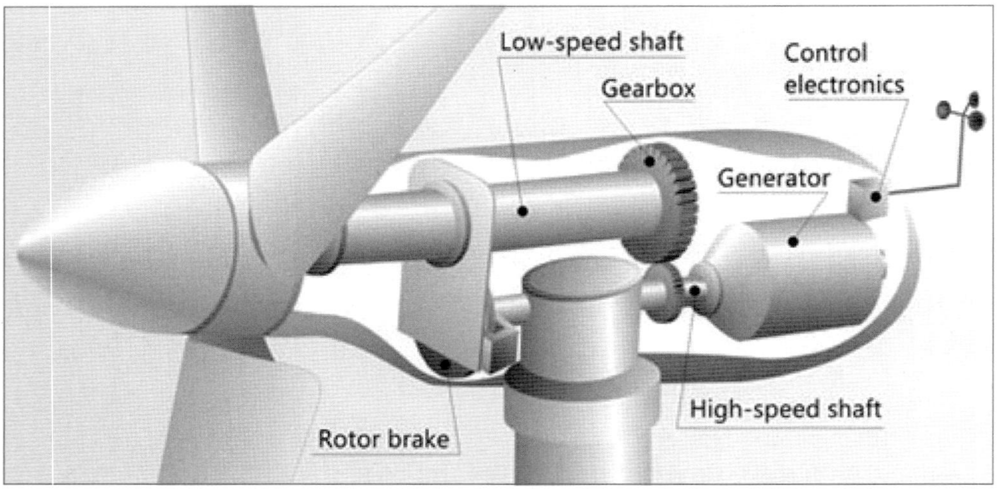

출처 : https://www.daviddarling.info/encyclopedia/N/AE_nacelle.html

그림 168. 너셀

(c) 로터 허브

출처 : https://in.pinterest.com/

그림 169. 로터 허브

(d) 로터 축(Rotor shaft)

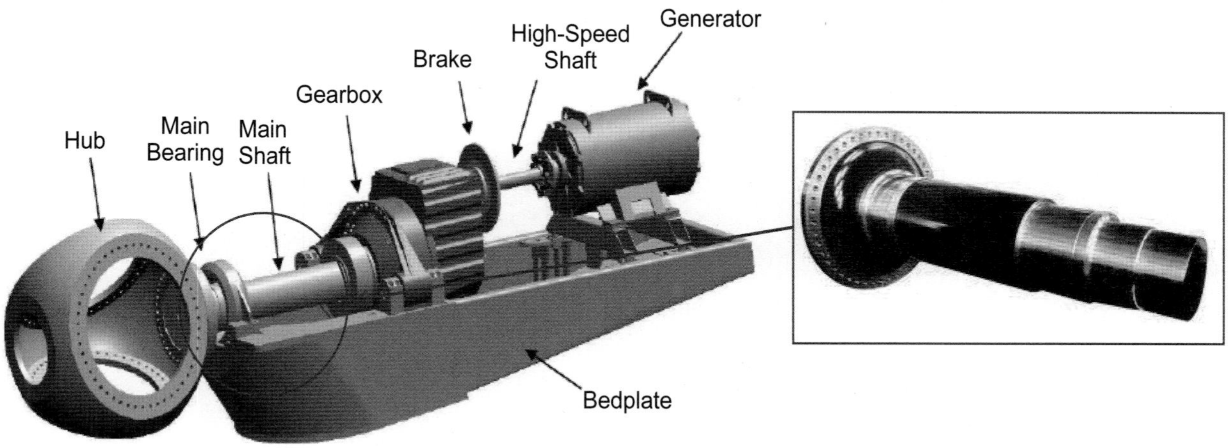

그림 170. 로터 축

(e) 요잉기어

모든 수평축 발전기에 사용되는 시스템으로 풍향의 변화로 발생하는 요 에러에 대응하거나 긴급상황 시, 요 에러를 통해 로터블레이드의 회전속도를 줄이기 위해 필요한 장치이다. 이 시스템은 전기적 제어장치에 의해 구동되며, 모터, 기어박스, 브레이크, 베어링 등으로 구성된다. 요 에러(Yaw error)라 함은 로터의 회전면과 풍향이 수직이 되지 않았을 때 에너지 활용도가 떨어지는 현상을 의미하며 이때, 블레이드가 플랩방향의 앞뒤로 휘어지는 현상 및 로터의 진동과 피로하중이 증가하는 현상이 발생하게 된다(그림 171).

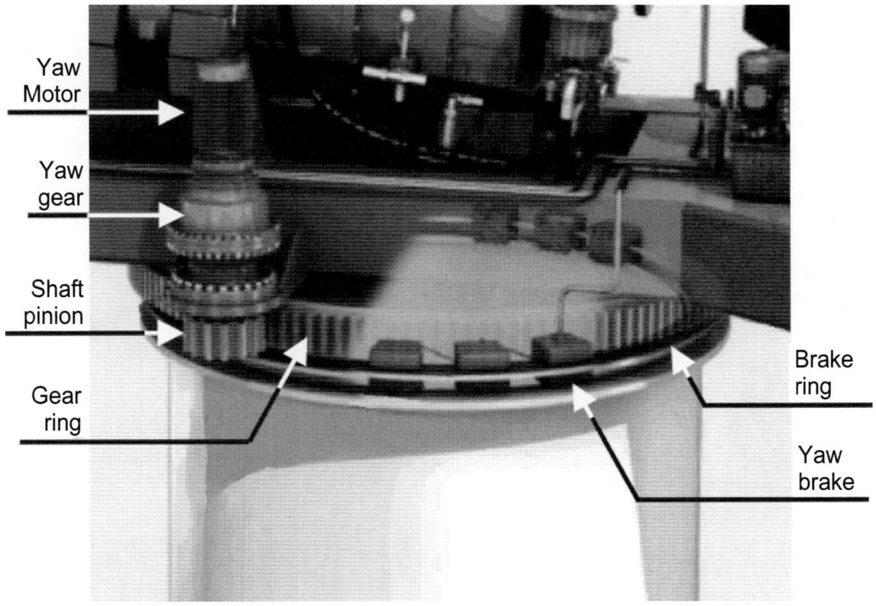

출처 : https://www.semanticscholar.org/

그림 171. 요잉 기어 시스템

(f) 가변피치각 구동장치(블레이드 피치각 조절 장치)

블레이드의 피치각 조절을 위해 사용되는 장치로서 이를 통해 블레이드의 성능을 조절할 수 있다. 피치각의 조절은 다음과 같은 조건에서 사용되게 된다(그림 172).

- 기동풍속 이상 시 로터의 기동토크를 얻기위한 기동운전 시
- 정격풍속 이상에서의 정격출력을 유지하기 위한 정격운전 시
- 정지하기 위한 피치 조정 시
- 변동이 심한 하중 조건 작용 시

출처 : https://www.deif.com/wind-power/pitch-control/

그림 172. 피치 제어 시스템

(g) 동력전달장치

동력전달장치는 풍력터빈의 회전부를 포함하는 로터에 연결되는 저속축(low speed shaft), 저속의 회전속도를 발전기의 정격 회전속도로 증속시켜주는 역할을 담당하는 기어박스, 그리고 발전기에 직접 연결되는 고속축(high speed shaft)으로 구성된다. 기타 기계요소들로서 지지 베어링과, 다수의 커플링, 제동장치, 그리고 발전기의 회전부 등이 있다.

[기어박스](그림 173)

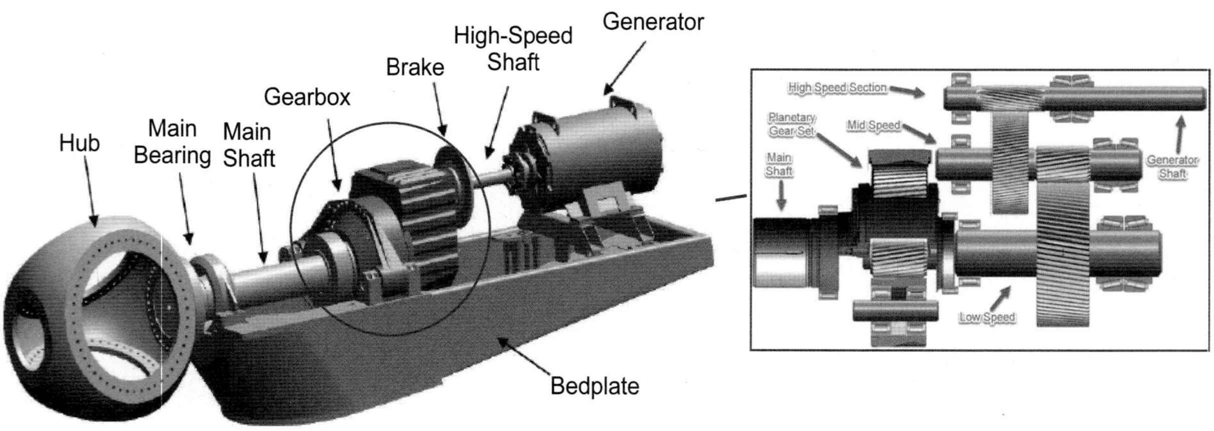

출처: https://www.moventas.com/

그림 173. 기어박스 시스템

[메인 샤프트] (그림 174)

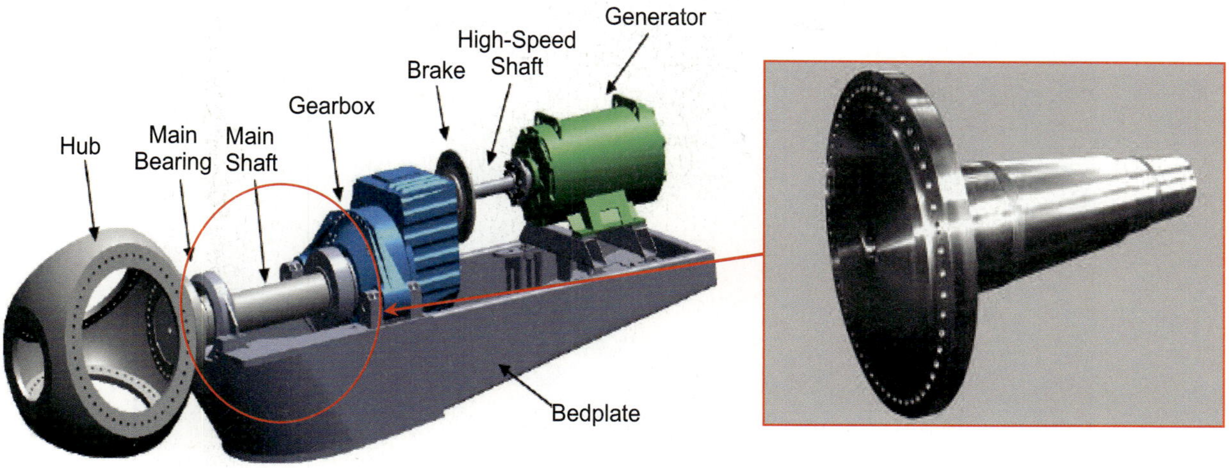

그림 174. 메인 샤프트

[기어박스 테스트 장치](그림 175)

출처 : https://www.researchgate.net/figure

그림 175. 기어박스 테스트 시스템

(h) 잠금장치 및 기계식 제동장치 (locking device and mechanical brake)

기계적 브레이크는 강풍이 불거나 시스템 이상 또는 보수 점검 등의 비상사태 시에 로터를 정지시키기 위해 사용되는 브레이크로서 시스템에 무리가 가지 않도록 에어 브레이크나 피치조절 등으로 인한 로터 회전속도를 감소시킨 후 사용하는 브레이크이다. 이러한 브레이크는 스틸 브레이크 디스크로 구성되며, 로터 샤프트(저속)나 기어 박스와 발전기 사이의 고속 샤프트에 설치 할 수 있다. 이때, 브레이킹 토크가 기어박스에 전달되어 로터의 회전을 멈출 수 있게 된다. 내열, 내마모성 재료를 사용하여 오랜 기간 사용 가능하도록 제작하는 것이 일반적이다. 풍력터빈 제동장치는 공기식, 기계식, 유압식 등이 있으며, 여러 시스템 부품 조합으로 구성될 수 있고, 전기구동장치 또는 유압실린더 구동장치로 구성되어 있다(그림 176).

출처 : https://www.alibaba.com/product-detail/

그림 176. 브레이크 시스템

(i) 발전기

블레이드가 바람의 운동에너지를 회전력으로 변환하고 동력전달 장치를 통해 발전기로 전달하면 발전기는 이를 최종적으로 전기 에너지로 변환하여 전력계통에 공급하게 된다.

[동기발전기]

로터의 회전속도와 자기장의 회전속도가 같은 형태의 발전기로서 평균풍속이 일정한 장소에 설치할 경우 일정 전압 및 주파수 유지가 용이하며 상용전원 정전 시에도 단독 발전이 가능하다.

출처 : 가치투자연구소(https://neocast.tistory.com/)

그림 177. 동기발전기 제작과정

전압, 주파수, 위상을 상용전원에 맞춰 자동 동기 투입장치를 투입하므로 계통선의 전압강하 등에 미치는 부정적인 영향을 최소화했다. 여자전류에 의해 발전기 역률 조정이 가능하므로 역률 개선용 콘덴서 장치의 설치가 불필요하다. 그러나 회전기 본체 및 제어장치가 복잡하여 발전기 자체의 가격이 고가이고 상용전원 변동에 의한 발전기의 과전류 소손 방지용 자동 역률조정 장치가 필요하다. 풍차의 피치제어를 조금만 해도 일정한 풍차의 회전속도를 유지할 수 있는 곳 즉, 평균풍속이 연중 거의 일정한 곳에 한정적으로 설치가 가능하다.

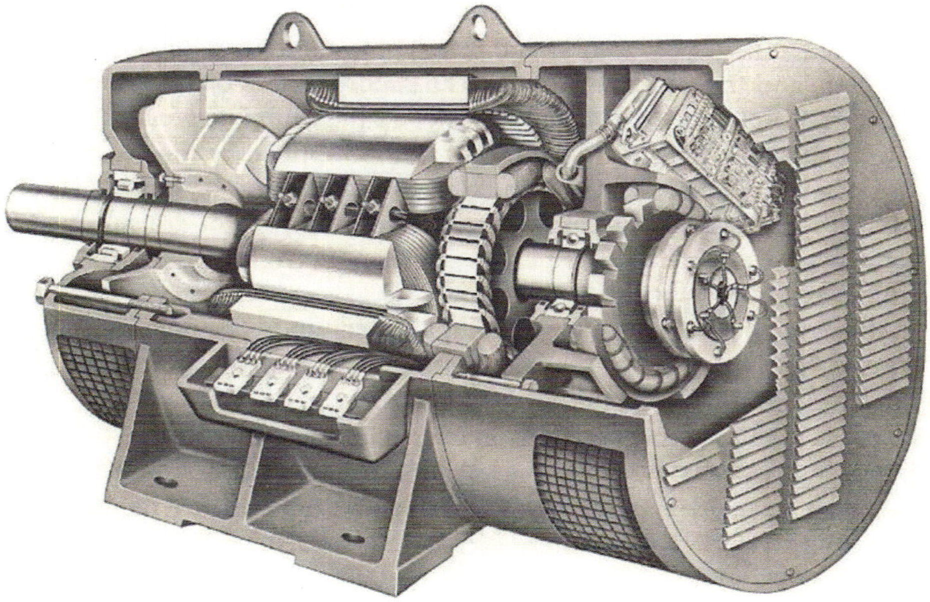

그림 178. 동기발전기

[유도발전기]

발전기의 회전자가 동기 속도인 1,500RPM을 넘어섰을 때 로터의 속도가 자기장의 회전속도보다 빨라지게 되는데, 이때 회전자에 강한 전류가 유도되는 성질을 이용한 발전기로서 신뢰성이 뛰어나며, 구조가 간단하기 때문에 동기식 발전기보다 가격이 저렴하며, 정속 회전 방식에 사용되는 발전기이다. 그러나 기어를 사용해 동기 속도인 1,500RPM을 유지해야만 하는 단점이 있으며, 종류로는 농형 유도발전기, 권선형 유도발전기, 영구자석형 유도발전기 등이 있다(그림 179).

출처: 가치투자연구소 (https://neocast.tistory.com/)

그림 179. 유도발전기 제작과정

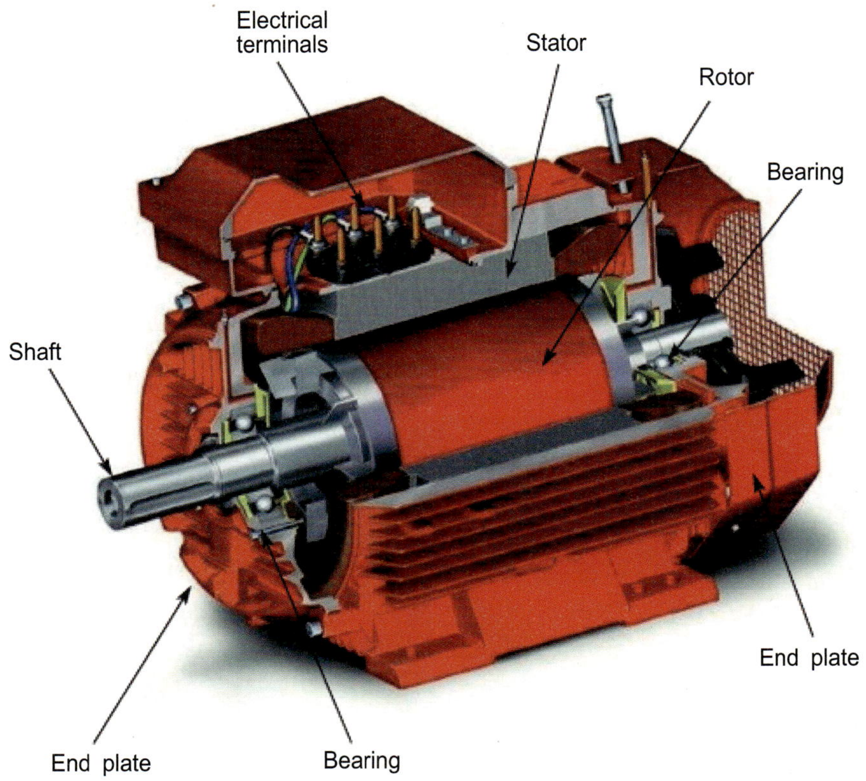

출처: https://www.theengineeringknowledge.com/

그림 180. 유도발전기

(j) 타워

풍력발전기를 지탱해주는 구조물로서 수평축 풍력발전기(HAWT)의 경우 너셀과 로터부를 지상에서부터 일정한 높이에 위치시켜 지탱해 주는 역할을 하는 구조물이며, 수직축 풍력발전기(VAWT)의 경우에는 회전축의 역할까지 담당하는 구조물이다. 대형 구조물의 경우 내부에 엘리베이터 시스템 등 여러 가지 보수/유지를 위한 장치들이 장착되기도 한다(그림 181).

설치 전

설치 후

타워 내부

그림 181. 풍력발전 타워

(k) 메인 베어링 제작

풍력터빈에 사용되는 베어링은 (1)발전기 베어링, 기억박스 출력축용 베어링, (2)드라이브 레인에 사용되는 룰러 베어링, (3)로터 블레이드 베어링, 요 베어링으로 구분된다(그림 182).

그림 182. 풍력발전 베어링

(l) 전기설비 부품

풍력발전시스템 내부에는 전기시스템이 설치되는데 이러한 전기설비들로는 회전기계, 정지형 전력변환장치, 개폐장치 및 보호장치, 배전반, 케이블, 변압기, 고전압 전기설비, 축전지 및 충전장치, 낙뢰보호 장치 등이 있다.

(m) 제어 및 안전시스템 (Control & Safety System)

풍력발전기 운전 중 풍력터빈을 최적의 상태로 운전하기 위해 풍력터빈 또는 주위환경의 상태 정보를 받아 풍력터빈의 운전을 제한하고 유지할 수 있도록 제어하는 시스템이 설치되어야 하고, 동시에 풍력발전기 운전 중 풍력터빈 내부의 기기 및 장치 등에 중대한 기능 장애가 발생할 경우를 대비해 기기 및 장치 등의 손상을 방지하기 위한 안전시스템이 설치되어 자동적으로 풍력발전시스템을 안전한 상태로 유지할 수 있도록 한다.

(n) 상태 감시 시스템 (CMS: Condition Monitoring System)

풍력터빈 기기들의 상태를 정기적인 측정과 분석을 통해 진동, 충격 등에 의한 상태를 관찰함으로서 보수 정비에 대한 과학적인 판단을 내리고, 기기의 상태를 감시할 수 있는 시스템 장치이다.

6. 해상 풍력발전기

6-1. 국내 해상 및 육상풍속 분포도[21]

(a) 평균풍속 분포도

한국에너지기술연구원의 독자적 수치해석기술로 공간해상도 100 m(연직공간해상도 10 m급)의 한반도 풍력자원지도를 작성하였다. 아래 자원지도는 지상고도 80 m 높이에서의 연평균 풍속분포를 보여준다. 내륙에서는 고산지대, 해상에서는 남해와 제주도 근해의 풍속이 높다.

21) Korea Atlas of New & Renewable Energy Resources, 한국에너지기술연구원.

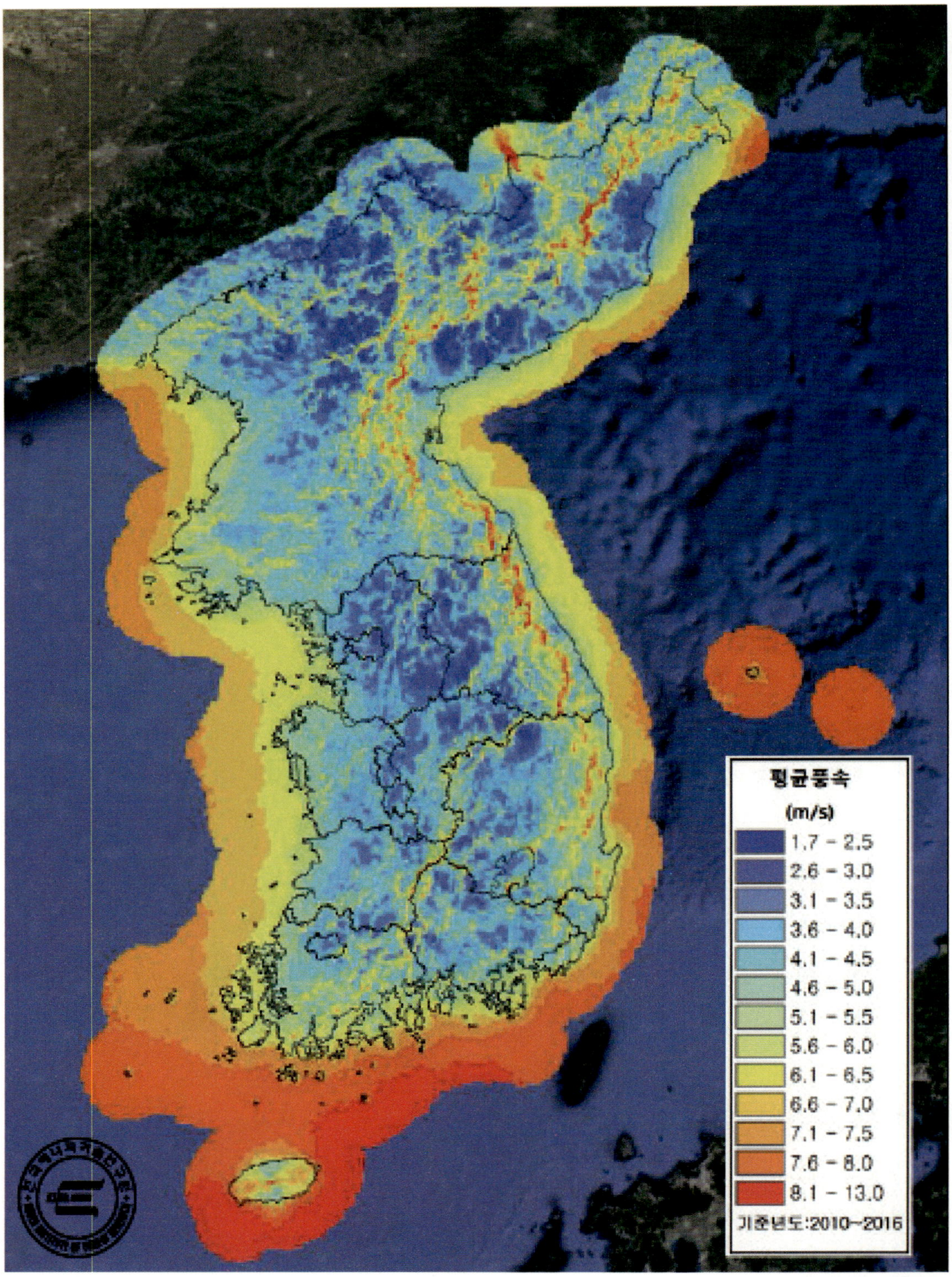

출처: 한국에너지기술연구원

그림 183. 국내 평균풍속 분포도 (기준년도: 2010~2016)

(b) 풍력밀도 분포도

풍력밀도란 풍력터빈 날개(블레이드)의 회전면적에 작용하는 풍력에너지의 밀도를 말하며 (W/㎡), 풍속의 세제곱에 비례한다. 통상, 지상 50 m 높이에서 330 W/㎡(6.4 m/s) 이상이면 풍력단지 개발이 가능하다고 평가한다. 아래 자원지도는 지상고도 80 m 높이에서의 연평균 풍력밀도 분포를 보여준다. 그리고 그 다음 그림의 월별 변화 양상을 보면 계절풍의 특성에 따라 풍력밀도가 큰 폭으로 변화함을 알 수 있다.

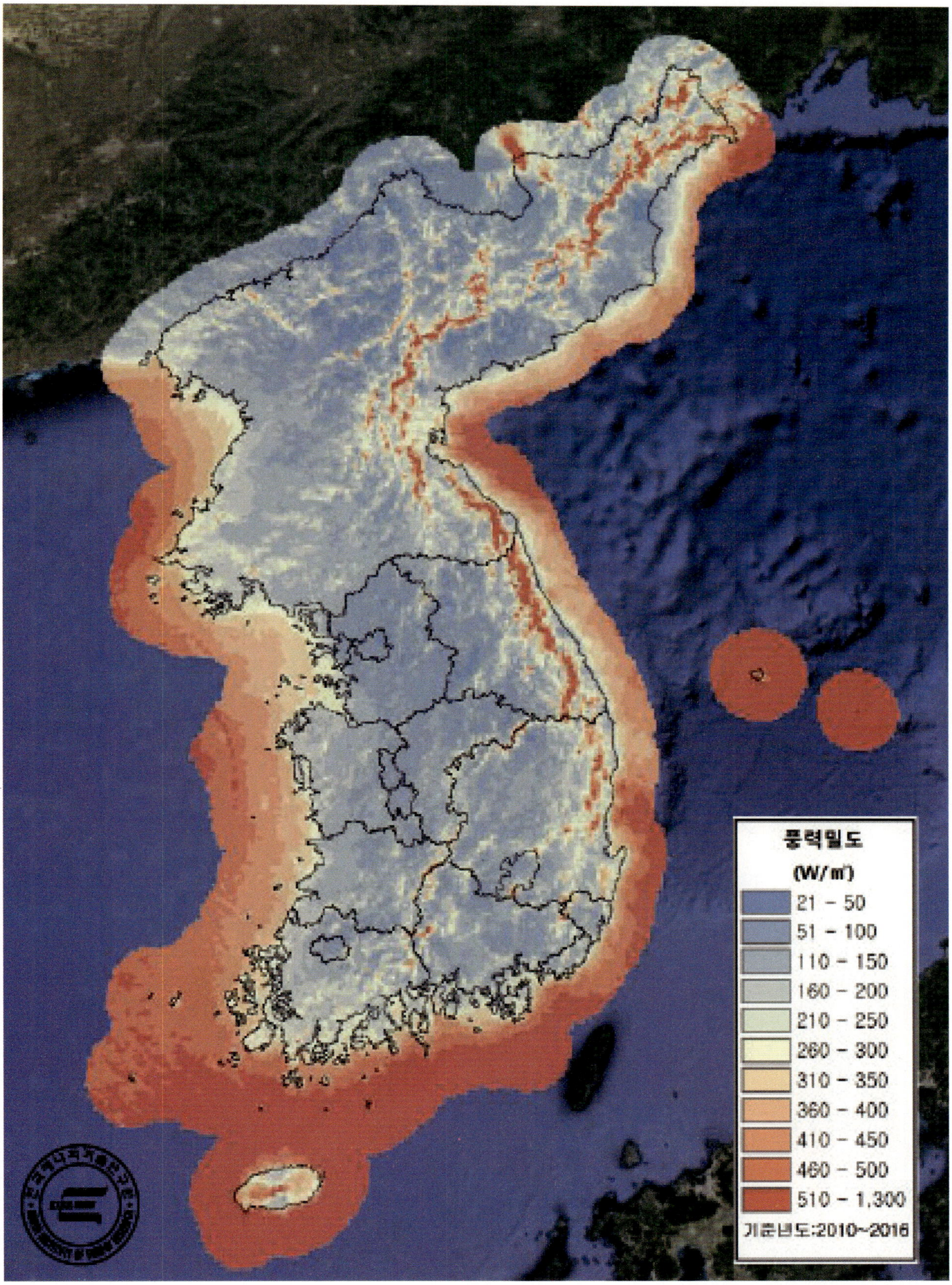

출처 : 한국에너지기술연구원

그림 184. 풍력밀도 분포도(기준년도: 2010~2016)

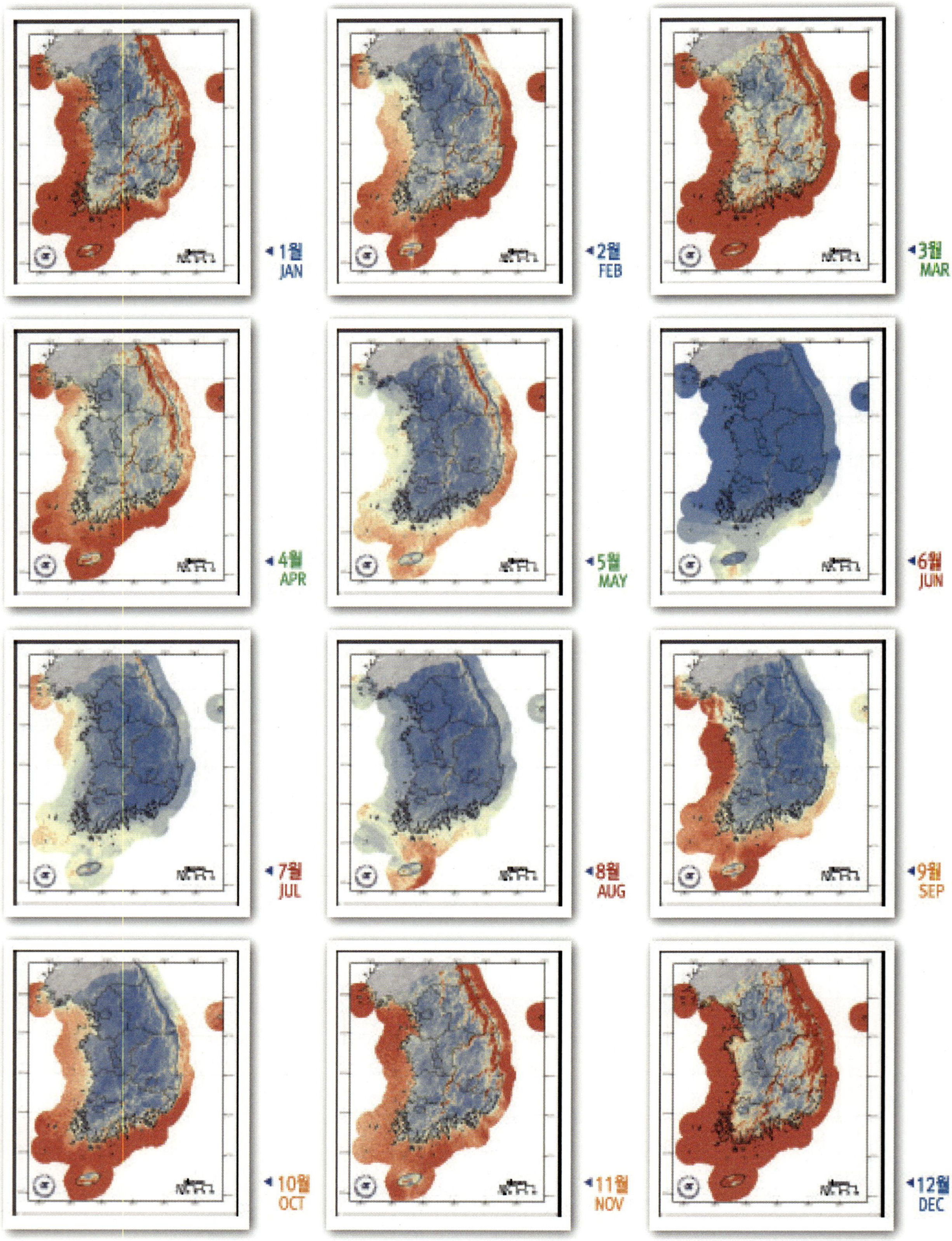

출처 : 한국에너지기술연구원

그림 185. 월별 풍력밀도 변화도

(c) 와이블 등급계수 분포도

풍력자원을 정량화하기 위해서는 풍속의 확률 분포를 분석해야 한다. 풍속분포는 와이블 분포로 표현할 수 있는데, 와이블 등급 계수(Weibull scale factor)는 풍속분포의 중심을 나타내며, 평균풍속과 같이 그 값이 클수록 풍력자원이 우수한 것으로 평가한다. 참고로 MW급 풍력터빈을 기준으로 로터 직경이 80 m일 때 회전구간의 하단, 중앙, 그리고 상단고도는 각각 40 m, 80 m, 120 m이다.

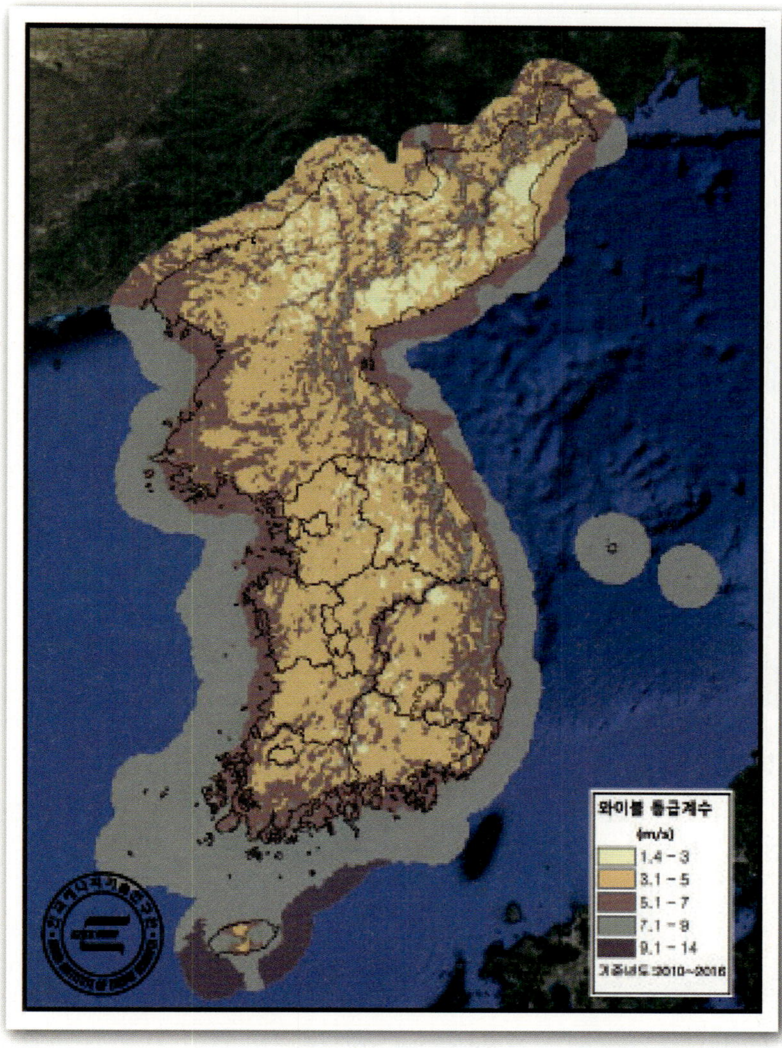

지상고도 80 m 기준

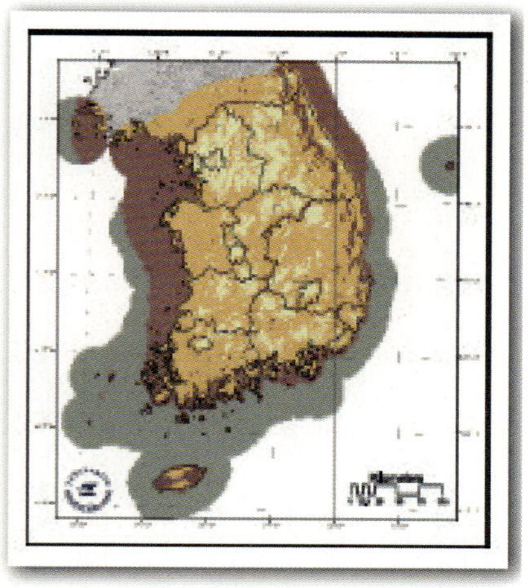

지상고도 40 m 기준

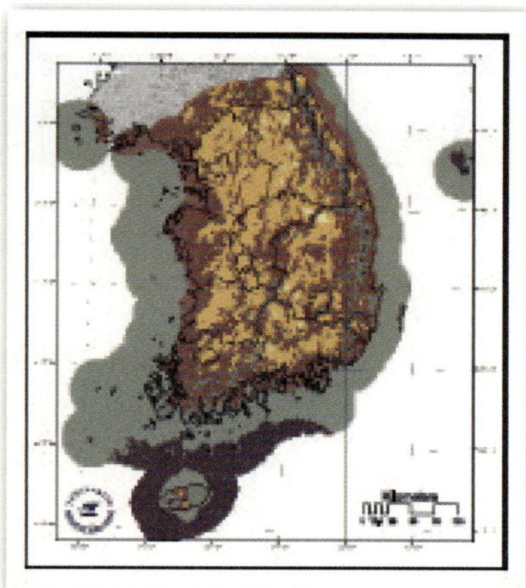

지상고도 120 m 기준

출처 : 한국에너지기술연구원

그림 186. 와이블 등급계수 분포도(기준년도: 2010~2016)

(d) 와이블 형상계수 분포도

와이블 형상계수(Weibull shape factor)란 풍속분포의 분산, 즉 와이블 등급계수 값으로부터 분포형태가 퍼진 형태를 나타낸다. 형상계수 값이 작을수록 풍속분포가 넓게 퍼졌음을 의미하며, 일반적으로 저풍속대에서는 이 계수 값이 클수록, 고풍속대에서는 이 계수 값이 작을수록 유리하다.

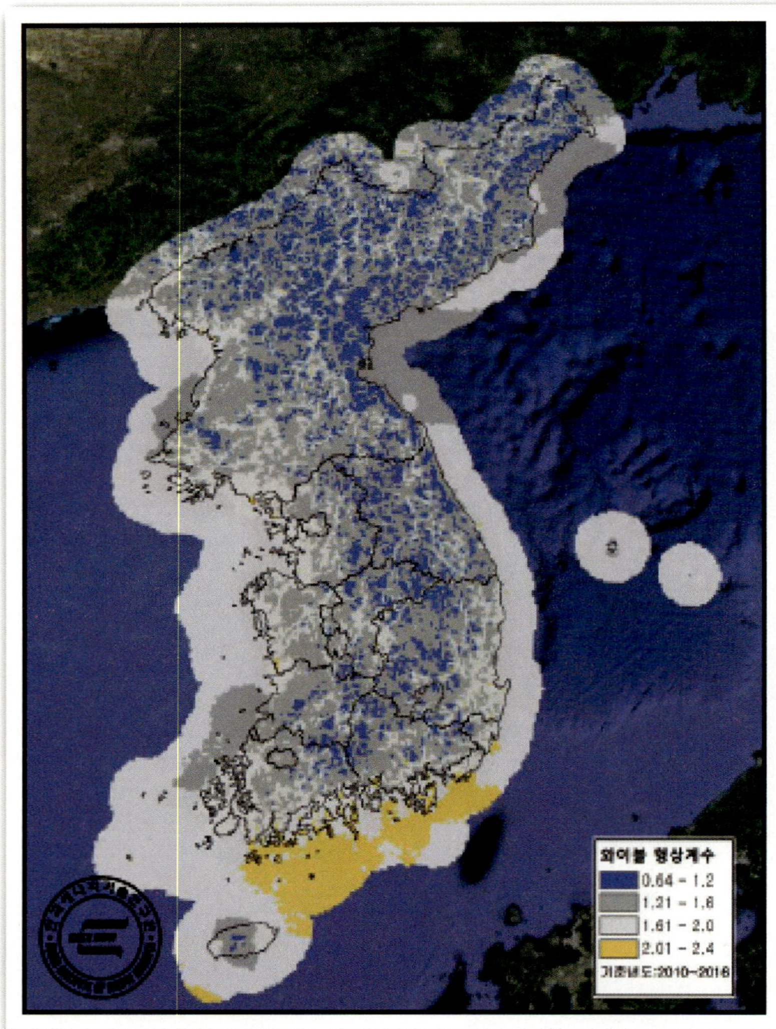

지상고도 80 m 기준

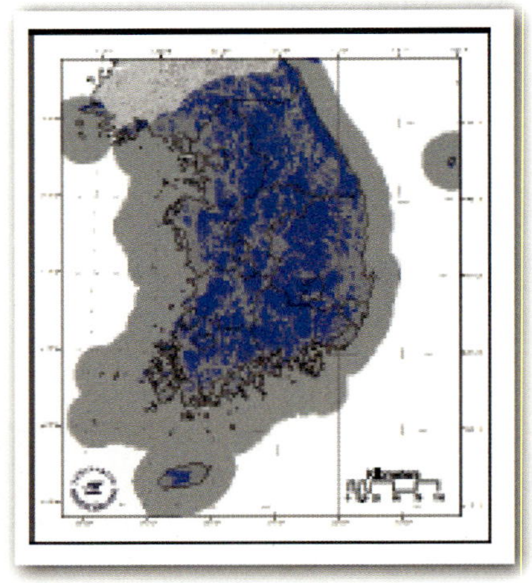

지상고도 40 m 기준

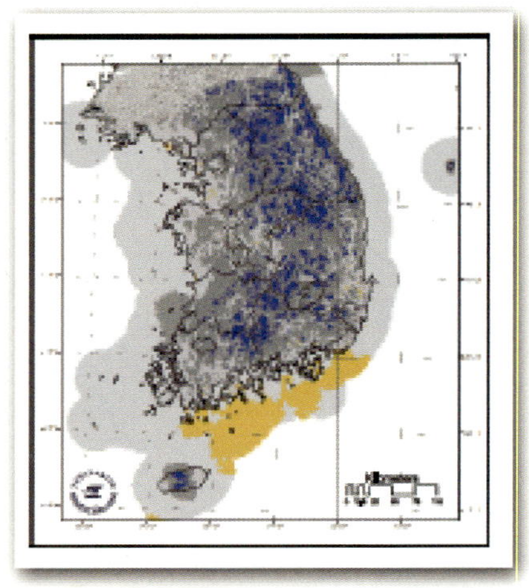

지상고도 120 m 기준

출처 : 한국에너지기술연구원

그림 187. 와이블 형상계수 분포도(기준년도: 2010~2016)

(e) 극한풍속 분포도

기후변화로 인해 한반도에 영향을 미치는 태풍의 경로가 서해안을 통과하는 비율이 커지고 있으며 최대 풍속도 증가하고 있다. 거대 구조물인 풍력터빈은 강풍에도 견뎌야 하기 때문에 풍력 단지 설계 시 극한풍속을 정확하게 예측하는 것이 매우 중요하다. 아래 자원지도는 인제대학교 대기환경정보연구센터가 작성한 극한 풍속 발생분포도로, 지난 15년간 한반도를 통과한 태풍의 풍속을 재계산하여 풍력터빈 허브높이인 80m에서 최대풍속을 산출한 것이다. 1998년부터 2008년까지 한반도에 영향을 준 태풍은 총 35개이며 연평균 3.5개가 영향을 미친다.

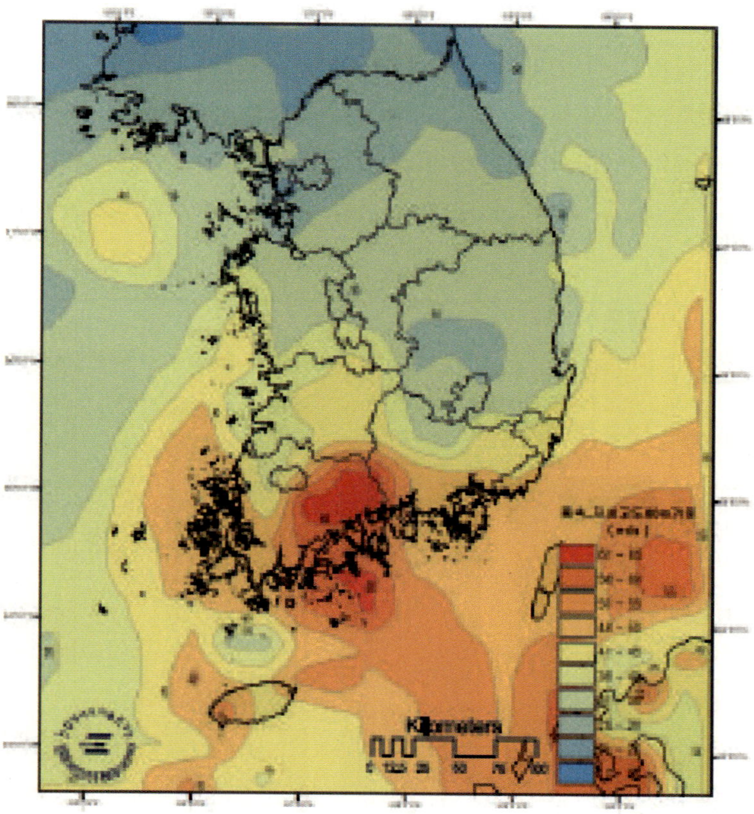

그림 188. 극한풍속 분포도

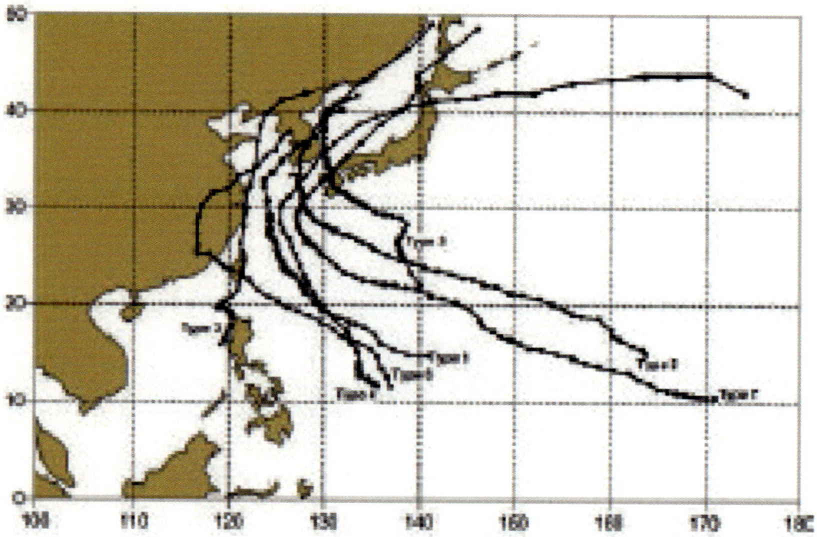

그림 189. 한반도를 지나간 태풍의 경로(기준년도: 1998~2008)

6-2. 고정식 해상풍력 시스템의 한계

고정식 해상풍력이 적합한 연안지역은 심해지역보다 에너지 잠재량이 떨어져 발전효율이 저하되는 문제점이 발생한다. 또한 연안지역은 어업권 보상, 환경문제, 각종 인허가, 레이더 간섭 등의 군사적 문제 등으로 해상부지 확보가 어려워 단지의 발전용량을 대형화하기가 어려운 게 사실이다. 실제 국내의 경우 새만

금 풍력사업이 국방부 레이더 간섭문제와 어장파괴에 대한 어민 반발로 좌초되었으며, 정부에서 추진 중인 서남해안 해상풍력발전단지 조성 사업도 각종 인허가 문제로 인하여 수 년동안 지체되었던 게 사실이다. 고정식 해상풍력은 해저지반 상태 및 수심에 대한 제약이 크고 수심 증가에 따라 기초 및 설치비용이 증가한다(그림 190). 아래 그림에서 보는 바와 같이 10~20m의 사이에서 19%의 기초비용이 40~50m에서는 36%로 증가하는 것을 볼 수 있다. 또한 설치비용도 소폭 상승하는 것을 알 수 있다.

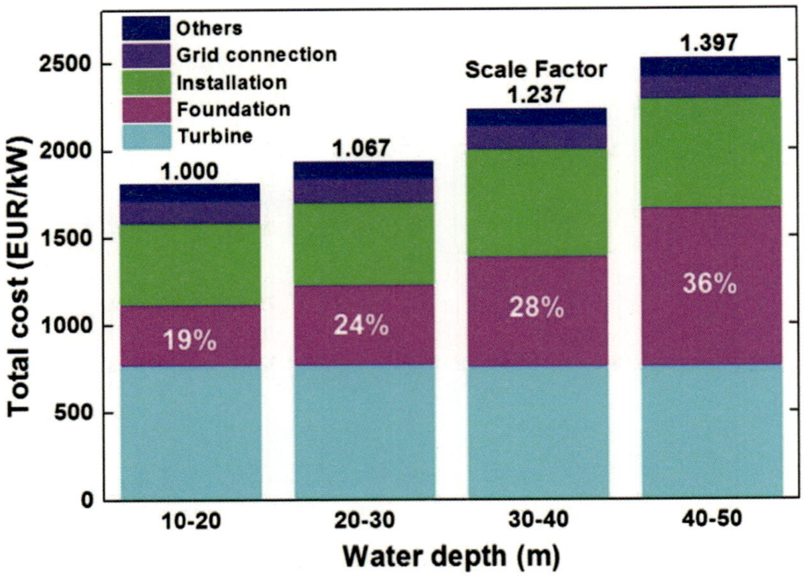

그림 190. 수심에 따른 고정식 해상풍력 건설비용(10~50m)

출처 : https://2hoffshore.com/blog/concept-screening-fixed-wind-foundations/

그림 191. 고정식 해상풍력 시스템

이러한 연안지역의 문제점들은 신재생에너지 발전단지의 경제성을 저하시키는 요인으로 작용한다. 따라서 신재생에너지 발전단지의 경제성을 향상시키기 위해서는 동일한 공간상에 단일발전보다는 복합발전을 적용하여 단위면적당 발전효율을 향상시키고 에너지 잠재량이 우수한 외해로 진출하는 것이 바람직하다. 깊은 수심의 해상에는 방대한 양의 바람자원이 존재하기 때문에 해상풍력발전단지의 적용 수심이 점차 깊어지고 있다. 세계적으로 육상 및 고정식 해상풍력발전이 갖고 있는 연안해역의 풍력자원 고갈, 민원증가, 설치환경의 한계 등의 문제점들을 극복하기 위해 부유식 해상풍력 기술개발 수요가 급증하고 있으며, 이미 부유식 해상풍력이 세계적 기술개발의 대세를 형성하고 있다. 따라서, 차세대 해상풍력 시장으로 학계 및 산업계에서는 심해 풍력자원을 경제적으로 활용할 수 있는 부유식 시장에 주목하고 있으며, 실용화 및 상품화를 목표로 한 실규모 부유식 플랫폼 실증이 성공적으로 수행되고, 단지구축 사업이 추진되는 등 점차 그 산업의 성숙도가 높아지고 있다. 현재 심해용 부유식 풍력발전시스템 개발이 활발히 진행 중에 있으나 아직 실용화 초기단계에 있고, 해상풍력 분야에서 부유식 해상풍력의 시장 점유율은 1% 미만에 불과하나 10년 내에 시장을 지배할 것으로 전망된다.

6-3. 부유식 해상풍력의 필요성

해상 풍력발전은 육상 풍력발전 대비 우수한 풍황자원 특성과 대형 풍력발전단지 조성이 용이한 장점을 갖고 있다. 해상은 육지와는 달리 해수면이 평탄하므로 난류강도가 육지에 비해 현저하게 낮으며, 동시에 풍향 역시 비교적 일정하게 유지하고 있다.

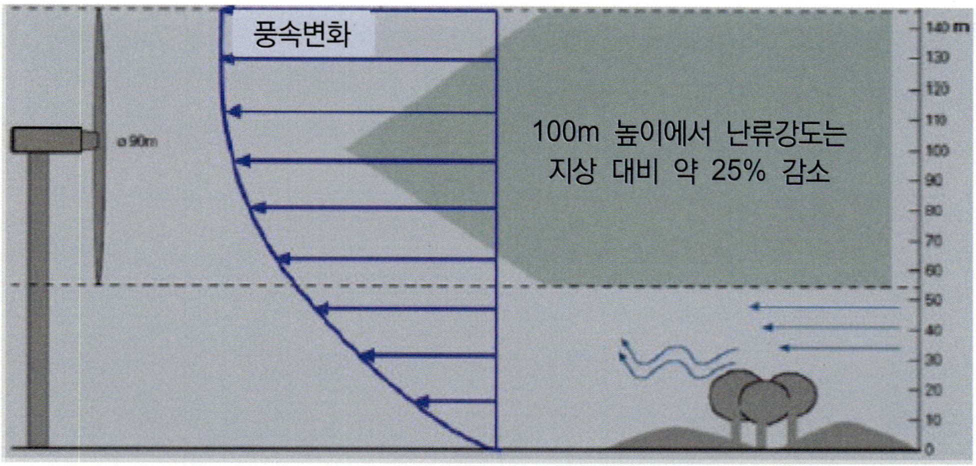

출처: KISTEP, Green-tech research, 2011

그림 192. 높이에 따른 풍속의 변화

먼(깊은) 바다로 나갈수록 바람이 많이 불고 넓은 공간을 활용할 수 있으나, 고정식 해상 풍력발전은 경사가 가파른 바닥면에서는 설치가 어려워 비교적 완만하고 얕은 수심에서 개발되어 왔다. 부유식 해상풍력발전의 경우 깊은 수심에서도 적용 가능하며, 먼 바다의 고품질 바람 자원 활용이 가능하고, 해저면에 고정 설치할 필요가 없어 수심 및 해저면 형태의 영향이 적으므로 기존에 접근이 불가능했던 먼 지역으로 영역확대가 가능하다는 장점을 갖고 있다. 그러나 원거리로의 계통연계, 해상 공사가 이루어져야 한다는 점 등 육상 풍력 대비 공사 및 유지보수 등에도 높은 비용이 발생한다.

부유식 해상풍력발전 분야는 노르웨이, 프랑스, 영국, 미국, 일본과 한국 등을 중심으로 활발한 연구 및 실증이 진행되고 있지만, 아직 기술개발 단계이므로 국내의 대형 조선 및 해양플랜트 기술력을 접목하여 기술 개발을 시도한다면, 단기간에 세계 정상급 기술을 확보할 수 있을 것으로 판단된다.

국내 해상환경에서는 연 10분 평균풍속 8.0 m/s 이상의 고품질 풍황을 갖는 해역의 수심은 대부분 50 m 이상이 되고, 이 해역에는 고정식보다는 주로 부유식 해상풍력 발전시스템이 설치되는 추세가 될 것이다. 수심 제약 조건으로부터 자유로운 부유식 해상풍력발전의 경우에는 풍황이 풍부한 동해의 울산과 부산, 남해안 일대, 제주 해역이 적합한 것으로 조사되고 있으며, 이 해역에 약 16,000 MW 이상의 시장 확보가 가능하고, 내수시장뿐만 아니라 해외시장 진출이 가능한 것으로 조사되어 부유식 해상풍력의 적극적인 개발과 확산이 필요하다.

6-4. 부유식 해상풍력 시스템의 계류

부유식 해상풍력 발전시스템은 발전기의 하부 구조물이 해저면에 고정되어 있지 않고 부력을 이용한 부유식 구조물에 의해 해상에 떠 있는 형태이며, 연안으로부터 원거리에 부유식 구조물이 위치함으로서 육상 또는 고정식 풍력발전에 비해 더 우수한 풍황 자원을 이용할 수 있고, 소음 및 전자기 등의 영향이 작은 장점이 있다. 특히, 경쟁력 있는 육상풍력 단지의 고갈, 부지사용에 대한 거주환경 문제와 민원 증가 등 개발에 가장 난해한 현실적 문제로부터 상대적으로 자유로운 해상풍력발전에 대한 수요가 증가하고 있으며, 수심 50 m 이하의 고정식 해상풍력 발전시스템이 현재 주류를 이루고 있으나, 2020년 이후 중수심(수심 50m~150 m해역) 설치형 부유식 해상풍력 발전시스템에 대한 수요가 증가할 것으로 예상된다[22].

그림 193. 부유식 해상풍력의 계류방식

부유식은 부유체의 형태나 계류 방식에 따라 ① 원주부표(Spar-buoy), ② 반잠수식(Submersible), ③ 인장각 플랫폼(TLP: Tension Leg Platform) 등 3가지 형식이 존재한다. 원주부표형은 해상운전 중 안정성을 유지하기 위해 흘수(Draft)를 깊게 적용하여 안정성을 확보하는 형식이며, TLP형식은 계류용 줄(Mooring Line)의 장력을 이용하며, 반잠수식은 부유체의 부력과 계류시스템을 이용한 형식으로 시스템 안정성을 유지하는 방식이다. 원주부표 방식과 인장각 플랫폼 방식은 중량이 작고 제작비가 절감되지만, 운송 및 설치비의 부담이 존재한다. 또 우리나라에 설치하기에 알맞은 해역이 없어서 설치가 어렵다. 그래서 현재는 반잠수식 부유체 방식이 가장 적합하다고 할 수 있다. 그리고 동해 남부에 해당하는 경북 경주, 울산지역은

22) 부유식 해상풍력발전, 신현경.

우수한 풍속, 짧은 연안 거리, 상대적으로 높은 계통 수용성으로 가장 적합한 개발 대상으로 손꼽히고 있다. 반잠수식 형식은 조선소 및 연안 부둣가에서 제작/조립 후에 예인선을 이용하여 운송이 가능하고, 설치 수심 또한 50 m~150 m 범위에서 적용하기 용이한 형식으로서 최근 개발되는 부유식 해상풍력 발전시스템의 부유체로 채택되고 있다[23].

	반잠수식	스파	TLP
개념도			
장 점	• 낮은 draft 인해 얕은 수심에 설치 가능 • 육지 또는 건조 도크에서 조립 가능 • 중수리 도중 기존의 예인선으로 쉽게 해안으로 견인될 수 있음 • 계류 설치비용이 낮음	• 직렬구조에 적합한 간단한 구조 • 낮은 설치계류비용 • 안정된 구조로 파동을 덜 유발 • 움직이는 부분이 적고 복잡한 구성이 아님	• 낮은 질량에 따른 낮은 생산비용 • 육지 또는 건조 도크에서 조립가능 • 부품이 거의 없고, 검증이 쉬움 • 높은 안정성
단 점	• 무겁고 복잡한 구조로 인한 높은 생산비용 • 다른 유형 대비 파동에 의한 움직임이 큼	• 구조물의 큰 draft 때문에 해안내 조립 및 유지보수가 제한적 • 다른 유형에 비해 수심이 깊어야함 • 설치시 선박에 대형 리프트 크레인 필요	• 실증 경험이 적음 • 앵커링, 설치 및 유지보수가 복잡 • 앵커링 및 계류시스템의 높은 하중
주요기업	• Principle Power (WindFloat, FORWARD) • Hexicon • DeepCwind • Ideol	• Statoil(HyWind) • DeepWind • SeaTwirl • Japan Marine	• GICON • Glosten • BlueH • Iberdrola

출처 : 한국석유공사 석유정보센터 에너지정보팀(이준석, 장진욱, 김준식)

그림 194. 부유식 계류방식에 따른 장단점

계류시스템은 부유체가 일정한 범위를 벗어나지 않도록 제어하는 기능을 하며, 크게 계류선과 앵커링으로 구성된다. 부유체는 계류시스템에 의해 해저에 고정되는데, 구조물의 유형과 계류될 수심 등에 따라 계류 방식이 달라진다. 느슨한 계류선(slack catenary), 팽팽한 계류선(taut catenary), 인장각 계류시스템(tension leg mooring system) 등 계류선 종류에 따라 설치 방법 및 복잡도가 달라진다. 앵커 유형은 아래와 같이 Drag-embedded, Driven pile, Suction pile, Gravity anchor가 있다. 수심과 앵커링에 따른 역학 효과, 해저지질과 앵커의 상호작용, 새로운 소재의 적용가능성, 고급 모니터링 등이 필요한 부분이다. 반잠수식 플랫폼 계류시스템의 앵커형식으로는 드래그 임베디드(Drag-embedded) 방식이 일반적으로 고려되고 있으며, 최근에는 석션(Suction) 방식 등이 적용되고 있다.

23) https://blog.kepco.co.kr/2021,한국전력 블로그 굿모닝 KEPCO!.

Drag embedded	Driven pile	Suction pile	Gravity anchor
• 점착성 해저면에 최적 • 수평하중 • 간편한 설치 과정 • 철거과정에서 회수 가능	• 다양한 해저면에 적용 가능 • 수직 또는 수평하중 • 설치 시 소음 영향 • 철거 시 회수 어려움	• 연암 또는 경암에 부적합 • 수직 또는 수평 하중 설치 간편 • 철거 시 회수 용이	• 중암 또는 경암에 적합 • 수직 또는 수평하중 • 대규모/대중량 장비, 고비용 • 철거 시 회수 어려움

그림 195. 앵커의 종류 및 장단점

6-5. 부유식 해상풍력의 안정성

부유식 해상풍력의 상용화를 위해서는 안정화된 기술이 핵심이다. 부유식은 파랑(ocean wave)에 의해 동요되므로 부유체 부분과 풍력터빈 부분을 연결하는 지지구조부에 작용하는 하중은 고정식에 비해 증가한다. 이 불안정 요동은 부유식 풍력터빈의 건전성과 지지 구조에 작용하는 피로하중에 악영향을 끼치므로 매우 중요하다. 부유식 해상풍력이 고정식 해상풍력 발전시스템 보다 높은 경제성을 갖기 위해서는 수심 50m이상인 지역에 설치되므로 육상 및 고정식 해상풍력발전 시스템과는 다르게 부유식 해상풍력발전 시스템은 극심한 해상조건하에서도 안전성과 신뢰성이 보장되어야 한다. 바람과 파랑하에서 부유식 플랫폼의 과도한 모션(흔들림)은 타워 상부에 위치한 발전부에 무리를 주어 고장 원인으로 작용하게 된다.

부유식 해상풍력 분야에서 바람과 파랑하에서 모션이 낮은 기술은 안정적인 발전을 가능하게 하는 핵심기술로 평가받고 있다. 부유식 플랫폼은 현재 실증연구 단계로 시장 진입이 가능한 경제적이고 표준화된 모델이 아직 개발되지 않은 상태이므로 추격형이 아닌 선도형 기술을 확보하기 위해서는 현 단계에서 국가 차원의 투자가 이루어져야 한다. 또한 부유식 해상풍력 시장은 아직 초기단계로 과제 성과물의 시장 진입장벽이 높지 않으며, 국내외 다양한 사이트에 대하여 대량 생산과 적용이 가능하다. 부유식 해상풍력 플랫폼은 설치 사이트 조건에 구속되지 않으므로(지반조건에 따라 필요한 경우 앵커시스템만 조정) 대부분 특정 사이트 조건에 커스터마이징 되는 고정식과 달리 다양한 사이트에 적용이 가능하다. 우리나라는 조선, 해양플랜트 및 건설 부문에 있어서 이미 세계적 수준의 기술력을 갖추고 있어 국내 관련 기반기술 성숙도가 높은 편이다. 따라서 안정성과 경제성을 갖춘 부유식 해상풍력 플랫폼 개발에 착수할 경우, 빠른 시간 내에 세계 부유식 플랫폼 기술을 선도할 수 있을 것으로 예상된다.

출처 : TKI Wind op Zee Program 2019-2020 – Topsector Energie

그림 196. 부유식 해상풍력 설치 장면

6-6. 고정식 대비 부유식의 경쟁력 및 전망

(a) 고정식 대비 부유식 해상풍력의 장단점

이미 기술한 바와 같이 고정식 해상풍력의 경우 경제성 및 시공성을 고려한 수심 한계는 약 50m 내외이며, 고정식 하부구조물의 건설비용은 수심에 따라 기하급수적으로 증가한다. 해상풍력 설치선의 작업 가능한 수심은 잭업 레그 길이, 설치선의 중량, 크레인의 인양 용량에 따라 제한된다. 고정식 하부구조물은 단지 내 모든 하부구조물이 위치하는 각각의 수심 및 지질 조건을 감안하여 각 설치 위치에 대한 상세 설계를 필요로 하기 때문에 설계 및 제작비용이 고가이다[24].

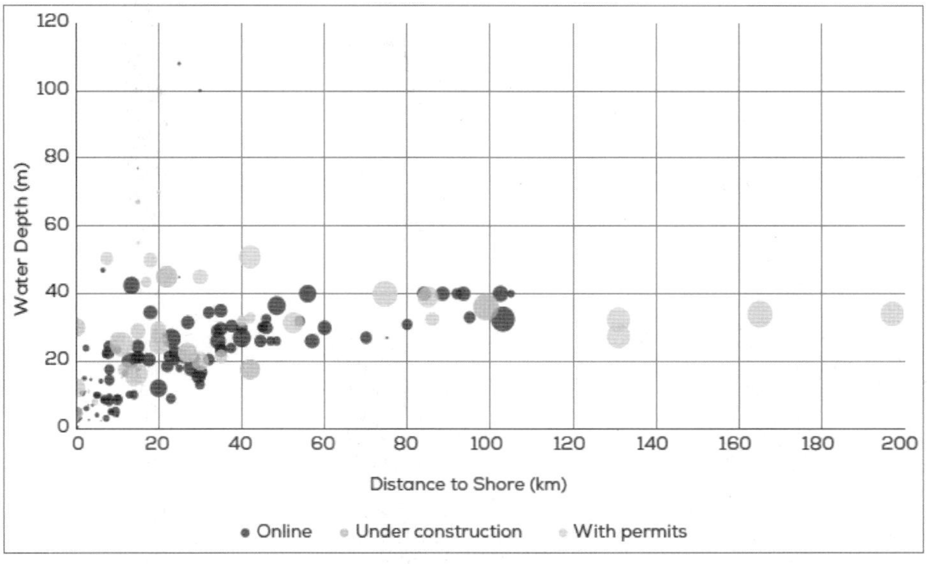

출처 : Offshore Wind in Europe - Key trends and statistics 2020

그림 197. 유럽 해상풍력단지 설치수심

24) 수심 100m 내의 부유식 해상풍력 플랫폼 기술개발 기획연구, 한국건설기술연구원(정연주), 2017.

부유식 해상풍력은 단지내 모든 부유식 플랫폼에 대하여 동일한 설계가 가능하므로, 설계비용이 상대적으로 적게 들고 양산에 의한 제작비용의 절감이 가능하다. 고정식 해상풍력은 고중량의 풍력터빈 및 하부구조물 설치를 위해 고가의 임대비용이 드는 전문 설치선을 중심으로 한 다수의 선단이 필요하지만, 부유식 해상풍력은 터그 보트의 이용이 가능하여 설치비용의 대폭 경감이 가능하다. 고정식 해상풍력 하부구조물 전문설치선박 임대비가 일 150,000~500,000 Euro인 반면, 터그 보트 임대비는 약 30,000~60,000 Euro로 1/5~1/8 정도 저렴한 편이다.

부유식은 수심이 깊고 풍황이 우수한 지역에 해상풍력단지 개발이 가능하여, 연간 발전량이 고정식 대비 우수할 수 있다. 고정식은 해상풍력단지 설계수명 후 해체시 임대비용이 높은 잭업 바지가 필요하다. 부유식 해상풍력은 계류선만 해체하면 터그 보트를 이용하여 부유식 플랫폼 및 발전기를 해안으로 이동 후 해체가 가능하여 해체비용이 고정식 대비 대폭 낮다. 부유식 해상풍력은 플랫폼 고정을 위한 계류시스템이 별도로 필요하므로, 이 항목에 대하여 고정식 해상풍력 대비 추가로 원가 투입이 필요하다. 특히, TLP 형식의 부유식 해상풍력은 계류시스템의 비용이 큰 편이다.

(b) 고정식 대비 부유식 해상풍력 LCOE 비교

현재 부유식 해상풍력의 건설비는 고정식 해상풍력 대비 약 60% 더 고가이며, 기술 혁신 및 공급망 확대를 통해 고정식 대비 가격 경쟁력 확보가 필요하다. DNV GL은 부유식 해상풍력의 LCOE를 2030년까지 현재 대비 약 54% 줄여야한다고 전망하고 있다. 부유식 해상풍력의 건설비 절감은 부유식 플랫폼 > 풍력터빈 > BOP 순으로 절감되어야 한다(그림 198 참조). 부유식 해상풍력의 TRL이 높아지면 부유식 플랫폼 제작비용은 양산 효과에 의해 고정식 대비 더 낮아질 수 있다(그림 199, 그림 200 참조). 부유식 해상풍력의 설치비용은 설치선단 임대비용에 의해 고정식 대비 절감될 수 있다(그림 201참조)[25].

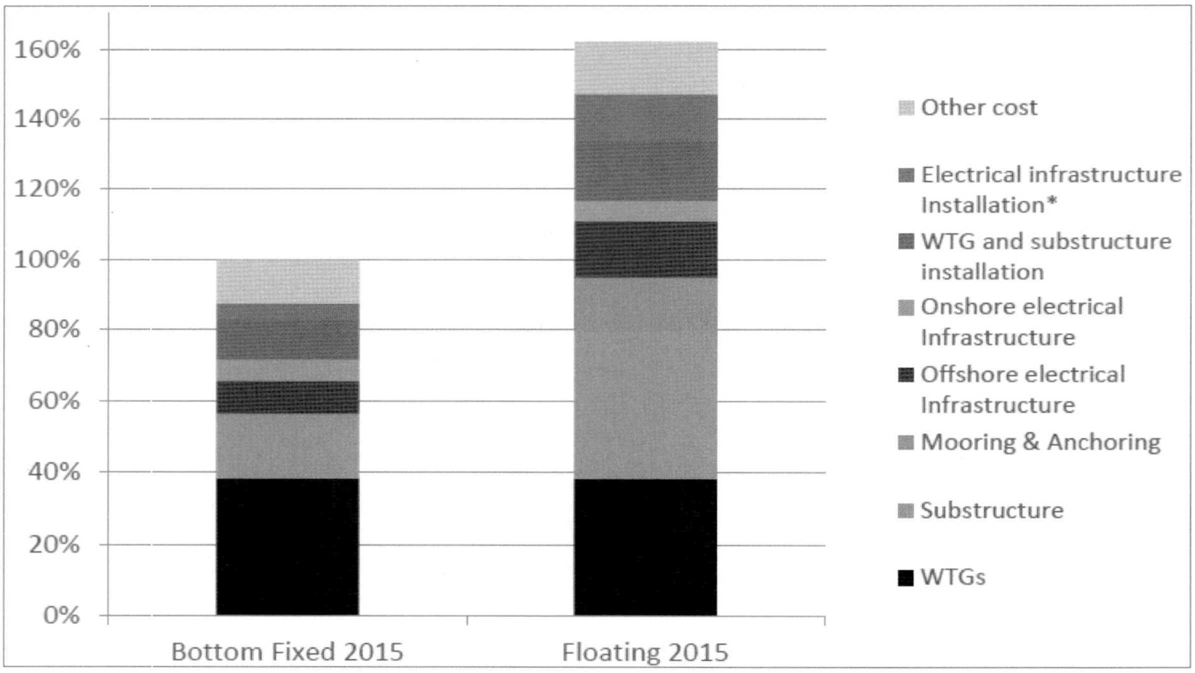

출처: TKI Wind op Zee, 2016 (Market study floating wind in the Netherlands)

그림 198. 고정식과 부유식의 플랫폼 건설비 비교 (800 MW wind farm)

25) 수심 100m 내의 부유식 해상풍력 플랫폼 기술개발 기획연구, 한국건설기술연구원(정연주), 2017.

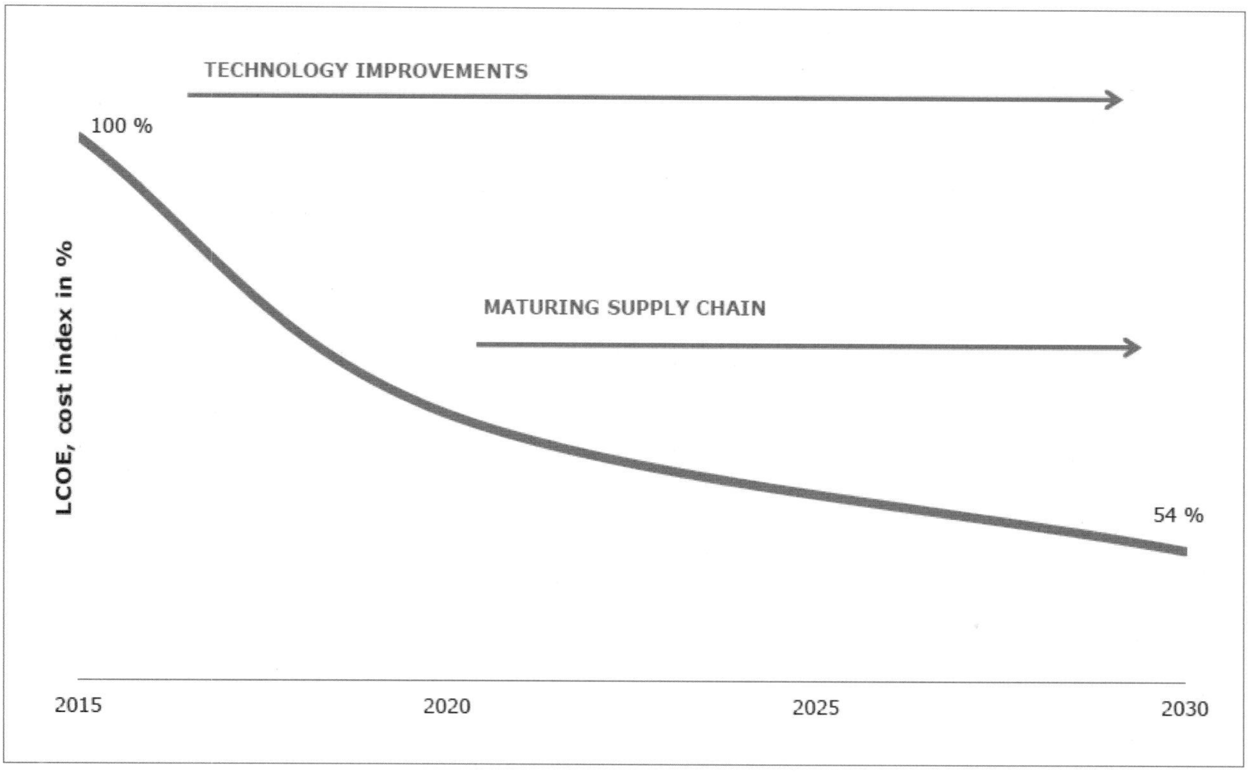

출처: DNV GL(2017) – The status and potential of floating offshore wind

그림 199. 부유식 해상풍력의 LCOE 저감 전망

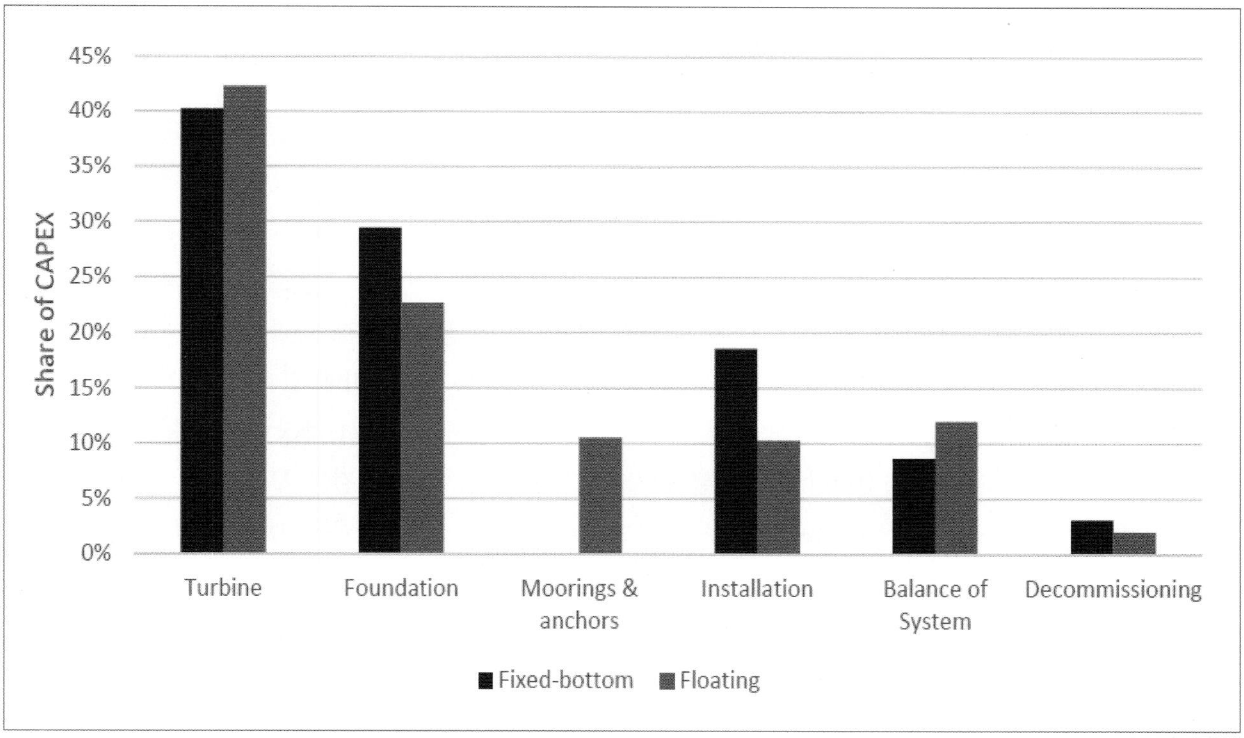

출처: Carbon Trust 2015 – Floating offshore wind: market & technology review

그림 200. 고정식과 부유식의 해상풍력 건설비 비교

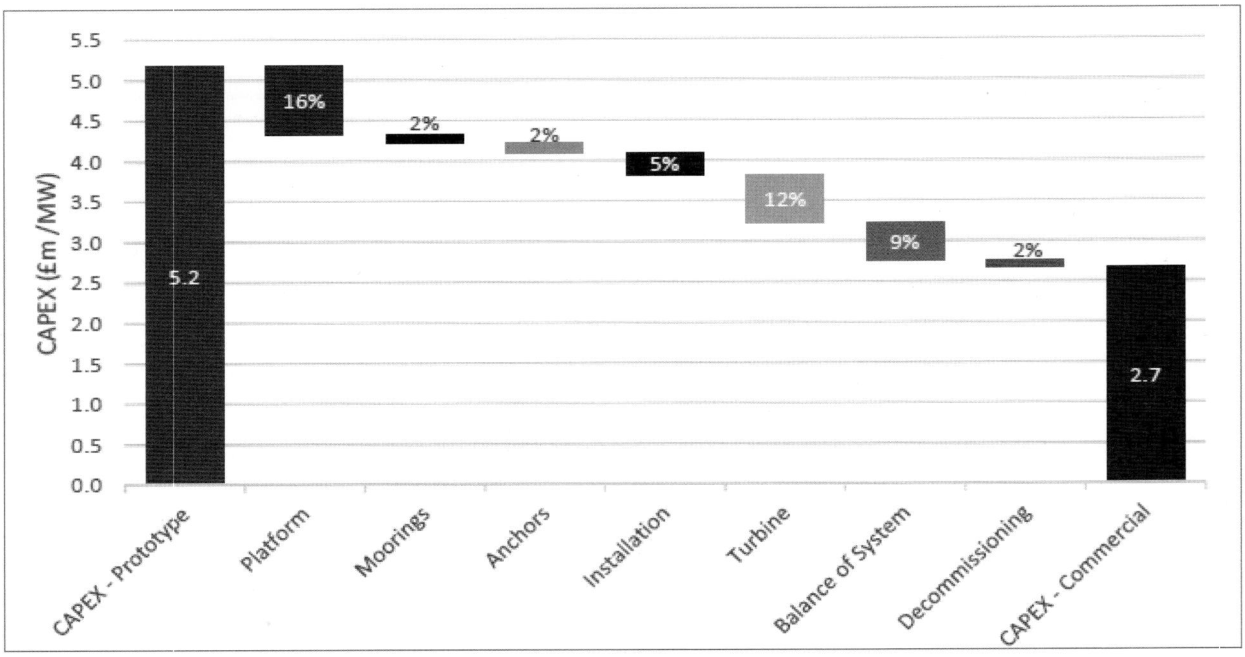

출처: Carbon Trust 2015 – Floating offshore wind: market & technology review

그림 201. 부유식 해상풍력 CapEx 절감 목표

6-7. 해상풍력의 전력시스템 (계통연계)

(a) 개요

일반적으로 해상풍력단지 전력시스템은 크게 풍력터빈들과 내부망 케이블로 구성되는 내부전력망, 효율적인 에너지 전송을 위한 해상변전소, 외부전력망 등으로 구성된다. 내부전력망은 해상풍력단지 내의 풍력터빈들을 해저케이블을 통해 연결하여 각 풍력터빈에서 생산되는 에너지를 해상변전소로 집약시키는 역할을 한다. 해상변전소는 해상풍력단지의 규모가 크거나 육상에서의 거리가 매우 먼 경우 필요하게 된다. 해상풍력단지의 경우, 풍력터빈 구성 부품 중 해저케이블은 풍력단지의 전기적, 경제적 부분에 막대한 영향을 끼친다. 해상풍력단지의 해저케이블은 사용 장소에 따라 크게 내부전력망(Array cable or inter array)에 설치되는 경우와 외부전력망(Transmission cable or export cable)에 설치되는 경우로 구분된다. 내부전력망에 설치되는 해저케이블은 정격전압 약 35kV 이하의 케이블로서 풍력터빈과 풍력터빈 사이, 풍력터빈과 해상변전소를 연결하는데 사용되며, 외부전력망에 사용되는 해저케이블에 비해 길이가 짧고 가볍다. 반면, 외부전력망에 설치되는 케이블은 정격전압 약 35~600kV 사이의 케이블로서 해상변전소와 육상변전소를 연결하기 위해 사용되며 내부 전력망에 사용된 해저케이블에 비해 길이가 길고 무겁다. 송전방식에 따라 HVDC[26](High Voltage Direct Current)의 경우 해상변전소가 아닌 전력변환용 플랫폼이 설치되지만 현재 운영되고 있는 대부분의 해상 풍력단지에서는 HVDC보다는 HVAC[27](High Voltage Alternative Current)가 보다 경제적이기 때문에 해상변전소를 설치하여 HVAC 송전방식으로 운영하고 있다. 국내에서도 서남해에 해상풍력단지를 건설예정에 있으며 이를 위해서 해상풍력단지의 내부전력망과 외부전력망, 해상변전소 설계 시 고려해야 할 사항에 대한 연구가 진행되고 있다[28].

26) HVDC(High Voltage Direct Current transmission system, 초고압직류송전): 발전소에서 생산되는 고압의 교류 전력을 전력변환기를 이용해 고압의 직류전력으로 변환시켜 송전한 후, 원하는 수전(受電) 지역에서 다시 전력변환기를 이용해 교류전력으로 변환하여 공급하는 방식이다. 즉, 이제는 직류도 변압 기술이 발전한 것이다.

27) 초고압교류송전.

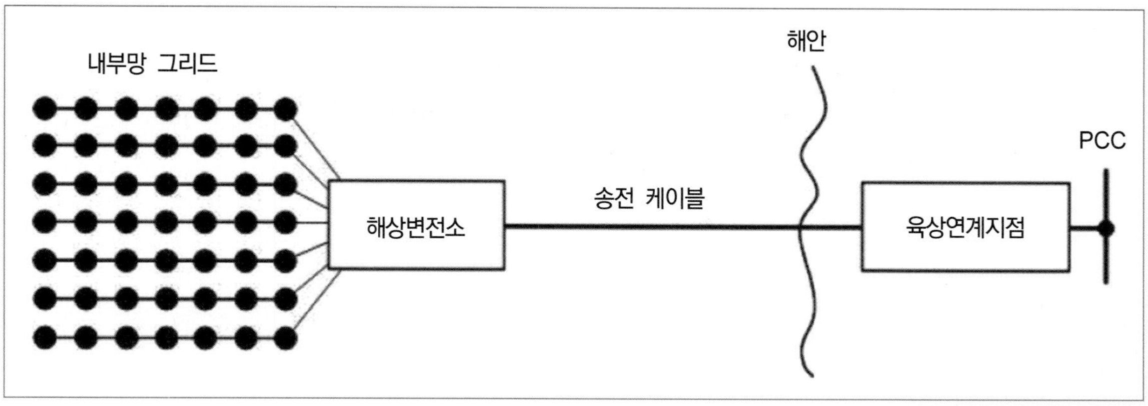

그림 202. 해상풍력단지의 구성요소

내부전력망, 해상변전소, 외부전력망으로 구성되는 해상풍력단지 전력시스템의 구성요소는 그림 203과 같다. 해상변전소는 해상풍력단지 건설 시 육상연계를 위해 해상변전소를 설치하게 되며 내부그리드의 배전급 전압을 외부망 송전케이블의 고압레벨로 승압시켜 각각의 풍력터빈에서 생산된 전력을 보다 효율적으로 육상으로 전송하게 된다. 해상변전소와 육상연계지점을 연결하는 송전케이블은 해상변전소를 통해 승압된 고압의 전압레벨로 해상풍력단지에서 생산된 에너지를 육상으로 전송하게 된다.

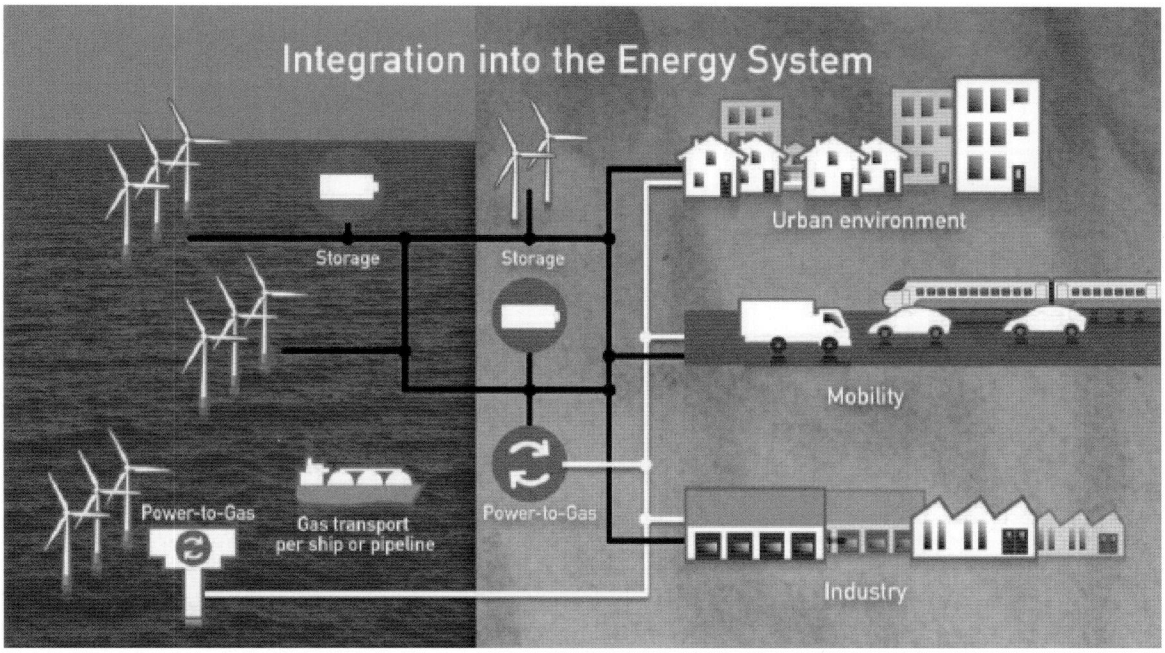

출처: TKI Wind op Zee Program 2019-2020 – Topsector Energie

그림 203. 해상 풍력발전 생산전력의 활용

(b) 내부전력망의 전압 및 구성

대부분의 풍력터빈 발전기는 690~1000V의 전압레벨에서 전력을 생산하며, 이는 너셀이나 터빈 하부에 설치되어 있는 변압기에 의해 배전급의 내부전력망 전압레벨로 승압된다. 전압의 크기가 커질수록 풍력터빈 내에 설치되어야 하는 변압기 혹은 개폐장치 등의 규모가 커지게 되어 설치가 어려워지기 때문에 규격화되어 있는 전압레벨인 33~36kV가 일반적이다. 현재 해상풍력단지에 대한 개발이 진행 중인 우리나라의 경우 배전전압이 22.9kV이기 때문에 동일한 전압레벨을 적용하면 규격화되어 있는 케이블을 이용할 수 있

28) 해상풍력의 계통연계 방안에 대한 기술개발 현황, 한국전력연구원(윤기갑).

는 장점이 있다. 하지만 육상으로의 연계에 대한 문제를 고려할 필요가 없는 내부망 케이블의 경우 향후 해외사업 진출 등을 고려하였을 때 33kV가 적정 전압레벨로 판단된다.

내부전력망의 피더구조는 해상풍력단지의 규모, 신뢰도 레벨 등에 따라 그 형태가 매우 다양하며 이를 결정하는 문제는 효율, 비용, 신뢰도 등 많은 측면에서 매우 중요하다. 일반적으로 내부망 구성은 그림 204와 같다.

구 분	구 조 도	특 징
방사형	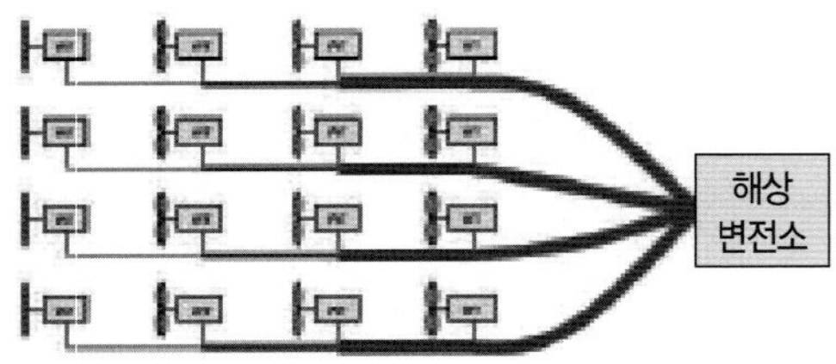	• 가장 일반적인 구성 • 각각의 회선에 풍력터빈을 최대로 연결 • 해외의 경우 경제성을 이유로 가장 많이 사용되어 왔으나, 점차 환상형으로 변경되고 있는 추세임 • 해상변전소에서 먼 해저케이블일수록 직경이 작아지므로 비용 절감이 가능 • 해저케이블 고장시, 고장점 이후에 설치된 모든 풍력터빈의 출력은 중단됨
환상형	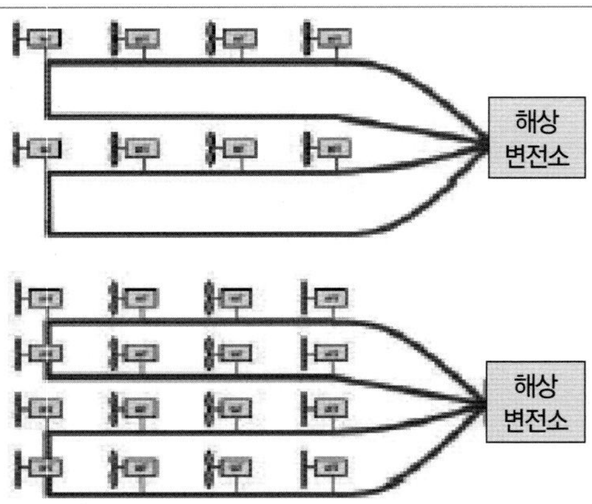	• 방사형 구성에 각 회선별 해저케이블을 추가적으로 설치하여 신뢰성을 확보 • 회선 간 연결을 하지 않는 경우(Single-side ring)와 연결하는 경우(Double-side ring)로 분류 • 해저케이블 추가로 인한 초기 투자비용이 커짐 • 동일한 정격의 해저케이블이 필요하므로 비용은 더욱 커지게 됨
비상전원 공급용 환상형	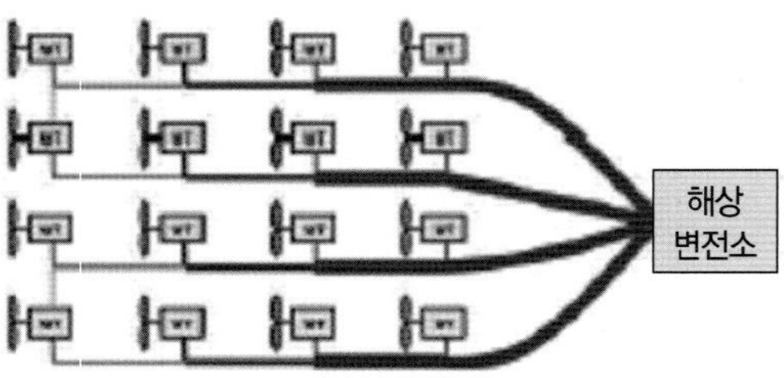	• 내부 그리드 고장시 풍력터빈의 통신시스템, 냉난방공조 시스템이 전력을 공급(왼쪽 그림의 빨간색 선로) • 해저케이블 고장시 풍력터빈에 비상전력 공급 가능 • 해저케이블 정격을 줄일 수 있으므로 경제적임 • 해저케이블 고장시, 고장점 이후에 설치된 모든 풍력터빈의 출력은 중단됨
스타형	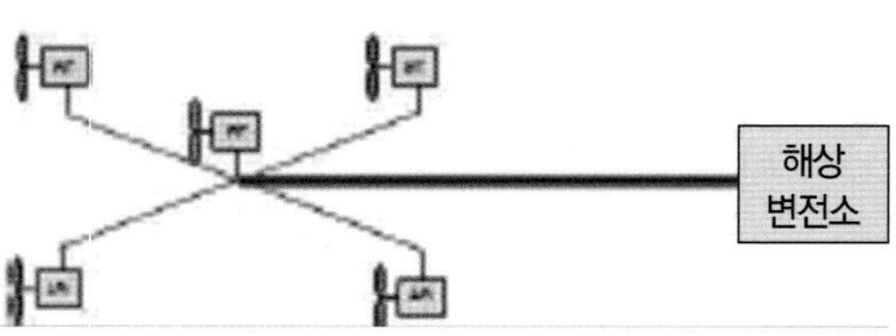	• 각각의 풍력터빈의 출력이 1개의 풍력터빈으로 모여서 해상변전소로 송전하는 구성 • 해저케이블 고장시 출력이 중단되는 풍력터빈 최소화 • 각 풍력터빈과 해상변전소를 연결하는 해저케이블이 필요하므로 초기 투자비용이 높음
혼합형	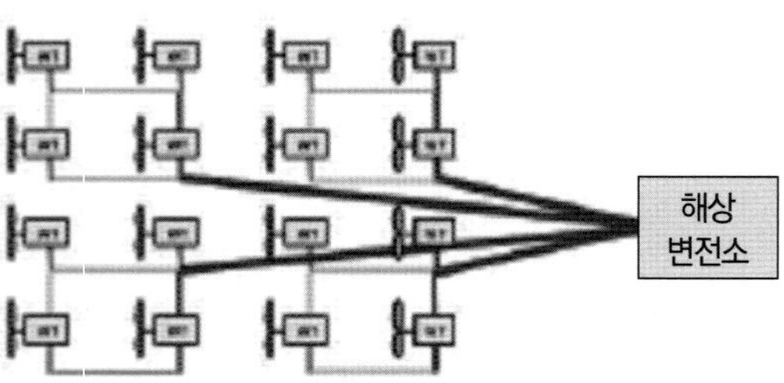	• 다수 풍력터빈 출력을 해상변전소로 송전시키는 방법 • 내부 그리드 고장시 풍력터빈의 통신시스템, 냉난방공조 시스템에 전력을 공급(왼쪽 그림의 빨간색 선로) • 해저케이블 고장시 출력 중단되는 풍력터빈 최소화 • 해저케이블 고장시 풍력터빈에 비상전력 공급이 가능 • 각 풍력터빈과 해상변전소를 연결하는 해저케이블이 필요하므로 초기 투자비용이 높음

그림 204. 내부전력망 구성방식

(c) 해상변전소 구성

(c-1) 해상변전소 설치 위치

해상변전소 설치 위치는 그림 205와 같이 풍력발전단지 내부에 위치하는 경우와 단지 외부에 위치하는 경우로 나눌 수 있다. 일반적으로 대부분의 해상변전소의 위치는 육상보다는 해상풍력단지에 근접하여 위치하고 있는데, 앞서 언급한 케이블에 대한 고려사항을 바탕으로 했을 때 그 이유는 다음과 같다. 첫째, 손실을 줄이기 위한 목적이다. 일반적으로 같은 전력을 고압으로 송전할수록 보다 손실을 줄일 수 있다. 각 풍력터빈에서 생산된 전력을 효율적으로 전송하기 위하여 해상변전소에서 고압으로 승압한 뒤 송전하게 되는데 해상변전소가 해상 풍력단지에 가깝게 위치할수록 고압인 외부망 케이블의 길이가 길어지게 되므로 그만큼 손실을 줄일 수 있다. 둘째, 내부망 케이블 비용을 줄이기 위한 목적이다. 대규모의 해상풍력단지의 경우 많은 수의 풍력터빈들이 설치되는데 이에 따라 내부망 케이블의 수 또한 증가하게 된다. 이때 전체 비용에서 내부망 케이블이 차지하는 비율이 증가하게 되므로 해상변전소가 해상풍력단지에 가까이 위치할수록 내부망 케이블의 길이가 감소하게 되어 비용절감이 가능하다.

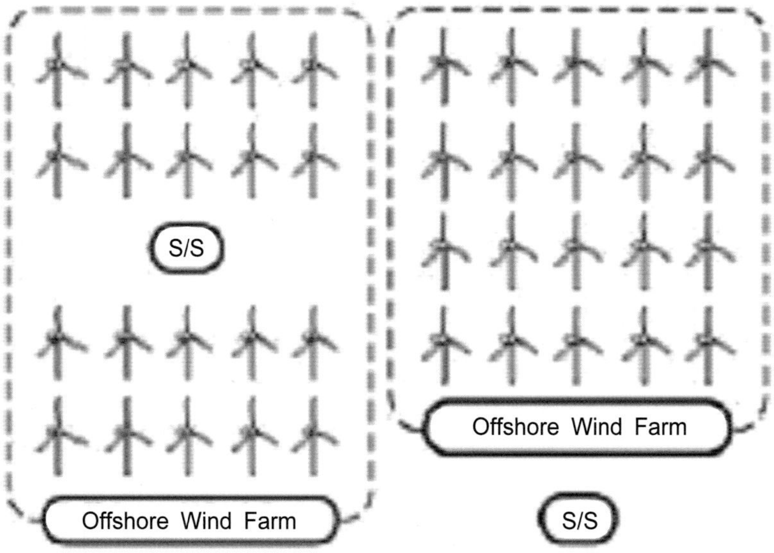

그림 205. 해상변전소 설치 위치

(c-2) 해상변전소 형태 및 구성

일반적으로 해상변전소는 크게 수면 위의 상부구조물(topside or platform deck), 수중의 하부구조물(structure), 해저의 기초(foundation)로 구성된다. 해상풍력단지 전체에 대한 경제성 및 신뢰성 평가에 기반하여 상부구조물이 결정되고, 그에 따라 환경조건 및 해저상태를 고려하여 하부구조물 및 기초가 결정된다. 그림 206은 한국전력공사가 전북 부안군에 설치한 서남해 해상풍력 실증단지 내의 해상변전소이다. 2011년 정부가 발표한 서남해 2.5GW 해상 풍력 추진 로드맵에 따라 한전은 2012년 한국해상풍력주식회사(SPC)를 설립했다. 이후 기술적 난관 등을 극복하고 높이 90m에 이르는 발전기 20기와 아시아 최초의 해상 변전소 설치를 완료했다. 서남해 해상 풍력 실증단지는 전북 고창군 구시포항에서 약 10km, 부안군 위도에서 약 9km 떨어진 해상에 3MW(메가와트) 풍력발전기 20기와 해상변전소로 구성된 60MW 규모의 해상 풍력단지이다. 실증단지는 준공 이후 매년 155GWh(기가와트시)의 전력을 생산하여 공급할 예정이다. 이는 약 5만 가구가 사용할 수 있는 규모다. 20기의 풍력발전기들은 해저 케이블을 통해 해상변전소로 발전 전력을 송전하고, 해상변전소에서 다시 해저 케이블로 육지 계통에 연결된다.

출처: 조선일보

그림 206. 국내 해상변전소(전북 부안군)

(c-3) 상부구조물 형태

상부구조물은 보통 2∼4개의 데크 및 다수의 구획으로 구분되며 주요 형태로는 컨테이너 데크형(containe deck), 반폐쇄형(semi enclosed topside), 완전 폐쇄형(fully enclosed topside)이 있으며 기계적, 전기적 구성요소는 그림 207과 같다. AC/DC에 필수적인 전기설비, 저압 및 고압설비, 해상작업을 위한 크레인, Helideck 등이 포함된다. 변전소 상부구조물 형태는 그림 208과 같이 컨테이너 데크형, 반폐쇄형, 완전폐쇄형 등으로 구분한다.

① 컨테이너 데크형(Containe Deck)

하부구조물과의 인터페이스에서 연장된 격자 구조물에 의해 지지되는 단층 또는 다층 데크 구조물 형태로서 이러한 데크에는 승무원 구역, 전기시스템, 보조 시스템이 설치된 몇 개의 컨테이너(표준 또는 특수 제작)가 설치되고 고정된다.

② 반폐쇄형(Semi Enclosed Topside)

특별한 목적에 맞게 건설된 구조물을 가지고 있다. 이들 건축설비는 구조물 건전성을 지탱하는 상부 본체 구조물에 통합되는데, 특수제작된 컨테이너가 별도로 설치되고 외부 독립형 설비와 결합될 수 있는 형태이다.

③ 완전폐쇄형(Fully Enclosed Topside)

모든 구역의 크기는 설비와 시스템의 용도에 맞게 결정되며, 상부구조물 전체는 모든 설비에 필요한 실내 공간으로 제작된다. 실내 공간은 자연 환기되거나 공기조화방식으로 환기된다. 환경으로부터 보호하기 위한 피복(cladding)으로 트러스 가새형(truss braced type), 또는 응력 외피 구조를 사용하는 형태이다.

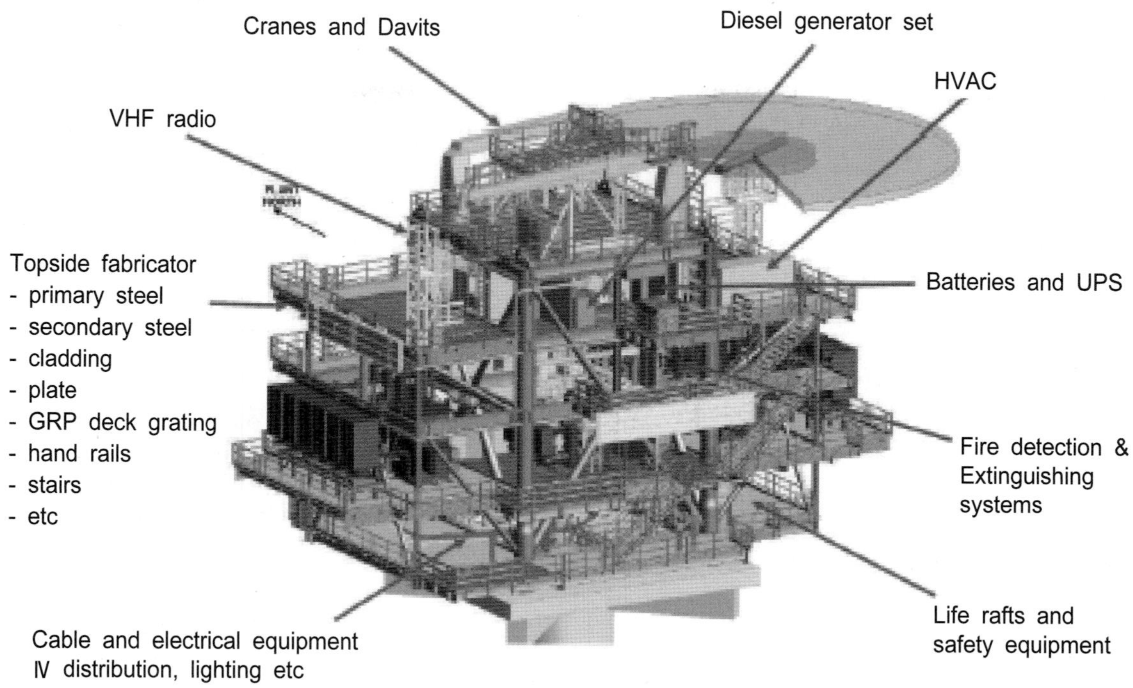

그림 207. 해상변전소 상부구조물 구성요소

그림 208. 해상변전소 상부구조물 형태

표 59. 상부구조물 형태별 특징 비교

구 분	컨테이너 데크형	반폐쇄형	완전폐쇄형
특징	• 구역별 독립된 컨테이너로 구성 • 기기 배치 면적이 큼	• 컨테이너와 건물 조합 • 주변압기 실외 설치	• 기기배치 목적에 맞게 제작된 건물 내에 설치
장점	• 해상환경에 유리	• 변압기 냉각비용 저렴 • 국내 제작 가능	• 해상환경에 유리 • 기기 최적 배치 가능 • 국내 제작 가능
단점	• 국내 제작 곤란 (모듈형 국내 전력설비 부재) • 설비별 인터페이스 어려움	• 염해 대책 등 유지보수 비용 증가 • 변압기 소음 대책 필요	• 반폐쇄형 대비 변압기 냉각 비용 상승

(c-4) 하부구조물 형태

하부구조물은 모노파일(monopile), 자켓(jacket), 중력식(gravity based), 자체승강식(self elevation)등이 있으며, 이들 기본적인 하부구조물 외에도 삼각대(tripods), 버켓 기초(suction bucket) 등과 같은 유형의 조합도 있다. 일반적인 하부구조물의 유형은 모노파일(monopile), 자켓(jacket), 중력식(gravity based), 자체승강식(self elevation)이다. 이들 기본적인 하부구조물 외에도 삼각대(tripods), 버켓 기초(suction bucket) 등과 같은 유형의 조합도 있다. 토목구조물(교량 등), 항만구조(방파제), 풍력발전기 하부구조 및 해상변전소 하부 구조와의 차이점은 작용하중의 구성에서 확인할 수 있다. 풍력터빈 하부구조의 경우 수직하중 대 수평하중의 비율이 약 1:2 정도이나 해상변전소 하부구조의 경우 약 4:1로 수직하중의 영향이 절대적이다. 이는 대형 교량의 경우와 유사한 하중분포를 나타내고 있다. 따라서, 해상변전소의 설비 중 가장 큰 고정하중을 갖는 장치(변압기 등)에 대해서는 기둥(Column)의 중심에 위치할 수 있도록 상부설계를 하는 것이 구조적으로 안정적이다. 해상변전소 하부구조의 경우 풍력터빈 하부구조와 달리 블레이드의 시제동 및 회전에 따른 상시적인 진동과 피로하중을 설계에 반영하지 않아도 되는 구조물이다.

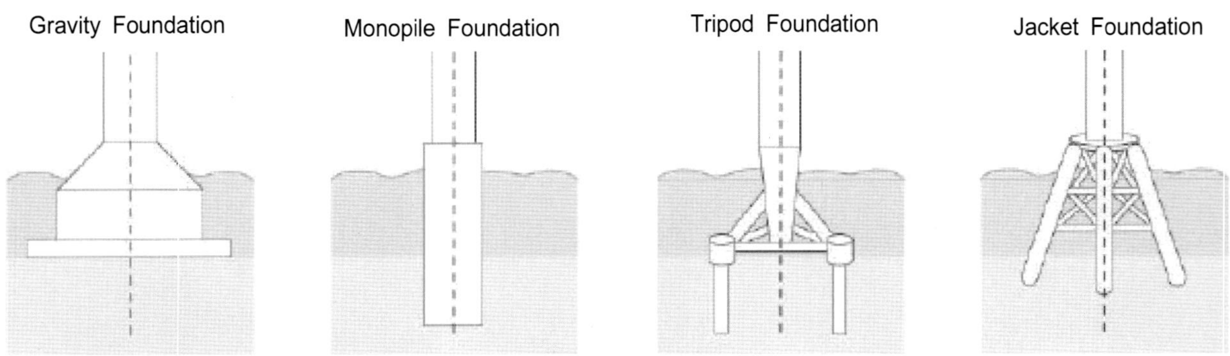

그림 209. 해상변전소 하부구조물 형태의 종류

(c-5) 외부전력망 구성

단지에서 생산된 에너지를 효율적으로 전송하기 위한 해상변전소가 설치되는 경우 해상변전소와 육상연계지점을 연결하는 역할을 하는 고압레벨의 송전케이블 설치가 필요하다. 외부망 송전케이블은 직접적으로 육상계통과 연계되기 때문에 일반적으로 육상계통의 송전급 전압레벨을 이용하게 된다. 풍력발전단지의 최대 송전용량(또는 최종 규모의 발전설비 용량)에 따라 다음과 같이 적용한다. 다만, 필요 시 인근의 계통 여건에 따라 345kV 및 154kV 병행연계를 고려할 수 있다. 또한 HVDC를 적용할 경우에는 별도의 검토를 거쳐야 한다.

표 60. XLPE 케이블 AC 내전압 시험 기준(IEC)

발전소 최대송전용량	전 압
20MW 이하	22.9kV
500MW 이하	15.4kV
1,000MW 이하	345kV 또는 154kV
1,000MW 초과	345kV 이상

외부전력망 구성방식은 풍력단지 용량, 육상에서 떨어진 거리, 연계될 전력 계통의 전압을 고려하여 적정한 연계방식을 선정한다. 외부전력망 회선수(HVAC 경우)의 경우는 해상변전소 주변압기 뱅크 수에 따라 외부그리드를 다음과 같이 구성할 수 있다.

<table>
<tr><th>구 성</th><th>구 조 도</th><th>특 징</th></tr>
<tr><td>배전급
MVAC</td><td>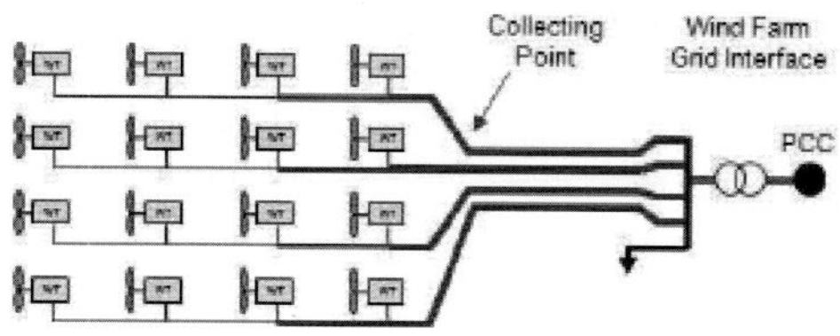
</td><td>• 내부 그리드 전압으로 배전계통에 연계
(해상변전소 불필요)
• 단지용량이 작고 육상까지의 거리가 짧은 경우 유용
• 단지용량이 클 경우, 다수 회선의 외부 그리드를 설치로 해저케이블 비용이 상승</td></tr>
<tr><td rowspan="6">송전급
HVAC</td><td>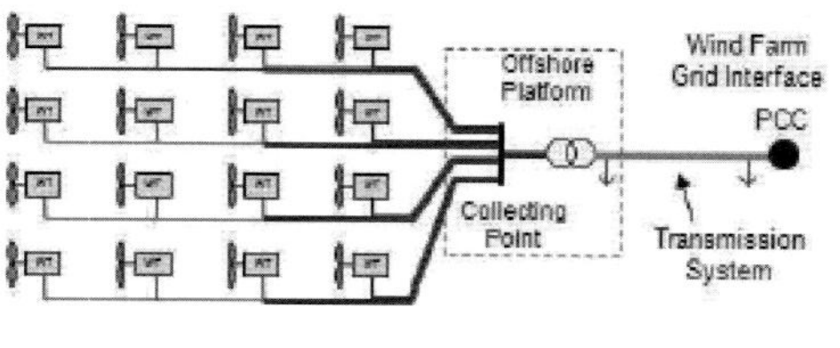
</td><td>• 내부 그리드 전압을 승압하여 송전계통에 연계
(해상변전소가 필요)
• 단지용량이 크고 육상까지의 거리가 가까운 경우 유용
• 단지용량이 상당히 크거나, 육상까지의 거리가 상당한 경우는 전력손실 증가</td></tr>
<tr><td colspan="2">• 내부 그리드 전압을 해상변전소를 통해 승압한 후, 직류로 변환하여 송전한 후, 육상에서 다시 교류로 변화하여 전력계통에 연계
• 단지용량이 상당히 크며, 육상까지의 거리가 상당한 경우 유용</td></tr>
<tr><td>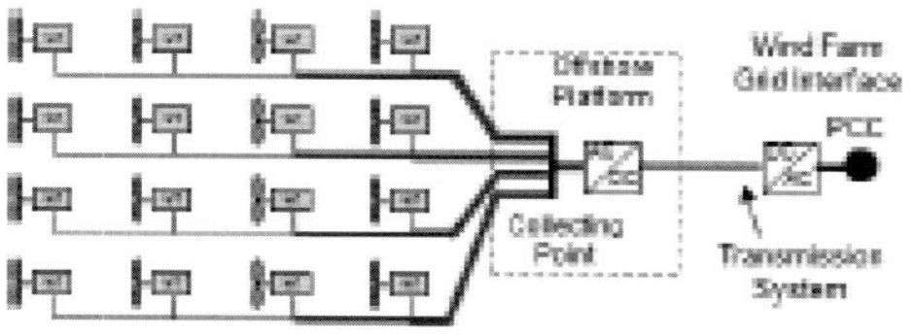
</td><td>• 해상변전소에서 HVDC 시스템 추가 설치
• DC로 송전된 전력을 육상에서 교류로 변환</td></tr>
<tr><td>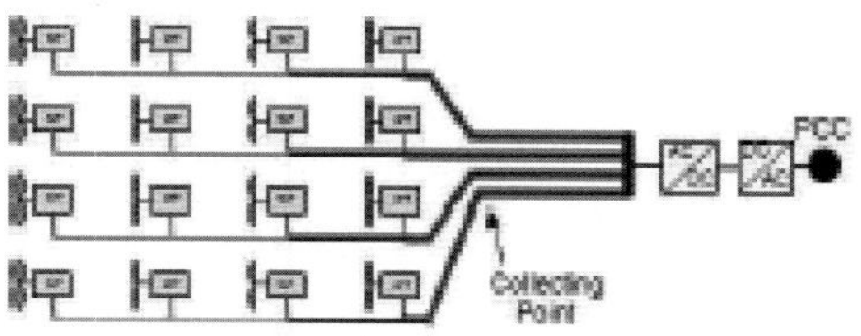
</td><td>• 육상에서 HVDC 시스템 설치</td></tr>
<tr><td>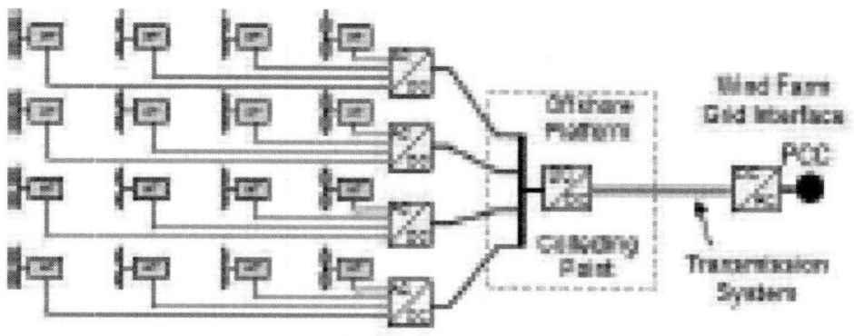
</td><td>• 풍력단지 각 회선에 aC/DC 컨버터 장착
• 해상에 DC/DC 컨버터를 설치하여 DC로 송전한 전력을 다시 육상에서 교류로 변환</td></tr>
<tr><td>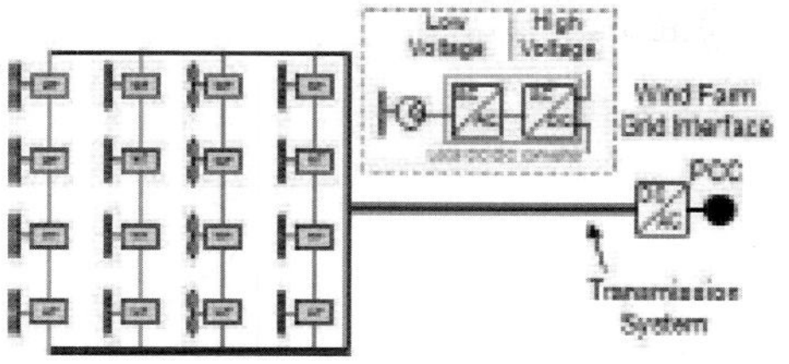
</td><td>• 풍력터빈에서 DC 전력을 생산하여, 육상에서 교류로 변환</td></tr>
</table>

그림 210. 해양변전소 하부구조물 형태의 종류

6-8. 세계가 집중하는 해상풍력

기후변화 대응에 있어 각국의 야심에 찬 온실가스 배출 감축 계획에도 불구하고 현실은 여전히 많은 온실가스가 배출되고 있으며, IEA는 이러한 현실과 계획간 존재하는 괴리를 한 가지 방법만으로 극복할 수 없고 다양한 방안을 추구해야 한다고 강조하고 있다. 다양한 방안들 중 해상풍력은 단순히 탄소절감뿐 아니라 경기부양 측면에서도 빼놓을 수 없어 많은 나라가 선택하는 가장 경쟁력 있는 기후변화 대응수단으로 각광 받고 있다.

해상풍력발전은 2018년 기준 전세계 전력생산의 불과 0.3%(23GW)를 차지함에도 불구하고 2010년 이래 매년 30%씩 고성장하며 태양광 다음으로 높은 성장률을 보이고 있다. 앞으로 5년간 150개의 신규 프로젝트가 예정되어 있으며, 현재 투자 추세대로라면 향후 20년간 총 U$ 8,400억이 투자되는 시장이 형성되어 천연가스 또는 석탄 발전에 투자되는 금액과 비슷할 것으로 추정된다. 이렇듯 해상풍력이 뛰어난 잠재력으로 향후 주력 발전원으로 부상할 것으로 평가됨에 따라 IEA는 2019년 World Energy Outlook 특별보고서에서 전세계 해상풍력발전을 포괄적으로 다루었으며 그 특별보고서 내용의 요지는 다음과 같다.

각국의 해상풍력발전 잠재력은 EU, 미국, 일본, 중국, 인도 순이며 해상풍력 발전수요는 EU, 미국, 중국, 인도, 일본 순으로서 EU가 해상풍력발전에 있어 잠재력 및 수요가 제일 높고, 현재 해상풍력 기술 선도국이며, 2030년까지 해상풍력발전량은 적어도 현재의 4배로 증가할 것으로 전망된다. 2019년 세계 해상풍력 누적 설비용량은 2010년(3.1GW) 대비 9배 이상 증가한 29.1GW로, 유럽이 이중 78% 이상을 차지하며 시장을 주도하고 있다. 일본 및 대만도 해상풍력 확대를 추진하여 2030년에는 전세계적으로 177GW 누적설치가 예상된다. 최근 10년간(10년~19년) 연평균 증가율은 육상 13.7%, 해상이 28.7% 로 해상이 2017년부터 2019년 동안 연간 추가 설치량이 평균적으로 4.5GW를 넘으며 매우 빠르게 성장하고 있다. 현재는 세계 풍력(육상 및 해상) 보급 중 해상풍력 비중이 5%가 채 안되지만, 비용이 감소하고 기술이 성숙해져감에 따라 향후 해상 풍력이 대세로 자리매김할 것이다.

대만은 2025년까지 5.5GW, 30년까지 10GW 설치계획을 하고 있으며, 일본은 2040년까지 18GW 규모의 해상풍력을 설치하여, 발전량의 7%를 달성할 예정이다. 유럽에서는 영국, 독일, 네덜란드, 덴마크가 정책목표를 수립했고, 중국은 2020년까지10GW 설치 계획을 가지고 있으며, 미국은 연방 또는 주정부 차원의 인센티브 제도를 운용 중이며, 한국, 일본, 대만, 베트남도 정책목표 또는 프로젝트를 수행 중에 있다.

EU의 발전원은 2050년경 해상풍력, 육상풍력, 원자력, 바이오, 태양광, 수력, 가스, 석탄 순이 될 것이며, 해상풍력은 이미 2040년부터 EU의 최대 발전원이 될 것이다. 먼 바다 해상풍력을 이용할 수 있는 부유식 풍력터빈 기술이 발전하면 2040년 전세계 전력 수요의 11배를 해상풍력이 제공할 수 있을 것이다.

향후 10년간 신규 프로젝트 투자비용은 40% 이상 떨어질 것으로 추정되며 특히 신규 해상풍력 프로젝트 비용의 1/4을 차지하는 송전 비용은 해상풍력단지가 더 먼 바다로 나가 건설됨에 따라 전체 비용의 절반 수준으로 증가할 전망으로 송전 분야의 비용저감이 중요하다. 유럽의 경우 해상에 여러 나라가 합작하여 허브를 만들고 해상에서 생산된 전력을 각국으로 탄력적으로 송출하는 방식으로 운용하여 각국의 송전 비용을 줄이고 있는 상황이다. 2019년 G20정상회의에서 수소의 중요성이 크게 강조된 바, 난방, 운송, 산업 부문 탈탄소화로 인해 수소에 대한 수요가 크게 증가할 것이고, 특히 재생에너지를 활용 생산하는 그린수소에 대한 수요 증가로 인해 해상풍력발전 잠재력은 더욱 커질 것으로 예상된다. EU는 이미 해상풍력을 이용해 전기와 수소를 생산하기 위해 북해에 인공섬 허브 건설을 추진 중에 있다. 상기와 같은 해상풍력 발전 잠재력으로 인해 향후 20년간 해상풍력발전은 1조 달러 규모의 사업으로 성장할 것이나, 이러한 성장은 정부 정책 방향에 크게 영향을 받을 것이다. 예컨대, 육상 전력망 건설, 적절한 해수면 사용계획(수산, 해상운송, 해군) 등 해상풍력 발전을 위한 여건 마련을 위해 정부의 정책 방향이 매우 중요한 시기이다. 또한 해상풍력발전은 에너지 전환 및 전력 안보 확보에도 중요하며, 수소와 부유식 해상풍력 등 관련 기술 발전은 해상풍력발전의 또 다른 기회가 될 것이다.

기존 해상 가스 및 석유 개발 산업에서 확보 및 축적된 기술은 해상풍력에도 이용될 수 있다. 석유가스 분야에서 이미 검증된 다양한 부유기술을 적용한 신규 프로젝트가 시도되고 있으며, 현재 해상풍력 프로젝트의 전주기 비용의 40%가 석유가스 분야와 시너지를 가질 수 있는 영역이다. 해상 석유가스 플랫폼은 운영을 위해 전기가 필요한데 인근의 해상풍력 단지는 여기에 전기를 공급할 수 있을 것이다[29].

6-9. 해상풍력 에너지원의 가치

해상풍력은 아래와 같이 육상풍력 대비 바람의 양이 풍부하고 민원이 적으며 대형화로 높은 이용률 확보가 가능하여 전 세계에서 지속적으로 확대되고 있는 상황이다. 육상풍력 대비 해상풍력의 장점은 다음과 같다. 첫째 해안에서 멀어질수록 풍속이 높고 바람이 균일하기 때문에 풍력발전기의 수명이 증대되며, 둘째 해수면 위 난류층의 높이는 지상에서의 난류층 높이보다 낮으므로 풍력터빈이 설치되는 위치에서 바람의 품질이 우수하며, 셋째 해상풍력발전단지는 설치공간이 더욱 넓고, 블레이드 속도가 증가함에 따른 소음이 증가해도 주민 민원의 소지가 훨씬 적어지므로 더 큰 용량의 풍력터빈을 대규모로 설치할 수 있다.

표 61. 육상풍력과 해상풍력의 차이

구 분	육상풍력	해상풍력
개념	육지에 풍력발전단지를 건설하는 발전	바다에 풍력단지를 건설하여 발전
특징	• 짧은 공사기간, 낮은 설치비 및 운영비, 관리용이 • MW당 약 5,000m^{2}의 면적이 소요되며 발전단지 내 기타 면적은 목축, 농업 등 타 용도로 이용가능 • 산지에 조성되는 진입 및 관리도로는 산림관리를 위한 임도로 활용 가능 • 일부 단지는 관광자원화를 통해 지역경제 활성화가 이루어지고 있음 • 소음, 설비 운반, 환경훼손, 입지제한으로 대단지 조성 어려움, 다양한 민원발생	• 해상풍력의 기초구조물 설치 방식에 따라 고정식/부유식으로 구분 • 육상풍력 대비 높은 입지제약에서 자유롭고, 대형화로 높은 이용률 확보 가능 • 해상풍력 기초구조물의 인공어초 역할이 가능하여 어족자원 확대 • 해상 발전소 주변 지역 수산업(바다목장, 양식장 등) 개발 가능 • 해양레저, 관광단지 개발 및 육성을 통해 지역 경제 활성화 가능

출처: 한국풍력산업협회

세계 각국은 해상풍력을 온실가스 감축, 연관 산업 유발효과로 일자리 창출의 핵심수단으로 인식하고 치열한 시장선점 경쟁을 하고 있는 상황이다. 2019년 가중평균 균등화발전비용(LCOE)은 2010년(0.161달러/kWh) 대비 29% 하락한 0.115달러/kWh를 기록하였고, 이는 정점을 찍은 2014년과 비교하면 37% 감소한 결과를 나타내고 있다. 2023년 완공 예정인 프로젝트의 최근 경매 및 PPA[30] 가격은 0.05~0.1달러/kWh로 떨어져 향후 해상 풍력의 가격경쟁력은 더욱 향상될 전망이다. 2023년 가중평균 발전비용은 2019년에

29) 에너지계의 게임 체인저 부유식 해상풍력, 한국석유공사(이준석, 장진옥, 김준식).

30) PPA란 글로벌 기업들이 동참하는 재생에너지 100% 전력생산 캠페인의 이행수단 중 하나로 전력구매계약(Power Purchase Agreement)을 의미하는 것이며, 기업을 비롯한 전기 사용자들이 재생에너지 전기공급사업자와 자율적인 계약을 통해 재생에너지로 특정된 전력을 공급받을 수 있는 제도를 의미한다. 이에 따르면 재생에너지 전기공급사업자는 재생에너지를 이용해 생산한 전기를 전력시장을 거치지 않고 전기사용자에게 공급할 수 있다.

비해 29% 줄어든 0.082달러/kWh로 전망하며, 2021년대에는 더 큰 폭의 발전비용 절감이 예상된다.

해상풍력발전은 다른 재생에너지원에 비해서 생산량과 안전성이 우월하여 일부 지역에서는 설비이용률이 가스·석탄발전과 대등한 수준이고, 육상풍력을 추월했으며, 태양광의 2배에 달하고 있다. 시간당 변동성은 태양광이 최대 40%인데 반해서 해상풍력은 최대 20%로 낮다.

세계 해상풍력의 가중평균 건설비용은 2013년 5,740달러/kW로 정점을 찍은 후 꾸준히 감소하여 2019년 3,800 달러/kW 기록하였다. 건설비용과 균등화발전비용은 기술 발전과 산업 성숙도 향상으로 감소하는데, 주요 요인으로는 개발자 경험 증가, 제품 표준화 강화, 제조 부문 산업화, 지역 제조/서비스 허브, 규모의 경제로 나타낼 수 있다.

풍력산업은 신재생에너지 중 가장 대용량 설비가 가능하며, 특히 대용량화와 풍부한 바람자원 활용에 따라 균등화발전비용(LCOE)이 가장 저렴한 에너지원이다. 해상풍력은 육상에 비해 바람이 더 일정하게 불고, 터빈도 대형화됨에 따라 유럽의 평균 해상풍력 설비이용률은 38%이며, 특히 영국은 43%에 달하고 있다. GE는 건물 60층 높이(240m)의 12MW의 거대한 터빈을 개발하여 63%의 설비이용률을 달성할 수 있다고 강조하고 있다. 이에 가정이나 기업 등 소규모 발전이 주를 이루는 태양열 발전에 비해 풍력은 정부 주도로 신재생에너지를 확산시키는 데 가장 유력한 전원이라고 할 수 있다.

신재생에너지원 중에서도 해상풍력은 단위면적당 발전량이 월등히 높아 탄소배출량 저감을 위해 영국을 비롯한 주요 국가에서 석탄화력 대신 해상풍력을 선택하는 추세가 이어지고 있다. 태양광발전과 비교해서는 단위면적당 발전량이 더욱 높은데 통상 1MW 발전을 위해 약 1만m²의 땅이 필요한 태양광과 달리 해상풍력은 500m²의 면적이면 1MW 발전이 가능한 것으로 알려졌 있다.

가동시간과 기간측면에서도 해상풍력은 육상풍력보다 우수하고, 태양광보다 안정적이다. 해상풍력은 24시간 가동되며, 유럽, 미국, 중국에서는 겨울에도 가동할 수 있고, 인도에서는 우기에도 가동할 수 있다. 또한 토지 이용과 사회적 수용성 이슈를 회피할 수 있는 장점을 가지고 있으며 태양광 발전보다 유지·보수 측면에서도 용이하다.

해상풍력은 대규모 자본 투입, 거대 장치 산업으로 연관 분야(해양플랜트산업, 제조업, 건설업, 발전사업, R&D서비스업)가 다양하며, 계획부터 준공까지 약 7년이라는 긴 기간이 소요된다. 이에 따라 해상풍력단지 조성에 따른 시공·운영에 부가되는 일자리 창출 효과도 다른 발전에 비해 최대 10배에 달한다. 해상풍력 중 부유식 해상풍력은 발전설비 본체가 바닥에 고정되지 않고 수중에 띄워진 상태에서 전기를 생산하는 방식으로 풍력발전 초기에는 대부분 육상(On-Shore)에 위치했으나 소음 등 주민 민원, 부지부족 및 양호한 바람환경 필요성 등에 따라 해상(Off-Shore)으로 이동하고 있다.

부유식 해상풍력은 앞에 설명한 해상풍력의 장점이 최대화 된 발전형태로 고정식보다도 수심이 깊은 해상에 적용 가능하므로, 먼 바다의 풍부한 바람자원을 활용할 수 있고 육지에서 수십 km 떨어져 민원이 적고, 대규모로 설치가 가능한 장점을 보유하고 있다.

6-10. 국내 해상풍력 정책 및 추진현황

(a) 국내 해상풍력 정책동향

1997년 12월 대체에너지 개발 및 이용보급촉진법이 제정되며 신재생에너지가 보급되기 시작하여, 2005년 5월부터 발전차액지원제도[31](FIT, Feed in Tariff)가 시행되었고, 2004년 12월 개정된 신에너지 및 재생

31) 생산된 전기 거래가격이 에너지원별로 표준비용을 감안한 기준 가격보다 낮을 경우 그 차액을 정부에서 지원해주는 제도이다. 차액지원 대상 에너지원에는 정부 무상지원금이 30% 미만인 태양광, 풍력, 소수력, 바이오에너지, 폐기물 소각, 조력 및 연료전지가 해당된다. 해

에너지 개발 이용 보급 촉진법(약칭 신재생에너지법)으로 제도적 뒷받침이 강화됨에 따라 풍력단지가 본격적으로 개발되기 시작하였다. 또한 2017년 '재생에너지 3020계획'을 정부에서 발표하였는데 재생에너지 발전량 비중을 2016년 7%에서 2030년 20%로 증가시킬 계획이며, 2017년 1.2GW(신재생중 8%)인 풍력을 2030년 17.7GW(28%)로 증가시키는 것을 목표로 하고 있다. 2019년 4월 '재생에너지산업 경쟁력 강화 방안 수립'을 통해, 해상풍력 발전단지 건설 및 단위기기·시스템 국산화 기술개발에 대한 지원계획을 발표하였다. 서남해 해상풍력(2.4GW)을 지자체 주도로 계획입지 추진 및 2020년까지 착공예정인 23개(1.3GW) 사업 전담 관리·지원, 그리고 2022년까지 풍력발전기의 4대 핵심부품(블레이드, 발전기, 증속기, 전력변환기기) 국산화 기술 개발 및 10MW급 초대형 및 부유식 터빈 등 차세대 기술개발 목표를 설정하였다. 녹색성장5개년계획(2019)에서는 녹색 클러스터·비지니스 모델 실증단지 조성을 통해 대형 해상풍력 발전시스템 등 에너지 실증관련 프로젝트 등을 수행하여 친환경 에너지 실증 및 상용화를 위한 기반 조성 예정이다. 표 62는 국내 해상풍력의 전략과제 비전 및 목표이다.

표 62. 국내 해상풍력의 전략과제 비전 및 목표

비 전	• 국산 풍력 경쟁력 확보를 위한 산업생태계 경쟁력 제고
목 표	• 풍력발전 핵심부품 개발 및 기술고도화를 통한 경쟁력 강화 • 초대형 해상풍력 및 부유식 해상풍력 기술자립 및 풍력시장 연계형 기술개발을 통한 초대형 해상풍력 경쟁력 확보
전략과제 개 요	• 풍력발전 핵심부품 경쟁력 강화 • 초대형 해상풍력 기술개발 및 실증 • 부유식 해상풍력 시스템 개발 및 실증 • 환경 친화적 풍력단지개발 및 보급 확산
사업진입 전 략	• 대형 풍력터빈 핵심부품 국산화 및 경쟁력 강화 • 육해상 대형 풍력터빈 및 핵심부품 Track Record 확보를 위한 실환경조건 실증 테스트베드 및 단지 구축 • 혁신전 LCOE 저감이 가능한 초대형 해상풍력 발전시스템 및 기술융합형 풍력발전 플랫폼 개발 • 대형 부유식 해상풍력 플랫폼, 통합제어, 실증운용 기술개발 • ICT 통합 풍력단지 운영 유지보수 기술, 단지설계기술, 단지 수용성 향상모델 개발을 통한 풍력시장 연계형 기술개발

출처: 에기평, 제4차 에너지기술개발 계획(풍력), 2020

(b) 국내 해상풍력 추진 현황

국내 최초 상업용 해상풍력 단지는 탐라해상풍력으로 2017년 9월 프로젝트 파이낸싱으로 1,650억 원을 조달, 두산중공업이 개발한 3MW 급 풍력발전기 10기를 설치하였다. 발전기는 풍속이 3m/s 에 이르면 운전에 들어가고 25m/s 를 초과하면 정지하는 방식으로 운영되고 있다. 현재 생산전기는 연간 85GWh로 약 24,000가구에 전기를 공급하고 있다. 초속 70m 이상에서 10분간 견딜 수 있게 설계하였다. 이후 영광 육해상 풍력(2.3MW × 32(해상, 육상) + 2MW × 3(산지), 설비용량 국내2위)은 동서발전과 유니슨·그린에너지가 공동개발한 프로젝트로 2019년 4월부터 연간 260GWh 전력을 생산, 72,000 가구에 전기를 공급하였으며, 서남해 풍력단지 (3MW × 20, 고정식)는 전북 고창군 해안에서 약 10km 떨어진 해역에 총 60MW 단지를 조성하여 2019년 7월부터 155GWh를 발전하여 약 50,000 가구에 전기를 공급하고 있는데, 이는 400MW

당 신재생에너지 발전사업자는 생산된 전력을 전력거래소에 계통한계가격(SMP)으로 판매한 뒤, 기준가격과 전력거래 가격 간의 차액을 전력기반기금을 통해 지원받는다. FIT제도는 정부 주도로 일정기간 정해진 가격을 보장하는 제도이나 RPS 제도는 정부가 의무부과를 통해 시장을 창출해주되, 가격은 시장원리에 따라 결정하게 하는 방식이다.

규모의 발전단지로 확장될 예정이다. 현재 진행 중인 주요 프로젝트는 전북 서남권(2.5GW), 신안(8.2GW), 울산(6.0GW), 제주(0.6GW), 인천(0.6GW) 등이다. 3020 이행계획(17.12월)에 따라 전체 재생에너지 신규설비 보급은 2년 연속 목표를 초과달성하였으나, 해상풍력(30년 : 12GW)은 대규모 프로젝트 중심 보급에 필요한 주민 수용성 확보의 어려움으로 부진한 상태이다.

(c) 국내 부유식 해상풍력 추진 현황

울산은 울주 서생면 앞바다에 750KW 부유식 해상풍력 파일로트 플랜트 실증(2016~)으로 2019. 11월 공유수면 점사용을 허가받았으나 설치 예산 부족으로 작업이 중지 중이다. 풍속은 8m/s 이상이고, 수심은 50~150m로 부유식 실증의 최적지로 인근 원전, 화력과 계통연계가 용이하다.

총중량은 2,259톤, 블레이드 포함 80m, 세계 7번째의 부유식 실증, 그리고 1,500가구가 1시간 사용할 수 있는 전력량으로 울산대, 마스텍중공업(부유체), 유니슨(타워), 세호엔지니어링이 참여하였다. 이와 동시에 '5MW급 대형 부유식 풍력발전기 설계기술'과 '200MW급 부유식 풍력단지 설계 및 평가기술 개발' 도 추진 중이다.

국책과제인 5MW 급 부유식 해상풍력 발전시스템 설계기술 개발과제는 2018. 6월 울산소재 중소기업인 에이스엔지니어링과 현대중공업 등 해상풍력발전 관련 10개 기업체와 연구기관이 참여해 풍력터빈, 부유체 및 전력계통 연계 등 해상풍력 발전시스템을 개발하였다. 또 다른 국책과제 200MW급 실증단지 설계과제도 2018. 6월 울산테크노파크와 동서발전, 한국선급 등 8개 기관이 참여해 단지 후보지 풍황조사, 전파영향도 평가, 단지기본설계 등을 진행하였다. 또한 에너지기술평가원 공모과제인 'MW급 부유식 해상풍력 시스템 개발' 1단계(2020년 5월~2021년 1월) 사업을 진행 중이고, 1단계 사업자 중 우수업체를 선정하여 향후 2단계 사업(2021년 2월~2025년 4월)을 진행할 예정이다. 경북 울산시가 풍력단지를 조성하기 위해 모색 중이며 울산시는 국내외 6개사와 MOU를 체결하고 6조 원을 들여 2023년부터 단계적으로 발전소를 착공하고, 2026년까지 1GW(원전 1개규모)의 단지를 조성하고, 시범운영을 거쳐 2030년까지 6GW 이상의 부유식 해상풍력발전단지로 확장할 계획이다.

출처: GWBC, Global Offshore Wind Report, 2020

그림 211. 해상풍력 설치 장면

6-11. 국외 해상풍력의 정책 및 추진현황

(a) 국외 해상풍력의 정책현황

• 미국

미국 트럼프 행정부 때는 자국의 풍부한 셰일자원 개발을 통한 국부 및 고용창출을 에너지정책의 기조로 표방하였으며, 국가정책 차원에서는 신재생 에너지 공급확대를 위한 주목할 만한 정책목표를 제시하지 않았다. 신재생에너지 보급·확대는 주정부 차원에서 전개하였으나 바이든이 대통령이 되면서 신재생에너지 보급 확대정책을 펼 것으로 예상되어 풍력산업도 발전할 것으로 보인다. 신재생에너지 세액공제 연장결정(2015년)에 따라 신규 풍력단지 건설 투자 및 설치 확대 전망된다. 2016년부터 2021년까지 250억 불이 추가 투자될 것으로 전망되어, 풍력발전 시장규모는 44GW까지 확대가 예상된다. 에너지부(Department of Energy: DOE)가 2015년 발표한 풍력 비전 보고서에 따르면, 국가 전력 수요에서 풍력발전 비중을 2020년 10%, 2030년 20%, 2050년 35%까지 확대하는 것을 목표로 하고 있다. 청정전력계획(CPP)의 미래가 불투명해지면서 정책적 관심이 연방정부에서 개별 주(state) 단위로 이동하고 있으며, 아래와 같이 여러 주에서 RPS(renewable portfolio standards)를 강화하는 정책을 발표하고 있다.

- 오리건 : 2016년 2월 법안을 통과시켜, RPS를 2040년까지 50%로 강화
- 뉴욕 : 2030년까지 50%의 재생에너지 조달을 요구하는 법안 통과
- 워싱턴 D.C.: RPS를 2032년까지 50%로 강화
- 매사추세츠 : 해상풍력 용량 1,600MW와 청정에너지 생산량 9.45백만 MWh를 요구하는 에너지 법안 통과
- 로드아일랜드: 2035년까지 재생에너지 38.5% 목표 수립

• EU

2018년 EU 집행위원회, 유럽의회, EU 이사회는 '재생에너지지침 개정(Revised Renewable Energy Directive, RED Ⅱ)'을 위한 3자 협상(trialogue negotiations)에서 2030년까지 최종에너지 소비 중 재생에너지 비중 목표치를 기존의 27%에서 32%로 확대 합의하였다. 이 목표를 달성하기 위해 EU 국가들은 3년마다 '국가에너지효율행동계획'을 EU집행위에 제출해야 한다. EU 국가들의 신재생에너지 지원제도는 FIT(Feed-in Tariff), FIP(Feed-in Premium), 녹색인증(Green certificates, GC), 투자보조금 등 4가지로 구성되어 있는데. 유럽 연합 위원회의 안내 지침에 따라, 유럽 회원국 중 상당 국가들은 발전 차액 지원 제도(FIT)를 제한하면서 발전 프리미엄 제도 (FIP)로 정책 방향을 바꾸고 있다. EU는 해상풍력 발전설비 목표를 2020년 40GW, 2030년 150GW, 2050년 460GW로 설정하고 있으며, 2030년 이후 고정식 해상풍력 부지가 부족할 것으로 예측됨에 따라 신재생발전 비중 목표 27% 달성을 위해 부유식 해상풍력 활용이 시급하다고 판단하고 있다. 재생에너지/내부 에너지 시장/공급과 에너지효율 확보를 위한 차기 2020 EU 규제체제를 개편하여 2019년 1월까지 최종 에너지 수요상에서 신재생에너지가 최소 27%가 되기 위한 2030 국가에너지계획을 제출하도록 의무를 부여하고 있다. 최초로, 회원국은 재생에너지 지원 할당을 위한 최소 3년의 스케줄(시기, 용량, 예산)을 결정해야 하며 입법안에 관한 협상은 이르면 2019년에 마무리될 것으로 예상된다.

• 일본

2011년 후쿠시마 원전사고 이후 추진되었던 '원전제로' 정책은 폐지되었고, 일본 정부는 에너지정책의 핵심인 제5차 에너지기본계획(2018년 7월)을 확정하였다. 2030년 온실가스 감축 목표를 2013년 대비 26%

감축하는 것을 제시하였다. 이를 위해 발전량 기준 전원 믹스를 신재생에너지 22~24%, 석유 3%, 가스 27%, 원자력 20~22%로 제시하였다. FIT 기준가격 인하 및 경매를 통하여 해상풍력 시장의 가격 경쟁력 강화를 위해 2017년까지 육상풍력은 20KW를 기준으로 용량에 따라 기준가격을 달리하고, 2018년부터는 육상풍력의 규모에 따른 구분을 폐지하였으나, 해상풍력은 처음부터 용량 구분은 하지 않고 고정식과 부유식으로 구분하여 기준가격을 고시하고 있다. 해상풍력은 2016년 고시에서 20KW 이상을 대상으로 36엔/KWh의 기준 가격 적용 및 2017년에는 해상풍력의 기준가격을 2019년까지 동일하게 유지키로 하였으며, 2018년 고시에서 해상풍력을 고정식과 부유식으로 구분하며 현재 기준가격을 고정식은 2019년까지 적용하고 부유식은 2020년까지 적용하였다. 일본 정부는 해상풍력 사업을 활성화하고 투자 리스크를 줄여 신규 참가를 유도하기 위해 관련 법안을 제정(해양재생에너지발전설비 정비 관련 해역 이용 촉진 법률안, 2018년 3월)하였고, 이 법안에서는 2030년 약 10,000MW 규모로 설정된 풍력발전 보급 목표 달성을 위한 조치로 일반해역 내에 해상풍력 도입을 원활하게 하는 내용을 포함하고 있다. 일본은 유럽처럼 풍력자원이 풍부하지 않고 10MW 규모 이상의 풍력 발전 설비에 대해서는 약 5년이 소요되는 환경영향평가를 요구하고 있어 대형 설비의 도입이 부진하고 해상풍력은 아직 실적이 저조한 편이다. 전체 발전량 중 신재생에너지 발전 비중을 현재 3% 수준에서 2020년 15% 수준으로 늘리기로 결정하였으며, 대형 풍력발전단지 전력 매입 가격은 동결하여 풍력발전 확대 정책을 유지하고 있다. 일본경제산업성(Ministry of Economy, Trade and Industry: METI)은 2015년 7월, 최신 "2030 에너지믹스 계획"을 발표하였다. 본 계획에 따르면, 2030년까지 풍력발전의 전력생산 비중은 단 1.7%(해상풍력 0.82GW 포함, 총 10GW)에 그치고 있으며, 이는 2016년 설비용량 기준으로 볼 때, 2030년까지 단 7GW의 신규 발전 설비용량만이 필요함을 의미한다. 부유식 해상풍력 발전시장 잠재력이 매우 크고, 기술 및 지리적 이점을 가지고 있으며, 조선업 기반 부유식 철강 구조에 대한 축적된 경험과 생산기술을 보유하고 있어 2020년까지 100MW, 2030년까지 4GW, 2050년까지 18GW 부유식 해상풍력을 공급할 계획이다.

- 중국

중국 국가에너지관리국(National Energy Administration: NEA)은 2016년 11월, "제13차 5개년 계획(2016-2020)"을 발표하였다. 2020년까지 2.3조 위안(약 3,500억 USD)을 신규 재생에너지 프로젝트에 투자하는 내용이 포함된 '재생에너지 부문 13.5계획(2016~2020년)(안)'을 2016년 1월 29일 발표하여, 이 중 풍력분야에 31.65%인 U$ 1,107억을 투자하였다. 새로운 에너지 5개년 계획에서 중요한 변화는 재생에너지의 촉진과 석탄 개발 통제를 목표로 하며, 非화석 연료는 총 에너지 소비의 15% 이상을 차지하는 반면, 석탄 소비는 65%(2015년 기준)에서 55% 이하로 낮추는 것을 목표로 하고 있다. 온실가스 및 환경오염 물질 배출을 줄이기 위해 2030년까지 원전 110기 가동을 목표로 하고 있으며, 2020년과 2030년 1차 에너지 소비에서 재생에너지 비율을 각각 15%, 20%를 달성코자 재생에너지 발전소를 대폭 건설할 계획이다. 풍력발전 13·5 계획에 따르면, 2020년까지 총 21GW의 풍력발전 설비능력을 확보하는 가운데 이 중 해상풍력 용량은 5GW 이상 확보할 계획이다. 중국은 2016년 태양광에 경매를 적용하는 정책을 발표하였고, 규모와 절차, 할당, 요구사항, 관리와 감독에 관한 사항을 명확하게 밝히고 있다. 경매제도 정비를 이용하여 고정전력요금제(FIT)의 기준가격 설정에 활용하고 있으며, 재생에너지에 대한 글로벌 경쟁력 강화를 위해 풍력에 대한 경매제도도 단계적으로 도입할 예정이다. FIT 제도는 중국의 대표적인 재생에너지 지원 정책으로 중국의 태양광 및 풍력의 급격한 보급에 가장 기여한 정책으로 평가된다. 중국은 재생에너지 보급이 확대됨에 따라 보조금의 규모가 증가하자 2016년 보조금을 인상하여 보조를 유지했으나, 이후 정책 기조가 변화하여 FIT 기준가격을 인하하여 보조금 규모를 감축하였다. 중국은 재생에너지법 제14조에 재생에너지 발전전력에 대한 전액 매수(이하 전액매수)조항이 있으나 실현되지 않았다. 이를 해결하기 위해 재생에너지 발전전력 전액매수 관리방법을 발표(2016년 3월) 하여 전력계통기업이 국가가 정한 가격으로 재생에너지 전력을 전액 구매하도록 하였으나, 2017년에도 태양광과 풍력발전량 중 6%와 12%가 계통에 미 접속되어 전액 구매되지는 않았다. 그래도 전년보다는 크게 줄어들어 일부 정책적 효과가 나타나고 있는 상황이다. 2016년과 2017년에 걸쳐 RPS와 녹색전력증서 거래제도를 도입함으로서 시장 기능을 활용한 비용효율성 제고를 도모하고 있다. 중국 RPS 제도의 특징은 송배전 사업자나 발전 사업자가 아니라 지방 정부에 재생에너지 공급의무를 부과했고, 지방 정부별로 의무 이행율을 차등적으로 할당하였다. 2020년 非 화석연료 비중 15% 목표를 달성하려면 재생에너지 비율이 2020년까지 3% 증가하여야 하는데, 이전 5년간 증가율은 2.6%에 그치고 있다(2010년 9.4% → 2015년 12%). 또한 본 계획에 따라 2020년까지 총 재생에너지 전력설비 규모는 770GW에 달할 것으로 예상된다(2015년 250GW 대비 31% 증가).

• 대만

2016년 출범한 차이잉원 정부의 주요 정책 중 하나로 2025년까지 모든 원전을 폐쇄하고 신재생에너지로 대체할 계획이다. 2017년 1월 개정된 전기법(電業法)에 '원자력 발전은 2025년까지 전면 중단한다'는 조항(제95조)을 명시하였다. 2025년까지 신재생에너지 발전 규모를 27GW로 확대함으로서 발전 비중을 2018년 5월 수준의 5배인 20%까지 확대를 목표로 하고 있다. 탈원전을 법조문으로 명시하고 신재생에너지를 신산업, 미래지향적 기반시설구축 분야로 지정해 대규모 예산을 편성하는 등 에너지 정책 개편추진에 강력한 의지를 표명하고 있다. 기존 석탄 45.4%, 액화천연가스(LNG) 32.4%, 원전 12.0%, 신재생에너지 4.8%인 전력생산 구조를 LNG 50%, 석탄 30%, 신재생에너지 20%로 바꿀 계획이다. 아시아에서 중국 다음으로 적극적인 해상풍력 투자 확대를 추진하고 있는 대만은 탈원전 정책과 아울러 재생에너지 보급 확대를 위한 해상풍력 투자에 박차를 가하고 있는데, 대만의 풍력발전 전원개발의 근거인 풍력발전 촉진 4개년 계획(Four-year Wind Power Promotion Plan)에 의하면 2025년 해상 풍력 설비용량 목표를 기존 2GW에서 2017년 8월 3.5GW로 올린데 이어 2020년 들어 5.5GW로 재차 상향하였다. 2016년 차이잉원 총통 당선 후 2017년 1월 전기사업법 개정안이 통과되어 2025년까지 원자력발전 제로화 및 재생에너지 고정가격매입제(FIT) 도입을 결정하였다. 풍력전원 확충을 위해 지원제도(FIT)를 운영하고 있는데, 육상풍력 발전과 해상풍력에 차별을 두어 지원하고 있다. 2025년까지 5.5GW 규모의 해상풍력발전단지를 조성하고 이와 연계하여 129만m² 규모의 클러스터 부지확보 및 유지관리 부두 운영을 계획하고 있다[32].

(b) 국외 해상풍력 추진현황

전세계 해상풍력은 유럽, 중국을 중심으로 2019년 말 기준으로 29.1GW 가 누적 설치되었는데 최근10년간(2010년~2019년) 연평균 증가율은 육상풍력 13.7%, 해상풍력 28.7% 이며 일본, 대만 등도 해상풍력 확대를 추진하여 2030년에는 전 세계에 177GW가 누적 설치될 것으로 예상된다. 유럽 중 특히 영국과 독일은 전체 발전규모가 각각 47GW와 124GW 인데 이중 풍력이 차지하는 비율이 24GW(51%)와 61GW(49%)로 이미 전체 신재생 전력의 반 정도를 해상풍력에서 조달하고 있다.

32) 에너지계의 게임체인저 부유식 해상풍력, 한국석유공사(이준석, 장진옥, 김준식).

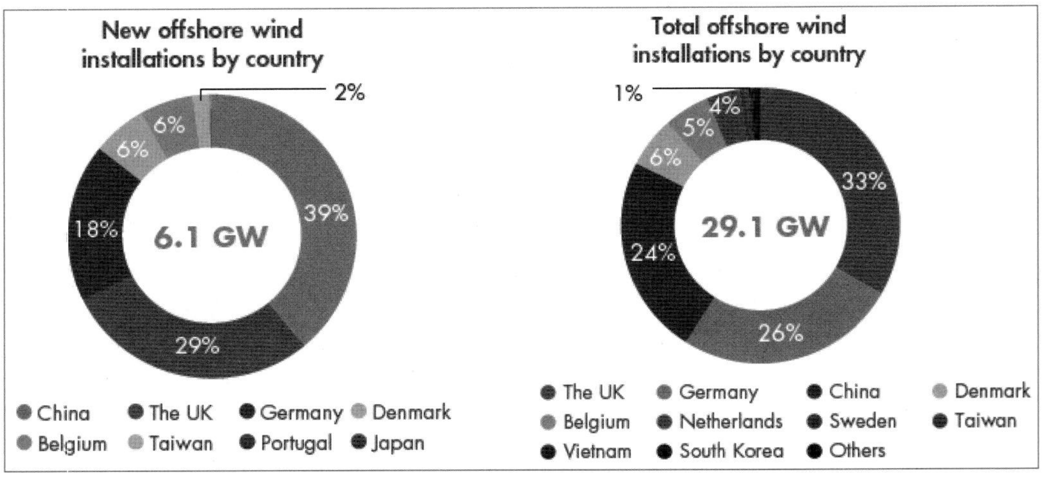

출처: GWEC, Global Offshore Wind Report, 2020

그림 212. 신규 및 누적 해상풍력 설치현황

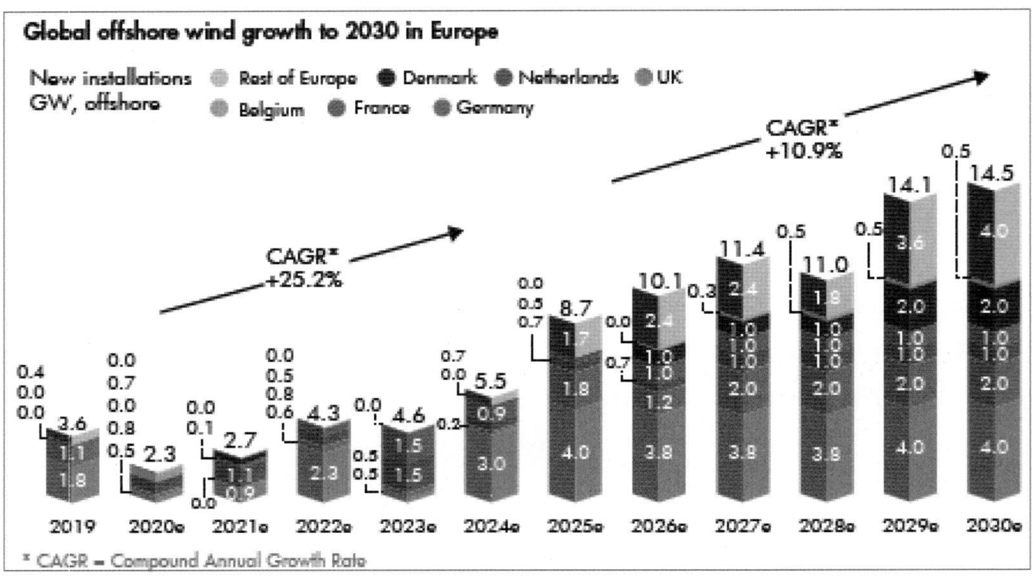

출처: GWEC, Global Offshore Wind Report, 2020

그림 213. 유럽 해상풍력 설치전망

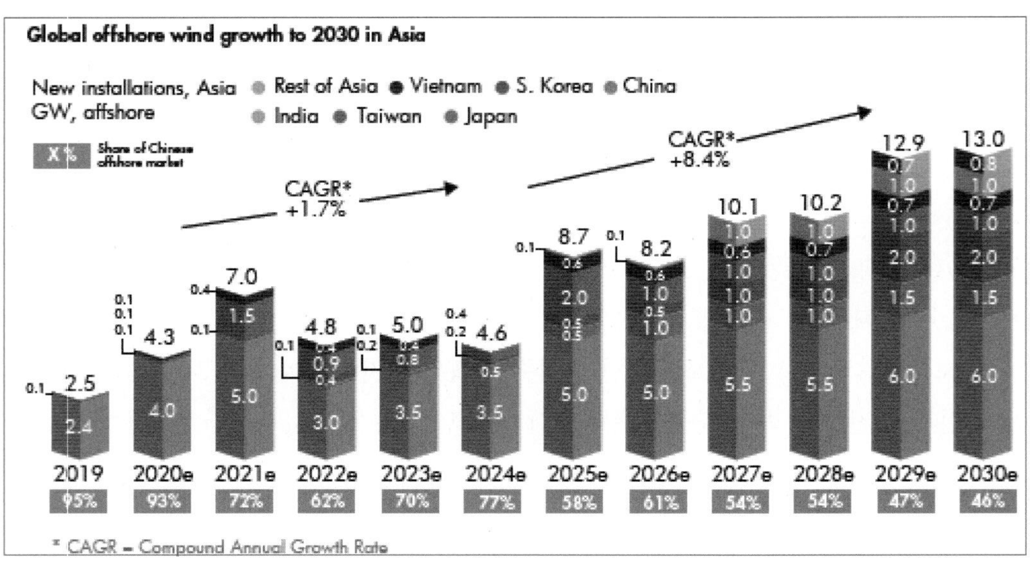

출처: GWEC, Global Offshore Wind Report, 2020

그림 214. 아시아 해상풍력 설치전망

2019년 해상풍력은 6GW가 새로 설치되어 세계 해상풍력발전 산업에서 최고의 해였다고 할 수 있다. 중국은 2019년 한 해동안 2.3GW 이상의 해상풍력을 설치하여 신기록을 세웠고, 영국이 2위로 1.8GW를, 독일이 3위로 1.1GW를 새로 설치하였다.

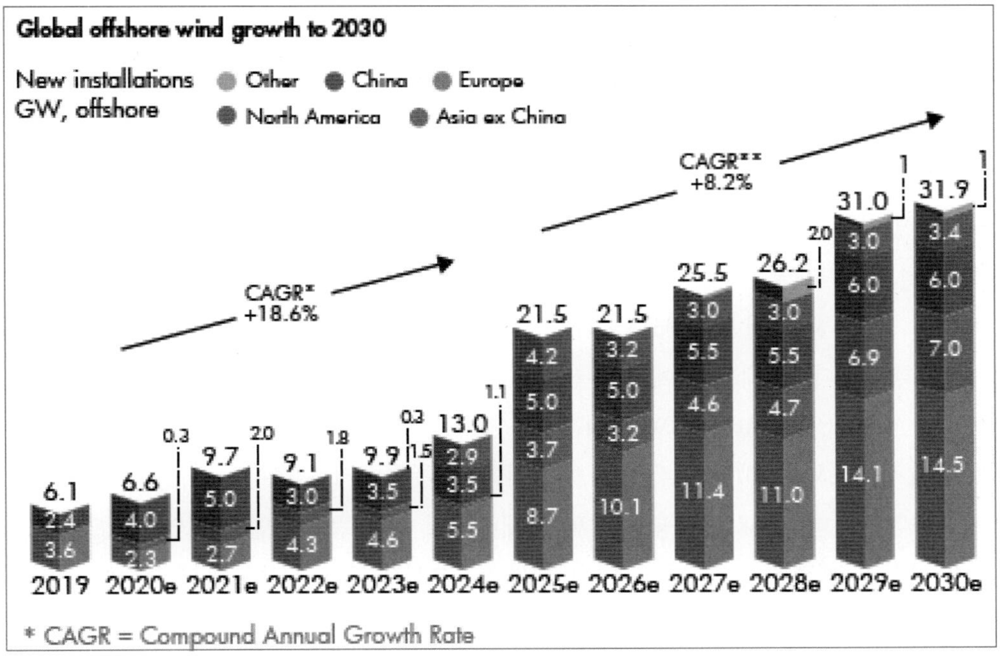

출처: GWEC, Global Offshore Wind Report, 2020

그림 215. 글로벌 해상풍력 설치전망

(c) 국외 부유식 해상풍력 추진 현황

2019년 말 기준 전세계적으로 부유식 해상풍력은 65.7MW가 설치되어 있다. 영국 32MW, 일본 19MW, 포르투갈 10.4MW, 노르웨이 2.3MW, 프랑스 2MW이다. 현재까지 영국, 포르투갈 및 일본이 부유식 해상풍력 누적 설치용량에서 최대이나 향후 10년 내 한국, 프랑스 및 노르웨이가 그 자리를 차지할 것으로 예상된다.

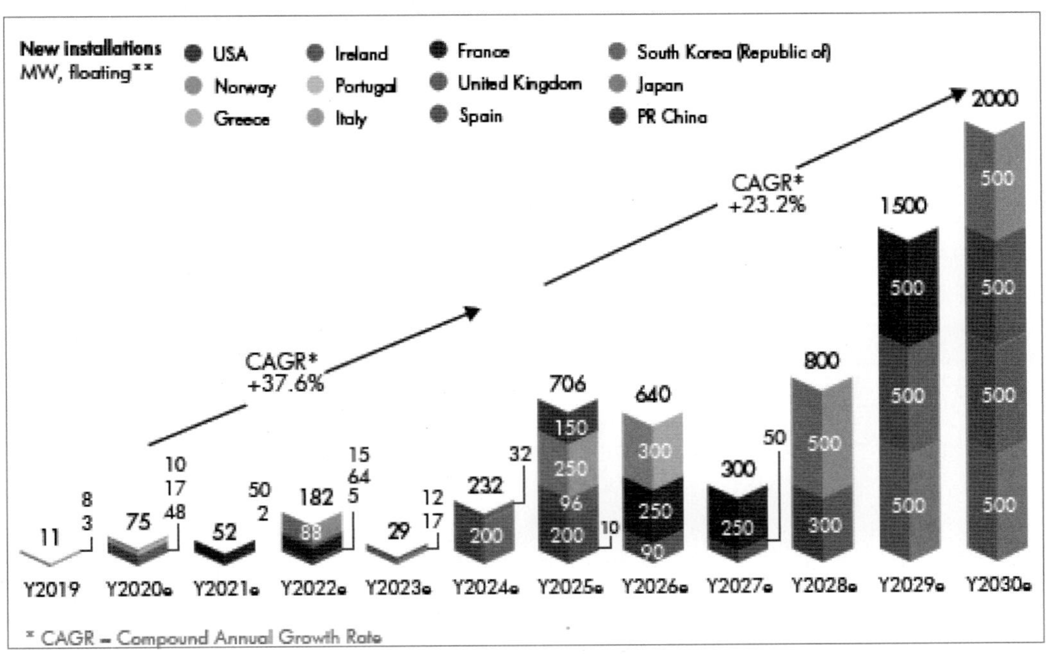

출처: 에기평, 제4차 에너지기술개발계획(풍력), 2020

그림 216. 부유식 해상풍력 신규설치 전망

6-12. 국내 해상풍력 기술개발 현황

(a) 연구개발 지원현황

우리나라와 경제규모와 발전량이 비슷한 스페인을 예로 들면, 스페인은 총발전량의 약 17%를 풍력에너지가 차지하고 있으며, 전체 신재생에너지에서 풍력에너지가 차지하는 비중은 85% 수준이다. 풍력발전기 글로벌 제조업체로 Acciona와 Gamesa가 있으나 최근에 부각되고 있는 부유식 해상풍력은 뛰어난 해양플랜트 기술을 보유하고 있는 우리나라도 스페인 이상의 실적을 이룰 수 있는 잠재력이 충분한 수준이다. 정부는 선진기술을 따라잡고 기술 상용화 촉진을 위해서는 지속적인 R&D 투자확대가 필요하다고 판단하여, 꾸준히 연구개발비를 지원해왔다. 1988년부터 지원을 시작하여 2015년까지 지원실적은 3,857억 원이며, 풍력발전시스템 설계 및 개발, 실증연구가 주를 이루었다.

터빈 등 시스템 설계 및 개발은 2005년도까지 1MW급 이하의 시스템 설계 및 2MW 이상의 개념설계 연구를 위주로 수행되었다. 현재 국내에는 두산중공업(3MW), 효성(5MW, 2 MW, 750kW), 유니슨(2.3MW, 2MW, 750kW) 및 한진산업(1.5MW,2MW)의 4개사가 풍력발전기를 제작하고 있으며, 해상풍력발전기로는 두산의 3MW와 효성의 5MW(2014)가 유일한 제품이다. 저풍속에서도 운용이 가능한 시스템 및 블레이드 등 요소기술을 개발 중이다. 한때 삼성중공업 및 현대중공업 등이 풍력산업에 진입하였으나 세계적 금융위기, 조선산업의 불황과 매출실적 부진 등을 이유로 풍력부분의 구조조정으로 철수했다가 2020년 공사가 주도하는 울산앞 200MW 부유식 해상풍력 및 5개 신규사업 추진에 따라 재참여를 하고 있다. 2015년 규제완화 효과에 힘입어 사상 최대의 보급실적(224MW)을 달성하였으나, 이중 53.6%인 120MW가 Vestas 및 Siemens 등의 해외 시스템으로서 국산 제품은 104MW(시장 점유율 46.4%)에 불과하다. 특히 2015년 국내에 설치된 해외 풍력발전기는 모두 3MW급으로서 국내 시장 역시 대형화로 가고 있으나, 국산은 해상용으로 최초 개발된 두산의 3MW급이 가장 큰 형태이다. 국산화로 개발된 풍력발전기는 유럽산 대비 가격 및 성능 경쟁력에서 뒤쳐져 있으며, 중국산에 비해서도 떨어지는 상황이다.

지금까지는 정부의 기술개발 지원에 힘입어 5MW급까지 상용화 개발에 성공했지만, 부족한 신뢰성과 내구성 검증 및 Track Record 부족으로 인해 수출 산업화가 지연되고 있으며 이로 인해 산업 생태계가 갈수록 취약해지고 있는 상황이다. 지금까지는 시스템 및 제품 개발 위주의 기술개발이 진행되어 왔으나 개발기술의 장기 시험평가 등의 성숙기를 거치지 못한 탓에 부품의 경우에는 시제품 단계에 머문 측면이 강하고, 시스템은 최적화가 미흡한 상황이다. 이로서 2012년 유럽기준 풍력발전 상대수준 83.3%, 기술격차가 1.4년이었으나, 2016년에는 66.3%, 6.8년으로 격차가 더 벌어졌다.

표 63. 주요 국가별 풍력발전 기술수준 비교(유럽기준)

유럽		미국		일본		한국		중국	
상대수준	기술격차	상대수준	기술격차	상대수준	기술격차	상대수준	기술격차	상대수준	기술격차
100%	-	94.7%	0.44년	94.0%	0.5년	83.3%	1.4년	80.3%	1.65년

출처: 한국풍력에너지학회, 국내외 풍력발전산업 및 기술개발 현황, 2018

바람직한 선순환 모델은 최초 개발한 모델로 시장 진입 이후 국내상황에 맞는 저풍속 등 다양한 풍황조건에 적합한 파생 모델을 개발하여 제품의 경쟁력을 확보하는 것이지만, 협소한 내수시장으로 인해 규모의 경제 실현이 불가능한 상황에서 국내 기업들이 자체적으로 포트폴리오를 갖추는 것은 쉬운 일이 아니다. 그러나 최근 국내 기업들도 세계적 추세에 맞추어 모델 다양화에 나서고 있는 실정이다. 유니슨은 750kW의 경우 3개 모델, 2MW는 4개 모델로 다양한 운전조건에 적합한 제품 개발에 성공하였다. 두산중공업 역시 최초 개발한 3MW 풍력발전기의 다양화에 성공하여 현재 3개의 모델을 상용화하였다.

표 64. 주요 국가별 풍력발전(대분류) 기술수준 비교

구 분	상대수준 (최고수준 : 100%)					기술격차 (최고수준 : 0년)				
	유럽	미국	일본	한국	중국	유럽	미국	일본	한국	중국
풍력발전시스템	100%	95.3	95.6	83.8	80.1	0	0.39	0.37	1.36	1.67
풍력단지	100%	88.3	83.5	72.5	73.5	0	0.98	1.38	2.31	2.22
운영·계통연계	100%	96.7	95.9	88.0	88.0	0	0.28	0.34	1.01	1.01

출처: 한국풍력에너지학회, 국내외 풍력발전산업 및 기술개발 현황, 2018

일부 기업을 중심으로 모델 다양화를 통한 포트폴리오 구축이 진행되고 있지만 가격 저감은 여전히 국내 시스템산업이 풀어야 하는 숙제이다. 국내 민간 풍력발전 사업자들은 유럽 제품들을 설치하고 있으며, 국산 제품들의 가장 큰 구매처는 한국전력의 5개 발전 자회사 등의 에너지 공기업이다. 근본적으로 가격 저감의 걸림돌은 2014년까지 연간 수십 MW 규모에 불과했던 국내 시장규모이다. 2015년 최대 실적인 104MW의 국산 풍력발전기가 설치되었지만, 이는 4개 시스템 제작사당 25 MW 정도의 매우 적은 물량으로서 대량생산을 통한 단가 저감은 근본적인 한계를 가질 수밖에 없었다. 해외 선두기업들은 연간 수천기의 풍력발전기를 판매하므로 부품 구입단계에서부터 보다 낮은 가격에 구입이 가능하고 시스템 판매단가 역시 저감 여력이 있으나, 주요 핵심 부품을 해외에서 구입하는 국내 기업들은 소규모 물량 구입에 따라 오히려 더 비싼 가격에 구매를 해야 상황이다. 이를 타개하기 위해 산업부와 한국에너지기술평가원에서는 부품 국산화를 위한 연구개발을 지원하였으나, 사업화에 성공한 경우는 소수에 불과했다. 국산화 개발 부품 역시 연간 수십 세트 정도 밖에는 판매하지 못하는 내수시장의 협소성으로 제작단가가 수입품보다 비싼 상황이 발생하는 것이다. 따라서 국내 풍력 부품산업은 해외 시장 진출을 전제로 제품 개발을 해야 하며, 특히 Vestas, Siemens 및 GE 등의 대형 기업들을 대상으로 시장 확보 노력을 기울여야 한다.

향후에는 제품 개발 위주의 기술개발 전략에서 성능개량 및 신뢰성 확보를 위한 기술분야에 대한 지원이 필요하며, 이에 필요한 인프라 구축 역시 지원이 필요하다. 특히 궁극적으로는 풍력발전기 성능검사 및 인증 분야에 있어서 상호인정을 목표로 하는 IECRE 체제가 출범한 상황에서 가격 및 성능 경쟁력을 무기로 국내 시장에 진출을 도모하는 유럽 제작사들로부터 내수시장을 방어하려면 기존 기술을 바탕으로 가격 및 효율 경쟁력 확보를 위한 기술개발이 필요하다. 이러한 측면에서 일부 기업을 중심으로 진행되고 있는 풍력발전시스템의 성능개량을 통한 모델 다양화는 국내 기업들이 지향해야 하는 전략으로 평가된다.

(b) 국내 산업동향

국내 풍력터빈 제조산업은 과거 9개 업체가 참여했으나 현재는 두산, 유니슨, 효성, 한진산업 4개 업체만 사업을 진행 중이며, 정부 지원으로 750kW급부터 5MW급까지 풍력터빈개발을 완료하였고, 3MW급 이하 제품은 실증 및 상용화하였고, 5MW급 이상 제품은 형식인증을 완료한 상태이다.

- 육상용 풍력터빈: 효성 2MW, 두산 3MW, 한진 4MW, 유니슨 4.2MW
- 해상용 풍력터빈: 두산 3MW, 5.5MW, 효성 5.5MW

협소한 내수시장 규모로 인한 Track Record 및 경제성(가격경쟁력) 확보에 애로가 있으며 타워 및 단조 부품의 경우 세계시장 점유율 수위권을 차지하고 있으나, 블레이드, 증속기, 대용량 발전기 등의 경우 핵심

부품의 설계 및 엔지니어링 원천기술 경쟁력이 취약하며 수출실적이 거의 없는 상황이다. 풍력분야 Supply-chain 을 분석해 보면 국내 풍력 산업은 충분한 내수 미확보로 가치사슬 전반이 취약한 상태이며, 이로 인해 국산 터빈의 내수 점유율이 급감하고 핵심부품은 대부분 외산인 상황에서 해외 대비 시스템 대형화도 뒤쳐져 경쟁력 악화가 지속되고 있다. 풍력 산업 확대를 위해서는 내수 확보가 우선적으로 이루어져야 하며, 그간 문제되었던 주민수용성 확보를 위해 지역 상생, 저소음형 등 수용성 개선형 기술개발이 필요하다. 또한 위축된 풍력 산업 생태계 복원을 위해 국내 핵심부품 기업의 제품 경쟁력 강화가 중요하며, 마중물 역할을 위한 정부 지원이 절대적으로 필요한 상황이다. 이와 더불어 제품 개발 후 가격 경쟁력 문제로 시장 확보에 어려움을 겪고 있어 단가 저감을 통한 핵심부품의 제품 경쟁력 확보를 위한 기술 개발이 필요하다. 또한 터빈 대형화에 따른 운송제약 문제 및 하중 증가로 인한 내구성 확보가 필요하며, 운송제약 해결이 가능한 새로운 방식의 풍력발전기 및 하중 저감이 가능한 주요부 설계 및 제어 최적화 기술개발이 필요한 상황이다.

(c) 관련 국내기업 현황

• 두산중공업

두산중공업은 2011년 국내 최초로 3MW급 육·해상 풍력발전시스템인 WinDS3000/91을 개발 완료하여 독일인증기관인 DEWI-OCC로부터 국제 형식인증(Type Certification)을 획득하였다. 국내는 제주도 해상과 산간 일부 지역을 제외한 대부분의 지역이 저풍속 지역이며, 서남해 연안의 경우 평균풍속 6m/s 내외의 지역이 넓게 존재한다. 이러한 저풍속 지역에서 경제성을 제고하여 로터 직경이 134m인 WinDS3000/134 모델을 개발하였으며, 2017년 7월 7일 국제 형식인증을 획득하였다. WinDS3000/134 모델은 연평균풍속 6m/s 지역에서 가동률을 고려하더라도 30% 수준의 설비이용률 달성이 가능하며, WinDS3000/91에 비해 64% 향상된 것이다. WinDS3000/134에 적용된 블레이드는 길이 65.5m, 무게 14톤으로 국내 최초로 저온경화용 국산 카본 소재를 적용하여 경량화로 개발하였다. 블레이드에 작용하는 공력 하중을 저감하기 위해 세계 최초로 비틀림-굽힘 연성(Torsion-Bending Coupling) 방법을 대형 블레이드에 적용하였다. 외부에서 대형크레인 없이 나셀 구성품의 유지보수가 가능하도록 내부크레인을 장착하여 유지보수비용을 절감하였으며, 나셀을 분리하여 운송할 수 있도록 설계하여 내륙 및 산악지형에서 운송 용이성을 증대하였다. 구성품 설계 및 제작, 조립, 실증지 조성, 운송, 설치, 시운전 등의 핵심기술을 자체 개발로 진행하고 50여 건의 국내외 특허 출원 및 등록을 하였으며, 이를 바탕으로 산업 통상자원부로부터 4건의 녹색기술 인증서 및 녹색기술제품 확인서를 획득하였다. 두산중공업에서 제작한 WinDS3000 제품은 고용창출 효과가 큰 블레이드, 타워, 발전기, 베어링 등 약 70% 이상(가격 기준)의 부품이 국내업체에 의해 제작되고 있으며, 제품 국산화율 제고를 위해 지속적으로 국내 부품산업 육성과 활성화를 위해 노력 중에 있다. 또한 2017년 5월에는 대기업간 자발적 구조조정과 양사 협력을 바탕으로 현대일렉트릭으로부터 5.5MW 대형 해상풍력 발전시스템 인수를 통해 진입 가능한 시장을 확대하였다. 5.5MW 풍력발전시스템은 증속기(기어박스), 블레이드 등 추가적인 R&D와 안정화를 거쳐 곧 발주가 예상되는 제주도 등의 고풍속 지역의 대규모 해상풍력 단지 사업에 제안할 예정인 것으로 알려지고 있다. 현재 WinDS3000(3MW)는 국내에 51기(153MW)가 설치되어 운전 중이며, 20기(60MW)는 건설 및 설치 중에 있다. 두산중공업이 EPC 방식[33]으로 100% 국산기술

33) EPC 방식: 설계(Engineering), 조달(Procurement), 시공(Construction) 등의 영문 첫 글자를 딴 말로, 대형 건설프로젝트나 인프라 사업 계약을 따낸 사업자가 부품/소재 조달/공사를 원스톱으로 제공하는 형태의 사업. 일괄수주를 의미하는 턴키와 비슷한 개념이다. 턴키(Turn-Key): 건축주가 열쇠(Key)를 돌리면 설비가 움직이는 상태로 하여 인도한다는 뜻으로 자금조달에서 기획, 설계, 시공까지 일괄하여 건물과 시설을 인도하는 공사계약 방식으로 '일괄 수주 계약'을 말한다.

로 공급한 국내 최초의 상업용 해상풍력 발전단지인 제주 탐라해상풍력단지에 WinDS3000/91 모델 10기를 공급하였으며, 20년간 운영과 유지보수 업무를 담당하고 있다. 2011년부터 추진된 서남해 2.5GW 해상풍력 사업 1단계 시범사업의 60MW 단지공사가 2017년 4월에 착공되었다. 제품공급 및 단지설계와 건설공사가 모두 국내기술로 진행되고 있으며, 두산중공업에서 개발한 WinDS3000/100 모델 3기와 WinDS3000/134 모델 17기가 설치되었다. 국내 서남해 해상지역은 평균풍속이 약 6.8m/s로 예상되며, WinDS3000/134 모델 설치 시 설비이용률이 37% 수준이다. 두산중공업은 우수한 풍력발전시스템을 자체 제품개발부터 사업화, EPC, 유지보수 등의 상용화를 통해 Total Solution Provider로서의 입지를 구축하고 있다.

• 유니슨

유니슨은 2000년 초 국내 최초로 최대의 강원풍력발전단지와 영덕풍력발전단지 개발로 풍력발전시장에 성공적으로 진입하였다. 2001년 750kW 기어리스형 풍력발전기 개발을 시작으로 2010년에는 시장의 주 제품인 2MW 풍력발전기 개발을 완성함으로서 풍력 불모지인 대한민국에서 풍력발전 전문기업으로 자리매김하였다. 빠르게 변화하는 세계 풍력시장에 대처하기 위해 기존 2MW시스템을 개량하여 풍력자원이 적은 저풍속지역에서 에너지 생산량을 획기적으로 증대시킨 2.3MW 풍력발전기를 개발하였다. 2015년 상업화에 성공하였고, 후속 개량개선 모델로 블레이드 직경을 더욱 증대시킨 U120 모델로 현재 동남아 등 신흥 저풍속시장을 개척 중에 있다. 최근에는 육상 최대 용량으로 운송 및 설치 제약을 극복하기 위해 모듈식 드라이브 트레인 구조로 육해상 공용 모델인 4.2MW급 풍력터빈을 개발, 2019년 초 상용화하였고, 현재 10MW, 로터길이 209m의 헤무 X 해상풍력터빈 개발을 앞두고 있는 상황이다. 2007년 750kW 풍력발전기의 형식인증을 마치고 한국수력원자력과 기자재 1기 공급계약 체결을 시작으로 2020년 11월까지 295.8MW의 누적 설치실적을 보유하고 있다. 이 중 국내실적이 251.4MW, 해외실적이 44.5MW를 차지하고 있다. 2015년 국내 풍황 조건에 맞춰 설계된 2.3MW 저풍속용 풍력발전기가 출시된 이후 유니슨의 설치실적이 급증하는 추세이다. 국내에 국산 풍력발전기가 도입되기 전에 이미 설치된 외산 풍력발전기들로 인해 현재 유니슨의 국내 시장 점유율은 10% 정도 수준이나, 국내 시장에 맞는 최적화된 모델출시 및 개량개선 모델의 효율 극대화를 통해 향후 5년 내 국내 시장 점유율 50% 이상을 목표로 하고 있다.

표 65. 각 기업의 국내시장 점유율 (2017년 10월 기준)

제조사명	유니슨	베스타스	현대중공업	두산중공업	악시오나	기타	합계
설치용량 (MW)	106.65	380.87	104.95	135	64.5	299.55	1071.52
용량별 점유율 (%)	10.0	35.5	9.6	12.6	6.0	26.1	100
설치대수 (EA)	81	202	54	49	43	138	567

출처: 한국풍력에너지학회, 국내외 풍력발전산업 및 기술개발 현황, 2018

유니슨 750kW 풍력터빈은 국내 최초의 국산 상업용 풍력발전기로 기어박스가 없는 직접구동형 풍력발전기로 풍력발전기 전 부품이 저속으로 회전하며 내구성을 획기적으로 증대시킨 것이다. 특히 해당 제품은 대한민국을 빛낸 100대 기술에 선정된 바가 있다. 후속 라인업인 2MW/2.3MW 제품의 경우 단일 메인베어링의 간결하고 단순한 동력 전달장치로 드라이브트레인의 신뢰성 확보 및 내구성을 증가시켰다. 아울러 기본모델 개발과 함께 확장모델을 함께 개발하는 전략으로 전 풍속영역에 적용할 수 있도록 제품을 다변화하였으며, 또한 타워 높이를 다변화하여 설치제약이 있는 산악지형이나 해안가 등에도 설치 운전이 가능하도록 개발하여 모든 지역에 설치 및 운전이 가능하도록 제품 종류를 다양화하였다. 유니슨이 개발하는 모든 제품에는 영구자석형 동기발전기를 적용하여 유지보수 비용 감소와 내구 수명을 증대시켰으며 자체적으로 개발한 제어시스템 및 SCADA[34] 기술이 적용되어 신속한 제어 및 유지보수가 가능하다.

- **효성**

Global Top Energy, Machinery & Plant Solution Provider를 지향하는 효성 중공업 PG(Power & Industrial system Performance Group)는 전세계 중공업을 선도하는 혁신기술을 통해 전력기기와 산업기자재, 펌프, 풍력발전 시스템 분야에서 글로벌 경쟁력을 키워온 회사이다. 효성 중공업 PG는 전력, 기전, 효성 굿스프링 등 3개의 퍼포먼스 유니트(PU: Performance Unit)와 풍력사업단으로 구성되어 있다. 효성 풍력사업단은 1990년대 중반부터 풍력발전 시스템 사업을 적극적으로 육성하여 주요 구성기기인 증속기, 발전기, 제어기, 타워 등에서 이미 최고의 기술력을 보유하고 있다. 국내 풍력발전 사업의 선두주자로서 설비의 국산화에 최선의 노력을 기울여 왔으며, 2005년에는 국내 최초로 기어드 타입(Geared Type)의 750kW 풍력발전 터빈 개발, 그리고 2007년에는 2MW 풍력발전 터빈의 개발을 완료하고 상용화에 성공하여 신뢰성과 안정성을 입증 받았다. 5MW 해상용 풍력발전 터빈을 2014년 제주 김녕 국가 풍력실증단지에 설치 운영하여 2015년 독일 DEWI-OCC로부터 국제 형식인증을 획득하였다. 또한 국내 태풍 환경에서도 안전성이 보장된 블레이드와 발전량을 향상시킨 5.5MW 해상용 풍력발전 터빈을 개발하여 2019년에 국제인증을 취득하였다. 효성 풍력사업단의 사업 분야는 육상 및 해상 풍력터빈의 제조, 풍력발전단지 개발, 풍력 발전단지 EPC, 풍력터빈 O&M 사업으로 구성되어 있다.

(d) 풍력발전용 핵심부품 기술

핵심부품은 전력변환장치, 발전기, 블레이드, 증속기(기어박스), 축 구동계, 베어링 및 yaw & pitch시스템, 타워, 하부구조(Substructure) 등으로 구분되는데, 2008년부터 핵심부품 기술개발을 중점 지원하여 수출사업화를 유도하였다. 또한 기술경쟁력 확보를 위해 100m이상 하이브리드타워, 카본소재 등 고효율 저하중 대형블레이드 개발, 5~7MW급 yaw & pitch시스템 개발, 5MW급 증속기 국산화, 지능형 감시제어설비, 대용량 고압전력변환장치, 5MW급 영구자석형 동기발전기 (PMSG)개발, 경량 rotor shaft 등 핵심기술을 개발하고 있는 중이다. 이에 대한 성과로 해성굿쓰리는 전량 수입에 의존하던 핵심부품(yaw & pitch시스템)을 국산화하는데 성공하였다. 3MW급 풍력발전시스템용 yaw & pitch시스템을 자체 개발하였고, 총 21기 납품 완료 및 추가 공급계약 진행 중이다. 단조제품 전문기업인 태웅은 한국에너지기술평가원의 지원으로 요 베어링 개발에 성공하고 난 후 적극적으로 해외시장 진출을 추진하여 현재는 GE 및 Vestas 등에 안정적으로 제품을 판매하고 있다. 국내에서는 부산 경남지역의 평산, 태웅, 용현BM, 현진소재, 동국 S&C, 유니슨 등에서 메인샤프트, 타워플렌지, 타워, 베어링 등 철강 단조 및 용접 공정을 거치는 주요 부품을 생산 및 수출하고 있다. 대형 블레이드는 군산소재에서 3MW, 5.5MW, 7MW 규모의 풍력터빈 블레이드를 제조한 경험을 가지고 있으며, 최근에는 군산소재, 휴먼컴퍼지트(주)에서 대형 블레이드 생산을 위한 수주 계약이 이루어지고 있는 실정이다. (주)휴먼컴퍼지트는 2MW급 육상용 블레이드에서부터 5MW급 해상용 블레이드까지 생산하고 있다. 2017년부터는 초경량탄소 섬유를 적용한 3MW급(Class 3S) 블레이드를 생산하여 서남해 해상풍력 실증사업에 공급하고 있다.

34) SCADA(Supervisory Control And Data Acquisition): 집중 원격감시 제어시스템이라고 하는 SCADA 시스템의 감시 제어기능을 말한다. SCADA시스템은 통신 경로상의 아날로그 또는 디지털 신호를 사용하여 원격장치의 상태정보데이터를 원격 소장치(remote terminal unit)로 수집, 수신, 기록, 표시하여 중앙 제어시스템이 원격장치를 감시 제어하는 시스템을 말하며 발전, 송배전시설, 석유화학 플랜트, 제철공정시설, 공장자동화시설 등 여러 종류의 원격지 시설장치를 중앙 집중식으로 감시 제어하는 시스템이다.

(e) 풍력단지개발, 운영 및 연계기술

서남해 2.5GW 해상풍력 실증/시범/확산 단지개발 마스터 플랜 수립 후 해상풍력 단지 구축 관련 기술개발 및 풍력발전 균등화발전비용(LCOE) 저감을 위한 설치, 시공, 운영 기술개발 등에 집중 지원하였다. 해상풍력발전기 및 지지구조물 설치시스템 개발, 해저케이블 매설기 개발, 구조물 설치 레벨링 기술개발, 하이브리드형 지지구조물 개발 등 단지구축을 위한 설치, 시공기술을 개발 중이다. 또한 해상풍력 단지 전력시스템 설계 및 제어기술, 런타임 풍력단지 예측제어시스템, 해상풍력 연계용 고전압직류(HVDC) 케이블 개발, 부식관리기술 등 계통연계 및 운영기술도 개발하고 있다. 제주 김녕에 풍력 실증단지를 구축(2012.11~2014.10)하여 국내기업이 시스템 인증을 위한 실증데이터 및 실적, Track Record를 확보할 수 있도록 지원하고 있다. 국내기업인 에스엠인스트루먼트는 소음진동 측정 및 분석용 계측시스템을 공급하는 전문 업체로 다양한 산업현장에서 소음진동이 문제가 되는 제품들을 측정하고 분석할 수 있는 소음진동계측기 및 솔루션을 공급하고 있다. 주요 사업분야는 소음진동 위치 추적 및 분석분야, 원격감시 및 측정분야, 소음진동 측정자동화 분야로 구성되어 있다. 풍력 산업 분야에 제공하는 제품 및 솔루션으로는 상태감시시스템(CMS, Condition Monitoring System), 감시 제어 및 데이터 취득(SCADA, Supervisory Control And Data Acquisition) 및 풍력발전기 시뮬레이션장치 등을 공급하고 있다. 풍력발전은 지형적인 접근성, 태풍, 해수 등의 열악한 적용환경으로 인해 운전조건이 매우 가혹하고 접근성이 좋지 않아 원격지에서 풍력단지를 효율적으로 운영할 수 있는 SCADA 시스템 및 CMS가 필요한 실정이다. SCADA 관련 기술은 현재 선진 외국에 종속되어 있어서 국내에 기 도입된 풍력발전기 중 상당수가 계약 또는 기술적인 문제 등에 의해 운영 및 유지보수에 상당한 어려움을 겪고 있는 실정이다. 풍력발전에 있어서 핵심기술인 운영 및 감시기술의 미확보에 따른 결과라고 할 수 있다.

에스엠인스트루먼트는 한국전력공사 전력연구원(KEPRI), 한국기계연구원 (KIMM)과 협력하여 풍력관련 국외 선진기업들의 O&M 기술수준에 단시간 내에 도달하고 경쟁력을 갖추기 위해 SCADA 시스템 및 CMS 관련 핵심기술을 확보하고 제품을 개발하였다. GreenEye SF-01 SCADA System은 풍력발전단지의 풍력발전기를 통합 관리 및 감시하는 시스템으로서 풍력발전기의 운전관련 정보와 주요 구성 부품의 운전데이터를 수집하고 풍력단지 운전정보와 출력현황의 요약 및 상세 정보 등을 제공하며, 사용자가 풍력발전기 제어기 알람을 효율적으로 관리할 수 있는 도구와 보고서 생성 및 데이터 경향 분석을 위한 기능들을 제공하고 있다. 또한 고객의 요구에 따라 다양한 풍력발전기에 접속 통신할 수 있는 시스템이다.

GreenEye CR-A0 CMS는 FPGA(Field Programmable Gate Array) 기반의 실시간 내장형 제어기를 탑재한 풍력발전기 상태 감시시스템으로서 풍력발전기의 주요 구성 부품의 상태를 감시, 분석 및 예측하는 역할을 수행한다. 풍력발전기의 이상발생을 조기에 진단하여 사전에 고장을 예방한다. 본 시스템은 IEC 61400-25의 권장규격에 따라 데이터 수집 및 분석 플랫폼을 제공할 수 있도록 개발되었으며, 국제인증기관인 DNV GL로부터 국제인증을 획득한 제품이다.

6-13. 국외 해상풍력 기술개발 현황

(a) 터빈 및 블레이드

풍력발전기의 대형화에 따른 LCOE 저감효과로 풍력발전기의 대형화가 진행 중이며, 풍력발전기 개발추이는 저풍속, 고효율, 대형화하는 추세이다. 6MW급 풍력발전단지는 3MW급 2기를 설치하거나 또는 6MW 1기를 설치하여 구성할 수 있으나, 6MW 1기로 구성할 때 풍력발전기 구매 비용에서 6%를 저감할 수 있으며 유지보수 비용은 14%가 저감된다. 반면에 설비이용률(Capacity Factor)은 12%가 증가한다. 이 같은 대형화는 5MW에서 10MW로 대형화 될 때 LCOE 저감효과가 가장 크며, 설비이용률 증가 역시 이 구간에서 가장 극대화된다.

EU는 해상풍력발전의 경우 현재 11~18유로/kWh인 LCOE를 2020년까지 9유로/kWh로 저감하는 것을 목표로 관련 기술개발을 진행하고 있다. 해상풍력발전에서 가장 큰 시장 점유율을 차지하고 있는 Siemens는 이보다 더 낮은 최대 5유로/kWh로 저감한다는 목표를 갖고 있다.

풍력터빈은 대형화 추세이며, 2000년대 초반 1~2MW급 풍력발전기가 상용화된 이후 불과 5년 만에 5MW급 풍력발전기가 상용화되었다. 2013년 Enercon은 7.5MW, 지름 127m의 풍력발전기를 개발하였다. 세계에서 가장 큰 비행기인 에어버스 A380의 날개폭이 80 m인데, 1.8MW 풍력발전기의 로터직경이 80 m인 것을 감안하면 7MW이상의 풍력발전기는 크기가 어느 정도인지 짐작할 수 있을 것이다. 2020년 기준으로 세계에서 가장 큰 풍력발전기는 GE의 할리아드-X 12MW 모델로 로터 직경 220m, 블레이드 하나의 길이가 107m 이며 연간 총 67GWh의 전력이 생산가능하고 16,000가구에 전력 공급이 가능하며, 최대 4,200 만톤의 이산화탄소 발생을 저감할 수 있는데 이는 9,000대에서 발생하는 이산화탄소 배출량과 동일하다. 해외 10대 풍력터빈 회사가 시장을 85% 점유하고 있으며, Vestas(덴마크) 20.3%, Goldwind(중국) 13.8%, Simens Gamesa(스페인), GE(미) 10%, Envision(중국) 8.4% 순이다. 특이 사항은 세계 시장 점유율 1위 기업인 덴마크의 Vestas사가 일본 미쓰비시 중공업(MHI)과 합작법인인 MHI Vestas사를 2014년 설립하고 일본 및 동아시아 지역의 해상풍력시장에 적극 진출을 도모하고 있다는 점이다. 유럽 및 미국에서는 균등화발전비용(LCOE, Levelized Cost of Energy)의 저감을 위한 다양한 기술개발을 진행하고 있는 실정이다. 균등화발전비용은 풍력발전단지의 최초 기획단계에서부터 운전수명 종료 후 철거에 이르기까지 투입되는 모든 비용을 발전단지 생애주기 동안 생산한 전력량으로 나눈 값으로서 Project Financing 등의 금융조달비용과 감가상각 등이 모두 포함되어 있는 개념이다. 균등화 발전단가는 DEVEX(Development Expenditure)와 CAPEX(Capital Expenditure) 및 OPEX(Operation Expenditure)의 세 가지로 구성된다. 그림 217, 218, 219

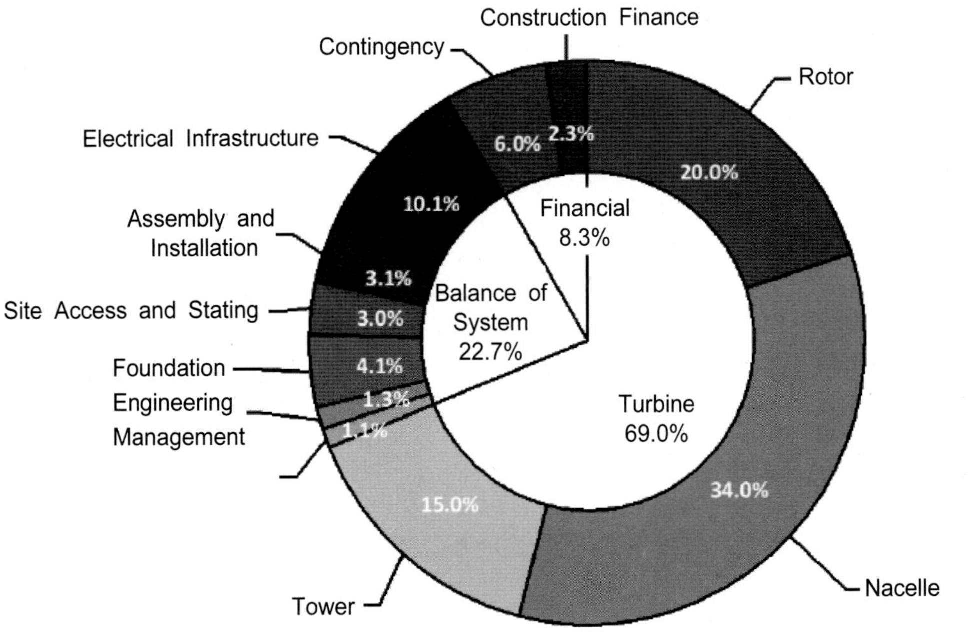

출처: NREL, Cost of Wind Energy Review, 2019

그림 217. 육상풍력의 CapEx 구성비

는 각각 육상풍력, 해상 고정식 및 부유식의 CapEx[35] 구성이며, 가장 큰 부분을 차지하는 것은 육상에서는 풍력 발전기 비용이며 해상으로 갈수록 부유체 등 하부구조물 비용이 증가됨을 알 수 있다.

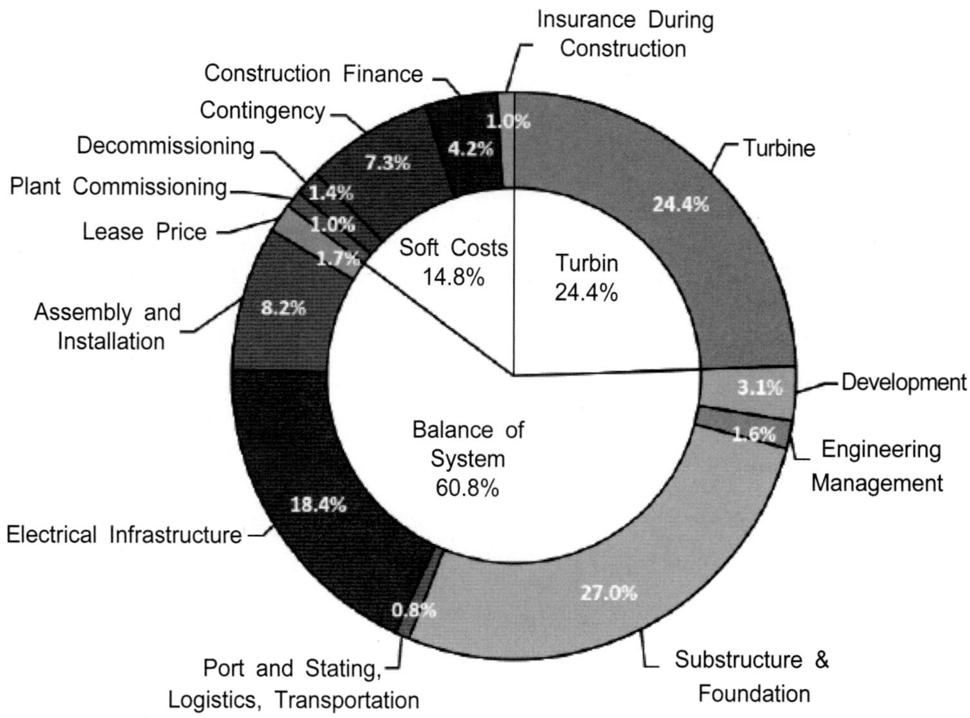

출처: NREL, Cost of Wind Energy Review, 2019

그림 **218.** 해상부유식 CapEx 구성비

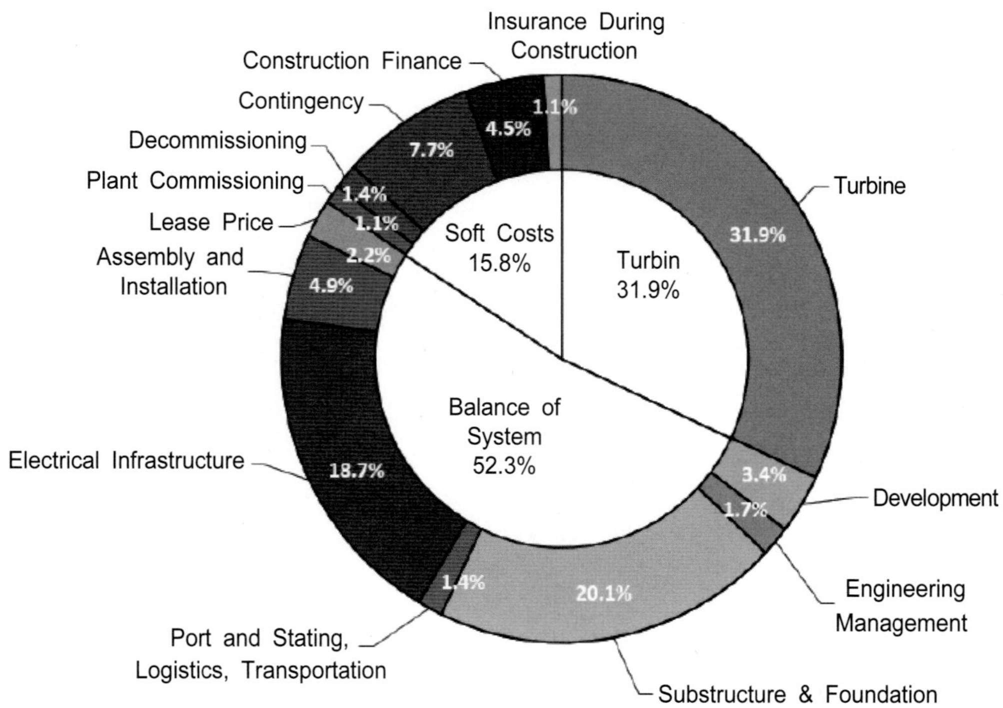

출처: NREL, Cost of Wind Energy Review, 2019

그림 **219.** 해상고정식 CapEx 구성비

35) CapEx(Capital expenditures): 미래의 이윤을 창출하기 위해 지출한 비용.

(b) 관련 외국 기업현황

• Vestas (덴마크)

Vestas는 1945년 설립 초기에는 일상용품과 농기구 등을 생산하였으나, 1970년대 중반 풍력산업의 사업성을 확신하고 업종을 전환했으며, 2004년 세계 시장에서 순위 경쟁을 벌이던 NEG Micon(덴마크)을 인수한 후, 세계 1위의 시장점유율을 유지하고 있다. Vestas는 세계적으로 50,000기 이상의 풍력터빈(0.85, 1.65, 1.8, 2.0, 3.0 및 8.0MW)을 설치했으며, 풍력터빈 제조, 시공, 유지보수 및 발전단지 자금조달(Financing) 서비스까지 통합 솔루션을 제공하고 있는 회사이다. Vestas의 공급능력은 10,000MW/year으로, 다른 구성품은 유럽, 아시아와 북미에서 모두 생산하고 있으나, 제어기는 유럽에서만 생산하고 있다. 한편, Vestas는 일본의 미쓰비시중공업(MHI)과 합작사 MHI Vestas를 설립하여, 2018년 4월에 스코틀랜드 Aberdeen만에 위치한 EOEDC(European Offshore Wind Deployment Center)에 8.8MW 풍력터빈을 설치하였고, 2018년 9월 세계 최초로 10MW 규모의 V164 터빈 플랫폼을 발주하여 2021년 준공 예정이다.

• Siemens Gamesa

2017년 4월 공식 출범한 지멘스 가메사(Siemens Gamesa)는 지멘스 풍력부문과 가메사가 합병하면서 글로벌 풍력터빈 시장에서 입지를 더욱 견고히 다져가고 있는 중이다. 전세계 해상풍력 시장에서 독보적인 지위를 구축하고 있는 지멘스와 육상풍력에 강점을 가진 가메사가 손을 잡음으로서 다양한 시장 요구에 맞춤형 대응이 가능하게 되었다. 현재까지 지멘스 가메사는 전세계 주요 시장에 1,000개 이상의 해상풍력터빈을 설치하였다. 여기에는 기존의 영국, 독일, 덴마크, 네덜란드 및 미국 및 프랑스를 포함한 새로운 해외시장에 대한 설치계획과 함께 1,000여 개의 추가 주문을 받은 상태이다. 현재 지멘스 가메사의 거대하고 새로운 해상풍력터빈인 SG 14-222 DD이 2021년에 상용 프로토 타입이 출시될 예정이며, 2024년 상용화될 예정이다. 이 터빈은 222m의 세계 최대 로터 직경과 14MW의 용량과 최대 15MW의 파워 부스트 모드를 특징으로 한다.

• GoldWind (중국)

Goldwind는 1998년 2월 무역유한회사로 설립된 후, 2001년 풍력터빈 제조를 시작했으며, 2008년 Vensys(독일)의 지분 70%를 인수하여 풍력터빈의 기술력과 지적 재산권을 확보하였다. 핵심 부품인 블레이드(Blade), 증속기(Gearbox), 발전기 및 타워(Tower) 등의 구성품은 아웃소싱하며, 풍력터빈의 설계 및 조립에 집중하고 있다. 신장, 베이징, 내몽고 3개 지역에 생산시설을 확보하였고, 2007년에는 신장, 베이징과 독일에 R&D 조직을 신설해 해상풍력발전용 3MW급 터빈의 자체 개발에 성공하였다.

• GE (미국)

GE는 2002년 Enron(미국)을 인수하면서 풍력발전 시장에 진입한 후, 1.5MW급 풍력터빈을 10,000기 이상 공급했으며, 미국 내수 시장점유율 약 40%로 안정적인 지위를 구축한 상태이다. GE의 1.5MW 모델 공급능력은 4,000기/year 이고, 유럽시장을 목표로 하는 2.5MW 모델의 공급능력은 1,000기/year로 파악된다. 현재 전세계에서 가장 크고 강력한 터빈 Haliade-X 12MW을 제작하였다.

6-14. 해상풍력 기초구조물

기초구조물은 상부로부터의 하중을 지반으로 전달하는 역할을 하므로, 해상풍력 발전구조물 전체의 안정성을 결정짓는 중요한 요소이다. 따라서 경제적이며 효율적인 기초구조물의 개발을 위한 연구가 계속되고 있다. 해상풍력발전에서 복잡한 해양환경에서의 구조물 안정성 및 내구성 확보 측면에서 지지구조물은 매우 중요하며, 해상풍력발전에서의 기초구조물 및 설치비용은 육상풍력에 비해 차지하는 비중이 크다. 특히, 해상풍력 발전기가 대형화되고 해상풍력단지가 점점 수심이 깊은 곳으로 확대되면서, 해상풍력발전기를 지지하는 기초구조물에 대한 중요도가 높아지고 있다. 수심이 깊어지게 되면 해상풍력 전체 공사비 중에서 기초구조물 시공비용이 상당한 부분을 차지하게 된다. 이에 유럽을 비롯한 선진국에서는 보다 경제적이고 효율적인 기초구조물을 개발하기 위해 심혈을 기울이고 있다. 해상풍력의 선진국인 유럽에서는 그동안 주로 수심이 20m 이내의 해역에서 해상 풍력단지를 건설하여 왔기 때문에 기초구조물로서 경제성과 시공성이 우수한 모노파일이 80% 이상 적용되어왔으며, 그 외에 지반조건 등의 현장여건을 고려하여 중력식기초나 자켓기초를 적용되어 왔다. 최근 해상풍력단지 개발 입지가 수심 20m 이상 해역으로 확산되고 해안으로부터의 거리도 점점 멀어지고 있다. 2013년 말과 2016년 말 설치된 유럽의 해상풍력발전단지의 설치수심은 각각 평균 16m와 29.2m이며, 해안으로부터의 거리는 각각 평균 29km와 43.5km이다. 최근 터빈용량이 대형화되고 해상풍력단지가 수심이 20m 이상인 해역으로 확산되면서 해외에서는 해상풍력 하부구조(substructure)를 수심이 깊은 조건에서 적용할 수 있는 2-pile, 3-pile, multi-pile 또는 3-pod, 4-pod, 재킷 등의 다양한 형태의 하부구조 및 기초시스템에 대한 연구가 추진되고 있는 실정이다. 가장 많이 쓰이는 기초구조물 형식으로는 강재로 된 모노파일, 재킷, 트라이포드와 콘크리트로 된 중력식 기초구조물이 있다. 콘크리트 지지구조물의 경우, 부식 저항성과 구조물 강성이 크고, 강재에 비해 재료비를 절감할 수 있다는 장점이 있어 많이 사용되고 있다.

6-15. 부유식 해상풍력의 전망

우리나라 에너지 정책은 저탄소·친환경 에너지 전환을 목표로 하고 있다. 2019년 6월 제3차 에너지기본계획에서 재생에너지 발전 비중을 2040년까지 30~35%까지 확대하는 것으로 계획하고 있다. 정부주도로 재생에너지 보급 확산과 목표달성을 위해 다양한 사업을 추진했으나 미 자격자의 부실시공과 관리소홀, 민원에 의한 사업지연 또는 취소, 환경훼손 등의 문제점이 지속적으로 발생하는 상황이다. 특히 협소한 국토를 재생에너지 사업지로 효율적으로 활용하면서 선진기술을 접목하고 민원까지 최소화할 수 있는 사업을 정부차원에서 모색하고 있는 상황에서 부유식 해상풍력은 재생에너지 중 가장 작은 면적에서 전력을 안정적으로 생산할 수 있는 효율적 에너지 자원이다. 현재 기술적으로 전세계에 설치 가능한 부지의 발전가능량을 평가해보면 12만GW 이상으로 이는 2019년 전세계 발전량 7,484GW(IEA World Energy Outlook, 2020)의 거의 20배에 가까운 양을 공급할 수 있다. 에너지 자립도가 낮고, 환경에 대한 국민적 관심도가 높으며 해상의 풍력에너지가 풍부한 전세계 1위의 풍력대국인 영국을 비롯한 유럽지역을 중심으로 빠르게 해상풍력 특히 부유식 해상풍력이 급성장하고 있으며, 최근에는 에너지가 지속적으로 부족한 중국에서도 대규모 투자가 이루어지고 있는 상황이다. 중국은 해안지대가 18,000km로 1,000GW 이상의 해상풍력 잠재력을 보유하고 있으며, 2019년 한 해 동안 2.3GW 이상을 설치하여 신규 설치물량으로 해상풍력분야에서 1위를 하였다.

GWEC에 따르면 전세계 풍력 시장은 2019년 60.4GW 설비가 증설되었는데 이는 전체 설비용량 651GW (육상 621GW, 해상 29GW)의 19%로 역대 두 번째 많은 증설량이다. 이중 해상풍력이 6.1GW로 10% 정도를 차지하고 있으며, 누적용량은 29GW를 넘어 전체 누적용량의 4.5%를 차지하고 있다. 특히 중국 및 미국에서 신규 육상풍력의 60%가 설치되었으며, 2024년까지 매년 71GW씩 신규로 설치되어 향후 4년간 355GW가 추가 설치될 것으로 예상하고 있다. 또 연간 해상풍력 설치는 2024년까지 15GW에 달해 전세계 신규 풍력발전의 20%를 차지할 것으로 보인다. 현재 전세계적으로 102여 개국 이상이 풍력발전을 설치하고 있으며, 2040년까지 전세계 풍력시장은 약 2.8조 달러 규모가 될 것으로 예상된다. 유럽을 중심으로 부유식 해상풍력이 발전분야에서 최대 공급자가 될 것으로 예상된다. 우리나라 정부의 '재생에너지 3020계획'에 따른 12GW 해상풍력 설치시 투자유발 효과는 78조 원(60억 원/MW)수준으로 풍력터빈 수명인 20년간 전력생산량은 630,720GWh로 151조 원이며 일자리 창출효과는 10년간 연인원 45만 명이 될 것으로 전망되고 있다.

6-16. 부유식 해상풍력의 활성화 방안

우선 국내 부유식 해상풍력산업 기반을 공고히 하는 것이 중요하므로 터빈, 블레이드, 타워, 부유체 등 제작업체들이 안정적으로 기술력을 배양하며 경쟁력을 키울 수 있도록, 정부가 장기적인 대규모 해상풍력 설치계획을 수립하고 국내 기업체들이 참여할 수 있는 기반을 조성해야 할 필요성이 있다. 중장기적으로 핵심부품을 국산화하고, 초대형 부유식 풍력터빈 개발을 위한 R&D도 지원할 필요가 있다. 또한 해상풍력 개발 시 각종 인허가, 민원 등의 문제로 사업이 진행되지 못한 경우가 많아 이에 대한 빠르고 일관된 정책 지원이 필요하며, 경제성을 확보하기 위해 REC[36], RPS[37] 제도 등도 적절히 지원되어야 한다. 이런 과정을 통해 국내에서 기술 및 경험이 축적되고 또한 거액의 사업비 조달을 위한 금융조달 방법까지 적용하여 패키지화하면 국내 풍력사업이 활성화될 것이며 이를 바탕으로 국내 관련업체들이 컨소시엄 형태로 해외 사업에 참여할 수 있을 것이다. 현재 전세계 102여국 이상에서 풍력 사업이 진행되고 있고, 해상풍력 또한 2018년 말 기준 17개국에서 진행되고 있으며, 이는 지속적으로 증가될 것으로 예상되므로 합리적인 가격으로 우수한 발전단지를 조성할 수 있는 기술력을 보유한다면 국내업체들의 해외진출도 용이할 것으로 판단된다. 다음은 활성화 방안에 대한 상술이다.

① 해상풍력에서 장기 계획 수립을 통한 기업체 참여 및 R&D 기반 조성이 필요하다

현재 풍력의 주요부품인 터빈은 두산중공업, 효성, 유니슨 등에서 제조경험을 가지고 있으며, 석유개발 시 사용되는 플랫폼과 해상풍력터빈 설치선은 세계 최고의 조선 기술을 보유하고 있다. 현대중공업, 삼성중공업, 대우조선해양 등이 건조 경험이 많은데 플랫폼은 해상풍력에 사용되는 부유체 제작기술과 동일하다. 부유식 해상풍력 단지는 통상 대용량 터빈 수 십 개를 사각형 형태의 대규모 단지로 조성하므로, 터빈, 블레이드, 타워 등 주요부품을 규격화하여 다량 생산하고 조립하여 현장으로 이동 설치하는 형태로 체계화하면 비용을 저감시켜 해상풍력의 수익성을 제고할 수 있으며 이를 통해 관련 기업들의 일자리 창출, 제조 인프라 및 기술력 배양 등이 가능할 것이다. 또한 최근 전세계 부유식 해상풍력 시장의 발전 가능성을 확인하고 정부의 2030년까지 세계 5대 해상풍력 강국 도약 정책에 고무되어 두산중공업(터빈), 현대중공업(부유체 설계 및 제작), 포스코(철강조달), LS전선(해저 케이블) 등 대기업이 제조사로 참여하고 SK 디앤디가 풍력사업자로 참여 예정이므로 대기업 및 중소기업들이 지속적으로 R&D 및 사업능력 확보를 위한 노력을 경주할 수 있는 기반이 제공될 것으로 예상된다. 또한 울산에 GIG, CIP, Equinor, 쉘 등 6개 외국업

36) REC(Renewable Energy Certificate, 신재생에너지 공급인증서): 신재생에너지 의무 발전 인증서를 의미하며, 발전 설비 용량이 500메가와트(MW) 이상인 발전 사업자는 신재생에너지를 의무적으로 발전해야 하며 정부의 인증서를 받아야 한다. 인증서는 의무 대상자가 정부에서 발급받는 것으로 자체 설비를 갖추거나 외부 신재생에너지 발전 사업자의 설비 또는 인증서 거래시장에서 조달할 수 있으며, 정부는 인증서를 바탕으로 의무 이행 여부를 판정하고 이행하지 못한 부분에 대해서는 과징금을 부과한다.

37) RPS(Renewable Portpoli standards, 신재생에너지 공급의무화제도): 일정규모 이상의 발전설비를 보유한 발전사업자, 즉 전력을 공급하는 자에게 총 발전량의 일정비율 이상을 신재생에너지를 이용해서 생산한 전력으로 공급하도록 하는 것을 의무로 규정한 제도를 말한다.

체가 부유식 해상풍력사업을 추진하며 기술이전을 약속하고 있으므로 대학교 및 연구소 들도 참여한 기술이전 MOU 등을 체결하여 기술이전을 받을 수 있도록 노력하고 이에 대한 정부감독도 필요하다. 그리고 부유식 해상풍력에 중요한 부유체의 운용 및 유지보수 관련해서는 동해가스전 및 해외 해상유전을 개발했던 공사가 보유하고 있으며 공사가 현재 국내 최초로 200MW 부유식 해상풍력단지를 Equinor와 공동 개발하고 있으므로 이를 통해 국내 관련 업체들의 기술력을 축적하고 Track Record를 쌓아야 할 것이다 .

② 정부주도의 주민 수용성 확보, 입지 발굴 및 인허가 간소화 등 사업의 원만한 진행을 위한 지원이 필요하다

우리나라의 경우 3면이 바다이고 어민들의 민원이 많으므로 풍력단지 조성 전에 정부와 공조하여 해당 지역에 대한 환경영향 평가 실시 및 공청회 등을 통한 인근 주민들의 공감 및 참여를 유도하고 이익을 공유하는 절차를 철저히 하여 빠르게 사업을 진행하도록 유도하는 것이 절실히 필요하다. 정부발표에 따라 지자체 주도로 풍력예정지를 선정하고 사업자를 공모하는 계획입지제도가 2020년 입법화되고, 인허가 및 주민수용성 문제 등을 일괄 담당해줄 원스톱 통합지원시스템도 입법화 예정이라 풍력업계에 활기를 불어넣을 것으로 보인다.

③ 정부의 사업성 확보를 위한 RPS, REC 등 재정적 지원 정책이 필요하다

부유식 해상풍력의 MW당 투자비는 육상풍력 대비 2배 이상, 고정식 해상풍력 대비 1.5배 클 것으로 추정되며, 운영비 또한 심해의 열악한 기후에 따라 육상풍력 대비 1.5~2배, 고정식 대비 1.5~2.5배 될 것으로 추정되므로 설비, 생산, 운영, 폐기까지 전주기에서 발생하는 탄소 배출량이 적은 설비에 REC 가중치를 부여하는 탄소인증제 도입과 친환경성, 산업기여도 등을 고려하고 원거리 부유식 해상풍력에 대한 REC 개편 등을 통해 사업의 수익성을 확보하게 해줘야 한다.

7. 육상 풍력발전기

7-1. 국내 육상 풍력발전의 현상황

신기후변화체제의 등장과 재생에너지 3020 이행계획과 같은 재생에너지 확대·보급 정책 등 우호적인 국내외 환경이 현재 활발하게 진행되고 있는 재생에너지 개발의 원동력으로 작용하고 있다. 재생에너지 3020 이행계획에 따르면 2030년까지 신규 발전설비를 53GW 규모로 확대하여 신재생에너지 발전 비중을 20% 이상으로 늘리는 에너지정책을 지속적으로 추진할 예정이다. 특히 풍력발전의 경우 2030년까지 16.5GW (육상 4.5GW, 해상 12GW)의 신규 설비용량을 목표로 하고 있다. 이를 달성하기 위해서는 단순하게 정책지원에 의존했던 과거와 달리 장기적으로는 가격경쟁력 확보 및 기술개발을 통한 효율 향상 등으로 신재생에너지원별 자생력을 확보해 나가는 방안이 필요하다[38].

현재까지 계획된 육상풍력의 규모는 환경평가 협의를 거쳐 추진되고 있는 자료를 바탕으로 보면 약 2GW 정도로 파악되고 있어 향후 2.5GW 정도의 추가적인 신규 설비의 설치가 요구된다. 하지만 육상풍력발전의 경우 상대적으로 좁고 산지가 많은 우리나라 국토의 특성상 경제성 있는 풍속이 나오는 지역이 상대적으로 해발고도가 높은 산지에 해당하여 입지에 따른 산림생태계 보존과 청정에너지원 확대의 명분이 지역에 따라 상충하는 경향이 크다. 그러므로 향후 확대에 따라 우수한 풍력자원 분포지역과 자연보존 지

38) 신재생에너지, 한국환경정책평가연구원KEI 연구보고서(이영준, 김현구, 박원서, 박성우, 박종윤, 강유진), 2020).

역이 공간적으로 중첩되기 때문에 발생할 수 있는 문제점을 최소화하는 해결방안이 요구되고 있다. 또한 풍력발전단지 조성에 따른 소음, 저주파, 경관, 이익 공유 등과 관련하여 생활환경 및 사회적 수용성 측면에서 지역주민들과 갈등을 유발하는 사례도 증가하고 있다. 그러므로 정부가 추진하는 재생에너지 공급 계획의 성공적 시행을 위해서는 녹색가치간의 충돌 문제에 대한 해결이 선결 과제이다. 대규모 산림훼손을 수반하는 재생에너지사업은 지속가능성 측면에서 재생에너지 발전사업의 좋은 모델이 될 수 없다는 사회적 공감대도 확산되고 있다. 따라서 친환경에너지로서 재생에너지의 확대·보급을 위해서는 경제 및 안전성 측면과 함께 환경 및 수용성 측면을 고려한 입지와 규모를 파악하여 보급 목표를 설정한 후, 우선순위에 따라 사업을 추진하는 것이 필요하다.

7-2. 국내 육상풍력 발전사업의 환경적 쟁점 사항

육상풍력발전시설이 입지하는 고지대 능선부는 식생이 우수하고 산림생태계가 잘 보전되고 있는 지역이 대부분이다. 구릉지 및 평지와 같이 상대적으로 지형 훼손이 적은 지역에 풍력발전기가 설치되는 외국과 달리 우리나라에서는 풍력발전단지 조성지역 대부분은 주로 해당지역의 주요 광역생태축에 해당하는 산줄기, 특히 대간, 정맥, 기맥, 지맥 등에 입지하게 된다(그림 220 참조).

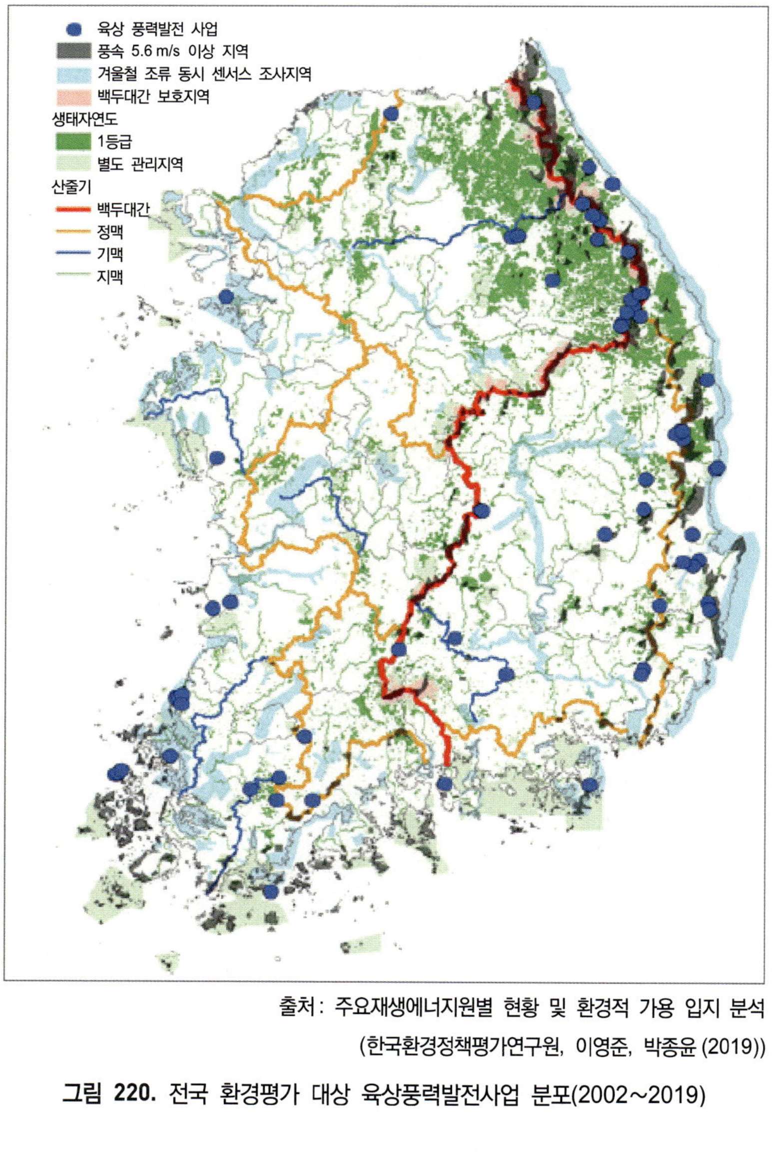

출처: 주요재생에너지원별 현황 및 환경적 가용 입지 분석
(한국환경정책평가연구원, 이영준, 박종윤 (2019))

그림 220. 전국 환경평가 대상 육상풍력발전사업 분포(2002~2019)

주요 능선축에 인접한 육상풍력사업의 입지 특성상 지역 광역축과 이를 이루고 있는 우수한 자연생태환경의 보존이 핵심 검토사항이라 할 수 있다. 특히 법정 보호종 서식지 및 생태·자연도 1등급지는 보존을 원칙으로 하고 있으나, 발전기 위치와 관리·진입도로 노선 선정의 불가피성을 사유로 이들 보존지역을 훼손하는 것에 대한 입지 타당성 검토가 주요 이슈이다. 풍력발전사업에 의한 환경적 악영향으로는 산줄기를 따라 설치되는 풍력발전기와 관리도로에 의한 생태계 단절 및 교란, 절·성토에 따른 지형 훼손, 토사 유출의 피해, 지역 생태계 생물종 변화 등이 예상된다. 풍력발전기 블레이드와의 조류 충돌, 조류 이동경로에 미치는 영향 등도 제기되고 있는 중요한 환경적 이슈이다.

일부 환경평가에서 풍력발전으로 인한 과다한 산림생태계 훼손의 영향을 단순히 대체 산림조성을 통한 온실가스 감축량만 가지고 비교하여 그 훼손의 정당성을 주장하고 있다. 그러나 산림은 생태계의 보전가치를 비롯한 수원의 함양, 대기 정화, 토사유출 방지, 휴식공간 제공, 산사태 방지, 서식지 기능 등 다양한 공익적 가치를 가지고 있으므로, 산림 훼손에 따른 생태계 영향을 단순하게 온실가스 발생 증가만으로 판단하는 것은 적절하지 않다. 대체 식재를 통한 온실가스 저감 효과는 사업으로 인해 발생하는 다른 부수적인 환경적 영향도 최소화함을 전제로 추진되어야 그 가치를 인정받을 수 있다.

해외에서도 2000년대 초반부터 육상풍력발전이 산지에 입지함에 따라 발생하는 문제점에 대하여 다양한 연구 결과를 생산하고 있으며, 특히 서식지 훼손에 따른 물리적·생태적 단절이 가장 큰 이슈이다. 조류 및 박쥐의 터빈 충돌을 비롯하여 도로 사면과 같은 직접적인 물리적 단절뿐만 아니라 기존 서식공간과 다른 서식환경이 만들어짐에 따른 접근성 변화 등 동물의 서식환경에 영향을 미칠 가능성이 크다. 특히 풍력터빈이나 송전선로보다 풍력발전기 관리를 위해 설치되는 관리도로에서 가장 심각한 환경적 영향이 발생하는데, 도로 폭 및 길이 확장에 따른 자연 서식지 상실, 숲 또는 기타 자연 서식지의 파괴, 토양 침식 및 산사태와 같은 영향이 큰 것으로 나타나고 있다.

국내의 경우 산 능선부를 따라 이루어지는 풍력발전사업에서 공사 시 삼림벌채 및 지형훼손에 따른 지반 불안정 문제가 계속 발생하고 있는 상황이다. 풍력발전기 및 관리도로의 설치로 인한 서식환경 변화는 산림 내부 서식공간을 선호하는 동물들의 접근과 이동을 방해하게 되며 외래종 침입 증가 등 추가적인 생태계 서식환경의 훼손 및 단절을 발생시키는 것으로 보고되었다. 하지만 우리나라의 경우 산지 능선부를 따라 설치되는 풍력발전단지가 운영된지 10년 이상이 됨에도 불구하고 운영에 따른 영향을 판단할 수 있는 시공간적 생태계 변화에 대한 환경모니터링 자료가 부재한 실정이므로, 연장성이 우수한 주요 지형생태축과 같이 환경보전이 우선시되어야 하는 입지는 우선적으로 회피하는 것이 필요하다. 향후 정부의 신재생에너지 확대 정책과 연계하여 산 능선부를 따라 집중되는 육상풍력사업의 입지 타당성에 대한 검토가 환경가치, 경제성, 사회적 수용성 등을 종합적으로 고려하여 체계적으로 이루어질 필요가 있으며, 환경 보존과 신재생에너지의 확대가 상호 공존할 수 있는 다양한 정책 및 해법이 필요하다.

7-3. 국내 육상풍력의 기술적 입지조건 및 시장 잠재량

우리나라의 주 전력원이던 석탄화력발전과 원자력발전의 비중을 줄이고 청정에너지 발전을 늘리기 위한 재생에너지 3020 이행계획이 발표된(2017년 12월) 이후, 2018년 1월부터 2019년 6월까지 보급된 재생에너지 발전설비 규모는 4,583MW이며, 이는 같은 기간 보급 목표인 2,939MW의 약 1.56배 수준이다. 또한 2017년까지 설치된 총 재생에너지 발전설비(15,106MW)의 약 1/3 수준이 지난 18개월 동안 보급되었다는 것은 재생에너지에 대한 국민적인 관심에 힘입어 재생에너지 3020 이행계획 목표 달성이 가능할 것이라는 긍정적인 신호임이 분명하다. 한국전력거래소의 전력통계정보시스템(EPSIS: Electric Power Statistics

Information System)에 의하면, 2017월 12월부터 2019년 12월까지 지난 2년간에 걸쳐 설치된 태양광 발전과 풍력발전 설비용량은 각각 4,996MW와 297MW이다. 한편 재생에너지 3020 이행계획에 따른 연간 보급용량은 태양광발전과 풍력발전이 각각 2,369MW와 1,285MW로 지난 2년간의 보급실적을 평가한다면 태양광발전은 105%로 초과 달성한 반면, 풍력발전은 12% 수준에 불과하다. 전체 재생에너지 발전용량으로 본다면 보급 목표 달성률은 73%로 만족할 만한 실적이라고는 할 수 없으며, 이는 풍력발전 보급 없이는 재생에너지 3020 이행계획의 목표 달성이 어렵다는 것을 시사하고 있다. 풍력발전은 재생에너지 3020 이행계획 목표 달성을 위해 절대적으로 설치 확대가 필요한 분야임에도 불구하고 풍력발전사업은 각종 인허가 규제와 민원으로 인해 사실상 태양광발전사업만큼의 선전을 기대하기가 어려운 것이 현실이다. 국내의 해상풍력산업은 중공업 분야의 매우 중요한 토탈산업적 구조로 형성돼 있다. 풍력발전기의 기계적 시스템뿐만 아니라 IT와 연계된 제어시스템을 비롯해 복합적인 부품들로 인해 산업의 근간을 이룰 수 있는 역할을 할 수 있는 산업이지만 현재로서는 수출산업의 일등 공신인 조선산업처럼 풍력 산업 자체가 해외로 수출할 수 있는 여건이 아닌 것이 현실이다.

산업통상자원부는 친환경, 주민 수용성을 확보하기에 용이한 재생에너지 계획입지제도라는 법안을 발의하여 지자체 중심으로 재생에너지 발전을 위한 입지를 마련하되, 주민 수용성과 환경성을 사전에 확보하여 계획적이고 질서 있는 재생에너지 보급이 가능할 것으로 기대하고 있다. 그러나 현재 재생에너지 계획입지제도와 신재생에너지 발전설비에 대한 이격거리 제한 완화 등의 재생에너지 보급 촉진을 위한 법안개정안은 국회를 통과하지 못하고 있는 실정이다. 이에 정부는 육상풍력발전 활성화를 위해 육상풍력 입지지도를 2020년까지 구축하고, 환경·산림 규제를 정량화, 지도화함으로서 사업자가 명확하게 파악할 수 있도록 하였다. 풍력발전은 온실가스 감축효과가 상대적으로 크고 조선·해양플랜트·ICT 등과 연계돼 있어 새로운 성장동력으로 유망한 산업이지만, 그동안 입지규제 및 주민 수용성 문제 등으로 인해 2018년의 보급규모가 168 MW(목표대비 84%), 2019년 상반기에도 133 MW(목표대비 20.4%)에 그치는 등 원활한 보급·확산이 지체됐다는 판단에서다. 이처럼 내수시장에서의 보급·확산이 지연되면서 국내 풍력업계의 기술 수준과 가격 경쟁력도 경쟁국에 비해 점차 저하되는 등의 문제가 발생하여 풍력 보급 및 수출 확대를 위한 획기적인 대책이 필요하다는 지적이 제기되어왔다. 이에 산업통상자원부, 환경부, 산림청 등 관계부처와 국회 기후특위는 2019년 4월 말부터 4개월간 공동으로 현장방문, 업계 의견수렴 등을 실시했다. 정부는 우선 육상풍력 입지지도를 마련하고 입지컨설팅 실시를 의무화한다는 방침이다. 풍력자원 정보 위주의 기존 풍력자원지도에 후보 부지에 대한 환경·산림 규제정보까지 포함시킨 육상풍력 입지지도를 산업통상자원부·환경부·산림청 공동으로 마련하게 된다. 그 1단계로 2019년 말까지 풍력자원, 환경·산림 규제정보를 업데이트 및 통합하고, 2단계로 2020년 말까지 공간해상도 향상(1km → 100m), 환경규제 등급화, 사업자에 대한 웹서비스 등을 추진하였다. 또한 산업통상자원부의 발전사업 허가 이전 단계에서 사업자가 한국에너지공단 산하에 신설될 풍력발전 추진지원단을 통하여 환경입지 및 산림이용 컨설팅을 의무적으로 받도록 하고, 사업자에 대한 컨설팅 결과 통보 시 그 근거와 사유를 현재보다 명확화하기로 했다. 또한 환경인공조림지 내 사업도 허용된다. 그간 육상풍력사업 허가가 금지됐던 국유림 내 인공조림지와 숲길에서도 조건부로 사업이 허가될 수 있도록 「국유림법」 시행령을 개정하여 풍력발전시설이 더욱 친환경적이고 안전하게 설치될 수 있도록 유도할 계획이다. 인공조림지가 사업면적의 10% 미만으로 포함된 경우 육상풍력사업을 허용토록 하고, 숲길이 포함된 풍력사업의 경우 대체 노선 제공 등을 조건으로 사업 추진을 허용할 계획이다. 그동안 범위와 의미가 다소 불명확했던 '백두대간 보호지역 등', '생태·자연도 1등급 권역' 등에 대해서는 관련 지침 개정을 통해 더욱 명확히 하여 사업자의 예측가능성을 높이기로 했고, 사업자들이 일목요연하게 파악하기 어려웠던 '입지가 제한되는 국유림'에 관한 정보를 관련 규정인 「국유재산관리규정」에 명시함으로서 사업자들의 편의성을 제고할 계획이다.

환경부 장관은 재생에너지 보급과정에서 생기는 이러한 갈등을 대표적인 '녹녹(綠綠) 갈등' 사례라고 언급하며, 환경을 희생하면서 친환경에너지를 생산하는 건 있을 수 없다고 분명한 선을 그었다. 그동안 친환경에너지 생산 자체를 좋은 것이라고 판단하여 환경 비용을 지불해 가며 친환경에너지를 생산해온 과정에서 불거진 후유증과 문제점에 대해 정부부처 책임 소재를 명확하게 하고, 향후 산업통상자원부와 환경부가 책임을 지고 이러한 문제를 해결하기 위해 여러 제도를 마련해 나갈 것을 천명하였다. 구체적으로는 산업통상자원부, 환경부와 산림청이 협업해 전국 육상풍력 입지지도를 마련하여, 현재까지의 발전사업이 인허가 이후에 환경영향평가 및 주민 동의를 받는 절차로 진행함에 따른 문제를 해소하고, 입지 가능 여부를 결정하기 전에 예정지의 환경성, 주민 수용성을 사전에 검토하는 계획입지제의 도입이 필요함을 역설하였다. 다만 관련 법안이 현재 국회 산업통상자원중소벤처기업위원회에 계류 중이므로 이를 통과시키기 위한 노력 중임도 설명하였다. 2019년 말에는 한국에너지공단 산하에 풍력발전 추진지원단이 신설돼 민·관 합동으로 육상풍력 발전 전과정을 사업별로 밀착 지원하게 된다. 지원단은 한국전력공사, 발전공기업, 전력거래소의 파견인력 등 14명이 4개 팀을 구성하여 사업 타당성 조사, 환경부·산림청의 입지컨설팅 연계를 통한 사전환경성검토 등은 물론, 인허가 획득, 사업 개시 후 단지 운영과정 등 풍력사업 추진의 전 과정을 원스톱으로 일괄 지원하게 되며, 특히 주민 수용성 확보를 위해 주민참여형 사업을 확대하고 시설 기부·수익 공유 등 모범사례를 만들어 확산하도록 지원할 계획이다. 또한 관계부처 합동 풍력사업 설명회도 정례화하여 사업자에 대한 정보 제공을 강화할 예정이다. 풍력발전 추진지원단은 우선 육상풍력 개발사업을 중심으로 업무를 지원한 후 단계별로 해상풍력까지 포함하는 시스템을 갖출 계획이다. 빠르면 2019년 연말부터 환경부와 산림청의 사전 입지컨설팅을 받는 것이 의무화될 예정이라 지원단의 역할 또한 중요해질 것으로 보인다. 사업자 입장에서 복잡하고 까다로운 환경입지·산림이용 컨설팅과 관련하여 전담조직의 지원을 받음으로서 개발사업 진행에 속도를 낼 수 있을 전망이다. 풍력발전 추진지원단은 풍력자원을 비롯해 환경·산림 규제정보까지 포함하는 '육상풍력 입지지도'를 통해 지연되고 있는 프로젝트의 추진 가능성을 확인한 후 밀착 지원하는 업무도 맡는다.

7-4. 국내 풍력발전 현황

우리나라의 신재생에너지 보급은 1997년 12월에 대체에너지개발 및 이용·보급촉진법이 제정되면서 본격적으로 시작되었으며, 중형 이상의 풍력터빈이 울릉도에 설치된 시점도 이때이다. 2002년 5월부터 발전차액지원제도(FIT)가 시행되었고, 2003년 10월에는 FIT 기준가격 적용기간이 5년에서 15년으로 대폭 연장되었으며, 2004년 12월 개정된 신에너지 및 재생에너지 개발·이용·보급 촉진법(약칭 신재생에너지법)으로 제도적 뒷받침이 강화됨에 따라 풍력단지(wind farm)가 본격적으로 개발되기 시작하였다. 이후 2008년에 제3차 신재생에너지 기술개발 및 이용·보급 기본계획이 수립되었는데, 이 계획에는 국가에너지 최상위 계획인 제2차 에너지기본계획에서 결정한 보급 목표의 이행을 위한 구체적인 전략이 포함되었다.

우리나라 풍력발전의 보급추세는 신재생에너지 정책의 변화와 일치하는 경향이 뚜렷하게 나타난다. 즉, 풍력터빈 신규 설치용량의 추세는 앞서 언급된 새로운 제도가 시행되었던 2003년과 2008년 이후에 증가하는 추세가 분명하게 나타난다. 2012년부터는 발전차액지원제도가 폐지되고 신재생에너지 공급의무화제도(RPS)로 전환됨에 따라 주요 발전사업자에게 일정 비율 이상의 신재생에너지를 보급하는 의무가 부과되었다. 즉, 발전사업자는 총발전량의 일정 비율을 의무적으로 신재생에너지로 충당하여야 하므로 발전용량이 큰 풍력발전을 선호하게 되었으며, 이에 따라 환경부는 환경을 보전하며 풍력을 개발할 수 있도록 하기 위한 육상풍력 발전시설 입지선정 가이드라인을 수립하였다. 그러나 실제로는 정맥, 기맥, 지형변화지수 등 환경영향평가 항목을 강화하는 효과로 이어져 수년간 풍력발전사업에 제동이 걸리게 되었다. 그러던 중 2014년 정부의 규제개혁 정책에 의해 풍력사업과 관련된 산림청 및 환경부의 규제가 재검토되었다. 한국에너지기술연구원의 풍력자원지도와 한국환경정책 평가연구원의 국토환경성평가지도를 이용하여 개발 가능한 풍력자원 잠재량을 평가한 결과, 환경부의 입지규제를 완화하지 않고서는 더 이상의 풍력보급이 불가능하다는 결론이 도출됨으로서 2014년 10월 국무조정실에 의해 산림청과 환경부의 육상풍력 입지규제가 다소 완화되었다. 이에 따라 2015년 한 해에 역대 신규 설치용량 최대치를 갱신한 225MW의 풍력발전단지가 개발되었다.

7-5. 국내 풍력발전 이용률 분석

풍력발전 이용률(capacity factor)은 대상 기간 중 최대 출력으로 연속 운전 시 이론적으로 생산 가능한 최대 발전량 대비 실제 발전량의 비율로 정의된다. 한국전력거래소의 전력통계정보시스템인 EPSIS에서는 월평균 풍력발전 이용률의 시계열 자료를 광역시·도별로 제공하고 있다. 편의상 인천시는 경기도에, 부산시와 울산시는 경상남도에 포함시켜 도별 이용률을 분석하였으며, 풍력단지 가동초기 시운전(commissioning) 등의 기간에 나타나는 저조한 이용률에 대해서는 이상치 제거 등의 통계처리를 하였다. 지난 17년간(2002～2018년) 전국 이용률의 월별 변동추세를 도시한 그림 221을 보면, 탁월한 북서계절풍으로 풍력자원이 우수한 겨울철(12～2월)에는 이용률이 26.7～31.0%로 높게 유지된 반면, 남태평양 저기압에 의해 풍속이 약화하는 여름철(6～8월)에는 11.9～16.8%로 겨울철의 절반 이하인 것으로 분석되었다. 그림 222는 연도별 이용률의 변동추세를 나타내는데, MW급 풍력터빈이 보급되었던 2003～2007년에는 전국적으로 이용률이 증가하다가 그 이후 일정 수준을 유지하고 있다. 최근 10년간(2009～2018년)의 연간 이용률은 22.6±2.0%로, 일본 19.5%, 중국 22.6%, 독일 18.7%에 비해 높은 수준이나 덴마크 27.2%, 스페인 25.2%, 영국 27.1%에 비해서는 낮은 수준이다. 일반적으로 우리나라는 풍력자원이 빈약하여 풍력발전 경제성이 낮다는 인식이 많다. 그러나 IEA Wind 보고서(IEA Wind, 2015)에 의하면 우리나라의 풍력발전 이용률은 회원국 21개국 중 중위권인 14위에 해당한다.

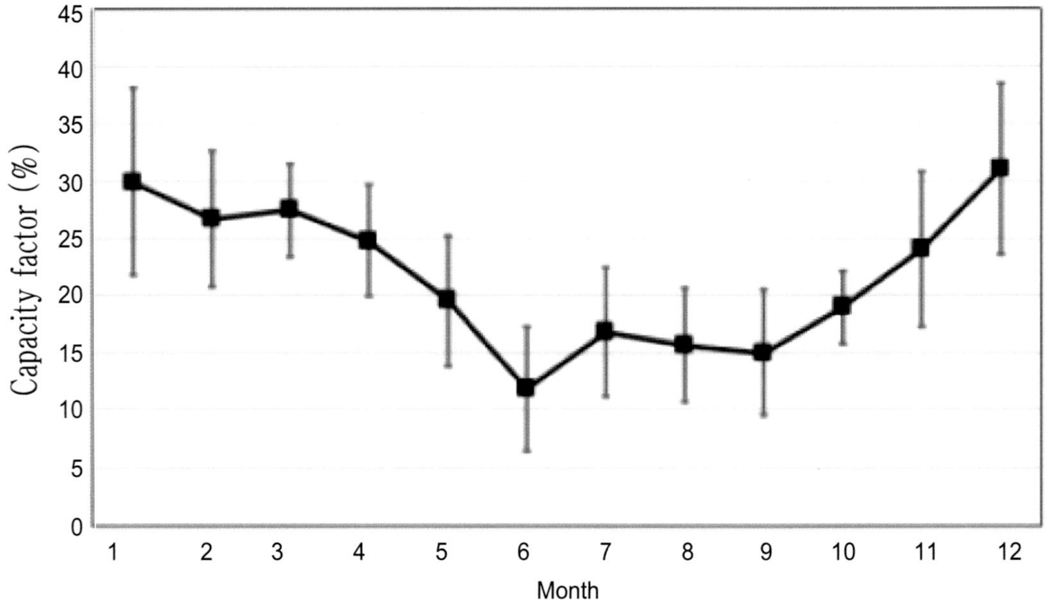

출처: 김현구, 강용혁, 김창기, 풍력에너지저널, 8(2), 2017년

그림 221. 국내 월별 풍력발전 이용률(2002～2018)

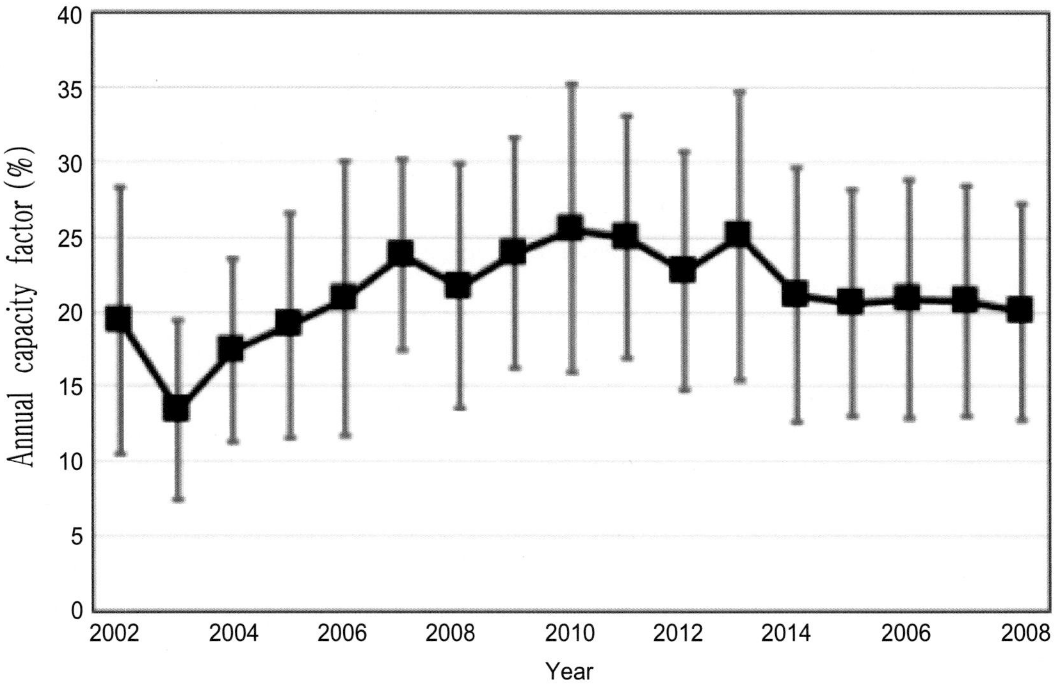

출처: 김현구, 강용혁, 김창기, 풍력에너지저널, 8(2), 2017년

그림 222. 국내 연도별 풍력발전 이용률(2002~2018)

7-6. 국내 풍력발전 잠재량

재생에너지 자원 잠재량은 일반적으로 이론적 잠재량에서부터 시작하여 단계별 피라미드형 구조를 이루며, 각 단계의 정량적인 잠재량을 산정하기 위해서는 자원량, 지리적인 여건, 기술요소(에너지효율, 가동률, 수거율 등), 환경성 등에 관한 표준계수가 마련되어야 한다. 우리나라 재생에너지 자원 잠재량은 한국에너지기술연구원에서 산출하여 산업통상자원부 산하 한국에너지공단이 신재생에너지 백서를 통하여 격년으로 발표하고 있다. 전세계적으로도 재생에너지 보급에 있어서 정확한 잠재량 산정이 필수적이기 때문에 지속적인 연구가 진행되고 있으며, 우리나라에서도 잠재량 산정에 대한 노력을 지속하여야 할 것으로 판단된다.

풍력자원 잠재량의 경우에는 육상과 해상으로 구분하여 산출한다. 이는 육상과 해상에서 풍력발전단지 입지조건 및 풍력자원 등의 제반 여건이 상이할 뿐 아니라 풍력터빈도 육상용과 해상용이 구분되기 때문이다. 풍력자원 잠재량은 한국에너지기술연구원 신재생에너지 자원정책센터에서 구축한 후 지속적으로 정확도를 향상시키고 있는 공간해상도 1km급의 풍력 자원지도와 공간해상도 30m급의 각종 국가지리정보를 이용하여 이론적, 기술적 잠재량 및 시장 잠재량을 단계적으로 산정한다. 풍력자원지도의 신뢰성은 전력거래소 전력통계정보시스템의 풍력발전량 자료를 이용한 검증을 통하여 확인한 바 있다. 풍력자원 잠재량은 전 국토를 $1km^2$ 크기의 격자로 나누고 각 격자에 풍력자원과 영향요인에 관한 정보를 입력한 후, 입력된 정보를 이용하여 격자별로 잠재량을 이론적, 기술적 잠재량, 그리고 정부의 지원정책 및 규제정책을 반영한 시장 잠재량 순서로 순차적으로 산정한다. 이때 각각의 잠재량 산정을 위한 정의는 표 66과 같다.

표준격자에서 각각의 잠재량이 산출되면 격자 전체 수치를 취합하여 지자체별 또는 관심 영역의 잠재량을 도출하게 된다. 즉, 표준격자 기반에서 표 67에 제시된 영향요인을 단계별로 적용하되, 영향요인에 해당되는 격자를 재산정하거나 해당 격자를 제외하는 방식으로 진행한다. 그리고 격자별 잠재량을 합산하여 영토·영해 전체, 지자체별, 또는 지역별 잠재량을 산정한다.

표 66. 풍력자원 잠재량의 정의

잠재량 단계	잠재량 정의
이론적 잠재량	영토와 영해에 설비용량밀도 5 MW/km^{2}로 풍력터빈을 설치한 경우 설치할 수 있는 설비용량 또는 생산 가능한 에너지 양
기술적 잠재량	지리적으로 설치 불가능한 지역을 제외하고 기술적 제약을 반영할 경우 설치할 수 있는 설비용량 또는 생산 가능한 에너지 양
시장 잠재량	정부의 지원정책과 규제정책을 반영하여 경제성이 확보될 경우 설치할 수 있는 설비용량 또는 생산 가능한 에너지 양

출처: 산업통상자원부, 한국에너지공단 신재생에너지센터(2018)

이론적 잠재량은 아무런 배제요인이 없는 상태에서 표준격자에 설비용량밀도 5MW/km^{2}로 풍력터빈을 설치했을 때 손실계수를 적용하지 않은 이론적 설비이용률로 생산되는 에너지양으로 정의하였다. 지점별 풍속 차에 따라 각 격자마다 시계열 분석에 의한 설비이용률이 다르며, 따라서 격자별 풍력의 이론적 잠재량도 다양하게 산출된다. 이때 설비용량밀도는 미국 국립재생에너지연구소(NREL), 유럽환경청(EEA)의 자료, 그리고 우리나라 풍력발전단지에 대한 분석결과를 종합하여 보수적인 입장에서 선택한 기준이다. 참고로 기술개발과 경제성 향상으로 현재 설치되는 풍력터빈의 단위용량은 2MW를 초과하고 있기 때문에 설비용량밀도는 보수적으로 추정한 5MW/km^{2}보다 계속해서 증가할 것으로 판단된다.

표 67. 풍력자원 잠재량의 영향요인

잠재량 구분	영향요인 구분	영향요인 반영 방법
이론적 잠재량	이론적 영향요인	설비용량밀도 5MW/km^{2}로 풍력터빈을 설치한 경우를 가정하여 이론적 설비이용률에 의한 격자별 잠재량을 계산
기술적 잠재량	지리적 영향요인	지리적 영향요인에 해당하는 면적을 잠재량 산정에서 제외 예) 하천, 습지, 건물, 경사 20도 이상, 수심 200m 이상 등
	기술적 영향요인	풍력터빈 설치높이 80m, 성능곡선, 손실계수 등을 반영하여 잠재량 재산정
시장 잠재량	지원정책 영향요인	풍력 설비입지에 따라 발전 경제성을 평가하고 정부 지원하에서도 경제성이 부족한 격자를 잠재량에서 제외 예) LCOE와 SMP, REC 비교
	규제정책 영향요인	격자 내에 각종 규제정책 영향요인이 하나라도 포함될 경우 해당 격자를 잠재량 산정에서 제외 예) 천연기념물 서식지, 생태자연도 1등급, 자연공원 등

출처: 산업통상자원부, 한국에너지공단 신재생에너지센터(2018)

기술적 잠재량은 지리적 영향요인과 기술적 영향요인을 부과하여 산정하는데, 지리적 영향요인은 하천, 습지, 경사도 20°도 이상, 산사태 1등급, 표고 1,000m 이상, 수심 200m 이상 등 현시점에서 풍력터빈 설치가 불가능하거나 매우 어려운 지리적 제약을 말한다. 수심 200m 이하에서는 고정식 또는 계류식 해상 풍력터빈을 설치할 수 있다고 가정하였다. 향후 기술발전으로 부유식 풍력터빈의 경제성이 확보되는 시점에 이르면 영해를 넘어 배타적 경제수역까지 보급 확대가 가능할 것으로 기대된다. 기술적 영향요인은 육·해상 풍력터빈의 기술사양에 대한 제약으로, 표 68과 같이 육·해상에 보급량이 가장 많은 2MW 및 3MW 풍력터빈을 표준설비로 적용하였다. 연중 풍력발전소가 최대출력으로 가동하는 비율을 나타내는 설비이용률은 육상 및 해상 표준풍력터빈을 설치하였을 경우에 대해서 각 격자별로 산출하되, 손실계수는 국내에서 가동 중인 기존 풍력발전소의 손실계수를 통계적으로 산정하여 시도별 평균값을 격자별로 차등 적용하였다.

표 68. 육상 및 해상의 표준 풍력터빈 성능곡선

(단위 : MW, m, m/s)

구 분	육상 풍력설비	해상 풍력설비
정격출력	2 MW	3 MW
허브높이	80 m	
회전자 직경	93 m	91.3 m
시동풍속	3.3 m/s	3.0 m/s
정격풍속	11.4 m/s	12.5 m/s
정지풍속	25 m/s	

출처 : 산업통상자원부, 한국에너지공단 신재생에너지센터(2018)

시장 잠재량은 기술적 잠재량에 경제적, 지원정책 영향요인과 규제정책 영향요인을 추가로 부과하여 산정한다. 시장 잠재량 산정 시 경제적 배제요인으로는 해당격자의 LCOE를 산정하여 SMP[39](System Marginal Cost; 계통한계가격) 보다 클 경우 경제성이 없는 것으로 판단하여 제외하였다. 이때 지원정책 영향요인으로 REC 등을 적용하였고, 그러면 격자별로 연산을 수행하여 (LCOE≤SMP + REC)의 조건을 만족한 격자만이 시장 잠재량의 영역으로 포함되게 된다. 규제정책 배제요인으로는 표 69와 같이 주로 환경규제를 적용하였다. 그리고 SMP와 REC는 2016년 평균 가격을 사용하였다. 즉, 2016년 평균 SMP는 77.06원/kWh이며 REC는 정부지원 기준가격인 86.00원/kWh을 고려하여 육상 REC 1, 해상 REC 2를 적용하였다. LCOE 추정을 위한 기본 전제는 표 70과 같다.

표 69. 육상 및 해상 풍력발전 LCOE 추정 전제조건

(단위 : 원/kW, 원/kW/년, %, 년)

구 분	육상	해상
CAPEX	2,500,000 원/kW	5,000,000 원/kW
OPEX	47,500 원/kW/년	210,000 원/kW/년
설비이용률	격자별로 육·해상 표준풍력터빈의 성능곡선 및 손실계수에 따라 차등 (육상풍력 평균 20.1%, 해상풍력 평균 34.1%)	
할인율	6%	
효율감소율	0.3%	
O&M 증가율	2.5%	
설비수명	20년	

출처 : 산업통상자원부, 한국에너지공단 신재생에너지센터(2018)

그림 223과 그림 224는 각각 우리나라의 육상 및 해상 풍력자원 시장 잠재량 분포도로, 지도의 우측에 도별 잠재량 순위를 표시하였다. 육상풍력의 경우 상대적으로 풍력자원이 우수한 강원도보다 경상북도가 월등한 잠재량을 보이고 있는데, 이는 강원도에는 백두대간, 정맥, 지맥, 기맥 등의 다양한 환경규제로 인하여 보급에 장애가 있음을 의미한다. 해상풍력의 시장 잠재량은 전라남도가 가장 우수한 것으로 나타났는데, 수심이 얕은 서해안의 경우 상대적으로 풍속이 약하여 경제성이 떨어지기 때문인 것으로 평가된다.

39) SMP(System Marginal Price, 계통한계가격): 거래시간별로 적용되는 전력량에 대한 전력시장가격(원/kWh)을 말하며 육지와 제주지역으로 구분되며 참여하는 발전기들의 변동비용 즉 연료비용을 감안하여 책정되는 전기도매가격을 말한다. 매 시간마다 발전단가가 저렴한 발전기부터 비싼 순으로 수요에 맞추어 투입되기 때문에 수요와 공급이 일치될 때 가장 비싼 연료를 사용한 발전기가 한계가격결정 발전기가 되고 이때의 한계가격이 그 시간대의 시장가격으로 결정된다.

표 70. 육상 및 해상의 풍력발전 규제정책 영향요인

분 류	세부 항목
용도지역	자연환경보전지역, 경관지구, 미관지구, 방화지구, 방재지구, 보존지구, 취락지구, 공항, 도심지
문화재지역	문화재보호구역, 국가지정, 시도지정, 등록문화재
성태·자연도, 백두대간 보호지역	생태·자연도 1등급, 생태·자연도 별도관리지역, 백두대간 보호구역
개발불가지역	야생동물보호구역, 천연기념물 서식지, 휴전선, 민간인통제지역, 호나경보전해역, 자연공원, 갯벌, 항로, 케이블, 해저케이블, 항만, 수자원보호구역, 지역계획절대보전지역, 특별관리해역, 어장, 어초, 사격훈련/연평도.NLL
기타	도로, 철도, 이격거리, 국토환경성평가지표 1등급

출처 : 산업통상자원부, 한국에너지공단 신재생에너지센터(2018)

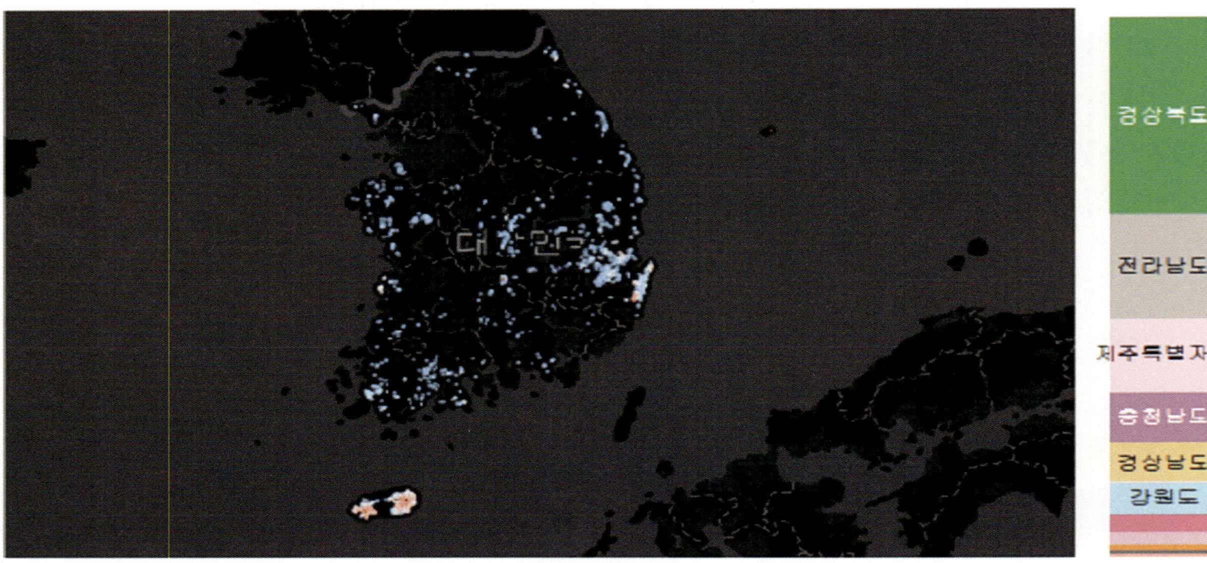

출처 : 산업통상자원부, 한국에너지공단 신재생에너지센터(2018)

그림 223. 국내 육상풍력 시장 잠재량(발전량 : 46TWh, 설비용량 : 20GW)

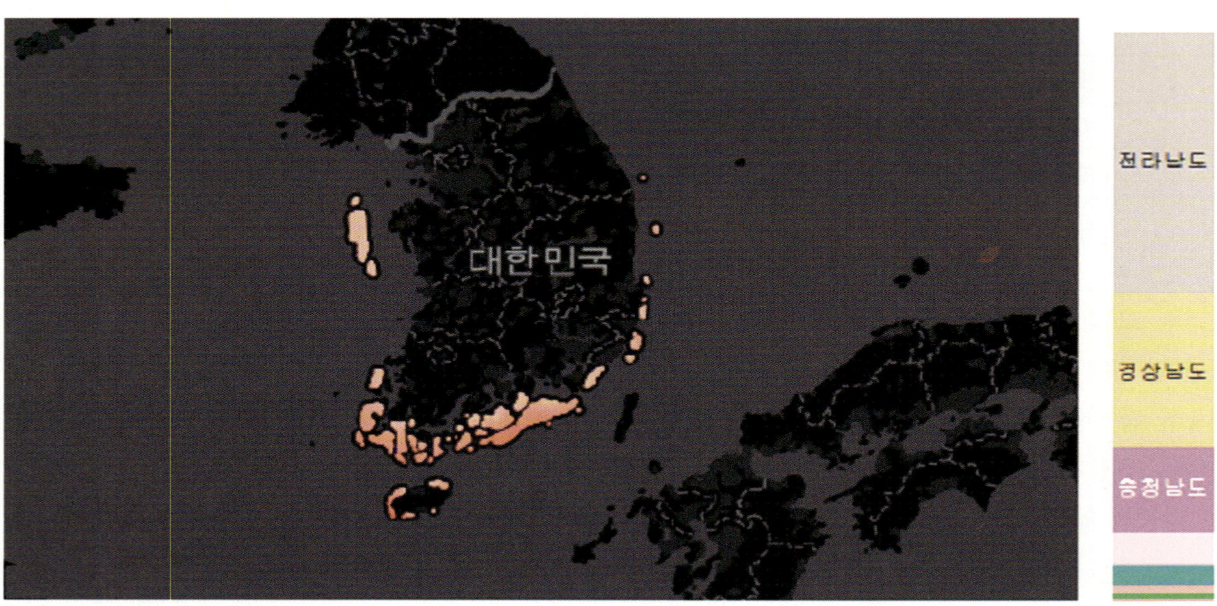

출처 : 산업통상자원부, 한국에너지공단 신재생에너지센터(2018)

그림 224. 국내 해상풍력 시장 잠재량(발전량 : 71TWh, 설비용량 : 22GW)

7-7. 세계 풍력발전 시장동향

지난 10년간 전세계 풍력발전 설치용량은 2010년 180 GW에서 2019년 622 GW로 연평균 14.7% 성장하였다. 육상풍력은 2010년 177 GW에서 2019년 594 GW로 연평균 14.4% 증가하였고, 해상풍력은 3 GW에서 28 GW로 연평균 28.1% 증가하였다. 과거에는 대부분이 육상풍력이었으나, 최근 들어 해상풍력의 비중이 점점 증가하는 상황이다[40].

표 71. 연도별 풍력발전 누적 설치용량

(단위: MW)

구분	2010년	2011년	2012년	2013년	2014년	2015년	2016년	2017년	2018년	2019년	CAGR (%)
합계	180,850	220,020	266,909	299,920	349,300	416,276	466,827	514,402	563,820	622,704	14.7
육상	177,794	216,224	261,575	292,749	340,808	404,558	452,485	495,565	540,191	594,396	14.4
해상	3,056	3,776	5,334	7,171	8,492	11,717	14,342	18,837	23,629	28,308	28.1

출처: IRENA, Renewable Capacity Statistics 2020

2019년 말 기준으로 전세계 풍력발전 누적 설치용량은 622 GW로서, 2018년도의 563 GW에 비해 약 10% 증가하였으며, 대륙별로는 아시아가 258,323 MW, 유럽 195,908 MW, 북미 123,588 MW, 남미 20,667 MW, 오세아니아 8,015 MW, 아프리카 5,765 MW가 설치되어 있다. 이를 육상풍력과 해상풍력으로 나누어 살펴보면, 전세계 육상풍력 누적 설치용량은 594 GW로 2018년의 540 GW에 비해 10% 가량 증가하였다. 중국이 204,548 MW가 설치되어 가장 큰 비중을 차지하고 있으며, 미국 103,555 MW, 독일 53,315 MW, 인도 37,505 MW, 스페인 25,548 MW, 프랑스 16,258 MW, 브라질 15,364 MW 순이다.

해상풍력은 2019년말 기준으로 28 GW가 설치되어 있는데, 이는 육상풍력에 비해 1/20이 안되는 규모이지만, 2019년은 전년에 비해 20% 증가하여 증가율이 육상풍력에 비해 2배 정도가 된다. 국가별로는 영국 9,945 MW, 독일 7,507 MW, 중국 5,930 MW, 덴마크 1,701 MW, 벨기에 1,556 MW 순이다.

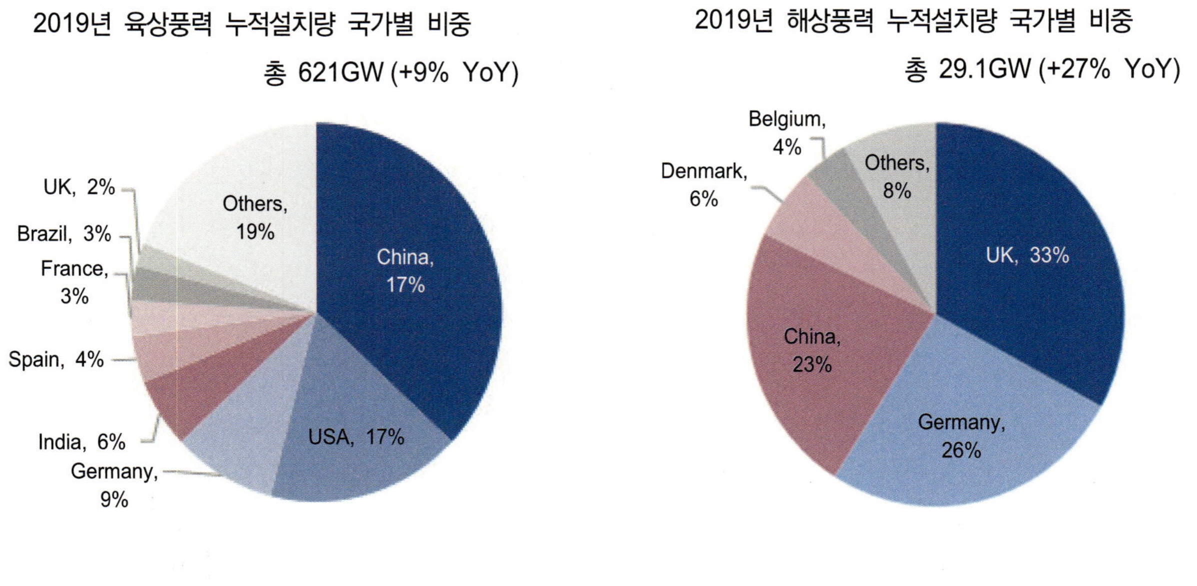

그림 225. 국가별 육상 및 해상풍력 누적 설비용량 비중

40) 2020 신재생에너지 백서, 한국에너지공단, 2020.

신규 설치용량을 살펴보면, 2019년에 전세계적으로 59 GW의 풍력발전이 새로 설치되었다. 육상풍력과 해상풍력을 구분하여 살펴보면, 육상풍력이 54,205 MW, 해상풍력이 4,679 MW가 설치되었다. 육상풍력의 경우, 국가별로는 중국이 24,471 MW를 설치하여 전세계 신규 설치용량의 45%를 차지하였으며, 미국이 8,167MW로 17%를 차지하였다. 그 뒤를 이어 인도 2,217 MW, 스페인 2,148 MW, 멕시코 1,716 MW, 스웨덴 1,588 MW, 프랑스 1,360 MW, 독일 868 MW 순이다.

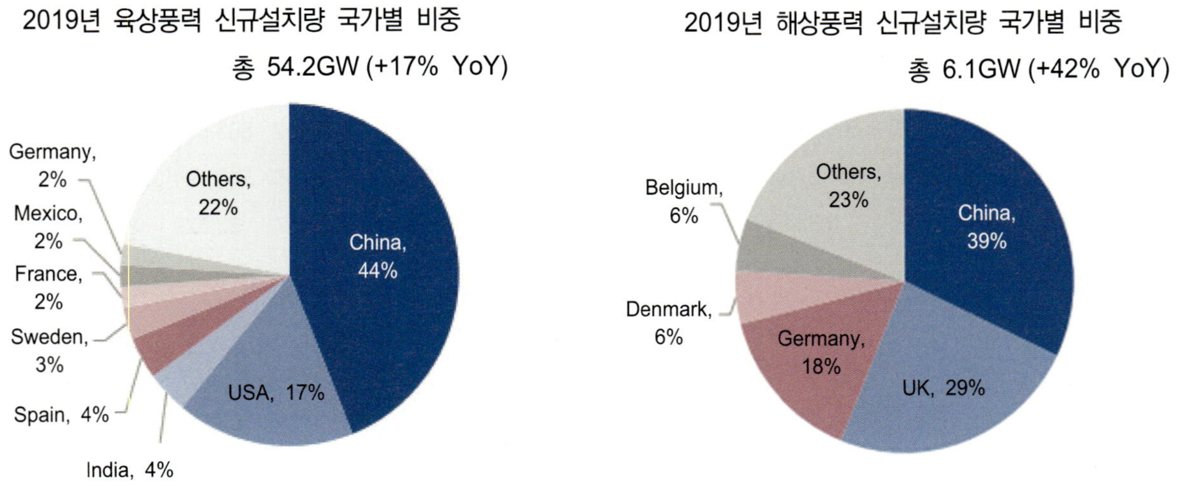

그림 226. 국가별 육상 및 해상풍력 신규 설치용량 비중

2018년 전세계 풍력 발전량은 1,262,914GWh으로서 전년에 비해 11.4% 증가하였으며, 국가별로는 중국의 풍력 발전량이 366,452 GWh로 가장 많으며, 미국, 독일, 인도, 스페인, 브라질, 캐나다 순으로 발전량이 많다. 2018년 현재, 세계 풍력시장의 누적 설치규모는 약 591GW에 달하며, 전세계 총 전력공급의 약 5.6%를 담당하고 있다. 2000년대 초 연평균 26%의 고속성장을 거듭하였으며, 최근에는 연평균 성장률이 약 13%까지 낮아지기는 하였으나 여전히 높은 성장률을 기록하고 있다.

육상풍력발전의 이용률(Capacity Factor)을 살펴보면, 전세계적으로 평균 약 25%의 이용률을 보여주고 있다. 중국은 약 22%, 독일이 약 20%, 인도가 약 17% 수준으로 이용률이 낮은 편이며, 미국은 약 33%, 스페인은 약 24% 수준이다. 해상풍력발전의 경우에는 영국, 독일, 덴마크, 벨기에와 같은 유럽 국가들은 이용률이 30%대 초반에서 후반까지인 것으로 나타나는데 반해, 중국은 20%대 초반에 머물고 있다. 전세계적으로 육상풍력은 이용률이 20%대 중반으로 나타나며, 해상풍력은 30%대 중반으로 나타난다. 육상풍력의 이용률은 2010년 20%대 초반에서 매년 조금씩 증가하는 것으로 나타나는데, 이는 터빈의 성능 향상과 관계가 있는 것으로 보인다. 반면, 해상풍력의 이용률은 특별한 상승 추세를 보여주지 않고 매년 상승과 하강을 반복하는 것으로 나타나는데, 아직 육상풍력에 비해서 보급이 초기 단계이기 때문인 것으로 생각된다.

전 세계 육상풍력의 가중평균 총 설치비용은 2010년 $1,949/kW에서 2019년 $1,473/kW로 24% 하락하였다. 2019년만 놓고 보면 전년도인 2018년 $1,549/kW에 비해 5% 하락하였다. 국가별로는 2019년의 설치비용이 $1,055/kW에서 $2,368/kW까지 편차를 보이는데, 중국과 인도의 설치비용이 다른 국가들에 비해 21%에서 55% 낮은 것으로 나타났다. 풍력터빈의 평균가격은 2019년에 $850/kW 이하로 하락하였다. 중국을 제외한 대부분의 국가에서 가격이 가장 높을 때인 2008년과 2009년에 비해 55%에서 65% 하락하였다. 중국의 경우에는 가격이 가장 높을 때인 1998년의 $2,480/kW에서 78% 하락한 $550/kW인 것으로 나타났다.

(단위: GWh)

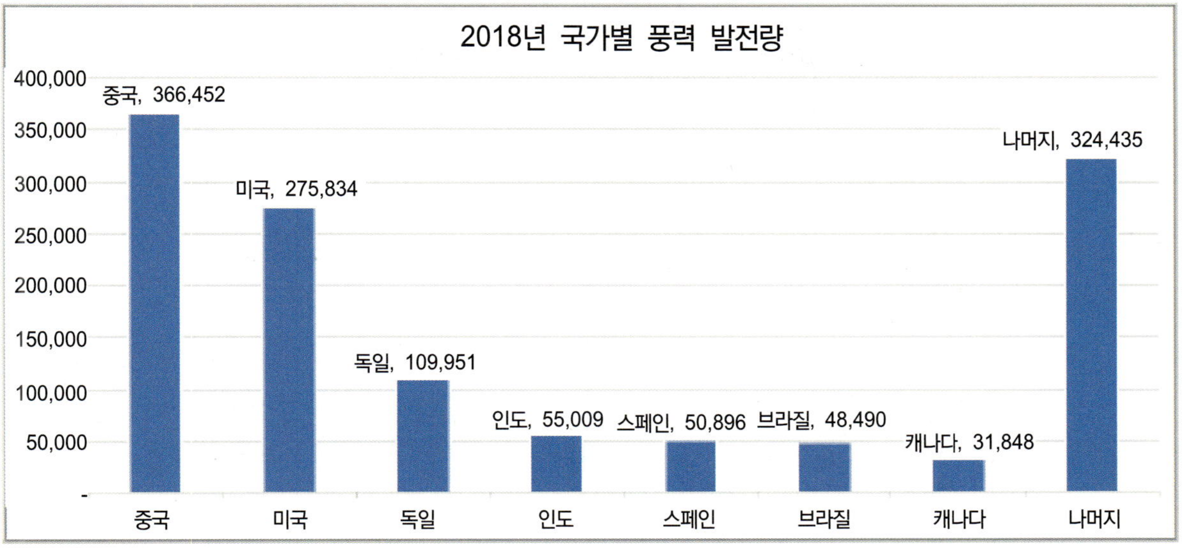

그림 227. 2018년 국가별 풍력발전량

육상풍력의 전 세계 가중평균 LCOE는 2010년 $0.086/kWh에서 2019년 $0.053/kWh로 39% 하락하였다. 이 기간동안 육상풍력의 누적 설치용량은 2010년 178 GW에서 2019년 594 GW로 10년간 세 배 이상 증가하였다. 2019년에는 LCOE가 전년에 비해 9% 하락하였는데, 당해연도에 가동을 시작한 신규 육상풍력 사업 중 75%에 해당하는 41GW가 화석연료 기반의 발전보다 LCOE가 낮은 것으로 나타났다. 전세계 해상풍력의 가중평균 총 설치비용은 2010년 $4,650/kW에서 2019년 $3,800/kW로 18% 하락하였다. 전세계 가중평균 총 설치비용이 가장 높았던 연도는 2013년으로 $5,738/kW이었는데, 2019년은 이보다 33% 하락하였다.

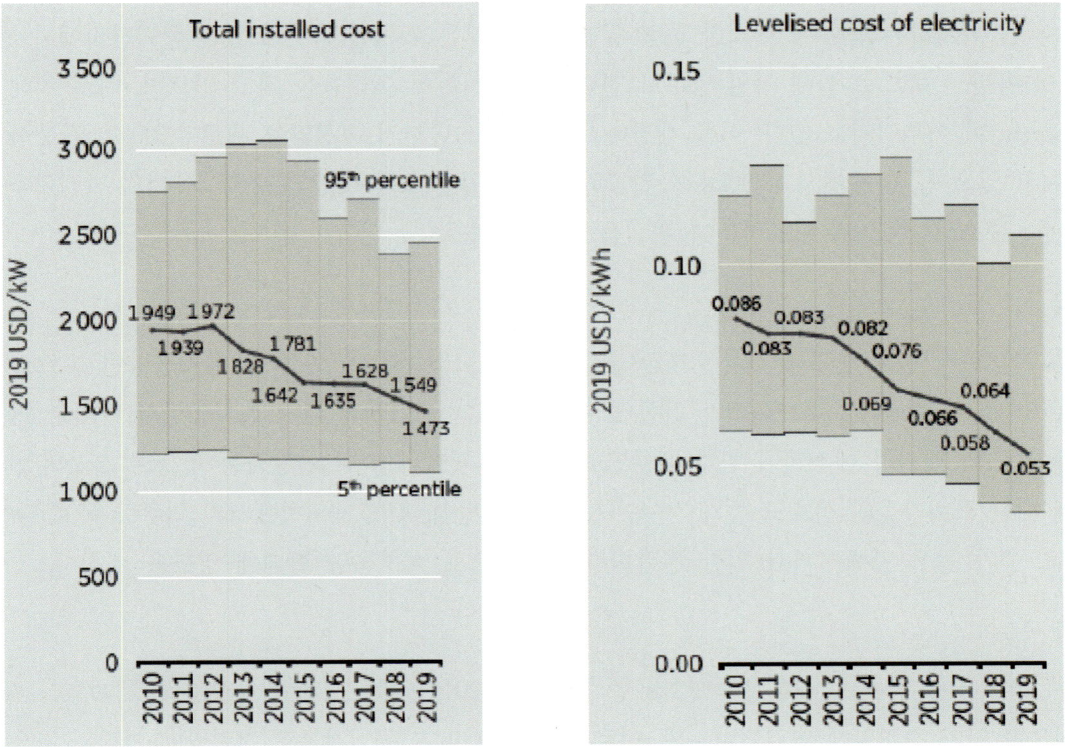

출처: IRENA, Renewable power generation costs in 2019

그림 228. 육상풍력 총 설치비용 및 육상풍력 LCOE

해상풍력의 전세계 가중평균 LCOE는 2010년 $0.161/kWh에서 2019년 $0.115/kWh로 29% 하락하였다. 이 기간동안 해상풍력의 누적 설치용량은 2010년 3.1GW에서 2019년 28.3GW로 10년간 9배 이상 증가하였다. 2019년에는 LCOE가 전년에 비해 9% 하락하였는데, 입찰 및 경매 결과를 분석해 보면, 2023년부터는 LCOE가 $0.05/kWh에서 $0.1/kWh 사이가 될 것으로 예상된다. 설치비용 및 LCOE의 하락은 기술의 진보와 해상풍력 산업의 성장 때문이다. 개발사의 경험 축적, 제조 표준화 증대, 지역내 제조 및 서비스 허브 구축, 규모의 경제 등의 요인이 비용 감소에 영향을 미쳤다.

- 영국

영국은 2019년에 유럽에서 가장 많은 2.4GW의 풍력발전을 설치하였는데, 이 중 3/4이 해상풍력이다. 육상풍력 신규 설치용량(0.6GW)의 대부분은 스코틀랜드와 웨일즈에 설치되었는데, CFD(Contracts for Difference)의 적용을 받는 프로젝트들이다. 그 외 지역에서 풍력발전 프로젝트들은 주로 PPA(Power Purchase Agreement)의 적용을 받았다. 영국은 전체 발전량의 약 20%를 차지하는 풍력발전으로 인해 석탄 발전량이 역대 최저치(2018년 2분기에 1% 미만)를 기록하였다.

- 독일

독일은 신규 설치용량이 급격히 줄어들면서 2011년부터 보유하고 있던 유럽 1위 자리를 영국에 내주었다. 2019년에 2.2GW가 새로 설치되어, 누적 설치용량이 61.4GW(육상풍력 53.9GW, 해상풍력 7.4GW)에 달하였다. 장기간이 소요되는 복잡한 인허가 절차와 정책의 불확실성으로 인해 근래에 들어와 육상풍력 설치용량이 급격히 줄어들었다. 2019년 하반기 기준으로 10GW 이상의 풍력발전 프로젝트가 인허가 절차를 밟고 있는데, 불과 몇 년 전에 약 10개월 정도 소요되던 인허가 기간이 현재는 2년 이상 소요되고 있다. 인허가 절차에 있어 가장 큰 장애요인은 항공 및 군사 관련이며, 풍력터빈에 대한 이격거리를 1,000m로 정하려는 제안도 영향을 미치고 있다. 독일의 2019년 풍력에너지 발전량은 총 126TWh에 달하는데, 이는 총 발전량의 21.8%를 차지하는 양이다. 이러한 풍력 발전량의 대부분은 독일 북부에 있는 풍력단지에서 생산되는데, 전력망 용량 부족으로 인해 독일 남부로 전력을 송전하는데 어려움을 겪고 있으며, 이로 인해 출력제한(curtailment)이 이루어지고 있다. 이를 해결하기 위해 2030년까지 송전망을 새로 7,700km 확충하려는 계획을 가지고 있으며, 이 중에서 1,300km를 완공하였다. 독일은 초과 생산되는 재생에너지 발전량을 냉난방용, 수송용, 수소생산용으로 활용하는데 관심을 두고 있다.

- 미국

미국은 2018년에 비해 20% 증가한 9.1GW를 새로 설치하였는데, 이로서 총 설치용량이 105.6GW에 이르렀다. 2019년 말 기준으로 22.1GW가 건설 중이다. 이러한 풍력발전 신규 설치용량의 확대는 연방 생산세액공제(PTC)의 폐지가 예정되어 있기 때문인데, 2019년 말에 1년 더 연장하는 것으로 결정되었다. 재생에너지에 대한 소비자들의 선호도 증가, 지속가능성 목표 달성, RPS 제도하에서의 의무량 목표 달성, 기업들의 수요 증가 등을 충족시키기 위한 전력회사들의 수요도 설치용량 확대에 영향을 미쳤다.

- 중국

중국은 2019년에 신규 설치용량이 22% 증가하였다. 2019년에 25.7GW(육상풍력 23.8GW, 해상풍력 2GW) 정도가 국가 전력망에 연결되었는데, 이로서 약 210GW가 공식적으로 전력망에 연결된 것으로 추정된다. 중국은 FIT 제도를 운영해 왔는데, 2019년에 최초로 풍력발전에 대해 경매를 진행하였다. 5월에는 중국 중앙정부에서 2021년부터는 육상풍력발전에 대한 FIT가 석탄화력발전 가격을 초과하지 않도록 하겠다는 계획을 발표하였다. 더 나아가 중국 정부는 직접적인 재정적 지원 없이 건설하는 것으로 승인된 프로젝트 리스트(총 5.7GW)를 발표하였다. 이러한 정책 변화는 풍력발전이 앞으로는 직접적인 정부 지원이 없어도 추진될 수 있을 정도로 시장이 성숙하였고, 기존 프로젝트들에 지급될 FIT의 규모가 부담되기 때문이다. 2019년 중국의 풍력에너지 발전량은 405.7TWh에 달하는데, 중국 전체 발전량에서 풍력에너지가 차지하는 비중이 지속적으로 상승하여 5.5%에 달했다(2018년은 5.2%). 풍력발전에 대한 출력제한(curtailment) 때문에 약 16.9TWh 규모의 전기가 생산되지 못한 것으로 추정되는데, 2018년의 27.7TWh에 비해서는 줄어들었다.

• 일본

일본은 2019년 말 기준으로 풍력발전 누적 설치용량이 3,786MW으로서 우리나라의 1,490MW에 비해 많지만, 해상풍력 설치용량은 65MW로 우리나라(72MW)와 비슷한 규모이다. 일본은 2030년까지 설치용량 기준으로 육상풍력 9,180MW, 해상풍력 820MW의 목표를 발표하여 해상풍력시장을 10년 이내에 10배 이상 성장시키려고 한다. 일본은 대만과 달리 자국 기업이 주로 풍력발전 사업을 추진할 것으로 보이지만, 과거에 터빈 개발계획을 중단한 사례가 있어 해외기업의 기자재를 적용하는 경우가 많을 것으로 예상된다.

• 대만

2019년 대만은 120MW 규모의 포모사 해상풍력 발전단지를 준공했다. 대만 서북부의 한적한 어촌인 롱펑항에 세계 최대 해상풍력 개발사인 덴마크의 오스테드(Ørsted)와 호주 투자회사 멕쿼리, 일본 도쿄전력의 조인트벤처인 JERA등 세계적인 에너지 투자관련 기업이 참여하여 조성한 대만 최초의 대규모 상업용 해상풍력단지이다. 대만 정부는 2016년 4.8%수준이던 신재생에너지 발전비중을 2025년까지 20%로 높이는 목표를 설정하고, 특히 2025년까지 5.5GW규모의 해상풍력 사업을 진행할 계획이다. 더 나아가 2026년부터 2035년까지 해상풍력 10GW를 추가로 설치하는 목표를 가지고 있다. 대만 개발계획의 특징은 정부주도로 단계별 계획을 수립하고 각 단계별로 뚜렷한 목표를 설정하여 단기간에 해상풍력 시장 확대를 유도하고 있다는 점이다. 대만의 개발 계획은 3단계로 이루어지는데, 1단계에서는 태풍과 지진이 빈번한 대만 환경을 고려하여 실증용 소규모 발전단지를 건설하여 검증을 거치고, 2단계에서는 36개의 개발구역을 선정하고 각 구역별로 사업자를 선정하여 본격적인 확산단계로 접어들게 된다. 대만 정부는 해상풍력의 빠른 확산을 위해 2단계 사업 참여시 해외 선진사들의 적극적인 투자를 유도하고 있다. 이러한 정책에 따라 오스테드(덴마크 전력회사), WPD(독일 에너지개발사), CIP(덴마크 인프라투자사), NPI(네덜란드 전력회사), 멕쿼리(호주 투자회사) 같은 세계적인 기업들에 의해 투자가 확정되어 16개 단지, 5.5GW 규모의 사업이 계획되어 있다. 3단계에서는 2단계에서 선정된 구역 중 미개발 구역과 50m 이상의 깊은 수심 지역을 대상으로 하여 국내 산업 활성화에 초점을 맞추어 진행될 계획이다. 3단계에서는 사업자 선정 시 국내 산업발전에 미치는 긍정적인 영향이 중요한 선정 기준이 된다. 대만의 해상풍력 개발 프로젝트에는 한국 기업도 활발하게 참여하고 있다. 해저케이블은 LS전선, 타워는 씨에스윈드가 공급한다. 삼강엠앤티와 현대스틸산업도 오스테드가 개발하는 사이트에 자켓형 기초구조물을 공급하는 계약을 체결했다.

7-8. 국내 풍력발전 시장

우리나라는 2019년 말 기준으로 1,490MW(103개소, 690기)의 풍력발전이 설치되어 있다. 이는 국내 전체 발전시설 용량의 약 1.2%에 해당한다. 2019년의 신규 설치용량은 191MW(5개소, 55기)이다. 육상풍력은 현재 1,418MW(99개소, 662기)가 설치되어 있으며, 해상풍력은 72MW(5개소, 28기)가 설치되어 있다. 연도별로 살펴보면, 1998년에 1.2MW가 설치된 이후 2003년까지는 설치용량이 미미했으나, 2004년부터 본격적으로 보급되기 시작하여 2006년에 영덕풍력(39.6MW), 강원풍력(98MW)이 준공됨으로서 최초로 연간 신규설치용량이 100MW를 넘어섰으며, 2015년에는 제주도의 가시리풍력(30MW), 동복북촌풍력(30MW), 김녕풍력(30MW), 전남 영광백수풍력(40MW), 화순풍력(16MW), 경북 영양풍력(59.4MW) 등이 준공됨으로서 연간 200MW를 넘어서기도 하였다. 2015년부터 2019년까지의 최근 5년간 신규 설치용량의 연평균 증가율은 약 19.8%로 나타났다. 우리나라의 풍력발전 사업은 57%의 점유율을 가진 민간발전사들이 주도하고 있는 것으로 나타났다. 한전 자회사인 6개 발전공기업은 513MW 규모의 풍력단지를 운영하고 있어 34.5%를 차지하고 있으며, 그 외에 지자체(제주도청, 강원도청, 전북도청, 인제군청, 영암군청 등), 농어촌공사, 에너지기술연구원, 전력연구원, 제주대학교, 특성화마을 등이 단지를 운영하고 있다.

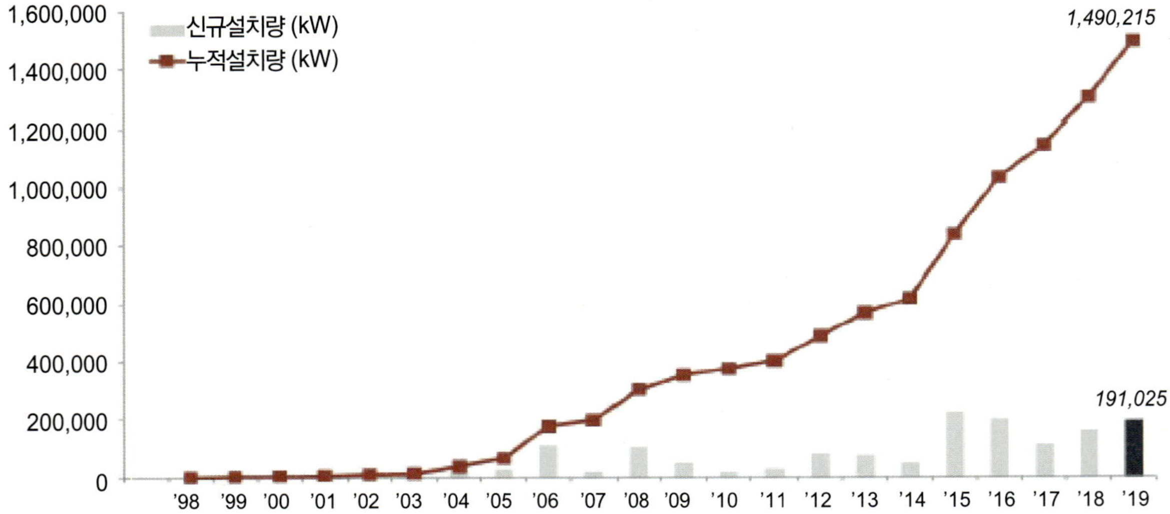

※ '11년 2,835 kW, '13년 1,410 kW, '15년 750 kW, '16년 4,640 kW, '17년 2,760 kW, '18년 2,070 kW 철거

출처: 한국풍력산업협회, 2019 Annual Report on Wind Energy Industry in Korea

그림 229. 국내 연도별 풍력발전 설치용량

표 72. 사업자별 풍력발전 설치현황

No	사업자	단지수 (개소)	설치기수 (기)	설치량 (kW)	점유율 (%)
1	민간발전사	51	376	849,125	57.0
2	발전자회사	25	223	513,800	34.5
3	기타[1]	19	60	87,690	5.9
4	지자체	10	31	39,600	2.6
계		105[2]	690	1,490,215	100

1) 기타 : 공사, 연구원, 학교, 특성화마을 등
2) 제주도 행원풍력단지의 경우 단지 내 사업자 (제주에너지공사, 제주대학교, 제주도청)가 나누어져 있어 중복집계
출처: 한국풍력산업협회, 2019 Annual Report on Wind Energy Industry in Korea

제조사별로는 국산 풍력발전기가 674MW가 설치되어 45.3%를 차지하고 있으며, 외산이 815MW로 54.7%를 차지하고 있다. 발전공기업과 지자체 등 공공부문에서는 주로 국산 발전기를 채택하고 있으며, 민간발전사들은 외산 발전기 비중이 79%로 외산을 많이 사용하고 있는 것으로 나타났다. 2019년에 새로 설치된 풍력터빈의 평균 용량은 3.47MW로 나타나, 지속적으로 대형화되고 있는 추세를 보여주고 있다.

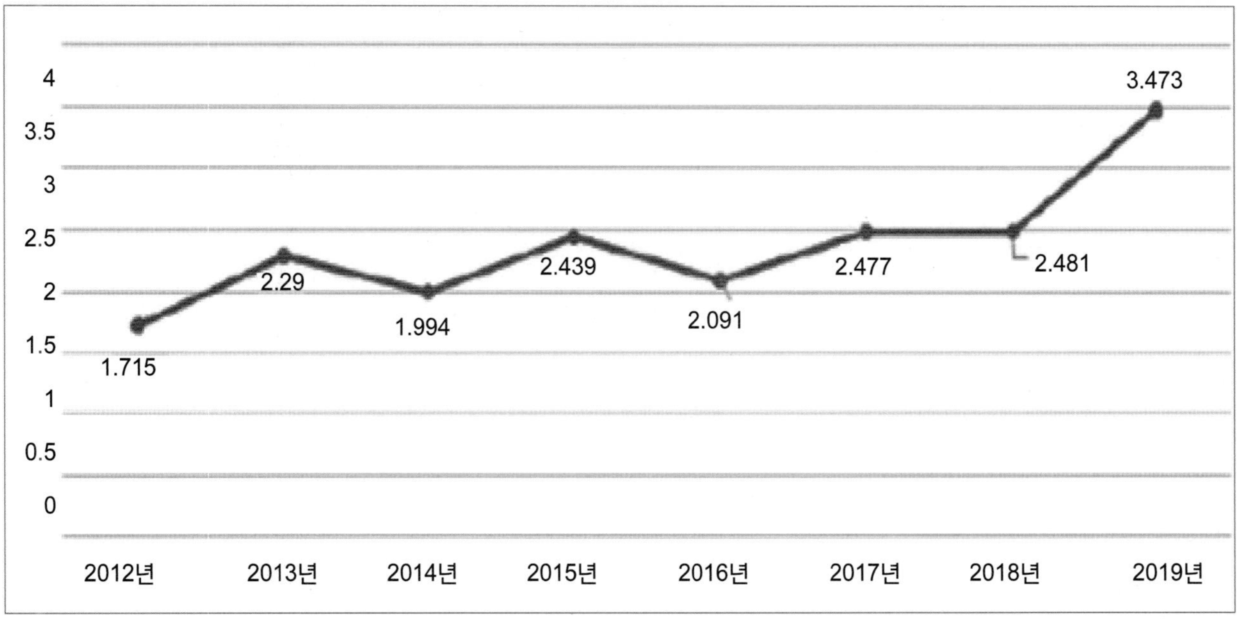

그림 230. 신규설치 풍력발전 평균용량 (MW)

지역별로 살펴보면, 경북에 14개 단지 409MW의 풍력단지가 조성되어 있으며, 그 뒤를 이어 전남 329MW, 강원도 326MW, 제주도 296MW가 설치되어 이들 4개 지역이 전체의 91.3%를 차지하고 있다.

표 73. 지역별 풍력발전 설치현황

지역	단지수	설치지수	설치용량 (kW)	점유율 (%)
경북	14	164	408,950	27.4
전남	21	143	329,225	22.1
강원	24	171	326,300	21.9
제주	26	127	295,790	19.8
경기/인천	5	24	54,250	3.6
경남	6	40	48,500	3.3
전북	6	18	22,800	1.5
충남	1	1	2,000	0.1
울산	1	1	1,650	0.1
부산	1	1	750	0.1
계		690	1,490,215	100.0

출처: 한국풍력산업협회, 2019 Annual Report on Wind Energy Industry in Korea

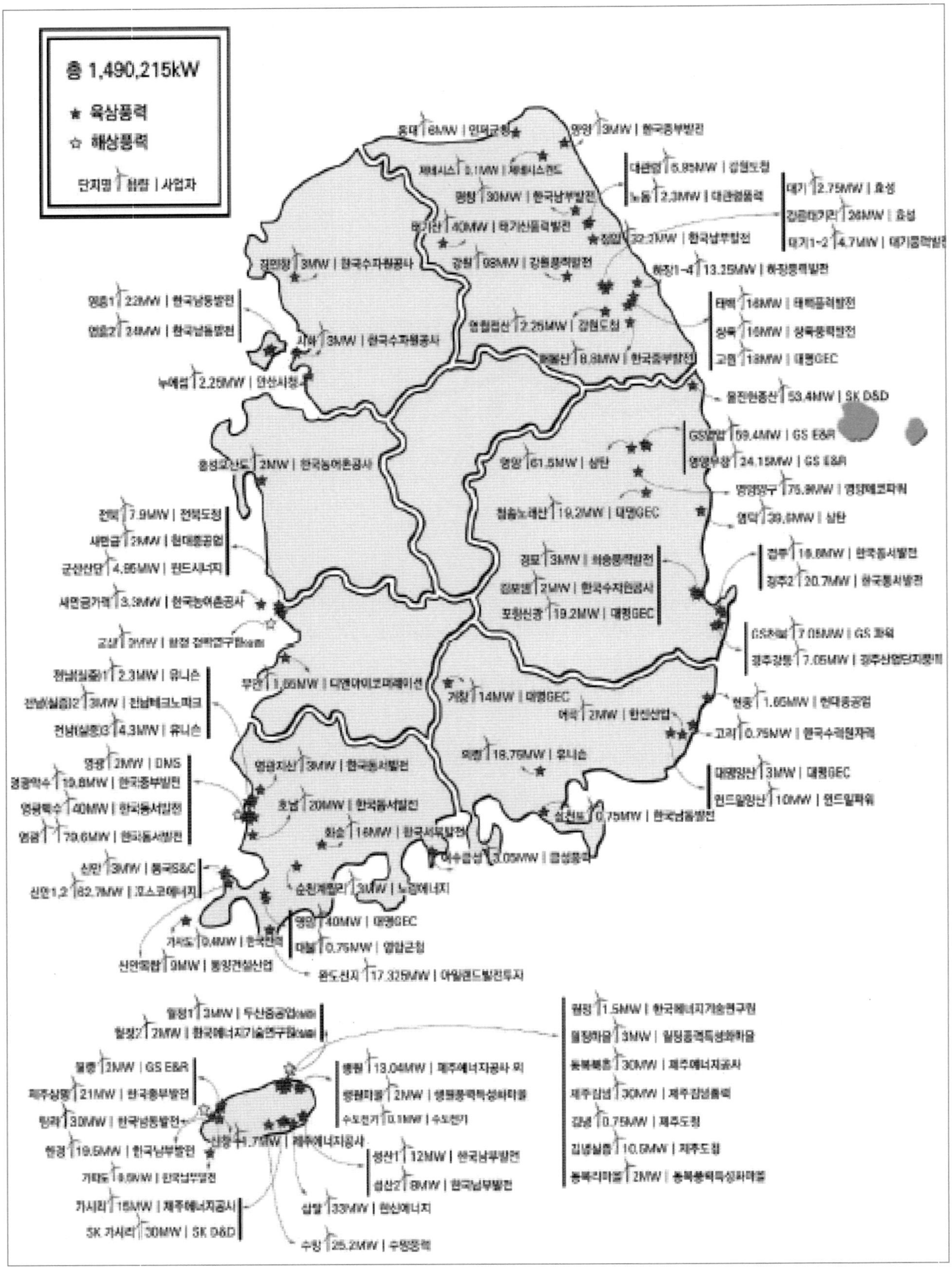

그림 231. 국내 풍력발전 단지 현황

7-9. 세계 풍력발전 산업현황

풍력터빈은 선발 주자인 유럽과 미국 기업들이 이용률이 높은 대형 터빈 제조 기술력과 대량생산에 따른 가격 경쟁력을 바탕으로 세계시장을 주도하고 있다. 2013년에 풍력터빈 제작사가 63개로 가장 많았으나, 2015년부터는 급격히 줄어들었다. 2019년에는 33개 제조사가 풍력터빈을 공급하였는데, 상위 10개사의 점유율이 85.5%에 달할 정도로 점점 더 과점화되고 있다(2016년 75% → 2017년 80% → 2018년 85%). 베스타스(덴마크), 지멘스가메사(독일), Goldwind(중국), GE(미국) 등 상위 4개사의 점유율은 약 55%에 달한다. 베스타스(덴마크)가 1위를 지키고 있으며, 지멘스(독일)가 2017년에 가메사를 인수하면서 2위로 올라서면서 해상풍력터빈 시장을 주도하고 있다. GE(미국) 역시 2015년에 알스톰을 인수하면서 미국 시장을 바탕으로 경쟁력을 유지하고 있다. 2019년 기준으로 베스타스가 9.54GW 규모의 터빈을 공급하였고, 지멘스가메사는 8.75GW를 공급하였다. 중국 기업들도 거대한 내수시장을 기반으로 빠른 속도로 원가를 절감하고 기술 격차를 줄이고 있는 상황이다. 중국 기업의 세계시장 점유율은 약 20% 수준을 꾸준히 유지하고 있으나, 해외 판매실적은 미미한 수준이다. Goldwind가 중국 시장을 선도하고 있으며, 아시아태평양 지역에 진출하고자 노력하고 있다. 반면에 2017년에 상위 10개 기업에 속했던 Senvion(독일), Suzlon(인도) 같은 경우는 자국 시장의 축소에 따라 심한 어려움을 겪었다. 2019년에 Senvion은 파산 신청을 했으며, 지멘스가메사가 Senvion의 유럽내 주요 자산 및 비즈니스 일부를 인수하였다. 2020년 초에 Suzlon은 약 18억 달러 규모의 부채를 공시하고 재무 개선 작업을 시작하였다. Enercon 또한 지난 2년간 독일 육상풍력 시장의 급격한 감소로 인해 대규모 적자를 기록했으며, 수천 개의 일자리를 줄였다.

표 74. 글로벌 풍력발전 생산량 상위 10개 기업

'09년		'13년		'19년	
① Vestas (덴)	12.5%	① Vestas (덴)	13.1%	① Vestas (덴)	15.8%
② GE Wind(미)	12.4%	② Goldwind(중)	11.0%	② Siemens Gamesa(독)	14.5%
③ SINOVEL(중)	9.2%	③ ENERCON(독)	9.8%	③ Goldwind(중)	13.6%
④ ENERCON(독)	8.5%	④ Siemens(독)	7.4%	④ GE Renewable(미)	12.1%
⑤ Goldwind(중)	7.2%	⑤ GE(미)	6.6%	⑤ Envision(중)	9.5%
⑥ Gamesa(스페인)	6.7%	⑥ Gamesa(스페인)	5.5%	⑥ Mingyang(중)	7.4%
⑦ Dngfang(중)	6.5%	⑦ Suzlon(인도)	5.3%	⑦ Windey(중)	3.4%
⑧ Suzlon(인도)	6.4%	⑧ United Power(중)	4.0%	⑧ Nordex Acciona(독)	3.2%
⑨ Siemens(독)	5.9%	⑨ Mingyang(중)	3.5%	⑨ Shanghai Electric(중)	2.8%
⑩ REPOWER(독)	3.4%	⑩ Nordex(독)	3.3%	⑩ CSIC(중)	2.4%

운송비 절감, 로컬 컨텐츠 요건 충족 등을 위해 일부 제조사들은 2019년에 새로운 생산시설을 설치하였다. 예를 들면, 베스타스는 브라질에 터빈 공장을 신설하였고, MHI 베스타스는 대만에 블레이드 관련 시설 계약을 체결하였다. Nordex는 멕시코에 로터 블레이드 공장을 신설하였고, 지멘스가메사는 터키에 너셀 공장을 완공하였으며, 대만에 너셀 조립 공장 설립 계획을 발표하였다. GE는 12MW Haliade-X 터빈 생산을 위해 중국에 공장을 건설하기 시작하였다.

7-10. 국외 기술개발 현황

전세계적으로 풍력발전의 지속적인 보급 확대와 더불어 터빈의 가격은 낮아지고, 운영 및 유지보수는

지능화되며, 금융 조달비용이 낮아지고, 기자재의 성능은 향상됨으로서 풍력발전의 비용이 낮아지고 있다. 2008년에 풍력터빈의 가격은 W당 1.17 유로이었으나 2018년에는 0.66 유로로 낮아졌다. 1980년대 초반부터 터빈의 비용을 분석해 보면, 터빈의 학습률은 10.7%로 나타났는데, 이는 터빈의 생산량이 두 배 증가할 때마다 단가가 10.7%씩 낮아졌음을 의미한다. 반면 풍력발전의 CAPEX는 학습률이 7.1%로 나타났는데, 이는 터빈을 제외한 나머지 부분의 단가는 터빈보다는 하락률이 낮음을 의미한다. 터빈의 가격이 낮아지는 한편 용량은 점점 커지고 있다. 육상풍력터빈의 평균 용량은 현재 3.4MW 수준이지만, 2050년에는 5.7MW가 될 것으로 예상되며, 해상풍력터빈은 현재 7MW 수준에서 19MW 수준까지 커질 것으로 예상된다. 터빈의 용량 증대를 위해 블레이드가 길어지며, 이에 따라 타워의 높이가 증가하고 있다.

현재 글로벌 풍력터빈 제조사들은 대형 풍력터빈 개발 경쟁을 본격화하고 있다. MHI 베스타스는 9.5MW, 지멘스가메사는 8MW 터빈을 양산 중이고, GE는 2021년까지 12MW 터빈을 개발할 예정이다.

표 75. 해외 주요사 풍력터빈 개발 현황

제작사		MHI Vestas	Gold Wind	Siemens-Gamesa	GE
		덴마크	중국	독일	미국
제품군	상용화 (MW)	(육) 2~5.6 (해) 8~9.5	(육) 1.5~3.5 (해) 6.X	8	1.7~5.3
	개발중 (MW)	10	8	12~15	12
비 고					

풍력터빈의 출력은 풍속, 로터 회전면적, 공기밀도가 증가하면 늘어난다. 따라서 저풍속 지역에서는 블레이드 길이를 늘려 로터 직경을 크게 함으로서 발전량을 증가시킬 수 있다. 터빈 용량이 증가하면 다른 부분의 CAPEX가 낮아지는데, 이는 MW당 기초구조물, 케이블 등이 적게 소요되기 때문이다. 용량 증가에 따라 풍력단지에 설치되는 터빈의 수가 줄어들게 되면, 바람의 방향, 지형 조건 등을 감안하여 터빈을 좀 더 나은 위치에 배치할 수 있으며, 유지보수에 소요되는 비용도 줄일 수 있다. OPEX는 전체 용량 보다는 관리해야 하는 터빈의 수에 영향을 받기 때문이다. 따라서 터빈 용량이 두 배가 되면 유지보수 비용을 절반 정도로 줄일 수 있다.

해상풍력발전의 보급 초기단계에서는 지역 공급업체의 부재, 복잡한 인허가 절차, 항만 인프라 및 특수선박의 부재, 프로젝트 전체를 이해하는 개발사 부족 등의 어려움을 겪는다. 따라서 초기에는 고수익을 바라보고 이러한 리스크를 감수할 수 있는 파이어니어 기업들이 참여하게 된다. 고정식 해상풍력터빈은 수심이 50~60m 정도인 지역까지 설치될 수 있는데, 부유식 터빈은 수심이 1,000m가 넘는 지역에도 설치될 수 있다. 부유식 해상풍력을 상업적 규모로 조성하기 위해서는 아직은 집중적인 정책적 지원이 필요하다.

7-11. 국내 기술개발 현황

국내업계는 소수의 터빈 기업과 중소 부품기업으로 구성되어 있으며, 그간 내수시장 확대 지연으로 인해 기술 및 가격경쟁력이 해외의 선도기업에 비해 다소 열세(80~85% 수준)에 있다고 분석된다. 상용화된 터빈이 우리나라는 5.5MW이고 8MW 터빈을 개발중이나 해외는 이미 8MW 터빈이 상용화되어 있고

12MW 터빈을 개발 중인 상황이다. 그러나 우리나라의 저풍속 환경에 맞는 터빈을 개발하고, 연 1GW 규모의 시장을 창출하게 되면 국내 시장에서의 기술, 가격 경쟁력 확보가 가능하다고 보고 있다.

정부는 풍력, 특히 해상풍력 보급 확대를 위해 기술개발을 집중적으로 지원하고 단지개발 및 운영, 연계기술 개발을 위해 서남해 등에 해상풍력 실증단지를 구축하고 있다. 제4차 에너지기술개발계획 이노베이션 로드맵에 따르면 우리나라의 풍력발전 기술개발을 위한 전략의 방향은 대형 풍력터빈용 기계 및 전기 핵심부품 국산화와 제품 경쟁력 강화, 육상 및 해상 풍력터빈 및 핵심부품 트랙 레코드 확보를 위한 테스트베드와 풍력 실증단지 개발 및 구축, 초대형 해상풍력 기술개발, 부유식 해상풍력 시스템 개발 및 실증, 환경친화적 풍력단지 개발 및 보급 확산이다.

세계 풍력시장의 풍력발전기용 동력전달 핵심부품은 33.5조 원, 발전용 전기부품은 6.7조 원의 시장으로 예상되어 우리나라 기업의 풍력발전 핵심부품 경쟁력 강화를 위해 8MW급 핵심부품 기술 고도화 및 국산화, 12MW급 핵심부품 국산화 기술 개발, 12MW급 풀너셀과 블레이드 시험 기술 및 설비 개발, 30MW급 해상풍력 실증 테스트베드 구축을 목표로 하고 있다. 향후 성장성이 클 것으로 전망되는 해상풍력 시장에 대비하기 위해 초대형 해상풍력 기술개발 및 실증을 추진하고 있다. MW급 풍력발전시스템 실증 및 경쟁력 강화를 위해 12MW급 풍력발전시스템 및 미래융합형 풍력발전 플랫폼을 개발할 계획이다. 풍력발전의 차세대 게임체인저 역할을 할 것으로 기대되는 부유식 해상풍력 시스템 개발 및 실증을 위해 8MW급 부유식 해상풍력 시스템의 설계 및 제작 기술 확보, 12MW급 부유식 해상풍력 시스템 설계 기술 확보에도 투자하고 있다. 풍력발전의 지속가능성을 위해서는 환경친화적인 풍력단지 개발 및 보급이 중요하다. 이를 위해 단지의 특성에 따른 설계 및 리파워링 기술 개발, 환경영향평가 및 수용성 향상 기술을 개발하고 있다.

표 76. 국내 풍력발전 기술개발 현황

Value Chain	터빈 시스템	핵심부품 (블레이드, 발전기, 변환기)	타워 등 기타 부품	단지개발, 설치·시공 및 O&M
		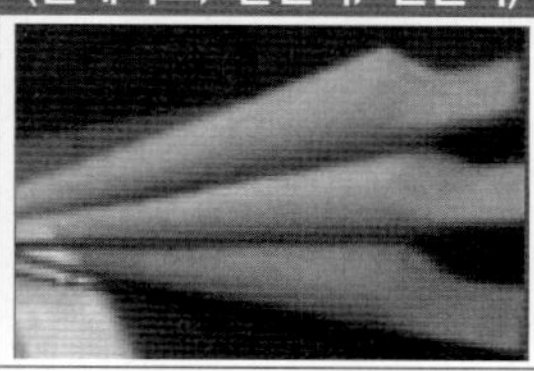		
기술 특징	• 기술·자본 집약형 • 대형화·해상화	• 기술 집약형 • 시스템 비용이 절반	• 설비 중심, 노동 집약형 • 단, 단지설계 및 O&M 기술 집약형	
기술 경쟁력	소폭열위	열위	세계수준	소폭 열위
가격 경쟁력	소폭열위	열위	세계수준	-

7-12. 세계 육상풍력의 향후전망

충분한 바람 자원, 거대한 시장 잠재량, 비용 경쟁력 등을 고려할 때, 육상풍력은 향후 크게 성장할 것으로 전망된다. 향후 30년간 육상풍력 설치용량은 연평균 7% 이상의 성장이 예상된다. 2030년까지 1,787GW가 설치되어 누적 설치용량이 2018년에 비해 3배 이상 증가하며, 2050년까지는 5,044GW가 설치되어 10배 정도 증가할 전망이다. 2050년 전세계 육상풍력 설치용량(5,044GW)은 세계 풍력에너지협회(WWEA)의 기술위원회에서 추정한 최소 95,000GW에 달하는 잠재량의 5.3%에 불과하다. 2050년까지 5,044GW를 설치하는데 소요되는 총 토지면적은 1,008,800km^2(에티오피아 면적과 유사)에서 1,664,520km^2(이란 면적과 유사)일 것으로 추정된다. 실제 소요면적의 경우에는 50,440km^2 (코스타리카 면적과 유사)에서 83,226km^2(아제르바이젠 면적과 유사)일 것으로 추정된다.

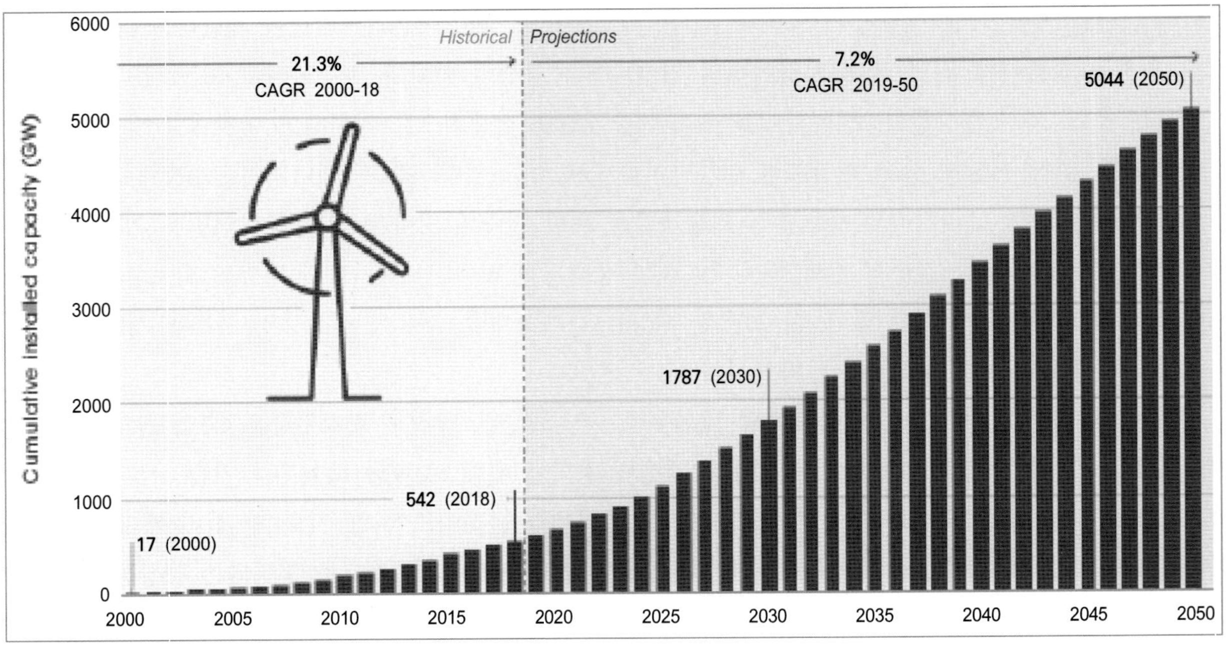

출처: IRENA, Future of Wind, 2019

그림 232. 전세계 육상풍력 설치용량 전망

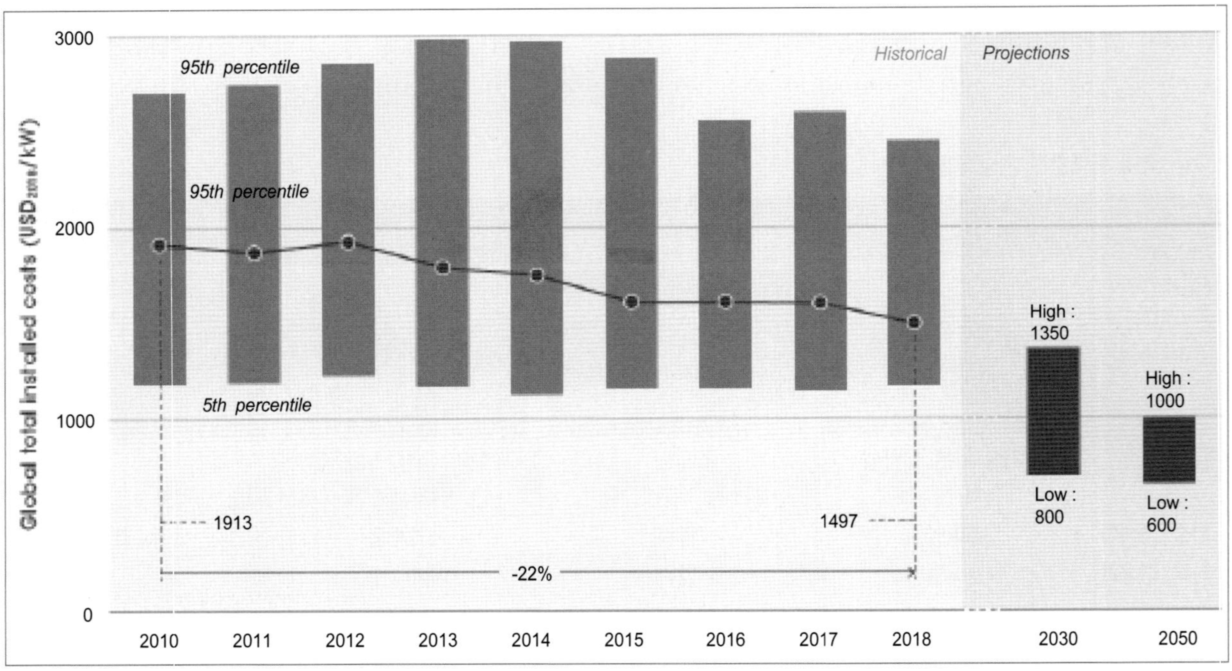

출처: IRENA, Future of Wind, 2019

그림 233. 전세계 육상풍력 설치비용 전망

수명이 다한 기존 풍력발전 설비를 최신 기자재로 교체하는 리파워링은 사회·경제적으로 여러 가지 장점이 있다. 현재까지는 리파워링에 대한 제도나 정책적 지원이 부족한 상황이다. 바람 자원이 좋은 기존의 육상풍력 단지에 최신 터빈을 설치함으로서 발전효율을 높일 수 있다. 기술 및 제조 공정의 개선, 해당지역 인근에 설치되는 제조시설, 공급망의 확대 등으로 인해 육상풍력의 설치비용은 2050년까지 크게 감소할 것으로 예상된다. 2030년까지는 $800~1,350/kW로 전망되며, 2050년까지는 $650~1,000/kW로 낮아질 것으로 전망된다. 육상풍력의 전세계 가중평균 LCOE는 지금도 화력발전에 비해 경쟁력을 지니고 있는데,

향후에는 더욱 낮아질 것으로 예상된다. 육상풍력 LCOE는 2030년에 $0.03~0.05/kWh, 2050년에 $0.02~0.03/kWh일 것으로 전망된다.

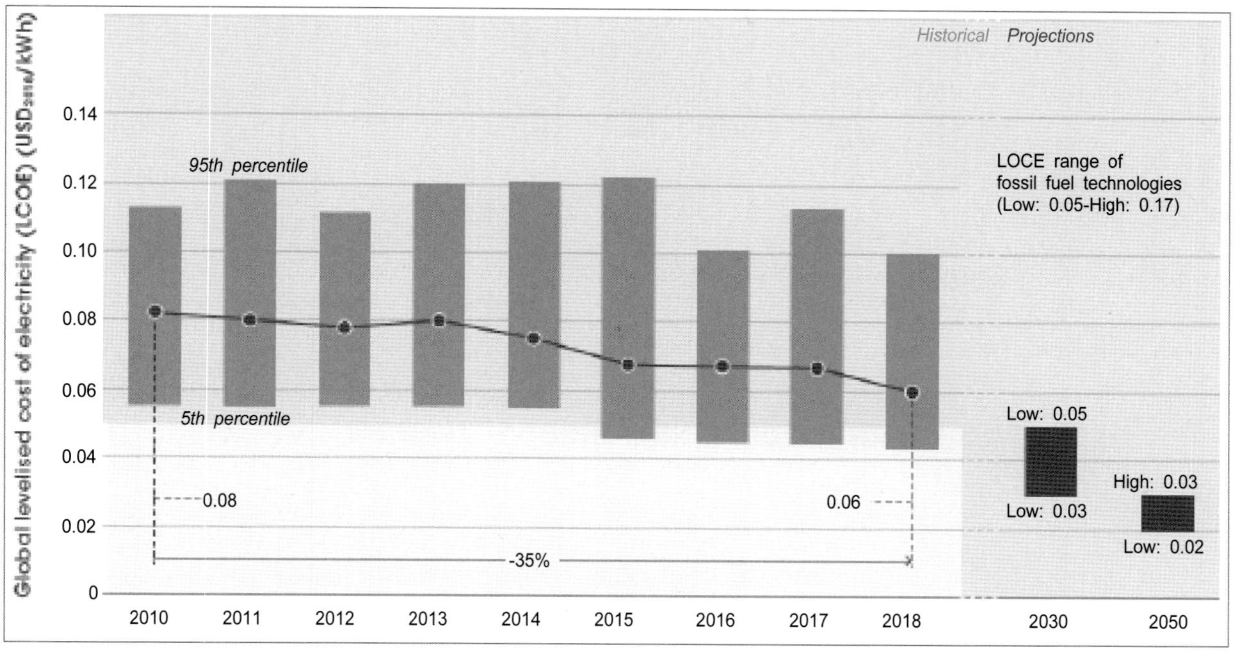

출처: IRENA, Future of Wind, 2019

그림 234. 전세계 육상풍력 LCOE 전망

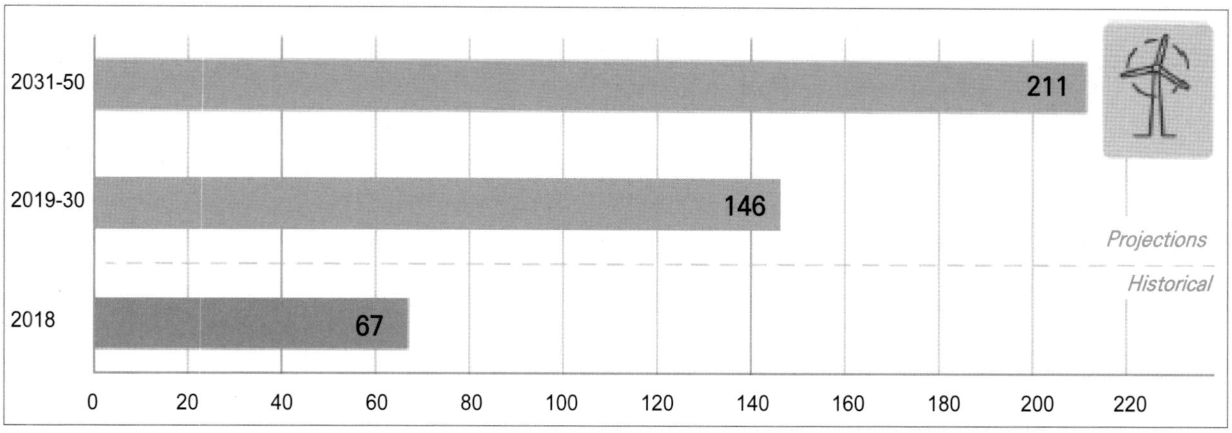

출처: IRENA, Future of Wind, 2019

그림 235. 전세계 육상풍력 연간투자비 전망 (USD billion/yr)

육상풍력에 대한 투자비 규모는 2018년 약 670억 달러에 달했다. 2050년까지 누적 설치용량으로 약 5,000GW를 달성하기 위해서는 2030년까지는 매년 1,460억 달러, 2050년까지는 매년 2,110억 달러 규모의 투자가 이루어져야 한다. 현재까지는 풍력발전 투자비의 대부분이 신규 설치용량 확대에 소요되나, 향후에는 투자비 일부가 수명을 다한 기존 풍력발전 설비를 교체하는 데에도 사용될 필요가 있다. 2040년부터는 육상풍력 연간 투자비의 1/3 이상이 기존 설비를 최신 설비로 교체하는데 사용될 것으로 보인다. 풍력발전 비용 절감은 주로 풍력터빈 기술의 발전으로 가능하다. 풍력터빈 기술 향상의 핵심 지표는 저풍속 지역에서도 발전량을 높이는 것이 가능하도록 하는 로터 직경과 허브 높이이다. 2018년에 설치된 터빈 가운데 최대용량은 4.3MW급이었는데, 이는 2015년의 3.3MW급에 비해 커진 것이다.

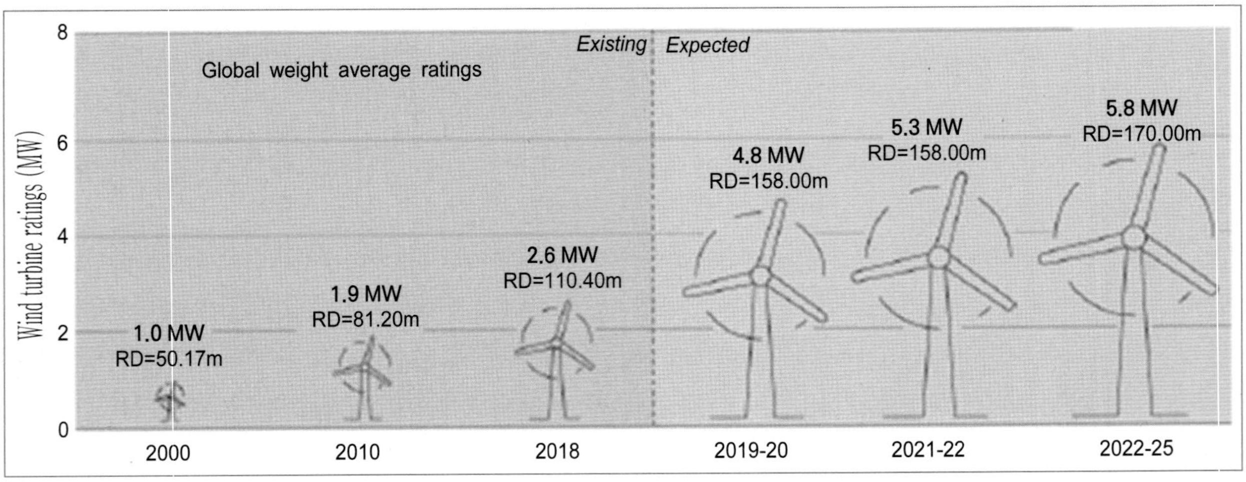

출처: IRENA, Future of Wind, 2019

그림 236. 전세계 육상풍력 가중평균 터빈 설치용량 전망